ASP.NET 4.0
從零開始－使用VB 2010

資訊教育研究室 著

Studying from the Beginning Level
從零開始系列

博碩文化

ASP.NET 4.0 從零開始 - 使用 VB 2010

作　　者：資訊教育研究室

發 行 人：簡女娜

出　　版：博碩文化股份有限公司

新北市汐止區新台五路一段 112 號 10 樓 A 棟

TEL / 02-2696-2869・FAX / 02-2696-2867

郵撥帳號：17484299

律師顧問：劉陽明

出版日期：西元 2011 年 11 月初版一刷

ISBN - 13：978-986-201-532-2（平裝附光碟片）

博碩書號：PG30051

建議售價：NT$ 560 元

ASP.NET 4.0 從零開始 - 使用 VB 2010 / 資訊教育研究室作. -- 初版. -- 新北市：博碩文化, 2011.11

面；　公分

ISBN 978-986-201-532-2（平裝附光碟片）

1.網頁設計 2.全球資訊網 3.Basic（電腦程式語言）

312.1695　　100019944

Printed in Taiwan

作者序

微軟於 2002 年推出 Visual Studio .NET，並同時推出 ASP.NET 1.1 版，於 2005 年推出 ASP.NET 2.0，於 2008 年推出 ASP.NET 3.5，於 2010 年推出 ASP.NET 4.0，此時 ASP.NET 正大放異彩，由於可使用 Visual Studio 2010 及 Visual Web Developer 2010 視覺化設計工具來開發 ASP.NET 網頁，其開發模式類似 Windows Form 視窗應用程式、且網頁元件採物件化、物件使用事件驅動程式設計架構、又可以使用 VB、C#、J#...等程式語言來開發 ASP.NET 網頁、AJAX 非同步網頁與 Web 2.0 網站，因此受到程式開發人員的喜愛。

由於 Web 應用程式設計本身就是一門尖澀難懂的技術，必須熟悉 HTML、CSS、JavaScript、XML 及 ASP.NET 等技術，因爲網頁程式設計不同於視窗應用程式，因此程式開發人員有必要了解 ASP.NET 控制項宣告語法。本書不同於市面上 ASP.NET 書籍，除了介紹使用 VWD 2010 設計網頁輸出入介面及控制項屬性的同時，也會介紹該工具對應的控制項宣告語法，使初學者能了解 ASP.NET 控制項的設計原理，讓初學者不只是會拖拉設計控制項，更能了解控制項的宣告語法，並將語法及工具整合運用。再者更使用易懂易用的 VB 語言來撰寫 ASP.NET 網頁。本研究室成員來自大專院校及補教界資深資訊教師與微軟最有價值專家(MVP)，其編寫本書的主要目標是爲因應如何讓初學者能快速使用 VB 2010 開發 ASP.NET Web 應用程式，並將所學應用到職場上而編寫的教科書。爲避免讓初學者開始學習程式設計便產生挫折感，先由簡單的程式基本流程，透過書中精挑細選的範例程式學習 Web 程式設計技巧，使得初學者具有紮實和獨立開發 Web 應用程式設計能力，花費最短的時間，獲得最高的學習效果，是一本適用教師教授 ASP.NET 的入門書，也是一本初學者自學的書籍。本書內容由淺入深涵蓋如下：

第一部分：第 1~3 章了解 ASP.NET 網頁的設計方式與組成，並介紹 VB 程式設計基本流程，培養初學者基本電腦素養和程式設計能力。

作者序

第二部分：第 4~10 章主要介紹 ASP.NET Web 應用程式輸出入介面開發，詳實解說常用的 ASP.NET Web 伺服器控制項的應用、主版頁面設計技巧、檔案上傳元件及 ASP.NET 常用物件，使初學者具有開發 Web 應用程式的能力。

第三部份：第 11~15 章為 Web 資料庫程式設計，如何使用 SQL Server Express 建立資料庫，活用資料控制項、資料繫結控制項及 Chart 圖表控制項設計網頁資料庫，除了強調資料工具控制項的靈活運用，更介紹資料工具設定時所產生的宣告語法，使初學者能透過 SqlDataSource、DataList、GridView、FormView、DetailView、Chart 等資料控制項快速建立網頁資料庫，並整合 AJAX 擴充功能建立可非同步更新的網頁資料庫；以及介紹 AJAX Control Toolkit 的安裝與使用，讓您建立具備豐富展示層的 Web 應用程式。

第四部份：第 16 章整合前面章節所介紹的技術並實作出擁有會員系統、購物系統、產品上下架系統以及訂單管理系統的小型電子商務網站，讓初學者能學以致用，為加強初學者學習本章範例，提升任課教師教授的品質，本章提供 CD 教學影片，讓學習與教學能達事半功倍的效果。

本書提供教學投影片與習題解答，若您是採用本書教學的任課教師，請與博碩業務聯繫索取。若您發覺本書有疏漏之處或是對本書有任何疑問，歡迎來信不吝指正(E-Mail 信箱：jaspertasi@gmail.com)，我們會誠摯地感激。為提升本書的品質，您寶貴的建議於本書改版時會加以斟酌。

資訊教育研究室 編著

2011 年 10 月

Chapter 1 認識 ASP.NET 與 VWD 2010 整合開發環境

Chapter 2 資料型別與流程控制

Chapter 3 陣列與副程式

Chapter 4 標準控制項(一)

Chapter 7 驗證控制項

Chapter 8 主版頁面

Chapter 9 巡覽控制項

Chapter 10 ASP.NET 常用物件

Chapter 11 SQL Express 資料庫

Chapter 12 資料來源控制項

Chapter 13 資料繫結控制項(一)

Chapter 14 資料繫結控制項(二)

Chapter 15 AJAX 網頁技術

Chapter 16 電子商務網站實作

Appendix A VB 常用函式與類別方法

CHAPTER

認識 ASP.NET 與 VWD 2010 整合開發環境

學習目標：

- Visual Studio 2010 介紹
- 認識 Visual Web Developer 2010 IDE
- 學習新增網站、開啟網站、關閉網站
- 認識 ASP.NET 的特色
- 學習開發 ASP.NET Web 應用程式
- 學習 ASP.NET Web 伺服器控制項的操作
- 學習 ASP.NET 網頁的撰寫模式

1.1 Visual Studio 2010 介紹

Visual Studio 2010 (簡稱VS 2010) 是一組完整的開發工具所組成，可用來建置主控台應用程式、視窗應用程式、ASP.NET Web 應用程式、XML Web Service及行動裝置應用程式的一套完整開發工具。VS 2010 將Visual Basic 2010、Visual C++ 2010、Visual C# 2010以及Visual Web Developer 2010 (ASP.NET 4.0的開發工具) 全都使用相同的整合式開發環境 (簡稱IDE：**I**ntegrated **D**evelop **E**nvironment)，該環境讓它們能共用工具和建立混合語言的方案，彼此分享工具並共同結合各種語言的解決方案。此外，這些語言可利用 .NET Framework 強大的功能來簡化 ASP.NET Web 應用程式與 XML Web Service 開發的工作。所以Visual Studio 2010 是一個能夠建置桌面與小組架構的企業 Web 應用程式的完整套件。除了能建置高效能桌面應用程式外，還可以使用 Visual Studio 2010 強大的元件架構開發工具和其他的技術來簡化企業方案的小組架構式設計、開發及部署。所以「.NET Framework」是新的計算平台，設計用來簡化高分散式 Internet 環境的應用程式開發作業。在 .NET Framework 上執行的軟體可在任何地方透過 SOAP 執行的軟體進行通訊，並可在本機或經由 Internet 散發來使用標準物件。因此，開發人員可以全力專注於功能而不是在探索上。所以，.NET Framework 是提供建置、部署及執行 XML Web Service 與應用程式的多語言環境。Visual Studio 2010 主要特色如下：

1. Common Language Runtime (簡稱CLR) 共通語言執行時期

   CLR用來負責管理記憶體配置、啟動及停止執行緒和處理序 (Process thread)，並且執行安全原則，同時還要滿足元件對其他元件的相依性。開發過程中，由於執行許多自動化 (例如記憶體管理)，因此讓開發人員覺得很簡單，並大幅減少開發人員將商務邏輯轉換為重複使用元件時所需撰寫的程式碼數目。

2. 統一程式設計的 .NET Framework 類別庫

 為程式設計人員提供一個統一、物件導向、階層式及可擴充的 .NET Framework類別庫。目前，C++ 開發人員使用 Microsoft Foundation Class(簡稱MFC)，而 Java 開發人員使用 AWT 或 Swing 元件，而 C++ 和 Java 使用的類別庫並不同。在 .NET 架構統一了這些不同的模型，並讓 Visual Basic、C++、C# 程式設計人員都能存取 .NET Framework 類別庫。Common Language Runtime 透過建立跨越所有程式語言的通用 API 集，可以進行跨越語言的繼承、錯誤處理和偵錯。從 JScript 至 C++，所有的程式語言存取架構的方式都十分相似，因此開發人員也可以自由選擇要使用的語言。簡單的說Visual Basic開發的類別庫可讓 C++、C# ...等微軟提供的語言存取，而 C# 撰寫的類別庫也可以讓 Visual Basic 或 C++ 呼叫。

3. ASP.NET

 ASP.NET 建置在 .NET Framework 的程式設計類別上，為 Web 應用程式模型提供一組控制項和基礎結構，讓建置 ASP.NET Web 應用程式變得簡單。ASP.NET 包含一組控制項，將常用的 HTML 使用者介面項目 (例如文字方塊和下拉式功能表) 封裝起來。不過，這些控制項會在 Web 伺服器上執行，並且以 HTML方法將其使用者介面推入瀏覽器。在伺服器上，控制項會公開物件導向程式設計模型，帶給 Web 開發人員物件導向程式設計的豐富內容。ASP.NET 也提供基礎結構服務，例如工作階段狀態管理和處理緒(Process Thread)回收，進一步減少開發人員必須撰寫的程式碼數量，並且提高應用程式的穩定性。此外，ASP.NET 也使用相同的概念，讓開發人員提供軟體做為服務。ASP.NET 開發人員使用 XML Web Service 功能，可以撰寫自己的商務邏輯，並且使用 ASP.NET 基礎架構，透過 SOAP 提供該服務。ASP.NET 4.0 還內建 AJAX 擴充功能，讓 Web 應用程式設計師更容易開發 Web 2.0 網站。

4. LINQ資料查詢

Language-Integrated Query (LINQ) 是 .NET Framework 3.5 開始新增的功能，其最大的特色是具備資料查詢的能力以及和語言進行整合的能力。LINQ具備像 SQL Query 查詢能力的功能，可以直接和VB 2010、C# 2010語法進行整合，並可以使用統一的語法來查詢陣列、集合、XML、DataSet 資料集以及 SQL Server 資料庫的記錄...等資料來源。

由上可知，Visual Studio 2010主要特色包含Common Language Runtime、.NET Framework、用來建立及執行ASP.NET Web 應用程式、用來建立及執行視窗應用程式的Windows Forms 以及 LINQ 資料查詢技術。所以，.NET Framework 提供了一個管理完善的應用程式來改善生產力，並增加應用程式的可靠性與安全性。本書介紹如何使用 VB 程式語言來開發 ASP.NET Web 應用程式。

1.2 Visual Studio 2010 版本分類

Visual Studio 2010 的版本分類主要分為用戶端版本、伺服器端版本、其它產品版本三大類。用戶端版本包含用於各種軟體開發、架構設計、測試等。伺服器產品版本用於程式碼版本控制管理、專案管理、報表管理、團隊共同開發、測試實驗室管理等；其它產品版本可用於存取伺服器產品，或是用於管理異質平台開發，例如在其它作業系統 (Unix/Linux/Mac) 上供開發人員使用。關於伺服器端版本與其它產品版本的產品功能說明可連結到「http://www.microsoft.com/visualstudio/zh-tw/」網址查詢。若初學者想要學習ASP.NET，可以連到VS 2010官網下載所需要的VS 2010版本，下載網址是「http://www.microsoft.com/taiwan/vstudio/2010/download/default.aspx」。以下簡單介紹 VS 2010用戶端版本的各項產品。

1. Visual Studio 2010 Express版
   主要為初學者提供精簡、易學易用的開發工具，以滿足想學習程式開發或評估 .NET Framework 者。VS 2010 Express 版提供：Visual Basic 2010、Visual C# 2010、Visual C++ 2010、Visual Web Developer 2010 等 Express 版，以供學生、初學者、兼職人員、程式開發熱愛者依需求選擇使用。目前微軟允許使用者免費下載安裝註冊Visual Studio 2010 Express，下載網址是「http://www.microsoft.com/express/downloads」；Visual Web Developer 2010 Express下載網址是「http://www.microsoft.com/visualstudio/en-us/products/2010-editions/visual-web-developer-express」。

2. Visual Studio 2010 Professional 專業版(入門開發)
   是專業的工具，適用個人工作室、專業顧問或小團隊成員，用來建立關聯性任務、多層式架構的智慧型用戶端、RIA 與 WPF 應用程式、Web及行動裝置應用程式。可簡化各種平台(包含SharePoint 與 Cloud)上建立、偵錯和部署的應用程式。

3. Visual Studio 2010 Premium 企業版(企業應用開發)
   是一套完整的工具集，可以簡化個人或小組團隊的應用程式開發。提供自動化UI測試、建置與簡化資料庫開發、測試或偵錯，都可依照自己的工作方式來運作強大的工具以提高工作效率及產能。

4. Microsoft Visual Studio 2010 Ultimate 企業旗艦版(企業應用與團隊開發)
   主要對象為架構設計人員、系統分析人員、程式開發人員、軟體測試人員。延伸 Visual Studio 的產品線。包含流程導向與高生產力開發團隊所必須的軟體開發生命週期工具組，讓團隊能在 .NET Framework 中提供現代化、以及以服務為導向的解決方案，協助他們更有效率地溝通及協同作業，讓開發人員確保從設計到部署的高品質結果。不論是建立新方案或增強現有的應用程式，都可讓您鎖定逐漸增加的平台與技術，包含雲端與平行運算。

5. Microsoft Visual Studio 2010 Test Professional 品管人員版
   用於專案測試小組的專業工具集，可簡化測試規劃與手動測試執行。此版本可讓開發人員搭配 Visual Studio 軟體使用，使測試工作與應用程式生命週期可以緊密的結合，提供手動測試記錄與詳細的測試與錯誤報告，使開發人員和測試人員在應用程式的開發週期可以有效地共同作業。

1.3 ASP.NET 的特色

ASP.NET Web 應用程式是使用 ASP.NET 所建構出的網際網路應用程式與服務，其中包含多種檔案類型與控制項，如：Web Forms、Server Controls(伺服器控制項)、User Controls(使用者控制項)、XML Web Services(XML Web 服務)、類別檔、應用程式組態檔...等。ASP.NET 目前最新版本為 4.0 版，其主要特色如下：

1. ASP.NET 網頁又稱為 Web Form，該網頁的副檔名為 *.aspx，您可以將 Web Form 想像成是 Web 的表單，由於 ASP.NET 網頁(Web Form)在伺服器端(Server-Side)上執行後會自動轉譯成瀏覽器相容的 HTML 標籤或 JavaScript 用戶端指令碼，接著再下載到用戶端(Client-Side)交由瀏覽器執行並呈現最終的結果，因此 ASP.NET 網頁能在任何用戶端的瀏覽器上顯示。

2. 若使用 Visual Studio 2010 或 Visual Web Developer 2010 Express 整合開發環境可使用類似 Windows Form(VB 或 C#表單) 的開發方式來設計 ASP.NET 網頁。例如包含控制項的拖曳、屬性值的設定、資料庫的連接、事件處理程序內程式碼的撰寫都和視窗應用程式的開發方式類似。

3. ASP.NET 網頁可以將網頁排版的 ASP.NET 宣告標籤語法、HTML 標籤與程式碼分離在不同的區塊或檔案中，不用像傳統的 ASP 或 PHP 網頁一樣必須將伺服器端的程式碼含入網頁的 HTML 標籤內，此種情形會讓程式碼不好撰寫且難以維護。
4. 使用 MasterPage(主版面頁)與 Theme(佈景主題)設計外觀一致性的網頁。
5. 提供功能強大的伺服器控制項，大幅簡化 ASP.NET Web 應用程式的開發程序。例如：透過資料控制項可快速開發允許存取資料庫的網頁，透過驗證控制項可以不用撰寫程式碼即能驗證使用者在網頁表單上所輸入的資料是否符合格式，透過 AJAX 擴充功能的控制項不用撰寫任何 JavaScript 用戶端指令碼即可製作 AJAX 非同步網頁。
6. 可使用 Visual Basic、Visual C#、Visual J#…等多種語言來開發 ASP.NET 網頁；以及透過 Visual Basic、Visual C#、Visual J# 及 Visual C++ 來開發 XML Web Services。不論使用哪種程式語言來開發 ASP.NET Web 應用程式，都是使用相同的 .NET Framework 類別程式庫，因此程式碼之間的轉換相當快速。
7. 支援開發 XML Web Services，可使用 ASP.NET 開發 XML Web Services，提供 Web 服務給 Internet(網際網路)上的其它程式呼叫使用。例如：Visual Basic 所建置的 XML Web Services 也可以讓 Visual C++ 或 Visual C# 進行呼叫，以建構出跨語言的分散式 Web 應用程式。
8. LINQ 可直接和 Visual C#、Visual Basic 語法進行整合，透過 LINQ 可使用統一的語法來查詢陣列、集合、XML、DataSet 資料集以及 SQL Server 資料庫的記錄…等資料來源，最後再將查詢的結果顯示在 ASP.NET 網頁上。

9. ASP.NET 網頁除了第一次執行需要編譯外，第二次以後執行都可直接使用第一次編譯過的二進位碼(微軟稱之為組件 assembly) 來執行，因此 ASP.NET 網頁第一次執行時會比較慢，但第二次之後執行速度會比較快，整體執行速度大幅度提昇。不像 ASP 或 PHP 網頁是採直譯的方式，ASP 或 PHP 網頁每一次執行時都要進行直譯，因此整體執行的速度會比 ASP.NET 網頁慢。

10. 使用 ASP.NET 4.0 網站管理工具、登入控制項及 MembershipProviders 成員資格可用來管理網站安全性。如網站的驗證與授權、管理使用者、角色管理、網站存取規則、應用程式管理...等。

11. 支援全新的 CSS(Cascading Style Sheet，串接樣式表)與網頁標準支援來建立 Web 應用程式的使用者介面。

12. 使用 Visual Studio 2010 或 Visual Web Developer 2010 Express 來撰寫用戶端指令碼 JavaScript 或 jQuery，可以支援 IntelliSense，讓開發人員撰寫用戶端指令碼 JavaScript 或 jQuery 更有效率。

13. 透過 ASP.NET 4.0 新增的 Chart 圖表控制項只要配合資料來源控制項，讓您不用撰寫任何程式碼即能在網頁上繪製各種類型的統計圖表。

14. ASP.NET 4.0 新增 Silverlight 與 MVC2 專案，透過 Silverlight 可以開發具備多媒體與豐富使用者經驗的 RIA 應用程式，透過 MVC2 專案可以為大型 Web 應用程式簡化開發流程。

ASP.NET 擁有上述強大的功能，因此很適合用來開發 Client/Server 架構或分散式的 Web 應用程式。由於 ASP.NET 功能非常多，限於本書的篇幅與頁數，因此本書只介紹 ASP.NET 常用的功能，透過這些功能即可輕易的製作出商業級的電子商務網站或 Web 應用程式。

一般靜態網頁是使用 HTML 標籤與 CSS 樣式來做編排，網頁可透過 JavaScript 或 Flash 在用戶端製作動態效果，至於 ASP.NET、ASP、PHP 或 JSP 這類的伺服器端的程式則是用來處理資料庫的存取、遠端服務的呼叫、商業邏輯...等伺服器端上的作業。若欲製作 AJAX 非同步的網頁則必須學習 HTML、CSS、XML、JavaScript 及伺服器端網頁(ASP.NET, ASP, PHP, JSP 擇一) 。因此我們強烈建議學習 ASP.NET 之前必須先學習 HTML 和 CSS，這樣對未來網頁技術的學習延伸會比較順暢。

1.4 ASP.NET Web 應用程式開發

現在透過下面打招呼的 ASP.NET 網頁程式來學習如何使用 Visual Web Developer 2010 Express (簡稱 VWD 2010) 來新增網站、開啟網站、建立或執行 ASP.NET 網頁。範例執行結果如下：

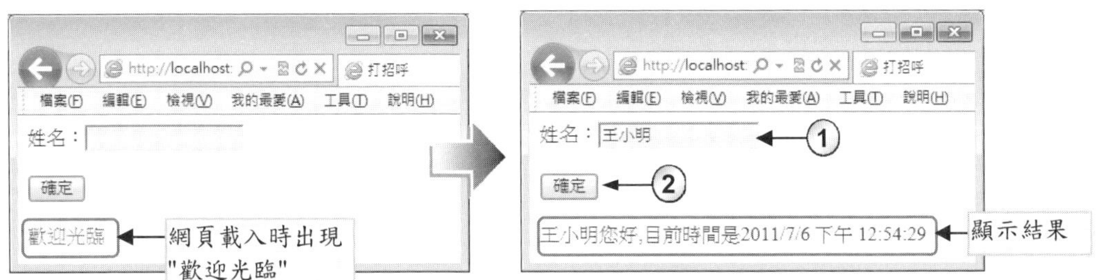

1.4.1 新增網站

上機實作

Step1 進入 VWD 2010 整合開發環境

執行桌面上的【開始/所有程式/Microsoft Visual Studio 2010 Express/Microsoft Visual Web Developer 2010 Express】進入下圖 VWD 2010 整合開發環境內。

Step2 新增名稱為 chap01 的網站

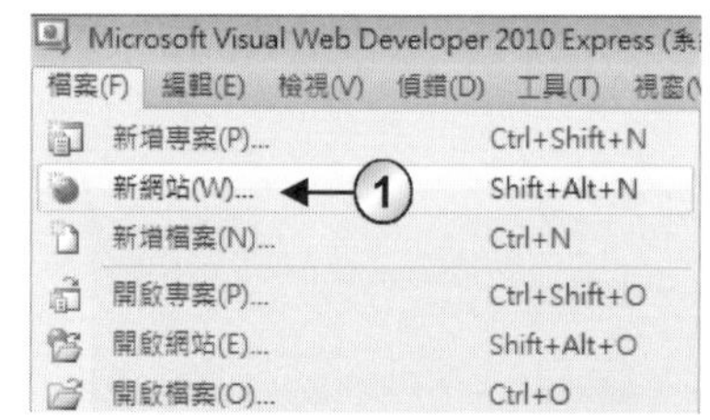

① 執行功能表的【檔案(F)/新網站(W)...】開啟「新網站」視窗。

② 使用的開發語言請選擇「Visual Basic」，表示開發 ASP.NET 網站是使用 Visual Basic 語言來開發。

③ 在範本選取 [ASP.NET 空網站] 。

④ 在「Web 位置(L)：」下拉式清單選擇「檔案系統」，網站路徑設為「C:\ASPNET_VB\chap01」。選擇「檔案系統」表示可在電腦的任何路徑下建立新網站，此種模式會使用「ASP.NET 程式開發伺服器」來執行或測試 ASP.NET 網頁。

⑤ 按 [確定] 鈕新增 chap01 網站，此網站路徑會建立在 C:\ASPNET_VB 資料夾下。

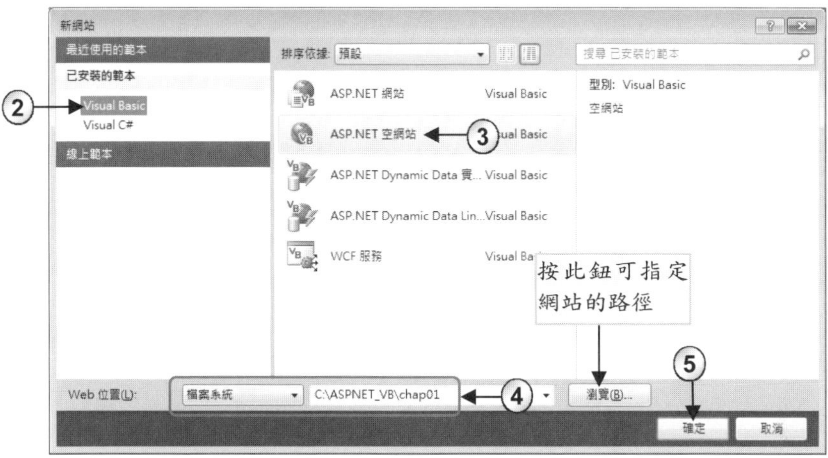

Step3 新增檔名為 Default.aspx 的 ASP.NET 網頁

① 執行功能表的【網站(S)/加入新項目(W)...】開啟「加入新項目」視窗。

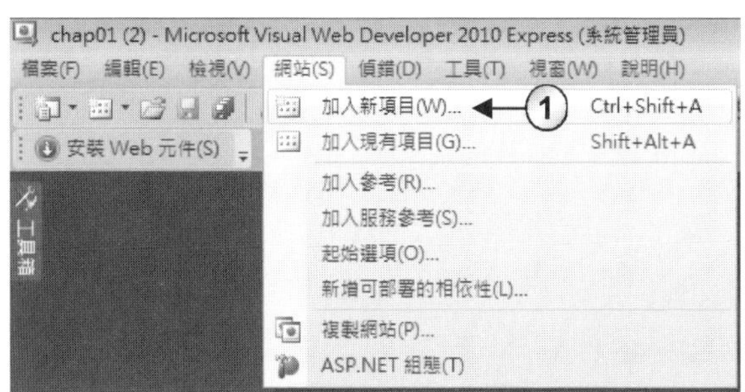

② 開發 ASP.NET 網頁的語言請選擇「Visual Basic」。

③ 選取 Web Form Web 應用程式的表單。

④ 在「名稱(N):」文字方塊中將 ASP.NET 網頁檔名設為「Default.aspx」。

⑤ 勾選「將程式碼置於個別檔案中」的核取方塊，表示使用程式碼後置的撰寫模式。

⑥ 按 新增(A) 鈕在目前網站內新增檔名為 Default.aspx 的 ASP.NET 網頁。

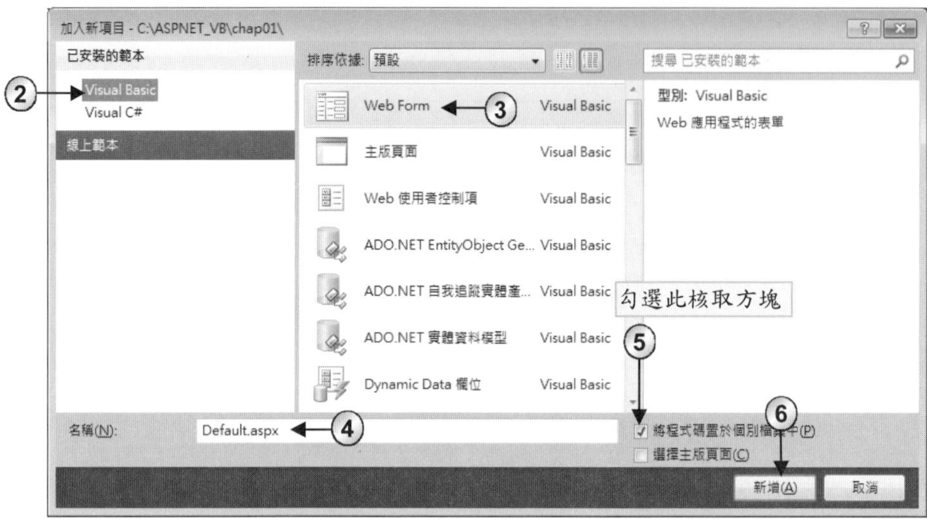

Step4 在 Default.aspx 的 ASP.NET 網頁上建立輸出入介面

① 一開始出現的 Default.aspx 會切換到「原始碼」檢視模式，在此模式下可撰寫網頁的 HTML 標籤與 ASP.NET 的宣告標籤語法。請先切換到「設計」檢視模式，在此模式下可用拖曳的方式來建立 ASP.NET Web 伺服器控制項。使用 VWD 2010 建置的 ASP.NET 網頁預設會分成兩個檔案，一個是 Default.aspx 檔，它是用來編排網頁圖文的檔案(網頁視覺化項目)；另一個是 Default.aspx.vb，它是用來撰寫控制項事件處理程序的程式碼後置檔(使用者介面邏輯)。

② 執行功能表的【檢視(V)/其他視窗(E)/工具箱(X)】開啟工具箱。

③ 使用工具箱的 A Label、abl TextBox、ab Button 工具在 Web Form 上放入 Label 標籤控制項、TextBox 文字方塊控制項、Button 按鈕控制項，其 ID 屬性(控制項的程式設計物件識別名稱，相當於 Windows Form 的 Name 屬性)依序為 Label1、TextBox1、Button1。Web Form 上的「姓名：」是直接由鍵盤輸入的，目前 Web Form 上的編排可按空白鍵進行左右間隔的設定，或按 Enter 鍵進行換行設定。(關於網頁的排版技巧請參閱有關 HTML、CSS 或 Dreamweaver 的書籍)

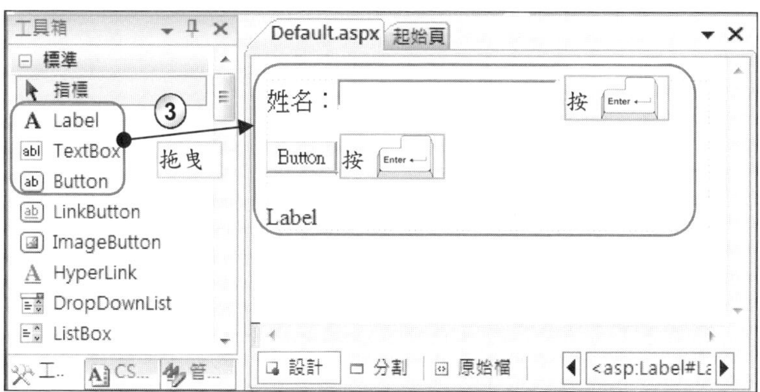

Step5 設定文字方塊控制項的屬性

上圖標籤、文字方塊、按鈕控制項的 ID 屬性名稱(控制項或物件的程式設計識別名稱)依序為 Label1、TextBox1、Button1，若控制項的 ID 屬性要改成比較有意義的名稱以增加控制項名稱的可讀性，或設定控制項其他屬性，此時可透過屬性視窗來達成。下面操作步驟即是將 TextBox1 的 ID 屬性更名為 txtName、BackColor 背景色彩屬性設為淺綠色。

① 執行功能表【檢視(V)/其他視窗(E)/屬性視窗(W)】指令開啟「屬性」視窗。

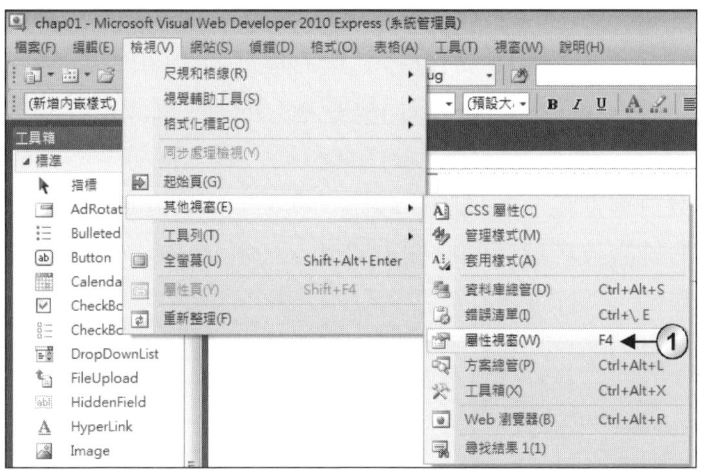

② 選取 TextBox1 文字方塊控制項。

③ 將 TextBox1 文字方塊控制項的 ID 屬性(控制項的程式設計物件識別名稱)更名為 txtName。

④ 點選該文字方塊控制項的 BackColor 背景色彩屬性的 [...] 鈕設定控制項的背景色。

⑤ 在出現的「其他色彩」對話方塊選取淺綠色。

⑥ 按 [確定] 鈕完成該文字方塊控制項背景色彩的設定。

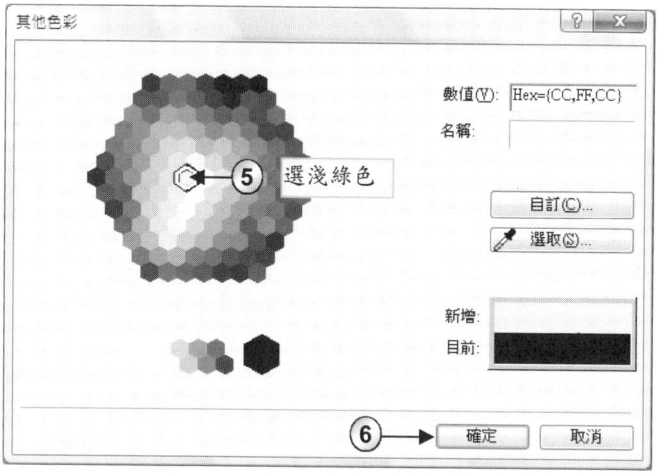

Step6 設定標籤與按鈕控制項的屬性

① 比照 Step5 將 Button1 的 ID 屬性設為「btnOk」，Text 屬性(控制項上的文字)設為「確定」。

② 比照 Step5 將 Label1 的 ID 屬性設為「lblShow」，Text 屬性(控制項上的文字)設為空白。完成之後 Web Form 如右圖所示：

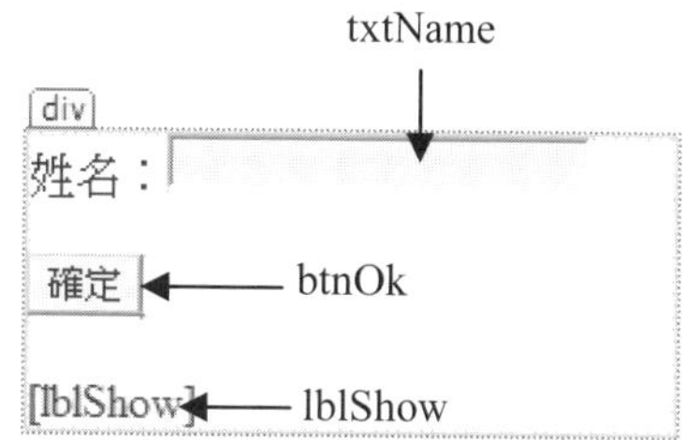

Step7 撰寫 Page_Load 事件處理程序內的程式碼

當 ASP.NET 網頁載入時會先觸發該網頁的 Page_Load 事件處理程序。若希望在 ASP.NET 網頁載入時使 lblShow 標籤控制項以紅色字顯示「歡迎光臨」的訊息。依下列步驟操作：

① 在網頁空白處快按滑鼠左鍵兩下進入程式碼後置檔 Default.aspx.vb 的程式碼編輯窗格，此時滑鼠游標會顯示在 Page_Load 事件處理程序內。

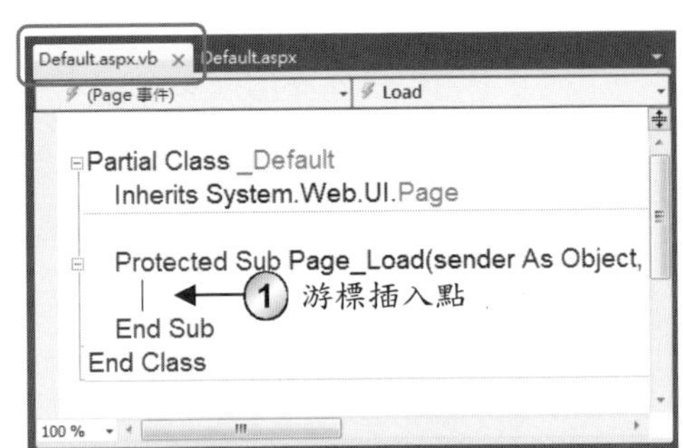
Default.aspx.vb
Default.aspx
(Page 事件)
Load
Partial Class _Default
Inherits System.Web.UI.Page
Protected Sub Page_Load(sender As Object,
1 游標插入點
End Sub
End Class
100 %

② 在 Page_Load 事件處理程序內撰寫下面兩行敘述。

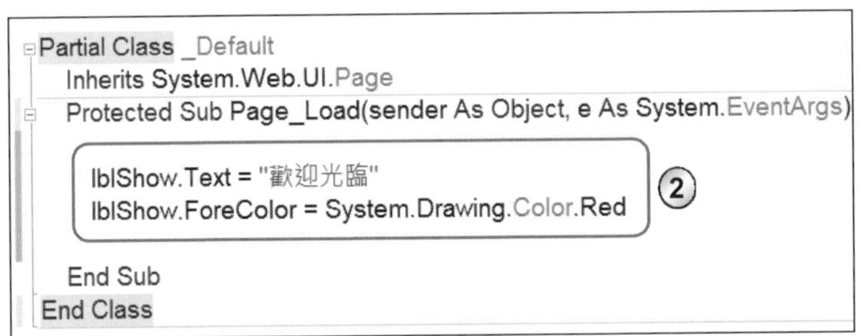
Partial Class _Default
Inherits System.Web.UI.Page
Protected Sub Page_Load(sender As Object, e As System.EventArgs)
lblShow.Text = "歡迎光臨"
lblShow.ForeColor = System.Drawing.Color.Red
2
End Sub
End Class

lblShow.Text="歡迎光臨" 敘述表示在 lblShow 標籤控制項上顯示 "歡迎光臨" 訊息；lblShow.ForeColor=System.Drawing.Color.Red 敘述表示將 lblShow 標籤控制項上的文字設為紅色。

③ 程式碼撰寫完成後，接著在「方案總管」視窗的 Default.aspx 快按兩下即會回到 ASP.NET 網頁(Web Form)的設計畫面。

Default.aspx.vb
Default.aspx
body
姓名：
確定
[lblShow]
方案總管
C:\ASPNET_VB\chap01\
Default.aspx
3
Default.aspx.vb
web.config
設計
分割
原始檔
<div>
<asp:Label#lblShow>

Step8 撰寫 btnOk_Click 事件處理程序內的程式碼

當在此 ASP.NET 網頁的 確定 (ID 屬性為 btnOk)鈕上按一下會觸發該鈕的 Click 事件，此時即會交由該控制項所指定的事件處理程序執行，以本例來說在 確定 鈕上按一下會觸發 Click 事件，此時即會執行 btnOk_Click 事件處理程序，請依下列步驟撰寫當按下 確定 鈕時，使 lblShow 標籤控制項以藍色字顯示使用者姓名再加上 "您好" 和目前日期時間的文字訊息。

① 先選取 btnOk 鈕。(也可以透過屬性視窗選取控制項。)

② 在屬性視窗中按一下 事件鈕切換到事件清單。(也可以在 確定 鈕快按兩下進入 btnOk_Click 事件處理程序內。)

③ 在 Click 事件快按滑鼠左鍵兩下即會進入程式碼後置檔 Default.aspx.vb 的程式碼編輯窗格，且滑鼠游標自動在 btnOk_Click 事件處理程序內。

屬性
btnOk System.Web.UI.WebCo
1
2
3
Click
Command
DataBinding
Disposed
Init
Load
Click
在按下按鈕時引發。

④ 在 btnOk_Click 事件處理程序內撰寫下面敘述：

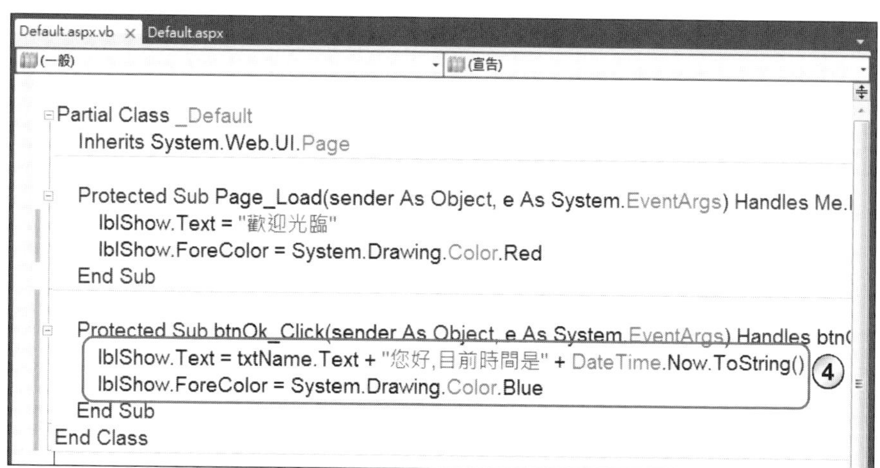
Default.aspx.vb
Default.aspx
(一般)
(宣告)
Partial Class _Default
Inherits System.Web.UI.Page
Protected Sub Page_Load(sender As Object, e As System.EventArgs) Handles Me.l
lblShow.Text = "歡迎光臨"
lblShow.ForeColor = System.Drawing.Color.Red
End Sub
Protected Sub btnOk_Click(sender As Object, e As System.EventArgs) Handles btn(
lblShow.Text = txtName.Text + "您好,目前時間是" + DateTime.Now.ToString()
lblShow.ForeColor = System.Drawing.Color.Blue
4
End Sub
End Class

lblShow.Text = txtName.Text & "您好,目前時間是" & DateTime.Now.ToString() 敘述表示在 lblShow 標籤控制項上顯示使用者姓名加上 "您好" 字串及目前的日期時間。

lblShow.ForeColor = System.Drawing.Color.Blue 敘述表示將 lblShow 標籤控制項上的文字設為藍色。

⑤ 程式碼撰寫完成後，接著在「方案總管」視窗的 Default.aspx 快按兩下即會回到 ASP.NET 網頁(Web Form)的設計畫面。

Step9 儲存檔案

按下 全部儲存鈕將 Default.aspx(編排網頁視覺化項目的檔案)及 Default.aspx.vb(撰寫控制項事件處理程序的程式碼後置檔) 進行存檔。

Step10 執行網頁與測試結果

可按 開始偵錯鈕或執行功能表【偵錯(D)/開始偵錯(S)】執行網頁。

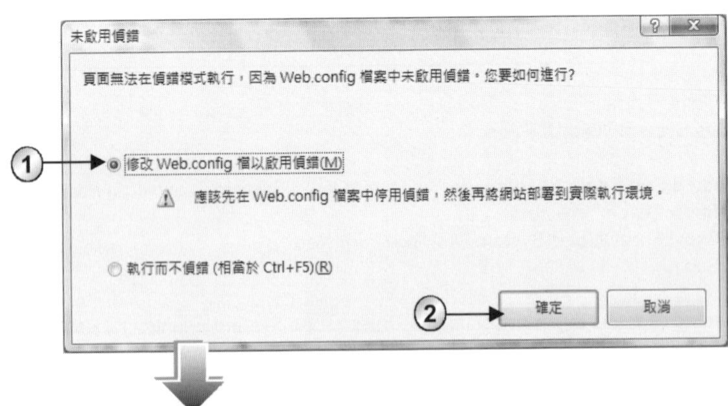

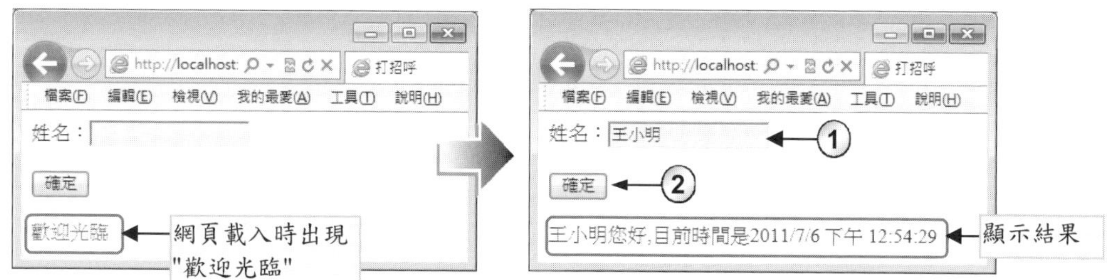

1.4.2 關閉網站

如果想要關閉網站並離開 VWD 2010 整合開發環境，可先執行【檔案(F)/關閉專案(T)】指令關閉網站，接著再執行【檔案(F)/結束(X)】指令即可離開 VWD 2010 整合開發環境。

1.4.3 開啟網站

下面介紹如何開啟已經建好的 ASP.NET Web 網站。

上機實作

Step1 進入 VWD 2010 整合開發環境

請執行開始功能表的【開始/所有程式(P)/Microsoft Visual Studio 2010 Express/Microsoft Visual Web Developer 2010 Express】進入 VWD 2010 整合開發環境。

Step2 開啟網站

VWD 2010 內建的 ASP.NET 程式開發伺服器，允許在任何路徑下的資料夾都可以開啟為網站。現以開啟 1.4.1 節所儲存的「C:\ASPNET_VB\chap01」網站為例，請按照數字操作順序開啟網站。

① 請執行功能表的【檔案(F)/開啟網站(E)...】開啟「開啟網站」視窗。

② 由出現的「開啟網站」對話方塊選擇「檔案系統」。

③ 設定網站路徑為「C:\ASPNET_VB\chap01\」。

④ 按 開啟 鈕開啟網站並進入 VWD 2010 整合開發環境。

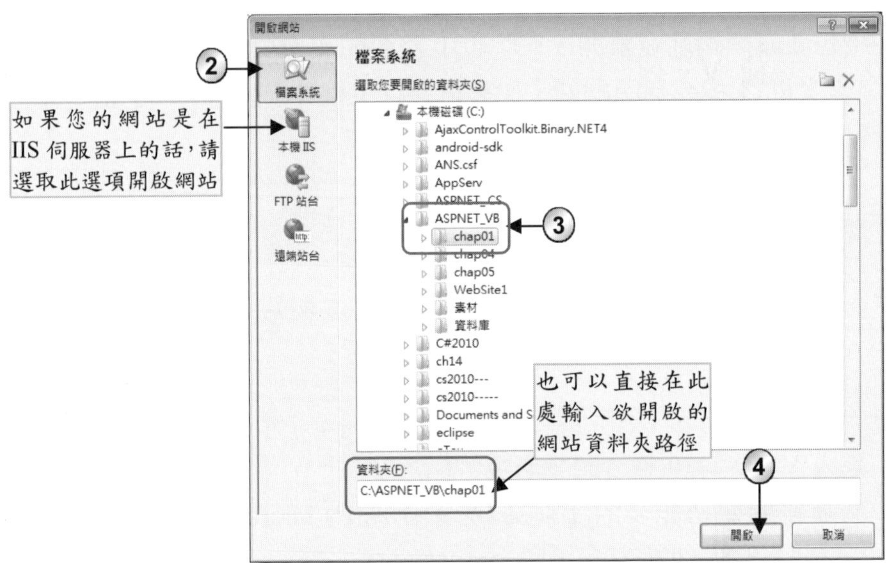

Step3 開啟網頁

在「方案總管」內欲編輯的 ASP.NET 網頁上快按兩下開啟該檔，接著再進行 ASP.NET 網頁的編修，完成後記得執行功能表的【檔案(F)/全部儲存(L)】將編修後的網頁進行存檔。

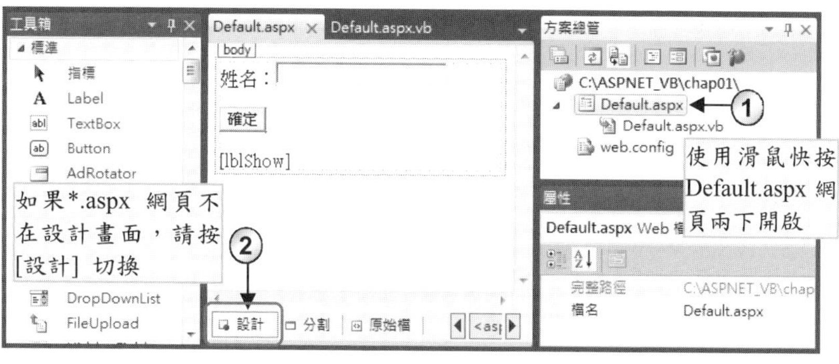

1.5 認識 VWD 2010 整合開發環境

當我們新增或開啟網站後，就會進入 VWD 2010 整合開發環境，使用整合開發環境的視覺化操作介面，來管理和設計 ASP.NET 網頁(Web Form)都變得輕鬆且容易操作。下面逐一介紹 VWD 2010 常用的 IDE 功能。

1.5.1 VWD 2010 整合開發環境介紹

下圖是初學者撰寫 ASP.NET 網頁的最佳操作 VWD 2010 整合開發環境。

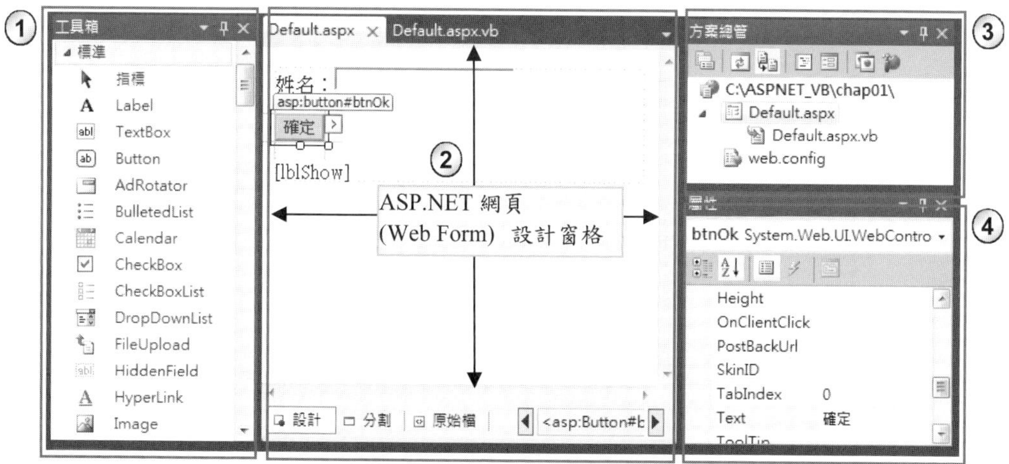

畫面說明

① 工具箱

預設位於 IDE 的左視窗。只要將工具箱的工具透過滑鼠拖曳到 ASP.NET 網頁(Web Form)上，並調整控制項的大小，不用撰寫 ASP.NET Web 伺服器控制項宣告標籤語法便可輕易地製作出輸出入介面，符合所見即所得的精神。若整合開發環境未出現工具箱，可執行功能表的【檢視(V)/其他視窗(E)/工具箱(X)】指令開啟工具箱。

② ASP.NET(Web Form)網頁設計窗格

位於 IDE 的正中央。上緣以標籤頁方式放置編排 ASP.NET 網頁(Web Form)圖文的網頁檔，其副檔名為*.aspx，此檔可使用「設計」、「分割」、「原始檔」三種模式進行編排 ASP.NET 網頁的圖文或控制項；也放置撰寫 ASP.NET Web 控制項對應的事件處理程序的類別檔，其副檔名為*.vb。其說明如下：

- 設計模式

  在此模式下可以由工具箱將控制項拖曳到 Web Form 上，是以視覺化方式開發 ASP.NET 網頁的介面。

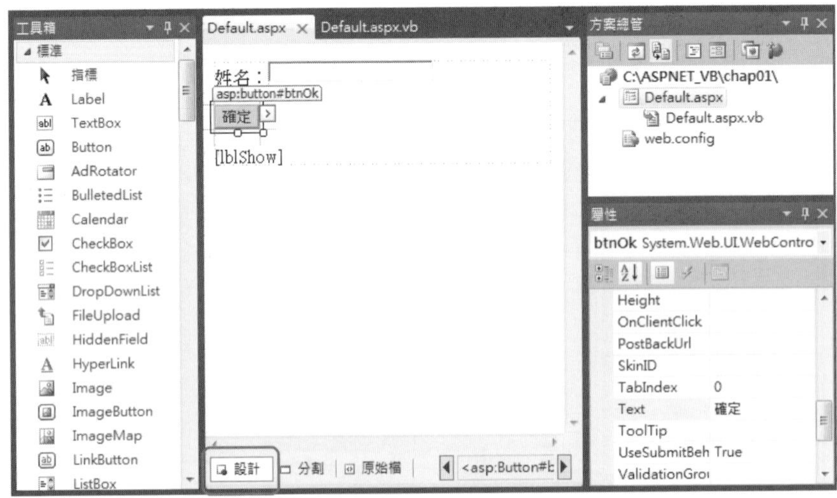

■ 分割模式

如果想要同時顯示網頁的視覺化介面與宣告標籤語法，可切換至分割模式。在此模式下設計的好處是可同時顯示 ASP.NET 控制項對應的宣告標籤語法，如此有助於學習 ASP.NET Web 控制項宣告標籤語法。

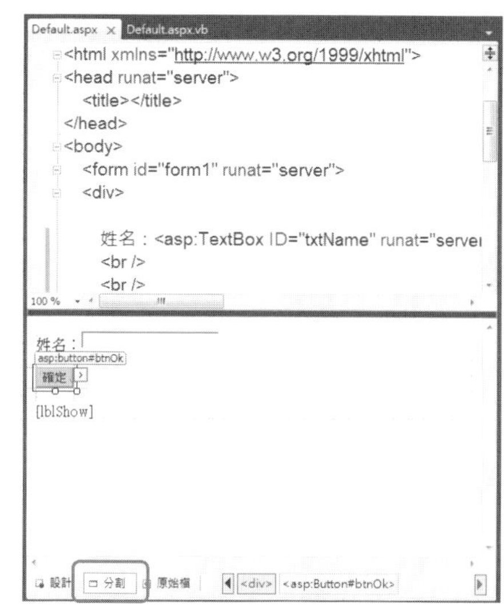

■ 原始檔模式

在此模式下可顯示網頁 HTML 與 ASP.NET Web 控制項的標籤原始碼，通常會在原始檔模式內撰寫網頁 JavaScript 用戶端指令碼以及 CSS 樣式，或是當設計畫面無法配置比較特殊網頁編排效果，就必須在此模式下指定的位置撰寫相關的標籤或程式碼。

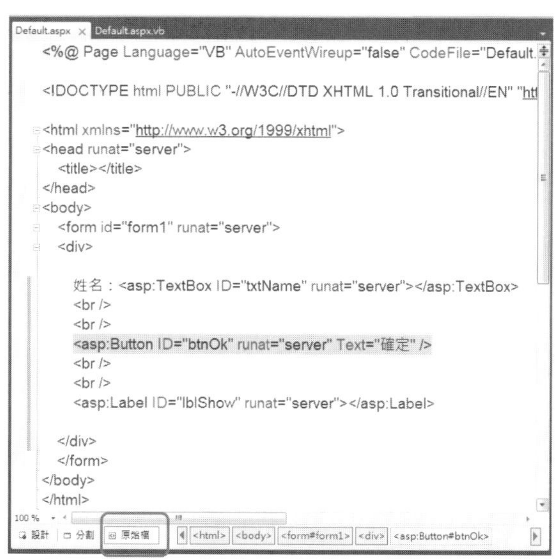

■ ASP.NET 網頁類別檔(副檔名*.vb)

此檔是撰寫 ASP.NET 網頁控制項事件處理程序或是類別方法的地方，預設每個 *.aspx 檔都有一個對應的 *.vb 類別檔。譬如：Default.aspx 就會有一個對應的 Default.aspx.vb。若沒有看到此檔案，可按「方案總管」中的 [圖示] 程式碼檢視圖示開啟下圖程式碼標籤頁。

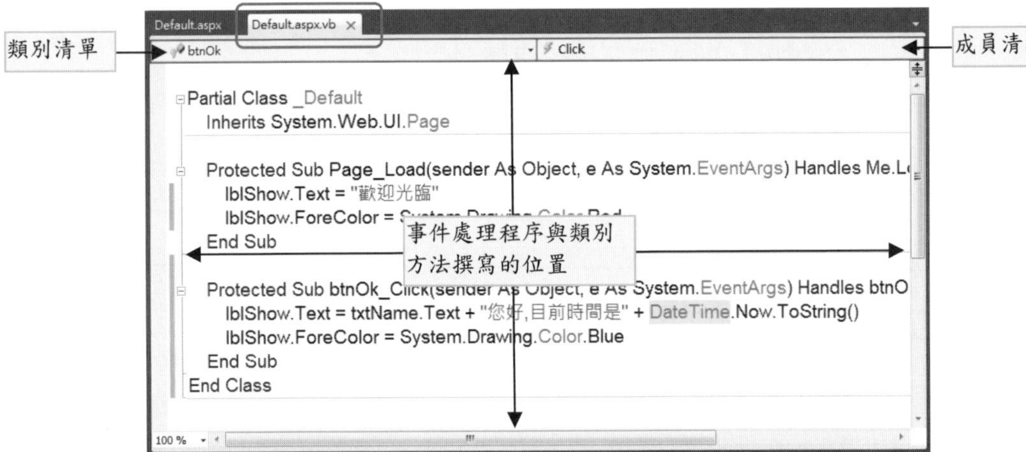
類別清單
成員清單
Default.aspx
Default.aspx.vb
btnOk
Click
Partial Class _Default
Inherits System.Web.UI.Page
Protected Sub Page_Load(sender As Object, e As System.EventArgs) Handles Me.L
lblShow.Text = "歡迎光臨"
lblShow.ForeColor =
End Sub
事件處理程序與類別
方法撰寫的位置
Protected Sub btnOk_Click(sender As Object, e As System.EventArgs) Handles btnO
lblShow.Text = txtName.Text + "您好,目前時間是" + DateTime.Now.ToString()
lblShow.ForeColor = System.Drawing.Color.Blue
End Sub
End Class
100 %

上圖的「類別清單」可顯示網頁所使用的類別與控制項物件。「成員清單」可顯示網頁所使用的事件處理程序、方法或屬性...等類別成員。

③ 方案總管

用來管理方案內網站、專案及各類型檔案。

④ 屬性視窗

用來快速設定各個控制項的屬性值。

1.5.2 標題欄

標題欄中會顯示目前編輯的網站名稱以及 VWD 的版本。

1.5.3 功能表列

功能表列位在標題欄的正下方，將各種功能指令分類置於相關的下拉式功能表中，方便使用者選取。

屬性	說明
檔案(F)	提供檔案存取、列印和新增網站、開啓網站、關閉網站等指令。
編輯(E)	提供復原、複製、尋找...等和編輯相關的指令。
檢視(V)	提供開啓或關閉 IDE 的各種視窗與工具列。
網站(S)	提供在網站中加入 ASP.NET 網頁、HTML 網頁、JScript 檔、主版頁面、類別檔、SQL 資料庫...等網站會使用的資源；以及加入元件參考、服務參考...等指令。
建置(B)	提供建置網頁、建置網站、重建網站...等指令。
偵錯(D)	提供開始偵錯(執行網頁)、逐行執行、設定中斷點...等和程式除錯相關的指令。
格式(O)	提供網頁元素的字型、前景色彩、背景色彩、段落設定、位置...等樣式設定。
表格(A)	提供插入、編修 HTML 表格的指令。
工具(T)	提供連接資料庫、新增工具和設定 IDE 環境的相關指令。
視窗(W)	提供視窗各種顯示方式的相關指令。
說明(H)	提供輔助說明。

1.5.4 標準工具列

「標準」工具列預設位在功能表列的下方，是將最常用的功能以圖示按鈕的方式集中在一起，讓操作更加快捷。若 IDE 未出現標準工具列，可執行功能表的【檢視(V)/工具列(T)/標準】指令開啟下圖標準工具列。

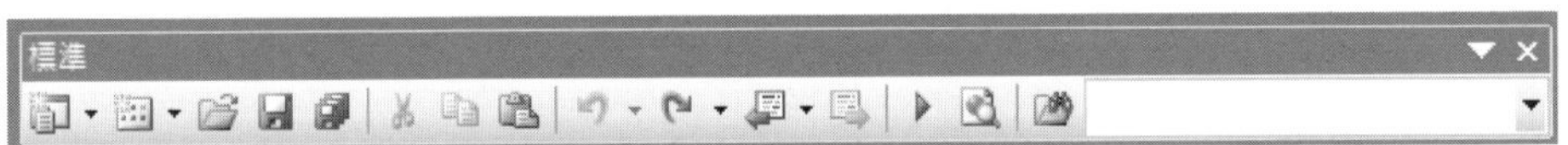

上圖「標準」工具列各圖示說明如下：

圖示	對應的功能表指令	功能說明
	[檔案/新增專案] [檔案/開啟專案] [檔案/新網站] [檔案/開啟網站]	新增專案、網站或開啟專案與網站。
	[網站/加入新項目] [網站/加入現有項目]	新增一個 ASP.NET 網頁、類別檔、SQL Express 資料庫…等項目。
	[檔案/開啟檔案]	開啟現有的檔案。
	[檔案/儲存]	儲存目前編輯中的檔案。
	[檔案/全部儲存]	儲存網站中全部的檔案。
	[編輯/剪下]	將選取的物件或文字剪到剪貼簿中。
	[編輯/複製]	將選取物件或文字複製到剪貼簿中。
	[編輯/貼上]	將剪貼簿中的物件或文字複製到目前的位置。
	[編輯/復原]	取消前一個編輯動作。

	[編輯/取消復原]	復原前一個取消的編輯動作。
	[檢視/向後巡覽]	回到前面編輯的位置。
	[檢視/向前巡覽]	回到執行 [向後巡覽] 指令的編輯位置
	[偵錯/開始偵錯]	執行 ASP .NET 網頁(快速鍵為 F5)。
	無	開啟瀏覽器執行網頁。
	[編輯/尋找和取代/檔案中尋找]	尋找指定的字串。

1.5.5 工具箱

工具箱中放置 ASP.NET 網頁(Web Form)所提供的各種 Web 伺服器控制項工具，只要在該工具圖示上快按兩下，就可以在表單建立一個控制項或稱物件。為使得 ASP.NET 網頁設計窗格加大，點選工具箱標題右邊的 圖示上按一下變成 圖示，工具箱由固定式變成彈跳式(自動隱藏)，此時工具箱會縮到左邊界隱藏起來，代以直立的 工具箱圖示顯現。

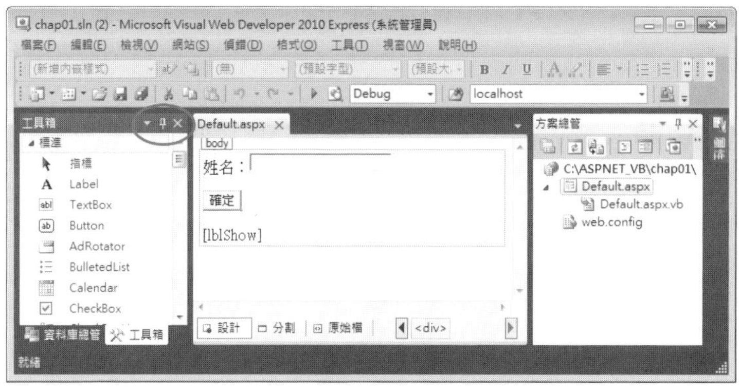

當需要工具箱時，點選左邊界的 工具箱圖示，工具箱自動彈出，當選取完畢滑鼠離開工具箱視窗時，工具箱自動彈回隱藏，使得網頁有較大的操作空間。

若工具箱彈出時，在工具箱的右上角 圖示按一下，或在工具箱標題上的 鈕按一下，由清單中選取「停駐(K)」變成 圖示，此時工具箱便固定在左視窗不彈回。

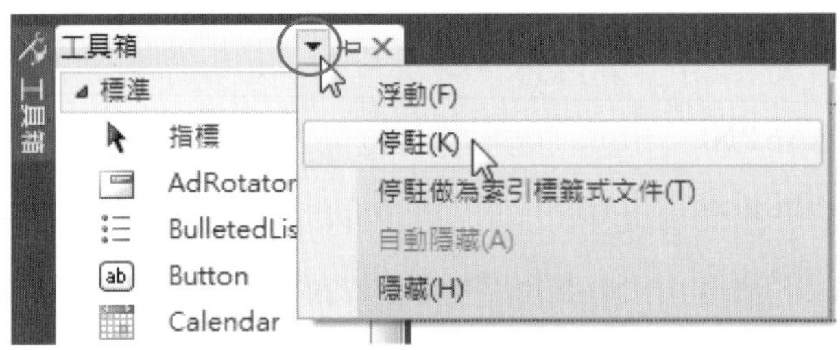

1.5.6 方案總管

方案(Solution)就像是一個容器，它可以包含多個專案(Project)或網站(Web Site)，而一個專案或網站通常會含有多個項目。項目可以是檔案和網站的其他部分，如參考、資料連接或資料夾。VWD 2010 提供一個「方案總管」視窗，提供整個方案的圖形檢視畫面，協助您在開發應用程式時管理其專案和檔案。若在 IDE 開發環境看不到方案總管視窗，可以執行【檢視(V)/其他視窗(E)/方案總管(P)】指令來開啟該視窗。說明如下：

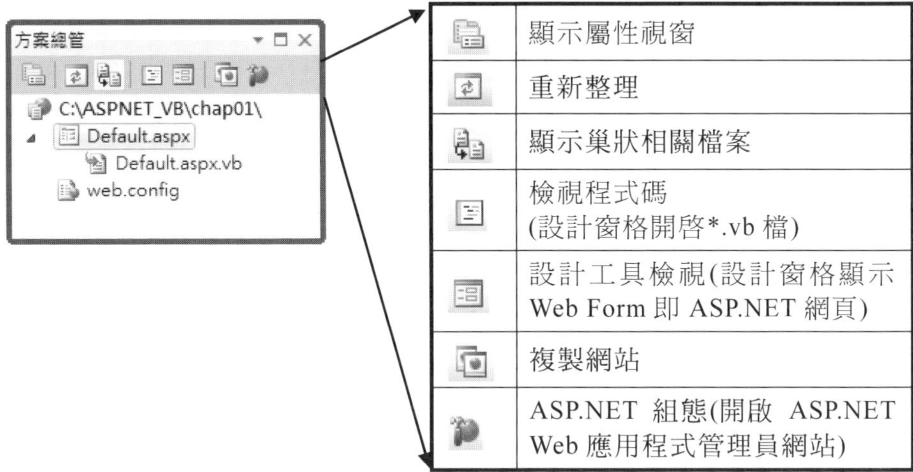

方案總管工具列圖示說明
方案總管
C:\ASPNET_VB\chap01\
Default.aspx
Default.aspx.vb
web.config
顯示屬性視窗
重新整理
顯示巢狀相關檔案
檢視程式碼
(設計窗格開啓*.vb 檔)
設計工具檢視(設計窗格顯示
Web Form 即 ASP.NET 網頁)
複製網站
ASP.NET 組態(開啟 ASP.NET
Web 應用程式管理員網站)

下列為方案總管視窗內預設的檔案及資料夾說明：

- 「C:\ASPNET_VB\Chap01\」是目前網站的完整路徑。
- Default.aspx：ASP.NET 網頁檔案名稱，其副檔名為*.aspx。*.aspx 用來撰寫和網頁編排及用戶端相關的程式，如 HTML 標籤、CSS 樣式、JavaScript 用戶端指令碼和 ASP.NET 伺服器控制項的宣告標籤...等網頁視覺化項目。
- Default.aspx.vb：用來存放 ASP.NET 控制項的事件處理程序與類別的方法...等使用者介面邏輯程式碼，其副檔名為*.vb。
- Web.config：ASP.NET Web 應用程式的組態檔，可設定資料庫連接字串、應用程式設定值、SMTP Mail 的設定、網站的登入驗證與授權安全性機制...等。

1.5.7 屬性視窗

我們將 VWD 2010 工具箱所提供的工具拖曳到 ASP.NET(Web Form)網頁上面就稱為「控制項」(Control)或稱物件(Object)，當然 ASP.NET 網頁亦是一個大物件(每一個 ASP.NET 網頁皆繼承自 Page 類別)。每個控制項都有自己的屬性和方法，有些屬性在別的控制項亦具有，有些屬性則是該控制項所特有。你只要在 ASP.NET 網頁上選取一個控制項，使其出現三個小白方框，該控制項就變成「作用控制項」，VWD 2010 對於作用控制項所對應的所有屬性會出現在「屬性視窗」供你以視覺化的操作方式選取和設定。每個屬性都有其預設值，你可以在設計階段(暨程式未執行前)和程式執行中更改其屬性值，熟悉的屬性需要時才更改，不熟悉屬性建議最好保持預設值，以免程式執行時發生異常，而無法除錯。若 IDE 中找不到「屬性」視窗，可執行【檢視(V)/其他視窗(E)/屬性視窗(W)】指令或在設計窗格上壓滑鼠右鍵來開啟屬性視窗。至於控制項的屬性設定說明如下：

1. 由控制項清單的 ▾ 下拉按鈕選取控制項，或直接在 ASP.NET 網頁上的控制項壓滑鼠右鍵由快顯功能表中選取【屬性(R)】選項。

2. 若按分類選取屬性則點選 圖示(如圖一)：若按字母順序則點選 圖示(如圖二)。

3. 移動屬性值右側的快捲鈕，在欲修改屬性的屬性值上按一下選取，若在預設值後面出現 ▾ 圖示，按此鈕表示有選項清單提供選擇。若出現 ... 圖示鈕，表示按此鈕會出現對話方塊，供你設定相關參數。若出現插入點游標表示可直接鍵入資料。

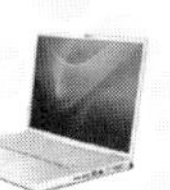

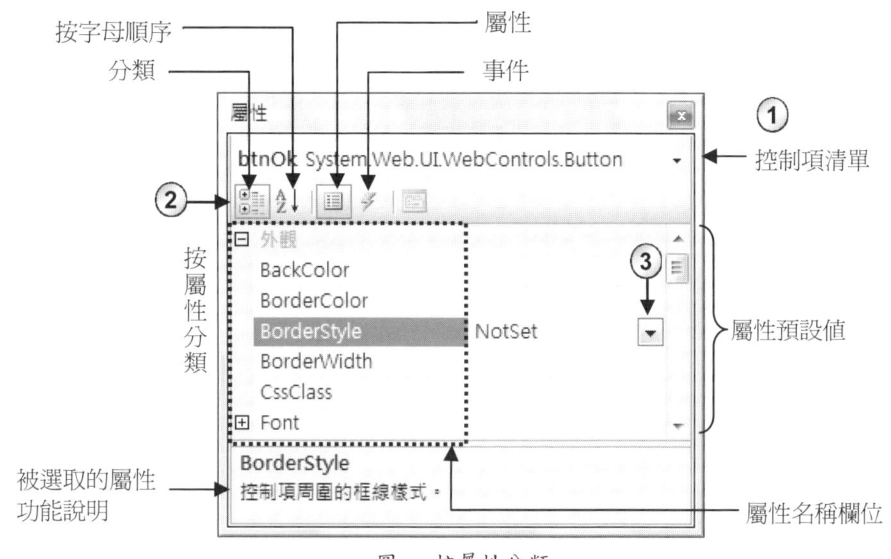

按字母順序
分類
屬性
事件
屬性
1
btnOk System.Web.UI.WebControls.Button
控制項清單
2
按屬性分類
外觀
BackColor
BorderColor
BorderStyle
NotSet
BorderWidth
CssClass
Font
3
屬性預設值
被選取的屬性功能說明
BorderStyle
控制項周圍的框線樣式。
屬性名稱欄位

圖一 按屬性分類

按此鈕會依字母順序排列屬性名稱
屬性
btnOk System.Web.UI.WebControls.Button
1
2
按字母分類
AccessKey
BackColor
BorderColor
BorderStyle
NotSet
BorderWidth
CausesValidation
True
CommandArgument
3
BorderStyle
控制項周圍的框線樣式。

圖二 按字母分類

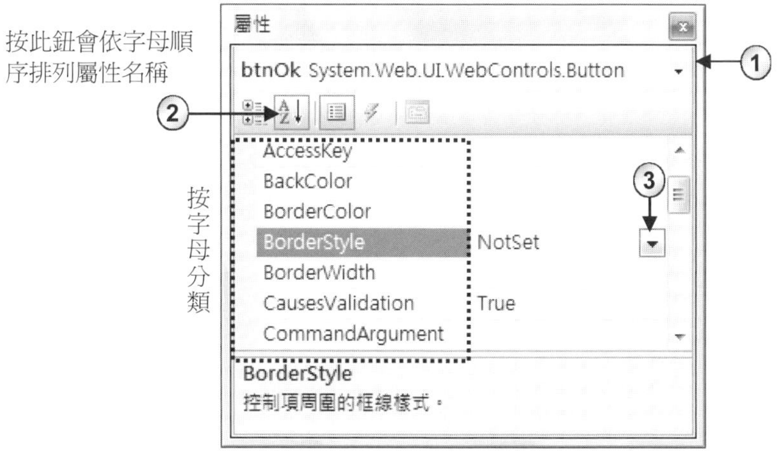

1.5.8 如何固定方案總管視窗

1. 若「方案總管」如下圖採彈跳式未固定，請移動滑鼠到右邊界「方案總管」處按一下，方案總管會由右邊界向左彈出。當滑鼠離開方案總管時又自動彈回隱藏起來。

2. 移動滑鼠到下圖右邊平躺的 自動隱藏圖示上按一下變成直立 圖示表示將方案總管和屬性視窗黏在右邊界，以方便在編輯程式碼或屬性設定時操作。

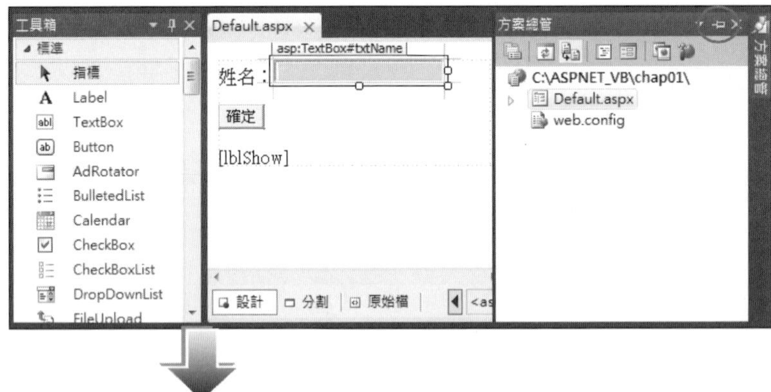

1.6 控制項編輯與命名

我們將從工具箱中的工具拖曳到表單上稱為「控制項」(Control)或稱「物件」(Object)。在 Web Form 上所建立的控制項就構成一個 ASP.NET 網頁的使用者輸出入介面。VWD 2010 將工具箱內的工具分為：標準、資料、驗證、巡覽、登入、WebParts、AJAX 擴充功能、HTML。譬如：下圖在巡覽前面的 ▷ 鈕按一下變成 ◢ 鈕，便可看到巡覽類型的 Web 伺服器控制項所提供的各項工具。

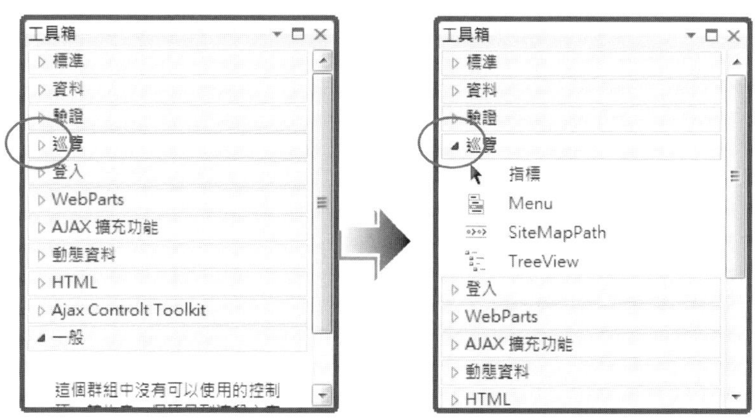

1.6.1 如何新增 ASP.NET 網頁

若要新增一份新的 ASP.NET 網頁(Web Form)，可執行功能表【網站(S)/加入新項目(W)...】指令來達成。現以在「C:\ASPNET_VB\chap01」網站下新增 NewPage.aspx 網頁為例，操作步驟如下：

① 執行功能表的【網站(S)/加入新項目(W)...】開啟「加入新項目」視窗。

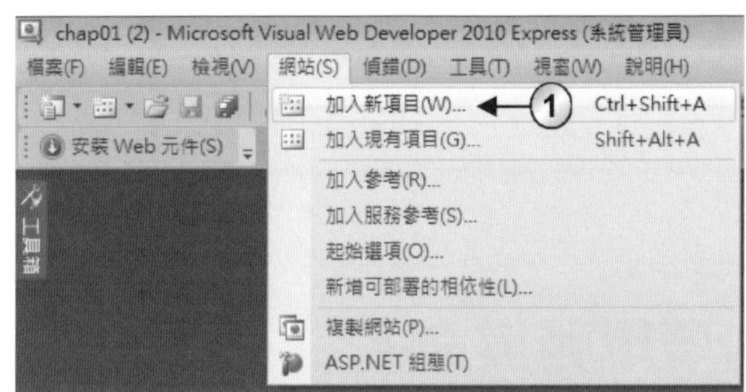

② 開發 ASP.NET 網頁的語言請選擇「Visual Basic」。

③ 在範本選取 Web Form 。

④ 在「名稱(N):」文字方塊中將 ASP.NET 網頁檔名設為「NewPage.aspx」。

⑤ 勾選「將程式碼置於個別檔案中」的核取方塊，即表示使用程式碼後置的撰寫模式。

⑥ 按 新增(A) 鈕在目前網站內新增檔名為 NewPage.aspx 的 ASP.NET 網頁。

1.6.2 如何刪除 ASP.NET 網頁

若要在目前網站中刪除 ASP.NET 網頁(Web Form)，其方法可在「方案總管」視窗中選取欲刪除的檔案，接著按 Delete 鍵就可以了。現在以刪除「C:\ASPNET_VB\chap01\」網站中的 NewPage.aspx 網頁為例。操作步驟如下：

① 在「方案總管」視窗先選取 NewPage.aspx，接著按鍵盤的 Delete 鍵。

② 接著出現對話方塊詢問是否要刪除 NewPage.aspx，確定要刪除請按 確定 鈕。

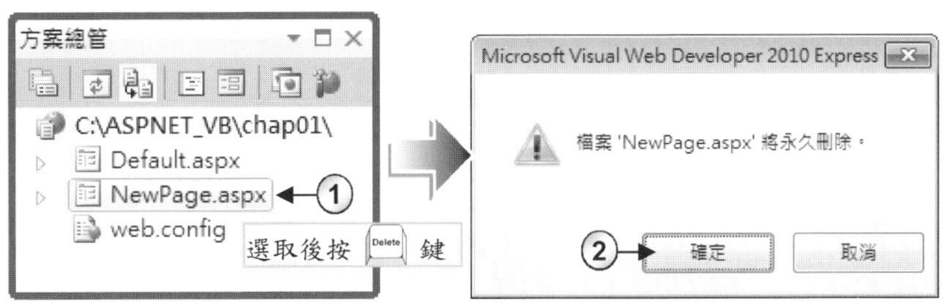

1.6.3 如何更改 ASP.NET 網頁的檔名

若要更改 ASP.NET 網頁的檔名，可透過「方案總管」視窗來更改。現將上例 NewPage.aspx 更名為 CreateControl.aspx 為例，操作步驟如下：

① 在方案總管先選取 NewPage.aspx，結果該檔在「屬性」視窗上的檔名屬性為「NewPage.aspx」。

② 透過「屬性」視窗將檔名更改為「CreateControl.aspx」，結果發現「方案總管」視窗內的 NewPage.aspx 會更名為 CreateControl.aspx，而 NewPage.aspx.vb 會更名為 CreateControl.aspx.vb。

1.6.4 如何建立控制項

首先移動滑鼠到工具箱中，點選欲使用的工具類別，接著使用下列兩種方式在 ASP.NET 網頁(Web Form)上建立需要的控制項。

方式一 直接拖曳方式

現以在 CreateControl.aspx 網頁上建立一個 Button 控制項為例，並在屬性視窗中設定 ID(控制項的程式設計物件識別名稱)屬性為 btnOk、BackColor (背景色彩)屬性為淺藍色、Text(控制項上的文字)屬性為 "確定"、Width(寬)屬性為 150、Height(高)為 50。操作步驟如下：

① 由工具箱中將 [ab Button] 置入 ASP.NET 網頁的設計畫面內。

② 將該控制項的 ID 屬性更名為 btnOk。

③ 將該控制項的 BackColor 屬性設為「#66FFFF」(淺藍色)。

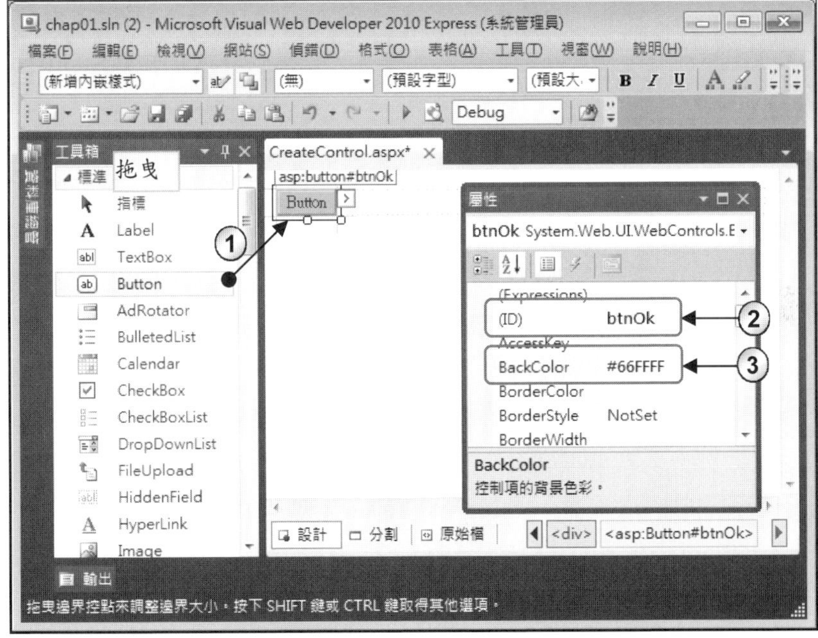

④ 將該控制項的 Height 屬性設為 50px。

⑤ 將該控制項的 Width 屬性設為 150px。

⑥ 將該控制項的 Text 屬性設為 "確定"。

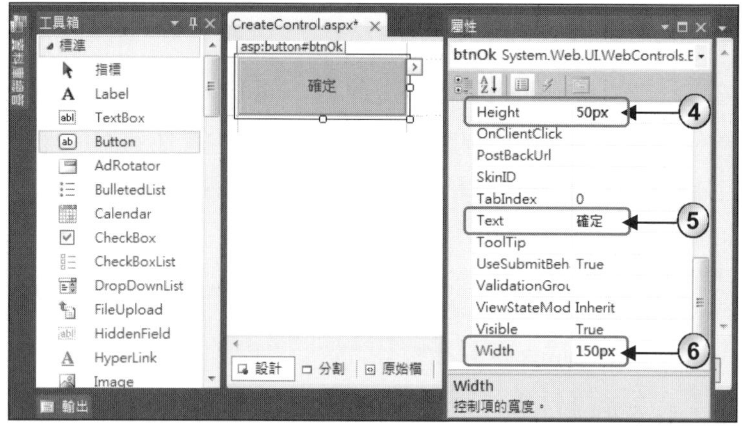

當選取 ASP.NET 網頁上的控制項時，該控制項會出現三個白色小方框，移動滑鼠游標到小白框上，按照所出現的箭頭方向便可調整控制項的大小。

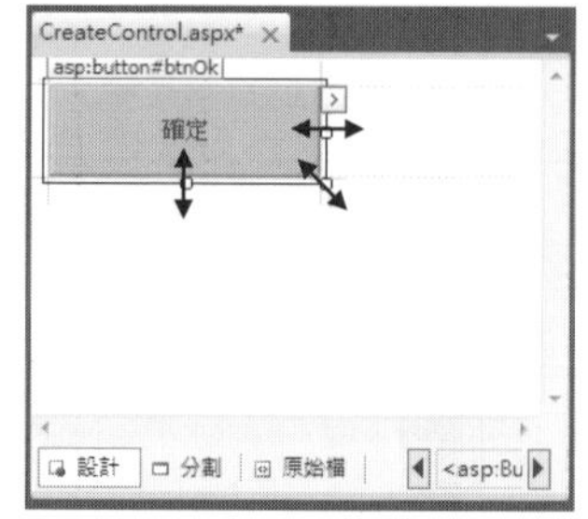

方式二　撰寫宣告標籤語法

延續上例在 CreateControl.aspx 網頁上直接撰寫建立 TextBox 控制項的宣告標籤語法，並設定 ID (控制項的程式設計物件識別名稱) 屬性為 txtName、BackColor(背景色彩)屬性為粉紅色、Width(寬)屬性為 100、Height(高)為 30。操作步驟如下：

① 切換到「分割」或「原始檔」的設計畫面。

② 在<asp:Button.../>的下一行鍵入下列 TextBox 控制項的宣告標籤語法，以便產生一個 ID 屬性為 txtName、背景色彩為粉紅色的文字方塊以及大小為 100 x 30。關於 Web 伺服器控制項的宣告標籤語法將於第四章做介紹。

```
<asp:TextBox ID="txtName" runat="server" BackColor="#FF66FF"
        Height="30px" Width="100px" />
```

粉紅色

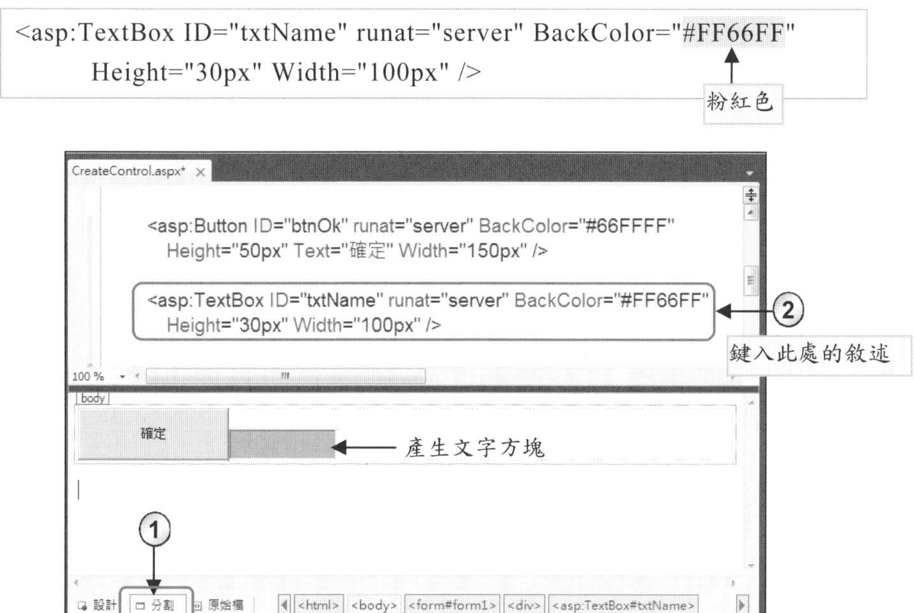

1.6.5 如何選取控制項

當你要對 ASP.NET 網頁中控制項的屬性作修改時，就必須先選取該控制項變成作用物件，其點選方式如下：

① 單選：移動滑鼠到控制項上按一下，使其控制項四周出現三個小白框，即表示該控制項被選取。

② 單選：使用屬性視窗的控制項清單來選取。如右圖：

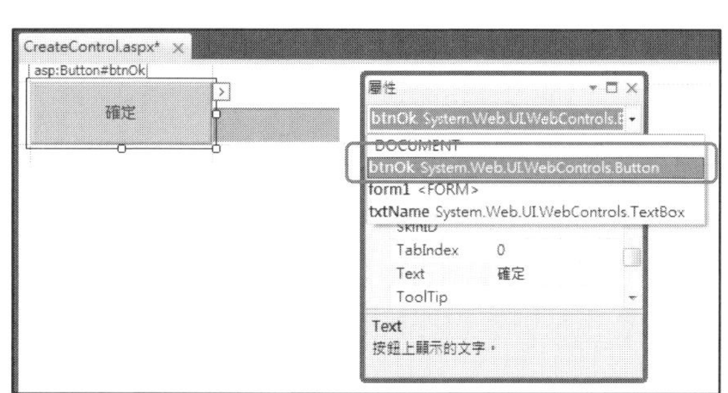

③ 多選：先按住 Ctrl 鍵，再用滑鼠點選，可以選取多個控制項。

1.6.6 如何刪除控制項

刪除控制項的方法非常簡單，先選取要刪除的控制項，壓滑鼠右鍵由快顯功能表中選取【刪除(D)】，也可以直接按鍵盤的 Delete 鍵即可。若欲復原直接按標準工具列的 復原鈕即可。

1.6.7 控制項的命名

當你在 ASP.NET 網頁上建立一個控制項，系統自動會產生一個預設的物件識別名稱給該控制項，以方便在程式中分辨和呼叫，這個預設的物件識別名稱是放在 ID 屬性中。譬如：標籤控制項預設物件識別名稱為 Label1、Label2、Label3…，當 ASP.NET 網頁中有許多控制項時以此種方式命名很難區分，所以允許程式設計者重新命名，改以有意義且易記的名稱，以提高程式的可讀性減少錯誤發生。

控制項的程式設計物件識別名稱即 ID 屬性是 ASP.NET 網頁用來在程式中識別控制項的，建議名稱的前三個字母是控制項名稱的小寫英文縮寫，後面接的是該控制項有意義的名稱（第一個字母建議為大寫）。例如：某個按鈕的功能是用來結束程式，ID 屬性可設為 btnExit。撰寫程式時，看到「btn」開頭的控制項，就知道是「按鈕」控制項。控制項的命名規則亦是遵循識別字的命名規則，說明如下：

1. 名稱可以使用英文字母、數字、底線和中文，但不可以使用標點符號和空白。
2. 名稱可以用英文字母、底線或中文開頭。
3. 儘量使用有意義的名稱，日後程式維護容易。

下表列出控制項物件識別名稱的命名方式供您參考：

控制項中文名稱	控制項英文名稱	字首	簡例
標籤	Label	lbl	lblName
按鈕、連結按鈕、影像按鈕	Button、LinkButton、ImageButton	btn	btnDel
文字方塊	TextBox	txt	txtPwd
影像	Image	img	imgMan
選項按鈕 選項按鈕清單	RadioButton RadioButtonList	rdb	rdbSex
核取方塊 核取方塊清單	CheckBox CheckBoxList	chk	chkGrade
下拉式清單 清單方塊	DropDownList ListBox	lst	lstBook

1.7 ASP.NET 網頁的撰寫模式

ASP.NET 可使用單一檔案(single-file)與程式碼後置(code-behind)兩種網頁的撰寫模式。現以下圖顯示目前日期時間的 ASP.NET 網頁為例，練習撰寫單一檔案與程式碼後置兩種 ASP.NET 網頁的撰寫模式。如左下圖網頁載入時只顯示 顯示目前日期時間 鈕，如右下圖當按下 顯示目前日期時間 鈕時即會顯示目前的日期時間。

1.7.1 ASP.NET 網頁單一檔案的撰寫模式

單一檔案(single-file)的撰寫模式就是將 HTML、CSS、JavaScript、ASP.NET 控制項宣告標籤與控制項的事件處理程序全部撰寫在同一個 *.aspx 網頁內。其操作步驟如下：

Step1 新增單一檔案模式的 ASP.NET 網頁，檔名為 single_file_sample.aspx：

① 執行功能表的【網站(S)/加入新項目(W)...】開啟「加入新項目」視窗。

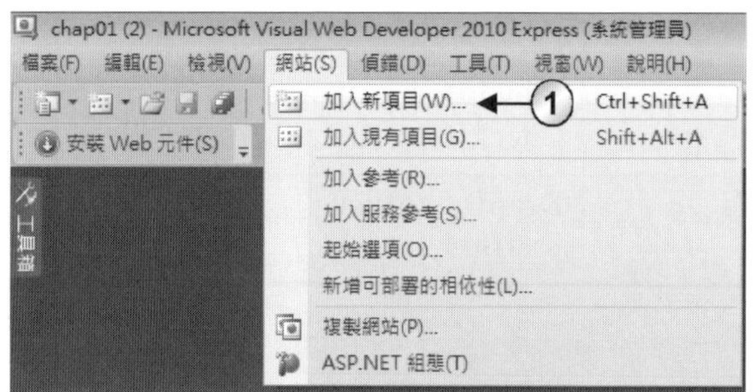

② 開發 ASP.NET 網頁的語言請選擇「Visual Basic」。

③ 在範本選取 [Web Form] 。

④ 將「名稱(N)：」設為 single_file_sample.aspx。

⑤ 不勾選「將程式碼置於個別檔案中」核取方塊，表示採用單一檔案的撰寫模式。

⑥ 按 [新增(A)] 鈕在此網站內完成新增 single_file_sample.aspx 網頁。

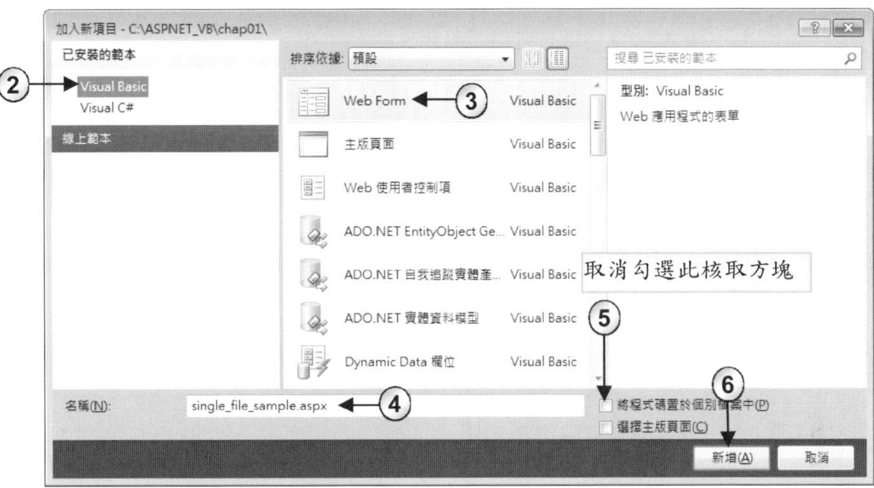

Step2 請在下圖 ASP.NET 網頁上放置 Label1 標籤及 Button1 控制項：

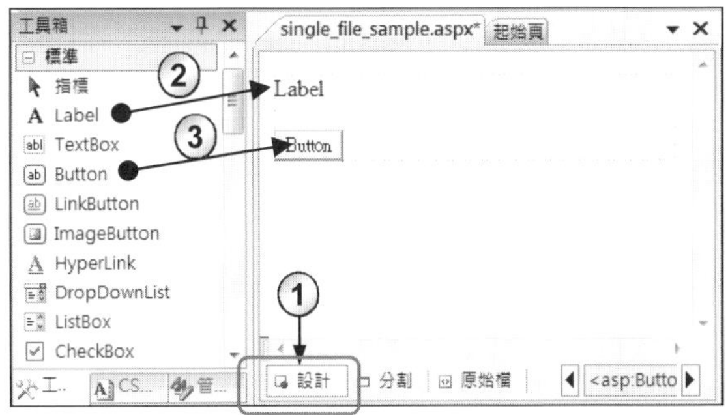

Step3 撰寫 Page_Load 事件處理程序

在 ASP.NET 網頁空白處快按滑鼠左鍵兩下進入 Page_Load 事件處理程序內，接著撰寫下列兩行程式碼：

```
<script runat="server">

    Protected Sub Page_Load(sender As Object, e As System.EventArgs)
        Label1.Text = ""
        Button1.Text = "顯示目前日期時間"
    End Sub
</script>
```

Step4 撰寫 Button1_Click 事件處理程序

依下圖操作在 Button1_Click 事件處理程序內撰寫框線中的一行敘述。

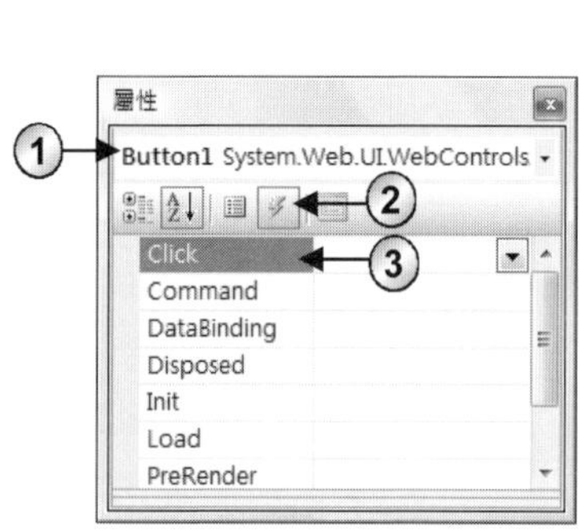

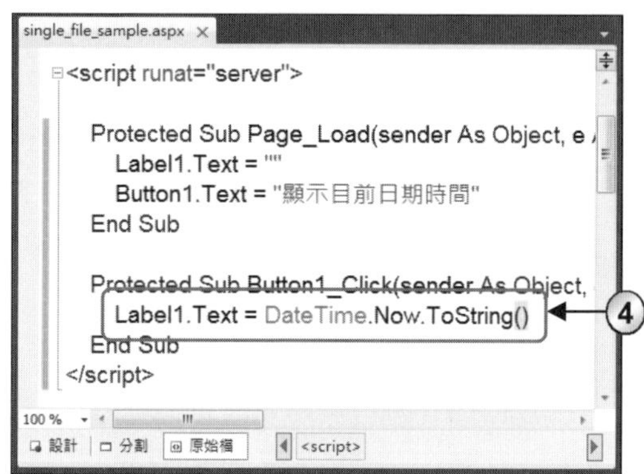

Step5 請切換到原始檔設計畫面，結果發現，HTML 標籤、ASP.NET 控制項宣告標籤與控制項的事件處理程序皆在同一個檔案內。

觀察控制項宣告語法，結果發現 Button1 按鈕控制項的 onClick 屬性指定「Button1_Click」，即表示當 Button1 按鈕的 Click 事件被觸發時會執行 Button1_Click 事件處理程序。如下：

```
<asp:Button ID="Button1" runat="server" Text="Button"
    onclick="Button1_Click" />
```

Step6 執行網頁與測試結果

可按 ▶ 開始偵錯鈕或執行功能表【偵錯(D)/開始偵錯(S)】執行網頁。

1.7.2 ASP.NET 網頁程式碼後置的撰寫模式

程式碼後置(code-behind)的撰寫模式就是將網頁視覺化部份的 HTML、CSS、JavaScript、ASP.NET 控制項宣告標籤撰寫於*.aspx 檔中，而控制項的事件處理程序的程式碼撰寫於*.vb 檔中，兩者分成兩個檔案。其操作步驟如下：

Step1 新增程式碼後置模式的 ASP.NET 網頁，檔名為 code_behind_sample.aspx。

① 執行功能表的【網站(S)/加入新項目(W)...】開啟「加入新項目」視窗。

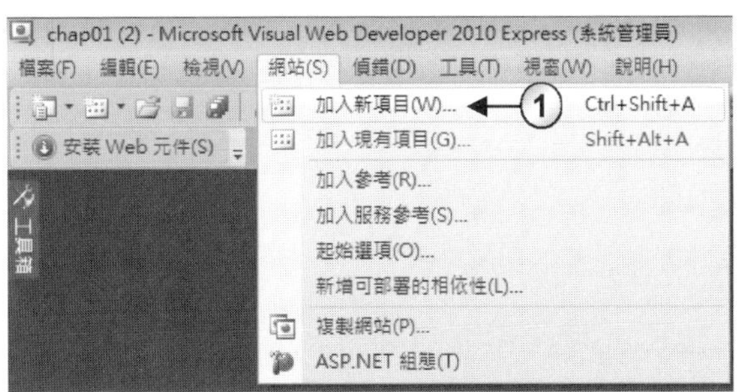

② 開發 ASP.NET 網頁的語言請選擇「Visual Basic」。

③ 在範本選取 Web Form 。

④ 將「名稱(N)：」設為 code_behind_sample.aspx。

⑤ 勾選「將程式碼置於個別檔案中」核取方塊，表示採用程式碼後置的撰寫模式。

⑥ 按 新增(A) 鈕在此網站內完成新增 code_behind_sample.aspx 網頁。

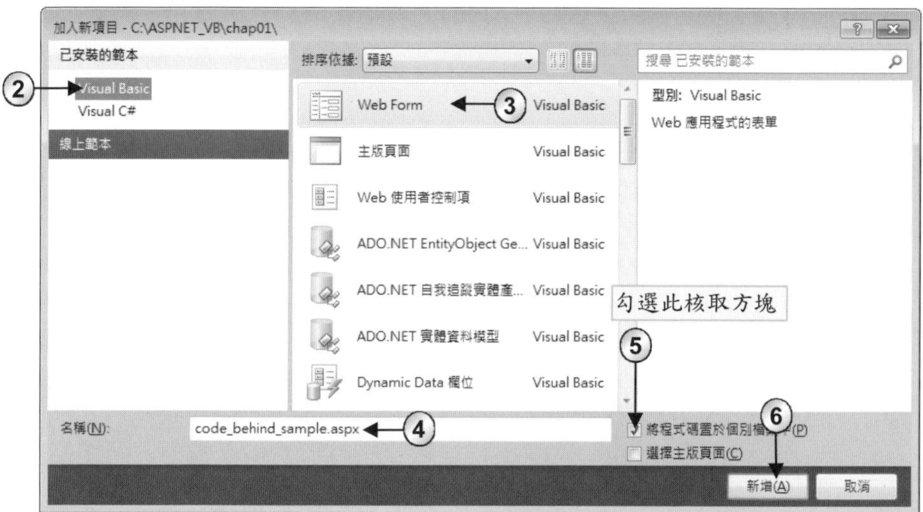

Step2 請在 ASP.NET 網頁上建立 Label1 標籤及 Button1 控制項。

Step3 在 Page_Load 事件處理程序撰寫下面兩行敘述：

在 ASP.NET 網頁空白處快按滑鼠左鍵兩下進入 code_behind_sample.aspx.vb 檔的 Page_Load 事件處理程序內，在 Page_Load 事件處理程序內撰寫下面兩行敘述：

```
Label1.Text = ""
Button1.Text = "顯示目前日期時間"
```

Step4 撰寫 Button1_Click 事件處理程序

在 Button1_Click 事件處理程序內撰寫下面一行敘述。

```
Label1.Text = DateTime.Now.ToString()
```

Step5 檢視 ASP.NET 網頁的視覺化項目

請切換到原始檔設計畫面，結果發現 *.aspx 檔內有 HTML 標籤和 ASP.NET 控制項宣告標籤的網頁視覺化項目。

Step6 檢視事件處理程序

請開啟 code_behind_sample.aspx.vb 檔檢視控制項的事件處理程序。結果發現在事件處理程序的最後面有「Handles」敘述，此敘述是用來指定該程序用來處理什麼事件。例如：

1. Page_Load 事件處理程序之後指定「Handles Me.Load」，Me 表示為目前的網頁，也就是說當目前的網頁載入時即執行 Page_Load 事件處理程序。
2. Button1_Click 事件處理程序之後指定「Handles Button1.Click」，即表示當按下 Button1 觸發 Click 事件時，此時即執行 Button1_Click 事件處理程序。

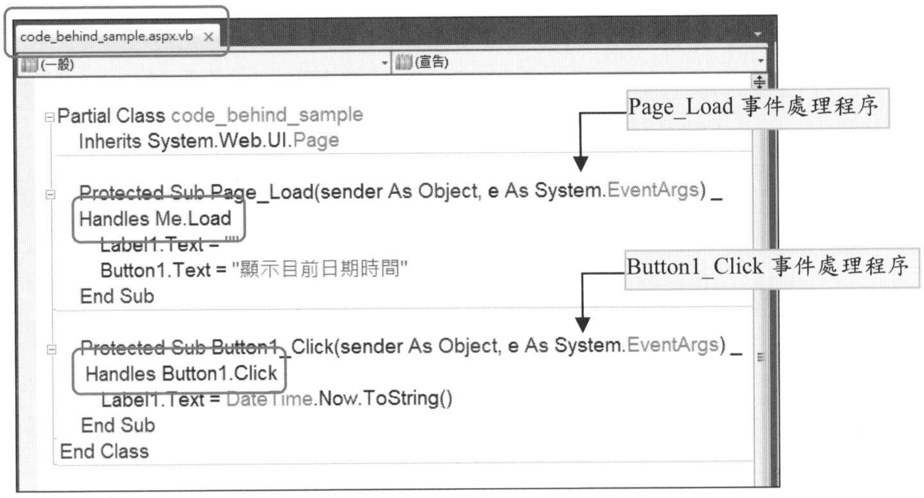

Step7 執行網頁與測試結果

可按 ▶ 開始偵錯鈕或執行功能表【偵錯(D)/開始偵錯(S)】執行網頁。

1.7.3 如何選擇合適的 ASP.NET 網頁撰寫模式

ASP.NET 網頁的單一檔案與程式碼後置的功能、執行效能、編譯與部署類似，那要選擇哪一種撰寫模式呢？下面列出兩種開發模式的優點供您參考比較：

1. 單一檔案開發模式的優點：

   ① 由於一個 ASP.NET 網頁只有一個檔案，因此部署到 IIS(Internet Information Service)伺服器或傳送給其他的網站開發人員比較容易。

   ② 檔案與檔案之間不具相依性，因此比較好管理檔案，例如更改檔名、另存新檔...等。。

   ③ ASP.NET 伺服器控制項的事件處理程序程式碼不多，且伺服器控制項的宣告標籤與事件處理程序內含於相同檔案中，由於一次可以看到整個標籤與程式碼，學習起來比較容易，初學者適合此種模式。

2. 程式碼後置開發模式的優點：

① 由於網頁視覺化部份與事件處理程序(使用者介面邏輯部份的程式碼)分開，因此設計網頁的美術人員與程式開發人員可以同時分工編輯同一份 ASP.NET 網頁。

② 不會將程式邏輯的部份公開給設計網頁的美術人員，可防止美術人員更改到程式碼部份。

④ 程式碼可共用多個網頁之中。

綜合上述，若 Web 應用程式的 ASP.NET 網頁伺服器程式碼只內含控制項的事件處理程序，則較適合採用單一檔案(single-file)的開發模式；若 Web 應用程式(網站)是由美術人員或程式開發人員(程式設計人員)等多人共同開發、ASP.NET 網頁的事件處理程序較為複雜、或網頁含有 CSS, JavaScript 用戶端指令碼，則較適合採用程式碼後置(code-behind)的開發模式。本書主要採用程式碼後置模式配合 VB 語言來開發 ASP.NET 網頁，若您對 VB 語言已經非常的熟悉，則可跳過第二、三章直接由第四章開始學習 ASP.NET，否則建議您由第二、三章開始閱讀。

1.8 課後練習

1. Visual Basic 2010 是屬於 ___________ 語言。
2. ___________ 是一個能夠建置桌面與小組架構的企業 Web 應用程式的完整套件。
3. Visual Basic 2010 可開發 __________ 應用程式、_________ 應用程式、__________ 應用程式和 _________ 應用程式。
4. 整合開發環境簡稱為 ___________ 。

5. Visual Studio 2010 至少可以使用哪三種語言來開發 .NET 應用程式？ ___________ 、___________ 、___________ 。
6. ASP.NET 4.0 內建 _________ 擴充功能，讓 Web 應用程式設計師更容易開發 Web 2.0 網站。
7. Visual Studio 2010 Express 版提供哪四個版本？________________ 、__________________ 、________________ 、________________。
8. 若要新增網站可執行功能表的 ___________ 指令。
9. 若要關閉網站可執行功能表的 ___________ 指令。
10. ASP.NET 網頁的副檔名為 _______；VB 程式檔的副檔名為 _____。
11. VB 程式的註解符號為 _________。
12. 使用 ____________ 與 ___________ 可設計外觀一致性的網頁。
13. ASP.NET 網頁的撰寫模式可分為 ___________ 與 ____________ 。
14. ASP.NET Web 伺服器控制項的程式設計物件識別名稱為 _______ 屬性。
15. 在 VWD 整合開發環境下 ASP.NET 網頁(Web Form)的檢視模式可分為 _________ 、_________ 與 _________ 。

CHAPTER

2 資料型別與流程控制

學習目標：

- 認識 VB 的資料型別
- 學習變數的宣告與使用
- 學習運算子與運算式的使用
- 學習 VB 選擇結構語法
- 學習 VB 重複結構語法
- 學習 VB 例外處理語法

2.1 程式的構成要素

2.1.1 識別項

我們每個人一出生都需要取個名字來加以識別。同樣地，在程式中所使用的變數、陣列、結構、函式、類別、介面和列舉型別等，也都必須賦予名稱，以方便在程式中識別，其名稱的命名都必須遵行識別項的命名規則。至於識別項的命名規則如下：

① 第一個字元必須是大小寫字母、底線字元或中文字開頭，接在後面的字元可以是字母、數字或底線字元或中文字。

② 識別項中間不允許有空白字元出現。

③ 識別項最大長度限 1,023 個字元。但識別項不要太長以免難記且易造成輸入上的錯誤。

④ 關鍵字是不允許當作識別項，但關鍵字之前後若加上中括弧 [ ]，則可當作識別項處理。例如 If 為關鍵字，而 [If] 就是非關鍵字。

⑤ 識別項大小寫視為相同，譬如 tube 和 TuBe 會被視為相同的識別項。

① _pagecount、Part9、薪資、Number_Items 都是合法的識別項。

② 無效識別項：101Metro(不能以數字開頭)，M&W(不允許使用&字元)

2.1.2 敘述

敘述(Statement)是高階語言所撰寫程式中最小的可執行單位。由一行一行的敘述所成的集合就構成一個程式(Program)。至於一行完整的敘述是由關鍵字、運算子、變數、常數及運算式等組合而成的。一般在撰寫程式時，為了讓程式看起來清楚且可讀性高，都是一行接一行由上而下撰寫。VB 中每一行敘述的結尾時，按 Enter 鍵跳至下一行繼續書寫。譬如：下面是宣

告 money 為整數變數和 userName 為字串變數的兩行敘述，其寫法如下：

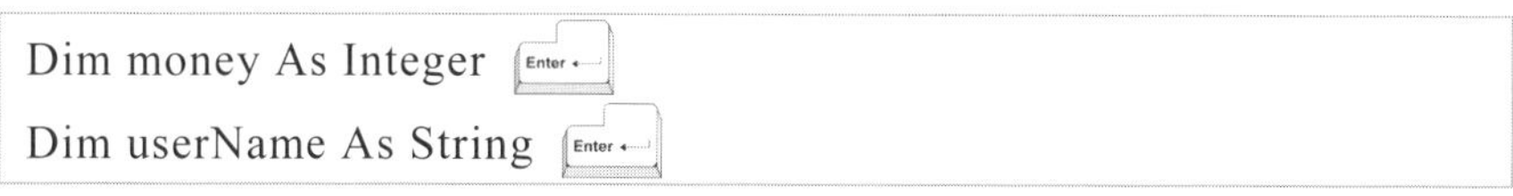

```
Dim money As Integer
Dim userName As String
```

若將上面兩行敘述改為一行書寫，敘述中間使用冒號加以區隔：

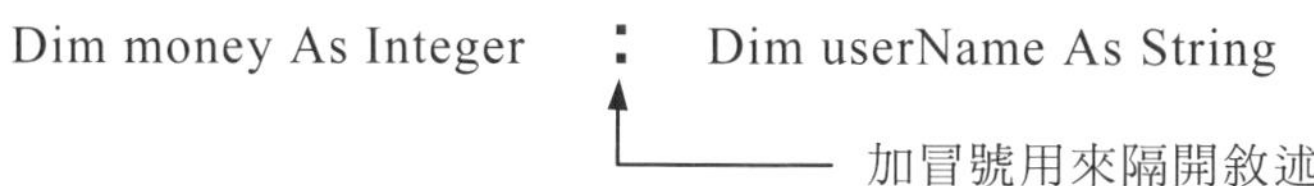

```
Dim money As Integer : Dim userName As String
```


若敘述太長不易閱讀或一行書寫不下時允許分成兩行或數行書寫。其寫法是將游標移到適合斷行處，先鍵入至少一個空白字元後接底線字元(_) 再按 Enter 鍵，會如下面敘述將剩餘字串移到下一行：

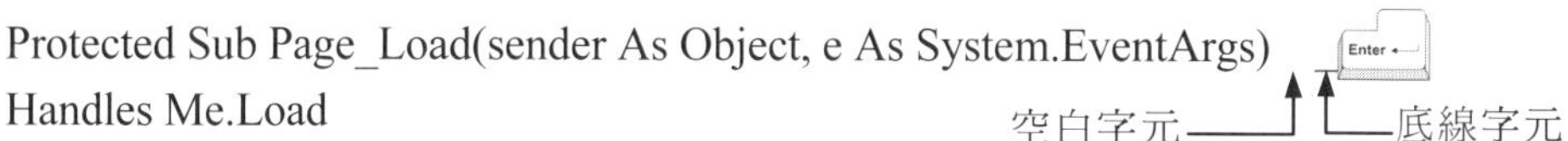

```
Protected Sub Page_Load(sender As Object, e As System.EventArgs) _
Handles Me.Load
```


2.1.3 關鍵字

所謂「關鍵字」(KeyWord) 或稱保留字(Reserve Word)，是對編譯器有特殊意義而預先定義的保留識別項。譬如：下表即為 VB 系統所保留的關鍵字，編寫程式碼時不得拿來當作變數名稱。

AddHandler	AddressOf	Alias	And	AndAlso
Ansi	As	Assembly	Auto	Boolean
ByRef	Byte	ByVal	Call	Case
Catch	CBool	CByte	CChar	CDate
CDec	CDbl	Char	CInt	Class
CLng	CObj	Const	CShort	CSng
CStr	CType	Date	Decimal	Declare

Default	Delegate	Dim	DirectCast	Do
Double	Each	Else	ElseIf	End
Enum	Erase	Error	Event	Exit
False	Finally	For	Friend	Function
Get	GetType	GoSub	GoTo	Handles
If	Implements	Imports	In	Inherits
Integer	Interface	Is	Let	Lib
Like	Long	Loop	Me	Mod
Module	MustInherit	MustOverride	MyBase	MyClass
Namespace	New	Next	Not	Nothing
NotInheritable	NotOverridable	Object	On	Option
Optional	Or	OrElse	Overloads	Overridable
Overrides	ParamArray	Preserve	Private	Property
Protected	Public	RaiseEvent	ReadOnly	ReDim
REM	RemoveHandler	Resume	Return	Select
Set	Shadows	Shared	Short	Single
Static	Step	Stop	String	Structure
Sub	SyncLock	Then	Throw	To
True	Try	TypeOf	Unicode	Until
Variant	When	While	With	WithEvents
WriteOnly	Xor			

撰寫程式碼時，若敘述中有些字串以藍色字顯現，是表示這些識別項就是 VB 的關鍵字。

2.2 常數與變數

電腦主要是用來處理資料，在設計程式時，依程式執行時該資料是否允許做四則運算分成數值資料和字串資料。若依程式執行時資料是否具有變動性，將資料分成常數(Constant)和變數(Variable)。

2.2.1 常數

常數(Constant)是程式執行的過程中，其值是固定無法改變，VB 將常數細分成常值常數和符號常數兩種。

一. 常值常數(Literal Constant)

若程式中直接以特定值的文數字型態存在於程式碼中，稱為「常值常數」。譬如：15、"Price" 等都屬於常值常數。常值常數可為運算式的一部份，也可指向一個符號常數或變數。VB 常用的常值常數型別有：

常值常數
- 布林常值：True（真）、False（假）
- 整數常值：25、-30
- 浮點常值：24.5、7.1E+10
- 字串常值："Hello"、"24.5"、"Visual Basic# 2010 從零開始"
- 字元常值："a"、"8"
- 日期常值：#03/17/2009#、#12:34:56 PM#

二. 符號常數(Symbolic Constant)

程式碼中經常會包含重複出現的常數值，這些常數值可能是某些很難記住或沒有明顯意義的數字，在程式中可讀性不高。VB 可透過「符號常數」以有意義的名稱直接取代這些常值常數，如此可大大地提高程式的可讀性，並易於維護。所以，符號常數是以有意義名稱來取代程式中不會改變的數值或字串，如同它的名稱，是用來儲存應用程式執行過程中維持不變的值，不能像變數在程式執行的過程中是可變更其值或指派新值。

符號常數在程式中經過宣告後，便無法修改或指派新的值。符號常數是用 Const 關鍵字及運算式來宣告並設定初值。其宣告方式如下：

[存取修飾詞]	Const	符號名稱	As	資料型別	= [數值|字串|運算式]
可使用的關鍵字： ① Public ② Private(預設) ③ Protected		遵循識別項的命名規則		包括： Integer/Decimal Single/Double Char/String Boolean/Object... (其他資料型別請參考 2.3 節)	中括號內擇一 不可省略

注意

1. 若省略資料型別，預設由編譯器指派該符號常數的運算式型別。依預設值，整數常值會轉換成 Integer 資料型別，浮點數值預設的資料型別為 Double，關鍵字 True 和 False 則用來當作 Boolean 常數。

2. 簡例

```
Public Const DaysInYear As Integer = 365
Const PI As Double = 3.1416
Const pass As Boolean = True
Const bookName As String = "Viusal Basic 2010 從零開始"
```

您也可以在同一行中宣告多個符號常數，以程式碼的可讀性考量，建議每行宣告一個符號常數較宜。如果您在同一行宣告多個符號常數，要注意同一行的符號常數必須具有相同的存取層次，而且以逗號隔開宣告。

```
Const x As Double = 1.0, y As Double = 2.0, z As Double = 3.0
Const four As Integer = 4, cFour As String = "四"
```

2.2.2 變數

一個變數(Variable)代表一個特定的資料項目或值，系統會在記憶體中預留一個位置來儲存該資料的內容。當程式執行碰到變數時，會到該變數的位址，取出該值加以運算。變數和常數是不一樣，程式執行過程中常數的值是固定不變，而變數允許重複指定不同的值。當您指派一個值給變數後，該變數會維持該值，一直到您指派另一個新值給它為止。因為具有這樣的彈性，所以變數在使用之前必須事先宣告，在宣告變數的同時必須給予變數名稱，命名方式則遵循識別項的命名規則，同時要設定該變數的資料型別，以方便在程式進行編譯時配置適當的記憶空間來存放變數的內容。宣告時設定變數合適的資料型別是在於提高電腦的處理速率。所以，變數是以一個英文名稱出現在敘述中的數值。變數在程式執行時會在電腦的記憶體中的資料區對應一個位址，在程式相同的層級內，同樣的變數名稱對應相同的記憶體位址。例如：

x = y + 10

其中 10 是常數，而 x、y 則是變數，也就是記憶體儲存常數 10 的位址，其內容固定無法改變，而儲存 x 和 y 變數的位址其內容是可以改變的。VB 允許變數可使用的資料型別如下：

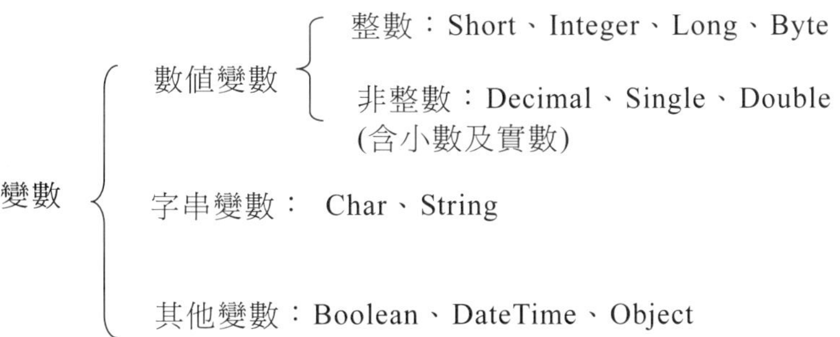

2.3 如何宣告變數的資料型別

程式中使用到的變數，必須事先經過宣告，經過宣告的變數便可知道該資料的資料型別，程式在編譯時便可保留適當的記憶體空間給該資料使用。VB 是使用下面語法來宣告變數的資料型別：

```
[存取修飾詞] Dim 變數名稱  As 資料型別
```

① 存取修飾詞：位於 Dim 前面，可使用 Public、Protected、Friend 或 Private 關鍵字。若省略存取修飾詞，預設為 Private。

② 變數名稱：遵循識別項命名規則。

③ 資料型別：VB 允許使用的資料型別如下表：

資料型別	大小	該資料型別有效範圍
Byte 位元組	1 Byte	宣告：Dim a As Byte 大小：0至255 (無正負號8位元整數)
SByte 位元組	1 Byte	宣告：Dim a As SByte 大小：-128~127 (帶正負號8位元整數)
Short 短整數	2 Bytes	宣告：Dim a As Short 大小：-32.768~+32,767
UShort 短整數	2 Bytes	宣告：Dim a As UShort 大小：0~65,535
Integer 整數	4 Bytes	宣告：Dim a As Integer 大小：-2,147,483,648至+2,147,483,647
UInteger 整數	4 Bytes	宣告：Dim a As UInteger 大小：0~4,294,967,295
Long 長整數	8 Bytes	宣告：Dim a As Long 大小：-9,223,372,036,854,775,808至 +9,223,372,036,854,775,807
ULong 長整數	8 Bytes	宣告：Dim a As ULong 大小：0~18,446,744,073,709,551,615

Single 單精確度	4 Bytes	宣告：Dim a As Single 大小：$\pm 1.5 \times 10^{-45}$ 至 $\pm 3.4 \times 10^{38}$ 有效位數7位數。
Double 倍精確度	8 Bytes	宣告：Dim a As Double 大小：$\pm 5.0 \times 10^{-324}$至$\pm 1.7 \times 10^{308}$ 有效位數15~16。
Decimal 貨幣	16 Bytes	宣告：Dim a As Decimal 整數：$\pm 1.0 \times 10e^{-28}$ 至 $\pm 7.9 \times 10e^{28}$ 有效位數28~29。
Char 字元	2 Bytes	宣告：Dim a As Char 大小：0至65,535 (為Unicode碼) 可寫成字元常值，或用Chr、ChrW將數值轉換成字元。下列為Char 宣告變數方式，並且以字元A將其初始化： Dim c1 As Char="A"　　' 字元常值表示 Dim c2 As Char=Chr(&H41)　' 十六進制表示 Dim c3 As Char=Chr(65) ' 整數常值轉字元常值 Console.WriteLine (c1 & c2 & c3) 輸出結果為：　A A A
String 字串	依實際 需要	宣告：Dim a As String 大小：大約0至20億(2^{31})個字元，以雙引號頭尾括住。
Boolean 布林	2 Bytes	宣告：Dim a As Boolean 大小：True(真), False(假)
DateTime 日期	8 Bytes	宣告：Dim a As DateTime 大小： 1年1月1日0:00:00 ~ 9999年12月31日11:59:59 PM。
Object物件 (預設值)	4 Bytes+	宣告：Dim a As Object 大小：可儲存任何資料型別

宣告變數時也能在同一行敘述中同時宣告多個變數，各變數之間必須使用逗號隔開。譬如：同時宣告 a 和 b 是整數變數。寫法：

```
Dim a,b As Integer
```

宣告變數時，亦允許同時對變數初始化(設定初值)，寫法：

```
Dim 變數名稱 As 資料型別 = 初值
```

[例 1] 宣告 a 是一個整數變數，且初值為 10。寫法：
Dim a As Integer =10

[例 2] 同時宣告 a 是一個整數變數，且初值為 10；宣告 b 為布林變數，且初值為 False。寫法：
Dim a As Integer =10 , b As Boolean = False

2.4 運算子與運算式

2.4.1 運算子與運算元

運算子(Operator)是指運算的符號，如：四則運算的＋、－、×、÷、...等符號。程式中利用運算子可以將變數、常數及函式連接起來形成一個運算式或稱表示式(Expression)，運算式必須經過 CPU 的運算才能得到結果。我們將這些被拿來運算的變數、常數和函式稱為「運算元」(Operand)。所以，運算式就是由運算子和運算元組合而成的。譬如：

```
price * 0.05
```

上述為一個運算式，其中 price 為變數和 0.05 為常值常數，兩者都是運算元，「*」為乘法運算子。若運算子按照運算子運算時需要多少個運算元，可分成：

1. 一元運算子(Unary Operator)

   運算時在運算子前面只需要一個運算元，它是採前置標記法 (Prefix Notation)。如：-5。

2. 二元運算子(Binary Operator)

   運算時，在運算子前後各需要一個運算元，它是採中置標記法 (Infix Notation)。如：5 + 8。

若運算子按照特性加以分類，可分成下面六大類：

① 算術運算子
② 指定(複合)運算子
③ 關係運算子
④ 邏輯運算子
⑤ 串連運算子
⑥ 移位運算子

2.4.2 算術運算子

算術運算子是用來執行一般的數學運算。VB 所提供的算術運算子如下：

運算子	說明	範例
()	小括號	10 * (20 + 5) ⇨ 250
^	次方	5 ^ 3 ⇨ 125
–	負號	-5 ， (-5) ^ 3 = -125
*、/	乘、除	5 * 6 / 2 ⇨ 15
\	整數相除	7 \ 2 ⇨ 3
Mod	相除取餘數	8 Mod 5 ⇨ 3 ，12 Mod 4.3 ⇨ 3.4
+、–	加、減	20 – 6 + 5 ⇨ 19

上表中算術運算子的優先執行順序是由上而下遞減。最內層小括號內的運算式最優先執行，加、減運算式最低。同一等級的運算式由左而右依序執行，譬如：a + (b - c) * d % k 運算式的執行順序如下所示：

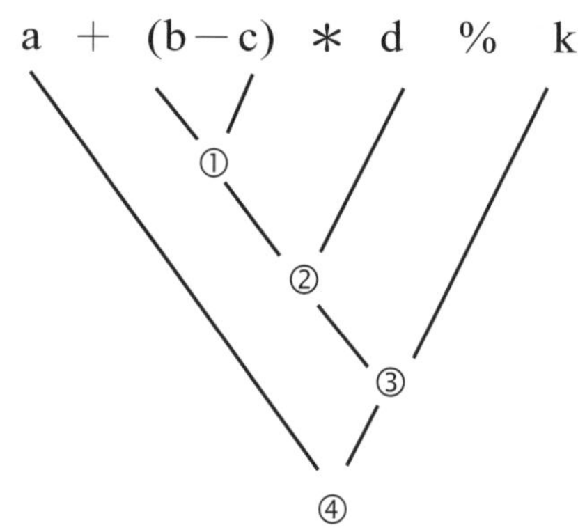

2.4.3 關係運算子

「關係運算子」亦稱「比較運算子」，當程式中遇到兩個數值或字串要做比較時，就需要使用到「關係運算子」，關係運算子執行運算時使用到兩個運算元，而且這兩個運算元必須同時是數值或字串方可比較，經過比較後會得到 True(真)或 False(假)。在程式中可以透過此種運算配合選擇結構敘述，來改變程式執行的流程。VB 所提供的關係運算子如下：

運算子	運算式	範例
< 小於	x < y	5 < 2 ⇨ False
<= 小於等於	x <= y	5 <= 2 ⇨ False
> 大於	x > y	5 > 2 ⇨ True
>= 大於等於	x >= y	5 >= 2 ⇨ True
= 等於	x = y	5 = 2 ⇨ False
<> 不等於	x <> y	5 <> 2 ⇨ True

2.4.4 邏輯運算子

一個關係運算式就是一個條件，當有多個關係式要一起判斷時便需要使用到邏輯運算子來連結。VB 所提供的邏輯運算子如下：

1. Not 邏輯運算子

若一個條件式只有一個條件，想傳回該條件的相反值時，就必須使用 Not 運算子。真值表如下：

A	Not A
True	False
False	True

2. And、AndAlso 邏輯運算子

若一個條件式含有 (條件 1) 和 (條件 2) 兩個條件，當 (條件 1) 和 (條件 2) 都為真(True) 時，此條件式才成立；若其中一個條件為假(False)，則條件式不成立(假)。此時就需要使用到 And(且) 運算子，此種情況相當於數學上的交集。AndAlso 功能和 And 相同，但當 (條件 1) 為 False 時，就不再判斷 (條件2)，因此可以加快程式的速度。

A(條件1)	B (條件2)	A And B
True	True	True
True	False	False
False	True	False
False	False	False

[例] $70 < score \le 79$ 條件式寫法：

(score > 70) And (score <= 79) 或

(score > 70) AndAlse (score <= 79)

3. Or、OrElse 邏輯運算子

若一個條件式含有兩個條件分別為 (條件 1) 和 (條件 2)，只要其中一個條件為真(True)時，此條件式便成立。只有 (條件 1) 和 (條件 2) 都為假(False) 時，此條件式才不成立。此時就需要使用 Or(或) 邏輯運算子，此種情況相當於數學上的聯集。 OrElse 功能和 Or 相同，但當 (條件 1) 為 True 時，就不再判斷 (條件 2) ，因此可以加快程式的速度。

A(條件1)	B(條件2)	A Or B
True	True	True
True	False	True
False	True	True
False	False	False

[例] score<0 或 score≥ 100 條件式寫法：

(score<0) Or (score>=100) 或

(score<0) OrElse (score>=100)

4. Xor 邏輯運算子

若一個條件式含有多個條件 (條件 1)、(條件 2)...，所有條件為真的個數若為奇數時，則該條件式成立(為真)；若為偶數，則該條件式不成立(為假)。此時就需要使用 Xor(互斥) 運算子，真值表如下：

A(條件1)	B(條件2)	A Xor B
True	True	False
True	False	True
False	True	True
False	False	False

2.4.5 指定(複合)運算子

指定運算子是用來將指定運算子(=) 右邊運算後的結果指定給指定運算子(=)左邊的變數。VB 所提供的指定運算子如下：

運算子	運算式	假設x=5, y=2 運算後的x值
=	x = y	x值爲 5
+=	x += y相當於 x = x + y	x值爲 7（5 + 2）
-=	x -= y相當於 x = x - y	x值爲 3（5 - 2）
*=	x *= y相當於 x = x * y	x值爲 10（5 x 2）
/=	x /= y相當於 x = x / y	x值爲 2.5（5 / 2）
\=	x \= y相當於 x = x \ y	x值爲 1（5 \ 2）
^=	x ^= y相當於 x = x ^ y	x值爲 25（5 ^ 2）

2.4.6 合併運算子

+ 符號除了可以當作加法運算子外，也可以用來合併字串。若 + 運算子前後的運算元都是數值資料 (Byte、Integer...) 會視為加法運算處理，其結果為數值。反之，若兩個運算元皆為字串，則視為合併運算子，將兩個運算元前後合併成一個字串。另外 & 符號也是字串的合併運算子，功能和 + 相同。譬如：

```
Dim myStr As String
myStr= "To be " + "Or Not to be"    ' 傳回 " To be Or Not to be" 給 myStr
myStr= "Visual Basic " & "2010"     ' 傳回 " Visual Basic 2010" 給 myStr
```

因為 + 運算子有相加和字串合併兩種用途，建議做字串合併時，請使用 & 運算子以免發生錯誤。

2.4.7 移位運算子

移位運算子主要使用在數值資料，對於一個二進制的正整數或帶有小數的整數，該數值往左移一個位元(Bit)，即該數值乘以 2；若往右移一個位元(Bit)，即該數值除以 2。可使用的移位運算子如下：

1. << ：左移運算子
2. >> ：右移運算子

譬如：

```
Dim a As Integer =10
Console.WriteLine(a>>1)    ' 10₁₀=1010₂  ⇨右移一位  ⇨ 0101₂ = 5₁₀
Console.WriteLine(a<<2)    ' 10₁₀=1010₂  ⇨左移兩位  ⇨ 101000₂ = 40₁₀
```

2.4.8 運算子優先順序和順序關聯性

運算式裡面運算子的評估順序是由運算子的優先順序和順序關聯性(Associative) 來決定的。當運算式包含多個運算子時，運算子的優先順序會控制評估運算式的順序。例如，運算式 x + y ∗ z 的評估方式是 x + (y ∗ z)，因為 ∗ 運算子的運算次序比 + 運算子高。下表由高至低列出各運算子的優先執行順序；同一列內的運算子具有相同優先順序，並且是依下表中第三欄指定方向進行運算：

優先次序	運算子	同一列運算子運算方向
1	( )（小括號）	由內至外
2	＋、 －（正負號）	由內至外
3	∗、 ／	由左至右
4	＼	由左至右
5	Mod	由左至右

6	＋、－（加減號）	由左至右
7	&、＋（字串串連）	由左至右
8	<<、 >>	由左至右
9	=、<>、<、>、<=、>=	由左至右
10	Not（否定）	由左至右
11	And、AndAlso (且)	由左至右
12	Or、OrElse (或)	由左至右
13	Xor (互斥)	由左至右
14	=、+=、-=、*=... (指定運算子)	由右至左

當運算元出現在具有相同優先順序的兩個運算子之間時，運算子的順序關聯性會控制執行作業的順序。所有二元運算子都是左向設定關聯的，表示作業是由左至右執行的。優先順序和順序關聯性可使用括號運算式來控制。當運算式中出現優先順序相同的運算子時 (例如：乘法和除法)，會依運算出現順序由左至右評估。可用括號覆寫優先順序，並強制優先評估部份運算式。括號內的運算一定會先執行，之後才會執行括號外的運算。但是，在括號內仍然會維持運算子優先順序。

[例 1] 計算-1 + 15 * 3 / 5 Mod 5

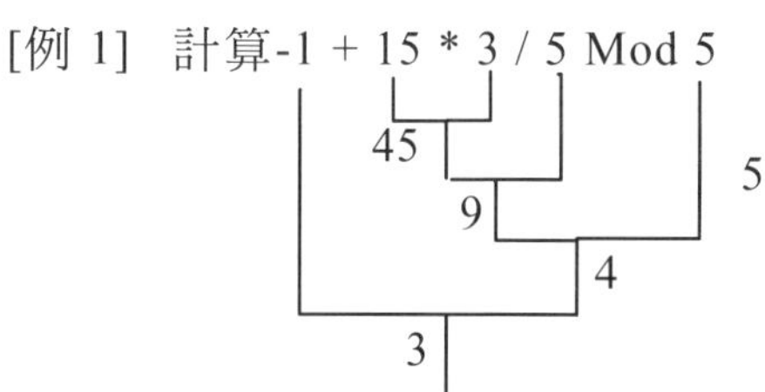

[例 2] X And Y Or Z （X= False、Y= True、Z=True）

False
True
True

2.5 選擇結構

當你設計程式時，如上一章介紹的程式，都是一行敘述接一行敘述由上往下逐行執行，每次執行都得到相同的結果，我們將此種架構稱為「循序結構」。但是較複雜的程式會應程式的需求，按照所給予條件的不同而執行不同的敘述，此種因條件而改變程式執行的流程，而得到不同的結果，我們將此程式的架構稱為「選擇結構」。譬如：設計程式時，當成績大於等於 60 分時顯示 "及格"，否則顯示 "不及格"。由此可知，當程式執行流程會因條件的不同，而有不同的流程，就需使用到選擇敘述來解決。VB 所提供的選擇敘述有下列三種：

1. If…Then…Else (單一或雙重選擇)
2. If…Then…ElseIf (多重選擇兩種以上)
3. Select Case (多重選擇兩種以上)

2.5.1 If…Then…Else…選擇敘述

編寫程式時，若碰到程式流程需按照是否滿足條件與否，而有兩種不同處理的方式，此時就需使用 If… Then… Else …選擇敘述來完成。如下圖依條件有兩種選擇，若滿足條件即為真(True)，執行 程式區塊 1；若不滿足條件即為假(False)，執行 程式區塊 2 ，最後兩者都會回到同一終點即 A 點繼續執行接在 A 點後面的敘述。If …Then... Else…敘述的語法如下：

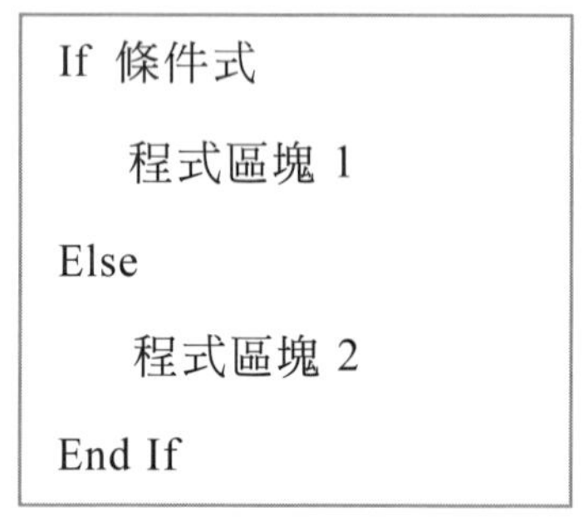

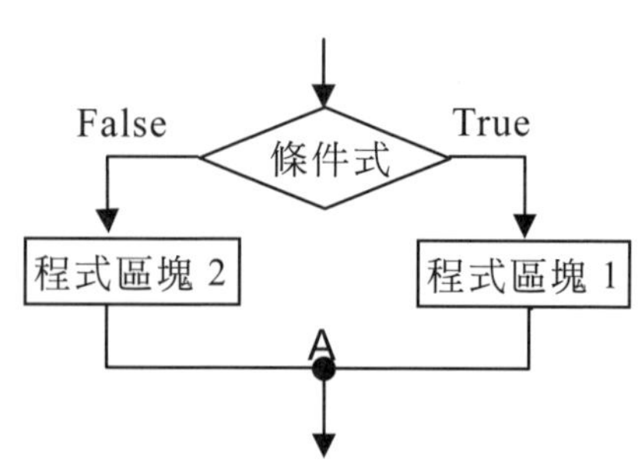

上面語法的 條件式 是由關係運算式或邏輯運算式組成，若 條件式 的結果為真(True)，則執行 程式區塊1；若 條件式 的結果為假(False)，則執行 程式區塊2。兩種情況執行完畢都會跳到接在 End If 下面的敘述繼續往下執行。至於「程式區塊」是指一行(含)以上敘述的集合。若上述語法，不滿足時不做任何事情就成為單一選擇，就可如下圖省略 Else 部分的 程式區塊2，其寫法如下：

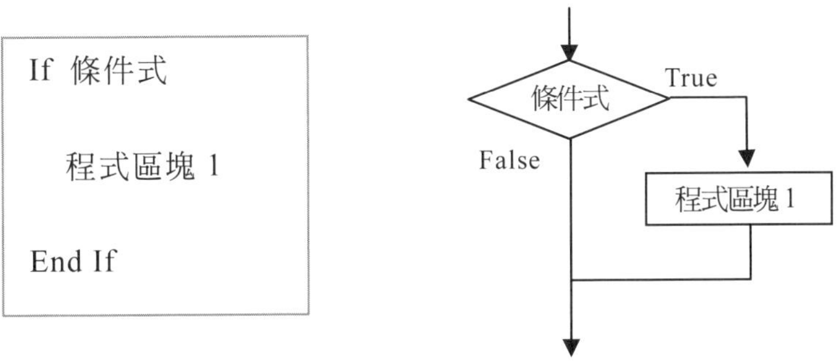

[例 1] 若單價(price 變數)大於等於 1,000 元，折扣(discount 變數)為八折，否則折扣九折。採雙重選擇，寫法如下：

```
If price>=1000 Then
   discount=0.8    ' 單價≥1000 執行此敘述
Else
   discount=0.9    ' 單價<1,000 執行此敘述
End If
```

[例 2] 同上例若單價大於等於 1,000 元，打八折，否則打九折。採單一選擇，寫法如下：

```
discount=0.9
If price>=1000 Then      ┐ 合併成一行
      discount=0.8       ┝ If price>=1000 Then discount=0.8
End If                   ┘
```

[例 3] 若年齡(age 變數)是 10 歲(含)以下或 60 歲(不含)以上則票價(price 變數)為 100 元，否則為 200 元。寫法如下：

```
If age<=10 Or age>60 Then
      price=100        ' 年齡≤10 或 年齡>60，執行此敘述
Else
      price=200        ' 10<年齡≤60，執行此敘述
End If
```

若 If 或 Else 的程式區塊內還有 If...Then...Else 敘述，此時就構成「巢狀 If」。譬如有三個條件要判斷，可使用巢狀 If 來完成。

2.5.2 If...Then...ElseIf...多重選擇敘述

撰寫程式時，若碰到有兩個以上的條件式需要連續做判斷時，就必須使用 If ...Then...ElseIf...多重選擇敘述，其意謂若滿足 條件式1，就執行 程式區塊1；若不滿足 條件式1，繼續檢查是否滿足 條件式2，若滿足 條件式2，就執行 程式區塊2；若不滿足 條件式2，繼續檢查是否滿足 條件式3，...以此類推下去，若以上條件都不滿足，則執行接在 Else 後面的 程式區塊n+1。其語法與流程圖如下：

```
If <條件式 1> Then
    程式區塊 1

ElseIf <條件式 2> Then
    程式區塊 2
    :
ElseIf <條件式 n> Then
    程式區塊 n

Else
    程式區塊 n+1
EndIf
```

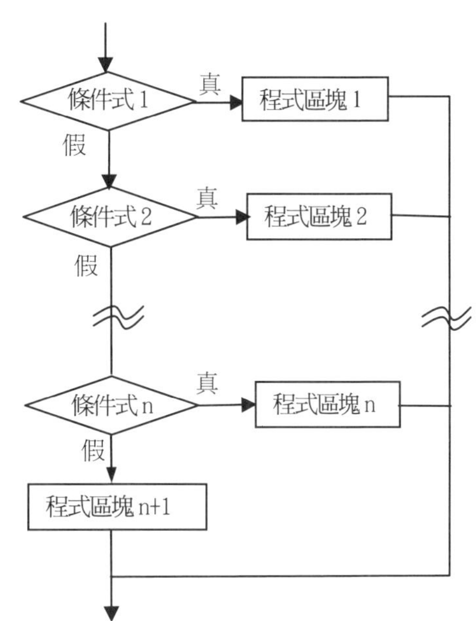

範例演練

網頁檔名：ifelse_sample.aspx

試使用 If...Then...ElseIf 多重選擇敘述判斷目前是屬於哪一個季節。使用 DateTime.Now.Month 屬性取得目前的月份，接著再判斷目前是春(3,4,5 月)、夏(6,7,8 月)、秋(9,10,11 月)、冬(12,1,2 月)哪一個季節，最後依目前的季節顯示對應的 spring.jpg(春)、summer.jpg(夏)、fall.jpg(秋)、winter.jpg (冬)圖檔。這些圖檔分別置於網站的 images 資料夾下。譬如：目前是 10 月，網頁執行時即顯示 "現在是 10 月份，秋天到了。" 的訊息，以及顯示 fall.jpg 圖檔。

完整程式碼

程式碼後置檔：ifelseif_sample.aspx.vb

```
Partial Class ifelseif_sample
    Inherits System.Web.UI.Page

    Protected Sub Page_Load(sender As Object, e As System.EventArgs) Handles Me.Load
        ' season_eng 字串用來存放季節的英文單字
        ' season_chi 用來存放中文的季節名稱
        Dim season_eng, season_chi As String
        ' 取得目前日期時間的月份再指定給 month 整數變數
        Dim month As Integer = DateTime.Now.Month
        If month >= 3 And month <= 5 Then                  ' 春
            season_eng = "spring"
            season_chi = "春天"
        ElseIf month >= 6 And month <= 8 Then              ' 夏
            season_eng = "summer"
            season_chi = "夏天"
        ElseIf month >= 9 And month <= 11 Then             ' 秋
            season_eng = "fall"
            season_chi = "秋天"
        ElseIf month = 12 Or month = 1 Or month = 2 Then   ' 冬
            season_eng = "winter"
```

```
21                season_chi = "冬天"
22            End If
23            ' 顯示目前的月份與季節，用 HTML 標記的<br>進行換行
24            Response.Write("現在是 " & month.ToString() & " 月份，" & season_chi & _
                  "到了。<br>")
25            ' 顯示目前的季節圖
26            Response.Write("<img src=images/" & season_eng & _
                  ".jpg width=400 height=300>")
27        End Sub
28
29 End Class
```

程式說明

1. 24 行 ：Response.Write()方法可將指定的資料直接輸出到用戶端的瀏覽器中；
為 HTML 換行標籤。
2. 26 行 ：<img>為 HTML 顯示圖像(影像)標籤，src 屬性可指定圖像路徑、width 屬性用來設定圖的寬度、height 屬性用來設定圖的高度。因此此行敘述是用來在網頁上顯示目前的季節圖。

注意

本書以介紹 ASP.NET 為主，關於設計網頁的 HTML 與 CSS 語法，請自行參閱其他相關書籍。

2.5.3 Select Case 多重選擇敘述

If...Then...ElseIf...與 Select Case 敘述兩者使用上的差異，前者可使用多個不同的條件式，後者只允許使用一個運算式依據其運算式的結果來判斷其值是落在哪個範圍。使用太多的 If 使得程式看起來複雜且不易維護，Select Case 多重選擇敘述則不會，其語法如下：

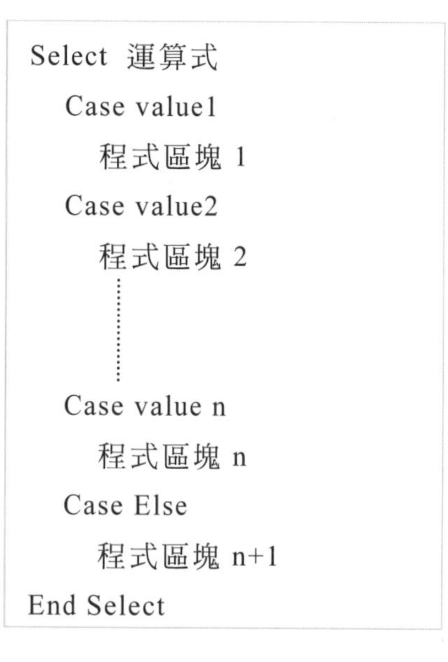

```
Select 運算式
   Case value1
      程式區塊 1
   Case value2
      程式區塊 2
      :
   Case value n
      程式區塊 n
   Case Else
      程式區塊 n+1
End Select
```

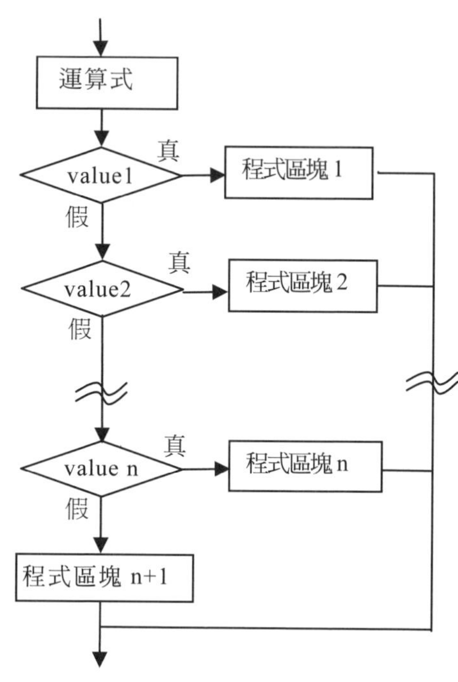

說明

1. value 值可為數值或字串變數或運算式。
2. 兩個 Case 敘述不能擁有相同的 value 值，執行 Select Case 敘述時，會先從第一個 Case 開始比較：
   ① 若滿足 value1，則執行 程式區塊 1，執行後離開 Select Case 敘述，繼續執行接在 End Select 敘述後面的敘述。
   ② 若不滿足第一個 Case，繼續往下比較是否滿足第二個 Case 的 value2，若滿足第二個 Case 的 value2，則執行 程式區塊 2，以此類推下去，若所有 Case 都不滿足，則執行 Case Else 內的程式區塊後才離開 Select Case 敘述。
3. 如果敘述中沒有 Case Else，程式控制權就直接轉移到接在 End Select 敘述後面的敘述，為避免碰到未知情況造成錯誤，建議應加上 Case Else 敘述。
4. Case 的 value 值有多種寫法，以簡例說明如下：

① Case 1 ⇨ 條件值為 1

② Case 0 To 59 ⇨ 條件值為 0 到 59

③ Case 1,3,6,9 ⇨ 條件值為 1、3、6 或 9

④ Case Is >=60 ⇨ 條件值為大於等於 60

⑤ Case "Y", "y" ⇨ 條件值為 "Y" 或 "y"

⑥ Case "a" To "z" ⇨ 條件值為 "a"、"b"..."z"

範例演練

網頁檔名：select_sample.aspx

延續上例，改使用 Select Case 敘述來判斷目前的季節，本例執行結果同上例。

完整程式碼

程式碼後置檔：select_sample.aspx.vb

```
Partial Class select_sample
    Inherits System.Web.UI.Page

    Protected Sub Page_Load(sender As Object, e As System.EventArgs) Handles Me.Load
        ' season_eng 字串用來存放季節的英文單字
        ' season_chi 用來存放中文的季節名稱
        Dim season_eng, season_chi As String
        ' 取得目前日期時間的月份再指定給 month 整數變數
        Dim month As Integer = DateTime.Now.Month
        Select month
            Case 3 To 5
                season_eng = "spring"
                season_chi = "春天"
            Case 6 To 8
                season_eng = "summer"
                season_chi = "夏天"
            Case 9 To 11
```

```
                season_eng = "fall"
                season_chi = "秋天"
            Case 1, 2, 12
                season_eng = "winter"
                season_chi = "冬天"
        End Select
        ' 顯示目前的月份與季節，用 HTML 標記的<br>換行
        Response.Write("現在是 " + month.ToString() & " 月份，" & season_chi & _
            "到了。<br>")
        ' 顯示目前的季節圖
        Response.Write("<img src=images/" & season_eng & _
            ".jpg width=400 height=300>")
    End Sub
End Class
```

2.5.4 IIf、Choose、Switch 選擇函式

除上述的選擇結構敘述外，VB 另提供好用的 IIf、Choose、Switch 函式，也可達到多重選擇效果，使用時機是當在條件式中能直接將判斷後的結果傳回或指定給等號左邊的變數。

1. IIf 函式

使用 IIf 函式也可以達成 If...Then...Else...敘述不同選擇的效果。IIf 函式有三個參數，當條件運算式結果為 True，會傳回第二個參數；若結果為 False，則傳回第三個參數，三個參數都不可省略。IIf 函式的語法如下：

語法：IIf (條件運算式, True 的傳回值, False 的傳回值)

[例 1] 若分數(score 變數)大於等於 60 顯示「通過」；否則顯示「不通過」。

```
Response.Write(IIf(score >= 60, "通過","不通過"))
```

[例 2] 若是貴賓(vip 變數) ，折扣(discount 變數)為 0.8；否則為 1。

```
dicount = IIf (vip="Y",0.8,1)
```

2. Choose 函式

Choose 函式可以當做多重選擇結構使用。Choose 函式會根據第一個參數的值（整數），傳回相對的參數值。若 Choose 函式中第一個參數 index =1 時，函式傳回值為 v1；index = 2 傳回 v2 值，以此類推。但是若 index 的值小於 1 或大於 vn 表無對應值時，傳回值為 Nothing。其語法如下：

語法：Choose(index, v1[, v2,… [,vn]])

[例] 根據 i 的數值傳回四季(season 變數)的名稱，譬如 i = 2，傳回「夏天」。

```
Dim season As String
season = Choose(i, "春天", "夏天", "秋天", "冬天")
```

3. Switch 函式

Switch 函式也可以當做多重選擇結構使用。Switch 函式會根據運算式的值，傳回對應的參數值，Switch 函式會先判斷 運算式1 是否為 True(真)，若為真就傳回 v1；否則再判斷 運算式2，依此類推。但是若所有運算式的結果皆為 False(假)，則傳回 Nothing。語法如下：

語法：
Microsoft.VisualBasic.Switch(運算式 1, v1[,運算式 2, v2,…[,運算式 n, vn]])

[例 1] 根據首都名(city 變數)傳回國名(nation 變數)，若 city="倫敦" 傳回 "英國"。

```
nation = Microsoft.VisualBasic.Switch(city ="華盛頓", "美國", _
         city ="倫敦", "英國", city ="東京", "日本")
```

[例 2] 根據分數(score 變數) 將結果傳回給等級(grade 變數)，若 score=81 時，傳回 grade = "甲"。

grade = Microsoft.VisualBasic.Switch (score>=90, "優", score >= 80 And _
score <= 89, "甲",score >= 60 And score <= 79, "乙", score <= 59,"丙")

2.6 重複結構

在前面章節，已知一般程式都由循序結構(Sequence Structure)、選擇結構(Selection Structure)以及本節所探討的重複結構(Repetition Structure)組合而成。所謂「重複結構」或稱迴圈(Loop)是指設計程式時需要將某部份程式區塊重複執行指定的次數，或是一直執行到不滿足條件為止。前者指定次數者稱為「計數器」控制迴圈，如 For 迴圈即是；後者依條件者稱為「條件式」控制迴圈，如 Do 迴圈即是。三種結構的流程圖如下所示：

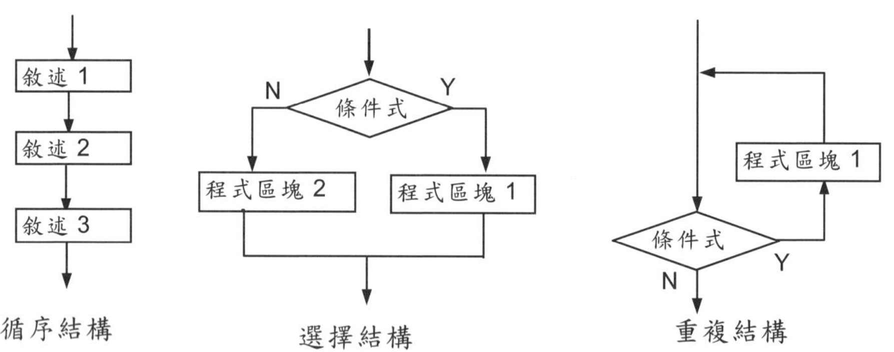

2.6.1 For…Next 迴圈

For 計數器控制迴圈敘述，是以 For 開頭而以 Next 結束。count 為計數變數，start 為計數變數的初值，end 為計數變數的終值，而 increment 為計數變數的增值。For 迴圈敘述語法如下：

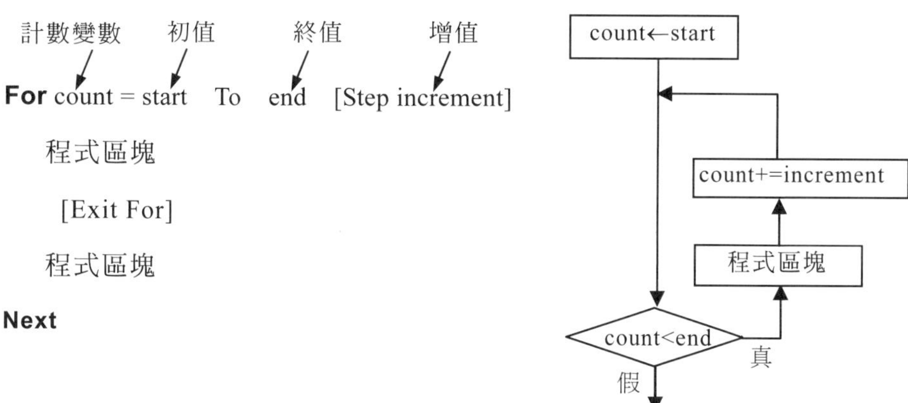

當初值小於終值，增值必須設為正值，便構成遞增的 For 迴圈，其執行流程如右上圖，演算法如下：

① count = start

② 若 count ≤ end，繼續下一步驟。若 count > end 跳至步驟⑤

③ 執行迴圈內的程式區塊一次，繼續下一步驟。

④ 將 count = count + increment，回到步驟②

⑤ 離開 For 迴圈。

當初值大於終值，增值必須設為負值，構成遞減的 For 迴圈，其執行方式：

① count = start

② 若 count ≥ end，繼續下一步驟。若 count < end 跳至步驟⑤

③ 執行迴圈內的程式區塊一次，繼續下一步驟。

④ 將 count = count - increment，回到步驟②

⑤ 離開 For 迴圈。

由上可知，For 迴圈敘述是由計數變數、計數變數的初值、計數變數的終值以及計數變數的增值構成。若中途欲離開 For 迴圈，可使用 Exit For 敘述。譬如：金額(Money)大於等於 1000 元就離開 For 迴圈。

```
If money >= 1000 Then Exit For
```

下面列舉一般常用 For 迴圈的常用寫法：

① For k=1 To 5 Step 2　　　　(增值採遞增)
　k= 1、3、5 共執行迴圈內的程式區塊 3 次。

② For k=-0.5 To 1.5 Step 0.5　　(初值、增值可為小數)
　k=-0.5、0、0.5、1.0、1.5 共執行迴圈內程式區塊 5 次。

③ For k=6 To 1 Step -2　　　　(增值採遞減)
　k= 6、4、2 共執行迴圈內的程式區塊 3 次。

④ For k=x To y+9 Step z　　　(初值、終值和增值可為運算式)

範例演練

網頁檔名：for_sample.aspx

使用 For 迴圈配合 If 敘述在網頁上顯示 images 資料夾下的 1.jpg~ 15.jpg 十五張圖檔，每列顯示四張圖後即換下一列繼續顯示其它未顯示的圖檔。

完整程式碼

程式碼後置檔：for_sample.aspx.vb

```
Partial Class for_sample
    Inherits System.Web.UI.Page
    ' 網頁載入時執行
    Protected Sub Page_Load(sender As Object, e As System.EventArgs) Handles Me.Load
```

```
        For i As Integer = 1 To 15                ' 使用 For 迴圈顯示 1.jpg~15.jpg
            ' 顯示第 i 張圖, 寬 90, 高 30, 框線粗細 2
            Response.Write("<img src=images/" & i.ToString() & _
                  ".jpg width=90 height=60 border=2>   ")
            If i Mod 4 = 0 Then                   ' 顯示 4 張圖之後即換下一行
                Response.Write("<br>")
            End If
        next
    End Sub
End Class
```

2.6.2 前測式迴圈

所謂「前測式」迴圈就是將條件式放在迴圈的最前面，依據條件式的真假來決定是否進入迴圈？若條件式為 True 將迴圈內的程式區塊執行一次，然後再回到迴圈最前面的條件式，若還是滿足條件(為 True)，繼續執行迴圈內的程式區塊，一直到不滿足時才離開迴圈。所以，前測式迴圈若第一次進入迴圈時便不滿足條件式馬上離開迴圈，連一次都沒執行迴圈內的程式區塊。下表即為 VB 提供的前測式迴圈的語法和流程圖：

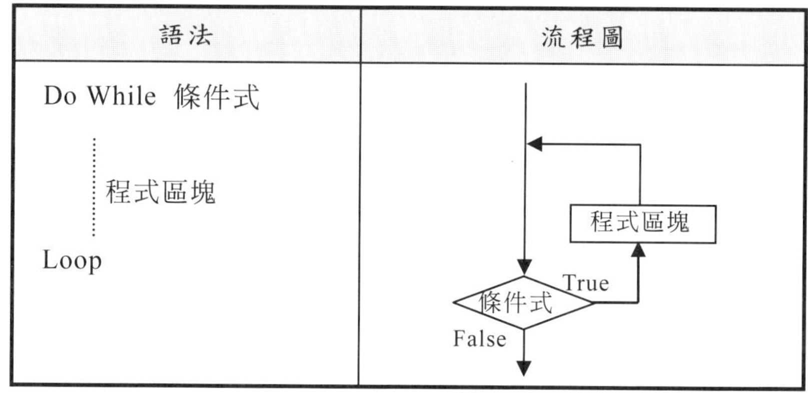

語法
流程圖
Do While 條件式
程式區塊
Loop
程式區塊
True
條件式
False

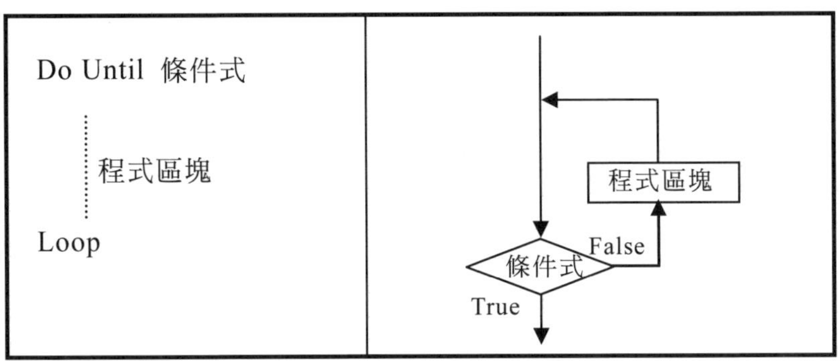

兩種語法大同小異，只是 While 是當條件式為真時進入迴圈執行；而 Until 則是條件式為假時才進入迴圈執行。要記得在迴圈內的程式區塊內必須有將條件式變更為不成立的敘述，否則會變成無窮迴圈，使得程式無法繼續往下執行。如果想中途離開 Do...Loop 迴圈，可以使用 Exit Do 敘述。

2.6.3 後測式迴圈

「後測式」迴圈就是將條件式放在迴圈的最後面，第一次不用檢查條件式，直接執行迴圈內的程式區塊，才判斷條件式的真假，若滿足條件(為 True)會將迴圈內的程式碼執行一次，再檢查位於迴圈最後面的條件式，若再滿足條件式，繼續執行迴圈內的程式碼，一直到不滿足條件時才離開迴圈。所以，此種架構迴圈內的程式區塊至少會執行一次。語法和流程圖如下：

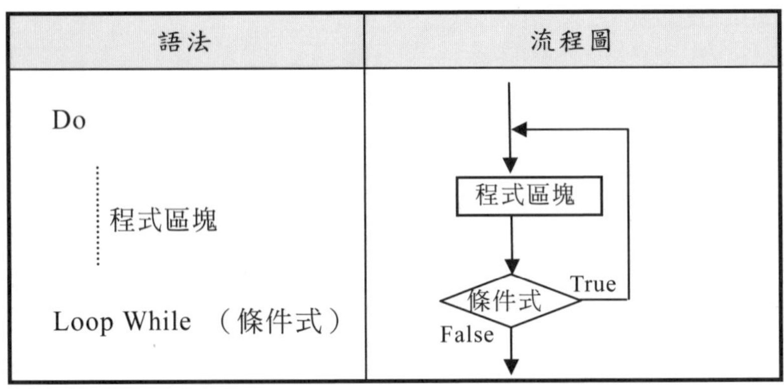

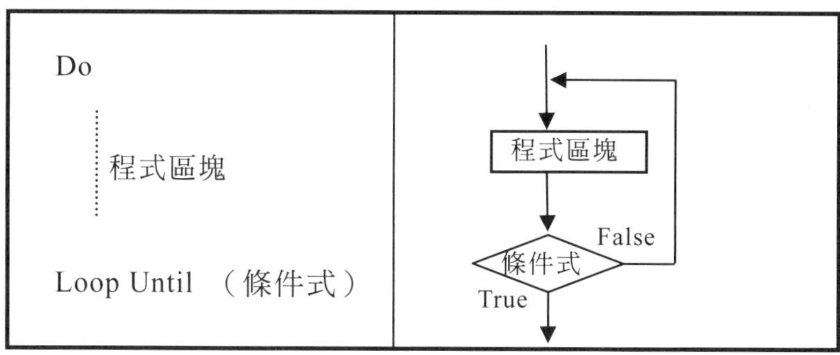

網頁檔名：while_sample.aspx

延續上例，改用 Do While...Loop 敘述來顯示 images 資料夾下的 1.jpg~15.jpg 圖檔，本例執行結果同上例。

完整程式碼

程式碼後置檔: while_sample.aspx.vb

```
Partial Class while_sample
    Inherits System.Web.UI.Page
    ' 網頁載入時執行
    Protected Sub Page_Load(sender As Object, e As System.EventArgs) Handles Me.Load
        Dim i As Integer = 1
        Do While i <= 15                    ' 使用 Do While 迴圈顯示 1.jpg~15.jpg
            ' 顯示第 i 張圖, 寬 90, 高 30, 框線粗細 2
            Response.Write("<img src=images/" & i.ToString() & _
                ".jpg width=90 height=60 border=2>  ")
            If i Mod 4 = 0 Then          ' 顯示 4 張圖之後即換下一行
                Response.Write("<br>")
            End If
            i += 1                       'i+1 之後再指定給 i
        Loop
```

```
    End Sub
End Class
```

2.6.4 巢狀迴圈

若迴圈內還有迴圈就構成巢狀迴圈，一般常應用在二維資料表的顯示。

網頁檔名：nestFor_sample.aspx

使用巢狀 For 迴圈將 images 資料夾下的 star.jpg 星星圖檔以三角形的形狀排列顯示。

完整程式碼

程式碼後置檔：nestFor_sample.aspx.vb

```
Partial Class nestFor_sample
    Inherits System.Web.UI.Page
    ' 網頁載入時執行
    Protected Sub Page_Load(sender As Object, e As System.EventArgs) Handles Me.Load
        For i As Integer = 1 To 5          ' 外層迴圈
            For k As Integer = 1 To i    ' 內層迴圈
                Response.Write("<img src=images/star.png width=25>")
            Next
            Response.Write("<br>")   ' 換下一行
        Next
```

```
    End Sub
End Class
```

2.7 例外處理

所謂「例外」(Exception)就是指當程式在執行時期(Run-Time)所發生的錯誤。VB 提供一個具有結構且易控制的機制，用來處理執行時期原程式未考慮的狀況所發生的錯誤，稱之為「例外處理」(Exception Handle)。設計良好的錯誤處理程式碼區塊，可以讓程式更為穩定，並且更不容易因為應用程式處理此類錯誤而當機。

2.7.1 例外處理語法

例外處理主要由 Try、Catch、Finally 四個關鍵字構成。其方式是將要監看是否發生錯誤的程式區塊放在 Try 區塊內，當 Try 區塊內的任何敘述執行時發生錯誤，該例外會被丟出(throw)，在程式碼中利用 Catch 抓取此例外情況。

VB 會由上而下逐一檢查每個 Catch 敘述，當找到符合的 Catch 敘述，會將控制權移轉到該 Catch 敘述內程式區塊的第一列敘述去執行。當該 Catch 程式區塊執行完畢，不再繼續往下檢查 Catch 敘述，直接跳到 Finally 內執行 Finally 程式區塊。若未找到符合的 Catch 敘述，最後也會執行 Finally 內的 Finally 程式區塊後才離開 Try。

例外處理語法如下：

```
Try
    [Try 程式區塊]              ' 需例外處理的程式區塊
Catch ex As exception1          ' 當需例外處理的程式區塊發生錯誤，符合 exception1 時
    [Catch 程式區塊 1]          ' 執行此程式區塊 1
Catch ex As exception2          ' 當需例外處理的程式區塊發生錯誤，符合 exception2 時
    [Catch 程式區塊 2]          ' 執行此程式區塊 2
    ⋮

Finally
    [Finally 程式區塊]          ' 無論是否發生例外，都會執行此程區塊
End Try
```

2.7.2 常用例外類別

下表列出 Exception 的常用類別：

例 外 類 別	發 生 錯 誤 原 因
ArgumentOutOfRangeException	當參數值超過某個方法所允許的範圍時所產生的例外。
DivideByZeroException	當除數爲零時所產生的例外。
IndexOutOfRangeException	當陣列索引值超出範例時所產生的例外。
InvalidCastException	資料型別轉換錯誤時所產生的例外。
OverFlowException	資料發生溢位時所產生的例外。
Exception	執行時期發生錯誤時產生的所有例外。

由於 Exception 類別是所有例外都符合，所以應當是前面所有 Catch 敘述中的例外類別不符合時才執行，也就是發生其它的錯誤才接受。因此 Exception 類別必須放在所有 Catch 敘述的最後面且在 Finally 程式區塊的前面。

範例演練

網頁檔名：try1_sample.aspx

試寫一個會發生輸入資料格式不正確的例外程式。本程式中有單價與數量兩個文字方塊，這兩個文字方塊必須輸入數值資料，若輸入字串資料或文字方塊未填入資料即按 計算 鈕計算總金額，此時因輸入資料格式不正確而使程式終止執行。

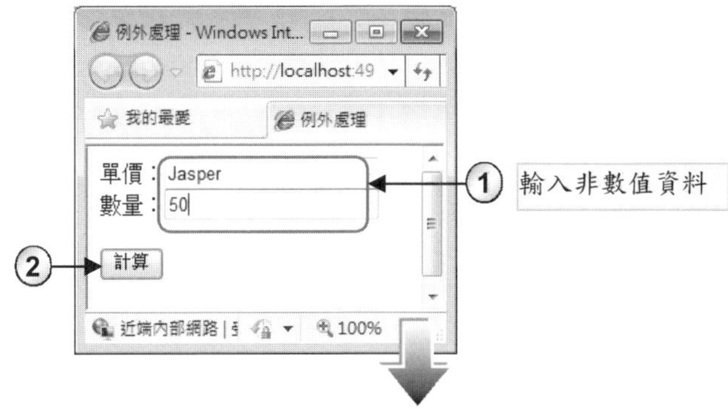

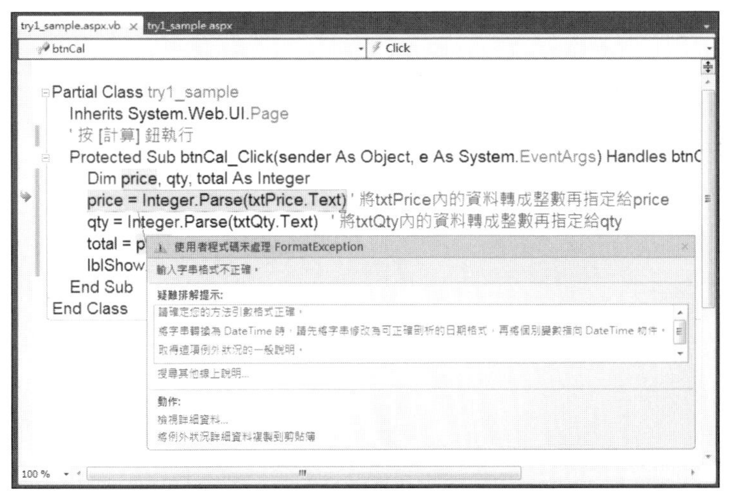

上機實作

Step1 try1_Sample.aspx 網頁的輸出入介面

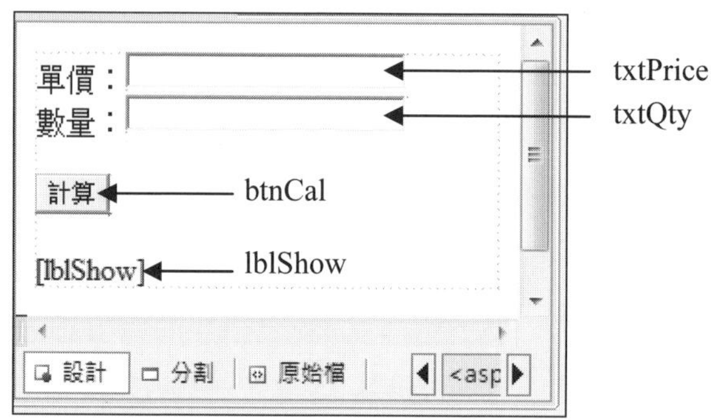

Step2 try1_sample.aspx.vb 檔自行撰寫的事件處理函式

程式碼後置檔： try1_sample.aspx.vb

```
Partial Class try1_sample
    Inherits System.Web.UI.Page
    ' 按 [計算] 鈕執行
    Protected Sub btnCal_Click(sender As Object, e As System.EventArgs) _
    Handles btnCal.Click
        Dim price, qty, total As Integer
        price = Integer.Parse(txtPrice.Text) ' 將 txtPrice 內的資料轉成整數再指定給 price
        qty = Integer.Parse(txtQty.Text)     ' 將 txtQty 內的資料轉成整數再指定給 qty
        total = price * qty
        lblShow.Text = "總金額：" + total.ToString()
    End Sub
End Class
```

範例演練

網頁檔名：try2_sample.aspx

延續上例，請在程式碼中插入 Try...Catch...Finally 來處理輸入資料格式不正確的例外。

輸入資料格式正確

輸入資料格式不正確

完整程式碼

程式碼後置檔： try2_sample.aspx.vb

```
Partial Class try2_sample
    Inherits System.Web.UI.Page
    ' 按 [計算] 鈕執行
    Protected Sub btnCal_Click(sender As Object, e As System.EventArgs) _
    Handles btnCal.Click
        lblShow.Text = ""
        Dim price, qty, total As Integer
        Try                                 ' Try 區塊可偵測例外
            price = Integer.Parse(txtPrice.Text)
            qty = Integer.Parse(txtQty.Text)
            total = price * qty
            lblShow.Text = "總金額：" & total.ToString()
        Catch ex As Exception               ' Catch 區塊可捕捉例外
            lblShow.Text &= "輸入非數值資料..."
        Finally                             ' Finally 區塊無論有沒有產生例外都會執行
            lblShow.Text &= "<hr>結束程式執行"
        End Try
    End Sub
End Class
```

程式說明

當執行 8,9 行且輸入資料格式不正確而導致資料型別轉換失敗，此時會產生例外接著被 12 行 Exception 例外捕捉到而產生 Exception 類別的 ex 例外物件，接著執行 13 行在 lblShow 標籤上顯示 "輸入非數值資料..." 的訊息。最後執行 14~16 行在 Finally 程式區塊的 lblShow 標籤上顯示一條水平線 (<hr>標籤) 與 "結束程式執行" 訊息。

網頁檔名：try3_sample.aspx

延續上例，新增可以捕捉輸入資料格式不正確及發生溢位的例外。

運算的結果溢位

輸入資料格式不正確

完整程式碼

程式碼後置檔： try3_sample.aspx.vb

```
Partial Class try3_sample
    Inherits System.Web.UI.Page
    ' 按 [計算] 鈕執行
    Protected Sub btnCal_Click(sender As Object, e As System.EventArgs) _
    Handles btnCal.Click
        lblShow.Text = ""
```

```
        Dim price, qty, total As Integer
        Try
            price = Integer.Parse(txtPrice.Text)
            qty = Integer.Parse(txtQty.Text)
            total = price * qty
            lblShow.Text = "總金額：" & total.ToString()
        Catch ex As FormatException     ' 捕捉輸入格式不正確所產生的例外，如字串
            lblShow.Text &= ex.Message    ' Message 屬性可顯示目前的例外訊息
        Catch ex As OverflowException     ' 捕捉發生溢位時所產生的例外
            lblShow.Text &= ex.Message
        Catch ex As Exception             ' 捕捉所有的例外
            lblShow.Text &= ex.Message
        Finally
            lblShow.Text &= "<hr>結束程式執行"
        End Try
    End Sub
End Class
```

程式說明

Catch ex As Exception 是當上面所有 Catch 敘述中的 Exception 類別不符合時才執行，也就是發生其它的錯誤才接受，因此 Catch ex As Exception 必須放在所有 Catch 敘述的最後面以及 Finally 前面。

2.7.3 例外類別的常用成員

上面範例中透過例外物件的 Message 屬性，可以顯示目前例外的相關訊息。下表列出幾個例外物件常用的成員(屬性與方法)，透過這些成員可供你了解一些例外的資訊。

例外物件的成員	說明
GetType 方法	取得目前例外物件的資料型別。
ToString 方法	取得目前例外狀況的文字說明。
Message 屬性	取得目前例外的訊息。
Source 屬性	取得造成錯誤的應用程式或物件的名稱。
StackTrace 屬性	取得發生例外的方法或函式。

範例演練

網頁檔名：try4_sample.aspx

延續上例，請使用例外類別的 GetType、Message、Source、StackTrace 成員將例外的資訊顯示出來。

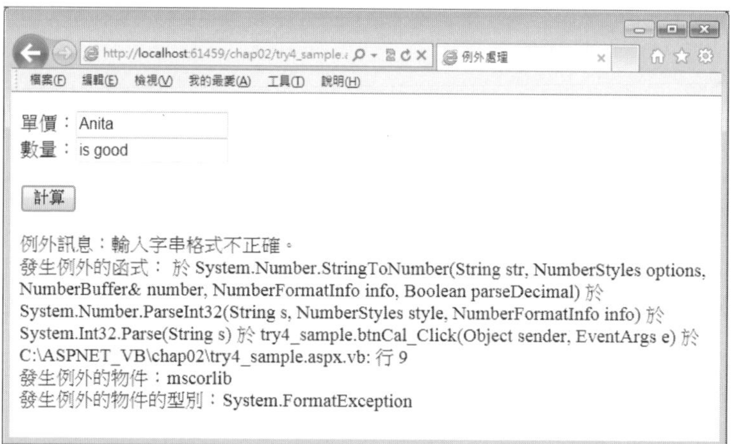

完整程式碼

程式碼後置檔：try4_sample.aspx.vb

```
Partial Class try4_sample
    Inherits System.Web.UI.Page
    ' 按 [計算] 鈕執行
    Protected Sub btnCal_Click(sender As Object, e As System.EventArgs) _
    Handles btnCal.Click
```

```
        lblShow.Text = ""
        Dim price, qty, total As Integer
        Try
            price = Integer.Parse(txtPrice.Text)
            qty = Integer.Parse(txtQty.Text)
            total = price * qty
            lblShow.Text = "總金額：" & total.ToString()
        Catch ex As Exception
            lblShow.Text &= "例外訊息：" & ex.Message + "<br>"
            lblShow.Text &= "發生例外的函式：" & ex.StackTrace & "<br>"
            lblShow.Text &= "發生例外的物件：" & ex.Source & "<br>"
            lblShow.Text &= "發生例外的物件的型別：" & _
                    ex.GetType().ToString() & "<br>"
        End Try
    End Sub
End Class
```

2.8 課後練習

一、選擇題

1. 以下者非 VB 的選擇敘述？ (A) If…Then…Else (B) If…Then…ElseIf (C) Select Case (D)Do…Loop
2. 前測式重複結構至少執行多少次 (A) 0 (B) 1 (C) 2 (D) 視條件判斷式。
3. 後測式重覆結構至少執行多少次 (A) 0 (B) 1 (C) 2 (D) 視條件判斷式。
4. 下例何者非 VB 的選擇函式 (A)Choose (B) IIf (C) … ? ... : … (D) Switch 。

5. 在 VB 使用 Select Case 選擇敘述，條件值為小於等於 59，寫法為 (A)Case <=59 (B)Case Is <=59 (C)Case 0 To 59 (D) Case <59 And =59。

6. 假若迴圈內的敘述至少要執行一次，應使用以下哪一種迴圈較好 (A) For (B)Do While…Loop (C)Do Until…Loop (D)Do…Loop Until。

7. 下列何者為無窮迴圈 (A)For i=1 To 10 (B)Do While x>0 (C) Do…Loop Until x<0 (D)Do…Loop。

8. 假若使用無窮迴圈可以配合下面哪個敘述來離開迴圈 (A)Break (B)Continue (C)Exit (D)Stop。

9. Choose 函式若第一個參數值大於對應的參數時，傳回值為 (A)空字串 (B)0 (C)Nothing (D)最後一個參數。

10. For 迴圈的 Step 增值省略時，系統內定增值為 (A)0 (B)1 (C)-1 (D)不能省略。

11. 有一程式如下：

```
Dim i, sum As Integer
sum =0
For i=1 To 15 Step 3
        sum+=i
Next
```

試問 sum 最後等於多少 (A) 34 (B) 35 (C) 36 (D) 37。

12. 延續上題，試問 For 敘述執行完後，i 的值是多少呢？
(A) 13 (B) 14 (C) 15 (D) 16

13. Try…Catch…Finally…End Try 敘述的哪個區塊可用來監控可能會發生例外的程式碼？ (A)Try (B)Catch (C)Finally (D)以上皆是。

14. Try…Catch…Finally…End Try 敘述的哪個區塊無論有沒有發生例外都會執行？ (A)Try (B)Catch (C)Finally (D)以上皆是。

15. 想要捕捉資料發生溢位時的例外，可透過下面哪個類別？
(A) IndexOutOfRangeException (B) InvalidCastException
(C) OverFlowException (D) ArgumentOutOfRangeException

二、程式設計

1. 撰寫一個程式，程式執行時要求使用者在文字方塊內輸入一個整數 n，接著按 [計算] 鈕後會印出整數 n 的階乘。

2. 撰寫一個程式，程式執行時要求使用者在帳號文字方塊及密碼文字方塊內輸入帳號與密碼，若輸入的帳號為「博碩」且密碼為「1234」則顯示 "登入成功" 訊息，否則顯示 "登入失敗" 訊息。

3. 撰寫一個程式，程式執行時要求使用者在文字方塊內輸入一個整數 n，接著按 [計算] 鈕會印出小於整數 n 的質數。

4. 先建立兩個文字方塊並依序輸入兩個整數，按 [計算] 鈕會透過程式模擬輾轉相除法求出兩數之最大公約數。

5. 在分數文字方塊內輸入學生分數，並判斷學生分數的等級。等級分類如下：

   ① 90~100：等級 A ② 80~89：等級 B
   ③ 60~79：等級 C ④ 0~59：等級 D

筆記頁

CHAPTER

陣列與副程式

學習目標：

- 學習陣列的宣告與建立
- 學習陣列排序、搜尋、反轉技巧
- 學習多維陣列的應用
- 學習亂數類別的應用
- 學習程序與函式的定義與呼叫
- 學習傳值呼叫與參考呼叫
- 學習在程序與函式間傳遞陣列

3.1 陣列

3.1.1 陣列的宣告

在前面章節設計程式時，每使用到一個資料就需要宣告一個變數來存放，資料一多時，變數亦跟著增加，不但會增加變數命名的困擾而且程式不易維護。所幸 VB 對相同性質的資料提供陣列(Array)來存放。只要在宣告陣列時設定陣列名稱、指定陣列大小以及該陣列的資料型別，VB 在編譯時期會自動在記憶體中保留連續空間來存放該陣列的所有元素。陣列宣告的方式如下：

```
Dim 陣列名稱(大小) As 資料型別
```

譬如建立一個陣列名稱為 myAry 的整數陣列，該陣列含有 myAry(0)~myAry(4) 五個陣列元素，每個陣列元素裡面所存放的資料都是整數。寫法如下：

```
Dim myAry(4) As Integer
```

我們將緊接在陣列名稱 myAry 後面小括號內的整數值稱為「註標」或「索引」。若將註標改以變數取代，在程式中欲存取陣列元素只要改變註標值即可。所以，我們可將一個陣列元素視為一個變數，也就是將 myAry(0) ~ myAry(4) 視為 5 個變數名稱，變數間以註標來加以區別，如此可免去變數命名之困擾。

由於程式中經過宣告的陣列，在編譯時期會保留連續記憶體位址給該陣列中的元素使用，陣列元素會依註標先後次序存放在這連續的記憶體位址，存取陣列元素只要指定陣列的註標，VB 便會透過註標自動計算出該陣列元素的位址來存取指定的陣列元素。

陣列宣告完畢，接著便可透過指定運算子(=)直接在程式中設定各陣列元素的初值。我們將陣列設定初值的過程稱為「初始化」(Initialization)：

```
Dim myAry(4) As Integer
myAry(0) = 10
myAry(1) = 20
myAry(2) = 30
myAry(3) = 40
myAry(4) = 50
```

上面敘述是將陣列的宣告和初值分開書寫，若希望在宣告的同時就設定陣列的初值，各初值間以逗號隔開。其語法如下：

```
Dim 陣列名稱() As 資料型別 = {陣列初值}
```

譬如：將上面 myAry 陣列的宣告和初值設定共六行敘述合併成一行，其寫法如下：

```
Dim myAry() As Integer = {10,20,30,40,50}
```

建立陣列時未設定陣列元素的初值，若是數值資料型別預設值為 0，若是字串資料型別預設為空字串，至於布林資料型別預設為 False。

假設陣列元素由記憶位址 1,000 開始放起，而且每個記憶體位址大小只允許存放 1 Byte 的資料，因此一個整數變數使用 4 Bytes 來存放資料，就需佔用四個記憶體位址。所以，上面陣列敘述經過宣告和設定初值後，各陣列元素的記憶位址和內容如下：

陣列元素	內容	實際配置記憶位址
myAry(0)	10	1000~1003
myAry(1)	20	1004~1007
myAry(2)	30	1008~1011
myAry(3)	40	1012~1015
myAry(4)	50	1016~1019

3.1.2 一維陣列的存取

同性質的資料若使用陣列來存放，可透過 For 迴圈配合變數 k 當陣列註標，逐一將資料存入陣列中，也可將資料由陣列中讀取出來。譬如下例：以變數 k 當計數變數，並將對應的 k 值當做陣列元素的註標，連續將變數 k 的值 0~4 依序放入 a(0)~a(4) 的陣列元素內，其寫法如下：

將上面步驟寫成程式片段如下：

```
For k As Integer = 0 To 4
   a(k) = k
Next
```

至於使用 For 迴圈讀取陣列 a 中所有陣列元素的內容並顯示在網頁上，寫法如下：

```
For k As Integer = 0 To 4
   Response.Write(a(k).ToString())
Next
```

3.1.3 For Each...Next 陣列迴圈

For Each...Next 敘述和 For...Next 功能相同，當陣列元素個數無法預期時，就要使用 For Each...Next 敘述。語法如下：

```
For Each 變數 In 陣列名稱
    敘述區塊
    (Exit For)
    (敘述區塊)
Next
```

語法中變數用來存放陣列中的元素，所以變數和陣列的資料型別必須一致。當進入 For Each...Next 敘述時，會依序將第一個陣列元素放入變數中，然後將迴圈內的敘述區塊執行一次。執行後再將第二個元素放入變數中，執行敘述區塊一次，一直到所有元素執行完畢才離開迴圈。

[例] 將 money 整數陣列中的金額全部加總置入 sum 整數變數中。

```
Dim money() As Integer = {1000,12000,400,1600}
Dim sum As Integer = 0
For Each m In money       ' 將 money 陣列元素依序放入 m 變數
    sum += m
Next                      ' 執行結果 sum=15000
```

3.2 陣列常用的屬性與方法

由於 VB 是屬於物件導向程式語言，將陣列視為類別，所以，陣列物件被建立時(實體化)，即可以使用陣列物件所提供的方法與屬性，透過這些方法可以取得陣列的相關資訊，例如：陣列的維度、陣列元素個數...等。下表為陣列物件常用的屬性與方法，假設 ary1 一維陣列及 ary2 二維陣件物件皆已使用下面敘述建立。

```
Dim ary1() As Integer = {1, 2, 3, 4, 5}                                ' 一維陣列
Dim ary2(,) As Integer = {{1, 2, 3}, {4, 5, 6}, {7, 8, 9}, {10, 11, 12}}' 二維陣列
```

陣列物件的成員	說明
Length 屬性	取得陣列元素的總數。 [例] a1=ary1.Length　' a1=5, ary1 陣列元素總數 a2=ary2.Length　' a2=12, ary2 陣列元素總數
Rank 屬性	取得陣列維度數目。 [例] r1=ary1.Rank　' r1=2, ary1 陣列的維度
GetUpperBound 方法	取得陣列某一維度的上限。 [例]u1=ary1.GetUpperBound(0)　' u1=4, 第 1 維上限 u2=ary2.GetUpperBound(1)　' u2=2, 第 2 維上限
GetLowerBound 方法	取得陣列某維度的下限，陣列維度下限由 0 開始。
GetLength 方法	取得陣列某一維度的陣列元素總數。 [例] t1=ary1.GetLength(0)　' t1=5,ary1 第 1 維元素總數 t2=ary2.GetLength(1)　' t2=3,ary2 第 2 維元素總數

3.3 Array 類別常用共用方法

Array 類別即陣列類別，它是支援陣列實作的基底類別，用來提供建立、管理、搜尋和排序陣列物件的方法。本節介紹 Array 類別常用的共用(Shared)方法，所謂類別共用方法，就是類別不用實體化為物件便可直接呼叫該共用方法。下表介紹的 Array 類別共用方法僅限用在一維陣列的處理上。若能活用下表介紹的 Array 類別提供的方法，便能很輕易地對陣列物件做各種處理。現在假設已經建立 name 和 score 陣列，分別用來表示學生姓名以及對應的平均成績，來說明下表常用的 Array 共用方法：

```
Dim name() As String = {"Jack", "Tom", "Fred", "Mary"}        ' 學生姓名
Dim avg() As Integer ={80,96,70,95}          ' 平均成績
```

<table>
<tr><th>Array 類別
共用方法</th><th>說明</th></tr>
<tr><td>Sort</td><td>用來對指定的一維陣列物件由小而大做遞增排序。
語法：Array.Sort(陣列名稱)
[例] Array.Sort(avg)
結果：avg(0)=70, avg(1)=80, avg(2)=95, avg(3)=96
Array.Sort(name)
結果：name(0)="Fred", name(1)="Jack",
name(2)="Tom", name(3)="Mary"
根據第一個陣列的索引值，同時排序兩個一維陣列，例如排序 avg 陣列的同時，name 陣列亦跟著更動。
語法：Array.Sort(陣列名稱 1, 陣列名稱 2)
[例] Array.Sort(avg, name)
結果：avg(0)=70, avg(1)=80, avg(2)=95, avg(3)=96
name(0)="Fred", name(1)="Jack",
name(2)="Mary", name(3)="Tom"</td></tr>
<tr><td>Reverse</td><td>用來反轉整個一維陣列的順序。
語法：Array.Reverse(陣列名稱)
[例] Array.Sort(avg)
Array.Reverse(avg)
結果：avg(0)=96, avg(1)=95, avg(2)=80, avg(3)=70</td></tr>
<tr><td>IndexOf</td><td>用來搜尋陣列中是否有相符的資料。若有找到，則會傳回該陣列元素的註標值；若沒有找到，會傳回-1。
語法：Array.IndexOf(陣列名稱, 搜尋值)
[例] n=Array.IndexOf(name, "Mary") ' n=3
n=Array.IndexOf(name, "Tom") ' n=1
n=Array.IndexOf(name, "Jasper") ' n=-1, 表示找不到</td></tr>
</table>

Array 類別共用方法	說明
BinarySearch	使用二分搜尋法來搜尋資料是否在陣列中，此種方法在使用前陣列必須先經由小而大排序才可使用，適用於搜尋資料量大的陣列。 語法：Array.BinarySearch(陣列名稱, 搜尋值) [例] Array.Sort(name) 結果：name(0)="Fred", name(1)="Jack", name(2)="Tom", name(3)="Mary" n=Array.BinarySearch(name, "Mary") ' n=3 n=Array.BinarySearch(name, "Tom") ' n=1 n=Array.BinarySearch(name, "Jasper") ' n=-1,表示找不到
Clear	將某個陣列中指定範圍內的陣列元素的內容清除。 語法：Array.Clear(陣列名稱, 起始註標, 刪除個數) [例] Array.Clear(name, 1, 3) ' 將 name 陣列中, 註標 1~3 的內容清除 Array.Clear(name, 0, name.Length) ' 將所有陣列元素內容清除

範例演練

網頁檔名：array1.aspx

先在網頁載入時的 Page_Load 事件處理程序之前先建立 name 姓名陣列及 avg 平均成績陣列。

```
Dim name() As String = { "蔡一","吳二","張三","李四","王五","老六" }
Dim avg() As Integer = { 89, 45, 65, 99, 65, 74 }
```

網頁載入時即顯示學生姓名及未排序平均成績。按 [遞增排序] 鈕時，即按照平均成績進行遞增排序。按 [遞減排序] 鈕時，即按照平均成績進行遞減排序。

網頁載入時

按 遞增排序 鈕

按 遞減排序 鈕

上機實作

Step1 array1.aspx 網頁的輸出入介面

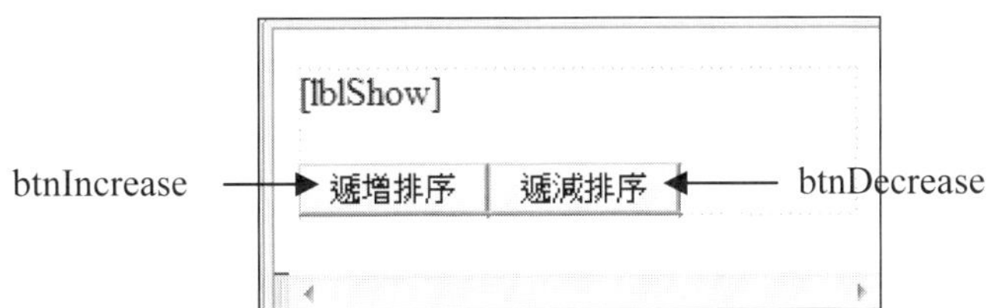

Step2 撰寫事件處理函式

程式碼後置檔：array1.aspx.vb

```
Partial Class array1
    Inherits System.Web.UI.Page

    ' 將 name 姓名陣列及 avg 平均成績陣列宣告於事件之外，以供給所有事件共用
    Dim name() As String = {"蔡一", "吳二", "張三", "李四", "王五", "老六"}
    Dim avg() As Integer = {89, 45, 65, 99, 65, 74}

    ' 網頁載入時執行
    Protected Sub Page_Load(sender As Object, e As System.EventArgs) Handles Me.Load
        ' lblShow 標籤顯示 name 姓名陣列及 avg 平均分數陣列
```

```
        lblShow.Text = "姓名　成績<br>"
        lblShow.Text &= "<hr>"
        For i As Integer = 0 To name.GetUpperBound(0)
        ' 多個半形空白也只能在網頁上輸出一個空白而已，因此此處請輸入全形空白
            lblShow.Text &= name(i) & "　　" & avg(i) & "　　<br>"
        Next
    End Sub

    ' 按 [遞增排序] 鈕執行此事件處理程序
    Protected Sub btnIncrease_Click(sender As Object, e As System.EventArgs) _
    Handles btnIncrease.Click
        ' 遞增排序 avg 陣列且 name 陣列註標跟著 avg 陣列註標更動
        Array.Sort(avg, name)
        ' lblShow 標籤顯示遞增排序結果
        lblShow.Text = "姓名　成績　名次<br>"
        lblShow.Text &= "<hr>"
        For i As Integer = 0 To name.GetUpperBound(0)
            lblShow.Text &= name(i) & "　　" & avg(i) & "　　" & _
                (name.GetUpperBound(0) - i + 1).ToString() & "<br>"
        Next
    End Sub

    ' 按 [遞減排序] 鈕執行此事件處理程序
    Protected Sub btnDecrease_Click(sender As Object, e As System.EventArgs) _
    Handles btnDecrease.Click
        ' 遞增排序 avg 陣列且 name 陣列註標跟著 avg 陣列註標更動
        Array.Sort(avg, name)
        Array.Reverse(avg)          ' 反轉 avg 陣列
        Array.Reverse(name)         ' 反轉 name 陣列
        ' lblShow 標籤顯示遞減排序結果
        lblShow.Text = "姓名　成績　名次<br>"
        lblShow.Text &= "<hr>"
```

```
        For i As Integer = 0 To name.GetUpperBound(0)
            lblShow.Text &= name(i) & "    " & avg(i) & "    " & (i + 1).ToString() & _
             "<br>"
        Next
    End Sub
End Class
```

3.4 多維陣列

本節前面所介紹的陣列只有一個註標，其維度為 1，稱為「一維陣列」。若一個陣列有兩個註標，其維度為 2，稱為「二維陣列」(Two-Dimensional Array)。若有三個註標，其維度為 3，稱為「三維陣列」(Three-Dimensional Array)，我們將維度超過兩個(含)以上稱為「多維陣列」(Multi-Dimensional Array)。

二維陣列是由兩個註標構成，我們將第一個註標稱為列(Row)，第二個註標稱為行(Column)。譬如：上課座位表、電影座位等以表格方式呈現者都可用二維陣列來表示。二維陣列若每一列的個數都相同，就構成一個「矩形陣列」(Rectangular Array)，如下圖所示。若每一列的個數長短不一就構成「不規則陣列」(Jagged Array)。不規則陣列將於下一節中探討，本節僅介紹矩形陣列。譬如：下表為一個 3x4 的 ary2 矩型陣列：

	第 0 行	第 1 行	第 2 行	第 3 行
第 0 列	ary2(0,0)	ary2(0,1)	ary2(0,2)	ary2(0,3)
第 1 列	ary2(1,0)	ary2(1,1)	ary2(1,2)	ary2(1,3)
第 2 列	ary2(2,0)	ary2(2,1)	ary2(2,2)	ary2(2,3)

陣列名稱　行註標

列註標

上表二維陣列建立方式如下：

```
Dim ary2(3,4) As Integer
```

設定各陣列元素的初值：

ary2(0,0)=1： ary2(0,1)=2： ary2(0,2)=3： ary2(0,3)=4
ary2(1,0)=5： ary2(1,1)=6： ary2(1,2)=7： ary2(1,3)=8
ary2(2,0)=9： ary2(2,1)=10： ary2(2,2)=11： ary2(2,3)=12

將上面建立和設定初值敘述合併成一行敘述：

Dim ary2(,) As Integer = {{1,2,3,4}, {5,6,7,8},{9,10,11,12}}

範例演練

網頁檔名：array2.aspx

使用陣列物件所提供的方法並配合 For 迴圈，將下列的 ary1 一維陣列及 ary2 二維陣列的所有元素的初值如下圖所示讀取出來。

```
Dim ary1() As Integer = { 1, 2, 3, 4, 5 }
Dim ary2(,) As Integer = { { 1, 2, 3, 4 }, { 5, 6, 7, 8 }, { 9, 10, 11, 12 } }
```

完整程式碼

程式碼後置檔：array2.aspx.vb

```
Partial Class array2
    Inherits System.Web.UI.Page
    ' 網頁載入時執行
    Protected Sub Page_Load(sender As Object, e As System.EventArgs) Handles Me.Load
        Dim ary1() As Integer = {1, 2, 3, 4, 5}
        Dim ary2(,) As Integer = {{1, 2, 3, 4}, {5, 6, 7, 8}, {9, 10, 11, 12}}
        Response.Write("讀取 ary1 一維陣列<br>")
        ' 如下 For 可改成  For i As Integer = 0 To ary1.Length -1
        For i As Integer = 0 To ary1.GetUpperBound(0)
            Response.Write("ary1(" & i.ToString() & ")=" & ary1(i).ToString() & "   ")
        Next
        Response.Write("<p>")  ' 換一段落
        Response.Write("讀取 ary1 二維陣列<br>")
        ' 外層迴圈取得第 1 維陣列上限
        For i As Integer = 0 To ary2.GetUpperBound(ary2.Rank - 2)
            ' 內層迴圈取得第 2 維陣列上限
            For j As Integer = 0 To ary2.GetUpperBound(ary2.Rank - 1)
                Response.Write("ary2(" & i.ToString() & "," & j.ToString() & ")=" & _
                  ary2(i, j).ToString() & "   ")
            Next
            Response.Write("<br>")
        Next
    End Sub
End Class
```

3.5 結構化程式設計

當開發較大的應用程式時，若開發過程中，程式設計人員和使用者雙方溝通不良，會導致開發出的應用程式滿意度降低，也會因在開發過程發生未察覺的錯誤，降低了使用者對該應用程式品質信賴度。若對開發完成的應用程式測試不正確或是文件說明不完整或不明確，也會影響日後對該應用程式的維護。所以，設計大型的應用程式，若能朝「結構化」去設計，就能避免上述事情的發生。一個符合結構化的程式是指該程式具有「由上而下程式設計」的精神以及具有模組化設計概念。

「由上而下程式設計」(Top-Down Programming Design)是一種逐步細緻化的設計觀念，它具有層次性，將程式按照性能細分成多個單元，再將每個單元細分成各個獨立的模組，模組間儘量避免相依性，使得整個程式的製作簡單化。設計一個完整的程式，就好像蓋房子一樣，先打完地基，再蓋第一層樓，逐步往上砌。設計程式亦是如此，如下圖是由頂端的主程式開始規劃，然後逐步往下層設計，不但層次分明有條理且易於了解，可減少程式發生邏輯上的錯誤。此種設計觀念就是「由上而下程式設計」。

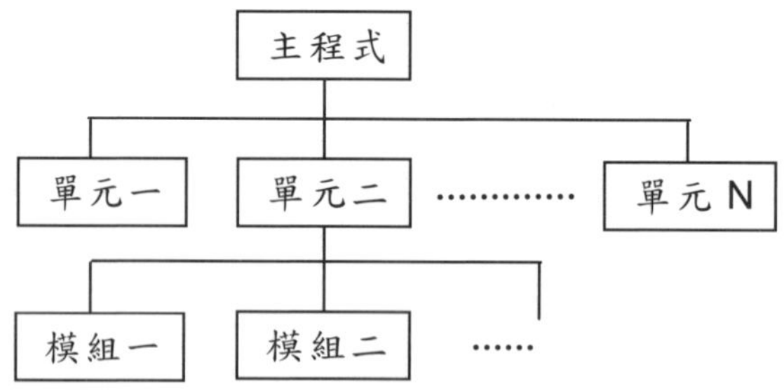

所謂「模組化程式設計」(Modular Programming Design) 就是在分析問題時，由大而小，由上而下，將應用程式切割成若干模組。若模組太大還可以再細分小模組，使得每個模組成為具有獨立功能的程序或函式，因為 VB

是屬於物件導向語言，每個模組允許各自獨立撰寫和測試，不但可減輕程式設計者負擔且易維護和降低開發成本。模組與模組間資料是透過引數來傳遞。由於模組分開獨立撰寫，因此稍加修改可套用到不同的應用程式而提昇生產力。譬如：在 Windows Form 視窗上的功能表的「檔案」功能可視為一個大模組，又可細分成「新增檔案」、「開啟舊檔」、「關閉檔案」小模組，將小模組分給程式設計成員獨立撰寫，再合併成一個大模組。譬如，本章介紹的程序或函式都可視為模組。一個製作好的模組，使用者只要給予輸入值，不必瞭解模組內如何運作，便可輸出結果，有如各式各樣的積木，每塊積木相當於一個模組，使用者可依不同需求組出不同的東西出來。

至於「結構化程式設計」(Structured Programming Design) 是指任何一個程式的流程不外乎由循序結構、選擇結構(If… Then … Else … 、Select Case…)，重複結構(For…、Do While…Loop) 等程式區塊組合而成，程式流程保持一進一出的基本架構，因而增加了程式的可讀性，同時在結構化程式設計，無論在規劃程式階段或編寫程式階段都注重由上而下設計和模組化的精神，使得程式層次分明、可讀性高、易分工編寫、除錯與維護。

3.6 副程式簡介

在撰寫較大的程式中，有些具有某種特定功能的程式區塊會在程式中多次重複出現，使得程式看起來冗長和不具結構化，VB 允許將這些程式區塊單獨編寫成一個副程式（可分為程序和函式兩種），並賦予副程式一個名稱，程式中需要時才進行呼叫。因此，副程式符合了模組化程式設計的精神。譬如：系統分析師在分析一個較大的應用程式時，首先會將一個大系統由上往下逐層細分成具有特定功能的小模組，再將這些小模組交給不同程式設計師，同時進行編寫程式碼，最後只要透過最上層的主程式將各個副程式連結起來就成為一個完整的大系統。

一般的副程式是不會自動執行，只有在被主程式或另一個程序呼叫時才會被執行。程式中使用副程式來建構程式碼有下列優點：

1. 副程式可將大的應用程式分成若干不連續的邏輯單元，由多人同時進行編碼，可提高程式設計效率。
2. 只需寫一次，可在同個程式中多處使用；也可不需做太多的修改或甚至不用修改，套用到其它的程式共用，開發上省時省力。
3. 可縮短程式長度，簡化程式邏輯，有助提高程式的可讀性。
4. 採用物件導向程式設計，不同功能的程式單元獨立成為某個模組的程序或函式，使得較易除錯和維護。

程式設計者應程式需求而自行定義的使用者自定程序或函式，依不同需求和常用性可分成下列兩種：

1. 事件處理程序
   依據使用者動作或程式項目所觸發的事件，此時會去執行該物件的事件處理程序。例如在 btnOk 按鈕的上面按一下，會觸發 btnOk 按鈕的 Click 事件，此時會執行 btnOk_Click()事件處理程序。
2. 使用者自定程序
   程式設計者自己定義的程式模組，可細分為自定函式「Function…End Function」或自定程序「Sub…End Sub」。自定函式可傳回一個結果值，自定程序可透過引數傳回值。兩者都透過呼叫才能執行。

副程式適用於進行重複或共用的工作，例如常用的計算、文字和控制項的操作，以及資料庫作業。您可以從程式碼中許多不同的位置呼叫副程式，如此您可以將副程式當作應用程式的建置區塊。

3.7 亂數類別的使用

「內建類別」是廠商將一些經常用到的數學公式、字串處理、日期運算以及方法的資料型別直接建構在該程式語言的系統內，以 VB 來說，就可以使用 .Net Framework 內建類別，程式設計者不必了解這些類別以及物件方法內部的寫法，只要給予引數輸入值，直接呼叫物件的方法(函式)名稱，便可得到輸出結果。我們將此類的類別稱為「系統內建類別」。在 .Net Framework 提供的常用內建類別包括：亂數類別、數學類別、字串類別以及日期類別，本章只簡單介紹亂數類別的使用方式，以方便在後面章節的範例中使用。關於常用的 VB 函式與內建類別收錄於附錄 A。

亂數多用於電腦、離散數學、作業研究、統計學、模擬、抽樣、數值分析、決策等各領域。.Net Framework 所提供的 Random 類別屬 System.Random 型別，其功能用來產生亂數。使用 Random 類別中的方法(函式)時，必須建立 Random 物件實體才能使用。下面步驟介紹亂數類別的使用方式：

Step1 Random 類別可用來產生亂數。其方式先宣告一個名稱為 ranObj 是指向 Random 型別的物件參考，並使用 New 來初始化建立的 ranObj 物件，即建立 ranObj 為 Random 類別的物件實體，寫法如下：

```
Dim ranObj As New Random()
```

Step2 接著可以使用 Random 類別所提供的 Next()方法來產生某個範圍的亂數值。有下面幾種用法：

① 產生介於 0~2,147,483,647(=2^{31}-1)之間的亂數值並指定給 iNum 整數變數。寫法如下：

```
Dim iNum As Integer = ranObj.Next()
```

② 產生 0~4 之間的亂數值並指定給 iNum 整數變數，寫法如下：

```
Dim iNum As Integer = ranObj.Next(5)
```

③ 產生 7~99 間的亂數值並指定給 iNum 整數變數，寫法如下：

```
Dim iNum As Integer = ranObj.Next(7, 100)
```

上面敘述 Random 類別的 Next 方法第一個引數 7 表示產生亂數的最下限，第二個引數 100 表示會產生亂數的最上限為 99(即 100-1)，因此上面敘述會產生範圍 7~99(含)的亂數。

範例演練

網頁檔名：RndObj.aspx

試在網頁上顯示五組四星彩號碼，四星彩號碼即是四個 0~9 之間可重複的亂數號碼。

第一次執行結果

第二次執行結果

完整程式碼

程式碼後置檔：RndObj.aspx.vb

```
Partial Class RndObj
    Inherits System.Web.UI.Page
    Protected Sub Page_Load(sender As Object, e As System.EventArgs) Handles Me.Load
        Dim rndObj As New Random()  ' 建立屬於 Random 類別的 rndObj 亂數物件
        ' 顯示五組四星彩號碼
        For i As Integer = 1 To 5
            ' 顯示第 i 組四星期號碼
```

```
                Response.Write("第 " & i.ToString() & " 組：")
                For k As Integer = 1 To 4
                    Response.Write(rndObj.Next(0, 10))     ' 顯示 0~9 之間的亂數
                Next
                Response.Write("<br>")
            Next
        End Sub
End Class
```

3.8 一般程序的使用

撰寫程式時，常會將程式中具有特定功能的部份獨立出來，成為較小的邏輯單元，並可個別編輯成一般程序。我們將能透過函式本身傳回值的，稱為「Function 自定函式」；不能透過程序本身傳回值的，稱為「Sub 自定程序」。Sub 自定程序和 Function 自定函式必須放在模組或類別之內不可以獨立在模組或類別之外。Sub 自定程序和 Function 自定函式是供給事件處理程序或其它一般程序呼叫使用。

3.8.1 Function 自定函式的定義

定義 Function 自定函式，主要是先為該自定函式設定傳回值的資料型別、為自定函式命名、指定呼叫該自定函式時要傳入多少個引數、同時宣告這些引數的資料型別，以上這些都在定義自定函式的第一行敘述中書寫，接著在該自定函式的主體內撰寫相關的程式碼。基本語法如下：

```
[ Public | Private ] Function  函式名稱([引數串列]) [As  資料型別]
        [  敘述區段  ]
        Return  運算式      或      函式名稱  =  運算式
        [ Exit Function ]
End Function
```

自定函式的命名比照識別項命名規則，引數串列若超過一個以上，中間使用逗號隔開。每個自定函式和變數一樣都有一個資料型別，該資料型別是放在自定函式最後面，用 As 來宣告，由它來決定傳回值的資料型別。

自定函式是一組以 Function 開頭而以 End Function 結束所組成的程式區塊。每當自定函式被呼叫時，會跳到自定函式第一個可執行的敘述，開始往下執行，並以碰到的 End Function、Exit Function 或 Return 敘述來結束，接著再返回原呼叫敘述處。自定函式內引數串列的寫法如下：

Function compute(ByVal r As Integer, ByRef v As Double) As Integer
虛引數串列
End Function

為了區別呼叫敘述和被呼叫自定函式的引數串列，我們將前者的引數串列稱為「實引數」(Actual Argument)，後者稱為「虛引數」(Dummy Argument)。虛引數串列的引數資料型別，若前面設定為 ByRef，即為「參考呼叫」，此時實引數和虛引數會佔用相同記憶位址，表示除了允許接收由原呼叫敘述對應的實引數外，離開時也可以將值傳回給原呼叫敘述對應的引數；若虛引數資料型別前面加上 ByVal，即為「傳值呼叫」，表示該引數只能接收由原呼叫敘述對應的引數，但離開自定函式時無法將值傳回。關於傳值呼叫與參考呼叫的詳細用法將於下節詳細介紹。

傳入值是指當呼叫自定函式時，可透過引數串列來取得由呼叫該自定函式的敘述處所傳入的常數、變數或運算式等引數當作初值。傳回值是指自定函式將執行結果傳回給原呼叫程式的值，自定函式可使用 Return 敘述來傳回值。如下寫法為 Return 敘述的使用方式：

方式 1：Return 運算式

使用 Return 敘述來指定傳回值，當此敘述執行完畢立即將控制權傳回給原呼叫程式，接在 Return 後面的敘述都不會執行。

```
Function compute(ByVal r As Double) As Double
    .............
    Return 4.0/3.0 * PI * r * r * r    ' 傳回計算後的結果值
                                       ' 並將控制權由此離開函式返迴呼叫處
    .............                      ' 此處不會繼續執行
End Function
```

方式 2：函式名稱 = 運算式

此方式透過函式名稱來傳回值，當此敘述執行完畢立即將控制權傳回給原呼叫程式，接在後面的敘述都不會執行。

```
Function compute(ByVal r As Double) As Double
    .............
    compute = 4.0/3.0 * PI * r * r * r    ' 透過函式名稱傳回
    .............
End Function
```

自定函式必須置於類別或模組之內。程式中的自定函式有個限制，就是自定函式內不允許再定義另一個自定函式。自定函式前面允許加上 Public、Private 等來設定自定函式有效的存取範圍(權限)。若宣告為 Public 表示該自定函式的存取範圍沒有限制，若宣告為 Private 則該自定函式只能在目前的類別或模組中使用。預設為 Private 私有型態。

3.8.2 Function 自定函式的呼叫

程式中呼叫自定函式的語法如下：

```
變數名稱 = 函式名稱([引數串列])    ' 傳回一個結果值
```

上面語法將自定函式的傳回值指定給等號左邊的變數名稱，此時變數名稱的資料型別必須和所定義的自定函式名稱 As 最後面所接的資料型別一致。譬如：呼叫 compute 自定函式，該函式有一個引數，下列寫法都是合法的呼叫敘述：

```
volume = compute(r)
volume = 20 + compute(r+3)         ' 函式可放入 r+3 運算式
```

在撰寫呼叫敘述和被呼叫自定函式兩者間引數傳遞時，要注意實引數和虛引數兩者的個數要相同，兩者間對應引數的資料型別要一致。實引數允許使用常值、變數、運算式、陣列、結構、物件當引數。虛引數不允許使用常值、運算式當引數，允許使用變數、陣列、結構、物件當引數。下面介紹呼叫自定函式的用法：

呼叫時可直接撰寫函式名稱再傳入引數即可。如下寫法呼叫 add() 函式並將實引數「1」傳入給虛引數 a，實引數「6」傳入給虛引數 b，最後透過 Return 敘述將 a+b 的結果傳回給原呼叫敘述等號左邊的 sum 變數。

```
Partial Class _Default
    Inherits System.Web.UI.Page

    Protected Sub Page_Load(sender As Object, e As System.EventArgs) _
    Handles Me.Load
        ' 呼叫 add 函式，會將 add 函式的結果傳回給 sum 整數
        Dim sum As Integer = add( 1,   6 )

    End Sub               傳入              傳入

    ' 被呼叫的 add 函式
    Function add (ByVal a As Integer, ByVal b As Integer) As Integer
        Return a + b               ' 傳回 a+b 兩數相加
    End Function

End Class
```

網頁檔名：Method1.aspx

試寫一個函式，其名稱為 Compute。先在文字方塊內輸入半徑 radius 後按 計算 鈕將文字方塊的資料指定給 radius，將 radius 實引數傳給 Compute 函式的 r 虛引數，計算出體積後，再將結果由函式本身傳回給 volume，最後，在標籤上顯示輸入的半徑和計算出的體積。

上機實作

Step1 宣告 PI 浮點常數

在所有事件處理程序之外宣告圓周率 PI 浮點常數，以便提供給所有事件處理程序使用。寫法如下：

```
Const PI As Double = 3.1416
```

Step2 定義 Compute()函式

在類別內事件處理程序外定義下列 Compute()函式用來計算並傳回圓的體積，傳回值的資料型別為 Double，寫法如下：

```
Function Compute(ByVal r As Double) As Double
    Return (4.0 / 3.0 * PI * r * r * r)
End Function
```

Step3 撰寫 計算 鈕的 btnCal_Click 事件處理程序

在 btnCal_Click 事件處理程序內宣告相關變數，volume 存放體積，radius 存放半徑，為求體積正確，變數資料型別設為 Double。將 txtRadius 文字方塊的資料轉成浮點數再指定給 radius 變數，再呼叫 Compute 函式並將 radius 當做該函式的引數，接著將 Compute 函式的傳回值指定給 volume。最後再將計算的結果顯示在 lblShow 標籤上。寫法如下：

```
Protected Sub btnCal_Click(sender As Object, e As System.EventArgs)
Handles btnCal.Click
    Dim volume, radius As Double
    radius = Val(txtRadius.Text)
    ' 呼叫 Compute()函式並傳入半徑，最後再將結果傳回給 volume
    volume = Compute(radius)
    lblShow.Text = " 半徑 = " & radius.ToString() & "公分  體積 = " & _
            volume & " 立方公分"
    lblShow.ForeColor = System.Drawing.Color.Blue
End Sub
```

上機實作

Step1 Method1.aspx 網頁的輸出入介面

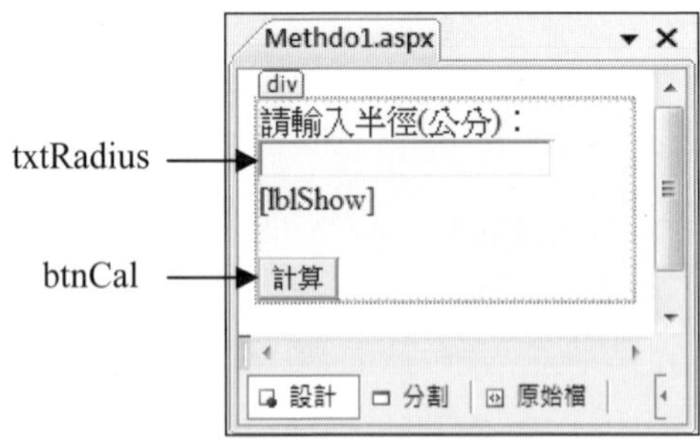

Step2 自行撰寫事件處理程序

程式碼後置檔：Method1.aspx.vb

```
Partial Class Method1
    Inherits System.Web.UI.Page
    ' 宣告 PI 浮點常數於事件處理程序外，供所有事件處理程序使用
    Const PI As Double = 3.1416

    ' Compute()函式，預設存取修飾詞為 Private
    Function Compute(ByVal r As Double) As Double
        Return (4.0 / 3.0 * PI * r * r * r)
    End Function

    ' 按 [計算] 鈕執行
    Protected Sub btnCal_Click(sender As Object, e As System.EventArgs) _
    Handles btnCal.Click
        Dim volume, radius As Double
        radius = Val(txtRadius.Text)
        ' 呼叫 Compute()函式並傳入半徑，最後再將結果傳回給 volume
        volume = Compute(radius)
        lblShow.Text = " 半徑 = " & radius.ToString() & "公分    體積 = " & _
            volume & " 立方公分"
        lblShow.ForeColor = System.Drawing.Color.Blue        ' lblShow 前景色彩為藍色
    End Sub

End Class
```

3.8.3 Sub 自定程序的定義

Sub 自定程序和 Function 自定函式兩者都可以做引數傳遞，但兩者在使用上最主要的差異是：Function 自定函式透過函式本身或引數傳回值；Sub 自定程序本身不傳回值，僅能透過引數傳回值。有關 Sub 自定程序的基本語法如下：

```
[ Public | Private ] Sub  程序名稱([引數串列])
        [ 敘述區段 ]
        [Return]
        [ Exit Sub ]
End Sub
```

自定程序是一組以 Sub 開頭而以 End Sub 結束所組成的程式區塊。權限預設為 Private。當自定程序被呼叫而執行時，以碰到 End Sub、Exit Sub 或 Return 來結束，返回原呼叫敘述處。Sub 自定程序的定義與 Function 自定函式相同，其程序名稱的命名比照識別項命名規則，實引數與虛引數的關係同自定函式。因 Sub 自定程序本身不會傳回值，故在定義時，不需要用 As 來宣告傳回值的資料型別。

3.8.4 Sub 自定程序的呼叫

Sub 自定程序的呼叫語法有下列兩種：

```
語法 1： Call 程序名稱 ( [引數串列] )
語法 2： 程序名稱 ( [引數串列] )
```

呼叫 Sub 自定程序可使用 Call 敘述加上程序名稱，也可以省略 Call 敘述直接撰寫程序名稱來達成呼叫的動作。

網頁檔名：Method2.aspx

本例建立名稱為 CheckYear() 的 Sub 自定程序，由文字方塊內輸入西元多少年(year)，採傳值呼叫方式將 year 變數傳給 CheckYear()程序中的 y 整數變數，將 y 經過判斷是否為閏年，若是閏年，則在標籤上顯示 "閏年" 訊息，否則在標籤上顯示 "平年" 訊息。閏年的計算規則是「能被 4 整除且不被 100 整除，或是能被 400 整除的年份」，其條件式寫法如下：

```
If   y Mod 4 = 0 And y Mod 100 <> 0 Or y Mod 400 = 0   Then
      ' 閏年
Else
      ' 平年
End If
```

上機實作

Step1 Method2.aspx 網頁的輸出入介面

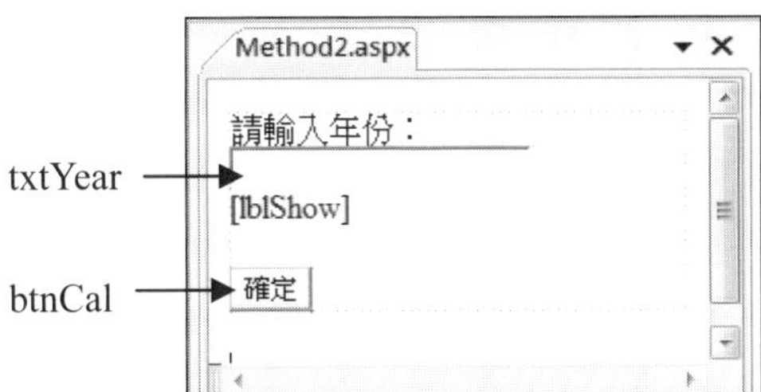

Step2 自行撰寫事件處理程序

程式碼後置檔：Method2.aspx.vb

```
Partial Class Method2
    Inherits System.Web.UI.Page

    ' 呼叫 CheckYear 程序，可判斷並顯示傳入的 y 年份是閏年還是平年
    Sub CheckYear(ByVal y As Integer)
        If y Mod 4 = 0 And y Mod 100 <> 0 Or y Mod 400 = 0 Then
            lblShow.Text = "=== " & y & " 年 為 閏年! ==="
        Else
```

```
            lblShow.Text = "=== " & y & " 年 為 平年! ==="
        End If
    End Sub

    ' 按 [確定] 鈕執行
    Protected Sub btnOk_Click(sender As Object, e As System.EventArgs) _
    Handles btnOk.Click
        Dim year As Integer   ' 宣告 year 用來存放年份
        ' 由鍵盤輸入年份並轉成整數再指定給 year 整數變數
        year = Val(txtYear.Text)
        ' 呼叫 CheckYear()程序，並傳入 year 引數
        CheckYear(year)
        lblShow.ForeColor = System.Drawing.Color.Blue
    End Sub

End Class
```

3.9 引數的傳遞方式

一般程序包含自定函式或自定程序，兩者都是應程式需求而自己定義的，因此需透過呼叫才能執行。所謂「引數傳遞」是指自定函式或自定程序被呼叫開始執行前，應指定哪些實引數要從呼叫的敘述傳給被呼叫自定函式或自定程序的虛引數，以及哪些虛引數在離開自定函式或自定程序要傳回給呼叫敘述的實引數。VB 提供常用的引數的傳遞有下列兩種方式：

1. 傳值呼叫(Call By Value)
2. 參考呼叫(Call By Reference)

3.9.1 傳值呼叫

所謂「傳值呼叫」是指當呼叫敘述將實引數傳給虛引數只做傳入的動作，也就是說 VB 此時將虛引數視為區域變數，自動配置新的記憶位址給虛引數來存放實引數傳入的內容，實引數和虛引數兩者在記憶體分別佔用不同的記憶位址，當虛引數在自定函式或自定程序內資料有異動時，並不會影響實引數的值，當離開自定函式或自定程序時，虛引數佔用的記憶體位址自動釋放，交還給系統，當程式執行權返回到原呼叫的敘述時，實引數的內容仍維持不變。所以，用傳值方式來傳遞引數，表示該自定函式或自定程序無法變更實引數中原呼叫程式碼裡的變數內容。引數做傳值呼叫時，虛引數用 ByVal 宣告。

3.9.2 參考呼叫

所謂「參考呼叫」是指當呼叫敘述將實引數傳給虛引數時，可以做傳入和傳出的動作，也就是說實引數和虛引數兩者參用相同的記憶體位址來存放引數，當虛引數在自定函式或自定程序內資料有異動時，離開時虛引數解除參用，但實引數仍繼續參用，待當程式執行權返回到原呼叫的敘述時，實引數的內容已是異動過的資料，這表示參考呼叫是可以修改變數本身。所以，引數做參考呼叫時，虛引數須使用 ByRef 來宣告。在此要注意的是：

1. 當虛引數為 Byte, Short, Integer, Long, Single, Double, Decimal, Char...等實質資料型別，若省略宣告 ByVal 或 ByRef，預設的引數傳遞方式為 ByVal 傳值呼叫。
2. 當虛引數為 DateTime, TextBox, RadioButton, Object...等(即物件變數)參考資料型別，若省略宣告 ByVal 或 ByRef，預設的引數傳遞方式為 ByRef 參考呼叫。

網頁檔名：Method3.aspx

延續上例，修改 Method2.aspx。試使用名稱為 CheckYear()的 Sub 自定程序，由文字方塊輸入西元多少年(year)，採傳值呼叫方式將 year 變數傳給 CheckYear()程序中的 y 整數變數；採參考呼叫方式使實引數 str1 和虛引數 s1 佔用相同記憶位址。經過判斷若 y 為閏年，則指定 s1(即 str1)傳回 "閏年" 訊息；若是平年則 s1(即 str1)傳回 "平年" 訊息。執行結果與上例的 Method2.aspx 相同。

完整程式碼

程式碼後置檔：Method3.aspx.vb

```
Partial Class Method3
    Inherits System.Web.UI.Page

    ' y 虛引數採傳值呼叫，s1 虛引數採參考呼叫
    ' s1 虛引數與實引數會共用同一記憶空間
    Sub CheckYear(ByVal y As Integer, ByRef s1 As String)
        If y Mod 4 = 0 And y Mod 100 <> 0 Or y Mod 400 = 0 Then
            s1 = "閏年! "
        Else
            s1 = "平年! "
        End If
    End Sub

    ' 按 [確定] 鈕執行
    Protected Sub btnOk_Click(sender As Object, e As System.EventArgs) _
    Handles btnOk.Click
        Dim year As Integer
        Dim str1 As String = ""
        year = Val(txtYear.Text)
        ' str1 採參考呼叫，str1 實引數會和 s1 虛引數共用相同記憶體空間
```

```
20          CheckYear(year, str1)
21          lblShow.Text = "=== " & year & "  年為" & str1 & " === "
22          lblShow.ForeColor = System.Drawing.Color.Blue
23      End Sub
24 End Class
```

程式說明

1. 6,20 行：第 6 行 CheckYear()自定程序的虛引數 s1 用 ByRef 宣告採參考呼叫方式，因此第 20 行原呼叫敘述實引數 str1 會和虛引數 s1 佔用相同記憶位址。也就是說當 s1 等於 "閏年" 時，即 str1 也是 "閏年"；當 s1 等於 "平年" 時，即 str1 也是 "平年"。

3.10 陣列引數的傳遞方式

自定函式與自定程序間引數的傳遞，除了常值、變數外，還可以使用陣列、結構，或物件來傳遞。若引數是陣列，必須要注意，單一個陣列元素可依需求採傳值或參考呼叫，但物件或整個陣列做引數傳遞必須使用參考呼叫。假設 myAry 為一個整數陣列，透過 myMethod 自定程序作引數傳遞。其寫法如下：

1. **傳遞陣列元素**

   其傳遞方式與一般變數引數傳遞方式相同，如下說明：

```
主程式：
  ⋮
  myMethod( myAry(2)   ,   myAry(4) )   ' 傳陣列元素
  ⋮                傳值              傳參考
自定程序 myMethod()：
  Sub myMethod(ByVal a As Integer, ByRef b As Integer)
……
```

說明：myAry(2) 陣列元素以傳值方式傳給 myMethod 自定程序的 a 整數變數。

myAry(4) 陣列元素以參考方式傳給 myMethod 自定程序的 b 整數變數。

2. **傳遞整個陣列**

被呼叫程式虛引數若為陣列，則在陣列變數名稱後面加上()，原呼叫敘述可直接設定陣列名稱即可。寫法如下：

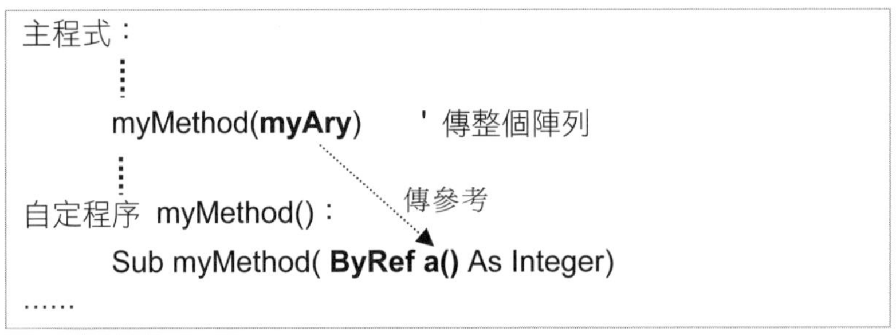

說明：物件或陣列傳遞為參考呼叫。上面寫法是將 myAry 整個陣列以參考方式傳給 myMethod 自定程序的 a 整數陣列。

範例演練

網頁檔名：SendArray.aspx

試寫一個將 ary1 整個整數陣列傳給 GetMin()函式，接著即可傳回 ary1 陣列中的最小值。

完整程式碼：

程式碼後置檔：SendArray.aspx.vb

```
Partial Class SendArray
    Inherits System.Web.UI.Page

    ' GetMin() 自定函式找出傳入陣列中的最小值
    Function GetMin(ByRef tempAry() As Integer) As Integer
        Dim min As Integer = tempAry(0)    ' 預設最小值為第一個陣列元素
        ' 使用迴圈找出陣列中的最小值
        For i As Integer = 1 To tempAry.GetUpperBound(0)
            If tempAry(i) < min Then
                min = tempAry(i)
            End If
        Next
        Return min   ' 傳回陣列中的最小值
    End Function

    ' 網頁載入時執行
    Protected Sub Page_Load(sender As Object, e As System.EventArgs) Handles Me.Load
        ' 建立並初始化 ary1 陣列
        Dim ary1() As Integer = {10, 88, 6, 34, 77}
        Response.Write("ary1 陣列為->")
        ' 逐一印出陣列中的每一個陣列元素
        For i As Integer = 0 To ary1.GetUpperBound(0)
            Response.Write(ary1(i).ToString() & ", ")
        Next
        Response.Write("<p>")   ' 使用<p>標籤跳一段落
        Response.Write("ary1 陣列最小數為：" & GetMin(ary1).ToString())
    End Sub

End Class
```

程式說明

1. 5~14 行 ： 定義 GetMin()自定函式，虛引數變數名稱後面加上()，表示虛引數為整數陣列型別。
2. 19 行 ： 建立 ary1 整數陣列並給予初值。
3. 22~24 行 ： 印出 ary1 整數陣列每一個元素的值。
4. 26 行 ： 呼叫 GetMin()自定函式並將實引數 ary1 整個陣列傳給對應的虛引數。

3.11 多載

所謂「多載」(Overloading)是指多個自定程序或自定函式可以使用相同的名稱，它是透過不同的引數串列個數以及引數的資料型別來加以區分。如下例示範多載自定函式。

範例演練

網頁檔名：Overloading.aspx

請定義兩個相同名稱的 GetMin()自定函式，一個用來傳回兩個整數中的最小數，另一個用來傳回整數陣列中的最小數。

完整程式碼

程式碼後置檔：OverLoading.aspx.vb

```
Partial Class Overloading
    Inherits System.Web.UI.Page
    ' 傳回 a, b 中的最小數
    Function GetMin(a As Integer, b As Integer) As Integer
        Return IIf(a < b, a, b)
    End Function

    ' GetMin()函式找出傳入的陣列中的最小值
    Function GetMin(ByRef tempAry() As Integer) As Integer
        Dim min As Integer = tempAry(0)    ' 預設最小值為第一個陣列元素
        ' 使用迴圈找出陣列中的最小值
        For i As Integer = 1 To tempAry.GetUpperBound(0)
            If tempAry(i) < min Then
                min = tempAry(i)
            End If
        Next
        Return min    ' 傳回陣列中的最小值
    End Function

    ' 網頁載入時執行
    Protected Sub Page_Load(sender As Object, e As System.EventArgs) Handles Me.Load
        Response.Write("5, 7 最小數為：" & GetMin(5, 7).ToString() & "<p>")
        Dim ary() As Integer = {25, 6, 899, 30}
        Response.Write("25, 6, 899, 30 最小數為：" & GetMin(ary).ToString())
    End Sub

End Class
```

程式說明

1. 4~6 行 ： 定義 GetMin() 多載自定函式，可傳回兩數中的最小數。
2. 9~18 行 ： 定義 GetMin() 多載自定函式，可傳回整數陣列中的最小數。
3. 22 行 ： 呼叫第 4~6 行的 GetMax() 多載自定函式，並傳回兩個整數中的最小數。
4. 24 行 ： 呼叫第 9~18 行的 GetMax() 多載自定函式，並傳回整數陣列中的最小數

3.12 課後練習

一、選擇題

1. Dim a () As Integer
   如上敘述會產生幾個陣列元素？(A) 5 (B) 6 (C) 7 (D) 以上皆非。
2. 承上例，試問陣列元素的資料型別為何？
   (A) 浮點數 (B) 字串 (C) 整數 (D) 物件。
3. Dim name () As String = {"Tom", "Mary", "Jack"}
   如上敘述試問 name(1)值為？
   (A) "Tom" (B) "Mary" (C) "Jack" (D) 以上皆非。
4. 承上例，試問印出 name(3) 內容為何？ (A) null (B) 空字串
   (C) "Jack" (D) 產生陣列超出索引範圍的例外。
5. Dim a () As Integer ={1,2,3,4,5}
   For i As Integer= 0 To a.GetUpperBound(0)
   　　Console.WriteLine("{0}", a(i))
   Next
   請問 a.GetUpperBound(0) 不可替換為何？(A) 4 (B) a.Length-1
   (C) a.Rank (D) a.GetLength(0)-1。

6. 下列哪個方法可用來反轉陣列？ (A) Array.Sort() (B) Arran.Rank() (C) Array.Reverse() (D) Array.Clear()。
7. 下列哪個方法可用來清除陣列的所有內容？ (A) Array.Sort() (B) Arran.Rank() (C) Array.Reverse() (D) Array.Clear()。
8. 下列哪個方法可用來將陣列內的陣列元素進行由小到大排序？ (A) Array.Sort() (B) Arran.Rank() (C) Array.Reverse() (D) Array.Clear()。
9. 有一陣列物件 score，若欲將 score 做由大到小排序，應如何撰寫程式？
   (A) Array.Reverse(): Array.Sort()　(B) Array.Clear()
   (C) Array.Sort()　(D) Array.Sort(): Array.Reverse()
10. 陣列的拷貝可以使用？ (A) Array.CopyRight()　(B) Array.Copy()　(C) Array.CopyArray　(D) CopyToArray()。
11. 若搜尋某個資料是否在陣列中，但不想排序陣列的資料，可使用哪個方法？(A) Array.Search() (B) Array.BinarySearch()　(C) Array.IndexOf()　(D) Array.Index()
12. 若想要使用二分化搜尋方法來查詢某個資料是否在 score 陣列中，程式應如何撰寫？
    (A) Array.Search(); Array.Sort()　(B) Array.BinarySearch(); Array.Sort()
    (C) Array.Sort(); Array.IndexOf()　(D) Array.Sort(); ArrayBinarySearch()
13. Dim n As Integer = 5
    Dim a (n-1)As Double
    如上敘述會產生幾個陣列元素？(A) 5　(B) 6　(C) 7　(D) 以上皆非。
14. 承上例，試問陣列元素的資料型別為何？ (A) 浮點數　(B) 字串　(C) 整數　(D) 物件。
15. 下例何者說明正確？
    (A) Array.Sort()方法適用於多維陣列
    (B) 使用 Array.BinarySearch()方法搜尋陣列中的元素，不用先排序陣列

(C) 欲清除陣列的所有元素可使用 Array.Cls()方法

(D) 使用 Array.IndexOf()搜尋陣列中的元素，若沒有找到會傳回-1。

16. 下例哪個類別可用來產生亂數？
(A) Rnd (B) Randomize (C) Random (D) Connection。

17. 使用亂數類別建立 rndObj 物件，試問下列哪行敘述可以產生 3~10 之間的亂數？ (A) rndObj.Next(3, 10) (B) rndObj.Next(3, 11)
(C) rndObj.Next() (D) rndObj.DoubleNext(3, 11)。

18. 承上題，rndObj.Next(4) 敘述不可能產生哪一個值？
(A) 0 (B) 1 (C) 3 (D) 4。

19. 呼叫不同模組的自定函式，呼叫時必須撰寫完整的模組名稱及什麼修飾詞？ (A) Public (B) Static (C) Private (D) Const。

20. 參考呼叫為 (A) 虛引數要用 ByRef 宣告 (B) 實引數與虛引數之前都要加上 ByRef (C) 虛引數之前要加上 ByVal (D) 虛引數與實引數之前要加上 ByVal。

21. 下列何者說明正確？ (A) Switch 為迴圈 (B) 使用參考呼叫表示實引數和虛引數會佔用相同記憶體空間 (C) 使用傳值呼叫表示實引數和虛引數會佔用相同記憶體空間 (D) Do…Loop 是選擇敘述。

22. 下列何者有誤？ (A) 物件和陣列的傳遞方式為參考呼叫 (B) 物件和陣列的傳遞方式為傳值呼叫 (C) 定義自定函式時，最後是 As Integer，表示會傳回整數 (D) 自定程序不傳回值。

23. 自定函式中再呼叫自己本身就構成？ (A) 多載 (B) 覆寫 (C) 遞迴 (D) 以上皆非。

24. 定義多個自定程序或自定函式可以使用相同的名稱，可稱為？ (A) 多載 (B) 覆寫 (C) 遞迴 (D) 以上皆非。

二、程式設計

1. 定義三個相同名稱的 GetMax() 多載函式，第一個 GetMax() 用來傳回兩個整數的最大數；第二個 GetMax() 用來傳回三個整數的最大數；第三個 GetMax() 用來傳回整數陣列中的最大數。
2. 使用 Random 類別產生七個 1~49 之間的大樂透號碼。(1~49 之間的亂數不能重複出現)
3. 設計一個名稱為 GetSum(S, E) 的函式，其中 S 是起始值，E 為終值，此函式的傳回值為整數資料型別。主程式呼叫 GetSum( ) 函式時，會傳回 S + (S + 1) + (S + 2) + … + (E) 相加的整數結果。
4. 建立 UserId 與 Pwd 字串陣列用來存放五組帳號與密碼皆互相對應，接著讓使用者在文字方塊內輸入帳號及密碼，當帳號與密碼皆正確時即顯示「登入成功」訊息，否則顯示「登入失敗」訊息。
5. 如左下圖有 TVName 電視劇字串陣列及 Rating 收視率整數陣列；請如右下圖依 Rating 收視率來進行由大到小排序並列出排名。

TVName	Rating
大老公反擊	20
小長今	14
真愛滿天下	7
婆家	9
消費瓜瓜樂	18

TVName	Rating	排名
大老公反擊	20	1
消費瓜瓜樂	18	2
小長今	14	3
婆家	9	4
真愛滿天下	7	5

筆記頁

CHAPTER

標準控制項(一)

學習目標：

- 認識 Web Form 的架構
- 認識 ASP.NET Web 伺服器控制項
- 學習 ASP.NET Web 伺服器控制項宣告語法
- 學習 Label、HyperLink、Image 控制項的使用
- 學習 Button、LinkButton、ImageButton 按鈕控制項的使用
- 學習 TextBox 文字方塊控制項與共用事件技巧
- 學習 RadioButton 與 RadioButtonList 選項按鈕控制項的使用
- 學習 CheckBox 與 CheckBoxList 核取方塊控制項的使用
- 學習 PostBack 觀念

4.1 Web Form 介紹

4.1.1 何謂 Web Form

ASP.NET 網頁又稱為 Web Form，副檔名為*.aspx，您可以將它想像成是一份 Web 的表單，就好像視窗應用程式的 Windows Form 表單一樣。當然，也可以在 Web Form 上建立 Button 按鈕、TextBox 文字方塊、Label 標籤...等 ASP.NET Web 伺服器控制項，Web Form 和傳統的 Windows Form 視窗應用程式不一樣的地方是：Web Form 是在伺服器端上執行後，將 Web Form、程式碼及相關的 Web 伺服器控制項轉譯成對應的 HTML 標籤，接著再將對應的 HTML 標籤下載到用戶端的瀏覽器供使用者觀看其結果；而 Windows Form 視窗應用程式則可以直接在用戶端執行。如下圖，我們可以使用 VWD 在 Web Form(本書稱為 ASP.NET 網頁)上以拖曳的方式建立控制項，符合所見即所得。

VWD IDE 整合開發環境

網頁執行結果

4.1.2 程式碼後置的網頁模型

第一章曾介紹過撰寫 ASP.NET 網頁可分為單一檔案及程式碼後置兩種方式，單一檔案的撰寫方式比較單純，而程式碼後置適用於多人同時開發，由於開發大型應用程式常使用程式碼後置網頁撰寫方式，因此有必要了解其原理。

程式碼後置撰寫方式會將視覺化項目及控制項的事件處理程序(使用者介面邏輯)分成兩個檔案，以本章網站的 Default.aspx 網頁為例，除了有 Default.aspx 可用來放置 HTML 標籤、CSS 樣式、JavaScript 用戶端指令碼...等與用戶端相關的視覺化項目，還會產生 Default.aspx.vb 程式碼後置檔用來放置控制項的事件處理程序。請切換到 Default.aspx 網頁的 [分割] 畫面，結果發現在 Default.aspx 的第 1 行會宣告@Page 指示詞，@Page 指示詞可用來設定 ASP.NET 網頁的屬性。

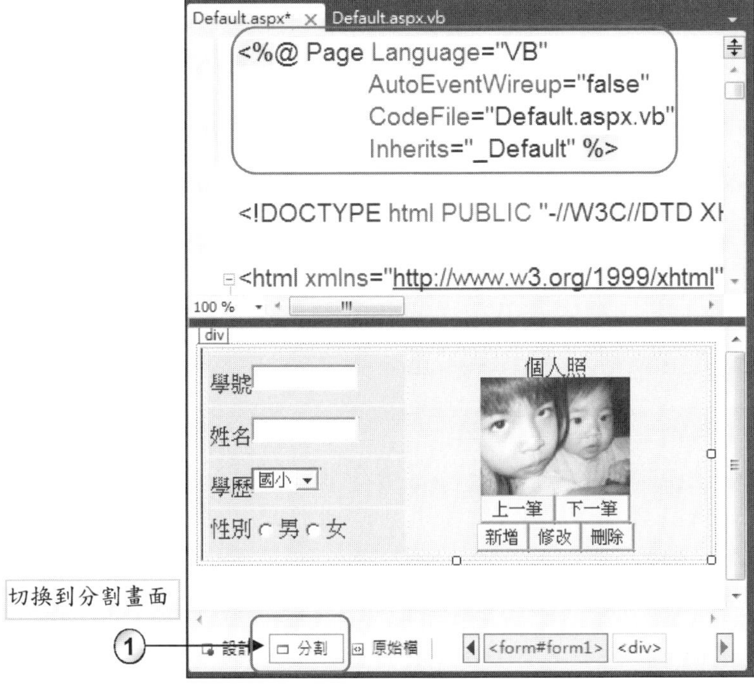

如上圖，@Page 指示詞將 Language 屬性設為 VB 表示是使用 VB 語言來撰寫 ASP.NET 網頁、AutoEventWireup 屬性設為 False 表示不自動連接網頁的事件、CodeFile 屬性設為 Default.aspx.vb 表示此份 ASP.NET 網頁的程式碼後置檔為 Default.aspx.vb、Inherits 屬性設為_Default 表示此份 ASP.NET 網頁繼承自_Default 類別，Inhertits 屬性所指定的_Default 類別會定義於 Default.aspx.vb 檔內。

如下圖切換到 Default.aspx.vb 程式碼後置檔的編輯窗格。結果發現該檔內定義了_Default 類別，且該類別繼承自 Page 類別(Page 類別置於 System.Web.UI 命名空間)，由此可知每一份 ASP.NET 網頁的衍生類別是 Page 類別，_Default 類別內可定義 Default.aspx 網頁控制項的相關事件處理程序、方法或變數，因此 _Default 類別內的事件處理程序、方法或變數也就成為 Page 類別的成員。

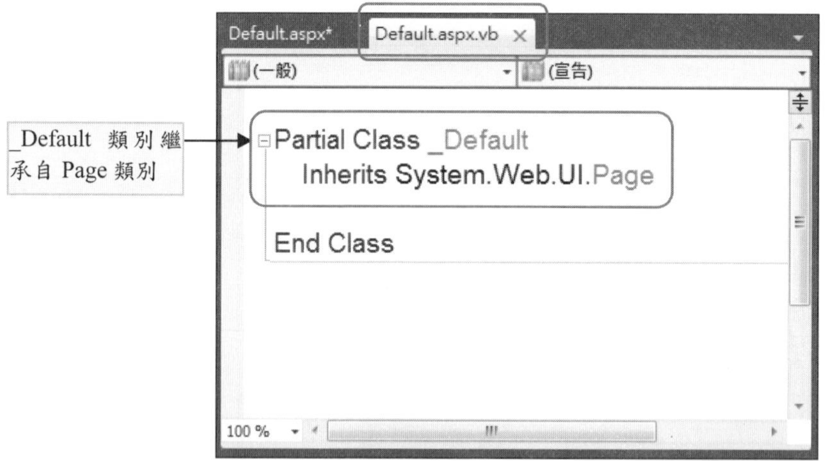

若使用程式碼後置的撰寫方式，當 ASP.NET 網頁執行時會將 *.aspx 及 @Page 指示詞所參考的 *.vb 檔案合併成單一類別後，再一起進行編譯。

4.2 Web 伺服器控制項介紹

ASP.NET 可使用 .NET Framework 類別程式庫中的 Web 伺服器控制項，這組控制項包含標準、巡覽、資料、登入、AJAX 擴充功能...等控制項。

4.2.1 Web 伺服器控制項的宣告語法

Web 伺服器控制項(Server Controls)簡稱 Web 控制項可直接由工具箱拖曳到 ASP.NET 網頁上，當然您也可以直接撰寫 Web 控制項的宣告語法。雖然使用 VWD 建立控制項比較方便，但對於 Web 應用程式的開發人員來說，建議還是要學習 Web 控制項的宣告語法比較好，而實際開發時還是以 VWD 為主，因此本書教學範例除了列出 Web 控制項的配置畫面，也會同時列出 ASP.NET 網頁 Web 控制項的宣告語法，以供初學者對照學習。由於 Web 控制項是屬於伺服器端的控制項，它是在伺服器端上執行的，所以 Web 控制項的宣告語法需加上 runat="server" 屬性，告知此 Web 控制項必須在伺服器端執行，而 Web 控制項語法架構必須符合 XML 格式，其宣告語法如下：

```
語法 1：成對標籤的 Web 控制項
<form id="物件識別名稱" runat="server">
    <asp:控制項類別名稱  id="物件識別名稱" runat="server"
        屬性名稱 1="屬性值 1"  屬性名稱 2="屬性值 2"... >
    </asp:控制項類別名稱>
</form>
```

```
語法 2：非成對標籤的 Web 控制項
<form id="物件識別名稱" runat="server">
    <asp:控制項類別名稱  id="物件識別名稱" runat="server"
        屬性名稱 1="屬性值 1"  屬性名稱 2="屬性值 2"... />
</form>
```

要記得加

說明

1. Web 控制項需置於<form runat="server">~</form>標籤內，如此 Web 控制項才有作用。
2. <asp:控制項類別名稱.../> 可設定控制項是屬於哪種控制項的類別，譬如<asp:Button.../> 可產生按鈕控制項，<asp:TextBox.../> 可產生文字方塊控制項...，其他以此類推。
3. Web 控制項宣告語法需符合 XML 格式，譬如下面兩種寫法皆會建立 確定 鈕。例 1 的標籤需成對出現。若設為非成對標籤，如例 2 寫法必須在標籤結尾加上 "/"。

   [例 1] <asp:Button ID="btnOk" ruant="server" Text="確定">
   </asp:Button>

   [例 2] <asp:Button ID="btnOk" ruant="server" Text="確定"/>

4. 宣告控制項的屬性值時不一定要用雙引號將屬性值頭尾括起來，例如下列寫法 id 屬性值 btnCal 沒有使用雙引號括住：

   <asp:Button id=btnCal runat="server" />

5. 控制項的宣告語法沒有大小寫的限制，可依自己的習慣來撰寫。

4.2.2 Web 伺服器控制項的種類

透過 ASP.NET 的 Web Form(繼承自 Page 類別)與 Web 伺服器控制項讓開發 Web 應用程式變得更加簡單，Web 控制項的屬性及事件處理程序的設定方式和 Windows Form 視窗應用程式一樣皆可透過屬性視窗來達成，ASP.NET 網頁執行時會將 Web 控制項轉譯成對應的 HTML 標籤語法，因此使用 Web 控制項並不會受限於瀏覽器的種類與新舊版本。下面簡單介紹 ASP.NET 所提供的 Web 控制項，其常用的種類有標準、資料、驗證、巡覽、登入、WebParts、AJAX 擴充功能、HTML 八類，說明如下：

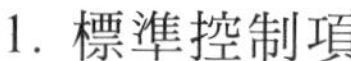

1. 標準控制項

   此類控制項置於工具箱的 [標準] 標籤頁中。用來建立 Button 按鈕、ListBox 清單、Image 影像、TextBox 文字方塊、Label 標籤或 Calendar 月曆控制項...等控制項。

2. 資料

   此類控制項置於工具箱的 [資料] 標籤頁中。用來存取及顯示資料來源的控制項。例如：透過 SqlDataSource 可存取 SQL Server 資料庫的資料、透過 AccessDataSource 可存取 Access 資料庫的資料、透過 GridView 將資料來源中的資料以表格的方式排列顯示、透過 DataList 將資料來源的資料以自行定義的方式排列。

3. 驗證

   此類控制項置於工具箱的 [驗證] 標籤頁中。用來驗證 ASP.NET 網頁中的使用者輸入的資料是否符合。可驗證文字方塊是否有輸入資料、驗證輸入的日期或數值是否超出特定的範圍、驗證所輸入的電子信箱格式是否正確...等，若驗證失敗即顯示自訂的錯誤訊息。也可讓程式開發人員自行撰寫驗證的程式碼。

4. 巡覽

   此類控制項置於工具箱的 [巡覽] 標籤頁中。用來在 ASP.NET 網頁上建立 Menu 功能表或 TreeView 樹狀檢視...等其他巡覽網站功能，以方便使用者連接到指定的網頁。

5. 登入

   此類控制項置於工具箱的 [登入] 標籤頁中。此類控制項是一組用來製作會員機制功能的控制項。如使用 CreateUserWizard 控制項供會員建立帳號密碼或基本資料於網站上進行註冊。使用 Login 控制項可驗證會員的帳號與密碼。使用 LoginStatus 控制項可顯示目前會員登入網站的狀態。使用 PasswordRecovery 控制項查詢會員的密碼並透過 E-mail 將密碼傳送給會員...等功能。

6. WebParts

此類控制項置於工具箱的 [WebParts] 標籤頁中。此類控制項是建立 ASP.NET 網站的控制項集合，可允許使用者直接在瀏覽器中修改 ASP.NET 網頁的內容、編排網頁外觀和行為，適合用來製作個人化 Web 應用程式。例如以拖曳方式自訂網頁版面、自訂網頁畫面樣式設定...等，此類控制項需配合登入控制項以便儲存每一個使用者的狀態，才能儲存個人化網頁的資訊。

7. AJAX 擴充功能

此類控制項置於工具箱的 [AJAX 擴充功能] 標籤頁中。此類控制項用來加強 Web 控制項的用戶端展示功能，達到非同步的網頁設計，以便讓程式開發人員設計出更豐富的網頁輸出入介面，提高使用者經驗。

8. HTML

此類控制項置於工具箱的 [HTML] 標籤頁中。若要將 HTML 標籤轉成 ASP.NET 的 HTML Web 控制項，只要 HTML 標籤內加上 runat="server" 即可。當您希望用戶端 JavaScript 指令碼可以很方便的操作 Web 控制項時，建議使用 HTML Web 控制項。

由於 ASP.NET 的 Web 控制項很多，限於篇幅，只擇要介紹開發 Web 應用程式基本常用的 Web 控制項，只要活用這些 Web 控制項也能開發出大型 Web 應用程式或電子商務網站。

4.3 Web 控制項常用的屬性

Web 控制項常用的屬性很多，例如透過這些屬性可設定 Web 控制項前景色彩、背景色彩、控制項的隱藏或顯示...等改變控制項外觀的設定，下表介紹 Web 控制項較實用的屬性：

屬性	功能說明
AccessKey	設定或取得控制項所對應的鍵盤快速鍵，此屬性只接受一個字元。例如設定 txtName 文字方塊的 AccessKey="A"，表示按下 Alt + A 鍵即選取 txtName 文字方塊；若 btnOk 按鈕的 AccessKey="B"，表示按下 Alt + B 鍵即按下 btnOk 按鈕。
BackColor	設定或取得控制項的背景色彩。
BorderColor	設定或取得控制項的框線色彩。
BorderStyle	設定或取得控制項的框線樣式，其屬性值有 NotSet、None、Dotted、Dashed、Solid、Double、Groove、Ridge、Inset、Outset。
BorderWidth	設定或取得控制項框線寬度。
Controls	取得子控制項，傳回值為 ControlCollection 集合。
CssClass	設定或取得控制項 CSS 串接樣式表的名稱。
Enabled	設定或取得控制項是否啟用。True-可啟用；False 不可啟用。
Font-Bold	設定字體是否加粗。True-加粗；False-不加粗。
Font-Italic	設定字體是否為斜體。True-斜體；False-不是斜體。
Font-Name	設定字體名稱。
Font-Overline	設定字體是否加上頂線。True-加上頂線；False-無頂線。
Font-Size	設定字體大小。
Font-Strikeout	設定字體是否加刪除線。True-加刪除線；False-無刪除線。
Font-Underline	設定或取得字體是否加底線。True-加底線；False-無底線。
ForeColor	設定或取得控制項的前景色彩。
Height	設定或取得控制項的高度。

Width	設定或取得控制項的寬度。
TabIndex	設定或取得控制項的定位順序。
ToolTip	設定或取得當滑鼠游標移到控制項所欲顯示的提示訊息。
Text	設定或取得控制項的標題文字。
Visible	設定或取得控制項是否顯示。True-顯示；False-不顯示。

4.4 Label、HyperLink 與 Image 控制項

4.4.1 Label 標籤控制項

Label標籤控制項是非常重要的輸出介面，可在ASP.NET網頁(Web Form)上動態顯示文字。宣告語法如下：

```
<asp:Label ID="物件識別名稱" runat="server"
    Text="標題文字" …></asp:Label>
```

4.4.2 HyperLink 超連結控制項

HyperLink 超連結控制項除具備 Label 標籤控制項的功能外，還增加超連結的功能。宣告語法如下：

```
<asp:HyperLink ID="物件識別名稱" runat="server"
    Text="標題文字" …></asp:HyperLink>
```

下表列出 HyperLink 超連結控制項所增加的常用屬性：

屬性	功能說明
ImageUrl	設定或取得 HyperLink 控制項的影像路徑。

NavigateUrl	設定或取得 HyperLink 控制項超連結的 URL 位址。
Target	設定或取得 HyperLink 控制項超連結的目標頁框。 ① Target="_blank"：將連結的網頁顯示在新開啟的瀏覽器視窗中。 ② Target="_self"：將連結的網頁顯示在目前的頁框中。 ③ Target="_top"：將連結的網頁顯示在整個視窗中。 ④ Target="_parent"：將連結的網頁顯示在上一層的頁框中。

4.4.3 Image 影像控制項

Image 影像控制項可在網頁上顯示指定的影像(即圖檔)，宣告語法如下：

```
<asp:Image ID="物件識別名稱" runat="server"
        ImageUrl="影像路徑"  …></asp:Image>
```

下表列出 Image 影像控制項所增加的常用屬性：

屬性	功能說明
AlternateText	設定或取得無法顯示影像時所出現的替代文字。
ImageAlign	設定或取得影像與文字的對齊方式： ① NotSet：未指定(預設值)。 ② Left：影像靠視窗左側。 ③ Right：影像靠視窗右側。 ④ BaseLine：影像底線對齊文字底線。 ⑤ Top：影像對齊一行中的頂端。 ⑥ Middle：文字底線對齊影像中央。 ⑦ AbsBottom：影像對齊整行文字底線。 ⑧ AbsMiddle：文字中間對齊影像中央。 ⑨ Bottom：影像對齊文字底線。 ⑩ TextTop：影像對齊一行中的最高文字列。
ImageUrl	設定或取得 Image 控制項的影像路徑。

網頁檔名：Label_Sample.aspx

使用 Label 及 HyperLink 控制項建立如下圖網頁。條件說明如下：

1. ID 屬性為 Label1 標籤的標題顯示為 "超人氣網站平台"、字體大小為 16pt、前景色彩為綠色、框線樣式為 Solid，此控制項請使用 VWD 的屬性視窗或宣告語法設定。
2. ID 屬性為 hlkYahoo 超連結控制項的標題顯示為 "奇摩站"、背景色彩為紫色、網址為 "http://www.kimo.com.tw"、提示文字為 "最多服務的平台!"，此控制項請使用 VWD 的屬性視窗或宣告語法設定。
3. ID 屬性為 hlkGoogle 超連結控制項的標題顯示為 "Google"、背景色彩為粉紅色、網址為 "http://www.google.com.tw"、提示文字為 "最強的搜尋引擎!"，此控制項的屬性請在程式碼後置檔中設定。
4. ID 屬性為 hlkDrMaster 超連結控制項的影像檔是 images 資料夾下的 DrMasterlogo.gif、將連結網頁顯示在新的瀏覽器視窗中、網址設為 "http://www.drmaster.com.tw"、提示文字設為 "最優質的出版社!"，此控制項的屬性請在程式碼後置檔中設定。

上機實作

Step1 使用 VWD IDE 建立下圖 Label_Sample.aspx 網頁的輸出入介面：

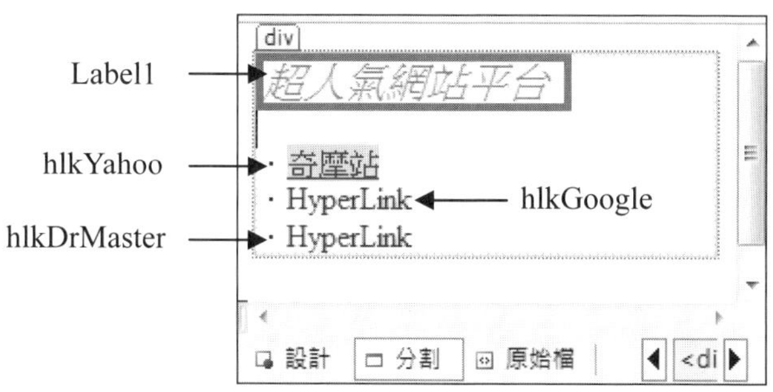

Step2 上圖 Label_Sample.aspx 網頁自動產生的宣告標籤程式碼如下：

網頁程式碼：Label_Sample.aspx

```
<%@ Page Language="VB" AutoEventWireup="False" CodeFile="Label_Sample.aspx.vb"
    Inherits="Label_Sample" %>
<!DOCTYPE html PUBLIC "-//W3C//DTD XHTML 1.0 Transitional//EN"
    "http://www.w3.org/TR/xhtml1/DTD/xhtml1-transitional.dtd">
<html xmlns="http://www.w3.org/1999/xhtml">
<head runat="server">
    <title>Label 與 HyperLink</title>
</head>
<body>
    <form id="form1" runat="server">
    <div>
        <asp:Label ID="Label1" runat="server" BorderStyle="Solid" Font-Italic="True"
            Font-Size="16pt" ForeColor="#009933" Text="超人氣網站平台">
        </asp:Label>
        <br />
        <br />
        · <asp:HyperLink ID="hlkYahoo" runat="server" BackColor="#CCCCFF"
         NavigateUrl="http://www.kimo.com.tw" ToolTip="最多服務的平台!">奇摩站
         </asp:HyperLink>
        <br />
        · <asp:HyperLink ID="hlkGoogle" runat="server">HyperLink</asp:HyperLink>
```

```
18            <br />
19            <asp:HyperLink ID="hlkDrMaster" runat="server">HyperLink</asp:HyperLink>
20        </div>
21        </form>
22 </body>
23 </html>
```

程式說明

1. 1 行　：使用@Page 指示詞將 Language 屬性設為 VB 表示使用 VB 語言來撰寫 ASP.NET 網頁、AutoEventWireup 屬性設為 False 表示不自動連接網頁的事件、CodeFile 屬性設為 Label_Sample.aspx.vb 表示此份 ASP.NET 網頁的程式碼後置檔為 Label_Sample.aspx.vb、Inherits 屬性設為 Label_Sample 表示此份 ASP.NET 網頁繼承自 Label_Sample 類別，Inherits 屬性所指定的 Label_Sample 類別會定義於 Label_Sample.aspx.vb 程式碼後置檔內。
2. 3~23 行　：<html>~</html>用來向瀏覽器宣告這是一份 HTML 文件。也就是說被<html>~</html>括住的部份是一份 HTML 文件或稱為網頁(WebPage)。
3. 4~6 行　：<head>~</haed>標頭標籤用來撰寫註解、說明文件內部各種資訊，這些訊息多數不會顯示在瀏覽器上。
4. 5 行　：<title>~</title>用來設定網頁的標題，即瀏覽器的標題列。
5. 7~22 行　：<body>~</body>是網頁內容顯示的位置。
6. 8~21 行　：Web 控制項需置於<form runat="server">~</form>標籤內，如此 Web 控制項才有作用。因此我們將 Label1 標籤及 hlkYahoo, hlkGoogle, hlkDrMaster 超連結控制項的宣告語法撰寫在<form>~</form>標籤內。

為節省篇幅，後面章節 ASP.NET 網頁範例只列出<form>~</form>標籤內的內容，其他標籤不列出。

Step3 自行撰寫事件處理程序

程式碼後置檔：**Label_Sample.aspx.vb**

```
Partial Class Label_Sample
    Inherits System.Web.UI.Page
    ' 網頁載入時執行此事件
    Protected Sub Page_Load(sender As Object, e As System.EventArgs) Handles Me.Load
        ' hlkGoogle 顯示 Google 文字, 背景色為粉紅色, 連結位址為 htt://www.google.com.tw
        hlkGoogle.Text = "Google"
        hlkGoogle.BackColor = System.Drawing.Color.Pink
        hlkGoogle.NavigateUrl = "http://www.google.com.tw"
        hlkGoogle.ToolTip = "最強的搜尋引擎!"
        ' hlkDrMaster 連結位址為 http://www.drmaster.com.tw
        hlkDrMaster.NavigateUrl = "http://www.drmaster.com.tw/"
        hlkDrMaster.ToolTip = "最優質的出版社!"
        ' hlkDrMaster 顯示 images 資料夾下的 Drmasterlogo.gif
        hlkDrMaster.ImageUrl = "images/Drmasterlogo.gif"
        ' 在 hlkDrMaster 上按一下會開啟新瀏覽器, 並在新的瀏覽器顯示連結的網頁
        hlkDrMaster.Target = "_blank"
    End Sub
End Class
```

4.5 Button、LinkButton 與 ImageButton 控制項

按鈕控制項是非常重要的輸入介面，大部分的網頁都會使用按鈕控制項來下達命令。在 ASP.NET 提供 Button、LinkButton、ImageButton 三種按鈕控制項供您使用。這三個控制項皆有 onclick 屬性，當按鈕控制項被按下時會觸發 Click 事件，此時即會執行 onclick 屬性所指定的事件處理程序，因此我們可將按鈕按下時所要處理的程式碼撰寫在此事件處理程序內。

4.5.1 Button 按鈕控制項

Button 可在 ASP.NET 網頁上建立一般按鈕。宣告語法如下：

```
<asp:Button ID="物件識別名稱" runat="server" Text="標題文字"
    onclick="當按一下按鈕時所要執行的事件處理程序" …>
</asp:Button>
```

[例] 宣告可產生物件識別名稱為 btnOk、背景色彩為黃色的 確定 鈕，當按一下該鈕時會觸發 btnOk_Click 事件處理程序，寫法如下：

```
<asp:Button ID="btnOk" runat="server" Text="確定"
    BackColor="Yellow" onclick="btnOk_Click" />
```

4.5.2 LinkButton 超連結按鈕控制項

LinkButton 可在 ASP.NET 網頁上產生超連結樣式的按鈕控制項。宣告語法如下：

```
<asp:LinkButton ID="物件識別名稱" runat="server" Text="標題文字"
    onclick="當按一下按鈕時所要執行的事件處理程序" …>
</asp:LinkButton>
```

4.5.3 ImageButton 影像按鈕控制項

若網頁上的按鈕想要使用影像檔來顯示，此時可使用 ImageButton 影像按鈕控制項來達成。宣告語法如下：

```
<asp:ImageButton ID="物件識別名稱" runat="server"
    ImageUrl="影像路徑"
    onclick="當按一下按鈕時所要執行的事件處理程序" …>
</asp:ImageButton>
```

[例] 宣告可產生物件識別名稱為 btnImg、顯示 images 資料夾下 DrMasterlogo.gif 的 影像按鈕：

```
<asp:ImageButton ID="btnImg" runat="server"
    ImageUrl="~/images/DrMasterlogo.gif" />
```

範例演練

網頁檔名：Button_Sample.aspx

在 ASP.NET 網頁內放置 Label1 標籤、Button1 按鈕、LinkButton1 連結按鈕及 ImageButton1 影像按鈕，且 ImageButton1 影像按鈕顯示 images 資料夾下的 DrMasterlogo.gif 圖檔，按下各按鈕會在 Label1 標籤上顯示不同的訊息，執行結果如下圖：

按 Button1 按鈕

按 LinkButton1 連結按鈕

按 ImageButton 影像按鈕

上機實作

Step1 Button_Sample.aspx 網頁佈置如下圖所示：

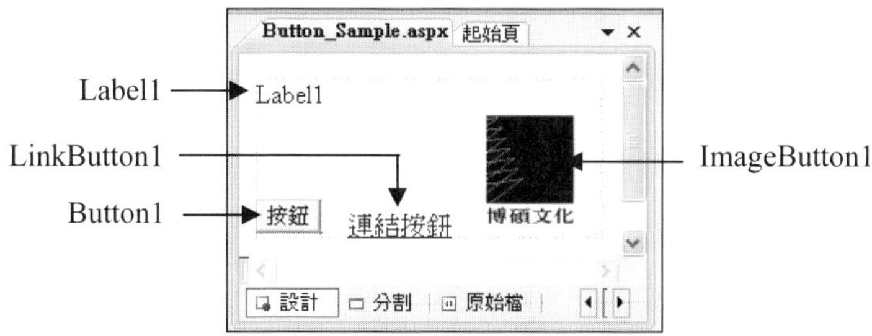

Step2 Button_Sample.aspx 網頁自動產生的宣告標籤程式碼如下：

網頁程式碼：Button_Sample.aspx

```
01 <asp:Label ID="Label1" runat="server" Text="Label1"></asp:Label>
02 <br />
03 <asp:Button ID="Button1" runat="server" Text="按鈕" />
04 <asp:LinkButton ID="LinkButton1" runat="server" >
   連結按鈕</asp:LinkButton>
05 <asp:ImageButton ID="ImageButton1" runat="server"
06     ImageUrl="~/images/DrMasterlogo.gif" />
```

程式說明

1. 5,6 行 ： 建立 ImageButton1 影像按鈕，該影像按鈕顯示的圖檔是目前網站 images 資料夾下的 DrMasterlogo.gif。

Step3 自行撰寫事件處理程序

程式碼後置檔：Button_Sample.aspx.vb

```
Partial Class Button_Sample
    Inherits System.Web.UI.Page
    ' 網頁載入時執行此事件處理程序
    Protected Sub Page_Load(sender As Object, e As System.EventArgs) Handles Me.Load
        Label1.Text = ""
    End Sub
    ' 按下 Button1 [按鈕] 時會執行此事件處理程序
    Protected Sub Button1_Click(sender As Object, e As System.EventArgs) _
    Handles Button1.Click
        Label1.Text = "您按下按鈕"
    End Sub
    ' 按下 LinkButton1 [連結按鈕] 時會執行此事件處理程序
    Protected Sub LinkButton1_Click(sender As Object, e As System.EventArgs) _
    Handles LinkButton1.Click
        Label1.Text = "您按下連結按鈕"
```

```
14      End Sub
15      ' 按下 ImageButton1 [DrMasterlogo.gif] 影像按鈕時會執行此事件處理程序
16      Protected Sub ImageButton1_Click(sender As Object, e As System.Web.UI. _
        ImageClickEventArgs) Handles ImageButton1.Click
17          Label1.Text = "您按下影像按鈕"
18      End Sub
19
20 End Class
```

程式說明

1. 4~6 行 ：網頁載入時執行 Page_Load 事件處理程序。
2. 8~10 行 ：按下 Button1 按鈕時觸發 Click 事件，此時會執行 Button1_Click 事件處理程序。
9. 12~18 行：執行方式同 8~10 行。

4.5.4 按鈕控制項常用屬性

Button、LinkButton、ImageButton 按鈕的使用方式大同小異，其重要的屬性也一樣，下表列出上述按鈕控制項的常用屬性。

屬性	功能說明
CausesValidation	設定或取得按下按鈕時是否引發驗證。 True-引發驗證；False-不引發驗證(預設值)。此屬性的用法請參閱 7.2 節範例。
CommandArgument	設定或取得按鈕的命令參數。可在 Command 事件處理程序內透過 e.CommandArgument 來取得目前按下按鈕的命令參數。
CommandName	設定或取得按鈕的命令名稱。可在 Command 事件處理程序內透過 e.CommandName 來取得目前按下按鈕的命令名稱。

OnClick	設定按鈕的 Click 事件被觸發時所要執行的事件處理程序名稱。
OnClientClick	設定按下按鈕時所要執行用戶端 onclick 事件的 JavaScript 用戶端指令碼。
OnCommand	設定按鈕的 Command 事件被觸發時所要執行的事件處理程序。

上面屬性表看了可能會一知半解，其中 CausesValidation 需配合驗證控制項使用，CommandArgument、CommandName 及 OnCommand 屬性常配合共用事件與 GridView 和 DataList...等資料控制項使用，關於驗證控制項請參閱第七章，資料控制項請參閱第十三與十四章。

4.5.5 控制項的共用事件

所謂的「共用事件」即是多個控制項的事件去共用(共享)同一個事件處理程序，以達簡化程式和提高程式的維護。若多個按鈕控制項的 Click 事件處理程序內的程式碼除物件名稱外其它完全相同，但還是要逐一輸入相同的程式碼，如此是不是非常沒有效率？因此使用共用事件就可以解決上述問題。

如果希望 btn1、btn2 和 btn3 的 Click 事件，能共同使用 btn1_Click 事件處理程序，做法就是在 btn1_Click 事件處理程序之後使用「Handles」敘述指定控制項要觸發的事件，其寫法如下：

```
Protected Sub btn1_Click(sender As Object, e As System.EventArgs) _
Handles btn1.Click, btn2.Click, btn3.Click
       ……
End Sub
```

4.5.6 控制項來源的判斷

若觸發共用事件時要知道是哪一個物件(控制項)被按下，就可以在事件處理程序中將 sender 轉型成要使用的物件，接著再利用 Equals 方法來判斷。

例如：btn1 和 btn2 共用同一個事件處理程序，如果按了 btn1 時 Label1 顯示「ASP.NET」；按了 btn2 時 Lable1 顯示「Visual Web Developer」，程式碼寫法如下：

```
Protected Sub btn1_Click(sender As Object, e As System.EventArgs) _
Handles btn1.Click, btn2.Click
    ' sender 轉型成 Button 再指定給 btn
    Dim btn As Button = Ctype(sender, Button)
    If btn.Equals(btn1) Then          ' 判斷 btn 來源物件是否為 btn1
        Label1.Text = "ASP.NET "
    Else
        Label1.Text = "Visual Web Developer"
    End If
End Sub
```

在 .NET 事件處理程序中的第一個引數 sender 就是代表觸發事件的物件。若 btnNext 下一題 鈕和 btnLast 上一題 鈕都共用同一個事件處理程序時，當按下 下一題 鈕時，sender即參考到btnNext按鈕控制項；若按下 上一題 鈕時，sender 即參考到 btnLast 按鈕控制項。下面簡例不論是按下哪一個按鈕都可以在 Label1 標籤顯示該鈕上的 Text 屬性。例如按下 下一題 鈕即在訊息 Label1 標籤顯示 "你按下一題鈕"，若按下 上一題 鈕即在 Label1 標籤顯示 "你按上一題鈕"。因此我們可以透過下面程式先將 sender 轉型成 Button 型別的 btn 物件變數，此時即可透過 btn 來代替 btnNext 和 btnLast 鈕了，如此可減少程式碼的長度，也增加程式碼的彈性。

```
Protected Sub MyClick(sender As Object, e As System.EventArgs) _
Handles btnNext.Click, btnLast.Click
    Dim btn As Button = Ctype(sender, Button)
    Label1.Text = "你按" & btn.Text & "鈕"
End Sub
```

範例演練

網頁檔名：Event_1_Sample.aspx

在 ASP.NET 網頁內放置 Image1 影像及 [桂花森林] [通宵精鹽場] [新社] 三個按鈕，當按下任一按鈕後會顯示 images 資料夾下所對應的景點圖。圖檔名稱依序為桂花森林.jpg、通宵精鹽場.jpg、新社.jpg，圖檔名稱與按鈕的 Text 屬性相互對應，因此本例適合使用共用事件來達成。執行結果如下圖：

按 [桂花森林] 按鈕

按 [通宵精鹽場] 按鈕

按 [新社] 按鈕

上機實作

Step1 Event_1_Sample.aspx 網頁佈置如下圖所示：

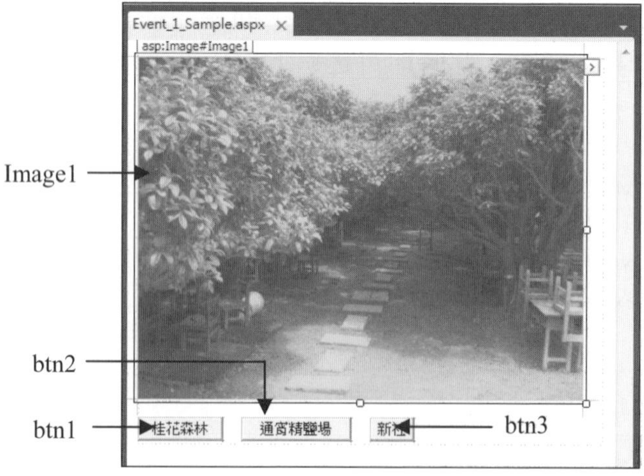

Step2 Event_1_Sample.aspx 網頁自動產生的宣告標籤程式碼如下：

網頁程式碼：Event_1_Sample.aspx

```
<asp:Image ID="Image1" runat="server" Height="300px"
    ImageUrl="~/images/桂花森林.jpg" Width="400px" />
<br /><br />
  <asp:Button ID="btn1" runat="server" Text="桂花森林" />
  <asp:Button ID="btn2" runat="server" Text="通宵精鹽場" />
  <asp:Button ID="btn3" runat="server" Text="新社" />
```

Step3 透過屬性視窗將 btn1、btn2、btn3 的 Click 事件皆設為共用 btn1_Click 事件處理程序。如下圖：

Step4 自行撰寫事件處理程序

程式碼後置檔：Event_1_Sample.aspx.vb

```
Partial Class Event_1_Sample
    Inherits System.Web.UI.Page
    ' 當按下 btn1, btn2, btn3 時皆會執行 btn1_Click 事件處理程序
    Protected Sub btn1_Click(sender As Object, e As System.EventArgs) _
    Handles btn1.Click, btn2.Click, btn3.Click
        ' 將來源引數 sender 轉型成 Button 類別物件 btn
        Dim btn As Button = CType(sender, Button)
        Image1.ImageUrl = "images/" & btn.Text & ".jpg" ' 顯示對應的景點照片
    End Sub
End Class
```

程式說明

1. 4 行 ：使用 Handles 敘述指定 btn1、btn2、btn3 按鈕的 Click 事件共用 btn1_Click 事件處理程序。

2. 6,7 行 ：由於 btn1、btn2、btn3 按鈕的 Text 屬性與圖檔名稱相互對應，因此可先取得來源物件的參考 sender，再將來源物件轉型成 Button 類別物件 btn，此時 btn 即是代表你所按下的按鈕，接著將 btn 的 Text 屬性與 images 路徑和副檔名 .jpg 組成完整的圖檔路徑，最後再指定給 Image1 的 ImageUrl 屬性就可以在 Image1 上顯示對應的景點圖了。

在上例先透過轉型的方式來取得目前所按下按鈕的參考物件，接著再將按下按鈕的參考物件的 Text 屬性值取出以便組成圖檔的完整路徑，此種作法對初學者可能較難以理解，因此我們可改用 Command 事件與 Command Argument 屬性，做法就是將 btn1~btn3 按鈕的 CommandArgument 命令參數屬性設為圖檔名稱，再讓三個按鈕共用同一個事件處理程序，此時只要在 Command 事件處理程序內透過 e.CommandArgument 取得按鈕的命令參數即圖檔名稱就可以了。

範例演練

網頁檔名：Event_2_Sample.aspx

延續上例，將 Event_1_Sample.aspx 改用按鈕的 Command 事件與 Command Argument 屬性來實作，本例執行結果同上例。

上機實作

Step1 本例 Event_2_Sample.aspx 佈置與 Event_1_Sample.aspx 相同：

Step2 與前一範例不同的是在 Event_2_Sample.aspx 的 btn1~btn3 按鈕新增了 CommandArgument 屬性，且 CommandArgument 屬性值與 Text 屬性值相同。

網頁程式碼：Event_2_Sample.aspx

```
<asp:Image ID="Image1" runat="server" Height="300px"
     ImageUrl="~/images/桂花森林.jpg" Width="400px" />
<br /><br />
<asp:Button ID="btn1" runat="server" Text="桂花森林" CommandArgument="桂花森林" />
<asp:Button ID="btn2" runat="server" Text="通宵精鹽場"
  CommandArgument="通宵精鹽場" />
<asp:Button ID="btn3" runat="server" Text="新社" CommandArgument="新社" />
```

Step3 透過屬性視窗將 btn1~btn3 三個按鈕的 Command 事件皆設為 btn1_Command，即表示按下 btn1~btn3 按鈕且命令被觸發時，皆會執行 btn1_Command 事件處理程序。如下圖：

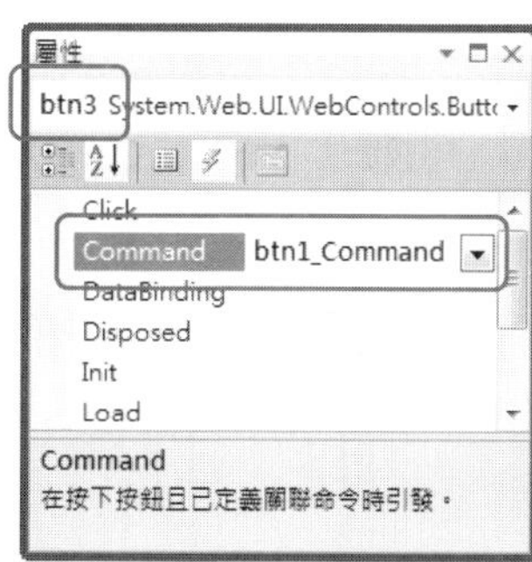

Step4 自行撰寫事件處理程序

程式碼後置檔：Event_2_Sample.aspx.vb

```
Partial Class Event_2_Sample
    Inherits System.Web.UI.Page

```

```
04    Protected Sub btn1_Command(sender As Object, e As System.Web.UI.WebControls. _
      CommandEventArgs) Handles btn1.Command, btn2.Command, btn3.Command
05        Image1.ImageUrl = "images/" & e.CommandArgument & ".jpg"
06    End Sub
07 End Class
```

程式說明

1. 4 行 ：使用 Handles 敘述指定 btn1、btn2、btn3 按鈕的 Command 事件共用 btn1_Command 事件處理程序。
2. 5 行 ：由於 btn1、btn2、btn3 按鈕的 CommandArgument 屬性與圖檔名稱相互對應，因此可在按鈕的 Command 事件處理程序內透過 e.CommandArgument 取得目前按下按鈕的命令參數，接著再與 images 路徑和副檔名 .jpg 字串合併組成完整的圖檔路徑，最後再指定給 Image1 的 ImageUrl 屬性就可以在 Image1 上顯示對應的景點圖了。

4.6 TextBox 控制項

TextBox 文字方塊控制項是用來輸入資料，也可以用來顯示資料，在 VWD 整合開發環境內點選 TextBox 控制項，此時該控制項會出現三個小白框供你調整該控制項的大小，你可將 TextBox 控制項上下高度調大一點，以便執行時在文字方塊中輸入或顯示資料時能顯示多行資料。其宣告語法如下：

```
<asp:TextBox ID="物件識別名稱" runat="server" ...></asp:TextBox>
```

下表列出 TextBox 文字方塊控制項的常用屬性：

屬性	功能說明
AutoPostBack	設定或取得當 TextBox 控制項內的文字有修改時並按 Enter 鍵是否回傳至伺服器端。 True-回傳；False-不回傳(預設值)。
CausesValidation	設定或取得按下按鈕時是否引發驗證。 True-引發驗證；False-不引發驗證(預設值)。
Columns	設定或取得 TextBox 控制項的寬度，以字元為單位。
MaxLength	設定或取得 TextBox 控制項可輸入字元數的上限。
ReadOnly	設定或取得 TextBox 控制項是否為唯讀。 True-唯讀；False-可讀寫(預設值)。
Rows	設定或取得 TextBox 控制項顯示的行數。
TextMode	設定或取得 TextBox 控制項的行為模式。 ① Single：單行文字方塊(預設值)。 ② Password：密碼文字方塊。 ③ MultiLine：多行文字方塊，會出現垂直捲軸。
Wrap	設定或取得 TextBox 控制項是否換行。 ① True：當輸入的文字超過 Columns 屬性值時即自動換行。(預設值) ② False：必須按 Enter 鍵才會進行換行，且當輸入的文字超過 Columns 屬性值，此時 TextBox 控制項即會出現水平捲軸。
OnTextChanged	當滑鼠游標在 TextBox 控制項內即按 Enter 鍵，或是滑鼠游標由 TextBox 控制項內移開時即會觸發 TextChanged 事件，OnTextChanged 屬性可用來指定當觸發 TextChanged 事件時所要執行的事件處理程序，此屬性必須同時將 AutoPostBack 設為 True 才有作用。

範例演練

網頁檔名：AutoPostBack_Sample.aspx

設計下圖網頁，網頁中會有 txtName(品名)、txtPrice(單價)、txtQty(數量)三個文字方塊，當使用者在 txtPrice 或 txtQty 輸入資料並按 Enter 鍵時即會觸動 TextChanged 事件，此時請將計算總金額的程式寫在 txtPrice_TextChanged 事件處理程序內，最後再將計算結果顯示在 lblShow 標籤。執行結果如下：

上機實作

Step1 用 VWD IDE 建立下圖 AutoPostBack_Sample.aspx 網頁的輸出入介面。

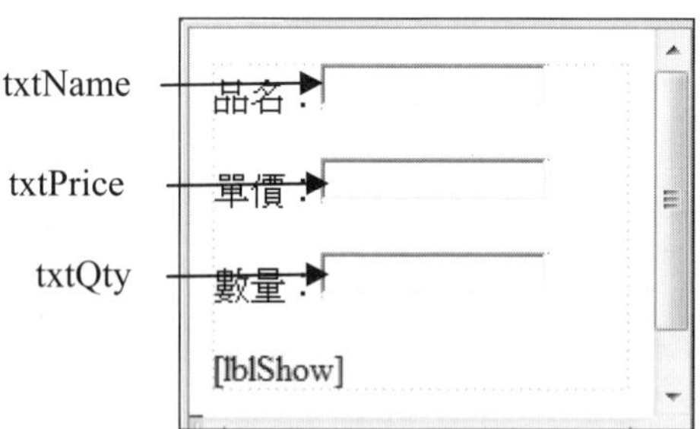

Step2 AutoPostBack_Sample.aspx 網頁自動產生的宣告標籤程式碼如下：

網頁程式碼：AutoPostBack_Sample.aspx

```
品名：<asp:TextBox ID="txtName" runat="server" Width="100px"></asp:TextBox>
<br /><br />
```

```
03 單價：<asp:TextBox ID="txtPrice" runat="server" AutoPostBack="True"
04             Width="100px"></asp:TextBox>
05 <br /><br />
06 數量：<asp:TextBox ID="txtQty" runat="server" AutoPostBack="True"
07             Width="100px"></asp:TextBox>
08 <br /><br />
09 <asp:Label ID="lblShow" runat="server"></asp:Label>
```

程式說明

1. 3,4 行：txtPrice 單價文字方塊的 AutoPostBack 設為 True，表示當在此文字方塊內輸入資料並按下 Enter 鍵即會將表單資料回傳至伺服器端。
2. 6,7 行：執行方式同 3,4 行程式敘述。

Step3 透過屬性視窗將 txtPrice 與 txtQty 兩個文字方塊的 TextChanged 事件皆設為 txtPrice_TextChanged，即表示在 txtPrice 與 txtQty 且按下 Enter 鍵時，皆會執行 txtPrice_TextChanged 事件處理程序。如下圖：

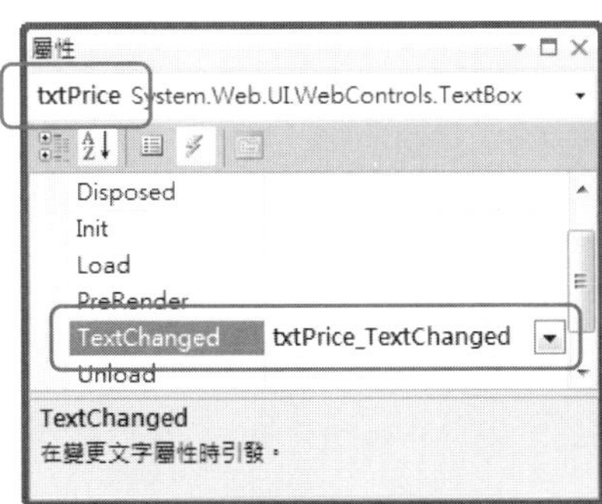

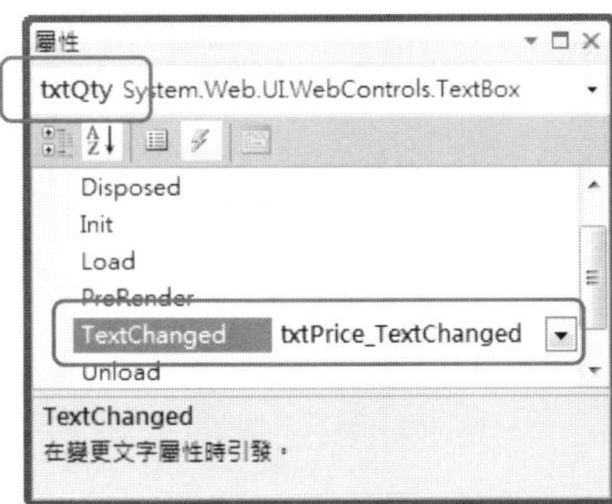

Step4 自行撰寫事件處理程序

程式碼後置檔：AutoPostBack_Sample.aspx.vb

```
Partial Class AutoPostBack_Sample
    Inherits System.Web.UI.Page
```

```
    Protected Sub txtPrice_TextChanged(sender As Object, e As System.EventArgs) _
    Handles txtPrice.TextChanged, txtQty.TextChanged
        Dim total As Integer
        total = Val(txtPrice.Text) * Val(txtQty.Text)      ' 計算單價 * 數量
        ' 顯示計算結果
        lblShow.Text = "購買產品為" & txtName.Text & "  總金額：" & total.ToString()
        lblShow.ForeColor = System.Drawing.Color.Blue
    End Sub
End Class
```

4.7 RadioButton 與 RadioButtonList 控制項

當我們要填寫一張申請表時，表中有些資料是使用勾選，例如性別、年收入、學歷…等單選的選項。如果將這張申請表，改以電腦方式輸入，這些單選的資料選項就可以使用選項按鈕，在 ASP.NET 提供 RadioButton 及 RadioButtonList 控制項可用來設計選項按鈕。

4.7.1 RadioButton 選項按鈕控制項

由於多個 RadioButton 選項按鈕控制項只允許其中之一被選取，因此當網頁上有使用多個不同性質的 RadioButton 選項按鈕控制項時，必須使用 GroupName 屬性來設定選項按鈕的所屬群組。RadioButton 宣告語法如下：

```
<asp:RadioButton ID="物件識別名稱" runat="server" Text="標題文字"
 AutoPostBack="True" GroupName="群組名稱" Checked="選取狀態"
 OnCheckedChanged="事件處理程序" ...>
</asp:RadioButton>
```

下表列出 RadioButton 選取按鈕控制項的常用屬性：

屬性	功能說明
AutoPostBack	設定或取得當選項按鈕控制項被選取時是否回傳至伺服器。True-回傳；False-不回傳(預設值)。
CausesValidation	設定或取得按下選項按鈕按制項時是否引發驗證。True-引發驗證；False-不引發驗證(預設值)。
Checked	設定或取得選項按鈕控制項是否被選取。True-選取；False-未選取(預設值)。
GroupName	設定或取得選項按鈕控制項所屬的群組。
TextAlign	設定或取得選項按鈕控制項與文字標題的對齊方式。 ① Right：文字標題在選項按鈕的右側(預設值)。 ② Left：文字標題在選項按鈕的左側。
OnCheckedChanged	當選項按鈕控制項被選取時即會觸動 CheckedChanged 事件，此時可使用 OnCheckedChanged 屬性來指定當 CheckedChanged 事件被觸動時所要執行的事件處理程序，此屬性必須同時將 AutoPostBack 屬性設為 True 才有作用。

[例 1] 如下宣告語法，可產生性別(男,女)與學歷(國小, 國中, 高中)兩個群組的選項按鈕，群組名稱依序為 Sex 和 Edu。

```
<asp:RadioButton ID="radMan" runat="server" Text="男"
    GroupName="Sex" />
<asp:RadioButton ID="radWoman" runat="server" Text="女"
    GroupName="Sex" />
```

Sex 性別群組選項按鈕只能二選一

```
<asp:RadioButton ID="rad1" runat="server" Text="國小"
    GroupName="Edu" />
<asp:RadioButton ID="rad2" runat="server" Text="國中"
    GroupName="Edu" />
<asp:RadioButton ID="rad3" runat="server" Text="高中"
    GroupName="Edu" />
```

Edu 學歷群組選項按鈕只能三選一

[例 2] 若要判斷哪個選項按鈕控制項被選取，可使用選擇結構判斷 RadioButton 的 Checked 屬性是否為 True，若為 True 表示被選取，若為 False 表示未選取。判斷 radMan(男)或 radWoman(女)哪個 RadioButton 被選取，寫法如下：

```
If radMan.Checked Then              ' radMan(男)被選取
   ......
ElseIf radWoman.Checked Then        ' radWoman(女)被選取
   ......
End If
```

4.7.2 RadioButtonList 選項按鈕清單控制項

RadioButtonList 選項按鈕清單使用上比 RadioButton 選項按鈕更加方便，此控制項不像 RadioButton 一樣必須逐一判斷哪個選項按鈕是否被選取，可以直接將資料來源(如 Access, SQL Server 資料庫...等資料來源)繫結到 RadioButtonList。例如 RadioButtonList 的選項可顯示資料表某一個欄位的所有資料。其宣告語法如下：

```
<asp:RadioButtonList ID="物件識別名稱" runat="server"
  AutoPostBack="True" OnSelectedIndexChanged="事件處理程序" ...>
   <asp:ListItem Value="值 1" Selected="True">標題文字 1</asp:ListItem>
   <asp:ListItem Value="值 2">標題文字 2</asp:ListItem>
   ......
</asp:RadioButtonList>
```

RadioButtonList 內含 ListItem 物件，每一個 ListItem 即是 RadioButtonList 選項按鈕清單的選項，你可將 RadioButtonList 想像成是一個陣列，而每一個 ListItem 即是陣列元素。例如要產生學歷選項按鈕清單包含 "國小", "國中", "高中" 三個選項，且三個選項的 Value 值依序為 1、2、3，預設選取 "國小"，其物件識別名稱為 RadioButtonList1，宣告寫法如下：

```
<asp:RadioButtonList ID="RadioButtonList1" runat="server">
    <asp:ListItem Value="1" Selected="True">國小</asp:ListItem>
    <asp:ListItem Value="2">國中</asp:ListItem>
    <asp:ListItem Value="3">高中</asp:ListItem>
</asp:RadioButtonList>
```

⊙國小
○國中
○高中

下面分別介紹 RadioButtonList 與 ListItem 的常用屬性。下表為 RadioButtonList 控制項的常用屬性：

屬性	功能說明
AutoPostBack	設定或取得當選項按鈕清單控制項被選取時是否回傳至伺服器。True-回傳；False-不回傳(預設值)。
DataMember	指定欲繫結的資料來源，此資料來源可以是資料表或檢視表。
DataSourceID	指定欲繫結的資料來源控制項，此資料來源需設為 SqlDataSource、AccessDataSource...等資料來源控制項的 ID 屬性。此屬性使用方式請參閱第 12 章。
DataTextField	指定 RadioButtonList 選項按鈕清單各選項的標題文字(Text 屬性)所要繫結的資料表欄位。此屬性使用方式請參閱第 12 章。
DataTextFormatString	指定 RadioButtonList 選項按鈕清單各選項的標題文字所要套用的文字欄位格式。

DataValueField	指定 RadioButtonList 選項按鈕清單各選項的值(Value 屬性)所要繫結的資料表欄位。此屬性使用方式請參閱第 12 章。
Items	此屬性可取得 RadioButtonList 選項按鈕清單的所有項目，即傳回 ListItemCollection 集合物件，表示取得目前 RadioButtonList 的所有 ListItem 物件。Items 內包含下列常用的屬性與方法，說明如下： ① Count 屬性：取得 RadioButtonList 的項目個數。 ② Items(i)屬性：取得 RadioButtonList 的第 i 個項目。 ③ Add 方法：在 RadioButtonList 內新增一個選項按鈕。如下寫法可在 RadioButtonList1 內新增 "ASP.NET" 選項按鈕： RadioButtonList1.Items.Add("ASP.NET") ④ RemoveAt 方法：刪除 RadioButtonList 內第 i 個選項。如下寫法可在 RadioButtonList1 內刪除第 3 個選項按鈕： RadioButtonList1.Items.RemoveAt(2)
RepeatColumns	設定或取得 RadioButtonList 水平或垂直配置方式一次顯示幾個項目。
RepeatDirection	設定或取得 RadioButtonList 的項目配置方向。 ① Vertical：垂直配置(預設值)。 ② Horizontal：水平配置。
RepeatLayout	設定或取得 RadioButtoonList 的項目排版方式。 ① Table：以 HTML 的 Table 表格標籤來排版(預設值)。 ② Flow：以一個接一個流程方式來排版。
SelectedIndex	設定或取得被選取項目的索引值，第 1 個項目的索引值為 0，第 2 個項目的索引值為 1…。
SelectedItem	取得被選取項目，傳回值為 ListItem 物件。
SelectedValue	取得被選取項目的值(Value)。

OnSelectedIndexChanged	當 RadioButtonList 控制項改變選取時即會觸動 OnSelectedIndexChanged 事件，此時可以使用 On SelectedIndexChanged 屬性來指定當此事件被觸動時所要執行的事件處理程序，此屬性必須同時將 AutoPostBack 屬性設為 True 才有作用。

下表為 ListItem 物件的常用屬性：

屬性	功能說明
Enabled	設定或取得項目是否啟用。True-啟用；False-不啟用。
Text	設定或取得項目的標題文字。
Value	設定或取得項目的值。省略不寫預設與 Text 屬性相同。
Selected	設定或取得項目的預設選取狀態。 True-選取；False-未選取(預設值)。

[例] 如果要在程式中判斷使用者是選取 RadioButtonList 哪個選項，則可以使用下面敘述來達成：

```
物件名稱.SelectItem.Text    ' 取得 RadioButtioList 中被選取項目的標題
物件名稱.SelectItem.Value   ' 取得 RadioButtonList 中被選取項目的 Value 值
```

撰寫宣告語法來建立 RadioButtonList 選項按鈕清單控制項的項目太過於繁瑣，因此可使用 VWD 的「屬性」視窗來建立，其操作步驟如下：

① 先選取 RadioButtonList 控制項。

② 點選該控制項 Items 屬性的 [...] 鈕開啟「ListItem 集合編輯器」視窗。

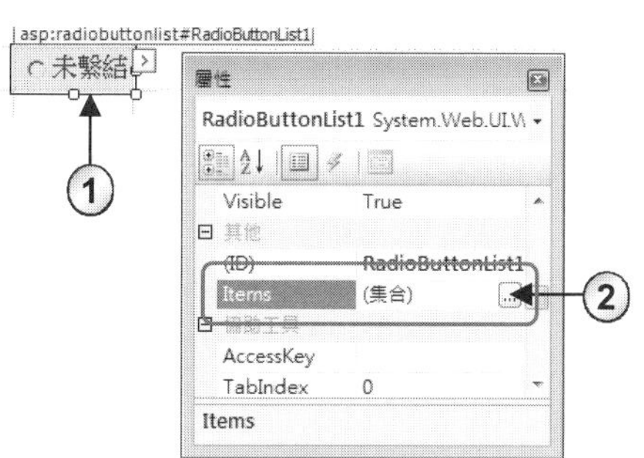

③ 在「ListItem 集合編輯器」視窗按 加入(A) 鈕加入一個選項。

④ 將 Text(標題文字)和 Value(值)屬性值設為 "國小"。

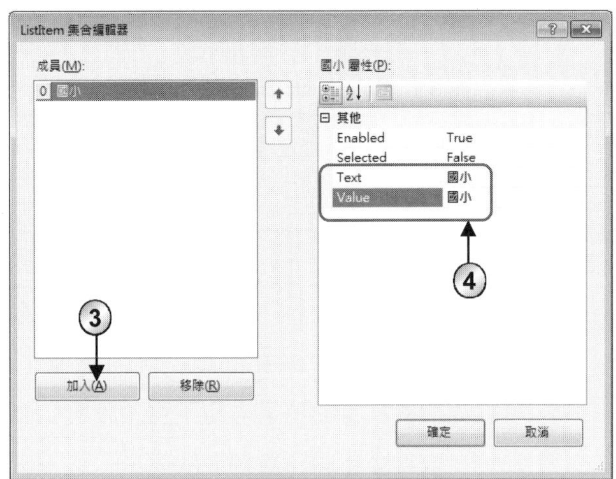

⑤ 重複③~④步驟，依序加入 "國小"、"國中"、"高中" 三個項目。

⑥ 完成之後按下 確定 鈕即可。

範例演練

網頁檔名：RadioButton_Sample.aspx

製作一個學歷問卷調查網頁。姓名使用 TextBox、性別使用 RadioButton、學歷使用 RadioButtonList，若使用者性別為男，則以 "帥哥" 稱呼，否則以 "美女" 稱呼。執行結果如下：

上機實作

Step1 建立下圖 RadioButton_Sample.aspx 網頁的輸出入介面。

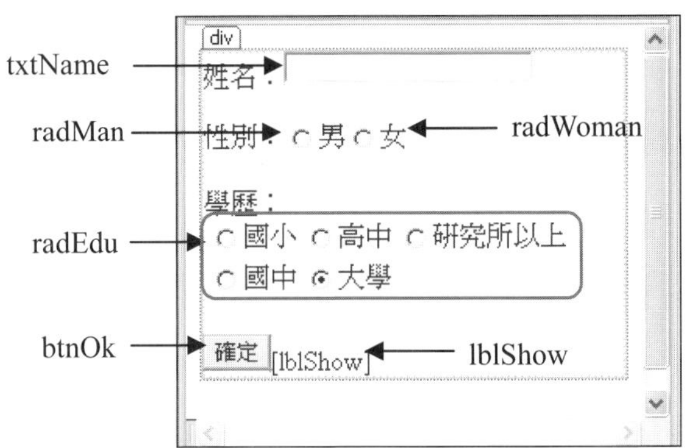

Step2 RadioButton_Sample.aspx 網頁自動產生的宣告標籤程式碼如下：

網頁程式碼：RadioButton_Sample.aspx

```
姓名：<asp:TextBox ID="txtName" runat="server"></asp:TextBox>
<br />
<br />性別：
<asp:RadioButton ID="radMan" runat="server" GroupName="Sex" Text="男"
                Checked="True" />
<asp:RadioButton ID="radWoman" runat="server" GroupName="Sex" Text="女" />
 <br /><br />學歷：
 <asp:RadioButtonList ID="radEdu" runat="server" RepeatColumns="3">
        <asp:ListItem>國小</asp:ListItem>
        <asp:ListItem>國中</asp:ListItem>
        <asp:ListItem>高中</asp:ListItem>
        <asp:ListItem Selected="True">大學</asp:ListItem>
        <asp:ListItem>研究所以上</asp:ListItem>
 </asp:RadioButtonList><br />
 <asp:Button ID="btnOk" runat="server" Text="確定" />
 <asp:Label ID="lblShow" runat="server"></asp:Label>
```

Step3 自行撰寫事件處理程序

程式碼後置檔：**RadioButton_Sample.aspx.vb**

```
01 Partial Class RadioButton_Sample
02     Inherits System.Web.UI.Page
03
04     Protected Sub btnOk_Click(sender As Object, e As System.EventArgs) _
       Handles btnOk.Click
05         Dim strSex As String = ""
06         If radMan.Checked Then             ' 判斷 radMan 是否被選取
07             strSex = "帥哥"
08             lblShow.ForeColor = System.Drawing.Color.Blue
09         ElseIf radWoman.Checked Then     ' 判斷 radWoman 是否被選取
10             strSex = "美女"
11             lblShow.ForeColor = System.Drawing.Color.Red
12         End If
13         lblShow.Text = txtName.Text & strSex & "的學歷是" & _
               radEdu.SelectedItem.Text
14     End Sub
15 End Class
```

程式說明

1. 6~13 行：使用選擇結構判斷 radMan(男)及 radWoman(女)哪個選項按鈕被選取。若 radMan 被選取則 strSex 設為 "帥哥"，lblShow 標籤前景色彩設為藍色；否則 strSex 設為 "美女"，lblShow 標籤前景色彩設為紅色。
2. 13 行：使用 SelectedItem.Text 屬性取得 radEdu 選項按鈕清單控制項中所選取項目的標題文字。

4.8 CheckBox 與 CheckBoxList 控制項

CheckBox 與 CheckBoxList 控制項適合用來製作可以多選的核取方塊，每個核取方塊選項都可獨立選擇互不影響，所以複選性的問題可以使用它，例如購物選單、興趣選單...等。

4.8.1 CheckBox 核取方塊控制項

CheckBox 的使用方式和 RadioButton 類似，但因為 CheckBox 允許讓使用者進行多選，所以此控制項就不需要 GroupName(群組名稱)屬性，CheckBox 控制項的屬性說明請參閱 4.8.1 節，下面為 CheckBox 的宣告語法：

```
<asp:CheckBox ID="物件識別名稱" runat="server" Text="標題文字"
 AutoPostBack="True" Checked="選取狀態"
 OnCheckedChanged="事件處理程序" ...>
</asp:CheckBox>
```

4.8.2 CheckBoxList 核取方塊清單控制項

CheckBoxList 核取方塊清單使用上比 CheckBox 核取方塊更加方便，此控制項的用法與 RadioButtonList 選項按鈕清單一樣，差別在於 RadioButton List 只能單選，而 CheckBoxList 可多選。宣告語法如下：

```
<asp:CheckBoxList ID="物件識別名稱" runat="server"
  AutoPostBack="True" OnSelectedIndexChanged="事件處理程序" ...>
    <asp:ListItem Value="值 1" Selected="True">標題文字 1</asp:ListItem>
    <asp:ListItem Value="值 2">標題文字 2</asp:ListItem>
    ......
</asp:CheckBoxList>
```

[例 1] 若要在物件識別名稱為 chkAp 核取方塊清單產生 "視窗應用程式", "Web 應用程式" 與 "裝置應用程式" 三個選項。寫法如下：

```
<asp:CheckBoxList ID="chkAp" runat="server">
  <asp:ListItem>視窗應用程式</asp:ListItem>
  <asp:ListItem Selected="True">Web 應用程式</asp:ListItem>
  <asp:ListItem Selected="True">裝置應用程式</asp:ListItem>
</asp:CheckBoxList>
```

☐視窗應用程式
☑Web應用程式
☑裝置應用程式

[例 2] CheckBoxList 控制項提供多選核取方塊，若要知道使用者選取哪些選項，作法就是使用 For 迴圈逐一判斷每個選項是否被選取。譬如：透過 For 迴圈逐一判斷 chkAp 第 i 個項目是否被選取，若被選取馬上將項目累加至 strShow 字串變數，For 迴圈執行完成之後，接著在 lblShow 標籤上顯示 strShow 字串變數多選的結果。寫法如下：

```
Dim strShow As String = ""
For i As Integer = 0 To chkAp.Items.Count -1   ' 選項有幾個就執行幾次
     If chkAp.Items(i).Selected Then           ' 判斷第 i 個選項是否被選取
        strShow &= chkAp.Items(i).Text & ", "  ' 累加選項的標題至 strShow
     End If
Next
lblShow.Text = "你專長開發的是" & strShow
```

網頁檔名：CheckBox_Sample.aspx

製作下圖軟體技術調查網頁。使用 CheckBox 建立 VB、C#、C 語言和 ActionScript 3.0 四個核取方塊以供使用者選取最熟的語言；在使用 CheckBoxList 建立 "視窗應用程式", "Web 應用程式" 與 "裝置應用程式" 三個核取方塊用來選擇所專長開發的應用程式選項。輸入完畢按 確定 鈕即顯示使用者所選的項目。執行結果如下圖所示：

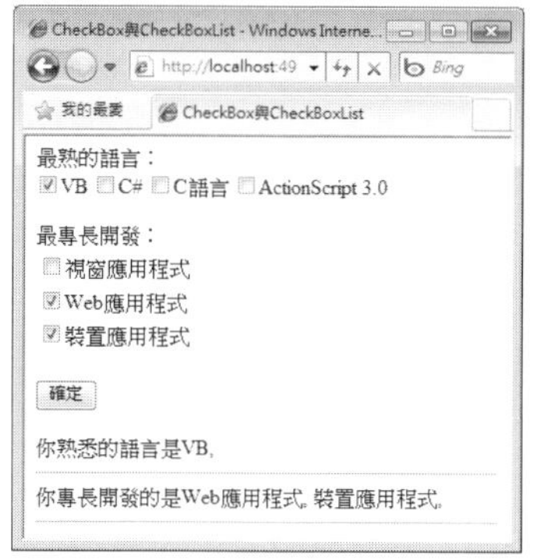

上機實作

Step1 建立下圖 CheckBox_Sample.aspx 網頁的輸出入介面：

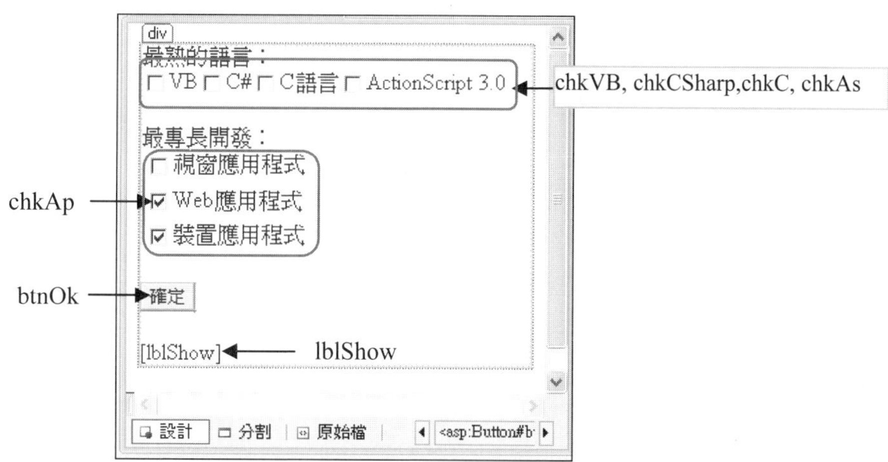

Step2 CheckBox_Sample.aspx 網頁自動產生的宣告標籤程式碼如下：

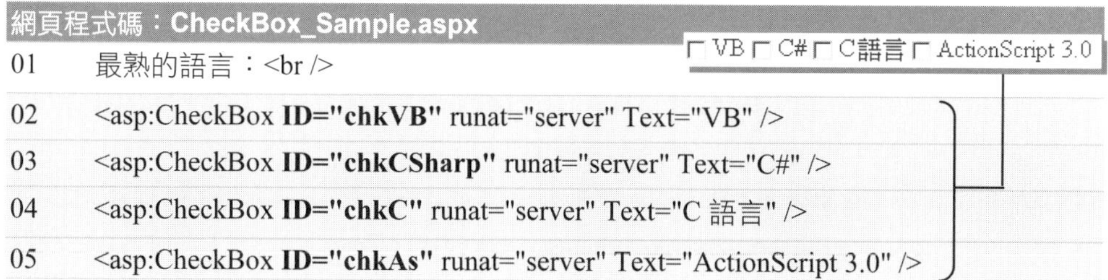

網頁程式碼：CheckBox_Sample.aspx

```
最熟的語言：<br />
<asp:CheckBox ID="chkVB" runat="server" Text="VB" />
<asp:CheckBox ID="chkCSharp" runat="server" Text="C#" />
<asp:CheckBox ID="chkC" runat="server" Text="C 語言" />
<asp:CheckBox ID="chkAs" runat="server" Text="ActionScript 3.0" />
```

```
<br />
<br />最專長開發：
<asp:CheckBoxList ID="chkAp" runat="server">
    <asp:ListItem>視窗應用程式</asp:ListItem>
    <asp:ListItem Selected="True">Web 應用程式</asp:ListItem>
    <asp:ListItem Selected="True">裝置應用程式</asp:ListItem>
</asp:CheckBoxList>
<br />
<asp:Button ID="btnOk" runat="server" Text="確定" />
<br />
<br />
<asp:Label ID="lblShow" runat="server"></asp:Label>
```

☐ 視窗應用程式
☑ Web應用程式
☑ 裝置應用程式

Step3 自行撰寫事件處理程序

程式碼後置檔：CheckBox_Sample.aspx.vb

```
Partial Class CheckBox_Sample
    Inherits System.Web.UI.Page

    Protected Sub btnOk_Click(sender As Object, e As System.EventArgs) _
    Handles btnOk.Click
        Dim strShow1, strShow2 As String
        lblShow.Text = ""
        ' 使用 If 逐一判斷 VB, C#, C, ActionScript 四個核取方塊是否被選取
        If chkVB.Checked Then strShow1 &= "VB,"
        If chkCSharp.Checked Then strShow1 &= "C#,"
        If chkC.Checked Then strShow1 &= "C,"
        If chkAs.Checked Then strShow1 &= "ActionScript 3.0,"
        '  使用 For 迴圈逐一判斷 chkAp 內的選項是否被選取
        For i As Integer = 0 To chkAp.Items.Count - 1
            If chkAp.Items(i).Selected Then
                strShow2 &= chkAp.Items(i).Text & ", "
```

```
            End If
        Next
        If strShow1 <> "" Then
            lblShow.Text += "你熟悉的語言是" + strShow1 + "<hr>"
        End If
        If strShow2 <> "" Then
            lblShow.Text += "你專長開發的是" + strShow2 + "<hr>"
        End If
    End Sub
End Class
```

4.9 PostBack 觀念與 Page.IsPostBack 屬性

由於 ASP.NET 網頁的事件處理程序是在伺服器端執行的，因此必須將 Web 控制項的資料回傳至伺服器端才能觸發該控制項的事件處理程序。而使用者回傳資料至伺服器端這個動作就稱為「PostBack」。當 ASP.NET 網頁 PostBack 將資料回傳伺服器端時，此時會依序觸發 Page 物件的相關事件，接著才會執行控制項的事件處理程序。例如使用者按下按鈕將資料回傳至伺服器端會先執行 Page_Load 事件處理程序，接著再執行該按鈕的 Click 事件處理程序。

上述的執行流程乍看之下很合乎邏輯，但事實上卻隱藏相當大的問題。例如下圖 Postback_1_Sample.aspx 範例，在 Page_Load 事件處理程序內將 "博碩牛肉干" 及 "美美糖果" 新增至 chkProduct 核取方塊清單內，而網頁還放置了 txtProduct 文字方塊和 btnAdd 新增 鈕讓使用者新增產品核取方塊。若使用者在 txtProduct 內輸入資料並按 新增 鈕使網頁回傳至伺服器端會先執行 Page_Load 事件處理程序，接著再執行 新增 鈕的 Click 事件處理程序。此時 chkProduct 核取方塊清單即會發生重複新增 "博碩牛肉干" 及 "美美糖果" 兩個選項的問題。

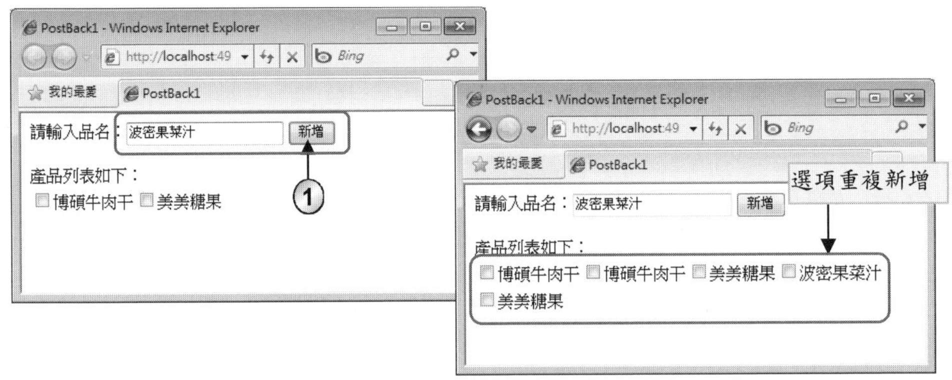

本例程式碼如下：

程式碼後置檔：Postback_1_Sample.aspx.vb

```
Partial Class Postback_1_Sample
    Inherits System.Web.UI.Page
    ' 網頁載入時皆會執行 Page_Load 事件處理程序
    Protected Sub Page_Load(sender As Object, e As System.EventArgs) Handles Me.Load
        chkProduct.Items.Add("博碩牛肉干")      ' chkProduct 加入 "博碩牛肉干" 選項
        chkProduct.Items.Add("美美糖果")        ' chkProduct 加入 "美美糖果" 選項
    End Sub

    ' 按 btnAdd [新增] 鈕執行 btnAdd_Click 事件處理程序
    Protected Sub btnAdd_Click(sender As Object, e As System.EventArgs) _
    Handles btnAdd.Click
        chkProduct.Items.Add(txtProduct.Text)    ' chkProduct 加入 txtProduct 選項
    End Sub

End Class
```

為了解決上述問題，ASP.NET 提供 Page.IsPostBack 屬性可用來判斷網頁是第一次執行或是由使用者進行 PostBack，當網頁是第一次執行則 Page.IsPostBack 會傳回 False，若網頁是由使用者進行 PostBack 則

Page.IsPostBack 會傳回 True。因此只要在上例的 Page_Load 事件處理程序內使用 Page.IsPostBack 屬性來檢查 ASP.NET 網頁是不是第一次執行。若是第一次執行則將 "博碩牛肉干" 及 "美美糖果" 新增至 chkProduct 核取方塊清單內，假若是由使用者進行 PostBack(資料回傳至伺服器端)則將 txtProduct.Text 加入到 chkProduct 核取方塊，以避免核取方塊選項重複新增的情形發生。修改後程式碼參考 Postback_2_Sample.aspx：

程式碼後置檔：Postback_2_Sample.aspx.vb

```
Partial Class Postback_2_Sample
    Inherits System.Web.UI.Page
    ' 網頁載入時皆會執行 Page_Load 事件處理程序
    Protected Sub Page_Load(sender As Object, e As System.EventArgs) Handles Me.Load
        If Not Page.IsPostBack Then ' 網頁是第一次執行才新增下面選項
            chkProduct.Items.Add("博碩牛肉干") ' chkProduct 加入"博碩牛肉干"選項
            chkProduct.Items.Add("美美糖果") ' chkProduct 加入 "美美糖果" 選項
        End If
    End Sub

    ' 按 btnAdd [新增] 鈕執行 btnAdd_Click 事件處理程序
    Protected Sub btnAdd_Click(sender As Object, e As System.EventArgs) _
    Handles btnAdd.Click
        chkProduct.Items.Add(txtProduct.Text)
    End Sub
End Class
```

完成後即可避免重複新增選項到 chkProduct 核取方塊清單控制項內。

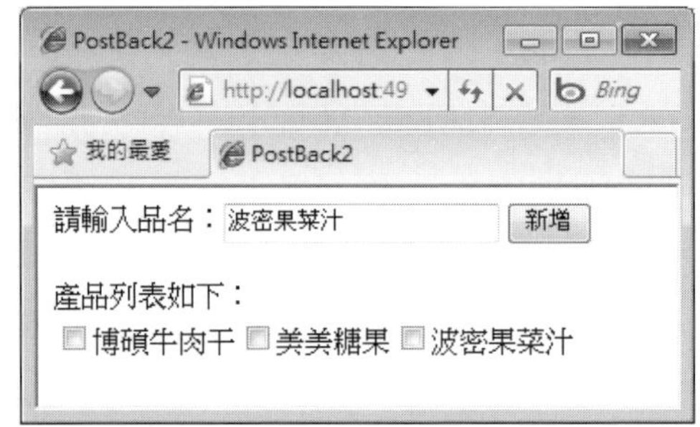

4.10 課後練習

一、選擇題

1. ASP.NET 網頁的副檔名為 (A) .asp (B) .vb (C) .cs (D) .aspx
2. @Page 指示詞的哪個屬性可用來指定撰寫 ASP.NET 網頁的語言？
   (A) AutoEventWireup (B) Language (C) CodeFile (D) Inherits
3. @Page 指示詞的哪個屬性可用來指定 ASP.NET 網頁的程式碼後置檔？
   (A) AutoEventWireup (B) Language (C) CodeFile (D) Inherits
4. ASP.NET 網頁衍生自哪個類別？ (A) WebForm (B) Button
   (C) System.Web.UI (D) Page
5. ASP.NET Web 伺服器控制項的什麼屬性可用來設定物件識別名稱？
   (A) Name (B) ID (C) IDS (D) Text
6. HTML 標籤加上什麼屬性可以成為伺服器控制項？ (A) server
   (B) run="server" (C) runat="server" (D) serverRun
7. ASP.NET Web 伺服器控制項必須置於什麼標籤內？ (A) <body>
   (B) <form> (C) <asp:form> (D) <%@Page%>

8. 下列何者非工具箱「資料」標籤頁內的控制項？ (A) SqlDataSource (B) AccessDataSource (C) GridView (D) Button

9. 下列控制項何者沒有 Click 事件？ (A) ImageButton (B) LinkButton (C) Button (D) TextBox

10. 若要設定 Web 控制項的框線色彩可使用什麼屬性？ (A) BackColor (B) BorderColor (C) BorderStyle (D) BorderWidth

11. Image 控制項的什麼屬性可用來設定控制項的影像路徑？ (A) Url (B) NavigateUrl (C) ImageUrl (D) LoadImage

12. 按鈕控制項的什麼屬性可用來設定或取得按下按鈕時是否引發驗證？ (A) CausesValidation (B) CommandArgument (C) CommandName (D) OnClick

13. 事件處理程序的哪個引數代表觸發物件？ (A) e (B) ex (C) sender (D) object

14. 若要將 TextBox 控制項設為密碼欄位，屬性應如何設定？
    (A) TextMode="Single" (B) TextMode="Password"
    (C) TextMode="MultiLine" (D) 以上皆非

15. 當選項按鈕被選取時會觸發什麼事件？ (A) Click (B) SelectedChanged (C) TextChanged (D) CheckedChanged

16. 當選項按鈕的 Checked="True"時，即表示該控制項？ (A) 被選取 (B) 未選取 (C) 顯示(D) 隱藏。

17. 若要在 RadioButtonList1 中加入一個 "VB" 選項按鈕，試問程式應如何撰寫？
    (A) RadioButtonList1.Add("VB")
    (B) RadioButtonList1.Items.Add("VB")
    (C) RadioButtonList1.Insert("VB")
    (D) RadioButtonList1.Items.RemoveAt("VB")

18. 當選項按鈕清單改變選取時會觸發什麼事件？ (A) Click (B) CheckedChanged (C) SelectedIndexChanged (D) TextChanged

19. 當 ASP.NET 網頁是第一次執行時，Page.IsPostBack 會傳回？ (A) Nothing (B) 空字串 (C) False (D) True

20. 試問 Web 控制項 ToolTip 屬性的功能為何？(A) 定位順序 (B) 提示訊息 (C) 標題文字 (D) 工具設定

二、程式設計

1. 使用 RadioButtonList 製作四組 0~9 的選項按鈕清單，可讓使用者選擇四個重複號碼用來投注四星彩，若四個號碼全中則顯示 "中大獎" 訊息，否則顯示 "沒中" 訊息。(四星彩號碼 0~9 之間的亂數可重複出現)

2. 有五個產品名稱存放在 ProductName 字串陣列中，這五個產品有對應的單價存放在 Price 整數陣列中，使用者可透過文字方塊輸入欲查詢的產品名稱是否存在於 ProductName 字串陣列中，若找不到則顯示 "無此產品" 訊息，若有找到該產品則顯示該產品的品名及對應的單價。

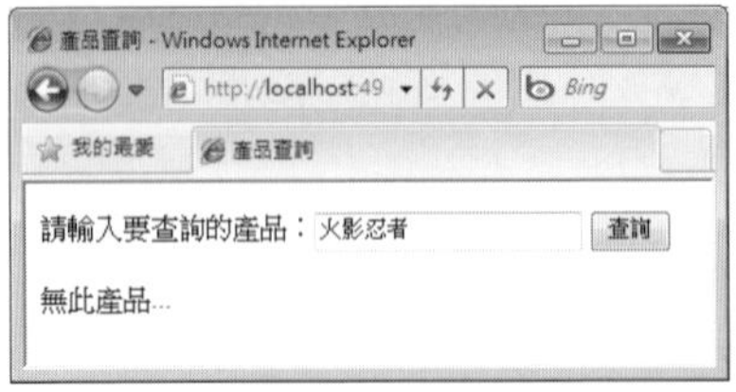

3. 建立 Dim photo() As String = { "桂花森林", "通宵精鹽場", "新社" } 照片陣列，在 Page_Load 事件內將 photo 照片陣列元素放入選項按鈕清單內，當選取選項按鈕清單其中之一選項時，Imaeg 控制項即會顯示對應的景點圖。

4. 建立問卷調查表。有姓名文字方塊，性別選項按鈕清單包含男、女選項，興趣核取方塊清單包含閱讀、電玩、上網、運動、逛街。填寫完問卷之後按下 確定 鈕即顯示使用者填寫的資料，但若性別選項按鈕清單選擇「男」則以 "先生" 稱呼且資料以藍色字顯示；若選項按鈕清單選擇「女」則以 "小姐" 稱呼且資料以紅色字顯示。

5. 使用 TextBox 文字方塊與 Button 按鈕控制項製作簡易留言板，本例不會將留言資料寫入資料庫，因此重新執行網頁時，舊的留言會清除不見。執行結果如圖所示：

筆記頁

CHAPTER 5

標準控制項(二)

學習目標：

- 學習 DropDownList 下拉式清單控制項的使用
- 學習 ListBox 清單控制項的使用
- 學習 AdRotator 廣告控制項的使用
- 學習 Calendar 月曆控制項的使用

5.1 DropDownList 與 ListBox 控制項

清單提供一些文字選項，讓使用者來選取，它不像文字方塊（TextBox）控制項可以任意輸入資料。譬如希望使用者輸入生日的月份，使用者可能輸入「3」、「三」、「March」、「3 月」…等，程式在處理時就非常難判斷，此時改用清單就非常合適。例如輸入月份、星期等，只能讓使用者由清單所列的選項選取，以免輸入資料五花八門造成程式判斷的困難度增加。所以清單適用於一些有固定選項讓使用者選取時使用。在 ASP.NET 所提供有關清單的控制項有：

1. DropDownList (下拉式清單)
2. ListBox (清單)

5.1.1 DropDownList 下拉式清單控制項

DropDownList 下拉式清單控制項提供多個項目供使用者選取，當使用者按下該控制項的 ▼ 下拉鈕，此時下拉式清單控制項才顯示清單項目，如此可以節省版面空間。DropDownList 宣告語法如下：

```
<asp:DropDownList ID="物件識別名稱" runat="server"
  AutoPostBack="True" OnSelectedIndexChanged="事件處理程序" ...>
    <asp:ListItem Value="值 1" Selected="True">標題文字 1</asp:ListItem>
    <asp:ListItem Value="值 2">標題文字 2</asp:ListItem>
    ......
</asp: DropDownList>
```

DropDownList 和 RadioButtonList 一樣也內含 ListItem 物件，每一個 ListItem 即是 DropDownList 下拉式清單中的選項，你可將 DropDownList 想像成是一個陣列，而每一個 ListItem 即是陣列元素。例如要產生物件識別名稱為 DropDownList1 學歷下拉式清單包含 "國小"、"國中"、"高中" 三個選項，這三個選項的 Value 值依序為 1、2、3，預設選取 "國中" 選項，其宣告寫法如下：

```
<asp:DropDownList ID="DropDownList1" runat="server">
   <asp:ListItem Value="1">國小</asp:ListItem>
   <asp:ListItem Value="2" Selected="True">國中</asp:ListItem>
   <asp:ListItem Value="3">高中</asp:ListItem>
</asp:DropDownList>
```

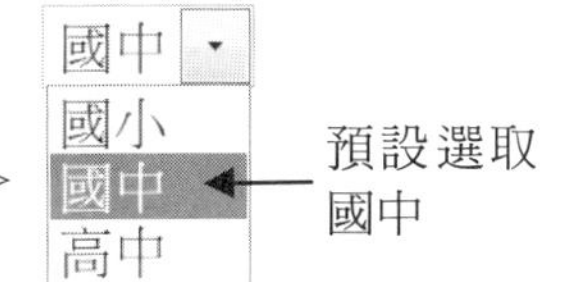

下面介紹 DropDownList 與 ListItem 的常用屬性。下表為 DropDownList 控制項的常用屬性：

屬性	功能說明
AutoPostBack	設定或取得當 DropDownList 被選取時是否回傳至伺服器。True-回傳；False-不回傳(預設值)。
DataMember	指定欲繫結的資料來源，此資料來源可以是資料表或檢視表。
DataSourceID	指定欲繫結的資料來源控制項，此資料來源需設為 SqlDataSource、AccessDataSource...等資料來源控制項的 ID 屬性。此屬性使用方式請參閱第 12 章。
DataTextField	指定 DropDownList 各選項的標題文字(Text 屬性)所要繫結的資料表欄位。此屬性使用方式請參閱第 12 章。
DataTextFormatString	指定 DropDownList 各選項的標題文字所要套用的文字欄位格式。

DataValueField	指定 DropDownList 各選項的值(Value 屬性)所要繫結的資料表欄位。此屬性使用方式請參閱第 12 章。
Items	此屬性可以取得 DropDownList 控制項的所有項目，即傳回 ListItemCollection 集合物件，表示取得目前 DropDownList 的所有 ListItem 物件。Items 內含下列常用的屬性與方法，說明如下： ① Count 屬性：取得 DropDownList 的項目個數。 ② Items(i)屬性：取得 DropDownList 的第 i 個項目。 ③ Add 方法：在 DropDownList 內新增一個選項。如下寫法可在 DropDownList1 內新增 "ASP.NET" 選項。 DropDownList1.Items.Add("ASP.NET") ④ RemoveAt 方法：刪除 DropDownList 內第 i 個選項。如下寫法可在 DropDownList1 內刪除第 3 個選項。 DropDownList1.Items.RemoveAt(2)
SelectedIndex	設定或取得被選取項目的索引值，第 1 個項目的索引值為 0，第 2 個項目的索引值為 1…。
SelectedItem	取得被選取項目，傳回值為 ListItem 物件。
SelectedValue	取得被選取項目的值(Value)。
OnSelectedIndexChanged	當 DropDownList 控制項改變選取時即會觸動 Selected IndexChanged 事件，此時可用 OnSelectedIndexChanged 屬性來指定當此事件被觸動時所要執行的事件處理程序，此屬性必須同時將 AutoPostBack 屬性設為 True 才有作用。

下表為 ListItem 物件的常用屬性：

屬性	功能說明
Enabled	設定或取得項目是否啟用。True-啟用；False-不啟用。

Text	設定或取得項目的標題文字。
Value	設定或取得項目的值。省略不寫預設與 Text 屬性相同。
Selected	設定或取得項目的預設選取狀態。 True-選取；False-未選取(預設值)。

[例] 如果要在程式中取得使用者所選取的 ddlPhoto 下拉式清單的選項文字或 Value 值，可以使用下面敘述來達成。

```
ddlPhoto.SelectItem.Text   ' 取得 ddlPhoto 中被選取項目的標題
ddlPhoto.SelectItem.Value  ' 取得 ddlPhoto 中被選取項目的 Value 值
```

撰寫宣告語法來建立 DropDownList 下拉式清單控制項的項目太過於麻煩，因此你可以使用 VWD 的「屬性」視窗來建立。如下步驟可在 DropDownList1 學歷下拉式清單控制項內建立 "國小"、"國中"、"高中" 三個選項，這三個選項的 Value 值依序為 "1"、"2"、"3"。

① 先選取 DropDownList1 控制項。

② 點選該控制項 Items 屬性的 [...] 鈕開啟「ListItme 集合編輯器」視窗。

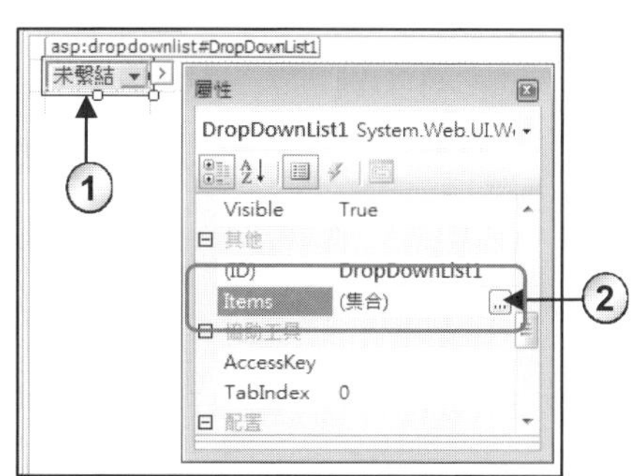

③ 在「ListItem 集合編輯器」視窗按 [加入(A)] 鈕加入一個選項。

④ 將 Text(標題文字)屬性值設為 "國小"，Value(值)屬性值設為 1。

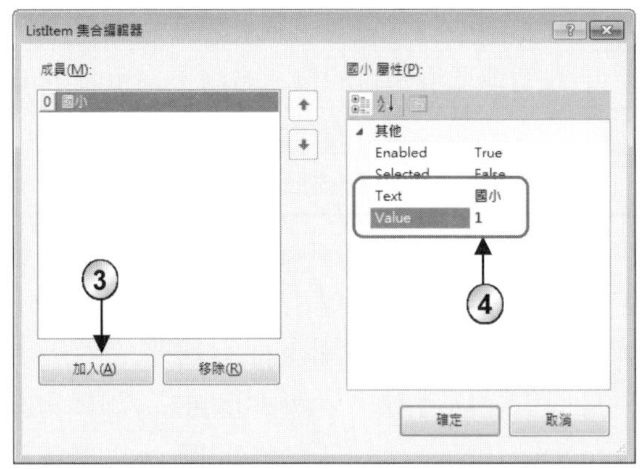

⑤ 重複③~④步驟，依序加入 "國中"、"高中" 兩個項目，其中 "國中" 選項的 Value 屬性值設為 2、"高中"選項的 Value 屬性值設為 3。

⑥ 完成之後按下 確定 鈕即可。

網頁檔名：DropDownList_Sample.aspx

在 ASP.NET 網頁內放置 ddlPhoto 下拉式清單可用來選擇欲顯示的景點圖，當網頁載入時即將 "桂花森林"、"通宵精鹽場"、"新社" 三個選項加入到 ddlPhoto 下拉式清單內，當在下拉式清單選擇某一項目後，Image1 影像會顯示 images 資料夾下所對應的景點圖，圖檔名稱依序為 "桂花森林.jpg"、"通宵精鹽場.jpg"、"新社.jpg"，圖檔名稱與下拉式清單項目的 Text 屬性相互對應。執行結果如下圖：

上機實作

Step1 建立下圖 DropDownList_Sample.aspx 網頁的輸出入介面：

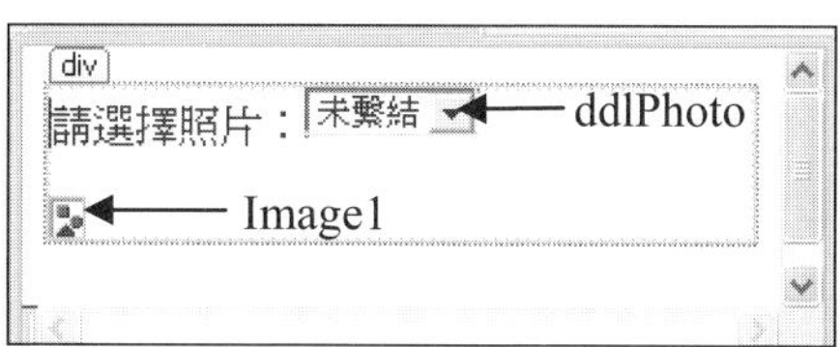

Step2 DropDownList_Sample.aspx 網頁自動產生的宣告標籤程式碼如下：

網頁程式碼：DropDownList_Sample.aspx

```
請選擇照片：<asp:DropDownList ID="ddlPhoto" runat="server" >
            </asp:DropDownList>
    <br /><br />
    <asp:Image ID="Image1" runat="server" />
</div>
```


Step3 自行撰寫事件處理程序：

程式碼後置檔：DropDownList_Sample.aspx.vb

```
Partial Class DropDownList_Sample
    Inherits System.Web.UI.Page
    ' 網頁載入時皆執行此事件處理程序
    Protected Sub Page_Load(sender As Object, e As System.EventArgs) Handles Me.Load
        If Not Page.IsPostBack Then ' 若網頁為第一次執行，才執行下面程式
            ddlPhoto.Items.Add("桂花森林")      ' 下拉式清單加入"桂花森林"選項
            ddlPhoto.Items.Add("通宵精鹽場")    ' 下拉式清單加入"通宵精鹽場"選項
            ddlPhoto.Items.Add("新社")          ' 下拉式清單加入"新社"選項
            ddlPhoto.AutoPostBack = True  ' 設定選取下拉式清單時可回傳至伺服器
            Image1.ImageUrl = "images/桂花森林.jpg"
            Image1.Width = 400
            Image1.Height = 300
        End If
```

```
    End Sub
    ' 當選取 ddlPhoto 下拉式清單時即執行此事件處理程序
    Protected Sub ddlPhoto_SelectedIndexChanged(sender As Object, e As _
    System.EventArgs) Handles ddlPhoto.SelectedIndexChanged
        ' 取得 ddlPhoto 下拉式清單的 Text，再與 images 和.jpg 組成圖檔完整路徑
        Image1.ImageUrl = "images/" & ddlPhoto.SelectedItem.Text & ".jpg"
    End Sub
End Class
```

5.1.2 ListBox 清單控制項

ListBox 清單控制項提供一些文字選項供使用者選取，可使用的屬性和 DropDownList 差不多，它在 ASP.NET 網頁上的大小是固定，若選項太多可透過捲軸來移動。清單中的選項也可以分多行顯示、可單選或多選，多選的方式必須先按 Ctrl 鍵再使用滑鼠進行選取。宣告語法如下：

```
<asp:ListBox ID="物件識別名稱" runat="server" SelectMode="Multiple"
   AutoPostBack="True" OnSelectedIndexChanged="事件處理程序" ...>
    <asp:ListItem Value="值 1" Selected="True">標題文字 1</asp:ListItem>
    <asp:ListItem Value="值 2">標題文字 2</asp:ListItem>
    ......
</asp:ListBox>
```

下表列出 ListBox 控制項有而 DropDownList 控制項沒有的常用屬性：

屬性	功能說明
AutoPostBack	設定或取得當 ListBox 清單被選取時是否回傳至伺服器。True-回傳；False-不回傳(預設值)。
Rows	設定或取得 ListBox 清單要顯示的列數，若 ListBox 清單內的項目個數超出 Rows 列數則會出現垂直捲軸。

SelectionMode	設定或取得 ListBox 清單的選取模式，設定如下： ① Single：單選。 ② Multiple：多選。

[例 1] 設定 chkAp 清單可多選，有 "視窗應用程式" 、"Web 應用程式"、"裝置應用程式"、"驅動程式"、"CAI 教學軟體" 等五個選項，且 "Web 應用程式" 與 "裝置應用程式" 兩個項目預設選取。宣告寫法如下：

```
<asp:ListBox ID="Ap" runat="server" Rows="3"
      SelectionMode="Multiple">
  <asp:ListItem>視窗應用程式</asp:ListItem>
  <asp:ListItem Selected="True">Web 應用程式</asp:ListItem>
  <asp:ListItem Selected="True">裝置應用程式</asp:ListItem>
  <asp:ListItem>驅動程式</asp:ListItem>
  <asp:ListItem>CAI 教學軟體</asp:ListItem>
</asp:ListBox>
```

視窗應用程式
Web應用程式
裝置應用程式

Rows 等於 3 但清單個數為 5，所以清單會出現垂直捲軸

[例 2] ListBox 控制項是提供多選的清單，若要知道使用者選取哪些選項，作法就是使用 for 迴圈逐一判斷每個選項是否被選取。譬如：透過 For 迴圈逐一判斷 lstAp 清單控制項第 i 個項目是否被選取，若被選取馬上將項目累加至 strShow 字串變數，For 迴圈執行完後，接著在 lblShow 標籤上顯示 strShow 字串變數多選的結果。寫法如下：

```
Dim strShow As String = ""
For i As Integer = 0 To lstAp.Items.Count - 1     ' 選項有幾個就執行幾次
    If lstAp.Items(i).Selected Then               ' 判斷第 i 個選項是否被選取
        strShow &= lstAp.Items(i).Text & ", "     ' 累加選項的標題至 strShow
    End If
Next
lblShow.Text = "你專長開發的是" & strShow
```

範例演練

網頁檔名：ListBox_Sample.aspx

製作下圖軟體技術調查網頁。分別使用兩個 ListBox 清單，最熟的語言清單有 VB, C#, C 語言, ActionScript 3.0 四個選項；最專長開發應用程式清單有 "視窗應用程式", "Web 應用程式" 與 "裝置應用程式" 三個選項。輸入完按 確定 鈕即顯示使用者所選的項目。執行結果如下：

上機實作

Step1 ListBox_Sample.aspx 網頁的輸出入介面。

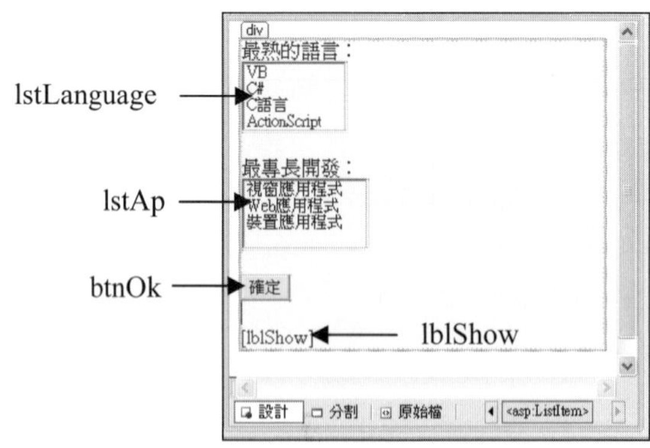

Step2 ListBox_Sample.aspx 網頁自動產生的宣告標籤程式碼如下：

網頁程式碼：ListBox_Sample.aspx

```
最熟的語言：<br />
<asp:ListBox ID="lstLanguage" runat="server">
    <asp:ListItem>VB</asp:ListItem>
    <asp:ListItem>C#</asp:ListItem>
    <asp:ListItem>C 語言</asp:ListItem>
    <asp:ListItem>ActionScript</asp:ListItem>
</asp:ListBox>
<br /><br />
最專長開發：<br />
<asp:ListBox ID="lstAp" runat="server">
    <asp:ListItem>視窗應用程式</asp:ListItem>
    <asp:ListItem>Web 應用程式</asp:ListItem>
    <asp:ListItem>裝置應用程式</asp:ListItem>
</asp:ListBox>
<br /><br />
<asp:Button ID="btnOk" runat="server" Text="確定" />
<br /><br />
<asp:Label ID="lblShow" runat="server"></asp:Label>
```

VB
C#
C語言
ActionScript

視窗應用程式
Web應用程式
裝置應用程式

Step3 自行撰寫事件處理程序

程式碼後置檔：ListBox_Sample.aspx.vb

```
Partial Class ListBox_Sample
    Inherits System.Web.UI.Page

    Protected Sub Page_Load(sender As Object, e As System.EventArgs) Handles Me.Load
        If Not Page.IsPostBack Then   ' 網頁第一次執行才執行下面敘述
            ' 最熟語言清單可多選
            lstLanguage.SelectionMode = ListSelectionMode.Multiple
            ' 最專長開發應用程式清單可多選
            lstAp.SelectionMode = ListSelectionMode.Multiple
```

```
        End If

    End Sub

    ' 按 [確定] 鈕執行此事件
    Protected Sub btnOk_Click(sender As Object, e As System.EventArgs) _
    Handles btnOk.Click
        Dim strLanguage, strAp As String
        lblShow.Text = ""
        ' 使用 For 迴圈逐一判斷 lstLanguage 內的選項是否被選取
        For i As Integer = 0 To lstLanguage.Items.Count - 1    ' 選項有幾個就執行幾次
            If lstLanguage.Items(i).Selected Then            ' 判斷第 i 個選項是否被選取
                ' 累加選項的標題至 strLanguage
                strLanguage &= lstLanguage.Items(i).Text + ", "
            End If
        Next
        ' 使用 For 迴圈逐一判斷 lstAp 內的選項是否被選取
        For i As Integer = 0 To lstAp.Items.Count - 1
            If lstAp.Items(i).Selected Then
                strAp &= lstAp.Items(i).Text & ", "    ' 累加選項的標題至 strAp
            End If
        Next
        If strLanguage <> "" Then
            lblShow.Text &= "你熟悉的語言是" & strLanguage & "<hr>"
        End If
        If strAp <> "" Then
            lblShow.Text += "你專長開發的是" & strAp & "<hr>"
        End If
    End Sub

End Class
```

5.2 AdRotator 控制項

網路廣告是網站平台最主要的收入來源之一，像 Google 年收入的一半就來自於網路廣告，由此可見網路廣告的重要性。ASP.NET 提供的 AdRotator 控制項可以讓您輕鬆製作隨機廣告，讓使用者每一次進入網站時皆會顯示不同的廣告與廣告的各項資訊，且按下廣告時會連結到所對應的網頁。

由於 AdRotator 控制項所顯示的廣告圖與相關資料是取決於廣告排程檔，此廣告排程檔是一個 XML 檔案，該檔副檔名為 *.xml，此排程檔必須設定如下：

```
<?xml version="1.0" encoding="utf-8" ?>
<Advertisements>
  <Ad>
    <ImageUrl>廣告圖檔路徑</ImageUrl>                <!--不可省略-->
    <NavigateUrl>廣告網頁位址</NavigateUrl>          <!--可省略-->
    <Impressions>廣告顯示權重</Impressions>          <!--可省略-->
    <AlternateText>廣告替代文字</AlternateText>      <!--可省略-->
    <KeyWord>廣告分類關鍵字</KeyWord>                <!--可省略-->
    <Height>廣告圖的寬度</Height>                    <!--可省略-->
    <Width>廣告圖的高度</Widht>                      <!--可省略-->
  </Ad>
  <!--自訂標籤-->
  <Ad>…</Ad>
  <Ad>…</Ad>
</Advertisements>
```

上述的<Impressions>~</Impressions>用來設定廣告所出現的權重。例如設定三個廣告，權重分別設為 3、2、1，這樣廣告的出現機率分別為：3/(3+2+1)約 50%、2/(3+2+1)約 33%、1/(3+2+1)約 17%。

當完成廣告排程檔，即可以在 ASP.NET 網頁上建立 AdRotator 控制項，並指定該控制項的 AdvertisementFile 屬性值為廣告排程檔的路徑，此時網頁執行時即會依廣告排程檔的權重來顯示對應的廣告圖。AdRotator 控制項的宣告語法如下：

```
<asp:AdRotator ID="物件識別名稱" runat="server" Target="目標頁框"
      AdvertisementFile="廣告排程檔路徑"
      OnAdcreated="事件處理程序"...>
</asp:AdRotator>
```

下表為 AdRotator 控制項的常用屬性：

屬性	功能說明
AdvertisementFile	設定或取得 AdRotator 控制項廣告排程檔的路徑。
Target	設定或取得 AdRotator 控制項超連結的目標頁框。 ① Target="_blank"：將連結的網頁顯示在新開啟的瀏覽器視窗中。 ② Target="_self"：將連結的網頁顯示在目前的頁框中。 ③ Target="_top"：將連結的網頁顯示在整個視窗中。 ④ Target="_parent"：將連結的網頁顯示在上一層的頁框中。
OnAdCreated	當 AdRotator 控制項建立後，此時會觸發此屬性所設定的事件處理程序。在此事件處理程序內可透過下面屬性取得廣告排程檔的相關資訊。 ① e.AdProperties：設定或取得目前所顯示廣告的相關資訊，如 e.AdProperties("Height") 取得廣告排程檔<Height>~</Height>內的資料、e.Adproperties("Width") 取得廣告排程檔<Width>~</Width>內的資料，也可以取得其它自訂標籤的資訊。 ② e.AlternateText：設定或取得目前所顯示廣告的替代文字，即廣告排程檔<AlternateText>~</AlternateText>標籤內的資訊。 ③ e.ImageUrl：設定或取得目前所顯示廣告的圖檔位址，即廣告排程檔<ImageUrl>~</ImageUrl>標籤內的資訊。 ④ e.NavigateUrl：設定或取得當按下所顯示廣告的超連結位址，即廣告排程檔<NavigateUrl>~</NavigateUrl>標籤內的資訊。

網頁檔名：AdRotator_Sample.aspx.aspx

在 ASP.NET 網頁內放置 AdRotator1 控制項與 lblShow 標籤控制項與用來顯示 AdInfo.xml 廣告排程檔的廣告圖與相關資訊，廣告顯示機率依序為博碩文化 20%、博誌文化 20%、VB 2010 從零開始 30%、VC# 2010 從零開始 30%，廣告圖依序為 drmaster.jpg、drsmart.jpg、vb.jpg、cs.jpg，上述圖檔皆置於網站的 images 資料夾下。執行結果如下圖：

1. 當使用者每一次執行網頁時皆會依廣告排程檔所設定的權重來顯示廣告所出現的機率。如下圖第一次執行與第二次執行會出現不同的廣告圖與資訊。

第 1 次執行

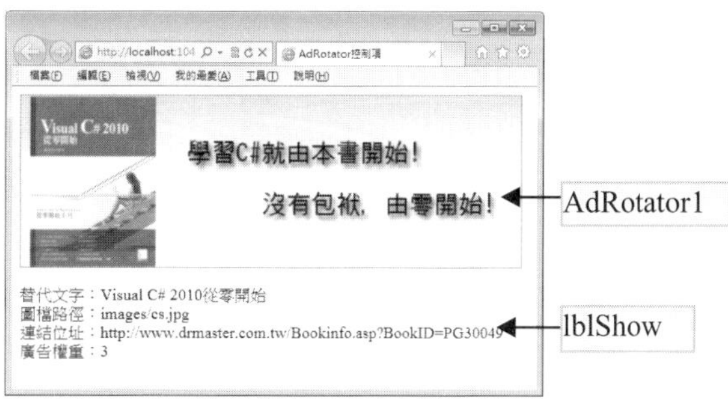

第 2 次執行

2. 下圖當使用者按下廣告圖後馬上即會開啟新視窗並超連結到廣告所對應的網頁。

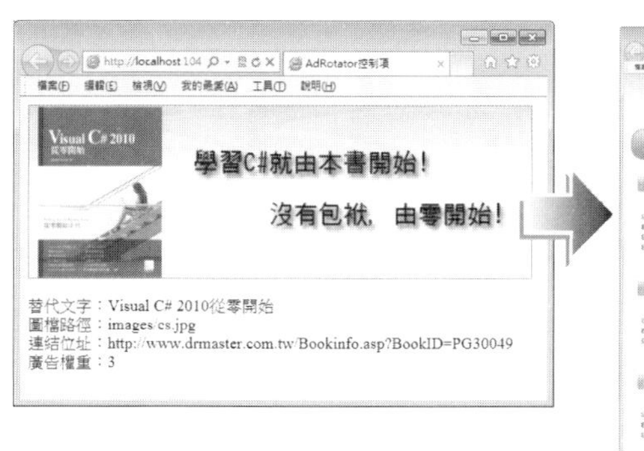

上機實作

Step1 建立 AdInfo.xml 廣告排程檔。

① 執行功能表的【網站(S)/加入新項目(W)...】開啟「加入新項目」視窗。

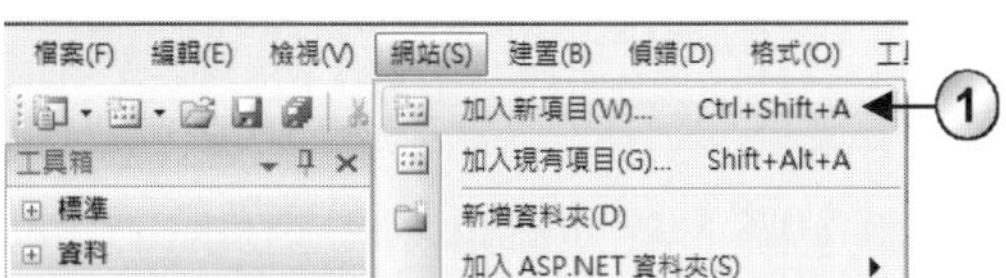

② 在「加入新項目」視窗的範本窗格中選取 XML 檔 。

③ 將「名稱(N)：」設為 AdInfo.xml。

④ 按 加入(A) 鈕在此網站內完成新增 AdInfo.xml。

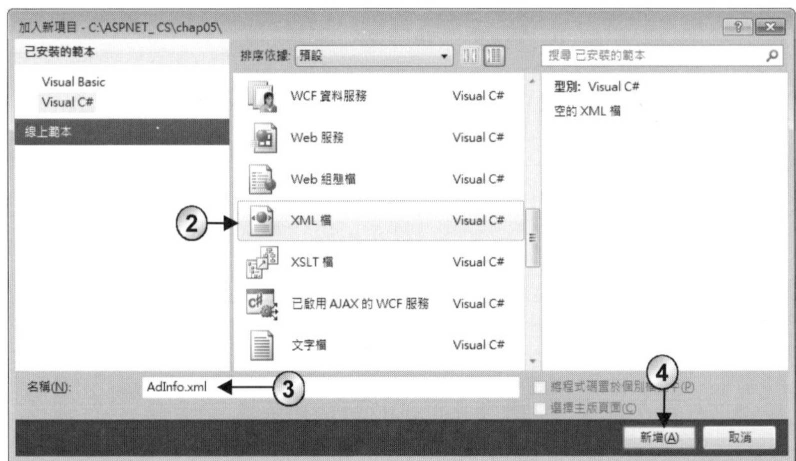

⑤ 在 AdInfo.xml 檔內撰寫如下廣告資訊。

```
<?xml version="1.0" encoding="utf-8" ?>
<Advertisements>
  <Ad>
    <ImageUrl>images/drmaster.jpg</ImageUrl>
    <NavigateUrl>http://www.drmaster.com.tw/</NavigateUrl>
    <Impressions>2</Impressions>
```

```
    <AlternateText>博碩文化</AlternateText>
    <KeyWord>最專業的電腦圖書出版社</KeyWord>
  </Ad>
  <Ad>
    <ImageUrl>images/drsmart.jpg</ImageUrl>
    <NavigateUrl>http://www.drsmart.com.tw/</NavigateUrl>
    <Impressions>2</Impressions>
    <AlternateText>博誌文化</AlternateText>
    <KeyWord>最優質的生活文化出版社</KeyWord>
  </Ad>
  <Ad>
    <ImageUrl>images/vb.jpg</ImageUrl>
    <NavigateUrl>http://www.drmaster.com.tw/Bookinfo.asp?BookID=PG30048</NavigateUrl>
    <Impressions>3</Impressions>
    <AlternateText>Visual Basic 2010 從零開始</AlternateText>
    <KeyWord>最佳 Visual Basic 的入門書</KeyWord>
  </Ad>
  <Ad>
    <ImageUrl>images/cs.jpg</ImageUrl>
    <NavigateUrl>http://www.drmaster.com.tw/Bookinfo.asp?BookID=PG30049</NavigateUrl>
    <Impressions>3</Impressions>
    <AlternateText>Visual C# 2010 從零開始</AlternateText>
    <KeyWord>最佳 Visual C#的入門書</KeyWord>
  </Ad>
</Advertisements>
```

Step2 在 AdRotator1_Sample.aspx 網頁上建立 AdRotator1 控制項及 lblShow 標籤，並設定 AdRotator 的 AdvertisementFile(廣告排程檔路徑)屬性值為 "~/AdInfo.xml"，設定 Target(連結頁框)屬性值為 "_blank"。如下圖。

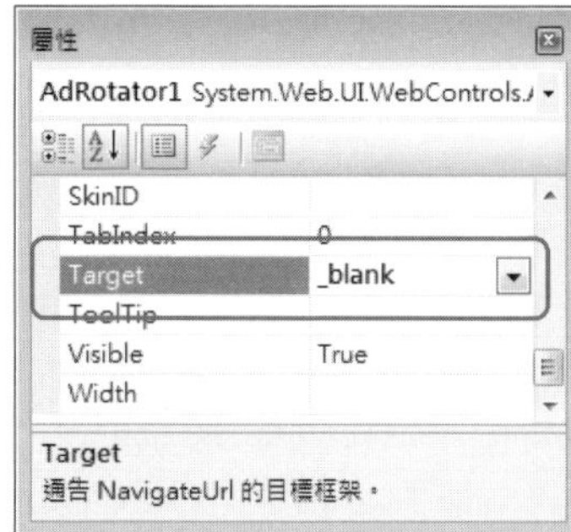

Step3 AdRotator_Sample.aspx 網頁自動產生的宣告標籤程式碼如下：

網頁程式碼：AdRotator_Sample.aspx

```
01 <asp:AdRotator ID="AdRotator1" runat="server" AdvertisementFile="~/AdInfo.xml"
02         Target="_blank" />
03 <br /><br />
04 <asp:Label ID="lblShow" runat="server"></asp:Label>
```

程式說明

1. 1 行 ： 指定 AdRotator1 的廣告排程檔為 AdInfo.xml。
2. 4 行 ： 建立 lblShow 標籤用來顯示廣告排程檔內的資訊。

Step4 自行撰寫事件處理程序

程式碼後置檔：AdRotator_Sample.aspx.vb

```
Partial Class AdRotator1_Sample
    Inherits System.Web.UI.Page
    ' AdRotator1 控制項建立後會觸發此事件處理程序
    Protected Sub AdRotator1_AdCreated(sender As Object, e As System.Web.UI. _
    WebControls.AdCreatedEventArgs) Handles AdRotator1.AdCreated
        lblShow.Text = "替代文字：" & e.AlternateText & "<br>"
        lblShow.Text &= "圖檔路徑：" & e.ImageUrl & "<br>"
        lblShow.Text &= "連結位址：" & e.NavigateUrl & "<br>"
        lblShow.Text &= "廣告權重：" & e.AdProperties("Impressions").ToString()
```

```
09      End Sub
10 End Class
```

程式說明

1. 4~9 行 ：當 AdRotator1 控制項建立後會觸發 AdRotator1_AdCreated 事件處理程序，此時即會執行 5~8 行在 lblShow 標籤上顯示目前廣告圖的替代文字、圖檔路徑、連結位址、廣告權重等資訊。

5.3 Calendar 控制項

在 Yahoo 個人行事曆、部落格、電子相簿等都能見到月曆的蹤影，若要在網頁上建立月曆，可使用 ASP.NET 所提供的 Calendar 控制項來達成。

5.3.1 Calendar 月曆控制項的宣告語法與常用屬性

Calendar 控制項的宣告語法如下：

```
<asp:Calendar ID="物件識別名稱" runat="server"
      OnDayRender="事件處理程序"
      OnSelectionChanged="事件處理程序"
      OnVisibleMonthChanged="事件處理程序" ...>
     <DayHeaderStyle ... />          <!--星期區段的樣式-->
      <DayStyle ... />               <!--日期的樣式-->
      <NextPrevStyle .../>           <!--選取上下月份的樣式-->
      <OtherMonthDayStyle .../>      <!--非本月份的的樣式-->
      <SelectedDayStyle... />        <!--選取日期的樣式-->
      <SelectorStyle .../>           <!--選取整個星期或整個月份的樣式-->
      <TitleStyle ... />             <!--月曆標題樣式-->
      <TodayDayStyle .../>           <!--今日樣式-->
      <WeekendDayStyle .../>         <!--週末樣式-->
</asp:Calendar>
```

Calendar 控制項標籤內含 DayHeaderStyle、DayStyle、NextPrevStyle、OtherMonthDayStyle、SelectedDayStyle、SelectorStyle、TitleStyle、TodayDayStyle、WeekendDayStyle 等樣式物件可用來設定月曆的外觀樣式。關於外觀樣式，待 5.3.3 節再做說明。先介紹下表 Calendar 常用屬性：

屬性	功能說明
Caption	設定或取得月曆相關聯的標題。
CaptionAlign	設定或取得月曆標題的對齊方式。屬性值有 NotSet, Top, Bottom, Left, Right。
CellPadding	設定或取得月曆內儲存格與儲存格內資料的間距。
CellSpacing	設定或取得月曆內儲存格與儲存格之間的間距。
NextMonthText	設定或取得月曆巡覽按鈕跳到下一個月份所要顯示的文字。也可以使用 HTML 標籤來顯示圖檔，但必須將 NextPrevFormat 屬性值設為 CustomText 才有效。預設值為 ">" 表示巡覽按鈕會顯示「>」符號。
NextPrevFormat	設定或取得月曆巡覽按鈕的顯示格式。屬性值有 ShortMonth-簡短月份；FullMonth-完整月份；CustomText-自訂(預設值)。可參考 Calendar2_Sample.aspx 範例。
PrevMonthText	設定或取得月曆巡覽按鈕跳到上一個月份所要顯示的文字。也可以使用 HTML 標籤來顯示圖檔，但必須將 NextPrevFormat 屬性值設為 CustomText 才有效。預設值為 "<" 表示巡覽按鈕會顯示「<」符號。
SelectedDate	設定或取得月曆預設選取日期。
SelectionMode	設定或取得月曆的選取模式。屬性值如下： ① None：不允許選取日期。 ② Day：允許選取日期(預設值)。 ③ DayWeek：允許一次可選取月曆的每一個日期或每一個星期。 ④ DayWeekMonth：允許一次可選取月曆的每一個日期、每一週或每一月。

SelectMonthText	設定或取得選取整個月份的文字。預設值為 ">>" 表示使用「>>」符號來選取整個月份。
SelectWeekText	設定或取得選取一星期的文字。預設值為 ">" 表示使用「>」符號來選取一個星期。
ShowDayHeader	設定或取得是否顯示星期幾。 True-顯示(預設值);False-不顯示。
ShowGridLines	設定或取得是否顯示月曆的格線。 True-顯示；False-不顯示(預設值)。
ShowNextPrevMonth	設定或取得是否顯示切換月曆上下月的文字。 True-顯示(預設值)；False-不顯示。
ShowTitle	設定或取得是否顯示月曆的標題。
OnDayRender	當月曆顯示日期時會觸發 DayRender 事件，此時會執行此屬性所指定的 DayRender 事件處理程序，也就是說若本月有 30 天此事件會執行 30 次，若本月份有 31 天此事件會執行 31 次。該事件處理程序的引數 e 有幾個重要的屬性可用，說明如下： ① e.Day.IsOtherMonth：判斷目前顯示的日期是否為其他月份。 ② e.Day.IsSelectable：判斷目前顯示的日期是否可以被選取。 ③ e.Day.Selected：判斷目前顯示的日期是否已被選取。 ④ e.Day.IsToday：判斷目前顯示的日期是否為今日。 ⑤ e.Day.IsWeekend：判斷目前顯示的日期是否為本星期。 ⑥ e.Day.Date：傳回目前顯示的日期，型別為 DateTime 物件。 ⑦ e.Cell：取得目前正在呈現的儲存格，傳回值為 TableCell 物件。 使用方式可參考 Calendar4_Sample.aspx 範例。
OnSelectionChanged	當使用者選取月曆中的日期時會觸發 Selection Changed 事件，此時會執行此屬性所指定的事件處理程序。

OnVisibleMonthChanged	當使用者切換月曆的月份時會觸發 VisibleMonthChanged 事件，此時會執行此屬性所指定的事件處理程序。該事件處理程序的引數 e 有兩個重要的屬性可用，說明如下： ① e.NewDate：取得本月第一天的日期。 ② e.PreviousDate：取得上月第一天的日期。

5.3.2 如何取得使用者選取 Calendar 控制項中的日期

若要取得使用者在物件識別名稱為 Calendar1 控制項中選取哪一天日期，可透過下面敘述來達成。

1. Calendar1.SelectedDate
   取得使用者在 Calendar1 月曆所選取的日期。
2. Calendar1.SelectedDates.Count
   取得使用者在 Calendar1 月曆所選取的日期範圍。
3. Calendar1.SelectedDates(i)
   取得使用者在 Calendar1 月曆所選取的日期範圍中的第 i 天。

網頁檔名：Calendar1_Sample.aspx

使用 Calendar 控制項建立簡易的員工請假系統。如下圖，員工在文字方塊內輸入姓名之後即選擇 Calendar 月曆控制項中的日期，此時即會在標籤上顯示該名員工的姓名及請假日期。

上機實作

Step1 Calendar1_Sample.aspx 網頁輸出入介面如下：

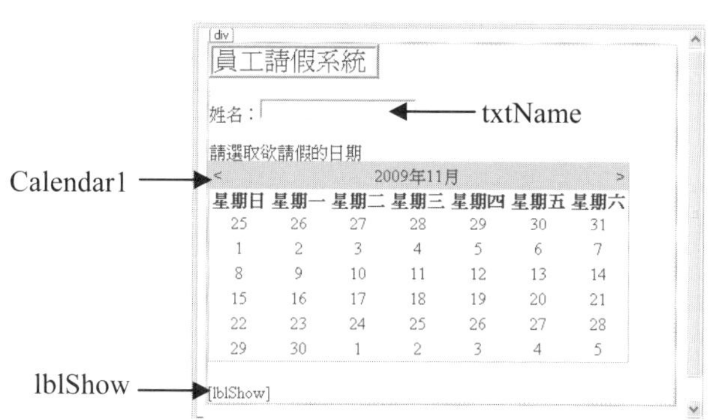

Step2 Calendar1_Sample.aspx 網頁自動產生的宣告標籤程式碼如下：

網頁程式碼：Calendar1_Sample.aspx

```
<asp:Label ID="Label1" runat="server" BorderStyle="Ridge" Font-Size="X-Large"
      Text="員工請假系統"></asp:Label><br /><br />
姓名：<asp:TextBox ID="txtName" runat="server"></asp:TextBox>
<br /><br />
請選取欲請假的日期<br />
```

```
<asp:Calendar ID="Calendar1" runat="server"></asp:Calendar><br />
<asp:Label ID="lblShow" runat="server"></asp:Label>
```

Step3 自行撰寫事件處理程序

程式碼後置檔：Calendar1_Sample.aspx.vb

```
01 Partial Class Calendar1_Sample
02     Inherits System.Web.UI.Page
03     Protected Sub Calendar1_SelectionChanged(sender As Object, e As System.EventArgs) _
       Handles Calendar1.SelectionChanged
04         If txtName.Text = "" Then
05             lblShow.Text = "請填寫姓名，再選擇要請假的日期"
06         Else
07             lblShow.Text = txtName.Text & "您請假日期為" & _
                Calendar1.SelectedDate.ToShortDateString()
08         End If
09     End Sub
11 End Class
```

程式說明

1. 3~9 行：當使用者在 Calendar1 月曆選取某一日期後即執行 Calendar1_SelectionChanged 事件處理程序，在此事件中若使用者未在 txtName 文字方塊上輸入姓名，則執行第 5 行；否則執行第 7 行使 lblShow 標籤上顯示員工姓名及請假日期。

5.3.3 Calendar 月曆控制項的樣式物件

Calendar 月曆控制項所提供的樣式物件標籤可宣告於<asp:Calendar>~<asp:Calendar>標籤內，其功能可設定 Calendar 月曆控制項的外觀，樣式物件的屬性如 Font-Size(字型)、BackColor(背景色彩)、ForeColor(前景色彩)...的外觀設定方式與其他控制項相同。現以圖示說明樣式物件在月曆中所代表的外觀和功能：

屬性	功能說明
DayHeaderStyle	設定星期區段的樣式。 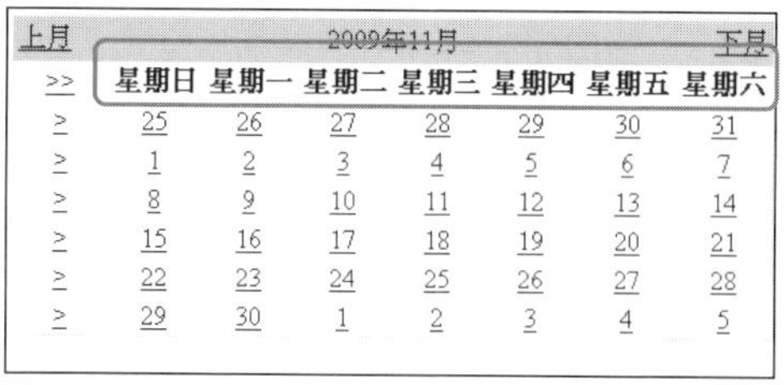
DayStyle	設定月曆中所有日期的樣式。 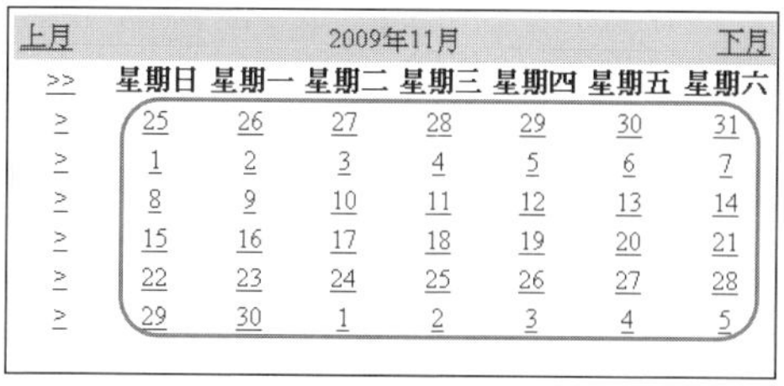
NextPrevStyle	設定月曆巡覽按鈕(即可切換上下月份的文字)的樣式。 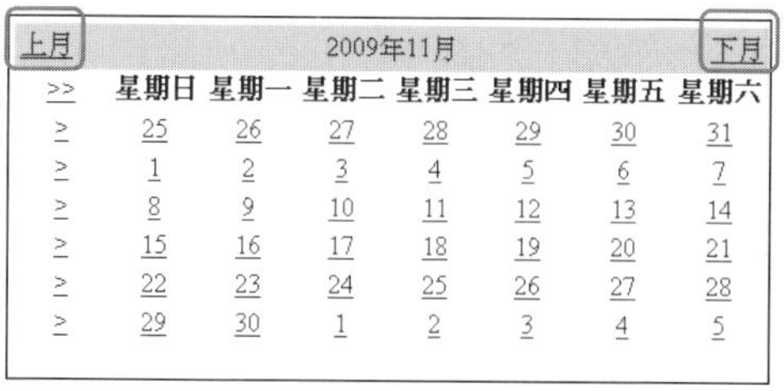
OtherMonthDayStyle	設定月曆中非本月份的樣式。 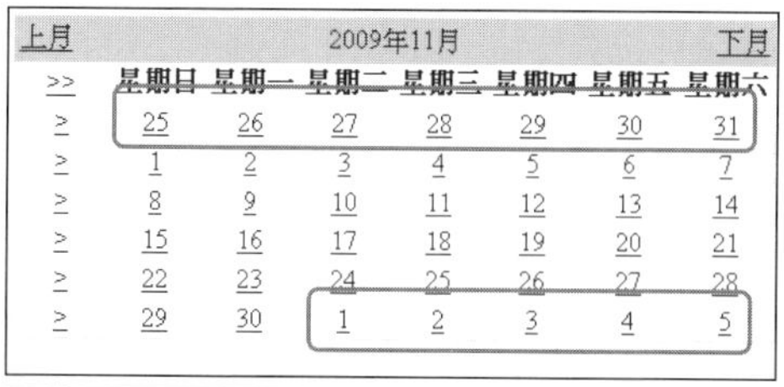
SelectedDayStyle	設定月曆中被選取日期的樣式。

屬性	說明
SelectorStyle	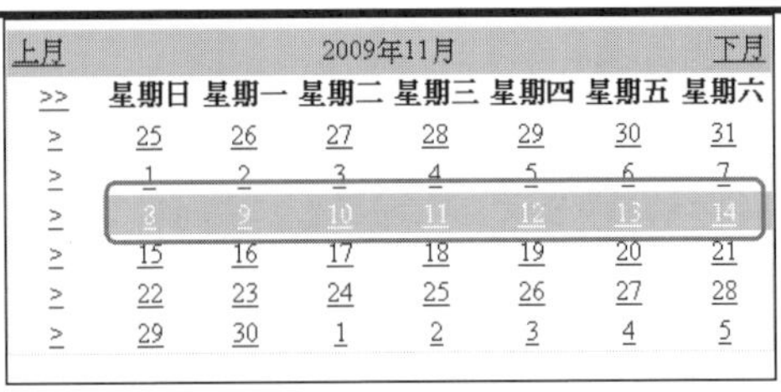 設定選取整個月份或整個星期之選取器的樣式。 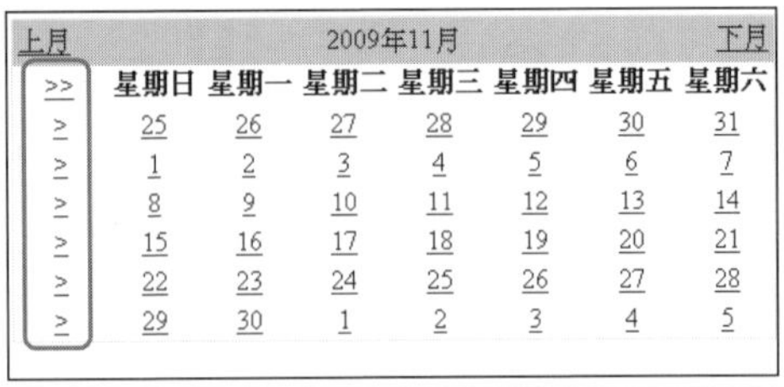
TitleStyle	設定月曆標題的樣式。 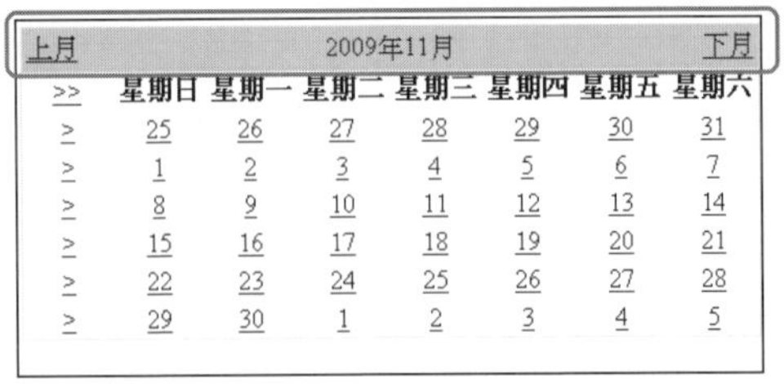
TodayDayStyle	設定月曆中今日的樣式。
WeekendDayStyle	設定月曆中週末的樣式。 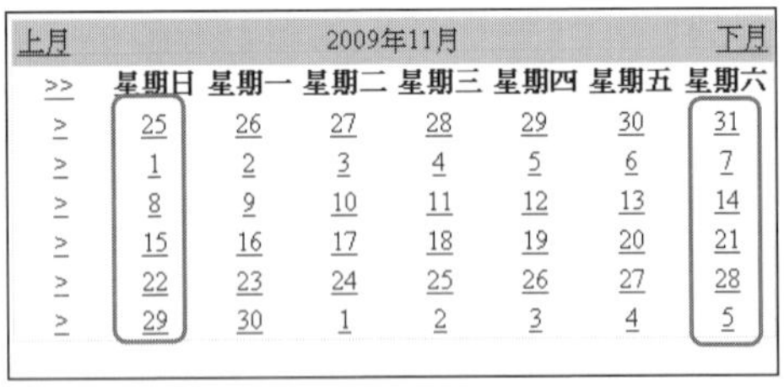

[例] 使用 Calendar 控制項建立月曆，該控制項的相關屬性如下：

① 設定切換月份的巡覽按鈕為上下月份(NextPrevFormat ="FullMonth")

② 字型大小為 10pt(Font-Size="10pt")，月曆顯示格線 (ShowGridLines ="True")

③ 月曆可以一次選取單一日期或一個星期或一個月。(SelectionMode="DayWeekMonth")

④ 一次選取一個月的選取器是使用 sm.jpg 圖來表示。(SelectMonthText="<img src=images/sm.jpg border=0>")

⑤ 一次選取一個星期的選取器是使用 sd.jpg 圖來表示。(SelectWeekText= "<img src=images/sd.jpg border=0>")。

⑥ 使用 SelectedDayStyle 樣式物件設定被選取日期的背景色彩為淺藍色、字型大小為 12pt。

<SelectedDayStyle BackColor="#66FFFF" Font-Size ="12pt" />

⑦ 使用 SelectorStyle 樣式物件設定可選取一個星期或一個月的選取器背景色彩為粉紅色。

<SelectorStyle BackColor="#FFCCFF" />

⑧ 使用 WeekendDayStyle 樣式物件設定週末日期的背景色彩為淺綠色。

<WeekendDayStyle BackColor="#CCFF66" />

⑨ 使用 TodayDayStyle 樣式物件設定今日日期的背景色彩為咖啡色、框線樣式為 Outset。

<TodayDayStyle BackColor="#663300" BorderStyle="Outset" />

⑩ 使用 OtherMonthDayStyle 樣式物件設定非本月份的背景色彩為紅色。

<OtherMonthDayStyle BackColor="Red" />

上述 Calendar 月曆控制項的設定其宣告寫法如下，完整程式參考 Calendar2_Sample.aspx。

```
<asp:Calendar ID="Calendar1" runat="server" NextPrevFormat="FullMonth"
    Font-Size="10pt"
    ShowGridLines="True"
    SelectionMode="DayWeekMonth"
    SelectMonthText="<img src=images/sm.jpg border=0>"
    SelectWeekText="<img src=images/sd.jpg border=0>">
    <SelectedDayStyle BackColor="#66FFFF" Font-Size="12pt" />
    <SelectorStyle BackColor="#FFCCFF" />
    <WeekendDayStyle BackColor="#CCFF66" />
    <TodayDayStyle BackColor="#663300" BorderStyle="Outset" />
    <OtherMonthDayStyle BackColor="Red" />
</asp:Calendar>
```

下圖為上述 Calendar 控制項宣告寫法的執行結果。

六月				2011年7月			八月
	週日	週一	週二	週三	週四	週五	週六
	26	27	28	29	30	1	2
	3	4	5	6	7	8	9
	10	11	12	13	14	15	16
	17	18	19	20	21	22	23
	24	25	26	27	28	29	30
	31	1	2	3	4	5	6

Calendar 月曆控制項所提供的樣式物件屬性很多，若撰寫宣告語法來設定外觀太過於麻煩，可透過 VWD 的「屬性」視窗來設定 Calendar 月曆外觀即可，當您選取 Calendar 控制項時，如下圖可在屬性視窗看到該控制項的樣式物件，而按下樣式物件的 ▷ 鈕會出現樣式物件的屬性供您設定。

VWD 亦提供「自動格式化」功能，提供多個外觀樣式供您快速設定 Calendar 控制項的外觀，請看下例操作說明。

範例演練

網頁檔名：Calendar3_Sample.aspx

使用 Calendar 控制項建立月曆，並使用 VWD 的自動格式化功能快速設定月曆外觀，當在月曆中選取一天、一個星期或一個月時，lblShow 標籤會顯示使用者選取日期的範圍，執行結果如下列三圖。

選取一天

選取一個星期

選取一個月

上機實作

Step1 在 Calendar3_Sample.aspx 網頁建立 Calendar1 月曆及 lblShow 標籤控制項。

Step2 設定 Calendar1 月曆自動格式化的外觀樣式為「色彩 2」。

① 選取 Calendar1 月曆控制項。

② 選取「智慧標籤」鈕。

③ 按下「自動格式化...」指令開啟「自動格式設定」對話方塊。

④ 在「自動格式設定」對話方塊選取「色彩 2」樣式。

⑤ 按下 確定 鈕完成設定。

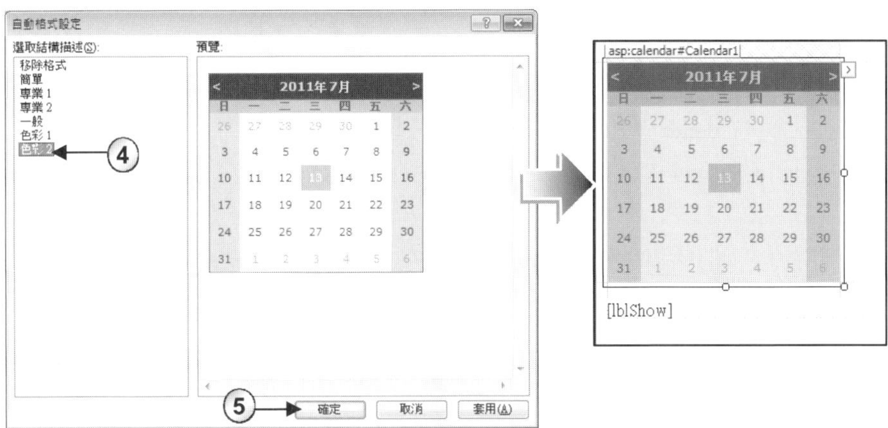

Step3 Calendar3_Sample.aspx 網頁自動產生的宣告標籤程式碼如下：

網頁程式碼：Calendar3_Sample.aspx

```
<asp:Calendar ID="Calendar1" runat="server" NextMonthText="下月"
    PrevMonthText="上月" SelectionMode="DayWeekMonth" BackColor="White"
    BorderColor="#3366CC" BorderWidth="1px" CellPadding="1"
    DayNameFormat="Shortest" Font-Names="Verdana" Font-Size="8pt"
    ForeColor="#003399" Height="200px"
    Width="220px">
    <SelectedDayStyle BackColor="#009999" Font-Bold="True" ForeColor="#CCFF99" />
    <SelectorStyle BackColor="#99CCCC" ForeColor="#336666" />
    <WeekendDayStyle BackColor="#CCCCFF" />
    <TodayDayStyle BackColor="#99CCCC" ForeColor="White" />
    <OtherMonthDayStyle ForeColor="#999999" />
    <NextPrevStyle Font-Size="8pt" ForeColor="#CCCCFF" />
    <DayHeaderStyle BackColor="#99CCCC" ForeColor="#336666" Height="1px" />
    <TitleStyle BackColor="#003399" BorderColor="#3366CC" BorderWidth="1px"
        Font-Bold="True" Font-Size="10pt" ForeColor="#CCCCFF" Height="25px" />
</asp:Calendar><br />
<asp:Label ID="lblShow" runat="server"></asp:Label>
```

Step4 自行撰寫事件處理程序

程式碼後置檔：Calendar3_Sample.aspx.vb

```
01 Partial Class Calendar3_Sample
02     Inherits System.Web.UI.Page
03
04     Protected Sub Calendar1_SelectionChanged(sender As Object, e As System. _
       EventArgs) Handles Calendar1.SelectionChanged
05         ' 取得所選取的天數
06         Dim n As Integer = Calendar1.SelectedDates.Count
07         If n = 1 Then
08             lblShow.ForeColor = System.Drawing.Color.Red
09             ' lblShow 標籤顯示使用者選取的日期
10             lblShow.Text = "您選取" & Calendar1.SelectedDate.ToShortDateString()
11         Else
12             lblShow.ForeColor = System.Drawing.Color.Blue
13             ' lblShow 標籤顯示使用者選取日期的範圍
14             lblShow.Text="您選取" & Calendar1.SelectedDates(0).ToShortDateString() _
                   & "到" & Calendar1.SelectedDates(n - 1).ToShortDateString()
15         End If
16     End Sub
17
18 End Class
```

程式說明

1. 4 行 ：當 Calendar1 月曆控制項被選取變更項目時會觸發 Calendar1_SelectionChanged 事件處理程序。
2. 6~15 行：若選取的日期為一天即執行 8~10 行；否則執行 12~14 行。
3. 10 行 ：Calendar1.SelectedDate 可取得目前選取的日期。
4. 14 行 ：Calendar1.SelectedDates(0) 可取得目前選取日期的第一天，Calendar1.SelectedDates(n-1) 可取得目前選取日期的最後一天。

網頁檔名：Calendar4_Sample.aspx

使用 Calendar 控制項製作行事曆程式，並將重要日期放入行事曆內，且重要的日期以藍色字顯示，如左下圖為 2011 年 11 月重要日期；如右下圖為 2011 年 12 月重要日期。

上機實作

Step1 在 Calendar4_Sample.aspx 網頁建立 Calendar1 月曆控制項，該控制項的自動化格式設定樣式請設為「一般」。

Step2 Calendar4_Sample.aspx 網頁自動產生的宣告標籤程式碼如下：

網頁程式碼：Calendar4_Sample.aspx

```
<asp:Calendar ID="Calendar1" runat="server" BackColor="White"
        BorderColor="Black" DayNameFormat="Shortest"
        Font-Names="Times New Roman"
        Font-Size="10pt" ForeColor="Black" Height="220px"
        NextPrevFormat="FullMonth"
        TitleFormat="Month" Width="400px">
    <SelectedDayStyle BackColor="#CC3333" ForeColor="White" />
    <SelectorStyle BackColor="#CCCCCC" Font-Bold="True" Font-Names="Verdana"
      Font-Size="8pt" ForeColor="#333333" Width="1%" />
    <TodayDayStyle BackColor="#CCCC99" />
```

```
        <OtherMonthDayStyle ForeColor="#999999" />
        <DayStyle Width="14%" />
        <NextPrevStyle Font-Size="8pt" ForeColor="White" />
        <DayHeaderStyle BackColor="#CCCCCC" Font-Bold="True" Font-Size="7pt"
            ForeColor="#333333" Height="10pt" />
        <TitleStyle BackColor="Black" Font-Bold="True" Font-Size="13pt"
            ForeColor="White" Height="14pt" />
    </asp:Calendar>
```

Step3 自行撰寫事件處理程序

程式碼後置檔：Calendar4_Sample.aspx.vb

```
Partial Class Calendar4_Sample
    Inherits System.Web.UI.Page

    ' 建立 myDay 二維陣列用來存放行事曆重要日期
    Dim myDay(12, 31) As String

    ' 網頁載入時執行此事件
    Protected Sub Page_Load(sender As Object, e As System.EventArgs) Handles Me.Load
        ' 設定行事曆重要日期
        myDay(1, 1) = "元旦"                  '1 月 1 日
        myDay(2, 4) = "小米生日"              '2 月 4 日
        myDay(3, 14) = "我的生日"             '3 月 14 日
        myDay(4, 5) = "清明節"                '4 月 5 日
        myDay(5, 1) = "小璇生日"              '5 月 1 日
        myDay(10, 10) = "國慶日"              '10 月 10 日
        myDay(11, 20) = "博碩業務會議"        '11 月 20 日
        myDay(12, 19) = "老婆生日"            '12 月 19 日
        myDay(12, 25) = "聖誕節"              '12 月 25 日
        myDay(12, 31) = "跨年"                '12 月 31 日
    End Sub

```

```
22 	' 當顯示月曆中的日期時皆會執行此事件處理程序
23 	Protected Sub Calendar1_DayRender(sender As Object, e As System.Web.UI. _
   	WebControls.DayRenderEventArgs) Handles Calendar1.DayRender
24 		' 判斷目前顯示的日期是否不為空白
25 		If myDay(e.Day.Date.Month, e.Day.Date.Day) <> "" Then
26 			Dim lblDay As New Label 	' 建立 lblDay 為 Label 標籤
27 			' 設定 lblDay 的 Text 屬性為<br>換行標籤加上行事曆重要日期
28 			lblDay.Text = "<br>" & myDay(e.Day.Date.Month, e.Day.Date.Day)
29 			lblDay.ForeColor = System.Drawing.Color.Blue 	'lblDay 前景色彩藍色
30 			e.Cell.Controls.Add(lblDay) 	' 將 lblDay 加入到目前日期的儲存格內
31 		End If
32 	End Sub
33
34 End Class
```

程式說明

1. 5 行　：由於一年有 12 個月，一個月最多有 31 天。因此本例建立 myDay 二維陣列用來存放一年重要日期標題，建立的陣列元素有 myDay(0,0)~ myDay(12,31)，其中 myDay(0,0)~myDay (0,31) 省略不用，而 myDay(1,1)~myDay(12, 31) 用來存放一年的重要日期標題。例如 myDay(1,1) 即代表 1 月 1 日，其它以此類推。
2. 8~20 行：網頁載入時即設定行事曆重要日期標題給 myDay 二維陣列指定的元素。
3. 23~32 行：當月曆的每一個日期顯示時會觸發 DayRender 事件，因此在此事件處理程序內撰寫將重要日期放入到月曆的程式碼。

5.4 課後練習

一、選擇題

1. 下列哪個控制項可單選？ (A) CheckBoxList (B) ListBox
   (C) CheckBox (D) DropDownList

2. 當 DropDownList 控制項改變選項時會觸發什麼事件？ (A) Click
   (B) TextChanged (C) SelectedIndexChanged (D) CheckedChanged

3. ListBox 清單控制項內的項目是什麼型別物件？ (A) Item
   (B) ListItem (C) ListItemBox (D) Button

4. 若要在 ListBox1 中加入一個 "VB" 的選項，試問程式應如何撰寫？
   (A) ListBox1.Add("VB") (B) ListBox1.Items.Add("VB")
   (C) ListBox1.Insert("VB") (D) ListBox1.Items.RemoveAt("VB")

5. 若要將 ListBox1 中第 2 個選項移除，試問程式應如何撰寫？
   (A) ListBox1.Delete(1) (B) ListBox1.Items.RemoveAt(1)
   (C) ListBox1.Delete(2) (D) ListBox1.Items.RemoveAt(2)

6. ListBox 控制項的 Items 屬性可傳回 (A) ListItemCollection (B) ListItem
   (C) ListBox (D) Item

7. 假若 ListBox 控制項欲設為可多選，則應將屬性設為？
   (A) SelectionMode="Single" (B) SelectionMode="One"
   (C) SelectionMode="None" (D) SelectionMode="Multiple"

8. 有一下拉式清單 ID 屬性為 DropDownList1，若要取得其下拉式清單項目總數，程式應如何撰寫？
   (A) DropDownList1.Total (B) DropDownList1.Count
   (C) DropDownList1.Items.Total (D) DropDownList1.Items.Count

9. 當 AdRotator 控制項建立後會觸發什麼事件 (A) AdCreated (B) Load (C) Created (D) Open
10. 下列哪個屬性可取得 AdRotator 控制項廣告排程檔的路徑 (A) Target (B) AdvertisementFile (C) OnAdCreated (D) DataBind
11. AdRotator 控制項的廣告排程檔內的什麼標籤可用來設定廣告出現權重？ (A) <ImageUrl> (B) <NavigateUrl> (C) <Impressions> (D) <AlternateText>
12. 當月曆顯示日期時會觸發什麼事件？ (A) DayRender (B) DayLoad (C) SelectedIndexChanged (D) DayWrite
13. 當使用者選取月曆中的日期時會觸發什麼事件？ (A) DayRender (B) SelectionChanged (C) SelectedIndexChanged (D) CheckedChanged
14. 欲設定 Calendar 月曆控制項星期區段的樣式，必須使用下列哪個物件？ (A) DayStyle (B) DayHeaderStyle (C) NextPrevStyle (D) WeekendDayStyle
15. 欲設定 Calendar 月曆控制項週末區段的樣式，必須使用下列哪個物件？ (A) DayStyle (B) DayHeaderStyle (C) NextPrevStyle (D) WeekendDayStyle

二、程式設計

1. 建立問卷調查表網頁。該問卷有姓名文字方塊，性別 DropDownList 下拉式清單包含男、女選項，興趣 ListBox 清單包含閱讀、電玩、上網、運動、逛街選項，興趣清單可多選。填寫完問卷之後按下 確定 鈕即顯示使用者填寫的資料，但若性別選擇男則以 "先生" 稱呼且資料以藍色字顯示；若性別選擇女則以 "小姐" 稱呼且資料以紅色字顯示。

2. 使用 AdRotator 控制項製作隨機廣告。廣告權重指定如下：奇摩站 20%、Google 25%、Pchome 10%、博碩文化 15%、微軟 30%。

3. 試修改 Calendar4_Sample.aspx 網頁範例。再新增重要行事曆日期，如：情人節、白色情人節、清明節、端午節、七夕、中元節、中秋節、教師節...等日期。

4. 網頁有「產品」及「我的購物車」兩個 ListBox 清單，選擇產品清單中的產品後按下 加入 鈕可將指定的產品放入我的購物車清單內，選擇我的購物車清單中的產品並按下 移除 鈕可將我的購物車清單中的產品放回產品清單內。

CHAPTER

標準控制項(三)

學習目標：

- 學習 Paenl 面板控制項的使用
- 認識 MultiView 與 View 控制項的功能
- 學習 MultiView 與 View 製作標籤頁功能
- 學習 FileUpload 檔案上傳控制項的使用
- 學習多個檔案的上傳技巧

6.1 Panel 控制項

Panel 面板控制項是一個容器(Container)，它可以用來裝載許多 Web 控制項或網頁元素，使這些 Web 控制項和網頁元素變成一個群組，以方便您將這組群組進行管理顯示或隱藏。其宣告語法如下：

```
<asp:Panel ID="物件識別名稱" runat="server" BackImageUrl="背景影像路徑"
    ScrollBars="捲軸外觀" GroupingText="面板標題文字" ...>
   <!--欲放置在面板的內容或 Web 控制項可置於此處-->
</asp:Panel>
```

下表為 Panel 面板控制項的常用屬性：

屬性	功能說明
BackImageUrl	設定或取得面板的背景影像。
GroupingText	設定或取得面板的標題文字。 面板標題 → 會員基本資料
HorizontalAlign	設定或取得面板內容的對齊方式： ① NotSet：未設定(預設值)。 ② Left：靠左。 ③ Center：置中。 ④ Right：靠右。 ⑤ Justify：左右對齊。
ScrollBars	設定或取得面板的捲軸外觀： ① None：不顯示捲軸(預設值)。 ② Horizontal：顯示水平捲軸。 ③ Vertical：顯示垂直捲軸。

	④ Both：同時顯示水平與垂直捲軸。 ⑤ Auto：當面板的內容超過面板的高或寬時才自動顯示捲軸。
Wrap	設定或取得當面板的內容超過面板的寬度時，是否進行跳行。True-跳行(預設值)；False-不跳行。

範例演練

網頁檔名：Panel_Sample.aspx

試使用 Panel 製作簡易的購物系統。

1. 若使用者未點選欲購買的產品並按下 放入購物車 鈕，此時會顯示紅色字 "尚未選取產品" 的訊息。

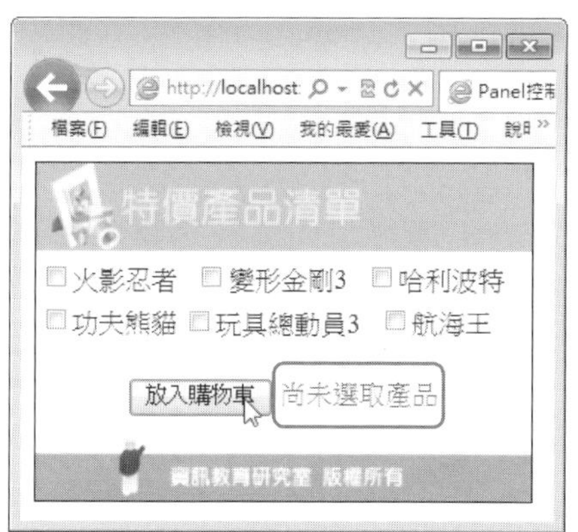

2. 購物流程先在圖一選取欲購買的產品後按下 放入購物車 鈕可切換到圖二檢視所選購的產品；在圖二按下 上一步 鈕可回到圖一繼續選購產品，在圖二按下 下一步 鈕可切換到圖三。

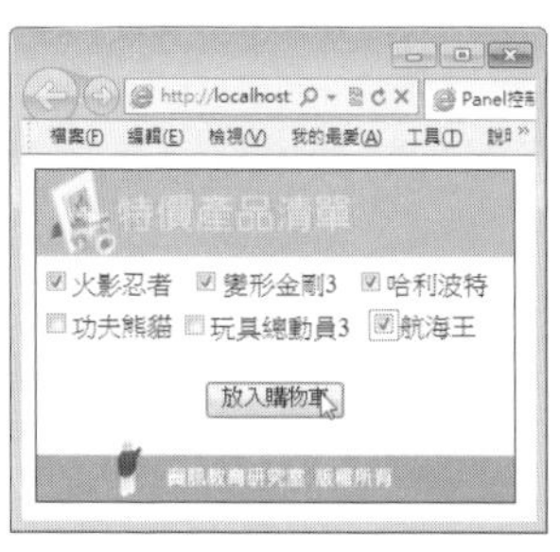

圖一

圖二

圖三

3. 若圖三按下 完成-回主畫面 鈕會回到圖一選購產品的畫面，並將所有產品的核取方塊取消勾選。

上機實作

Step1 設計 Panel_Sample.aspx 網頁的輸出入介面

1. 建立 ID 屬性(物件識別名稱)為 panelCar 面板控制項用來放置購物畫面的控制項，該控制項的背景圖設為 images 資料夾下 carbg.jpg，高為 200px、寬為 300px，並在 panelCar 內置入下列控制項：

   ① 新增 chkProduct 核取方塊清單用來代表選購產品清單，選項有 "火影忍者"、"變形金剛 3"、"哈利波特"、"功夫熊貓"、"玩具總動員 3"、"航海王"。

   ② 新增 btnOk 放入購物車 鈕。

   ③ 新增 lblErr 標籤用來提示使用者未選購產品，提示標題為 "尚未選購產品"，前景色彩設為紅色。

2. 建立 ID 屬性(物件識別名稱)為 panelCheck 面板控制項用來放置顯示使用者所選購產品的確認畫面，該控制項的背景圖設為 images 資料夾下 checkbg.jpg，高為 200px、寬為 300px，並在 panelCheck 內置入下列控制項。

① 新增 lblShow 標籤用來顯示使用者所選購的產品。

② 新增 btnPrev [上一步] 鈕用來回到前一個步驟。

③ 新增 btnNext [下一步] 鈕用來跳到下一個步驟。

3. 建立 ID 屬性(物件識別名稱)為 panelFinish 面板控制項用來放置完成購物畫面，該控制項的背景圖設為 images 資料夾下 finishbg.jpg，高為 200px、寬為 300px，並在 panelFinish 控制項置入下列控制項。

① 新增 btnFinish [完成-回主畫面] 鈕用來回到購物畫面。

② 新增 lblFinish 標籤用來顯示 "購物完成" 訊息。

網頁輸出入介面如下圖：

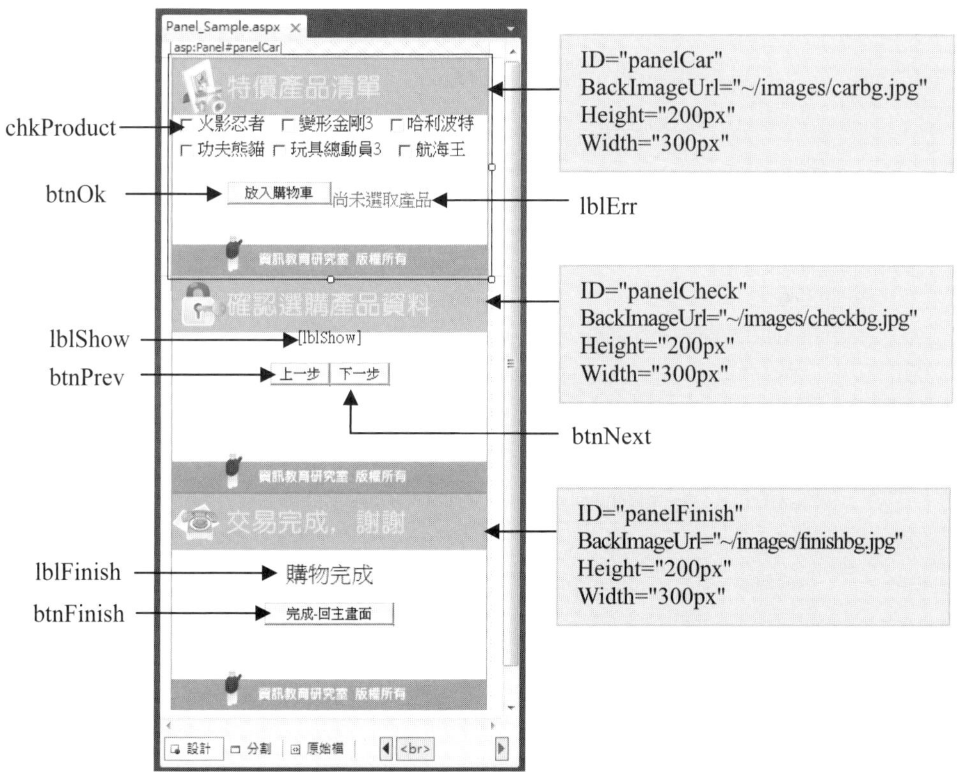

Step2 Panel_Sample.aspx 網頁自動產生的宣告標籤程式碼如下：

網頁程式碼：Panel_Sample.aspx

```
<asp:Panel ID="panelCar" runat="server" BackImageUrl="~/images/carbg.jpg"
        BorderStyle="Solid" BorderWidth="1px" Height="200px"
        HorizontalAlign="Center" Width="300px">
         <br /> <br /> <br />
         <asp:CheckBoxList ID="chkProduct" runat="server"
             RepeatColumns="3" RepeatDirection="Horizontal">
             <asp:ListItem>火影忍者</asp:ListItem>
             <asp:ListItem>變形金剛 3</asp:ListItem>
             <asp:ListItem>哈利波特</asp:ListItem>
             <asp:ListItem>功夫熊貓</asp:ListItem>
             <asp:ListItem>玩具總動員 3</asp:ListItem>
             <asp:ListItem>航海王</asp:ListItem>
          </asp:CheckBoxList>
        <br />
        <asp:Button ID="btnOk" runat="server" Text="放入購物車" />
        <asp:Label ID="lblErr" runat="server" ForeColor="Red" Text="尚未選取產品" />
</asp:Panel>
<asp:Panel ID="panelCheck" runat="server"
          BackImageUrl="~/images/checkbg.jpg" Height="200px"
          BorderStyle="Solid" BorderWidth="1px" HorizontalAlign="Center" Width="300px">
        <br /><br /> <br />
        <asp:Label ID="lblShow" runat="server"></asp:Label>
        <br /><br />
        <asp:Button ID="btnPrev" runat="server" Text="上一步" />
        <asp:Button ID="btnNext" runat="server" Text="下一步" />
</asp:Panel>
<asp:Panel ID="panelFinish" runat="server" BackImageUrl="~/images/finishbg.jpg"
          BorderStyle="Solid" BorderWidth="1px" Height="200px"
          HorizontalAlign="Center" Width="300px">
```

☐火影忍者 ☐變形金剛3 ☐哈利波特
☐功夫熊貓 ☐玩具總動員3 ☐航海王

```
30        <br /><br /><br /><br />
31        <asp:Label ID="lblFinish" runat="server" Font-Size="16pt" Text="購物完成" />
32        <br /><br />
33        <asp:Button ID="btnFinish" runat="server" Text="完成-回主畫面" />
34    </asp:Panel>
```

程式說明

1. 1~17 行 ：建立 panelCar 面板，並在此面板內放入 chkProduct 核取方塊清單、btnOk 放入購物車 鈕及 lblErr 標籤。
2. 18~26 行：建立 panelCheck 面板，並在此面板內放入 lblShow 標籤、btnPrev 上一步 鈕及 btnNext 下一步 鈕。
3. 27~34 行：建立 panelFinish 面板，並在此面板內放入 lblFinish 標籤及 btnFinish 完成-回主畫面 鈕。

Step3 自行撰寫事件處理程序

程式碼後置檔：Panel_Sample.aspx.vb

```
Partial Class Panel_Sample
    Inherits System.Web.UI.Page

    ' 網頁載入時執行 Page_Load 事件處理程序
    Protected Sub Page_Load(sender As Object, e As System.EventArgs) Handles Me.Load
        If Not Page.IsPostBack Then ' 網頁第一次執行才執行此處
            panelCar.Visible = True          ' panelCar 顯示
            panelCheck.Visible = False       ' panelCheck 不顯示
            panelFinish.Visible = False      ' panelFinish 不顯示
            lblErr.Visible = False           ' lblErr  不顯示
        End If
    End Sub

    ' 按下 btnOk [放入購物車] 鈕執行此事件處理程序
    Protected Sub btnOk_Click(sender As Object, e As System.EventArgs) _
```

```
        Handles btnOk.Click
        lblShow.Text = ""     ' 將 lblShow 標籤設為空白
        ' 將 chkProduct 核取方塊清單被選取的項目逐一顯示在 lblShow 標籤
        For i As Integer = 0 To chkProduct.Items.Count - 1
            If chkProduct.Items(i).Selected Then   ' 判斷第 i 個核取方塊是否被選取
                lblShow.Text &= chkProduct.Items(i).Text & " "
            End If
        next
        ' 若 lblShow.Text 等於空白即表示沒有購買任何產品
        If lblShow.Text = "" Then
            lblErr.Visible = True          ' lblErr 顯示
            Return                         ' 離開此事件處理程序
        End If
        panelCar.Visible = False           ' panelCar 不顯示
        panelCheck.Visible = True          ' panelCheck 顯示
        panelFinish.Visible = False        ' panelFinish 顯示
        lblErr.Visible = False             ' lblErr 不顯示
    End Sub

    ' 按下 btnPrev [上一步] 鈕執行 btnPrev_Click 事件處理程序
    Protected Sub btnPrev_Click(sender As Object, e As System.EventArgs) _
    Handles btnPrev.Click
        panelCar.Visible = True            ' panelCar 顯示
        panelCheck.Visible = False         ' panelCheck 不顯示
        panelFinish.Visible = False        ' panelFinish 不顯示
    End Sub

    ' 按下 btnNext [下一步] 鈕執行 btnNext_Click 事件處理程序
    Protected Sub btnNext_Click(sender As Object, e As System.EventArgs) _
    Handles btnNext.Click
        panelCar.Visible = False           ' panelCar 不顯示
```

```
        panelCheck.Visible = False      ' panelCheck 不顯示
        panelFinish.Visible = True      ' panelFinish 顯示
    End Sub

    ' 按下 btnFinish [完成-回主畫面] 鈕執行 btnFinish_Click 事件處理程序
    Protected Sub btnFinish_Click(sender As Object, e As System.EventArgs) _
    Handles btnFinish.Click
        panelCar.Visible = True         ' panelCar 顯示
        panelCheck.Visible = False      ' panelCheck 不顯示
        panelFinish.Visible = False     ' panelFinish 不顯示
        lblShow.Text = ""               ' 將 lblShow 標籤設為空白
        ' 將 chkProduct 核取方塊清單內的所有選項設為不勾選
        For i As Integer = 0 To chkProduct.Items.Count - 1
            chkProduct.Items(i).Selected = False
        Next
    End Sub

End Class
```

6.2 MultiView 與 View 控制項

若網頁中希望能像下圖 yahoo 網站標籤頁功能一樣，可在同一個區域依照不同的功能而顯示不同的區域(區域內可放置 Web 控制項或網頁元素)，此時就非常適合使用 MultiView 與 View 檢視控制項來達成。

View 檢視控制項必須放入 MultiView 控制項內才有作用，View 檢視控制項內可放置任何 Web 控制項及網頁元素，其組成架構如下圖：

由圖示可以了解，MultiView 控制項可以內含多個 View 控制項，每一個 View 可用來當做欲檢視的畫面，若要指定顯示哪個 View 控制項，可透過 MultiView 控制項的 ActiveViewIndex 屬性來達成。例如右圖 MultiView1 內放置 View 的順序依序為 ViewVB、ViewCS、ViewArt，如果設定 MultiView1.ActiveViewIndex=0 則會顯示 ViewVB，設定 MultiVew1.ActiveViewIndex=1 則會顯示 ViewCS，其它以此類推。

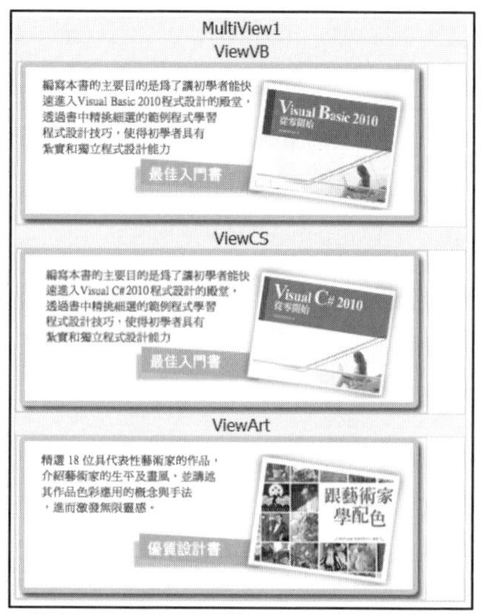

由於 View 檢視控制項無法設定背景色彩、寬、高、框線...等外觀屬性，因此若要美化 View 檢視控制項的外觀，可以在 View 內放置 Panel 或表格來進行修改外觀就可以了。下面為 MultiView 與 View 的宣告語法：

```
<asp:MultiView ID="物件識別名稱" runat="server"
    ActiveViewIndex="顯示第幾個 View"
    OnActiveViewChanged="事件處理程序" ...>
    <asp:View ID="View1 物件識別名稱" runat="server">
        <!--第 1 個 View 的內容，可放置控制項或網頁元素-->
    </asp:View>
    <asp:View ID="View2 物件識別名稱" runat="server">
        <!--第 2 個 View 的內容，可放置控制項或網頁元素-->
    </asp:View>
    ……
</asp:MultiView>
```

下表為 MultiView 控制項的常用屬性：

屬性	功能說明
ActiveViewIndex	設定或取得要顯示第幾個 View 檢視控制項，若屬性值為 0 表示顯示第一個 View 檢視控制項，若屬性值為 1 表示顯示第二個 View 檢視控制項...，其它以此類推。
OnActiveViewChanged	當 MultiView 變更顯示不同的 View 檢視控制項時會觸發此屬性所指定的事件處理程序。

範例演練

網頁檔名：MultiView_Sample.aspx

試使用 MultiView 與 View 控制項設計一個擁有標籤頁功能的網頁，此網頁介紹博碩文化的優質好書。網頁上有 VB 2010、C# 2010 及藝術三個圖形標籤頁，當使用者按下任一圖形標籤頁，此時即會顯示該標籤頁所介紹的書籍，而且此功能只需要一個網頁就可以達成，執行結果如下三圖：

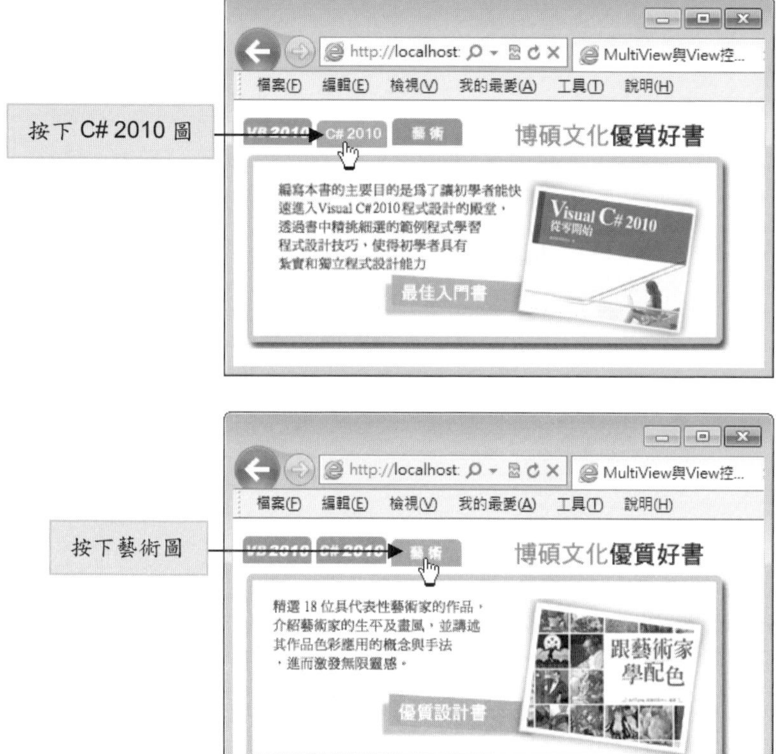

上機實作

Step1 認識網頁使用的圖形元素

1. vbbtn.jpg、vbbtn-click.jpg、csbtn.jpg、csbtn-click.jpg、artbtn.jpg、artbtn-click.jpg 六個圖用來當標籤頁的圖，其中 vbbtn.jpg 用來表示未按下的狀態圖，vbbtn-click.jpg 用來表示按下時的狀態圖，其它以此類推。
2. vbinfo.jpg、csinfo.jpg、artinfo.jpg 依序用來介紹三本優質書籍。
3. bg.jpg 用來當每一個標籤頁內 Panel 的底圖。

圖形檢視如下：

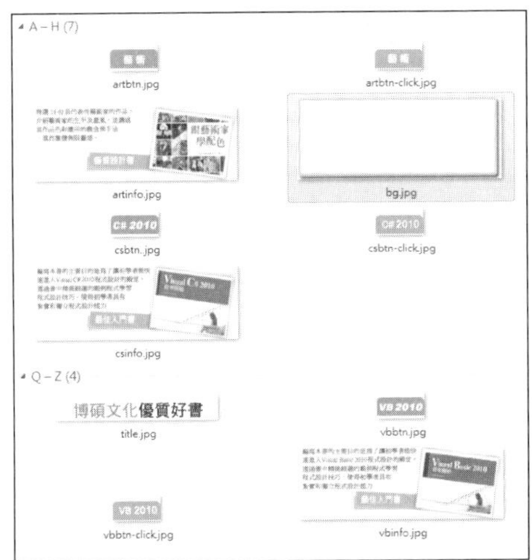

Step2 建立 MultiView_Sample 網頁的輸出入介面

1. 在網頁內建立 ID 屬性(物件識別名稱)為 btnVB VB 2010、btnCS C# 2010、btnArt 藝術 三個影像按鈕，接著放入 title.jpg 影像。
2. 建立 ID 屬性為 MultiView1 的控制項。
3. 在 MultiView1 放入 ViewVB 檢視控制項。此控制項內含下列控制項及網頁元素。

   ① 新增 PanelVB 面板，該控制項的背景圖設為 bg.jpg。

   ② 在 PanelVB 面板內置入 vbinfo.jpg，結果如下圖：

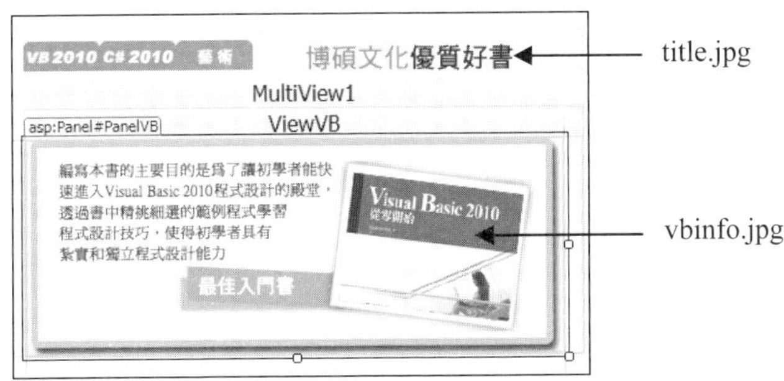

4. 同上步驟在 MultiView1 放入 ViewCS 檢視控制項，此控制項內含 PanelCS 面板，PanelCS 內含 csinfo.jpg。

5. 同上步驟在 MultiView1 放入 ViewArt 檢視控制項，此控制項內含 PanelArt 面板，PanelArt 內含 artinfo.jpg。

網頁輸出入介面如下圖：

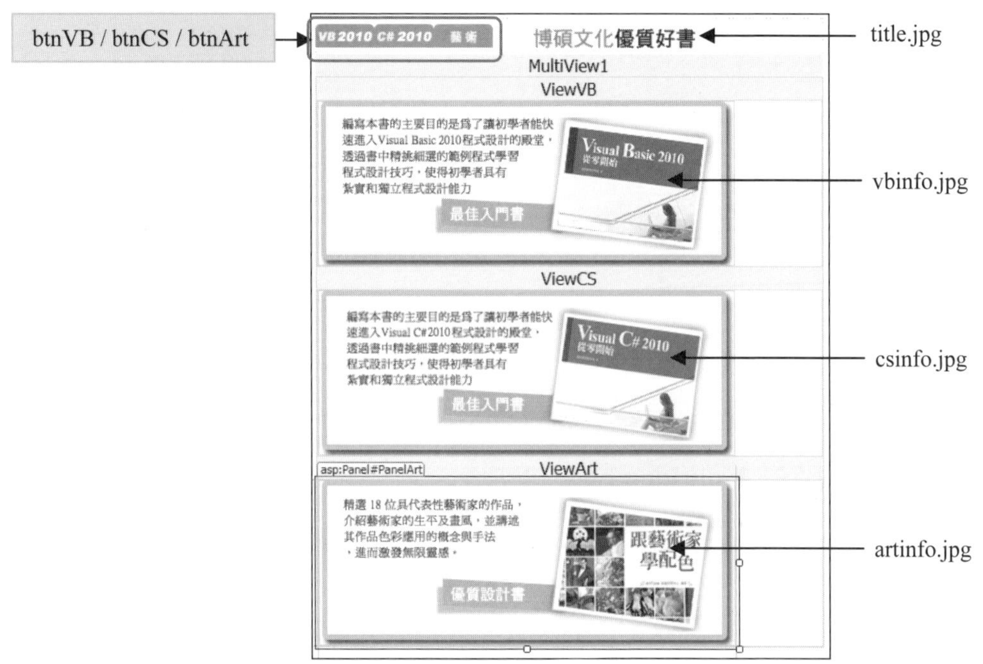

完成之後，MultiView1 的 ActiveViewIndex 屬性值為 0 則顯示 ViewVB 檢視控制項、ActiveViewIndex 屬性值為 1 則顯示 ViewCS 檢視控制項、ActiveViewIndex 屬性值為 2 則顯示 ViewArt 檢視控制項...，其它以此類推。

Step3 MultiView_Sample.aspx 網頁自動產生的宣告標籤程式碼如下：

網頁程式碼：MultiView_Sample.aspx

```
<asp:ImageButton ID="btnVB" runat="server" ImageUrl="~/images/vbbtn.jpg" />
<asp:ImageButton ID="btnCS" runat="server" ImageUrl="~/images/csbtn.jpg" />
```

```
03  <asp:ImageButton ID="btnArt" runat="server" ImageUrl="~/images/artbtn.jpg" />
04  <img src="images/title.jpg" style="width: 195px; height: 31px" />
05  <asp:MultiView ID="MultiView1" runat="server">
06     <asp:View ID="ViewVB" runat="server">
07        <asp:Panel ID="PanelVB" runat="server" BackImageUrl="~/images/bg.jpg"
08           Height="155px" HorizontalAlign="Center" Width="400px">
09           <br />
10           <img src="images/vbinfo.jpg" />
11        </asp:Panel>
12     </asp:View>
13     <asp:View ID="ViewCS" runat="server">
14        <asp:Panel ID="PanelCS" runat="server" BackImageUrl="~/images/bg.jpg"
15           Height="155px" HorizontalAlign="Center" Width="400px">
16           <br />
17           <img src="images/csinfo.jpg" />
18        </asp:Panel>
19     </asp:View>
20     <asp:View ID="ViewArt" runat="server">
21        <asp:Panel ID="PanelArt" runat="server" BackImageUrl="~/images/bg.jpg"
22           Height="155px" HorizontalAlign="Center" Width="400px">
23           <br />
24           <img src="images/artinfo.jpg" style="width: 363px; height: 126px" />
25        </asp:Panel>
26     </asp:View>
27  </asp:MultiView>
```

程式說明

1. 5~27 行 ：建立 MultiView1 控制項，此控制項內含 ViewVB、ViewCS 及 ViewArt 三個檢視控制項
2. 6~12 行 ：在 ViewVB 內建立 PanelVB，並在 PanelVB 內放置 vbinfo.jpg。
3. 13~19 行：在 ViewCS 內建立 PanelCS，並在 PanelCS 內放置 csinfo.jpg。
3. 20~26 行：在 ViewArt 內建立 PanelArt，並在 PanelArt 內放置 artinfo.jpg。

Step4 自行撰寫事件處理程序

程式碼後置檔：MultiView_Sample.aspx.vb

```
Partial Class MultiView_Sample
    Inherits System.Web.UI.Page

    Protected Sub Page_Load(sender As Object, e As System.EventArgs) Handles Me.Load
        If Not Page.IsPostBack Then
            MultiView1.ActiveViewIndex = 0              ' 顯示第 1 個 View，即 ViewVB
            btnVB.ImageUrl = "images/vbbtn-click.jpg"
            btnCS.ImageUrl = "images/csbtn.jpg"
            btnArt.ImageUrl = "images/artbtn.jpg"
        End If
    End Sub

    Protected Sub btnVB_Click(sender As Object, e As System.Web.UI. _
    ImageClickEventArgs) Handles btnVB.Click
        MultiView1.ActiveViewIndex = 0                  ' 顯示第 1 個 View，即 ViewVB
        btnVB.ImageUrl = "images/vbbtn-click.jpg"       ' 顯示按下的樣式圖
        btnCS.ImageUrl = "images/csbtn.jpg"             ' 顯示未按下的樣式圖
        btnArt.ImageUrl = "images/artbtn.jpg"           ' 顯示未按下的樣式圖
    End Sub

    Protected Sub btnCS_Click(sender As Object, e As System.Web.UI. _
    ImageClickEventArgs) Handles btnCS.Click
        MultiView1.ActiveViewIndex = 1                  ' 顯示第 2 個 View，即 ViewCS
        btnVB.ImageUrl = "images/vbbtn.jpg"             ' 顯示未按下的樣式圖
        btnCS.ImageUrl = "images/csbtn-click.jpg"       ' 顯示按下的樣式圖
        btnArt.ImageUrl = "images/artbtn.jpg"           ' 顯示未按下的樣式圖
    End Sub

    Protected Sub btnArt_Click(sender As Object, e As System.Web.UI. _
```

```
    ImageClickEventArgs) Handles btnArt.Click
        MultiView1.ActiveViewIndex = 2                  ' 顯示第 3 個 View, 即 ViewArt
        btnVB.ImageUrl = "images/vbbtn.jpg"             ' 顯示未按下的樣式圖
        btnCS.ImageUrl = "images/csbtn.jpg"             ' 顯示未按下的樣式圖
        btnArt.ImageUrl = "images/artbtn-click.jpg"     ' 顯示按下的樣式圖
    End Sub

End Class
```

6.3 FileUpload 控制項

網際網路上的網站都有提供檔案上傳的功能，例如：電子相簿、電子郵件的附加檔案、政府機關或企業的公文系統...等。在 ASP.NET 網頁中欲製作擁有檔案上傳功能的網頁非常簡單，只要透過 FileUpload 檔案上傳控制項即可輕鬆達成。該控制項的宣告語法如下：

```
<asp:FileUpload ID="FileUpload1" runat="server" ... />
```

下表為 FileUpload 控制項常用的屬性與方法：

屬性/方法	功能說明
FileName 屬性	取得用戶端上傳的檔案名稱。
HasFile 屬性	用來判斷 FileUpload 控制項是否有指定欲上傳的檔案。若傳回 True 表示指定上傳檔案，若傳回 False 表示沒有指定上傳檔案。
PostedFile 屬性	取得用戶端上傳檔案的 HttpPostedFile 物件，此物件內含下列常用屬性： ① ContentLength：取得上傳檔案的大小。 ② ContentType：取得檔案類型字串。 ③ FileName：取得用戶端上傳檔案的完整名稱。

Save 方法	將上傳的檔案儲存到伺服器端指定的路徑。如下寫法將 FileUpload1 控制項所上傳的檔案儲存到伺服器端的 C:\ASPNET_VB 資料夾下。 FileUpload1.Save("C:\ASPNET_VB\" & FileUpload1.FileName)

範例演練

網頁檔名：album_Sample.aspx

使用 FileUpload 檔案上傳控制項、Button 按鈕、Label 標籤控制項製作簡易的電子相簿系統。

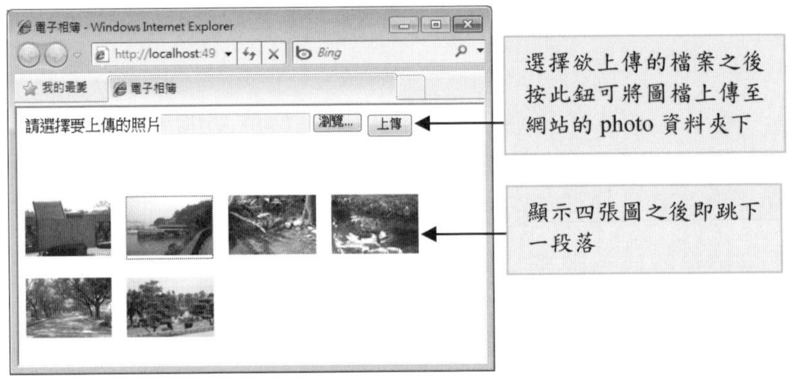

上機實作

Step1 建立 album _Sample.aspx 網頁輸出入介面：

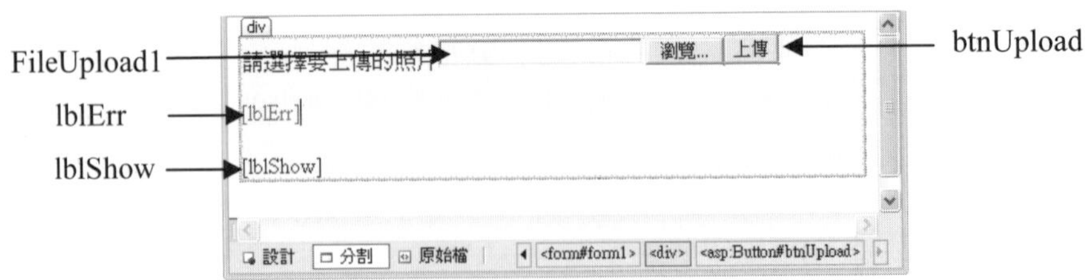

Step2 album_Sample.aspx 網頁自動產生的宣告標籤程式碼如下：

網頁程式碼：album_Sample.aspx

```
01 請選擇要上傳的照片<asp:FileUpload ID="FileUpload1" runat="server" />
02 <asp:Button ID="btnUpload" runat="server" Text="上傳" />
03 <br /><br />
04 <asp:Label ID="lblErr" runat="server" ForeColor="Red"></asp:Label>
05 <br /><br />
06 <asp:Label ID="lblShow" runat="server"></asp:Label>
```

程式說明

1. 2 行 ：建立 ID 物件識別名稱為 FileUpload1 檔案上傳控制項。

Step3 自行撰寫事件處理程序：

在本例撰寫 ShowPhoto()程序用來讀取 photo 資料夾下的所有影像並顯示於 lblShow 標籤上，關於 ShowPhoto()程序的演算法如下：

1. 由於欲讀取 photo 資料夾下的影像檔名，因此必須使用檔案類別，欲使用檔案類別請於程式開頭加入「Imports System.IO」敘述引用 System.IO 命名空間，如此才能使用較簡潔的物件名稱來撰寫程式。

2. 定義 ShowPhoto()程序，在此程序內做下列事情：

   ① 使用 DirectoryInfo 類別建立 dir 物件，此物件用來代表網站下的 photo 資料夾。

   ```
   Dim dir As New DirectoryInfo(Server.MapPath("photo"))
   ```

   ② 使用 dir.GetFiles()方法(即 DirectoryInfo 類別提供的 GetFiles 方法)取得 photo 資料夾下的所有檔案並放入 fInfo 檔案資訊 FileInfo 類別陣列內，fInfo 陣列中的每一個陣列元素即代表一個影像圖檔。

   ```
   Dim fInfo() As FileInfo = dir.GetFiles()
   ```

   ③ 使用 For Each...Next 迴圈將 fInfo 檔案資訊陣列內的影像檔名放入<img>標籤並逐一顯示於 lblShow 標籤上，且顯示四個影像之後即跳一個段落，寫法如下：

```
' 逐一將 fInfo 檔案資訊陣列內的所有圖檔顯示在 lblShow 標籤上
For Each result As FileInfo In fInfo
    n += 1
    ' 將目前取得的圖顯示在 lblShow 標籤內
    lblShow.Text &= "<a href=photo/" & result.Name & _
        " target=_blank><img src=photo/" & result.Name & _
        " width=90 height=60 border=0></a>  "
    If n Mod 4 = 0 Then                 ' 若顯示四個圖之後即跳一段落
        lblShow.Text &= "<p>"           ' <p> 為段落標籤
    End If
Next
```

程式碼後置檔：album_Sample.aspx.vb

```
Imports System.IO   ' 引用 IO 檔案命名空間

Partial Class album_Sample
    Inherits System.Web.UI.Page

    Protected Sub Page_Load(sender As Object, e As System.EventArgs) Handles Me.Load
        If Not Page.IsPostBack Then
        ' 網頁第一次載入時即呼叫 ShowPhoto 程序將 photo 資料夾下的圖顯示在 lblShow 上
            ShowPhoto()
        End If
    End Sub

    Protected Sub btnUpload_Click(sender As Object, e As System.EventArgs) _
    Handles btnUpload.Click
        ' 使用 Try...Catch...End Try 來補捉上傳檔案時可能發生的例外
        Try
            lblErr.Text = ""
            ' 若目前檔案存在，則將檔案傳送到網站的 photo 資料夾下
            If FileUpload1.HasFile Then
```

```
                FileUpload1.SaveAs(Server.MapPath("photo") & "\" & _
                  FileUpload1.FileName)
            End If
            ShowPhoto()
        Catch ex As Exception
            lblErr.Text = ex.Message
        End Try
    End Sub

    ' ShowPhoto 程序可將 photo 資料夾下的圖顯示在 lblShow 標籤上
    Sub ShowPhoto()
        ' 建立可操作 photo 資料夾的 dir 物件
        Dim dir As New DirectoryInfo(Server.MapPath("photo"))
        ' 取得 dir 物件下的所有檔案(即 photo 資料夾下)並放入 finfo 檔案資訊陣列
        Dim fInfo() As FileInfo = dir.GetFiles()
        lblShow.Text = ""
        Dim n As Integer = 0
        ' 逐一將 fInfo 檔案資訊陣列內的所有圖檔顯示在 lblShow 標籤上
        For Each result As FileInfo In fInfo
            n += 1
            ' 將目前取得的圖顯示在 lblShow 標籤內
            lblShow.Text &= "<a href=photo/" & result.Name & _
              " target=_blank><img src=photo/" & result.Name & _
              " width=90 height=60 border=0></a>   "
            If n Mod 4 = 0 Then      ' 若顯示四個圖之後即跳一個段落
                lblShow.Text &= "<p>"
            End If
        Next
    End Sub

End Class
```

範例演練

網頁檔名：MultiFileUpload_Sample.aspx

使用三個 FileUpload 檔案上傳控制項製作一次可同時上傳三個檔案的網頁。執行結果如下圖。

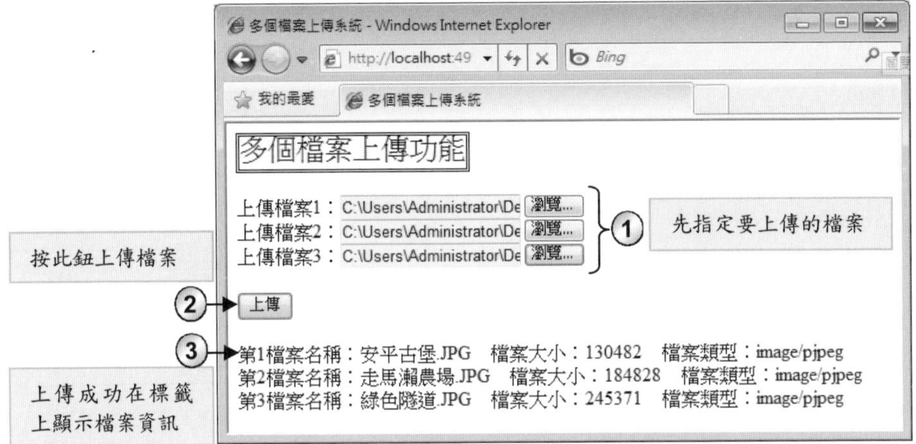

上機實作

Step1 MultiFileUpload_Sample.aspx 網頁輸出入介面如下圖：

Step2 MultiFileUpload_Sample.aspx 網頁自動產生的宣告標籤程式碼如下：

網頁程式碼：MultiFileUpload_Sample.aspx

```
01 <asp:Label ID="Label1" runat="server" BorderStyle="Double" Font-Size="18pt"
02     Text="多個檔案上傳功能"></asp:Label>
03 <br /><br />
04 上傳檔案 1：<asp:FileUpload ID="FileUpload1" runat="server" /><br />
05 上傳檔案 2：<asp:FileUpload ID="FileUpload2" runat="server" /><br />
06 上傳檔案 3：<asp:FileUpload ID="FileUpload3" runat="server" /><br /><br />
07 <asp:Button ID="btnUpload" runat="server" Text="上傳" />
08 <br /><br />
09 <asp:Label ID="lblShow" runat="server"></asp:Label>
```

程式說明

1. 4-6 行　：建立物件識別名稱為 FileUpload1、FileUpload2、FileUpload3 三個檔案上傳控制項。

Step3 自行撰寫事件處理程序

程式碼後置檔：MultuFileUpload_Sample.aspx.vb

```
Partial Class MultiFileUpload_Sample
    Inherits System.Web.UI.Page

    Protected Sub btnUpload_Click(sender As Object, e As System.EventArgs) _
    Handles btnUpload.Click
        Try
            Dim count As Integer = 0   ' 宣告 count 變數用來計算上傳檔案的個數
            Dim fname, temp As String
            ' 使用 For 迴圈取得所有上傳的檔案
            For i As Integer = 0 To Request.Files.Count - 1
                ' 取得目前檔案上傳的 HttpPostedFile 物件
                ' 即 Request.Files(i)可以取得第 i 個所上傳的檔案
                Dim f As HttpPostedFile = Request.Files(i)
                ' 若目前檔案上傳的 HttpPostedFile 物件的檔案名稱不為空白
```

```
                ' 即表示第 i 個 FileUplaod 控制項有指定上傳檔案
                If f.FileName <> "" Then
                    ' 計算上傳檔案的個數
                    count += 1
                    ' 取得上傳的檔案名稱
                    fname = f.FileName.Substring(f.FileName.LastIndexOf("\") + 1)
                    ' 將檔案儲存到網站的 files 資料夾下
                    f.SaveAs(Server.MapPath("files") & "\" & fname)
                    ' 將檔案資訊暫存
                    temp &= "第" & count.ToString() & "檔案名稱：" & fname & _
                        "   檔案大小：" & f.ContentLength & "   檔案類型：" & _
                        f.ContentType & "<br>"
                End If
            Next
            lblShow.Text = temp
        Catch ex As Exception
            lblShow.Text = ex.Message
        End Try
    End Sub

End Class
```

6.5 課後練習

一、選擇題

1. 下列哪個控制項並非容器？

   (A) Panel　(B) View　(C) MultiView　(D) FileUpload

2. 下列哪個控制項擁有檔案上傳功能？
(A) Panel (B) View (C) MultiView (D) FileUpload

3. MultiView 控制項必須放入下列哪個控制項用來當做檢視畫面？
(A) View (B) Panel (C) FileUpload (D) MasterPage

4. Panel 控制項欲顯示水平與垂直捲軸，其屬性應如何設定？
(A) ScrollBar="None" (B) ScrollBar="Horizontal" (C) ScrollBar="Vertical"
(D) ScrollBar ="Both"

5. 當 MultiView 控制項變更顯示不同的 View 控制項時會觸發什麼事件？
(A) ActiveChanged (B) ActiveViewChanged (C) ViewChanged (D) Click

6. MultiView 控制項中設定或取得要顯示第幾個 View 控制項，必須使用什麼屬性來達成？ (A) Index (B) ViewIndex (C) ActiveViewIndex (D) Item

7. FileUpload 控制項的什麼屬性可用來取得用戶端上傳的檔案名稱？ (A) Save (B) Name (C) File (D) FileName

8. 下列何者有誤？ (A) 當 FileUpload1.HasFile 傳回 True 表示未上傳檔案 (B) Panel1.Visible 設為 True 表示 Panel1 會顯示 (C) MultiView 與 View 可用來製作標籤功能 (D) 當 FileUpload1.HasFile 傳回 False 表示未上傳檔案

9. FileUpload 控制項的什麼方法可用來將用戶端的檔案上傳至伺服器端？ (A) Save (B) Name (C) File (D) FileName

10. 下列何者有誤？ (A) 欲使用檔案類別請引用 System.IO 命名空間 (B) DirectoryInfo 類別可建立操作資料夾物件 (C) FileInfo 類別可建立操作檔案物件 (D) DirectoryInfo 類別提供的 GetFiles() 方法可用來傳回資料夾陣列

二、程式設計

1. 將 album_Sample.aspx 和 MultiFileUpload_Sample.aspx 範例合併，使簡易電子相簿系統一次可上傳五張影像圖。

2. 試使用 Panel 製作購物系統，購物所使用的控制項可自訂，流程如下：選購產品清單⇨確認選購產品⇨輸入收件人資訊⇨交易完成
3. 將習題 2 的方式改使用 MultiView 與 View 控制項，請使用標籤頁展示。
4. 試使用 Panel 製作會員註冊系統，所使用的控制項可自訂，流程如下：帳號與密碼輸入⇨會員基本資料輸入⇨會員註冊完成

CHAPTER

7 驗證控制項

學習目標：

- 認識驗證控制項的功能
- 學習 RequiredFieldValidator 控制項的使用
- 學習 CompareValidator 控制項的使用
- 學習 RangeValidator 控制項的使用
- 學習 RegularExpressionValidator 控制項的使用
- 學習 CustomValidator 控制項的使用
- 學習 ValidationSummary 控制項的使用
- 學習驗證控制項的群組功能

7.1 驗證控制項簡介

設計網頁輸出入介面時，驗證使用者所輸入的資料是否正確是一個相當重要的議題。例如：姓名欄位要求使用者一定要輸入資料、電話欄位要求使用者輸入正確的格式(04)23745611 而不是 abc123 這種無義意的資料、電子信箱欄位一定要有 @ 符號、身份證號碼欄位第一個字一定要大寫英文字母且後面需要求輸入 1~9 的九個數字...等。

傳統資料驗證的做法必須使用 If 選擇結構來判斷每一個欄位的值是否符合要求，而撰寫這些資料驗證的程式碼就顯得非常棘手，幸好 ASP.NET 提供了驗證控制項來解決資料驗證的問題，讓程式開發人員使用簡單的規則運算式即可進行複雜的資料驗證，下表即是 ASP.NET 所提供的驗證控制項功能說明：

驗證控制項類型	功能說明
RequiredFieldValidator	驗證某一個控制項內是否有輸入資料。
CompareValidator	將控制項的值與另一個控制項的值做比較，或是驗證某一個控制項的值是否符合所指定的資料型別。
RangeValidator	驗證某一個控制項內的值是否介於某個範圍內。
RegularExpressionValidator	驗證某一個控制項內的值是否符合自行定義的規則運算式。
CustomValidator	由開發人員自行撰寫邏輯驗證規則，以便檢查控制項內的值是否符合。
ValidationSummary	用來彙整驗證控制項的錯誤訊息，然後顯示在網頁指定的位置。

7.2 RequiredFieldValidator 控制項

RequiredFieldValidator 控制項主要的功能是用來驗證欄位(即控制項的 Text 屬性)是否為空白，此控制項的 ControlToValidate 屬性用來指定欲驗證的控制項 ID 屬性(物件識別名稱)，ErrorMessage 屬性用來顯示當未通過驗證時所要出現的錯誤訊息。其宣告語法如下：

```
<asp:RequiredFieldValidator ID="物件識別名稱" runat="server"
    ErrorMessage="錯誤訊息"
    ControlToValidate="進行驗證的控制項 ID 物件識別名稱" ...>
</asp:RequiredFieldValidator>
```

驗證控制項必須配合 Page 物件的 IsValid 屬性，此屬性若傳回 True 即表示 ASP.NET 網頁內的所有驗證控制項皆通過驗證，若傳回 False 即表示可能還有驗證控制項未通過驗證，因此可以使用 If 選擇結構來判斷 Page.IsValid 屬性是否為 True，若為 True 才進行處理通過資料驗證的程式碼，其寫法如下：

```
If Page.IsValid Then    ' 判斷是否通過驗證
    ' 程式碼
End If
```

若驗證控制項未通過驗證，便無法將資料回傳至伺服器端，也就是說無法執行伺服器端任何的事件處理程序，但有時希望 ASP.NET 網頁內的控制項沒有通過驗證也能將資料回傳到伺服器端並執行伺服器端的事件處理程序，此時就必須將觸發伺服器端事件處理程序的 Web 控制項的 CausesValidation 屬性值設為 False，即表示按下該控制項時不會觸發驗證而改執行伺服器端的事件處理程序，例如下面例子當按下 清除 鈕不會觸發驗證可以清除文字方塊與標籤的內容。

範例演練

網頁檔名：RequiredFieldValidator_Sample.aspx

使用 RequiredFieldValidator 控制項驗證帳號及密碼文字方塊是否為空白。

① 若兩個文字方塊未輸入資料即按 確定 鈕則輸出錯誤訊息，如左下圖。

② 若有輸入資料即按 確定 鈕則將帳號及密碼顯示在標籤上，如右下圖。

③ 按 清除 鈕將標籤、帳號及密碼文字方塊清為空白。

上機實作

Step1 設計 RequiredFieldValidator_Sample.aspx 網頁的輸出入介面：

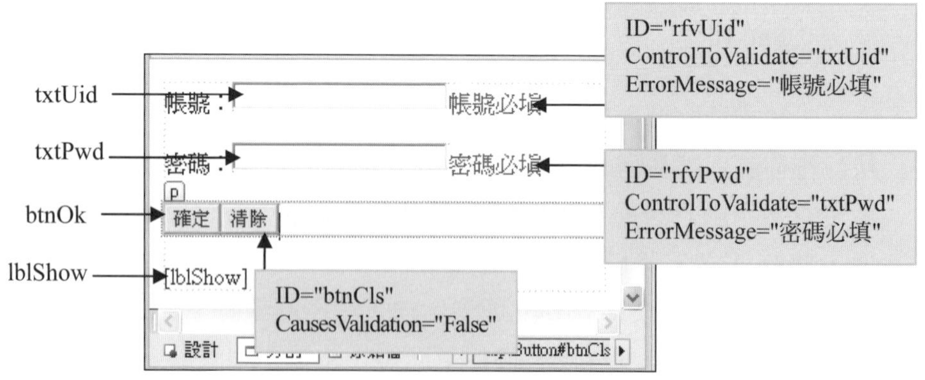

Step2 RequiredFieldValidator_Sample.aspx 網頁自動產生的宣告標籤程式碼如下：

網頁程式碼：RequiredFieldValidator_Sample.aspx

```
01 <p>帳號：<asp:TextBox ID="txtUid" runat="server"></asp:TextBox>
02 <asp:RequiredFieldValidator ID="rfvUid" runat="server"
03  ControlToValidate="txtUid" ErrorMessage="帳號必填"></asp:RequiredFieldValidator></p>
04 <p>密碼：<asp:TextBox ID="txtPwd" runat="server" TextMode="Password"></asp:TextBox>
05 <asp:RequiredFieldValidator ID="rfvPwd" runat="server"
06 ControlToValidate="txtPwd" ErrorMessage="密碼必填"></asp:RequiredFieldValidator></p>
07 <p><asp:Button ID="btnOk" runat="server" Text="確定" />
08 <asp:Button ID="btnCls" runat="server" CausesValidation="False"
09        Text="清除" /></p>
10 <asp:Label ID="lblShow" runat="server"></asp:Label>
```

程式說明

1. 2,3 行 ：建立 rfvUid 驗證控制項，此控制項用來驗證 txtUid 文字方塊是否為空白，當驗證失敗時要顯示的錯誤訊息為 "帳號必填"。
2. 5,6 行 ：建立 rfvPwd 驗證控制項，此控制項用來驗證 txtPwd 文字方塊是否為空白，當驗證失敗時要顯示的錯誤訊息為 "密碼必填"。
3. 8,9 行 ：建立 btnCls [清除] 鈕，由於此鈕的 CausesValidation 屬性設為 False，所以按下此鈕並不會觸發驗證，可直接執行伺服器端的 btnCls_Click 事件處理程序。

Step3 自行撰寫事件處理程序

程式碼後置檔：RequiredFieldValidator_Sample.aspx.vb

```
Partial Class RequiredFieldValidator_Sample
    Inherits System.Web.UI.Page
    ' 按 [確定] 鈕執行此事件
    Protected Sub btnOk_Click(sender As Object, e As System.EventArgs) _
    Handles btnOk.Click
        If Page.IsValid Then    ' 判斷網頁是否通過驗證
            lblShow.Text = "您輸入的帳號是" & txtUid.Text & "  密碼是" & _
```

```
                txtPwd.Text & "!"
        End If
    End Sub
    ' 按 [清除] 執行此事件
    Protected Sub btnCls_Click(sender As Object, e As System.EventArgs) _
    Handles btnCls.Click
        txtUid.Text = ""
        txtPwd.Text = ""
        lblShow.Text = ""
    End Sub
End Class
```

7.3 驗證控制項的通用屬性

驗證控制項的使用上都差不多，做法就是將 ControlToValidate 屬性指定欲進行驗證的控制項 ID，接著將 ErrorMessage 屬性存放當未通過驗證時所要顯示的錯誤訊息，另外驗證控制項還提供下列的通用屬性，說明如下：

屬性	功能說明
ControlToValidate	設定或取得欲進行驗證的控制項 ID 的物件識別名稱。
ErrorMessage	設定或取得當驗證控制項驗證失敗時，在 ValidationSummary 控制項顯示的錯誤訊息。
Text	設定或取得當驗證控制項驗證失敗時，在網頁中所要顯示的錯誤訊息。若此屬性省略，則以 ErrorMessage 屬性來當做驗證失敗顯示的錯誤訊息。
IsValid	設定或取得驗證控制項是否通過驗證。 True-通過；False-未通過。
Display	設定或取得驗證控制項顯示錯誤訊息的方式。屬性值如下：

	① None：不顯示驗證失敗的錯誤訊息 (預設值)。 ② Static：驗證失敗的錯誤訊息是網頁的一部份，使用此種模式不會破壞網頁版面，建議使用此種模式。 ③ Dynamic：驗證失敗的錯誤訊息不是網頁的一部份，因此當驗證失敗時，錯誤訊息才臨時顯示在網頁上，可能會導致網頁版面會產生變化而造成網頁版面被破壞，因此不建議使用此種模式。
EnableClientScript	設定或取得驗證控制項是否在用戶端進行驗證。True：於用戶端進行驗證(預設值)；False-於伺服器端進行驗證。
ValidationGroup	設定驗證控制項所屬的群組。(參閱 7.9 節範例說明)

7.4 CompareValidator 控制項

CompareValidator 控制項可用來比較某一個特定的資料，或是比較某一個控制項內的資料。例如：比較所輸入的生日是否大於今日，或是比較密碼與確認密碼兩個文字方塊的內容是否相等，該控制項的宣告語法如下：

```
<asp:CompareValidator ID="物件識別名稱" runat="server"
    ControlToCompare="進行驗證的控制項 ID 物件識別名稱"
    ControlToValidate="進行比較的資料或控制項"
    ErrorMessage="錯誤訊息"
    Operator="比較運算子" Type="進行比較的資料型別">
</asp:CompareValidator>
```

下表為 CompareValidator 控制項的常用屬性。

屬性	功能說明
ControlToCompare	設定或取得欲進行比較的控制項的 ID 物件識別名稱。

Operator	設定或取得比較運算子。其屬性值說明如下： ① Equal：等於(預設值)。 ② NotEqual：不等於。 ③ GreaterThan：大於。 ④ GreaterThanEqual：大於等於。 ⑤ LessThan：小於。 ⑥ LessThanEqual：小於等於。 ⑦ DataTypeCheck：檢查資料型別。
Type	設定或取得要比較的資料型別。 ① Currency：貨幣。 ② Date：日期。 ③ Double：倍精確數。 ④ Integer：整數。 ⑤ String：字串(預設值)。
ValueToCompare	設定或取得欲進行比較的資料，此屬性只能和 ControlToCompare 屬性擇一使用，若兩個屬性皆有設定，則以 ControlToCompare 屬性優先進行驗證。

範例演練

網頁檔名：CompareValidator_Sample.aspx

使用 RequiredFieldValidator 與 CompareValidator 控制項驗證註冊會員輸入的帳號、密碼、確認密碼以及會員生日四個文字方塊內的資料是否正確？

1. 如右圖所示，若帳號、密碼、會員生日三個文字方塊內未輸入資料，則文字方塊右側使用 RequiredFieldValidator 控制項顯示該欄位為必填的錯誤訊息。

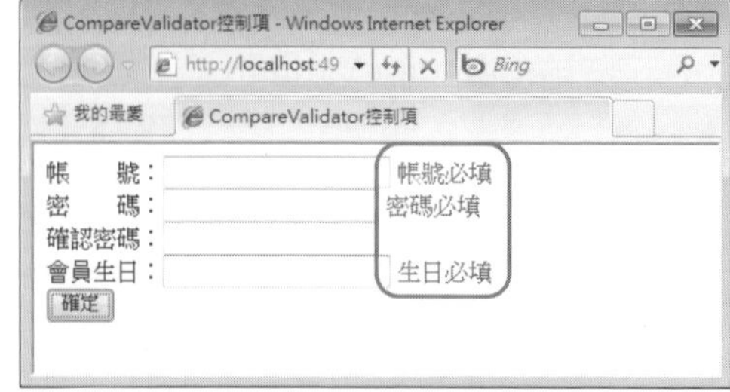

2. 如右圖所示，若密碼與確認密碼不相同時則使用 Compare Validator 控制項顯示 "密碼與確認密碼不一樣" 的錯誤訊息；若會員生日為大於今天日期則使用 CompareValidator 控制項顯示 "生日不可大於今日" 的錯誤訊息。

上機實作

Step1 設計 CompareValidator_Sample.aspx 網頁的輸出入介面：

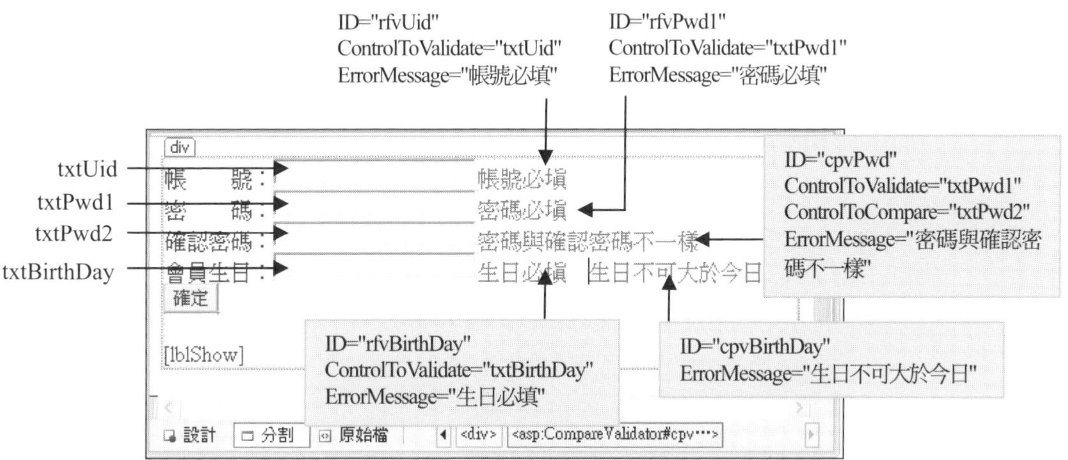

Step2 CompareValidator_Sample.aspx 網頁自動產生的宣告標籤程式碼如下：

網頁程式碼：CompareValidator _Sample.aspx

```
帳　　號：<asp:TextBox ID="txtUid" runat="server"></asp:TextBox>
<asp:RequiredFieldValidator ID="rfvUid" runat="server" ErrorMessage="帳號必填"
  ControlToValidate="txtUid"></asp:RequiredFieldValidator><br />
密　　碼：<asp:TextBox ID="txtPwd1" runat="server" TextMode="Password">
```

```
          </asp:TextBox>
05 <asp:RequiredFieldValidator ID="rfvPwd1" runat="server" ErrorMessage="密碼必填"
06       ControlToValidate="txtPwd1" ></asp:RequiredFieldValidator><br />
07 確認密碼：<asp:TextBox ID="txtPwd2" runat="server" TextMode="Password">
          </asp:TextBox>
08 <asp:CompareValidator ID="cpvPwd" runat="server" ControlToCompare="txtPwd2"
09     ControlToValidate="txtPwd1" ErrorMessage="密碼與確認密碼不一樣">
   </asp:CompareValidator><br />
10 會員生日：<asp:TextBox ID="txtBirthDay" runat="server"></asp:TextBox>
11 <asp:RequiredFieldValidator ID="rfvBirthDay" runat="server"
12     ControlToValidate="txtBirthDay" ErrorMessage="生日必填">
   </asp:RequiredFieldValidator>
13 <asp:CompareValidator ID="cpvBirthDay" runat="server"
        ErrorMessage="生日不可大於今日"></asp:CompareValidator><br />
14 <asp:Button ID="btnOk" runat="server" Text="確定" />
15 <br /><br />
16 <asp:Label ID="lblShow" runat="server"></asp:Label>
```

程式說明

1. 8,9 行：建立 cpvPwd 驗證控制項，預設比較的資料型別為字串 (Type="String")，此控制項用來驗證 txtPwd1 密碼及 txtPwd2 確認密碼兩個文字方塊的內容是否相同，當驗證失敗時即顯示錯誤訊息 "密碼與確認密碼不一樣"。
2. 13 行：建立 cpvBirthDay 驗證控制項，此控制項用來驗證會員生日不可大於今日，當驗證失敗時即顯示錯誤訊息 "生日不可大於今日"。cpvBirthDay 要驗證的控制項及比較的資料型別本例於 Page_Load 事件處理程序中設定。

Step3 自行撰寫事件處理程序

程式碼後置檔：CompareValidator_Sample.aspx.vb

```
Partial Class CompareValidator_Sample
    Inherits System.Web.UI.Page

    Protected Sub Page_Load(sender As Object, e As System.EventArgs) Handles Me.Load
        If Not Page.IsPostBack Then   ' 網頁第一次執行並載入才執行下面敘述
            ' cpvBirthDay 驗證 txtBirthDay 會員生日文字方塊
            cpvBirthDay.ControlToValidate = txtBirthDay.ID
            ' cpvBirthDay 驗證 txtBirthDay 會員生日文字方塊內的日期需小於今日
            cpvBirthDay.Type = ValidationDataType.Date
            cpvBirthDay.Operator = ValidationCompareOperator.LessThan
            cpvBirthDay.ValueToCompare = DateTime.Today.ToShortDateString()
        End If
    End Sub

    Protected Sub btnOk_Click(sender As Object, e As System.EventArgs) _
    Handles btnOk.Click
        If Page.IsValid Then    ' 判斷是否通過驗證
            ' 取得帳號, 密碼, 生日的內容後並顯示在 lblShow 標籤上
            Dim show As String = ""
            show &= "帳號：" & txtUid.Text & "<br>"
            show &= "密碼：" & txtPwd1.Text & "<br>"
            show &= "生日：" & txtBirthDay.Text & "<br>"
            lblShow.Text = show
        End If
    End Sub

End Class
```

7.5 RangeValidator 控制項

RangeValidator 控制項可用來驗證某個控制項內的資料是否介於指定的範圍。例如：驗證成績文字方塊上的資料是否介於 0~100 之間，或是驗證報名日期文字方塊上所輸入的日期是否介於 2012/1/1~2012/2/28 之間...等檢查資料範圍的功能，都適合使用 RangeValidator 控制項來做驗證，此控制項的宣告語法如下：

```
<asp:RangeValidator ID="物件識別名稱" runat="server"
    ControlToValidate="進行驗證的控制項 ID 物件識別名稱"
    ErrorMessage="錯誤訊息" Type="比較的資料型別"
    MaximumValue="最大值" MinimumValue="最小值" ...>
</asp:RangeValidator>
```

下表為 RangeValidator 控制項的常用屬性：

屬性	功能說明
MaximumValue	已被驗證的控制項允許設定的最大值。
MinimumValue	已被驗證的控制項允許設定的最小值。
Type	設定或取得要比較的資料型別： ① Currency：貨幣。 ② Date：日期。 ③ Double：倍精確數。 ④ Integer：整數。 ⑤ String：字串(預設值)。

網頁檔名：RangeValidator_Sample.aspx

使用 RangeValidator 控制項驗證輸入國文、英文、數學三科成績是否為 0~100 之間。

1. 若姓名、國文、英文、數學的文字方塊內未輸入資料，如右圖在文字方塊右側使用 RequiredFieldValidator 控制項顯示該欄位為必填的輸入錯誤提示訊息。

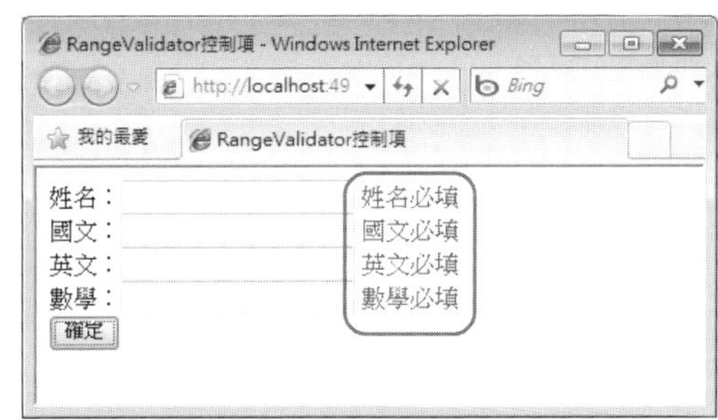

2. 若國文、英文、數學文字方塊上所輸入的成績未介於 0-100 之間，如右圖使用 RangeValidator 控制項提示該對應的文字方塊內的成績必須輸入 0-100 之間。

上機實作

Step1 設計 RangeValidator_Sample.aspx 網頁的輸出入介面：

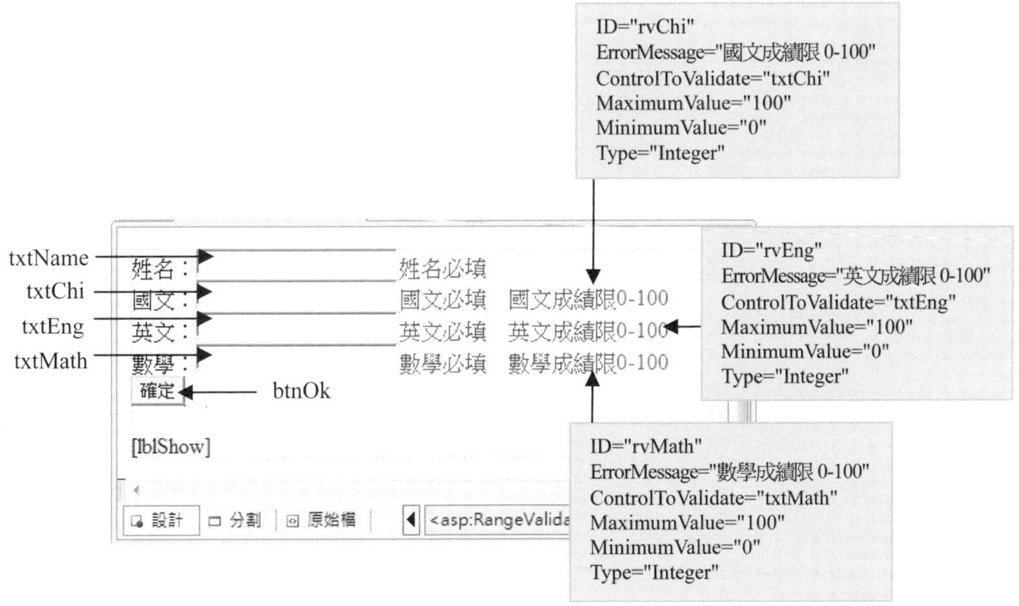

Step2 RangeValidator_Sample.aspx 網頁自動產生的宣告標籤程式碼如下：

網頁程式碼：RangeValidator _Sample.aspx

```
姓名：<asp:TextBox ID="txtName" runat="server"></asp:TextBox>
<asp:RequiredFieldValidator ID="rfvName" runat="server"
        ControlToValidate="txtName" ErrorMessage="姓名必填">
</asp:RequiredFieldValidator><br />
國文：<asp:TextBox ID="txtChi" runat="server"></asp:TextBox>
<asp:RequiredFieldValidator ID="rfvChi" runat="server"
     ControlToValidate="txtChi" ErrorMessage="國文必填">
</asp:RequiredFieldValidator>
     <asp:RangeValidator ID="rvChi" runat="server"
        ErrorMessage="國文成績限 0-100" ControlToValidate="txtChi"
           MaximumValue="100" MinimumValue="0" Type="Integer">
     </asp:RangeValidator><br />
英文：<asp:TextBox ID="txtEng" runat="server"></asp:TextBox>
<asp:RequiredFieldValidator ID="rfvEng" runat="server"
     Contro!ToValidate="txtEng" ErrorMessage="英文必填">
</asp:RequiredFieldValidator>
<asp:RangeValidator ID="rvEng" runat="server"
     ErrorMessage="英文成績限 0-100" ControlToValidate="txtEng"
 MaximumValue="100" MinimumValue="0" Type="Integer">
</asp:RangeValidator><br />
數學：<asp:TextBox ID="txtMath" runat="server"></asp:TextBox>
<asp:RequiredFieldValidator ID="rfvMath" runat="server"
     ControlToValidate="txtMath" ErrorMessage="數學必填">
</asp:RequiredFieldValidator>
<asp:RangeValidator ID="rvMath" runat="server"
     ErrorMessage="數學成績限 0-100" ControlToValidate="txtMath"
MaximumValue="100" MinimumValue="0" Type="Integer">
</asp:RangeValidator><br />
<asp:Button ID="btnOk" runat="server" Text="確定" />
```

```
22      <br /><br />
23      <asp:Label ID="lblShow" runat="server"></asp:Label>
```

程式說明

1. 7~9 行　：建立 cvChi 驗證控制項，將此控制項的比較資料型別設為整數(Type="Integer")，用來驗證 txtChi 國文文字方塊的內容是否介於 0-100 之間，當驗證失敗時即顯示錯誤訊息 "國文成績限 0-100"。
2. 13~14 行：建立 cvEng 驗證控制項，將此控制項的比較資料型別設為整數(Type="Integer")，用來驗證 txtEng 英文文字方塊的內容是否介於 0-100 之間，當驗證失敗時即顯示錯誤訊息 "英文成績限 0-100"。
3. 18~20 行：建立 cvMath 驗證控制項，將此控制項的比較資料型別設為整數(Type="Integer")，用來驗證 txtMath 數學文字方塊的內容是否介於 0-100 之間，當驗證失敗時即顯示錯誤訊息 "數學成績限 0-100"。

Step3 自行撰寫事件處理程序

程式碼後置檔：RangeValidator_Sample.aspx.vb

```
Partial Class RangeValidator_Sample
    Inherits System.Web.UI.Page
    ' 按 [確定] 鈕執行此事件
    Protected Sub btnOk_Click(sender As Object, e As System.EventArgs) _
    Handles btnOk.Click
        If Page.IsValid Then     ' 若控制項通過驗證則執行 If 內的敘述
            Dim total, avg As Integer
            total = Val(txtChi.Text) + Val(txtEng.Text) + Val(txtMath.Text)
            avg = total / 3      ' 求平均
            lblShow.Text = txtName.Text & "同學您好, 成績總分：" & _
                  total.ToString() & "    成績平均：" & avg.ToString()
```

```
        End If
    End Sub
End Class
```

7.6 RegularExpressionValidator 控制項

RegularExpressionValidator 控制項用來檢查使用者在控制項內輸入的資料是否符合開發人員自行定義的驗證規則，例如自行定義電話號碼格式(04-12347856)、電子郵件帳號格式(jaspertasi@gmail.com，需包含@符號)以及網際網路 URL 格式(http://www.drmaster.com.tw/，需包含 http://)...等。此控制項宣告語法如下：

```
<asp:RegularExpressionValidator ID="物件識別名稱" runat="server"
    ControlToValidate="進行驗證的控制項 ID 物件識別名稱"
    ErrorMessage="錯誤訊息" ValidationExpression="驗證規則運算式"...>
</asp:RegularExpressionValidator>
```

RegularExpressionValidator 控制項的 ValidationExpression 屬性可透過下表的符號來自行定義符合需要的驗證規則運算式。符號使用說明如下：

符號	功能說明
[ ]	用來定義可接受的字元。例如： ① [0-9] 可接受 0-9 的數值。 ② [a-zA-Z] 可接受大小寫英文字母。 ③ [a-zA-Z0-9] 可接受大小寫英文字母及 0-9 的數值。另外 [ ] 符號還可以配合 ^ 符號(反集合)，例如 [^0-9] 表示無法接受 0-9 的數值。
{ }	用來定義輸入字元的個數。例如 {3,7} 表示必須輸入 3-7 的字元，{0,} 表示可輸入 0 到無限個字元、{1,} 表示可輸入 1 到無限個字元...其它以此類推。

.	可輸入任意字元。例如 .{2,8} 表示可接受 2-8 個任意的字元。
|	功能與邏輯運算子 || (OR) 相同。設定 [a-z]{5}|[1-9]{5} 表示可接受 a-z 之間 5 個小寫英文字母或 0-9 之間 5 個數值，例如可輸入 abcde 或 16888，但輸入 ac185 就無法通過驗證了。
( )	用來分隔規則運算式的符號字元，以便提高可讀性。例如 ([b-z]{3})|([1-8]{3}) 可增加可讀性。
\	表示該字元一定要輸入。如 \. 表示一定要輸入 . 符號。

VWD 的整合開發環境亦提供 RegularExpressionValidator 控制項多種內建的規則運算式，如：一般身份證號碼、網際網路 URL、網際網路電子郵件地址...等供您使用。下面操作步驟即是設定 RegularExpressionValidator1 控制項來驗證欄位內的值是否符合網際網路電子郵件地址。

① 選取 ReqularExpressionValidator1 控制項。

② 選取該控制項 ValidationExpression 屬性的 [...] 鈕開啟「規則運算式編輯器」視窗。

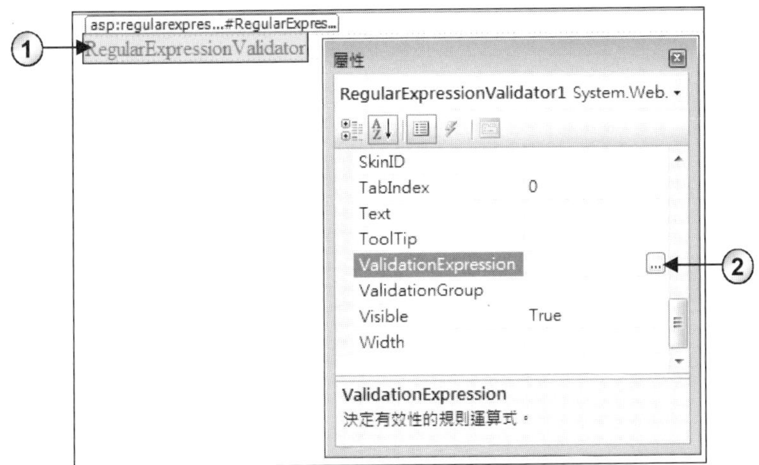

③ 在「規則運算式編輯器」視窗選取「網際網路電子郵件地址」選項，結果「驗證運算式(E)」文字方塊內出現規則運算式的寫法。

④ 按 確定 鈕完成設定。

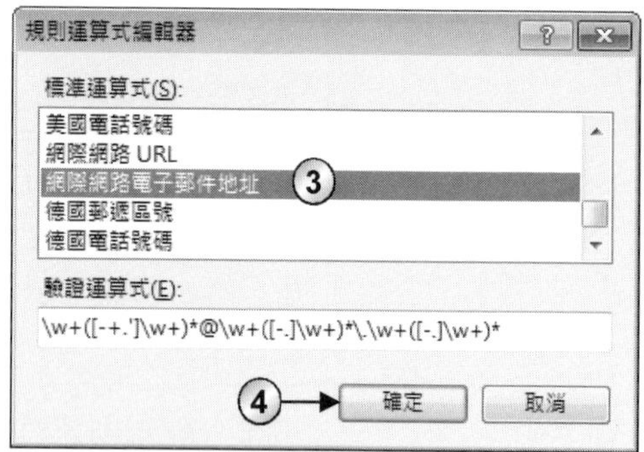

範例演練

網頁檔名：RegularExpressionValidator_Sample.aspx

使用 RequiredFieldValidator 與 RegularExpressionValidator 控制項驗證註冊會員所需輸入的帳號、密碼、信箱及電話四個文字方塊內的資料是否符合格式。

1. 若帳號、密碼、信箱及電話四個文字方塊內未輸入資料，則文字方塊右側使用 RequiredFieldValidator 控制項顯示該欄位為必填的提示訊息。
2. 若密碼、信箱、電話三個文字方塊內所輸入的資料未符合格式，此時即使用 RegularExpressionValidator 控制項提示所輸入的資料不符合格式。上述三個文字方塊的驗證格式說明如下：

   ① 密碼限 6-8 個字元。

   ② 信箱格式必須包含 @ 符號。

   ③ 電話格式必須為 xx-xxxxxxxx(04-23759874) 或 xxx-xxxxxxx(049-2733000)。

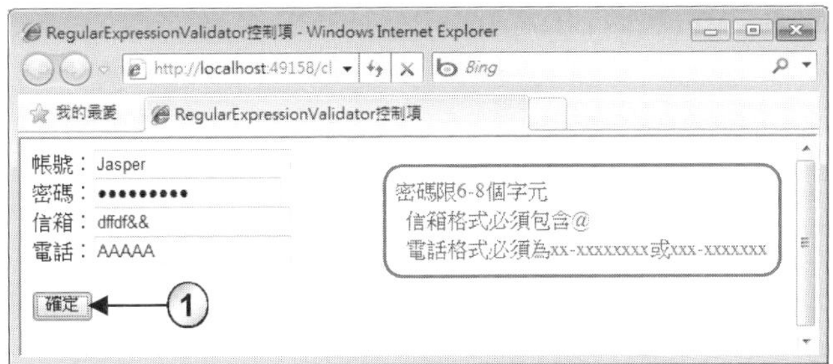

上機實作

Step1 設計 RegularExpressionValidator_Sample.aspx 網頁的輸出入介面：

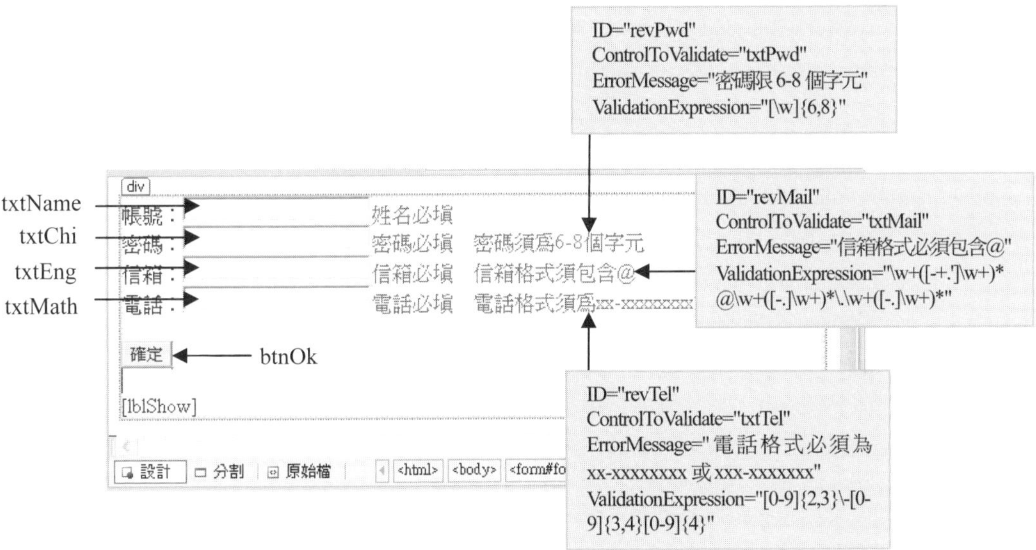

Step2 RegularExpressionValidator_Sample.aspx 網頁自動產生的宣告標籤程式碼：

網頁程式碼：RegularExpressionValidator _Sample.aspx

```
帳號：<asp:TextBox ID="txtUid" runat="server"></asp:TextBox>
<asp:RequiredFieldValidator ID="rfvUid" runat="server"
    ControlToValidate="txtUid" ErrorMessage="姓名必填">
  </asp:RequiredFieldValidator><br />
密碼：<asp:TextBox ID="txtPwd" runat="server"></asp:TextBox>
```

```
05  <asp:RequiredFieldValidator ID="rfvPwd" runat="server"
06      ControlToValidate="txtPwd" ErrorMessage="密碼必填">
    </asp:RequiredFieldValidator>
07  <asp:RegularExpressionValidator ID="revPwd" runat="server"
08      ControlToValidate="txtPwd" ErrorMessage="密碼限 6-8 個字元"
09      ValidationExpression="[\w]{6,8}"></asp:RegularExpressionValidator><br />
10  信箱：<asp:TextBox ID="txtMail" runat="server"></asp:TextBox>
11  <asp:RequiredFieldValidator ID="rfvMail" runat="server"
12      ControlToValidate="txtMail" ErrorMessage="信箱必填">
    </asp:RequiredFieldValidator>
13  <asp:RegularExpressionValidator ID="revMail" runat="server"
14      ControlToValidate="txtMail" ErrorMessage="信箱格式必須包含@"
15      ValidationExpression="\w+([-+.']\w+)*@\w+([-.]\w+)*\.\w+([-.]\w+)*">
    </asp:RegularExpressionValidator><br />
16  電話：<asp:TextBox ID="txtTel" runat="server" MaxLength="11"></asp:TextBox>
17  <asp:RequiredFieldValidator ID="rfvTel" runat="server"
18     ControlToValidate="txtTel" ErrorMessage="電話必填">
    </asp:RequiredFieldValidator>
19  <asp:RegularExpressionValidator ID="revTel" runat="server"
20     ControlToValidate="txtTel"
       ErrorMessage="電話格式必須為 xx-xxxxxxxx 或 xxx-xxxxxxx"
21     ValidationExpression="[0-9]{2,3}\-[0-9]{3,4}[0-9]{4}">
    </asp:RegularExpressionValidator>
22  <br /><br />
23  <asp:Button ID="btnOk" runat="server" Text="確定" /><br /><br />
24  <asp:Label ID="lblShow" runat="server"></asp:Label>
```

程式說明

1. 7~9 行　：建立 revPwd 驗證控制項，此控制項用來驗證 txtPwd 密碼文字方塊的內容是否為 6-8 個字元，當驗證失敗時即顯示 "密碼限 6-8 個字元" 的錯誤訊息。

2. 13~15 行：建立 revMail 驗證控制項，此控制項用來驗證 txtMail 信箱文字方塊的內容是否包含@字元，當驗證失敗時即顯示 "信箱格式必須包含@" 的錯誤訊息。

3. 19~21 行：建立 revTel 驗證控制項，此控制項用來驗證 txtTel 電話文字方塊的內容是否符合 xx-xxxxxxxx 或 xxx-xxxxxxx 的格式，當驗證失敗時即顯示 "電話格式必須為 xx-xxxxxxxx 或 xxx-xxxxxxx" 的錯誤訊息。

Step3 自行撰寫事件處理程序

程式碼後置檔：RegularExpressionValidator_Sample.aspx.vb

```
Partial Class RegularExpressionValidator_Sample
    Inherits System.Web.UI.Page
    ' 按 [確定] 鈕執行此事件
    Protected Sub btnOk_Click(sender As Object, e As System.EventArgs) _
    Handles btnOk.Click
        If Page.IsValid Then   ' 判斷是否通過驗證
            ' 取得帳號, 密碼, 生日的內容後並顯示在 lblShow 標籤上
            Dim show As String = ""
            show &= "基本資料如下：<br>"
            show &= "．帳號：" & txtUid.Text & "<br>"
            show &= "．密碼：" & txtPwd.Text & "<br>"
            show &= "．信箱：" & txtMail.Text & "<br>"
            show &= "．電話：" & txtTel.Text & "<hr>"
            lblShow.Text = show
        End If
    End Sub

End Class
```

7.7 CustomValidator 控制項

當前面幾節所介紹的驗證控制項不符合程式開發人員的驗證需求，此時可以透過 CustomValidator 控制項來自訂驗證程式，此控制項的宣告語法如下：

```
<asp:CustomValidator ID="物件識別名稱" runat="server"
    ControlToValidate="進行驗證的控制項 ID 物件識別名稱"
    ErrorMessage="錯誤訊息"
    ClientValidationFunction="用戶端驗證函式名稱"
    OnServerValidate="伺服器端驗證程序名稱"...>
</asp:CustomValidator>
```

CustomValidator 控制項的常用屬性說明如下：

屬性	功能說明
ClientValidationFunction	設定或取得用戶端的驗證函式。用戶端程式語言可使用 VBScript 或 JavaScript 用戶端指令碼，用戶端函式的第二個引數有 Value 及 IsValid 屬性。Value 屬性用來取得被驗證控制項的值；IsValid 屬性用來設定是否通過驗證，True 表示通過驗證，False 表示未通過驗證。
ValidateEmptyValue	設定或取得當控制項內的文字(Text 屬性)為空白時，驗證程式是否去驗證控制項。True-驗證;False-不驗證。
OnServerValidate	設定或取得伺服器端的驗證程序。伺服器端程序的第二個引數為 ServerValidateEventArgs 型別變數，此引數有 Value 及 IsValid 屬性。Value 屬性用來取得被驗證控制項的值；IsValid 屬性用來設定是否通過驗證。True 表示通過驗證，False 表示未通過驗證。

網頁檔名：CustomValidator_Sample.aspx

練習使用 CustomValidator 控制項驗證帳號及密碼資料是否為 6-8 個字元，其中帳號使用用戶端 JavaScript 函式驗證，密碼使用伺服器端的程序做驗證。

上機實作

Step1 設計 CustomValidator_Sample.aspx 網頁的輸出入介面：

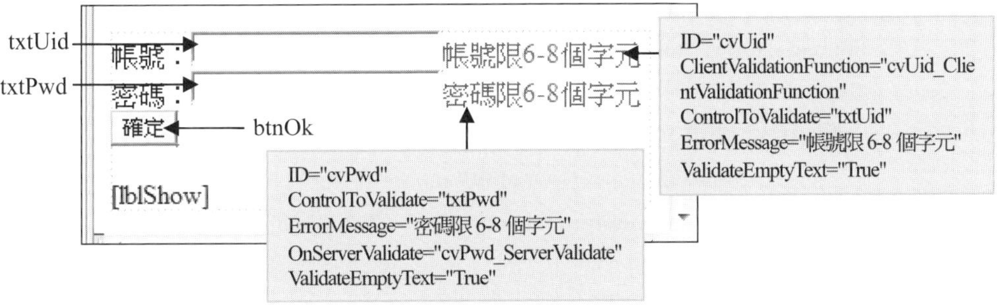

Step2 CustomValidator_Sample.aspx 網頁自動產生的宣告標籤程式碼如下，且請自行輸入 6~17 行的 JavaScript。

網頁程式碼：CustomValidator_Sample.aspx

```
01 <%@ Page Language="VB" AutoEventWireup="False"
   CodeFile="CustomValidator_Sample.aspx.vb" Inherits="CustomValidator_Sample" %>
02 <!DOCTYPE html PUBLIC "-//W3C//DTD XHTML 1.0 Transitional//EN"
   "http://www.w3.org/TR/xhtml1/DTD/xhtml1-transitional.dtd">
```

```
<html xmlns="http://www.w3.org/1999/xhtml">
<head runat="server">
<title>CustomValidator 控制項</title>
<script language="javascript">
    <!--
     // 判斷控制項內的字元是否介於 6~8 個
     function cvUid_ClientValidationFunction(sender, args) {
            if (args.Value.length >= 6 && args.Value.length<=8) {
                   args.IsValid = true;              // 控制項內的資料已通過驗證
            } else {
                   args.IsValid = false;             // 控制項內的資料未通過驗證
            }
     }
    -->
</script>
</head>
<body>
     <form id="form1" runat="server">
     <div>
            帳號：<asp:TextBox ID="txtUid" runat="server"></asp:TextBox>
            <asp:CustomValidator ID="cvUid" runat="server"
                   ClientValidationFunction="cvUid_ClientValidationFunction"
                   ControlToValidate="txtUid" ErrorMessage="帳號限 6-8 個字元"
                   ValidateEmptyText="True"></asp:CustomValidator>
            <br />
            密碼：<asp:TextBox ID="txtPwd" runat="server" TextMode="Password">
                     </asp:TextBox>
            <asp:CustomValidator ID="cvPwd" runat="server" ControlToValidate="txtPwd"
                     ErrorMessage="密碼限 6-8 個字元"
                     ValidateEmptyText="True"></asp:CustomValidator>
            <br />
            <asp:Button ID="btnOk" runat="server" Text="確定" />
```

```
34          <br /><br />
35          <asp:Label ID="lblShow" runat="server"></asp:Label>
36      </div>
37      </form>
38 </body>
39 </html>
```

程式說明

1. 6~17 行：定義用戶端 JavaScript 的 cvUid_ClientValidationFunction 函式，此函式功能可判斷控制項內的字元個數是否介於 6~8 個？若成立則 args.IsValid 設為 true 表示該控制項通過驗證，否則 args.IsValid 設為 false 表示該控制項未過驗證。
2. 23~26 行：建立 cvUid 驗證控制項，此控制項使用用戶端的 cvUid_ClientValidationFunction 函式來驗證 txtUid 帳號文字方塊的內容是否為 6-8 個字元，當驗證失敗時即顯示錯誤訊息 "帳號限 6-8 個字元"。
3. 29~31 行：建立 cvPwd 驗證控制項，此控制項在程式碼後置檔中會使用伺服端器的 cvPwd_ServerValidate 程序來驗證 txtPwd 密碼文字方塊的內容是否為 6~8 個字元，當驗證失敗時即顯示錯誤訊息 "密碼限 6~8 個字元"。

Step3 自行撰寫事件處理程序

程式碼後置檔：CustomValidator_Sample.aspx.vb

```
Partial Class CustomValidator_Sample
    Inherits System.Web.UI.Page

    Protected Sub cvPwd_ServerValidate(source As Object, args As System.Web.UI. _
    WebControls.ServerValidateEventArgs) Handles cvPwd.ServerValidate
        ' 被驗證控制項內的字元個數是否介於 6~8 個
        If (args.Value.Length >= 6) And (args.Value.Length <= 8) Then
```

```
07              args.IsValid = True       ' 指定控制項已通過驗證
08          Else
09              args.IsValid = False      ' 指定控制項未通過驗證
10          End If
11      End Sub
12      ' 按 [確定] 鈕執行此事件
13      Protected Sub btnOk_Click(sender As Object, e As System.EventArgs) _
        Handles btnOk.Click
14          If Page.IsValid Then   ' 判斷是否通過驗證
15              lblShow.Text = "您的帳號是" & txtUid.Text & "   密碼是" & txtPwd.Text
16          End If
17      End Sub
18
19 End Class
```

程式說明

1. 4~11 行：定義 cvPwd 驗證控制項的伺服器端驗證程序 cvPwd_ServerValidate，此程序功能可用來判斷控制項內的字元個數是否介於 6~8 個？若成立將 args.IsValid 設為 True 表示該控制項通過驗證，若不成立將 args.IsValid 設為 False 表示該控制項未過驗證。

7.8 ValidationSummary 控制項

ValidationSummary 控制項本身不具有驗證控制項資料的功能，此控制項最主要的功能是用來收集並顯示驗證控制項的錯誤訊息，該錯誤訊息即是 ErrorMessage 屬性的內容。控制項宣告語法如下：

```
<asp:ValidationSummary ID="物件識別名稱" runat="server"
      HeaderText="錯誤訊息標題文字"
      ShowMessageBox="是否顯示訊息方塊" ...>
</asp:ValidationSummary>
```

ValidationSummary 控制項的常用屬性說明如下：

屬性	功能說明
DisplayMode	設定或取得錯誤訊息的顯示格式。屬性值如下： ① BulletList：以項目符號條列的方式顯示錯誤訊息(預設值)。 ② List：以逐行條列的方式顯示錯誤訊息。 ③ SingleParagraph：將錯誤訊息顯示成同一行。
HeaderText	設定或取得錯誤訊息的標題文字。
ShowMessageBox	設定或取得是否顯示訊息方塊，且訊息方塊上會顯示未通過驗證的錯誤訊息。 True-顯示；False-不顯示(預設值)。
ShowSummary	設定或取得是否顯示未通過驗證的錯誤訊息。 True-顯示(預設值)；False-不顯示。

網頁檔名：ValidationSummary_Sample.aspx

使用 RequiredFieldValidator 控制項驗證帳號及密碼文字方塊是否為空白，並使用 ValidationSummary 控制項顯示驗證控制項的錯誤訊息，並將錯誤訊息以清單條列方式顯示在網頁及訊息對話方塊上。

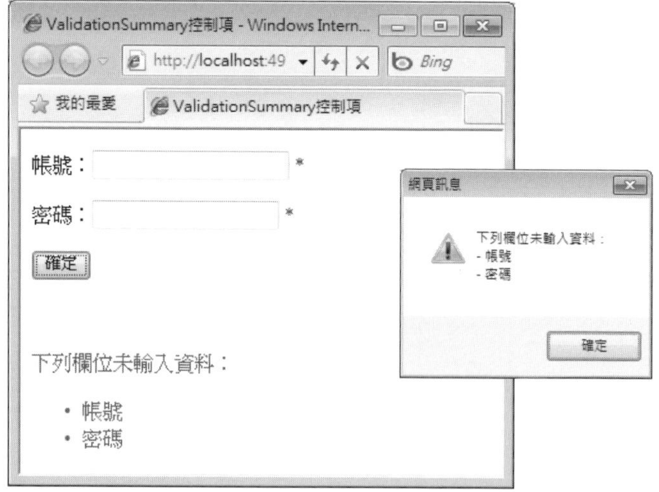

上機實作

Step1 設計 ValidationSummary_Sample.aspx 網頁的輸出入介面：

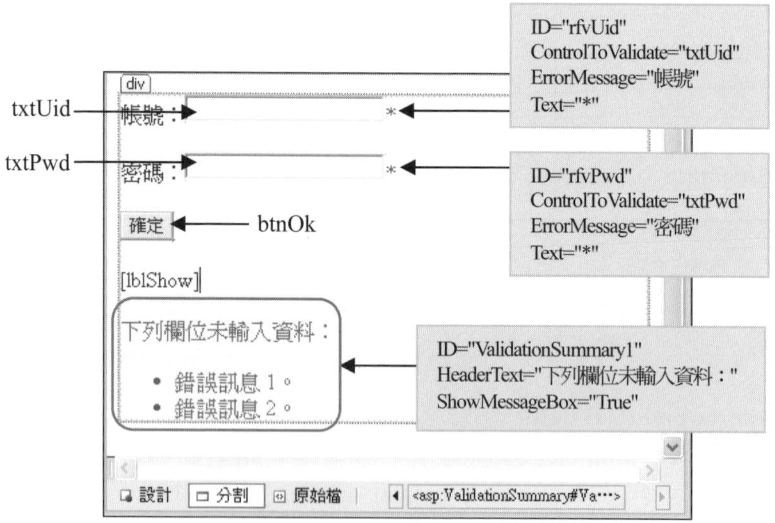

Step2 ValidationSummary_Sample.aspx 網頁自動產生的宣告標籤程式碼如下：

網頁程式碼：ValidationSummary_Sample.aspx

```
01 <p>帳號：<asp:TextBox ID="txtUid" runat="server"></asp:TextBox>
02     <asp:RequiredFieldValidator ID="rfvUid" runat="server"
03             ControlToValidate="txtUid" ErrorMessage="帳號" Text="*">
       </asp:RequiredFieldValidator></p>
04 <p>密碼：<asp:TextBox ID="txtPwd" runat="server" TextMode="Password"></asp:TextBox>
05     <asp:RequiredFieldValidator ID="rfvPwd" runat="server"
06             ControlToValidate="txtPwd" ErrorMessage="密碼" Text="*">
       </asp:RequiredFieldValidator></p>
07 <p><asp:Button ID="btnOk" runat="server" Text="確定" /></p>
08     <asp:Label ID="lblShow" runat="server"></asp:Label><br /><br />
09     <asp:ValidationSummary ID="ValidationSummary1" runat="server"
10             HeaderText="下列欄位未輸入資料：" ShowMessageBox="True" />
```

程式說明

1. 9,10 行： 建立 ValidationSummary1 控制項用來收集並顯示所有驗證控制項的錯誤訊息，設定錯誤訊息的標題為 "下列欄位未輸入資料："，設定錯誤訊息以訊息方塊顯示(ShowMessageBox="True")。

Step3 自行撰寫事件處理程序

程式碼後置檔：ValidationSummary_Sample.aspx.vb

```
Partial Class ValidationSummary_Sample
    Inherits System.Web.UI.Page
    ' 按 [確定] 鈕執行此事件
    Protected Sub btnOk_Click(sender As Object, e As System.EventArgs) _
    Handles btnOk.Click
        If Page.IsValid Then ' 判斷網頁是否通過驗證
            lblShow.Text = "您輸入的帳號是" & txtUid.Text & "   密碼是" & _
                    txtPwd.Text & "!"
        End If
    End Sub
End Class
```

7.9 驗證控制項的群組功能

驗證控制項的 ValidationGroup 屬性主要用來設定 ASP.NET 網頁中驗證控制項的群組分類。當進行控制項的資料驗證時，若有使用 ValidationGroup 屬性進行驗證控制項的群組分類，此時會以個別群組來進行驗證；而不是將整個 ASP.NET 網頁的驗證控制項進行全面驗證。

例如：ASP.NET 網頁上有「會員登入」及「產品查詢」兩個群組，若未使用 ValidationGroup 屬性設定驗證控制項的群組，則上述「會員登入」及「產品查詢」任一個群組被觸發驗證，此時整個 ASP.NET 網頁上的所有驗證控制項會進行全面驗證，而導致資料無法正確傳送到伺服器端。因此解決的方式就是使用 ValidationGroup 屬性劃分「會員登入」及「產品查詢」兩個群組的資料驗證，以便進行單一群組的資料驗證。

網頁檔名：ValidationGroup_Sample.aspx

練習使用 ValidationGroup 屬性設定資料驗證群組。網頁上有會員登入及產品查詢兩個群組。當按下 登入 鈕即驗證會員群組面板中的帳號及密碼文字欄，若按下 查詢 鈕即驗證產品查詢面板中的品名文字欄。

上機實作

Step1 設計 ValidationGroup_Sample.aspx 網頁的輸出入介面：

1. 會員登入面板中 rfvUid、rfvPwd 及 btnLogin 的 ValidationGroup 屬性值皆設為 vgLogin，即表示按下 btnLogin 控制項會觸發 vgLogin 群組的資料驗證。
2. 產品查詢面板中的 rfvSearch 及 btnSearch 的 ValidationGroup 屬性值皆設為 vgSearch，即表示按下 btnSearch 控制項會觸發 vgSearch 群組的資料驗證。

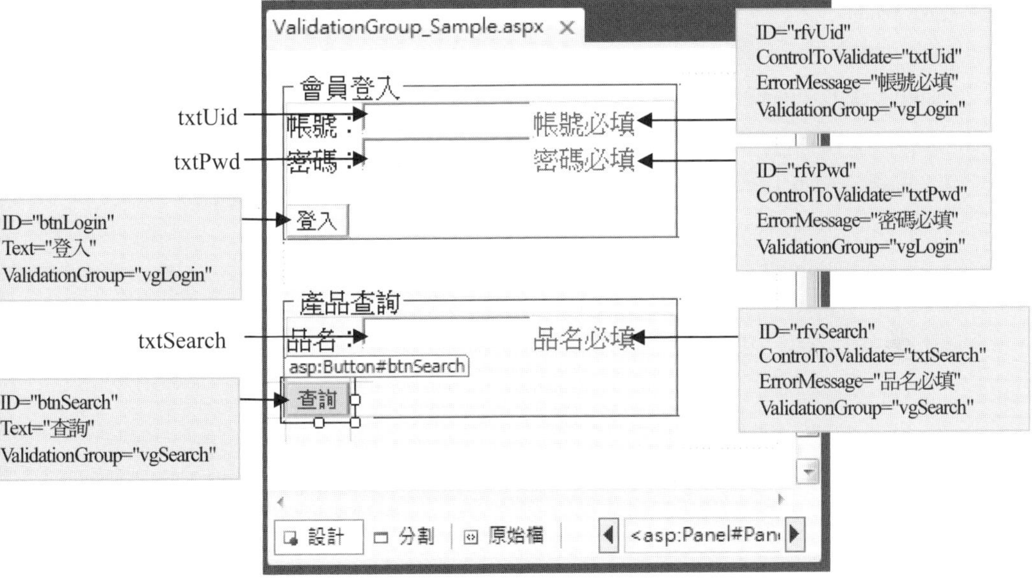

Step2 ValidationGroup_Sample.aspx 網頁自動產生的宣告標籤程式碼如下：

網頁程式碼：ValidationGroup_Sample.aspx

```
<asp:Panel ID="PanelLogin" runat="server" BackColor="#FFFFCC"
    GroupingText="會員登入" Height="100px" Width="250px">
    帳號：<asp:TextBox ID="txtUid" runat="server" Width="100px"></asp:TextBox>
    <asp:RequiredFieldValidator ID="rfvUid" runat="server"
```

```
            ControlToValidate="txtUid" ErrorMessage="帳號必填"
              ValidationGroup="vgLogin"></asp:RequiredFieldValidator>
        <br />
        密碼：<asp:TextBox ID="txtPwd" runat="server" Width="100px"
             TextMode="Password"></asp:TextBox>
        <asp:RequiredFieldValidator ID="rfvPwd" runat="server"
            ControlToValidate="txtPwd" ErrorMessage="密碼必填"
            ValidationGroup="vgLogin"></asp:RequiredFieldValidator>
        <br /> <br />
        <asp:Button ID="btnLogin" runat="server" Text="登入"
            ValidationGroup="vgLogin" />
    </asp:Panel>
    <br /> <br />
    <asp:Panel ID="PanelSearch" runat="server" BackColor="#CCFFFF"
        GroupingText="產品查詢" Height="100px" Width="250px">
        品名：<asp:TextBox ID="txtSearch" runat="server" Width="100px">
              </asp:TextBox>
        <asp:RequiredFieldValidator ID="rfvSearch" runat="server"
            ControlToValidate="txtSearch" ErrorMessage="品名必填"
            ValidationGroup="vgSearch"></asp:RequiredFieldValidator>
        <br /> <br />
        <asp:Button ID="btnSearch" runat="server" Text="查詢"
            ValidationGroup="vgSearch" />
    </asp:Panel>
```

7.10 課後練習

一、選擇題

1. 下列哪個屬性可檢查驗證控制項是否通過驗證？ (A) Page.IsPostBack (B) Page.IsValid (C) Page.IsOk (D) Page.IsCallBack
2. 下列何者非 CompareValidator 控制項可使用的比較運算子？ (A) GreaterThen (B) Equal (C) DataTypeCheck (D) Not
3. ValidationSummary 的哪個屬性可將錯誤訊息顯示於訊息方塊上？ (A) MessageBox (B) ShowBox (C) ShowMessageBox (D) CreateBox
4. 欲驗證某一個控制項內是否有輸入資料，可使用下列哪個控制項？
   (A) RequiredFieldValidator (B) CompareValidator
   (C) RangeValidator (D) RegularExpressionValidator
5. 欲驗證某一個控制項內的值是否介於某個範圍內，可使用下列哪個控制項？(A) RequiredFieldValidator (B) CompareValidator (C) RangeValidator (D) RegularExpressionValidator
6. 欲驗證某一個控制項內的值是否符合自行定義的規則運算式，可使用下列哪個控制項？(A) RequiredFieldValidator (B) CompareValidator (C) RangeValidator (D) RegularExpressionValidator
7. 下列何者有誤？ (A) ValidationSummary 可匯整驗證控制項的錯誤訊息 (B) CustomValidator 可使用規則運算式自行撰寫驗證規則 (C) RegularExpressionValidator 可使用規則運算式自行撰寫驗證規則 (D) 驗證控制項預設由用戶端進行驗證
8. 若未通過驗證時控制項也能執行伺服器端的事件處理程序，其屬性應設為？ (A) CausesValidation="True" (B) CausesValidation="False" (C) CausesValidation="1" (D) CausesValidation="0"

9. 若驗證控制項所顯示的錯誤訊息不希望破壞網頁版面，屬性應設為？ (A) Display="None" (B) Display="Static" (C) Display="Dynamic" (D) 以上皆非

10. 若 CompareValidator 控制項要比較資料型別為倍精確數，其屬性應設為？ (A) Type="Integer" (B) Type="Float" (C) Type="Double" (D) Type="Date"

11. 下列何者非 RangeValidator 控制項的屬性？ (A) DataType (B) MaximumValue (C) MinmumValue (D) Type

12. 下列何者有誤？ (A) RangeValidator 控制項可用來驗證某個資料的範圍 (B) RangeValidator 控制項無法驗證日期型別資料的範圍 (C) 驗證控制項預設由用戶端進行驗證 (D) Page.IsValid 可檢查驗證控制項是否通過驗證

13. 試問 RegularExpressionValidator 控制項 ValidationExpression 屬性的功能為何？(A) 設定驗證規則運算式 (B) 設定用戶端驗證函式 (C) 設定伺服器端驗證程序 (D) 以上皆非

14. 試問 CustomValidator 控制項 ClientValidationFunction 屬性的功能為何？ (A) 設定驗證規則運算式 (B) 設定用戶端驗證函式 (C) 設定伺服器端驗證程序 (D) 以上皆非

15. 試問 CustomValidator 控制項 OnServerValidate 屬性的功能為何？(A) 設定驗證規則運算式 (B) 設定用戶端驗證函式 (C) 設定伺服器端驗證程序 (D) 以上皆非

二、程式設計

1. 試製作具備驗證會員註冊表單。有姓名、帳號、密碼、郵遞區號、地址欄位，上述五個欄位必填，且郵遞區號欄位限輸入三個數字、地址欄位須符合格式(如包含「市縣區鄉鎮路街」等字)。

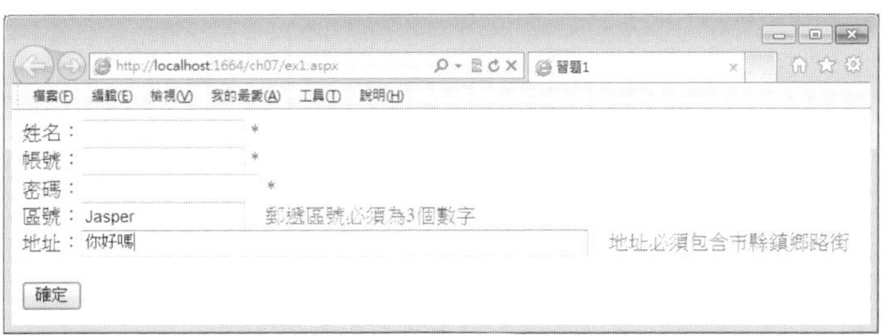

2. 試製作具備驗證留言板表單的網頁。有姓名、信箱、網址、留言欄位，上述四個欄位必填，且信箱欄位須包含@，網址欄位須符合 URL 格式。

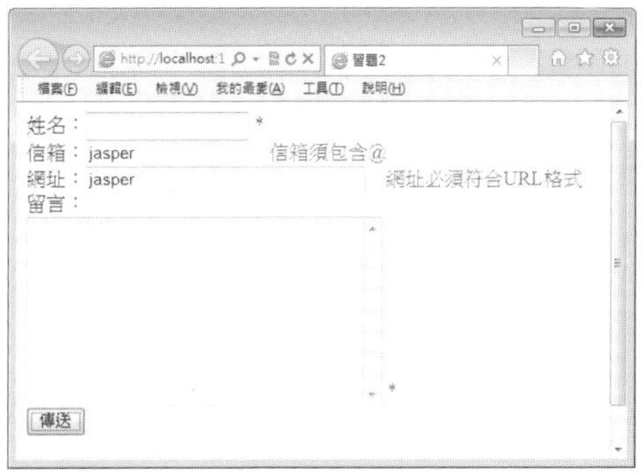

3. 試製作具備驗證新增產品資料表單的網頁。有編號、品名、單價、庫存欄位，上述四個欄位必填。且編號欄位限輸入五個字元，第一個字為英文字，後四個字為數字；單價須介於 100~2000 且資料型別為整數，庫存欄位資料型別為整數。

4. 試使用 Panel 製作會員註冊系統，流程步驟如下：

   ① 步驟一：帳號與密碼輸入畫面。包含帳號、密碼、確認密碼三欄皆為必填，且密碼與確認密碼必須相同。

   ② 步驟二：會員基本資料輸入畫面。包含姓名、郵遞區號、地址欄位，上述三個欄位必填，且郵遞區號欄位限輸入三個數字、地址欄位須符合格式(如包含「市縣區鄉鎮路街」等字)。

   ③ 步驟三：會員註冊完成畫面。

筆記頁

CHAPTER

主版頁面

學習目標：

- 認識主版頁面與內容頁面的技術內含
- 學習主版頁面與內容頁面的使用
- 學習主版頁面與內容頁面的設計技巧
- 學習存取主版頁面內的控制項

8.1 主版頁面簡介

在網頁設計中，範本是一個相當重要的技巧，使用過 Dreamweaver 的程式開發人員或是美術人員應該了解透過範本可以建立版型一致的網頁，而且只要在範本中建立 CSS 串接樣式表外觀、JavaScript 用戶端指令碼和伺服器端的程式(如 PHP, ASP, JSP 或 ASP.NET)，而只要套用這個範本的所有網頁都會內含範本所擁有的內容，當範本的內容一修改，即同時將範本的內容一次更新到套用範本的所有網頁，透過範本的設計技巧，網頁的更新或維護就變得相當方便。在 ASP.NET 2.0 開始也引進了類似範本的設計技巧，稱之為主版頁面(master page)，主版頁面必須和內容頁面(content page)一起使用，兩者說明如下：

1. **主版頁面**(master page)

主版頁面的副檔名為 *.master，該檔可內含靜態文字、HTML 標籤、JavaScript 用戶端指令碼和伺服器控制項，通常可使用主版頁面來定義網頁的共用內容。一般的 ASP.NET 網頁是使用 @Page 指示詞來設定網頁的屬性，而主版頁面是使用 @Master 指示詞來設定網頁的屬性。如下寫法是使用 VB 程式語言來撰寫主版頁面，將此份主版頁面的程式碼後置檔設為 MyMasterPage.master.vb 表示此份主版頁面繼承自 MyMasterPage 類別。

```
<%@ Master Language="VB" CodeFile="MyMasterPage.master.vb"
     Inherits="MyMasterPage" %>
```

由於主版頁面無法直接執行，您可以在主版頁面使用 HTML 表格進行網頁編排、使用 CSS 配置網頁外觀、放置 Flash 廣告動畫、使用巡覽控制項導覽網站、加入建立網站公司的 Logo 及著作權注意事項…等網頁所需的一致性功能與網頁版面。此外，主版頁面必須內含一個或多個的 ContentPlaceHolder 控制項，此控制項用來預留空間以提供給內容頁面放置其它內容。ContentPlaceHolder 控制項宣告語法如下：

```
<asp:ContentPlaceHolder ID="物件識別名稱" runat="server">
     <!--預留空間提供內容頁面放置其它內容 -->
</asp:ContentPlaceHolder >
```

2. 內容頁面(content page)

內容頁面即是一個 ASP.NET 網頁(副檔名為 *.aspx)，但它不會內含 <html>、<head>或<body>...等標籤。內容頁面必須在 @Page 指示詞中使用 MasterPageFile 屬性指定內容頁面欲套用的主版頁面，使用 Title 屬性指定內容頁面的標題(即網頁標題)。下面寫法是使用 VB 程式語言來撰寫內容頁面，此份內容頁面套用 MyMasterPage.master 主版頁面檔、此份內容頁面的標題是 "博碩文化"。另外，內容頁面裡面必須置入 Content 控制項，而 Content 控制項是用來放置內容頁面欲顯示的網頁元素與 Web 控制項，Content 控制項中使用 ContentPlaceHolder 的 ID 屬性用來指定對應到主版頁面的哪一個 ContentPlaceHolder 控制項。

```
<%@ Page Language="VB" MasterPageFile="~/MyMasterPage.master"
      Title="博碩文化"%>
<asp:Content ID="物件識別名稱" runat="server"
   ContentPlaceHolderID="主版頁面 ContentPlaceHolder 物件識別名稱" >
     <!--內容頁面可在此放置網頁元素或 Web 控制項 -->
</asp:Content >
```

3. 內容頁面的執行

當用戶端瀏覽器向伺服器端要求瀏覽內容頁面(即 ASP.NET 網頁)時，會如下圖先在伺服器端將所指定瀏覽的內容頁面與所套用的主版頁面進行合併，接著再將合併後的結果下載到用戶端並顯示於瀏覽器上。

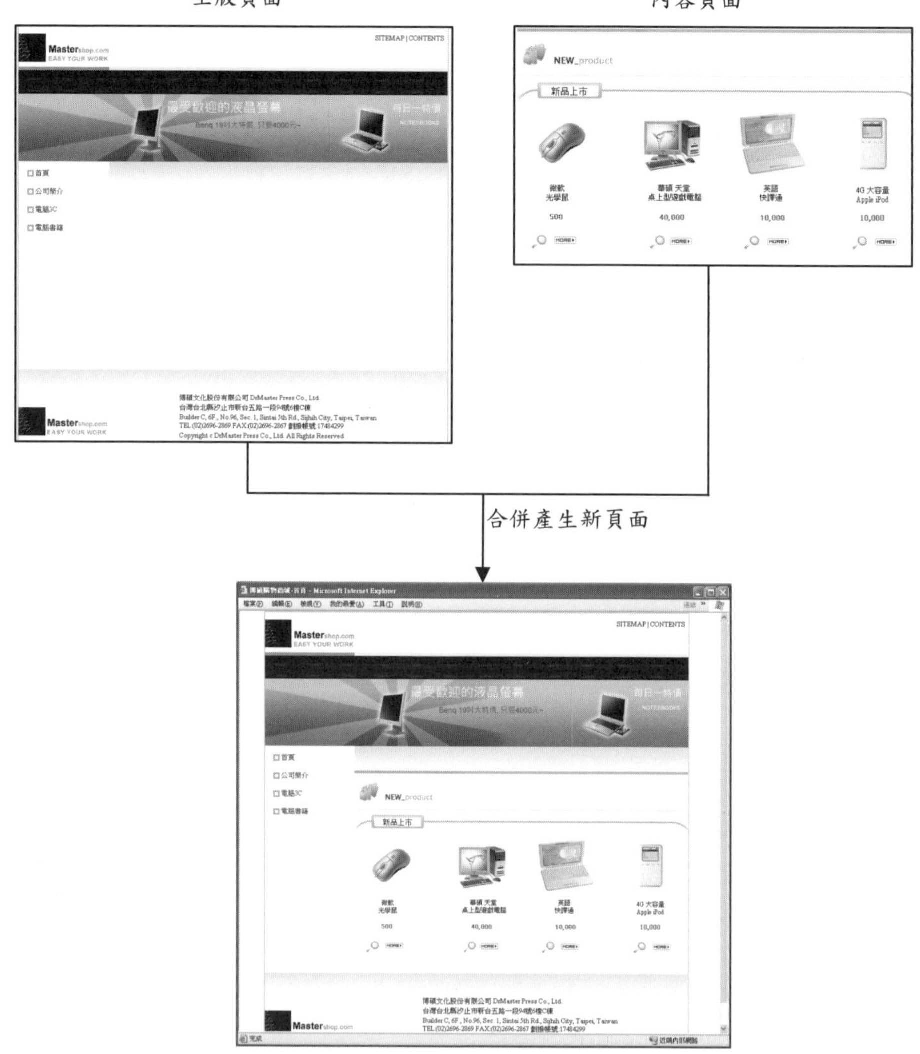

8.2 主版頁面與內容頁面的使用

了解主版頁面與內容頁面的技術內含與運作方式之後，本節將以實作方式來學習如何設計主版頁面與內容頁面。

範例演練

建立名稱為 DrMasterPage.master 的主版頁面，接著使用 DrMasterPage.master 主版頁面來建立 index.aspx(首頁)、about.aspx(公司簡介)、computer.aspx(電腦 3C)、book.aspx(電腦書籍)四個網頁。

index.aspx

about.aspx

computer.aspx

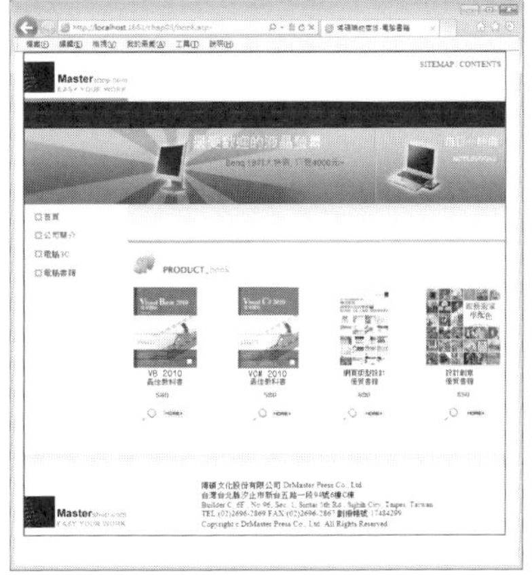

book.aspx

上機實作

Step1 建立名稱為 chap08 的 ASP.NET 空網站

1. 執行功能表的【檔案(F)/新網站(W)】指令建立名稱為 chap08 的 ASP.NET 空網站。
2. 將書附光碟「素材/chap08_素材」資料夾的 index.html、about.txt、images 資料夾複製到目前製作的 chap08 網站內。
3. 在方案總管視窗內按 [重新整理] 鈕重新整理網站，出現 index.html、about.txt、images 資料夾；其中 index.html 是本例所使用的網站版面，about.txt 為本例公司簡介網頁的文案，images 資料夾內含本例使用的影像圖檔。

Step2 新增主版頁面，檔名設為 DrMasterPage.master

① 執行功能表的【網站(S)/加入新項目(W)...】開啟「加入新項目」視窗。

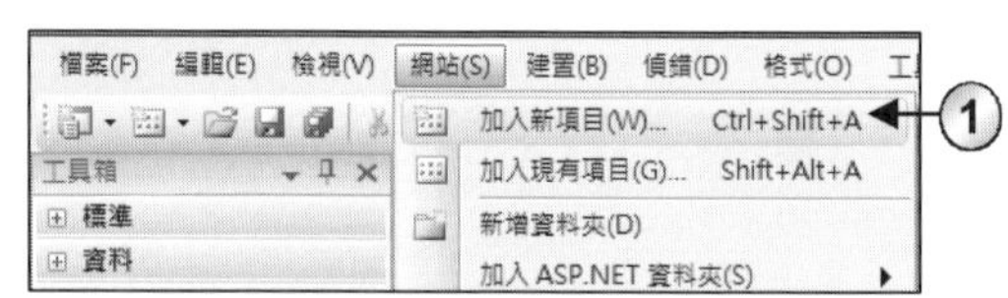

② 在「加入新項目」視窗的範本窗格中選取 [主版頁面]。

③ 主版頁面的開發語言請選擇「Visual Basic」。

④ 將「名稱(N)：」設為 DrMasterPage.master。

⑤ 勾選「將程式碼置於個別檔案中」的核取方塊，表示使用程式碼後置的撰寫模式。

⑥ 按 [新增(A)] 鈕在此網站內完成新增 DrMasterPage.master 主版頁面。

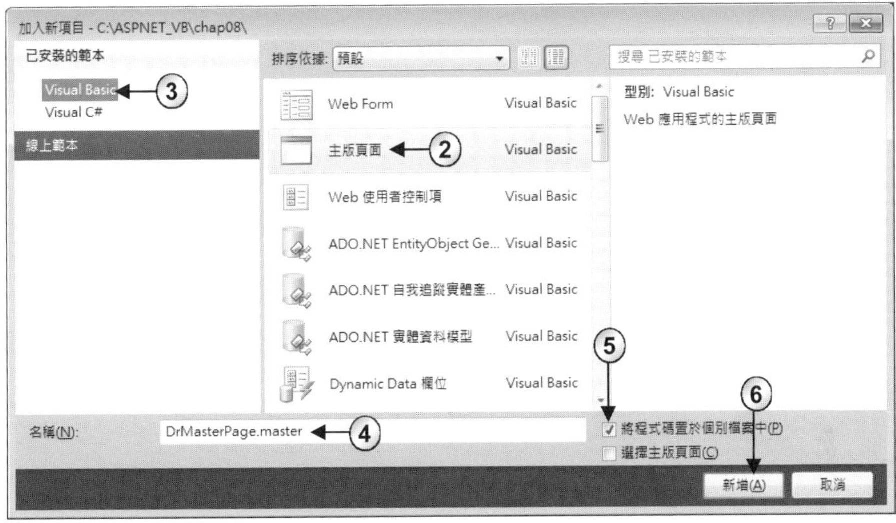

Step3 了解 DrMasterPage.master 主版頁面架構：

1. 切換到 [原始檔] 畫面，結果發現下面程式碼為預設主版頁面的架構。
2. 第 1 行使用 @Master 指示詞定義此份文件為主版頁面，此份主版頁面使用 VB 程式語言撰寫，程式碼後置檔為 DrMasterPage.master.vb，並繼承自 DrMasterPage 類別。
3. 第 7~8 行定義 ID 屬性(物件識別名稱)為 head 的 ContentPlaceHolder 控制項，此部份用來放置內容頁面的標頭資訊，如 CSS、JavaScript 或 MetaData 資訊可放於此處。
4. 第 13~15 行定義 ID 屬性為 ContentPlaceHolder1 的 ContentPlaceHolder 控制項，此部份用來放置內容頁面的網頁內容，如影像圖檔、HTML 標籤、Web 控制項...等可放於此處。且主版頁面可內含一個或多個 ContentPlaceHolder 控制項來預留空間以提供給內容頁面放置其它網頁內容。

```
<%@ Master Language="VB" CodeFile="DrMasterPage.master.vb"
    Inherits="DrMasterPage" %>

<!DOCTYPE html PUBLIC "-//W3C//DTD XHTML 1.0 Transitional//EN"
        "http://www.w3.org/TR/xhtml1/DTD/xhtml1-transitional.dtd">
<html xmlns="http://www.w3.org/1999/xhtml">
<head runat="server">
    <title></title>
    <asp:ContentPlaceHolder id="head" runat="server">
    </asp:ContentPlaceHolder>
</head>
<body>
    <form id="form1" runat="server">
    <div>
        <asp:ContentPlaceHolder id="ContentPlaceHolder1" runat="server">

        </asp:ContentPlaceHolder>
    </div>
    </form>
</body>
</html>
```

內容頁面可在此處放置網頁元素或 Web 控制項

Step4 設定 DrMasterPage.master 主版頁面版型

1. 開啟 index.html 網頁並切換到 [設計] 畫面，執行功能表【編輯(E)/全選(A)】指令選取 index.html 網頁<body>標籤的內容，接著再執行【編輯(E)/複製(P)】指令將 index.html 網頁<body>標籤的內容進行複製。
2. 開啟 DrMasterPage.master 主版頁面並切換到 [設計] 畫面，執行功能表【編輯(E)/全選(A)】指令選取 DrMasterPage.master 主版頁面<body>標籤的內容，接著再執行【編輯(E)/貼上(P)】指令將 index.html 網頁<body>標籤的內容複製到 DrMasterPage.master 主版頁面<body>標籤內，接著出現下圖畫面按 是(Y) 鈕即可。

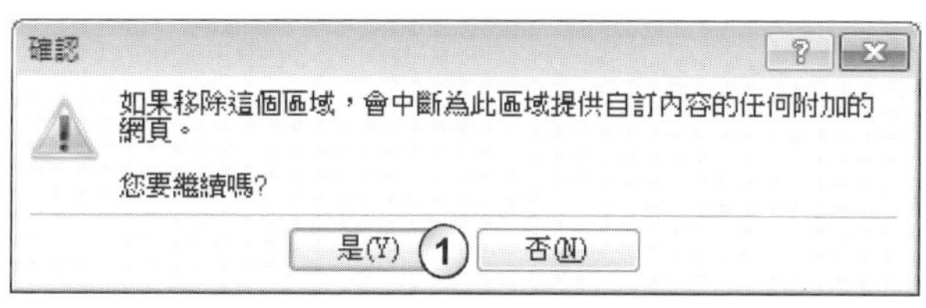

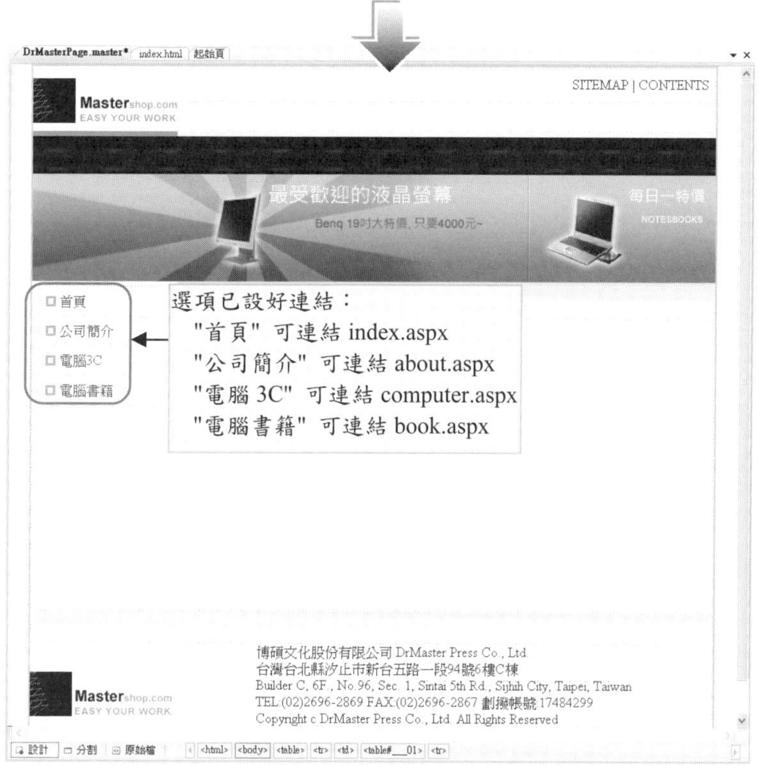

3. 由於 index.html 網頁<body>標籤內容複製到 DrMasterPage.master 主版頁面<body>標籤之後，<form>標籤會被覆蓋而消失，因為 Web 控制項必須內含於<form>標籤內，所以請切換到 [原始檔] 畫面，然後在<body>標籤的下方輸入<form id="form1" runat="server">，在</body>上方輸入</form>，使主版頁面的內容內含於<form>~</form>標籤內。

4. 由於網站內所有網頁可能還會共用 JavaScript 用戶端指令碼或 CSS 樣式，以本例來說，希望在主版頁面建立 CSS 串接樣式表以便讓所有內容頁面一起共用，所以請在</head>上方輸入 10~32 行 CSS 樣式。關於 CSS 樣式的寫法請自行參閱相關書籍，本書不做介紹。

```
01 <%@ Master Language="VB"
       CodeFile="DrMasterPage.master.vb" Inherits="DrMasterPage" %>
02
03 <!DOCTYPE html PUBLIC "-//W3C//DTD XHTML 1.0 Transitional//EN"
   "http://www.w3.org/TR/xhtml1/DTD/xhtml1-transitional.dtd">
04
05 <html xmlns="http://www.w3.org/1999/xhtml">
06 <head runat="server">
07 <title></title>
08 <asp:ContentPlaceHolder id="head" runat="server">
09 </asp:ContentPlaceHolder>
10 <style type="text/css">
11 <!--
12 body {
13     font-size: 10pt;
14 }
15 a:link {
16     color: #333;
17     text-decoration: none;
18 }
19 a:visited {
20     text-decoration: none;
21     color: #333;
22 }
23 a:hover {
24     text-decoration: none;
25     color: #CCC;
26 }
```

12~14：網頁內文字型大小為 10pt

15~18：字體連結顏色深灰色，不加底線

19~22：已查閱過連結的字體顏色深灰色，不加底線

23~26：滑鼠碰到連結的字體顏色淺灰色，不加底線

```
a:active {
    text-decoration: none;
    color: #00F;
}
-->
</style>
</head>
<body bgcolor="#FFFFFF" leftmargin="0" marginheight="0" marginwidth="0"
    topmargin="0">
<form id="form1" runat="server">
<!-- Save for Web Slices (computer.psd) -->
<table width="0" border="1" align="center" cellpadding="0" cellspacing="0">
  <tr>
    <td><table id="___01" width="798" height="756" border="0" cellpadding="0"
        cellspacing="0">
      <tr>
        <td rowspan="2"><img src="images/index_01.jpg" width="170" height="74"
            alt=""></td>
        <td height="40" align="right" valign="middle">
            SITEMAP | CONTENTS  </td>
      </tr>
      <tr>
        <td height="34" align="right" valign="middle"> </td>
      </tr>
      <tr>
        <td colspan="2"><img src="images/index_04.jpg" width="798" height="177"
          alt=""></td>
      </tr>
      <tr>
        <td width="170" rowspan="2" valign="top"><table width="90%" border="0"
              align="center" cellpadding="7" cellspacing="1">
          <tr>
            <td><img src="images/ar.jpg" width="12" height="12" align="absmiddle">
```

滑鼠按下連結的字體顏色藍色，不加底線

<body>下方輸入 <form id="form1" runat="server">標籤

```
                <a href="index.aspx">首頁</a></td>
        </tr>
          <tr>
            <td><img src="images/ar.jpg" width="12" height="12" align="absmiddle">
                <a href="about.aspx">公司簡介</a></td>
        </tr>
        <tr>
            <td><img src="images/ar.jpg" width="12" height="12" align="absmiddle">
                <a href="computer.aspx">電腦 3C</a></td>
        </tr>
        <tr>
            <td><img src="images/ar.jpg" width="12" height="12" align="absmiddle">
                <a href="book.aspx">電腦書籍</a></td>
        </tr>
      </table>
      <p> </p></td>
    <td height="37" background="images/index_06.jpg"> </td>
  </tr>
  <tr>
    <td height="335" valign="top" width="628"> </td>
  </tr>
  <tr>
    <td height="37" background="images/index_06.jpg"> </td>
    <td height="37" align="right" valign="middle"
        background="images/index_06.jpg"> </td>
  </tr>
  <tr>
    <td><img src="images/index_11.jpg" width="170" height="96" alt=""></td>
    <td height="96"><table width="0" border="0" align="center"
                                cellpadding="0" cellspacing="0">
      <tr>
        <td>博碩文化股份有限公司 DrMaster Press Co., Ltd. <br>
```

首頁超連結到 index.aspx

公司簡介超連結到 about.aspx

電腦 3C 超連結到 computer.aspx

電腦書籍超連結到 book.aspx

```
        台灣台北縣汐止市新台五路一段 94 號 6 樓 C 棟 <br>
        Builder C, 6F., No.96, Sec. 1, Sintai 5th Rd., Sijhih City, Taipei, Taiwan<br>
        TEL:(02)2696-2869 FAX:(02)2696-2867 劃撥帳號:17484299 <br>
        Copyright c DrMaster Press Co., Ltd. All Rights Reserved</td>
          </tr>
        </table></td>
      </tr>
    </table></td>
  </tr>
</table>
</form>
<!-- End Save for Web Slices -->
</body>
</html>
```

</body>上方輸入</form>標籤

Step5 如下圖由工具箱放入 ContentPlaceHolder 控制項，其 ID 屬性(物件識別名稱)為「ContentPlaceHolder1」，此控制項用來預留空間以便提供給內容頁面放置其它網頁內容。

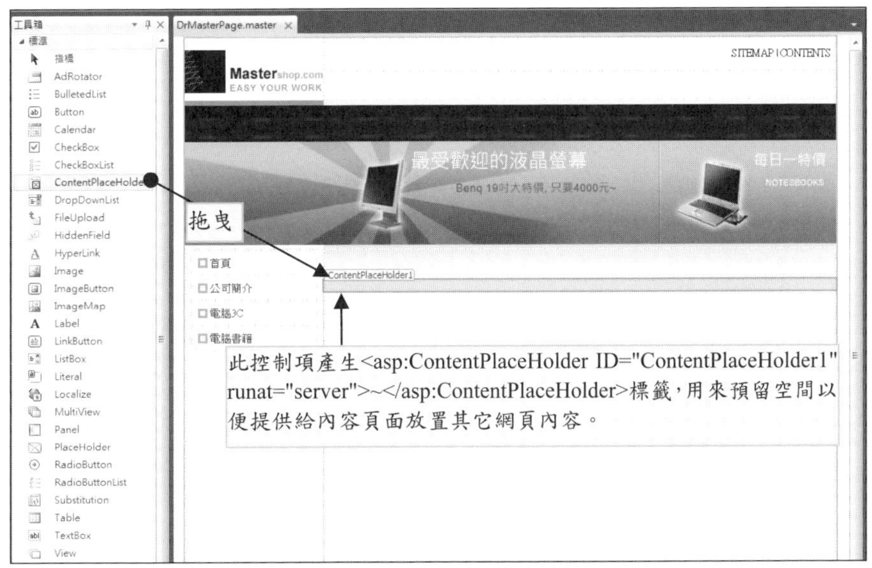
工具箱
DrMasterPage.master
ContentPlaceHolde
拖曳
ContentPlaceHolder1
此控制項產生<asp:ContentPlaceHolder ID="ContentPlaceHolder1" runat="server">~</asp:ContentPlaceHolder>標籤，用來預留空間以便提供給內容頁面放置其它網頁內容。

Step6 新增 index.aspx 網頁並套用 DrMasterPage.master 主版頁面

① 執行功能表的【網站(S)/加入新項目(W)...】開啟「加入新項目」視窗。

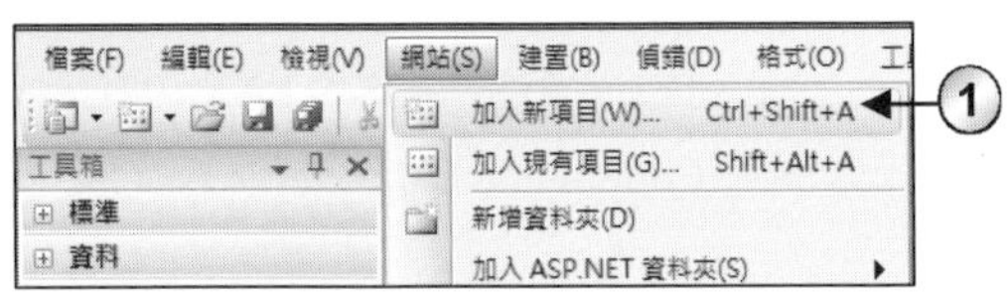

② 在「加入新項目」視窗的範本窗格中選取 Web Form 。

③ ASP.NET 網頁的開發語言請選擇「Visual Basic」。

④ 將「名稱(N)：」設為 index.aspx。

⑤ 請將「將程式碼置於個別檔案中」的核取方塊勾選，即表示使用程式碼後置的撰寫模式；勾選「選擇主版頁面」的核取方塊，表示 index.aspx 要套用主版面頁。

⑥ 按 新增(A) 鈕新增 index.aspx 網頁。

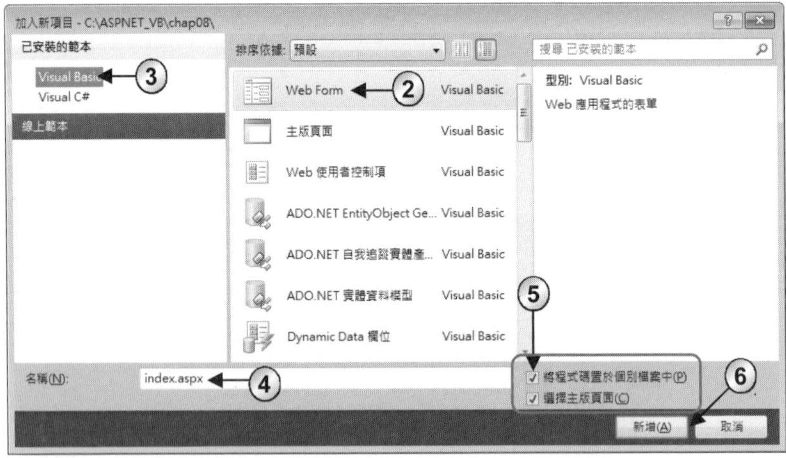

⑦ 在「選取主版頁面」視窗選擇欲套用的主版頁面，本例請選擇 DrMasterPage.master 主版頁面。

⑧ 按 確定 鈕完成新增 index.aspx 網頁。

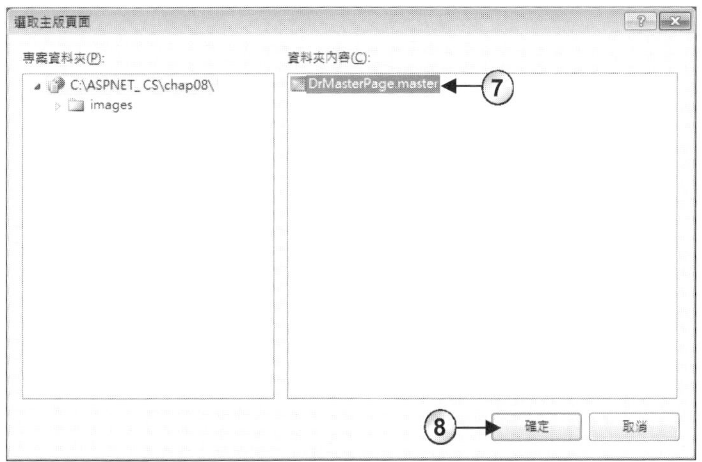

⑨ 開啟 index.aspx 並切換到 [設計] 畫面，結果發現主版頁面所定義的內容皆無法編輯，只有 Content2 控制項(即對應到主版頁面的 Content PlaceHolder1 控制項的位置)可以編輯。接著在 index.aspx 網頁的 Content2 控制項內逐一放入 index_title.jpg 及 index_info.jpg 圖檔，結果如下圖：

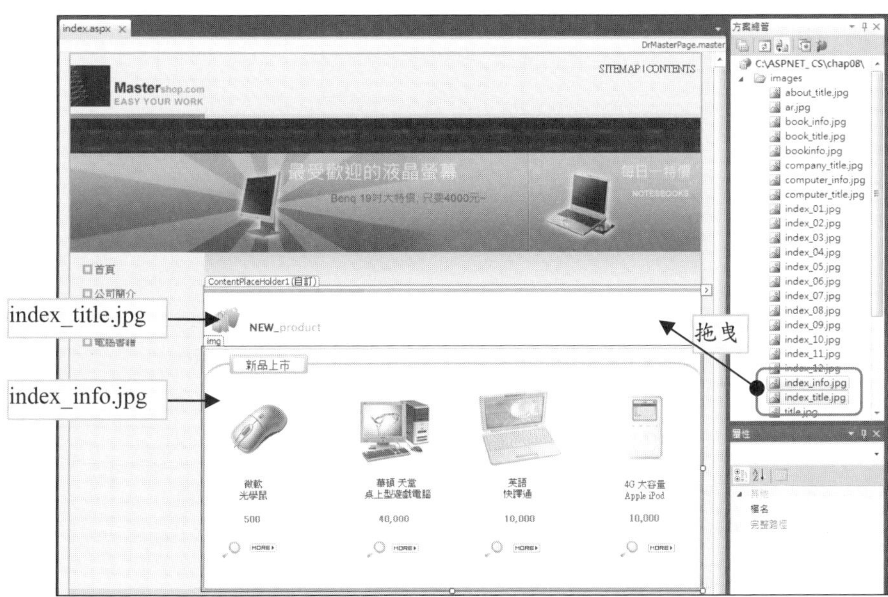

⑨ 使用「屬性」視窗設定 index.aspx 網頁文件(DOCUMENT)屬性，請將網頁標題設為 "博碩購物商城-首頁"。

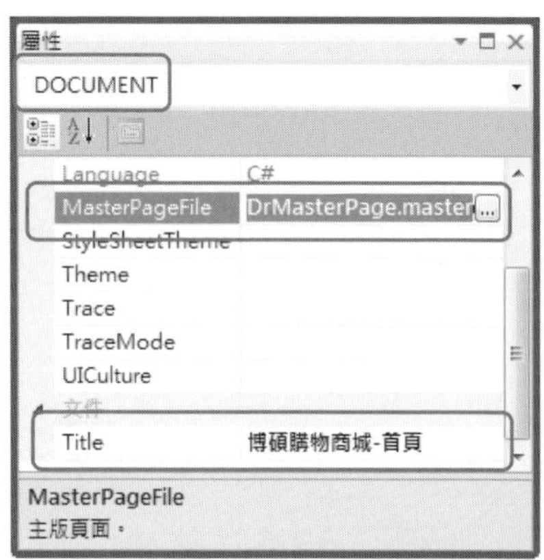

完成後，index.aspx 網頁自動產生的宣告標籤程式碼如下：

網頁程式碼：index.aspx

```
01 <%@ Page Title="博碩購物商城-首頁" Language="VB"
       MasterPageFile="~/DrMasterPage.master" AutoEventWireup="False"
       CodeFile="index.aspx.vb" Inherits="index" %>
02
03 <asp:Content ID="Content1" ContentPlaceHolderID="head" Runat="Server">
04 </asp:Content>
05 <asp:Content ID="Content2" ContentPlaceHolderID="ContentPlaceHolder1"
       Runat="Server">
06     <p>
07     <img src="images/index_title.jpg" style="width: 628px; height: 78px" /><br />
08     <img src="images/index_info.jpg" style="width: 628px; height: 297px" /></p>
09 </asp:Content>
```

程式說明

1. 1 行　：index.aspx 內容頁面標題設為 "博碩購物商城-首頁"、使用 VB 編寫、套用 DrMasterPage.master 主版頁面。

2. 5~9 行：為 index.aspx 內容頁面的預留空間。Content2 控制項內放置 index_title.jpg 及 index_info.jpg 影像圖檔，Content2 控制項對應到 DrMasterPage.master 主版頁面的 ContentPlaceHolder1 控制項。

Step7 仿照 Step6，新增 about.aspx、computer.aspx、book.aspx 並套用 DrMasterPage.master 主版頁面。

① 新增 about.aspx 並套用 DrMasterPage.master 主版頁面，網頁標題設為 "博碩購物商城-關於我們"，並在 Content2 控制項內放入 about_title.jpg 與 about.txt 的資料。結果與自動產生的宣告標籤程式碼如下：

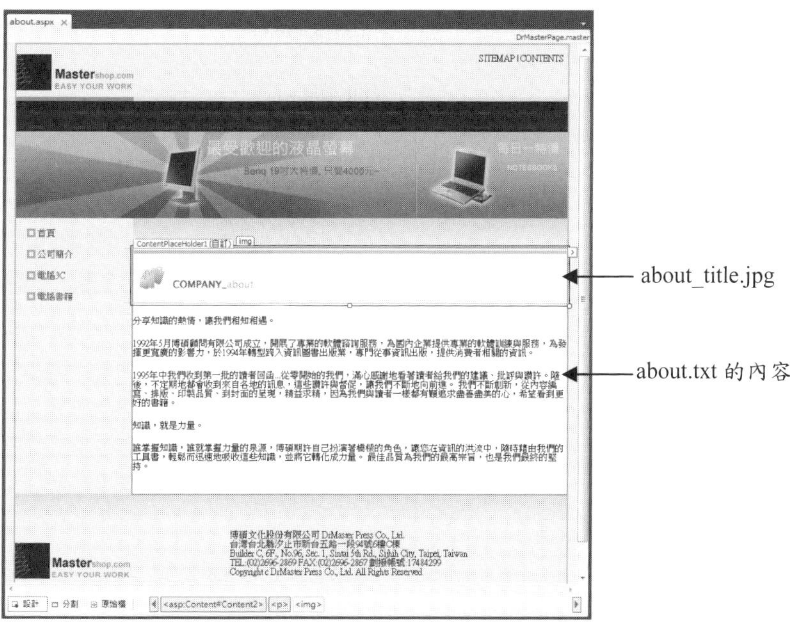

網頁程式碼：about.aspx

```
<%@ Page Title="博碩購物商城-關於我們" Language="VB"
    MasterPageFile="~/DrMasterPage.master" AutoEventWireup="False"
    CodeFile="about.aspx.vb" Inherits="about" %>
```

```

<asp:Content ID="Content1" ContentPlaceHolderID="head" Runat="Server">
</asp:Content>
<asp:Content ID="Content2" ContentPlaceHolderID="ContentPlaceHolder1"
    Runat="Server">
    <p>
        <img src="images/about_title.jpg" style="width: 628px; height: 78px" /></p>
    <p>
        分享知識的熱情，讓我們相知相遇。</p>
    <p>
        1992 年 5 月博碩顧問有限公司成立，開展了專業的軟體諮詢服務，為國內企
        業提供專業的軟體訓練與服務，為發揮更寬廣的影響力，於 1994 年轉型跨入
        資訊圖書出版業，專門從事資訊出版，提供消費者相關的資訊。</p>
    <p>
        1995 年中我們收到第一批的讀者回函...從零開始的我們，滿心感謝地看著讀者
        給我們的建議、批評與讚許。隨後，不定期地都會收到來自各地的訊息，這些
        讚許與督促，讓我們不斷地向前進。
        我們不斷創新，從內容編寫、排版、印製品質、到封面的呈現，精益求精，因
        為我們與讀者一樣都有顆追求盡善盡美的心，希望看到更好的書籍。</p>
    <p>知識，就是力量。</p>
    <p>誰掌握知識，誰就掌握力量的泉源，博碩期許自己扮演著橋樑的角色，讓您在
        資訊的洪流中，隨時藉由我們的工具書，輕鬆而迅速地吸收這些知識，並將它
        轉化成力量。
        最佳品質為我們的最高宗旨，也是我們最終的堅持。</p>
    <p>
         </p>
</asp:Content>
```

② 新增 computer.aspx 並套用 DrMasterPage.master 主版頁面，網頁標題設為"博碩購物商城-電腦 3C"，並在 Content2 控制項內放入 computer_title.jpg 與 computer_info.jpg。結果與自動產生的宣告標籤程式碼如下：

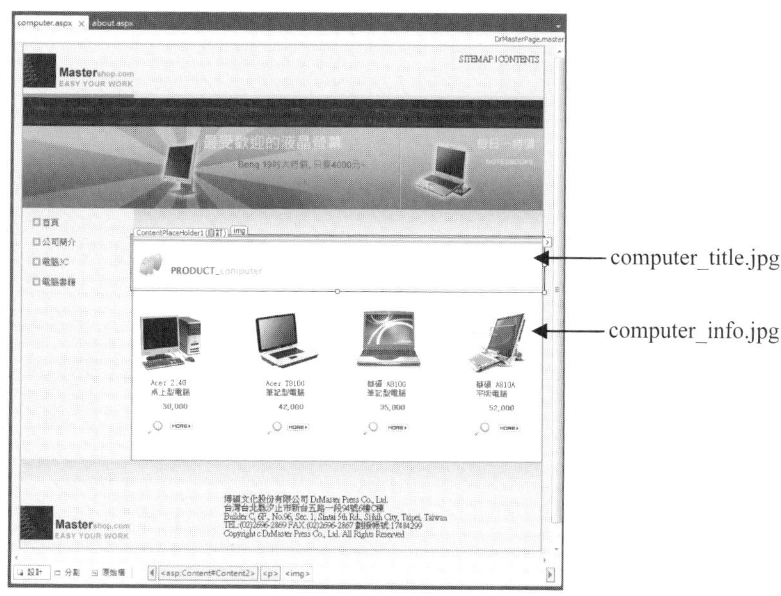

網頁程式碼：computer.aspx

```
<%@ Page Title="博碩購物商城-電腦 3C" Language="VB"
  MasterPageFile="~/DrMasterPage.master" AutoEventWireup="False"
  CodeFile="computer.aspx.vb" Inherits="computer" %>

<asp:Content ID="Content1" ContentPlaceHolderID="head" Runat="Server">
</asp:Content>
<asp:Content ID="Content2" ContentPlaceHolderID="ContentPlaceHolder1"
    Runat="Server">
    <p>
      <img src="images/computer_title.jpg" style="width: 628px; height: 78px" /><br />
      <img src="images/computer_info.jpg" style="width: 628px; height: 257px" /></p>
</asp:Content>
```

③ 新增 book.aspx 並套用 DrMasterPage.master 主版頁面，網頁標題設為"博碩購物商城-電腦書籍"，並在 Content2 控制項內放入 book_title.jpg 與 book_info.jpg。結果與自動產生的宣告標籤程式碼如下：

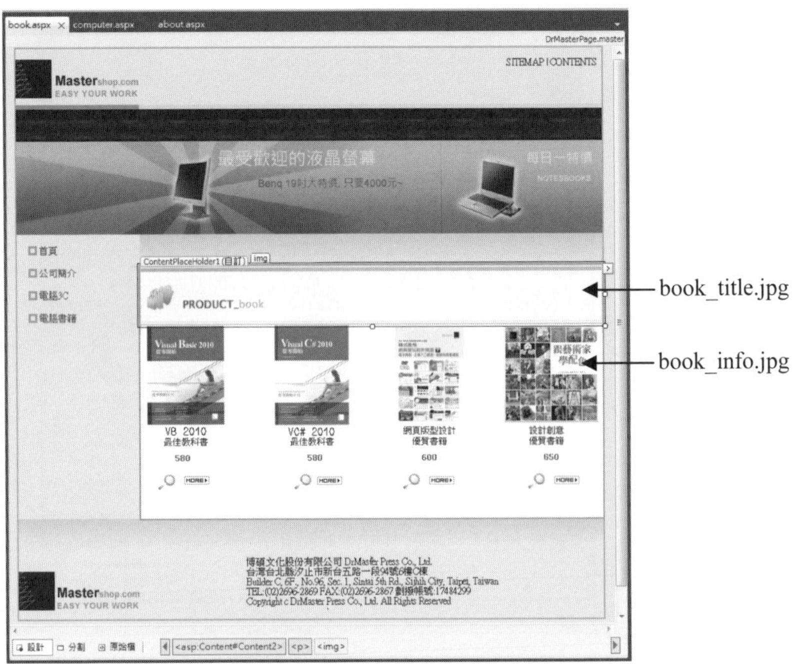

網頁程式碼：**book.aspx**

```
<%@ Page Title="博碩購物商城-電腦書籍" Language="VB"
    MasterPageFile="~/DrMasterPage.master" AutoEventWireup="False"
    CodeFile="book.aspx.vb" Inherits="book" %>

<asp:Content ID="Content1" ContentPlaceHolderID="head" Runat="Server">
</asp:Content>
<asp:Content ID="Content2" ContentPlaceHolderID="ContentPlaceHolder1"
    Runat="Server">
  <p>
       <img src="images/book_title.jpg" style="width: 628px; height: 78px" /><br />
       <img src="images/book_info.jpg" style="width: 628px; height: 257px" /></p>
</asp:Content>
```

Step8 測試網頁執行結果。

8.3 存取主版頁面內的控制項

當我們想要由內容頁面去存取主版頁面內控制項的屬性時，其做法必須在內容頁面中使用 Master.FindControl()方法來取得主版頁面的控制項物件參考，接著再將該物件參考使用 CType()函式進行型別轉換並傳給指定的變數，此時即可透過該變數來存取主版頁面的控制項。其語法如下：

```
Dim 變數 As 控制項型別 = _
    CType(Master.FindControl("物件識別名稱"), 控制項型別)
變數.屬性 = 屬性值
```

舉例來說：主版頁面內含 lblMsg 標籤控制項，在內容頁面內要將主版頁面的 lblMsg 的 Text 屬性值設為 "歡迎光臨"，將 lblMsg 的 ForeColor 前景色設為藍色。其寫法如下：

```
Dim lbl As Label= CType(Master.FindControl("lblMsg"), Label)
lbl.Text = "歡迎光臨"
lbl.ForeColor = System.Drawing.Color.Blue
```

範例演練

延續上例在 DrMasterPage.master 主版頁面的左側選單下放置 lblMsg 標籤控制項。如左下圖，當進入 computer.aspx(電腦 3C)時，即在 lblMsg 標籤內隨機出現四段不同訊息的跑馬燈文字，且將標籤文字色彩設為藍色；如右下圖，當進入 book.aspx(電腦書籍)時，即在 lblMsg 標籤內隨機出現"Google"、"奇摩站"、"博碩文化" 等優質網站的超連結。

computer.aspx

book.aspx

上機實作

Step1 延續上例，開啟 chap08 網站。

Step2 在 DrMasterPage.master 主版頁面的左側選單下放置 lblMsg 標籤控制項，畫面如下：

Step3 開啟 Computer.aspx.vb 程式碼後置檔並撰寫如下事件處理程序

程式碼後置檔：Computer.aspx.vb

```
01 Partial Class computer
02     Inherits System.Web.UI.Page
03     ' 網頁載入時執行
04     Protected Sub Page_Load(sender As Object, e As System.EventArgs) Handles Me.Load
05         Dim msg() As String = {"iPhone 4 狂降 10000 元", _
                                  "Android 粉紅機配新門號只要 399", _
                                  "買 Windows Phone 7 送體感遊戲機與 XBox 360", _
                                  "每天來店第 10000 名會員送 32 吋 LED 電視"}
06         Dim r As New Random()
07         Dim n As Integer = r.Next(0, msg.Length)
08         Dim lbl As Label = CType(Master.FindControl("lblMsg"), Label)
09         lbl.ForeColor = System.Drawing.Color.Blue
10         lbl.Text = "<marquee behavior=scroll scrolldelay=200>" & msg(n) & _
                   "</marquee>"
11     End Sub
12 End Class
```

程式說明

1. 5 行　：建立 msg(0)~msg(3) 用來存放四句廣告詞。
2. 6~7 行　：隨機產生 0~3 並指定給 n，n 用來當做是取得廣告詞的索引。
3. 8 行　：使用 Master.FindControl()方法取得主版頁面內 lblMsg 標籤控制項的物件參考並指定給 lbl，此時 lbl 即是代表 lblMsg，表示 lbl 可用來存取 lblMsg。
4. 9 行　：設定 lbl 前景色為藍色。
5. 10 行　：設定 lbl 隨機顯示 msg(0)~msg(3) 廣告詞，並使用<marquee>標籤將該廣告詞設為跑馬燈模式。

Step4 開啟 book.aspx.vb 程式碼後置檔並撰寫如下事件處理程序

程式碼後置檔：book.aspx.vb

```
Partial Class book
    Inherits System.Web.UI.Page
    ' 網頁載入時執行
    Protected Sub Page_Load(sender As Object, e As System.EventArgs) Handles Me.Load
        Dim web() As String = {"Google", "奇摩站", "博碩文化"}
        Dim link() As String = {"www.google.com.tw", "www.kimo.com.tw", _
                                "www.drmaster.com.tw"}
        Dim r As New Random()
        Dim n As Integer = r.Next(0, web.Length)
        Dim lbl As Label = CType(Master.FindControl("lblMsg"), Label)
        lbl.Text = "優質好站推薦：<a href=http://" & link(n) & ">" & web(n) & "</a>"
    End Sub
End Class
```

Step5 測試網頁執行結果。

8.4 課後練習

1. 主版頁面的副檔名為 (A) .mas (B) .master (C) .aspx (D) .asp
2. 內容頁面的副檔名為 (A) .mas (B) .master (C) .aspx (D) .asp
3. 主版頁面是使用什麼指示詞來設定網頁的屬性？
   (A) @Master (B) @Page (C) @Using (D) @Imports
4. 內容頁面是使用什麼指示詞來設定網頁的屬性？
   (A) @Master (B) @Page (C) @Using (D) @Imports

5. 主版頁面使用什麼控制項來當做內容頁面的預留空間？

   (A) Content (B) Title (C) Template (D) ContentPlaceHolder

6. 內容頁面使用 @Page 指示詞的什麼屬性來指定欲套用的主版面頁？

   (A) Language (B) Title (C) MasterPageFile (D) MasterPage

7. 內容頁面使用 @Page 指示詞的什麼屬性來指定網頁標題？

   (A) Language (B) Title (C) MasterPageFile (D) MasterPage

8. 主版頁面使用 @Master 指示詞的什麼屬性來指定程式碼後置檔路徑？

   (A) Language (B) CodeFile (C) MasterPageFile (D) Inherits

9. 主版頁面使用 @Master 指示詞的什麼屬性來指定撰寫 ASP.NET 的程式語言？

   (A) Language (B) CodeFile (C) MasterPageFile (D) Inherits

10. 下列何者有誤？

    (A) 可將共用的程式或控制項放在主版頁面

    (B) 主版頁面就像 Dreamweaver 的範本

    (C) 主版頁面可以直接執行

    (D) @Page 指示詞可用來設定 ASP.NET 網頁的屬性

筆記頁

9 巡覽控制項

學習目標：

- 認識巡覽控制項的功能
- 認識網站導覽的功能
- 學習 Menu 功能表控制項的使用
- 認識動態功能表與靜態功能表
- 學習 TreeView 樹狀檢視控制項的使用
- 學習 SiteMapPath 網站地圖路徑控制項的使用
- 學習如何替換主版頁面

9.1 Menu 控制項

9.1.1 Menu 功能表控制項宣告語法

ASP.NET 提供 Menu 控制項可以讓您快速開發具有階層式的功能表，讓使用者可以透過功能表快速巡覽網頁。Menu 控制項的宣告語法如下：

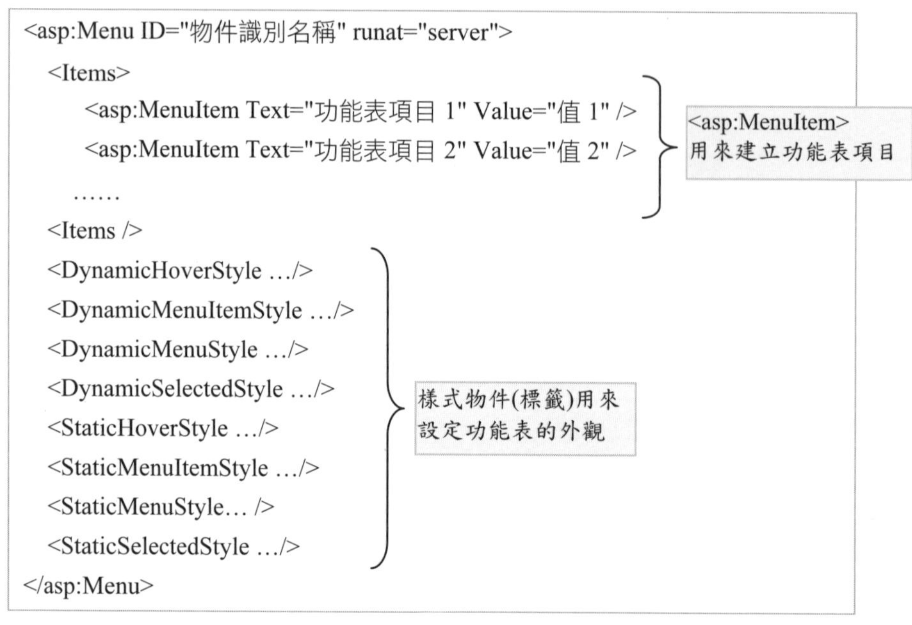

```
<asp:Menu ID="物件識別名稱" runat="server">
  <Items>
     <asp:MenuItem Text="功能表項目 1" Value="值 1" />
     <asp:MenuItem Text="功能表項目 2" Value="值 2" />
    ……
  <Items />
  <DynamicHoverStyle …/>
  <DynamicMenuItemStyle …/>
  <DynamicMenuStyle …/>
  <DynamicSelectedStyle …/>
  <StaticHoverStyle …/>
  <StaticMenuItemStyle …/>
  <StaticMenuStyle… />
  <StaticSelectedStyle …/>
</asp:Menu>
```

<asp:MenuItem>
用來建立功能表項目
樣式物件(標籤)用來
設定功能表的外觀

Menu 內含 MenuItem 物件，每一個 MenuItem 即是 Menu 功能表的項目。例如要建立功能表，功能表的父節點為 "熱門平台" 與 "博碩文化"，當滑鼠游標移到 "熱門平台" 項目上時即顯示 "奇摩網站"、"Google"、"Msn" 三個子功能表項目。宣告寫法如下：

```
<asp:Menu ID="Menu1" runat="server">
  <Items>
    <asp:MenuItem Text="熱門平台" Value="熱門平台">
      <asp:MenuItem Text="奇摩網站" Value="奇摩網站" />
      <asp:MenuItem Text="Google" Value="Google"/>
      <asp:MenuItem Text="Msn" Value="Msn"/>
    </asp:MenuItem>
    <asp:MenuItem Text="博碩文化" Value="博碩文化"></asp:MenuItem>
  </Items>
</asp:Menu>
```

熱門平台 ▶ 奇摩網站
博碩文化 Google
Msn

9.1.2 Menu 功能表控制項常用屬性

下表為 Menu 控制項的常用屬性：

屬性	功能說明
DataSourceID	設定或取得用來設定網站架構資料來源的 SiteMapDataSource 控制項的 ID 物件識別名稱。
DisappearAfter	設定或取得當滑鼠游標離開功能表多少時間後，子功能表才消失不見，時間以毫秒為單位，預設值為 500(0.5 秒)。
DynamicBottomSeparatorImageUrl	設定或取得動態功能表項目下方的分隔符號影像 URL。
DynamicEnableDefaultPopOutImage	設定或取得動態功能表項目展開圖示的使用狀態。
DynamicHorizontalOffset	設定或取得功能表項目與子功能表項目之間的水平距離，以像素為單位。
DynamicPopOutImageUrl	設定或取得動態功能表的展開影像 URL。
DynamicTopSeparatorImageUrl	設定或取得動態功能表項目上方的分隔符號影像 URL。

DynamicVerticalOffset	設定或取得功能表項目與子功能表項目之間的垂直距離，以像素為單位。
ItemWrap	設定或取得功能表項目內的文字是否自動換行。
MaximumDynamicDisplayLevels	設定或取得動態功能表最多顯示幾層，預設值為 3。
Orientation	設定或取得功能表的顯示方式，屬性值有 Horizontal(水平顯示)，Vertical(垂直顯示，預設值)。
ScrollDownImageUrl	設定或取得子功能表向下捲動影像的 URL。
ScrollDownText	設定或取得子功能表向下捲動影像的替代文字。
ScrollUpImageUrl	設定或取得子功能表向上捲動影像的 URL。
ScrollUpText	設定或取得子功能表向上捲動影像的替代文字。
SelectedItem	取得被選取的功能表項目，傳回值為 MenuItem 物件。MenuItem 物件 (即<asp:MenuItem>)常用屬性值如下： ● Enabled：設定或取得功能表項目的啟用狀態。 ● ImageUrl：設定或取得功能表項目使用的影像 URL。 ● NavigateUrl：設定或取得按下功能表項目所超連結網站的 URL。 ● PopOutImageUrl：設定或取得功能表項目的子功能表項目的影像 URL。 ● Selectable：此屬性設為 False，則功能表項目無法選取，但子功能表項目可選取。 ● Selected：設定或取得功能表項目的選取狀態。

	● SeparatorImageUrl：設定或取得功能表項目分隔符號所使用的影像 URL。 ● Text：設定或取得功能表項目所顯示的文字。 ● ToolTip：設定或取得功能表項目的提示文字。 ● Value：設定或取得功能表項目的 Value 值。
SelectedValue	取得被選取的功能表項目的 Value 值。
StaticButtonSeparatorImageUrl	設定或取得靜態功能表項目下方的分隔符號影像 URL。
StaticDisplayLevels	設定或取得靜態功能表項目要顯示幾層，預設值為 1，表示顯示第 1 層(根節點)靜態功能表項目。
StaticEnableDefaultPopOutImage	設定或取得靜態功能表項目是否顯示預設使用展開鈕影像。
StaticPopOutImageUrl	設定或取得靜態功能表項目的展開鈕影像。
StaticTopSeparatorImageUrl	設定或取得靜態功能表項目上方的分隔符號影像 URL。
StaticSubMenuIndent	設定或取得靜態功能表項目與子功能表項目的縮排距離，單位為像素。
Target	設定或取得當按下功能表項目進行超連結時，所連結的網頁要開啟於哪一個視窗。
OnMenuItemClick	當按下功能表中任一個功能項目時會觸發此屬性所指定的事件處理程序。

9.1.3 靜態功能表與動態功能表介紹

Menu 功能表控制項有兩種顯示模式：分別是靜態功能表和動態功能表模式。所謂靜態功能表即是 Menu 控制項會呈現完全展開，此種模式下可以看到 Menu 功能表項目的整個結構。而動態功能表只有當滑鼠游標碰到功能表項目的父節點時才會顯示子功能表項目。兩種功能表說明如下：

1. 靜態功能表

靜態功能表是使用 StaticDisplayLevels 屬性來指定子功能項目的展開層數，例如 StaticDisplayLevels 設為 2 則靜態功能表會展開兩層，如右圖所示。StaticDisplayLevels 屬性值預設為 1，若設為 0 或負數則會發生執行時期例外。

熱門平台
　奇摩網站
　Google
　Msn
博碩文化

2. 動態功能表

動態功能表是使用 MaximumDynamicDisplayLevels 屬性來決定當滑鼠游標碰到功能表項目時最多要顯示幾層。如左下圖 MaximumDynamicDisplayLevels 設為 2 則可以動態顯示 2 層；如右下圖 MaximumDynamicDisplayLevels 設為 1 則可以動態顯示 1 層。

熱門平台 ▸ 奇摩網站 ▸ 登入會員
博碩文化　Google　知識家
　Msn

熱門平台 ▸ 奇摩網站
博碩文化　Google
　Msn

MaximumDynamicDisplayLevels 屬性值預設為 3，若 MaximumDynamicDisplayLevels 設定為 0，當滑鼠游標碰到功能表項目即不會顯示任何子功能表項目；若 MaximumDynamicDisplayLevels 設為負數則會產生執行時期例外。

9.1.4 Menu 功能表控制項的樣式物件

Menu 控制項所提供的樣式物件標籤可宣告於<asp:Menu>~<asp:Menu>標籤內，其功能可設定 Menu 功能表控制項的外觀，樣式物件的屬性如 Font-Size(字型)、BackColor(背景色彩)、ForeColor(前景色彩)...的外觀設定方式與其他控制項相同。Menu 控制項所提供的樣式物件功能說明如下：

樣式物件	功能說明
DynamicHoverStyle	設定當滑鼠游標停在動態功能表項目時的外觀樣式。
DynamicMenuItemStyle	設定動態功能表項目的外觀樣式。
DynamicMenuStyle	設定動態功能表的外觀樣式。
DynamicSelectedStyle	設定當動態功能表項目被選項時的外觀樣式。
StaticHoverStyle	設定當滑鼠游標停在靜態功能表項目時的外觀樣式。
StaticMenuItemStyle	設定靜態功能表項目的外觀樣式。
StaticMenuStyle	設定靜態功能表的外觀樣式。
StaticSelectedStyle	設定當靜態功能表項目被選項時的外觀樣式。

撰寫宣告語法來建立 Menu 功能表控制項的項目與外觀太過於麻煩，因此你可以使用 VWD 的「屬性」視窗的 Items 屬性來建立功能表項目，透過「自動格式化」功能快速設定 Menu 功能表控制項的外觀，請依照下例練習。

範例演練

網頁檔名：Menu_Sample.aspx

練習建立功能表，功能表的父節點為 "熱門平台" 與 "博碩文化" ，當滑鼠游標移到 "熱門平台" 項目上時即顯示 "奇摩網站"、"Google"、"Msn" 三個子功能表項目，且按下功能表項目之後會超連結到對應的網站。

上機實作

Step1 新增 Menu_Sample.aspx 網頁，並在網頁內放置一個 Menu 控制項，其 ID 物件識別名稱預設為「Menu1」：

Step2 建立 Menu1 功能表的項目：

① 先選取 Menu1 控制項。

② 點選該控制項 Items 屬性的 [...] 鈕開啟「功能表項目編輯器」視窗。

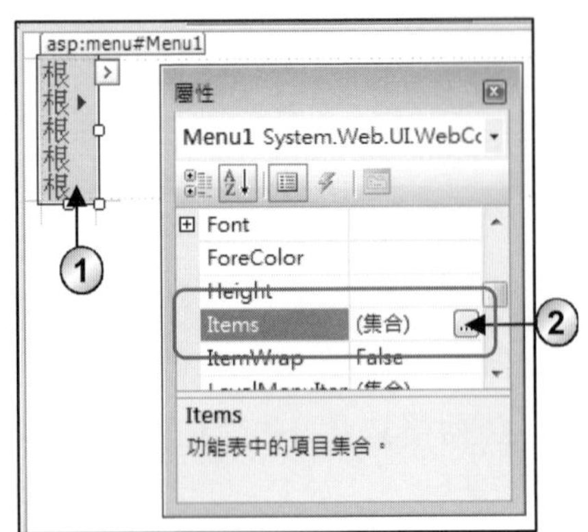

③ 在「功能表項目編輯器」按 [圖示] 鈕加入一個項目。

④ 分別將 Text(標題文字)和 Value(值)屬性值設為 "熱門平台"。

⑤ 繼續在「功能表項目編輯器」按 [按鈕] 鈕加入一個項目。

⑥ 將 Text(標題文字)和 Value(值)屬性值設為 "博碩文化"，NavigateUrl 屬性值(超連結位址)設為 "http://www.drmaster.com.tw/"。

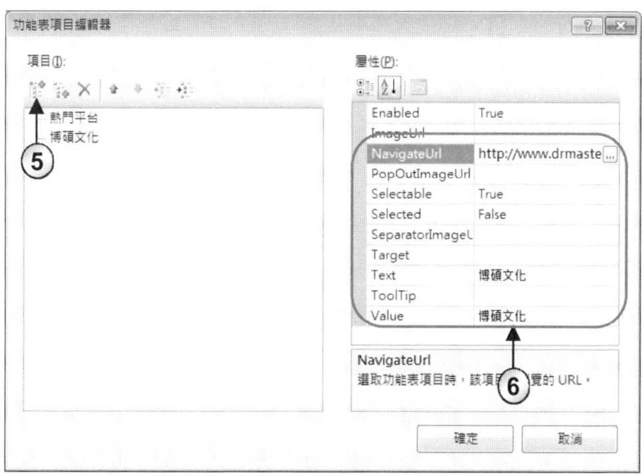

⑦ 選取 "熱門平台" 選項。

⑧ 按 [按鈕] 鈕在 "熱門平台" 選項下新增一個子選項。

⑨ 將新增的子選項的 Text(標題文字)和 Value(值)屬性值設為 "奇摩"，NavigateUrl 屬性值(超連結位址)設為 "http://www.kimo.com.tw/"。

⑩ 重複⑦~⑨步驟，依序在 "熱門平台" 加入 "Google"、"Msn" 兩個子功能項目，NavigateUrl 超連結位址依序設為 "http://www.google.com.tw/"、"http://www.msn. com.tw/"，完成後按 確定 鈕即可。

Step3 設定 Menu1 功能表自動格式化的外觀樣式為「簡單」:

① 選取 Menu1 功能表控制項。

② 選取「智慧標籤」鈕。

③ 按下「自動格式化...」指令開啟「自動格式設定」對話方塊。

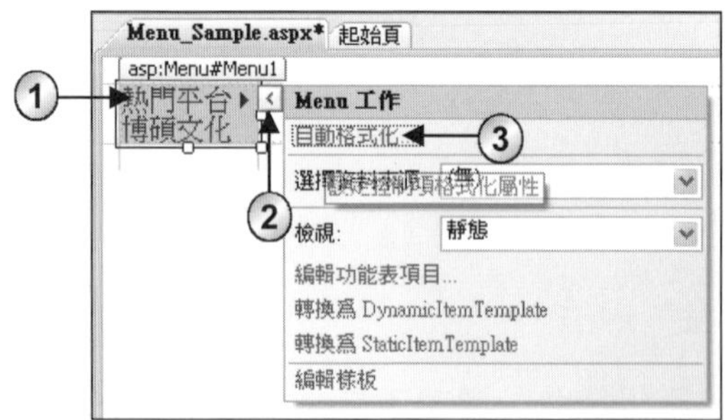

④ 在「自動格式設定」對話方塊選取「簡單」樣式。

⑤ 按下 確定 鈕完成設定。

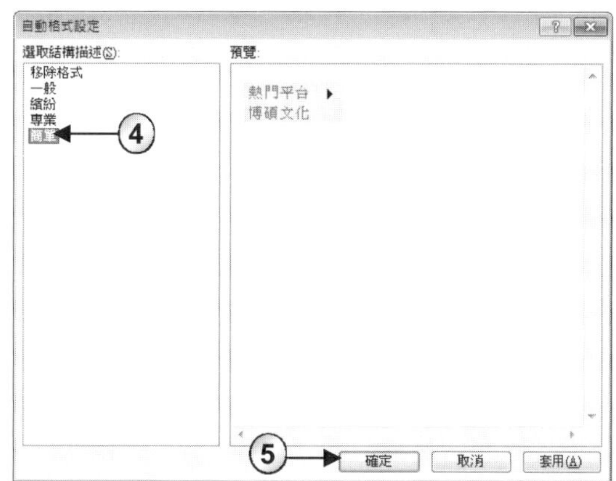

Step4 Menu_Sample.aspx 網頁自動產生如下宣告語法：

網頁程式碼：Menu_Sample.aspx

```
<asp:Menu ID="Menu1" runat="server" BackColor="#E3EAEB"
    DynamicHorizontalOffset="2" Font-Names="Verdana" Font-Size="0.8em"
    ForeColor="#666666" StaticSubMenuIndent="10px">
    <StaticSelectedStyle BackColor="#1C5E55" />
    <StaticMenuItemStyle HorizontalPadding="5px" VerticalPadding="2px" />
    <DynamicHoverStyle BackColor="#666666" ForeColor="White" />
    <DynamicMenuStyle BackColor="#E3EAEB" />
    <DynamicSelectedStyle BackColor="#1C5E55" />
    <DynamicMenuItemStyle HorizontalPadding="5px" VerticalPadding="2px" />
    <StaticHoverStyle BackColor="#666666" ForeColor="White" />
    <Items>
        <asp:MenuItem Text="熱門平台" Value="熱門平台">
            <asp:MenuItem NavigateUrl="http://www.kimo.com.tw"
                Text="奇摩" Value="奇摩"></asp:MenuItem>
            <asp:MenuItem NavigateUrl="http://www.google.com.tw"
                Text="Google" Value="Google"></asp:MenuItem>
            <asp:MenuItem NavigateUrl="http://www.Msn.com.tw"
                Text="Msn" Value="Msn"></asp:MenuItem>
        </asp:MenuItem>
        <asp:MenuItem NavigateUrl="http://www.drmaster.com.tw/"
```

樣式物件

```
21                  Text="博碩文化" Value="博碩文化"></asp:MenuItem>
22          </Items>
23    </asp:Menu>
```

程式說明

1. 11~22 行：設定 Menu1 功能表有 "熱門平台" 與 "博碩文化" 功能項目，"熱門平台" 功能項目下有 "奇摩"、"Google"、"Msg" 子功能項目。

9.2 TreeView 控制項

9.2.1 TreeView 樹狀檢視控制項宣告語法

TreeView 樹狀檢視控制項可在 ASP.NET 網頁內建立以樹狀目錄結構顯示階層式資料，如目錄階層、檔案結構目錄或者是網站架構。TreeView 控制項宣告語法如下：

```
<asp:TreeView ID="物件識別名稱" runat="server" ImageSet="節點圖示"
    ShowCheckBoxes="設定節點顯示核取方塊">
    <Nodes>
        <asp:TreeNode Text="樹狀節點項目 1" Value="值 1" />
        <asp:TreeNode Text="樹狀節點項目 2" Value="值 2" />
        ……
    </Nodes>
    <HoverNodeStyle />
    <LeafNodeStyle />
    <NodeStyle />
    <ParentNodeStyle />
    <RootNodeStyle />
    <SelectedNodeStyle />
</asp:TreeView>
```

<asp:TreeNode> 用來建立樹狀節點項目

樣式物件(標籤)用來設定樹狀檢視控制項各節點的外觀

TreeView 樹狀檢視控制項是由一個或多個節點所組成，每一個節點即是由 TreeNode 物件(即<asp:TreeNode>~<asp:TreeNode>)所建立。TreeView 內含三種不同的節點型別：一是 Root Node 根節點，此節點沒有父節點但有一個或多個子節點；二是 Parent Node 父節點，此節點有父節點和一個或多個子節點；最後是 Child Node 子節點或稱分葉節點，此節點有父節點但沒有子節點。例如建立下圖樹狀檢視：

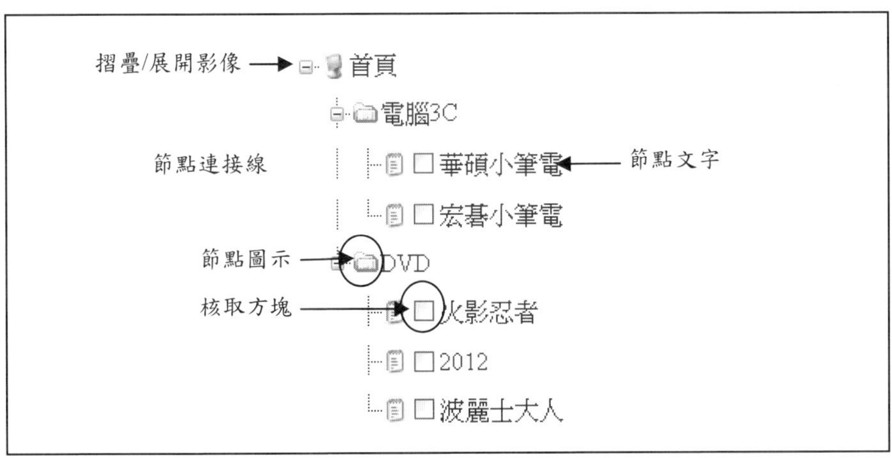

其宣告寫法如下：

```
<asp:TreeView ID="TreeView1" runat="server"
  ImageSet="XPFileExplorer"  ◄── 節點圖示使用 VWD 提供的 XP 檔案總管模式
  ShowCheckBoxes="Leaf"      ◄── 子節點顯示核取方塊
  ShowLines="True">          ◄── 顯示節點連接線
```

```
    <Nodes>
      <asp:TreeNode Text="首頁" Value="首頁">
          <asp:TreeNode Text="電腦 3C" Value="電腦 3C">
            <asp:TreeNode Text="華碩小筆電" Value="華碩小筆電"/>
            <asp:TreeNode Text="宏碁小筆電" Value="宏碁小筆電"/>
          </asp:TreeNode>
          <asp:TreeNode Text="DVD" Value="DVD">
            <asp:TreeNode Text="火影忍者" Value="火影忍者"/>
            <asp:TreeNode Text="2012" Value="2012"/>
            <asp:TreeNode Text="波麗士大人" Value="波麗士大人"/>
          </asp:TreeNode>
      </asp:TreeNode>
    </Nodes>
    <NodeStyle VerticalPadding="5px" />
</asp:TreeView>
```

（<Nodes>…</Nodes> 區段：建立樹狀節點項目）

（<NodeStyle VerticalPadding="5px" /> ←節點文字的垂直距離設為 5 px）

9.2.2 TreeView 樹狀檢視控制項常用屬性

下表為 MultiView 控制項的常用屬性：

屬性	功能說明
CollapseImageToolTip	設定或取得摺疊影像的替代文字，若設為 "{0}" 表示從 Web.sitemap 檔內取得超連結文字。
CollapseImageUrl	設定或取得摺疊影像的 URL 位址，預設為 ⊟ 影像。
CheckedNodes	取得 TreeView 中被選取的節點，傳回值為 TreeNodeCollection 集合物件，集合中的每一個 TreeNode 物件提供下列常用的屬性： ● Checked：設定或取得 TreeNode 核取方塊的核取狀態。 ● ChildNodes：取得目前 TreeNode 的子節點，傳回值為 TreeNodeCollection 集合物件。 ● Count：取得被選取 TreeNode 節點的個數。

	● Depth：取得 TreeNode 節點位於第幾層。 ● Expanded:設定或取得 TreeNode 節點是否展開。 ● ImageToolTip：設定或取得 TreeNode 節點影像的替代文字。 ● ImageUrl：設定或取得 TreeNode 節點影像的 URL 位址。 ● NavigateUrl：設定或取得按下 TreeNode 節點的超連結網址 URL。 ● Parent：取得目前 TreeNode 節點的父節點，傳回值為 TreeNode 物件。 ● SelectAction：設定或取得選取節點時所要執行的動作。 ● Selected：設定或取得 TreeNode 節點的選取狀態。 ● ShowCheckBox:設定或取得 TreeNode 節點是否顯示核取方塊。 ● Target:設定或取得當按下 TreeNode 節點進行超連結時，所連結的網頁要開啟於哪一個視窗。 ● Text：設定或取得 TreeNode 節點的文字。 ● ToolTip：設定或取得 TreeNode 節點的替代文字。 ● Value：設定或取得 TreeNode 節點的 Value 值。 TreeNode 物件提供下列常用的方法： ● Collapse：摺疊節點。 ● CollapseAll：摺疊全部節點。 ● Expand：展開節點。 ● ExpandAll：展開全部節點。 ● Select：選取節點。 ● ToggleExpandState：反轉節點的狀態。若目前為摺疊狀態，執行此方法後，節點變成展開狀態。

DataSourceID	設定或取得用來設定網站架構資料來源的 SiteMapDataSource 控制項的 ID 物件識別名稱。
ExpandDepth	設定或取得 TreeView 要展開幾層節點，-1 表示全部展開。
ExpandImageToolTip	設定或取得展開影像的 URL 位址，預設為 ⊞ 影像。
ImageSet	設定或取得 TreeView 要使用的群組圖示影像。
MaxDataBindDepth	設定或取得當資料繫結至 TreeView 時要顯示幾層節點，-1(預設值)表示無限制。
NodeIndent	設定或取得每個節點之間的縮排距離，預設值為 20px。
Nodes	設定或取得 TreeNode 的節點，傳回值為 TreeNode Collection 集合物件。
NodeWrap	設定或取得 TreeNode 節點內的文字是否自動換行。
NoExpandImageUrl	設定或取得當節點缺少展開 / 摺疊圖示的影像 URL 位址。
PathSeparator	設定或取得每個節點之間的分隔字元。
SelectedNode	取得被選取的節點，傳回值為 TreeNode 物件。
SelectedValue	取得被選取節點的 Value 值。
ShowCheckBoxes	設定或取得節點是否顯示核取方塊，屬性值有 None(不顯示)、Root(根節點顯示)、Parent(父節點顯示)、Leaf(最後一層的子節點顯示)、All(全部節點顯示)。
ShowExpandCollapse	設定或取得節點是否顯示展開 / 摺疊的影像。
ShowLines	設定或取得節點是否顯示連接樹狀節點的線條。
Target	設定或取得當按下節點進行超連結時，所連結的網頁要開啟於哪一個視窗。

OnSelectedNodeChanged	當選取的節點變更時，會觸發此屬性所指定的事件處理程序。
OnTreeNodeCheckChanged	當節點的核取方塊變更時，會觸發此屬性所指定的事件處理程序。
OnTreeNodeCollapsed	當摺疊 TreeNode 之後會觸發此屬性所指定的事件處理程序。
OnTreeNodeDataBound	當 TreeNode 進行資料繫結之後會觸發此屬性所指定的事件處理程序。
OnTreeNodeExpanded	當展開 TreeNode 之後會觸發此屬性所指定的事件處理程序。

9.2.3 TreeView 樹狀檢視控制項樣式物件

TreeView 控制項所提供的樣式物件標籤可宣告於<asp:TreeView>~<asp:TreeView>標籤內，其功能可設定 TreeView 樹狀檢視控制項的外觀，樣式物件的屬性如 Font-Size(字型)、BackColor(背景色彩)、ForeColor(前景色彩)...的外觀設定方式與其他控制項相同。樹狀檢視控制項所提供的樣式物件功能說明如下：

樣式物件	功能說明
HoverNodeStyle	設定當滑鼠游標停在節點時的外觀樣式。
LeafNodeStyle	設定最後一層節點的外觀樣式。
NodeStyle	設定節點的外觀樣式。
ParentNodeStyle	設定父節點的外觀樣式
RootNodeStyle	設定根節點的外觀樣式。
SelectedNodeStyle	設定被選取節點的外觀樣式。

上面 TreeView 控制項的樣式物件還提供下列屬性供您使用，其說明如下：

樣式物件屬性	功能說明
ChildNodesPadding	設定或取得父節點與子節點之間的垂直距離。
HorizontalPadding	設定或取得節點文字的水平距離。
ImageUrl	設定或取得節點影像的 URL。
NodeSpacing	設定或取得節點與節點之間的垂直距離。
VericalPadding	設定或取得節點文字的垂直距離。

撰寫宣告語法來建立 TreeView 樹狀檢視控制項的項目與外觀太過於麻煩，因此你可以使用 VWD 的「屬性」視窗的 Nodes 屬性來建立樹狀檢視控制項內的項目，透過「自動格式化」功能快速設定樹狀檢視控制項的外觀，請依照下例練習。

範例演練

網頁檔名：TreeView_Sample.aspx

建立 ID 物件識別名稱為 TreeViewWeb 與 TreeViewCar 樹狀檢視控制項。點按 TreeViewWeb 節點可超連結到所對應的網站；選取 TreeViewCar 節點的核取方塊並按 選購 鈕可在標籤上顯示使用者所選購的產品，結果如下圖：

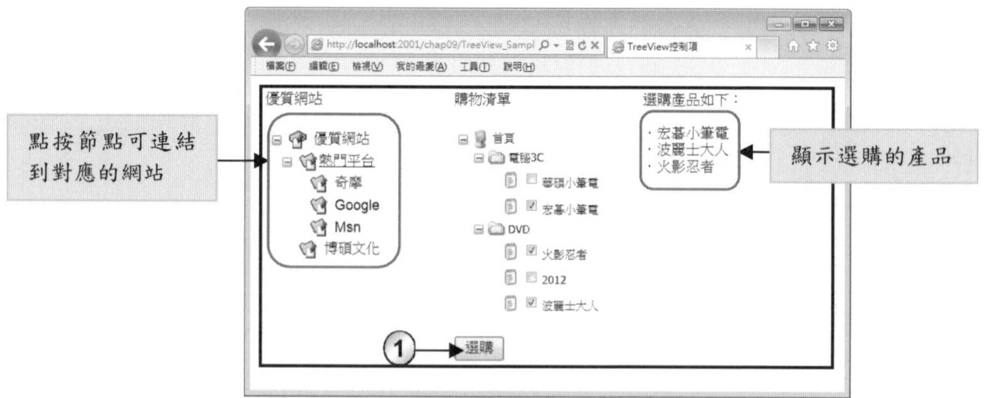

上機實作

Step1 新增 TreeView_Sample.aspx 網頁。

Step2 建立一列三欄表格用來存放兩個 TreeView 與一個 Label：

1. 執行功能表【表格(A)/插入表格(T)】指令開啟「插入表格」視窗。
2. 依下圖數字順序設定新增一列三欄表格。

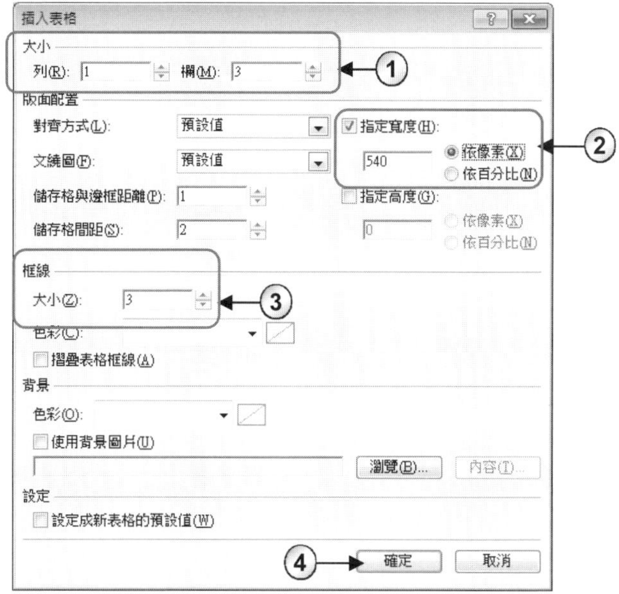

3. 選取表格第一列的第一欄，接著透過「屬性」視窗將 valign 屬性設為 top，使第一欄儲存格內的文字垂直靠上，將 Width 屬性設為 170 使第一欄儲存格寬度為 170px。如下圖操作：

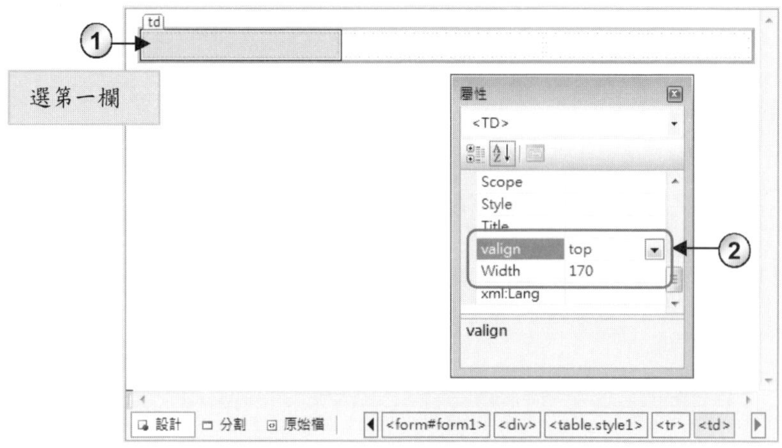

4. 同上步驟再將表格第二欄及第三欄的 valign 屬性設為 top，Width 屬性設為 170。

Step3 建立 TreeViewWeb 控制項的節點：

① 在表格第一列第一欄放入一個 TreeView 控制項，並將 ID 物件識別名稱更改為 TreeViewWeb，接著再選取 TreeViewWeb 控制項。

② 點選該控制項 Nodes 屬性的 ... 鈕開啟「TreeView 節點編輯器」視窗。

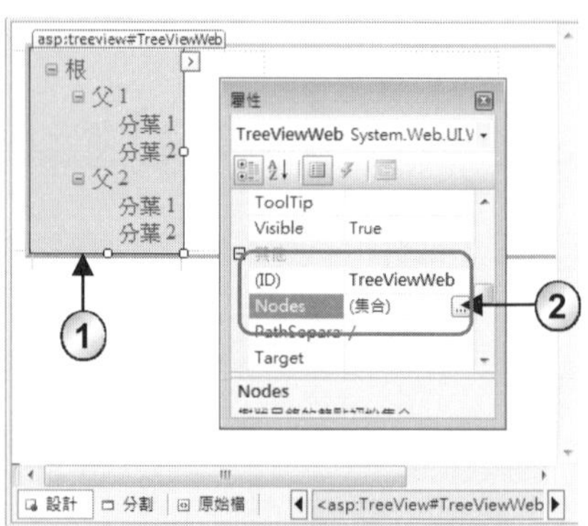

③ 在「TreeView 節點編輯器」按 鈕加入一個節點，此為根節點。

④ 將 Text(標題文字)和 Value(值)屬性值設為 "優質網站"。

⑤ 選取 "優質網站" 節點。

⑥ 按 鈕在 "優質網站" 選項下新增一個子節點。

⑦ 將 Text(標題文字)和 Value(值)屬性值設為 "博碩文化"，NavigateUrl 屬性值(超連結位址)設為 "http://www.drmaster.com.tw/"。

⑧ 重複步驟⑤~⑦，在 "優質網站" 節點下新增一個子節點，該節點的 Text(標題文字)和 Value(值)屬性值設為 "熱門平台"。

⑨ 重複步驟⑤~⑦，在 "熱門平台" 節點下新增 "奇摩"、"Google"、"Msn" 三個子節點，該節點的 NavigateUrl 屬性值依序為 "http://www.kimo.com.tw/"、"http://www.google.com.tw/"、"http://www. msn.com.tw/"。

⑩ 完成之後按下 確定 鈕即可。

Step4 設定 TreeViewWeb 功能表自動格式化的外觀樣式為「新聞」:

① 選取 TreeViewWeb 功能表控制項。

② 選取「智慧標籤」鈕。

③ 按下「自動格式化...」指令開啟「自動格式設定」對話方塊。

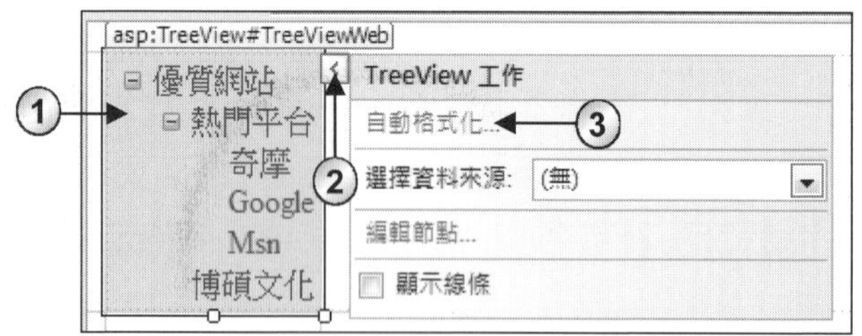

④ 在「自動格式設定」對話方塊選取「新聞」樣式。

⑤ 按下 確定 鈕完成設定。

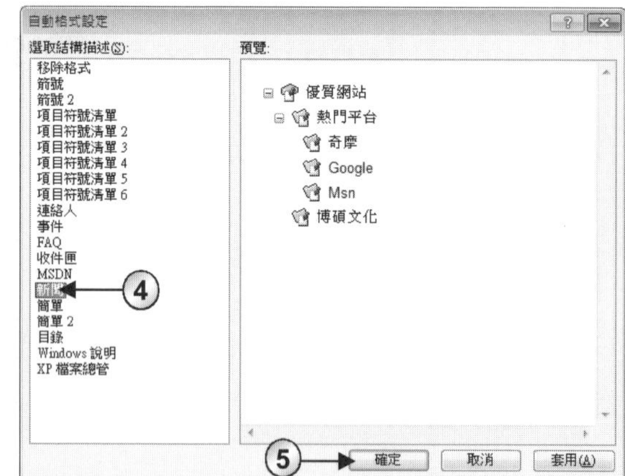

Step5 依照 Step3~Step4，在表格第一列第二欄建立 TreeViewCar 控制項，該控制項的自動格式化請設定為「XP 檔案總管」，ShowCheckBoxs 屬性設為「Leaf」。結果如右圖：

Step6 在表格第一列第三欄放入 lblShow 標籤。結果 TreeVew_Sample.aspx 配置如下圖：

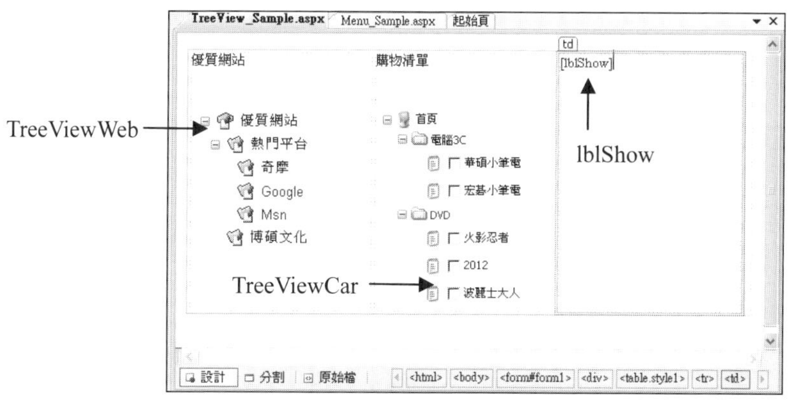

Step7 TreeView_Sample.aspx 網頁自動產生的宣告標籤程式碼如下：

網頁程式碼：TreeView_Sample.aspx

```
<table class="style1">
    <tr>
        <td valign="top" width="170">
            <asp:Label ID="Label1" runat="server" Font-Size="10pt"
                Text="優質網站"></asp:Label>
            <br /><br />
            <asp:TreeView ID="TreeViewWeb" runat="server"
                ImageSet="News" NodeIndent="10">
                <ParentNodeStyle Font-Bold="False" />
```

```
            <HoverNodeStyle Font-Underline="True" />
            <SelectedNodeStyle Font-Underline="True"
          HorizontalPadding="0px" VerticalPadding="0px" />
            <Nodes>
                <asp:TreeNode Text="優質網站" Value="優質網站">
                    <asp:TreeNode Text="熱門平台" Value="熱門平台">
                    <asp:TreeNode Text="奇摩" Value="奇摩"
                        NavigateUrl="http://www.kimo.com.tw" >
                    </asp:TreeNode>
                    <asp:TreeNode Text="Google" Value="Google"
                        NavigateUrl="http://www.google.com.tw">
                    </asp:TreeNode>
                    <asp:TreeNode Text="Msn" Value="Msn"
                        NavigateUrl="http://www.msn.com.tw" >
                    </asp:TreeNode>
                </asp:TreeNode>
                <asp:TreeNode Text="博碩文化" Value="博碩文化"
                    NavigateUrl="http://www.drmaster.com.tw" >
                </asp:TreeNode>
              </asp:TreeNode>
            </Nodes>
            <NodeStyle Font-Names="Arial" Font-Size="10pt"
              ForeColor="Black" NodeSpacing="0px"
              HorizontalPadding="5px" VerticalPadding="0px" />
        </asp:TreeView>
    </td>
    <td valign="top" width="170">
        <asp:Label ID="Label2" runat="server" Font-Size="10pt"
            Text="購物清單"></asp:Label>
        <br /><br />
        <asp:TreeView ID="TreeViewCar" runat="server"
            ImageSet="XPFileExplorer"
```

```
            NodeIndent="15" ShowCheckBoxes="Leaf">
        <ParentNodeStyle Font-Bold="False" />
        <HoverNodeStyle Font-Underline="True"
            ForeColor="#6666AA" />
        <SelectedNodeStyle BackColor="#B5B5B5"
            Font-Underline="False"
            HorizontalPadding="0px" VerticalPadding="0px" />
        <Nodes>
          <asp:TreeNode Text="首頁" Value="首頁">
            <asp:TreeNode Text="電腦 3C" Value="電腦 3C">
              <asp:TreeNode Text="華碩小筆電"
                Value="華碩小筆電"></asp:TreeNode>
              <asp:TreeNode Text="宏碁小筆電"
                Value="宏碁小筆電"></asp:TreeNode>
            </asp:TreeNode>
            <asp:TreeNode Text="DVD" Value="DVD">
              <asp:TreeNode Text="火影忍者"
                Value="火影忍者"></asp:TreeNode>
              <asp:TreeNode Text="2012"
                Value="2012"></asp:TreeNode>
              <asp:TreeNode Text="波麗士大人"
                Value="波麗士大人"></asp:TreeNode>
            </asp:TreeNode>
          </asp:TreeNode>
        </Nodes>
        <NodeStyle Font-Names="Tahoma" Font-Size="8pt"
          ForeColor="Black" NodeSpacing="0px"
          HorizontalPadding="2px" VerticalPadding="2px" />
    </asp:TreeView>
    <br />
    <asp:Button ID="btnShopping" runat="server"
        Text="選購" />
```

```
                </td>
                <td valign="top" width="170">
                    <asp:Label ID="lblShow" runat="server" Font-Size="10pt"></asp:Label>
                </td>
            </tr>
    </table>
```

Step8 自行撰寫事件處理程序

程式碼後置檔：TreeView_Sample.aspx.vb

```
Partial Class TreeView_Sample
    Inherits System.Web.UI.Page

    Protected Sub btnShopping_Click(sender As Object, e As System.EventArgs) _
    Handles btnShopping.Click
        ' TreeView 控制項的 CheckedNodes 可取得被選取的 TreeNode 節點物件
        ' 判斷 TreeViewCar 子節點被選取數量是否為 0
        If TreeViewCar.CheckedNodes.Count = 0 Then
            lblShow.Text = "未選購任何產品~"
        Else  ' 若 TreeViewCar 子節點選取的數量大於 0，則執行下面敘述
            lblShow.Text = "選購產品如下：<br>"
        ' 使用 For Each...Next 迴圈逐一將被選取節點的節點文字顯示在 lblShow 上
            For Each node As TreeNode In TreeViewCar.CheckedNodes
                lblShow.Text &= "<br>・" & node.Text
            Next
        End If
    End Sub

End Class
```

1. 7~15 行：按下 選購 鈕執行 btnShopping_Click 事件處理程序，在此事件處理程序內先判斷 TreeViewCar 子節點被選取數量是否為 0，若成立則執行第 8 行在 lblShow 標籤上顯示 "未選購任何產品~"；否則即執行 10~14 行使用 For Each...Next 迴圈將 TreeViewCar 子節點被選取的項目逐一顯示在 lblShow 標籤上。

9.3 網站導覽檔與 SiteMapDataSource 控制項

9.3.1 網站巡覽簡介

前兩節介紹如何使用 TreeView 與 Menu 控制項製作巡覽網站功能的選單，但是當網站的網頁增多時，在管理 TreeView 或 Menu 的項目就變得愈來愈麻煩，一旦新增一個網頁時，可能 TreeView 或 Menu 就要增加一個項目，為解決這個問題，ASP.NET 提供「網站導覽」檔案來解決這個問題，網站導覽檔案名稱為 Web.sitemap，它是一個具備描述網站階層的 XML 檔案。功能說明如下：

1. 網站導覽功能
   透過 Web.sitemap 網站導覽檔案來描述 ASP.NET 網站的結構。在加入或刪除網頁時，只要修改 Web.sitemap 檔來管理頁面巡覽，就不用修改所有 ASP.NET 網頁中的超連結。
2. 可繫結網站地圖路徑
   當建立好 Web.sitemap 網站導覽檔案的結構之後，使用 SiteMapPath 網站地圖路徑控制項即可動態顯示您目前所連結網頁的巡覽路徑。

3. 可繫結 TreeView 與 Menu 控制項

   當建立好網站導覽檔案(Web.sitemap)的結構之後，透過 SiteMapDataSource 控制項可將網站的階層結構與連結位址動態繫結到 TreeView 與 Menu 控制項，使 TreeView 與 Menu 能動態顯示網站的巡覽功能連結項目。

9.3.2 建立 Web.sitemap 網站導覽與 SiteMapDataSource 控制項

接著依照下面操作，練習建立與設定 Web.sitemap 的網站架構，再透過 TreeView 與 Menu 控制項顯示網站架構。執行結果如下圖：(網頁檔名 SiteMapDataSource_Sample.aspx)

上機實作

Step1 建立 Web.sitemap 檔

執行功能表【網站(S)/加入新項目(W)...】指令開啟「加入新項目」視窗，在此視窗請選取 網站導覽 新增網站導覽檔案「Web.sitemap」。

Step2 Web.sitemap 預設顯示下列 XML 結構：

```
<?xml version="1.0" encoding="utf-8" ?>
<siteMap xmlns="http://schemas.microsoft.com/AspNet/SiteMap-File-1.0" >
```

```
    <siteMapNode url="" title=""  description="">
        <siteMapNode url="" title=""  description="" />
        <siteMapNode url="" title=""  description="" />
    </siteMapNode>
</siteMap>
```

說明

1. Web.sitemap 網站導覽檔的第 1 行一定要加入 <?xml version="1.0" encoding="utf-8" ?> 敘述，是用來宣告此份文件為 XML 結構，使用的編碼方式為 utf-8，若沒有加入此行敘述則輸入中文字之後，網站導覽路徑會以亂碼顯示。
2. <siteMap> 標籤用來定義網站導覽的架構。
3. <siteMapNode> 標籤用來設定每一個網頁的節點，此標籤可使用三個屬性。一是 url 屬性用來設定網頁的超連結 URL，二是 title 屬性用來設定網頁的超連結文字，三是 description 屬性用來設定超連結的替代文字。

Step3 接著請將 Web.sitemap 檔設定如下：

```
<?xml version="1.0" encoding="utf-8" ?>
<siteMap xmlns="http://schemas.microsoft.com/AspNet/SiteMap-File-1.0" >
  <siteMapNode url="~/index.aspx" title="首頁"  description="首頁">
    <siteMapNode url="~/about.aspx" title="公司簡介"  description="公司簡介" />
    <siteMapNode url="" title="產品分類"  description="產品分類" >
      <siteMapNode url="~/computer.aspx" title="電腦 3C"  description="電腦 3C" />
      <siteMapNode url="~/book.aspx" title="電腦書籍"  description="電腦書籍" />
    </siteMapNode>
  </siteMapNode>
</siteMap>
```

Step4 將工具箱內「資料」工具的 SiteMapDataSource 控制項放到 ASP.NET 網頁上，此控制項 ID 屬性預設為 SiteMapDataSource1，且該控制項會自動取得 web.sitemap 的網站結構。

Step5 在 ASP.NET 網頁內放入 Menu1 與 TreeView1 控制項，並依照自己喜好設定自動格式化功能，最後再將 Menu1 與 TreeView1 控制項的 DataSourceID 屬性設為 SiteMapDataSource1，此時上述兩個控制項即會動態繫結 Web.sitemap 網站導覽檔。輸出入介面自動產生如下：

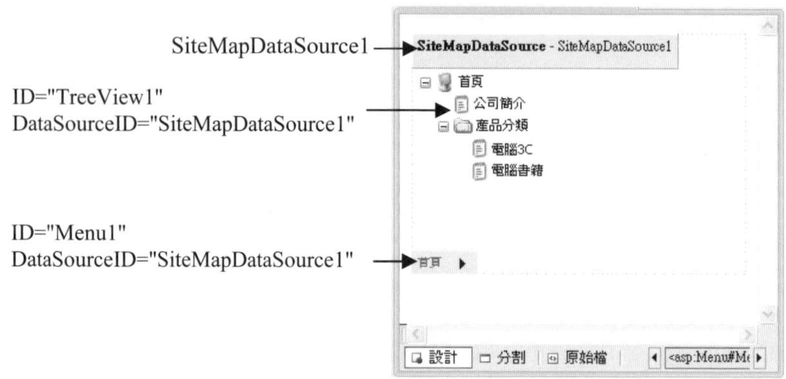

9.4 SiteMapPath 控制項

SiteMapPath 控制項為網站巡覽控制項，它可以用來顯示網頁路徑，具有網站階層架構及導覽效果，讓使用者了解目前正在瀏覽哪個網頁。例如下圖網站巡覽控制項顯示目前所在的網頁路徑是 "電腦 3C"，由路徑了解 "電腦 3C" 上層是 "產品分類"，網站的根節點即最上層為 "首頁"。

根節點 → 首頁 > 產品分類 > 電腦3C ← 子節點

分隔符號　　父節點即一般節點

SiteMapPath 控制項不需要使用 SiteMapDataSource 控制項即能自動繫結 Web.sitemap 檔的網站架構。其宣告語法如下：

```
<asp:SiteMapPath ID="物件識別名稱" runat="server"
      PathSeparator="網站節點分隔符號"
      ShowToolTips="是否顯示超連結替代文字"...>
   <CurrentNodesStyle .../>   ┐
   <NodeStyle .../>           │ 樣式物件(標籤)用來設定
   <PathSeparatorStyle .../>  │ SiteMapPath 的外觀
   <RootNodeStyle .../>       ┘
</asp:SiteMapPath>
```

下表為 SiteMapPath 控制項的常用屬性：

屬性	功能說明
PathDirection	設定或取得網頁路徑呈現方式。屬性值如下： ① RootToCurrent：由左到右由根節點(首頁)顯示至目前子節點(電腦 3C)。如下圖： 首頁 > 產品分類 > 電腦3C ② CurrentToRoot：由左到右由目前子節點(電腦3C)顯示至根節點(首頁)。如下圖： 電腦3C > 產品分類 > 首頁
PathSeparator	設定或取得每個節點的分隔符號。
RenderCurrentNodeAsLink	設定或取得目前節點是否呈現超連結。
ParentLevelsDisplayed	設定或取得要顯示幾層父節點，預設值為-1，表示顯示全部父節點。
ShowToolTips	設定或取得是否顯示節點的超連結替代文字。

下表為 SiteMapPath 控制項所提供的樣式物件：

屬性	功能說明
CurrentNodeStyle	設定目前節點的樣式。
NodeStyle	設定一般巡覽節點的樣式。
PathSeparatorStyle	設定節點之間分隔符號的樣式。
RootNodeStyle	設定根節點的樣式。

範例演練

延續 chap08 網站範例，依 DrMasterPage.master 主版頁面設計方式建立 NewDrMasterPage.master 主版頁面，接著在 NewDrMasterPage.master 主版頁面加入 TreeView1、Menu1、SiteMapPath1 及 SiteMapDataSource1 控制項用來顯示網站架構與導覽功能，最後將 index.aspx(首頁)、about.aspx(公司簡介)、computer.aspx(電腦 3C)、book.aspx(電腦書籍)四個網頁改成套用 NewDrMasterPage.master。下圖為 computer.aspx 網頁的執行結果。

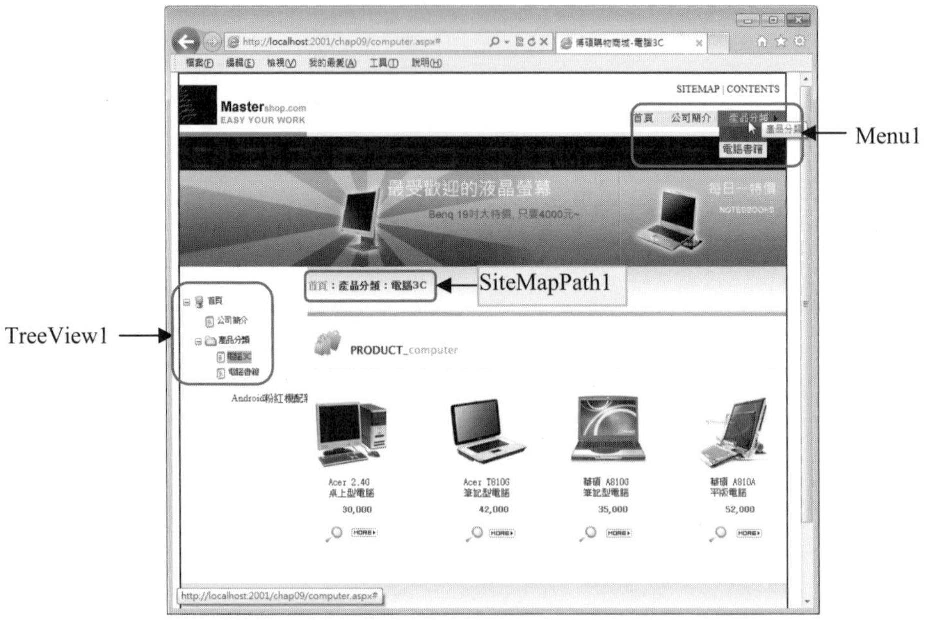

上機實作

Step1 開啟 chap08 網站練習。

Step2 新增 Web.sitemap 網站導覽檔，在該檔輸入下列網站架構：

```
<?xml version="1.0" encoding="utf-8" ?>
<siteMap xmlns="http://schemas.microsoft.com/AspNet/SiteMap-File-1.0" >
  <siteMapNode url="~/index.aspx" title="首頁"   description="首頁">
   <siteMapNode url="~/about.aspx" title="公司簡介"   description="公司簡介" />
   <siteMapNode url="" title="產品分類"   description="產品分類" >
     <siteMapNode url="~/computer.aspx" title="電腦 3C"   description="電腦 3C" />
     <siteMapNode url="~/book.aspx" title="電腦書籍"   description="電腦書籍" />
   </siteMapNode>
  </siteMapNode>
</siteMap>
```

Step3 新增主版頁面，將主版頁面檔名設為 NewDrMasterPage.master，依 DrMasterPage.master 主版頁面設計方式建立 NewDrMasterPage.master 主版頁面，完成之後，將左側超連結選單刪除。

將 NewDrMasterPage.master 左側選單刪除

Step4 在 NewDrMaster.page 主版頁面放入 TreeView1、Menu1、SiteMapPath1、SiteMapDataSource1、ContentPlaceHolder1 控制項，控制項屬性設定如下，並依自己喜好設定自動格式化與外觀樣式。

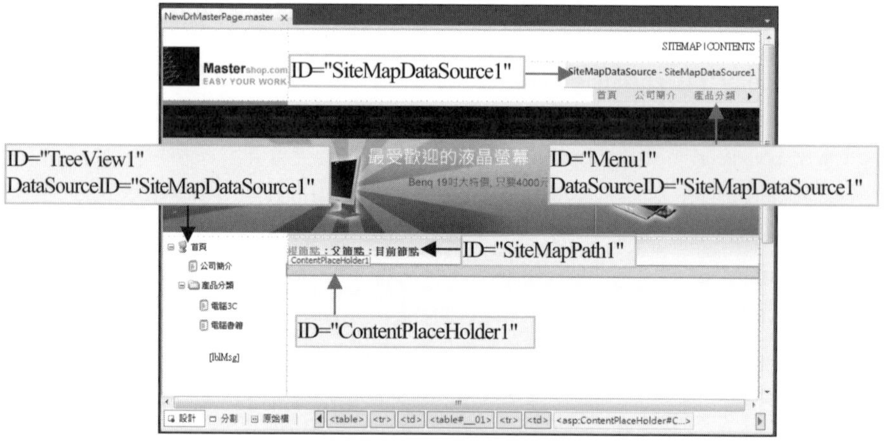

Step5 開啟 index.aspx 網頁，並依照下例步驟，將 index.aspx 由原來所套用的 DrMasterPage.master 改成套用 NewDrMasterPage.master 主版頁面。

1. 請將 index.aspx 網頁的 MasterPageFile 屬性由原來的 DrMasterPage.master 更改為 NewDrMasterPage.master。操作步驟如下：

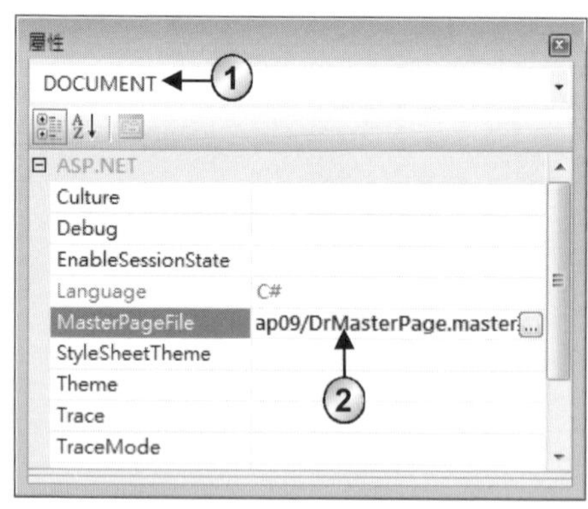

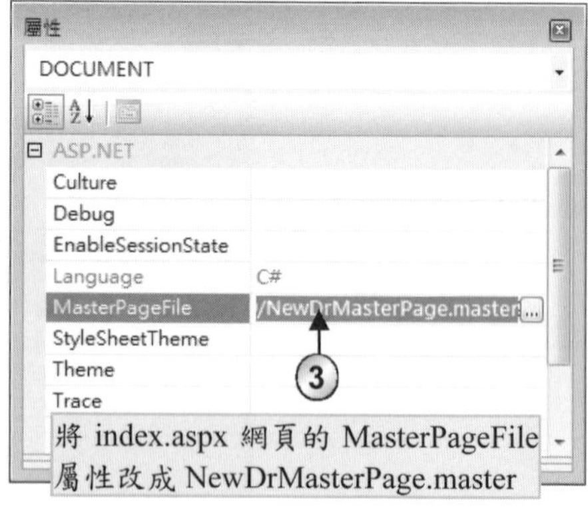

2. 如下圖，在 index.aspx 網頁上按右鍵執行快顯功能表【重新整理(F)】指令，結果發現 index.aspx 網頁成功套用 NewDrMasterPage.master。

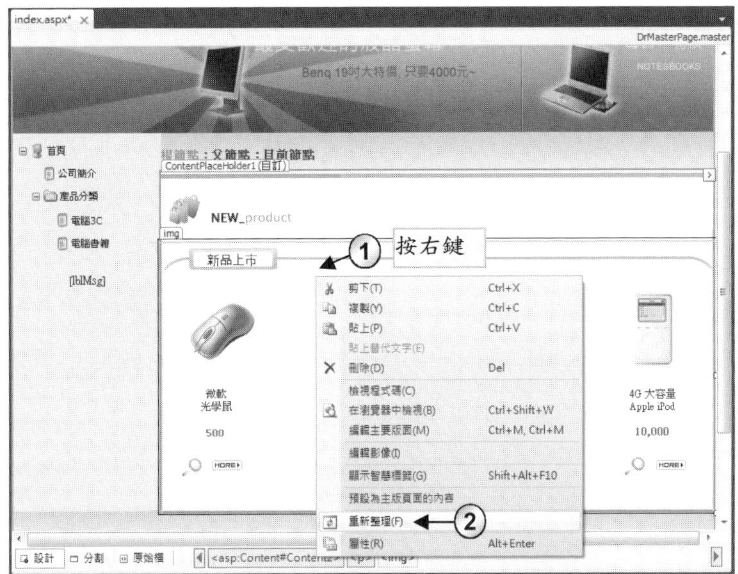

Step6 依照 Step5，將 about.aspx、computer.aspx、book.aspx 網頁改成套用 NewDrMasterPage.aspx 主版頁面。

Step7 執行網頁測試結果。

9.5 課後練習

一、選擇題

1. Menu 內含什麼物件可用來建立功能表的項目？

   (A) Item (B) View (C) SubMenu (D) MenuItem

2. 若要設定或取得動態功能表的展開影像 URL，應使用什麼屬性？

   (A) DynamicPopOutImageUrl (B) ImageUrl

   (C) DynamicImageUrl (D) Image

3. 若要設定或取得功能表項目內的文字是否自動換行，應使用什麼屬性？
(A) DataSourceID (B) DisappearAfter (C) ItemWrap (D) Wrap

4. 試問動態功能表預設顯示幾層？ (A) 1 (B) 2 (C) 3 (D) 4

5. 當按下功能表中任一個功能項目時會觸發什麼事件？
(A) Click (B) MenuClick (C) MenuItemClick (D) ItemClick

6. 當滑鼠游標停在動態功能表項目時的外觀設定樣式，應使用下列哪種樣式物件？ (A) DynamicHoverStyle (B) DynamicMenuItemStyle (C) Dynamic MenuStyle (D) DynamicSelectedStyle

7. 下列何者非 TreeView 控制項的相關說明？ (A) 可建立樹狀目錄結構顯示階層式資料 (B) 使用 CheckBox 屬性設定節點顯示核取方塊 (C) 使用<asp:TreeView>來建立 TreeView 物件 (D) 使用<asp:TreeNode>來建立 TreeView 物件的子節點

8. TreeView 控制項的什麼屬性可用來設定或取得摺疊影像的替代文字
(A) ToolTip (B) Alt (C) CollapselImageText (D) CollapseImageToolTip

9. TreeView 控制項的什麼屬性可用來設定或取得 TreeView 物件使用的群組圖示影像 (A) ImageSet (B) Image (C) ImageGroup (D) ImageAll

10. TreeView 控制項的什麼屬性可用來設定或取得是否顯示連接樹狀節點的線條 (A) Line (B) ShowLines (C) Lines (D) OpenLines

11. 下列何者可用來設定 TreeView 的父節點外觀樣式？ (A) NodeStyle
(B) LeafNodeStyle (C) ParentNodeStyle (D) SuperNodeStyle

12. 當 TreeView 物件的核取方塊變更時會觸發什麼事件？ (A) SelectedNode Changed (B) TreeNodeCheckChanged (C) CheckedChanged (D) Click

13. 試問網站導覽檔的檔名為何？
(A) Web.master (B) Web.aspx (C) Web.config (D) Web.sitemap

14. 下列何者有誤？
(A) SiteMapPath 控制項具有顯示網站路徑功能 (B) SiteMapPath 控制項具有導覽網站架構 (C) SiteMapPath 可自動繫結至 Web.config 檔取得網站架構 (D) SiteMapPath 控制項具有網站導覽效果

15. 下列何者非 SiteMapPath 控制項的屬性？
(A) PathSeparator (B) Text (C) ShowToolTips (D) PathDirection

二、程式設計

1. 試寫一個可選擇神奇寶貝對戰的程式。如下圖，有三位角色，每位角色有兩隻神奇寶貝，最多可選擇四隻出場。

2. 試使用 Panel 製作購物系統，購物清單請 TreeView 製作，其它控制項可自訂，流程如下：
選購產品清單➪確認選購產品➪輸入收件人資訊➪交易完成

3. 試使用 Panel 製作會員註冊系統，所使用的控制項可自訂，流程如下，可使用 Menu 控制項切換會員註冊系統的每個畫面：
帳號與密碼輸入➪會員基本資料輸入➪會員註冊完成

筆記頁

CHAPTER

ASP.NET 常用物件

學習目標：

- 認識 ASP.NET 的常用物件
- 學習 Response 物件的使用
- 學習 Request 物件的使用
- 學習 Cookie 物件讀寫用戶端硬碟
- 學習 Session 物件的使用
- 學習 Application 物件的使用
- 學習訪客計數器的設計

10.1 ASP.NET 常用物件介紹

ASP.NET 和 ASP 一樣可使用 Response、Request、Server、Application 以及 Session 這五個常用的內建物件，這些物件不需要宣告與建立便可以直接使用，透過這些物件可以取得用戶端與伺服器端的資訊，其功能說明如下表：

物件	類別	功能說明
Response	HttpResponse	用來將伺服器端的資料傳送到用戶端。例如：顯示資料於用戶端、將 Cookie 物件集合寫入到用戶端硬碟中、設定或取得網頁編碼方式...等。
Request	HttpRequest	用來讀取用戶端傳送到伺服器端的資料。例如：取得 ASP.NET 表單資料、取得 URL 查詢字串、取得用戶端瀏覽器功能、取得用戶端 Cookie 物件集合...等。
Server	HttpServerUtility	用來使用伺服器端的功能與讀取伺服器端的資訊。例如：取得伺服器端的電腦名稱、將虛擬路徑轉成實際路徑、將 URL 查詢字串進行編碼...等。
Application	HttpApplicationState	用來記錄所有用戶端的共用變數。例如：網頁計數器、聊天室的留言訊息...等。
Session	HttpSessionState	用來記錄個別用戶端的變數。例如：購物車、個別用戶端的狀態...等。

10.2 Response 物件

Response 物件主要用來將伺服器端的資料傳送到用戶端。例如：將伺服器端的資料顯示於用戶端、將 Cookie 物件集合寫入到用戶端硬碟中、設定或取得網頁編碼方式…等

10.2.1 Response 物件常用屬性

下表為 Response 物件的常用屬性說明：

屬性	功能說明
BufferOutput	設定或取得是否啟用緩衝處理，預設值為 False 表示不啟用緩衝處理。若設為 True 表示啟用緩衝處理，此時即要求伺服器端先將資料寫入至緩衝區，等到執行 Response.Flush()方法或 ASP.NET 網頁執行完畢時，即將緩衝區的資料一次傳送到用戶端。
Charset	設定或取得 ASP.NET 網頁字元集的編碼方式。
ContentEncoding	設定或取得 ASP.NET 網頁字元集的編碼方式。
ContentType	設定或取得輸出 HTTP MIME 型態(用來表示文件的類型)，預設值為 "text/html"，若設為 "image/gif" 表示輸出 GIF 影像圖檔。
Cookies	將 Cookie 物件寫入至用戶端硬碟中。
IsClientConnected	判斷用戶端是否持續和伺服器端進行連線。 False-未連線；True-連線。
StatusCode	取得伺服器端主機回應的狀態碼。狀態碼有： 100(Continue)、200(OK)、300(Ambiguous)、301(Moved)、302(Redirect)、303(RedirectMethod)、305(UserProxy)、307(RedirectKeepVerb)、401(Unauthorized)。

StatusDescription	取得伺服器端主機回應的狀態碼說明文字。 Continue(100)、OK(200)、Ambiguous(300)、Moved(301)、Redirect(302)、RedirectMethod(303)、UserProxy(305)、RedirectKeepVerb(307)、Unauthorized(401)。
SuppressContent	設定或取得網頁內容是否不傳送給用戶端。 True-不傳送；False-傳送。

10.2.2 Response 物件常用方法

下表為 Response 物件的常用方法說明：

方法	功能說明
ClearContent	將緩衝區內的所有資料清除。
Close	關閉與用戶端的連接。
End	結束 ASP.NET 網頁執行，接在後面的敘述將不會執行。
Flush	將全部緩衝區內的資料傳送到用戶端，再清除緩衝區內的資料。
GetType	取得物件型別名稱。
Redirect	連結到指定的網頁。如下寫法可連結到奇摩網站： Response.Redirect("http://www.kimo.com.tw")
ToString	將物件名稱轉成字串資料。
Write	將指定的變數或資料直接輸出到用戶端瀏覽器中。如下寫法可將紅色字 "ASP.NET" 輸出到用戶端瀏覽器中： Response.Write("<font color=red>ASP.NET</font>")
WriteFile	將指定文字檔的內容直接輸出到用戶端瀏覽器中。下面寫法將 info.txt 文字檔內容輸出到用戶端瀏覽器中： Response.WriteFile("info.txt")

範例演練

網頁檔名：Response_Sample.aspx

練習使用 Response 物件所提供的屬性與方法。將 BufferOutput 屬性設為 True 啟用緩衝處理、設定編碼模式為 utf-8、輸出 HTTP 型態 "text/html"、使用 StatusDescription 屬性取得伺服器端回應的狀態、使用 Write 方法輸出指定的資料、使用 WriteFile 方法將 info.txt 文字檔的內容輸出。執行結果如下圖：

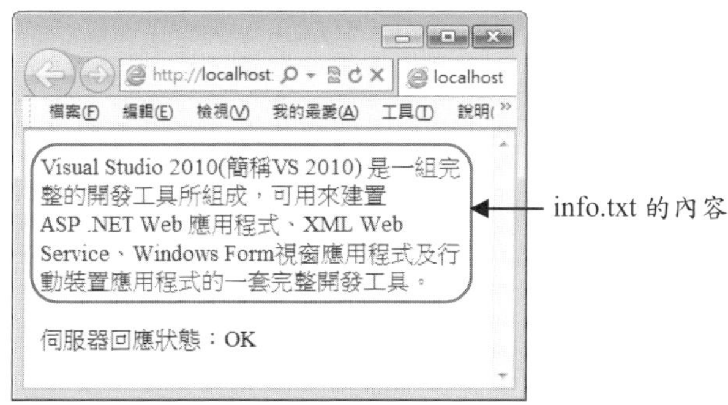

上機實作

Step1 請將 info.txt 文字檔和 Response_Sample.aspx 存放在相同路徑下。下列為 info.txt 的內容。

```
Visual Studio 2010(簡稱 VS 2010) 是一組完整的開發工具所組成，可用來建置
ASP.NET Web 應用程式、XML Web Service、Windows Form 視窗應用程式及行
動裝置應用程式的一套完整開發工具。
```

Step2 將程式碼撰寫於 Page_Load 事件處理程序內。

網頁程式碼：Response_Sample.aspx.vb

```
Partial Class Response_Sample
    Inherits System.Web.UI.Page
    ' 網頁載入時執行此事件
    Protected Sub Page_Load(sender As Object, e As System.EventArgs) Handles Me.Load
        Response.BufferOutput = True          ' 啟用緩衝處理
        Response.Charset = "utf-8"            ' 編碼模式為 utf-8
```

```
        Response.ContentType = "text/html"          ' 輸出 HTTP 為網頁文件
        Response.Write("<font color=blue>")          ' 輸出<font>字型標籤
        Response.WriteFile("info.txt")               ' 輸出 info.txt 文字檔的內容於用戶端
        Response.Write("</font>")                    ' 輸出</font>
        ' 輸出伺服器端回應狀態
        Response.Write("<p>伺服器回應狀態：" & Response.StatusDescription)
        Response.End()                               ' 結束 ASP.NET 網頁執行
        ' 由於已執行 Response.End()方法 ，所以下行顯示網頁編碼模式將不執行
        Response.Write("<p>網頁編碼：" & Response.ContentEncoding.ToString())
    End Sub
End Class
```

10.3 Request 物件

Request 物件可用來取得用戶端瀏覽器所傳送的內容，如 HTTP 標頭、Cookie、用戶端憑證、URL 查詢字串…等。下列介紹 Request 物件的常用屬性。

10.3.1 Request 物件常用屬性

屬性	功能說明
ApplicationPath	取得目前網頁的虛擬目錄路徑。
Browser	取得用戶端瀏覽器的功能。傳回值為 HttpBrowser Capabilities 物件，此物件的屬性值可參考 10.3.2 節。
ContectEncoding	取得 ASP.NET 網頁字元的編碼方式，傳回值為 Encoding 物件。
Cookies	取得用戶端硬碟中的 Cookie 物件，傳回值型別為 Http CookieCollection 集合物件。

Form	取得 POST 方式傳送的資料。
HttpMedthod	取得網頁傳送資料的方式，有 POST 和 GET 方式。
QueryString	取得 GET 方式傳送的資料。
ServerVariables	取得伺服器端環境變數值，環境變數可參考 10.3.3 節。
UserHostAddress	取得用戶端 IP 位址。
UserHostName	取得用戶端主機名稱。

10.3.2 使用 Request 物件讀取表單資料

假設 B.aspx 想要接收 A.aspx 表單資料，則可以透過 Request 物件的 Form 及 QueryString 屬性來達成。表單回傳資料至伺服器有 "GET" 和 "POST" 兩種方式。若 HttpForm 表單控制項的 method 屬性設為 "POST"，則表單資料會存放在 HTTP 標頭(header)並回傳至伺服器，此時即可用 Request.Form 屬性來取得用戶端表單資料。例如要取得表單 txtName 欄位的資料，其寫法如下：

```
Request.Form("txtName")     ' 取得 txtName 欄位的資料
```

若 HttpForm 表單控制項的 method 屬性設為 "GET" ，則表單資料會附加在網址後面並回傳至伺服器端，或者是連結 URL 網址為 http://localhost/show.aspx?txtName=Jasper，連結此網址表示會傳送 txtName 欄位，其欄位資料為 Jasper。若要取得上述 URL 查詢字串 txtName 欄位的資料，其寫法如下：

```
Request.QueryString("txtName")     ' 取得 URL 查詢字串 txtName 欄位的資料
```

範例演練

如下圖透過 Request1_Sample.aspx 網頁三個按鈕，可使用表單的 POST 及 GET 傳送方式將表單資料傳送到 show.aspx 並顯示出來。

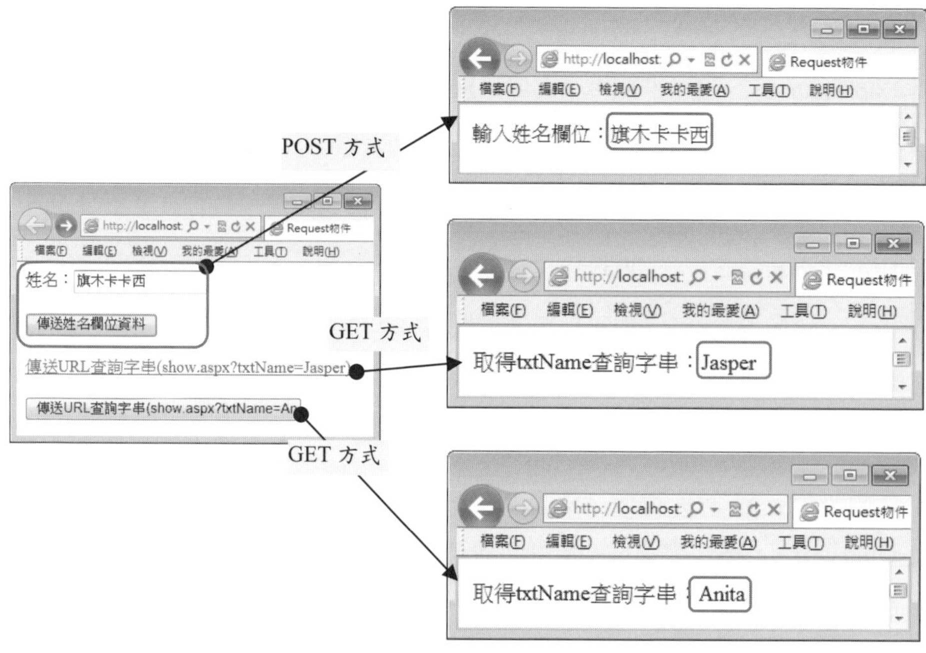

上機實作

Step1 建立下圖 Request1_Sample.aspx 網頁的輸出入介面。

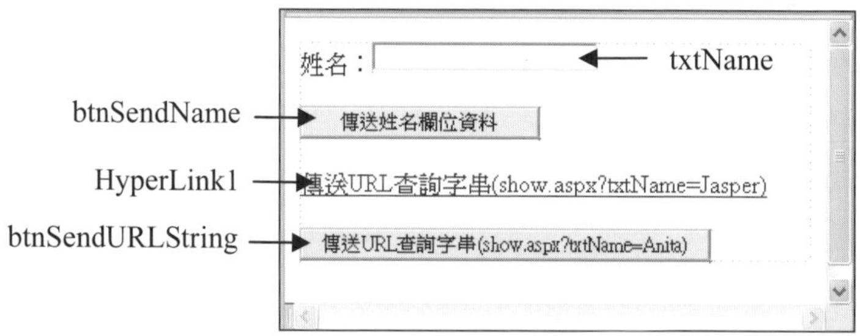

Step2 Request1_Sample.aspx 網頁自動產生的宣告標籤程式碼如下：

網頁程式碼：Request1_Sample.aspx

```
姓名：<asp:TextBox ID="txtName" runat="server"></asp:TextBox>
<br /><br />
<asp:Button ID="btnSendName" runat="server" PostBackUrl="~/show.aspx"
```

```
04          Text="傳送姓名欄位資料" />
05      <br /><br />
06      <asp:HyperLink ID="HyperLink1" runat="server"
07              NavigateUrl="~/show.aspx?txtName=Jasper">
08              傳送 URL 查詢字串(show.aspx?txtName=Jasper)</asp:HyperLink>
09      <br /><br />
10        <asp:Button ID="btnSendURLString" runat="server"
11              Text="傳送 URL 查詢字串(show.aspx?txtName=Anita)" Width="270px" />
```

程式說明

1. 3~4 行 ：設定 btnSendName 按鈕的 PostBackUrl 為 show.aspx，表示將表單欄位的資料傳送到 show.aspx 網頁，傳送方式採 POST。
2. 6~8 行 ：HyperLink1 超連結控制項的連結位址設為 show.aspx?txtName=Jasper，表示將 txtName 欄位及欄位值 Jasper 傳給 show.aspx 網頁。

Step3 自行撰寫 Request1_Sample.aspx.vb 的事件處理程序：

程式碼後置檔：Request1_Sample.aspx.vb

```
01 Partial Class Request1_Sample
02      Inherits System.Web.UI.Page
03
04      Protected Sub btnSendURLString_Click(sender As Object, e As System.EventArgs) _
        Handles btnSendURLString.Click
05              ' 將欄位 txtName 及欄位值 Anita 傳給 show.aspx 網頁
06              Response.Redirect("show.aspx?txtName=Anita")
07      End Sub
08 End Class
```

程式說明

1. 4~7 行 ：按下 btnSendURLString 鈕之後會執行 btnSendURLString_Click 事件處處理程序。

Step4 新增 show.aspx 網頁，並將接收 txtName 欄位資料的程式碼撰寫於 Page_Load 事件處理程序內。

網頁程式碼：show.aspx.vb

```
01 Partial Class show
02     Inherits System.Web.UI.Page
03     ' 網頁載入時執行
04     Protected Sub Page_Load(sender As Object, e As System.EventArgs) Handles Me.Load
05         If Request.Form("txtName") <> "" Then
06             Response.Write("輸入姓名欄位：" & Request.Form("txtName"))
07         End If
08         If Request.QueryString("txtName") <> "" Then
09             Response.Write("取得 txtName 查詢字串：" & _
                   Request.QueryString("txtName"))
10         End If
11     End Sub
12 
13 End Class
```

程式說明

1. 5~7 行：若表單的傳送方式為 POST，則判斷 txtName 欄位是否不為空字串，若不為空字串則執行第 6 行。
2. 8~10 行：若表單的傳送方式為 GET，則判斷 txtName 欄位是否不為空子串，若不為空字串則表示連結網站內含 URL 查詢字串，此時即會執行第 9 行。

10.3.3 使用 Request.Browser 屬性判斷用戶端瀏覽器的功能

Request.Browser 屬性可用來取得用戶端瀏覽器的功能，其傳回值為 HttpBrowserCapabilities 物件，此物件內含下列屬性。

屬性	功能說明
ActiveXControls	取得用戶端瀏覽器是否支援 ActiveXControls。
BackgroundSounds	取得用戶端瀏覽器是否支援背景音樂。
Beta	取得用戶端瀏覽器是否為測試版。
Browser	取得用戶端瀏覽器的類別，如 IE、Netscape、Firefox...等。
CDF	取得用戶端瀏覽器是否支援 CDF 格式的網路廣播。
Cookies	取得用戶端瀏覽器是否支援 Cookie 功能。
Frames	取得用戶端瀏覽器是否支援頁框。
JavaApplets	取得用戶端瀏覽器是否支援 JavaApplets。
JavaScript	取得用戶端瀏覽器是否支援 JavaScript。
MajorVersion	取得用戶端瀏覽器的主要版本編號。
Platform	取得用戶端的作業系統平台。
Tables	取得用戶端瀏覽器是否支援 HTML 表格。
Type	取得用戶端瀏覽器的名稱與版本。
VBScript	取得用戶端瀏覽器是否支援 VBScript。
Version	取得用戶端瀏覽器的版本。
W3CDomVersion	取得用戶端瀏覽器支援的 XML 文件模型版本。

網頁檔名：Request2_Sample.aspx

練習使用 Request.Browser 屬性顯示用戶端瀏覽器的功能。執行結果如下圖：

上機實作

Step1 新增 Request2_Sample.aspx 網頁，在網頁內放置一個 Label1 控制項。

Step2 程式碼撰寫於 Page_Load 事件處理程序內：

網頁程式碼：Request2_Sample.aspx.vb

```
Partial Class Request2_Sample
    Inherits System.Web.UI.Page
    ' 網頁載入時執行
    Protected Sub Page_Load(sender As Object, e As System.EventArgs) Handles Me.Load
        Label1.Text = "<h2>用戶端瀏覽器功能</h2>"
        Label1.Text &= "<br>作業系統：" & Request.Browser.Platform
        Label1.Text &= "<br>瀏覽器：" & Request.Browser.Type
        Label1.Text &= "<br>支援 Cookie：" & Request.Browser.Cookies.ToString()
        Label1.Text &= "<br>支援背景音樂：" & _
                Request.Browser.BackgroundSounds.ToString()
        Label1.Text &= "<br>支援 JavaScript：" & Request.Browser.JavaScript.ToString()
        Label1.Text &= "<br>支援 VBScript：" & Request.Browser.VBScript.ToString()
        Label1.Text &= "<br>支援頁框：" & Request.Browser.Frames.ToString()
        Label1.Text &= "<br>支援 HTML 表格：" & Request.Browser.Tables.ToString()
    End Sub
End Class
```

10.3.4 使用 Request.ServerVariables 取得伺服器端環境變數

Request.ServerVariables 屬性可取得伺服器端變數，由於此屬性為集合物件，必須指定該物件的索引項目來取得伺服器端的變數值，其語法如下：

```
Request.ServerVariables ("索引項目")
```

如下寫法，索引項目設為 Server_Name，表示可取得伺服器端的電腦名稱或 IP 位址：

```
Request.ServerVariables ("Server_Name")
```

Request.ServerVariables 屬性常用的索引項目功能說明如下：

集合項目	功能說明
All_Http	取得用戶端傳回的 HTTP 標頭。
App1_md_path	取得 Web 應用程式的虛擬路徑。
App1_Physical_Path	取得 Web 應用程式的實際路徑。
Auth_Password	取得用戶端認證的使用者密碼。
Auth_Type	取得伺服器端認證使用者的方式。
Auth_User	取得用戶端認證的使用者帳號。
Content_Length	取得用戶端傳回的內容長度。
Content_Type	取得用戶端文件的傳送型態。
Gateway_Interface	取得伺服器端 CGI 的版本。
Http_Connection	取得用戶端與伺服器的連線類型。
Http_Host	取得用戶端的主機名稱。
Http_Referer	取得用戶端導向之前的網頁 URL。

Http_User_Agent	取得用戶端的相關資料，如瀏覽器類型、瀏覽器版本、作業系統...等。
Https	取得是否以 SSL 方式傳送資料。傳回值為 on 表示使用 SSL 方式傳送；傳回值為 off 表示不使用 SSL 方式傳送資料。
Local_Addr	取得伺服器端的 IP 位址。
Path_Info	取得目前網頁的虛擬路徑。
Path_Translated	取得目前網頁的真實路徑。
Query_String	取得用戶端以 GET 傳送方式的資料。
Remote_Addr	取得遠端主機的 IP 位址。
Remote_Host	取得遠端主機的主機名稱。
Remote_User	取得遠端主機的使用者名稱。
Request_Method	取得 HTTP 資料的傳送方式。例如：POST、GET、HEAD。
Script_Name	取得所執行的 ASP.NET 網頁的路徑與檔名。
Server_Name	取得伺服器端的 IP 位址或電腦名稱。
Server_Port	取得伺服器端的埠號。
Server_Protocol	取得伺服器端的 HTTP 版本。
Server_Software	取得伺服器端的軟體名稱與版本。
Url	取得目前網頁的虛擬路徑。

範例演練

網頁檔名：Request3_Sample.aspx

練習使用 Request.ServerVariables 屬性取得網頁虛擬路徑、網頁實際路徑、伺服器端電腦名稱與 IP、伺服器端埠號及伺服器端 HTTP 版本。執行結果如下圖：

上機實作

Step1 新增 Request3_Sample.aspx 網頁，在網頁內放置一個 Label1 控制項，並將程式碼撰寫於 Page_Load 事件處理程序內。

網頁程式碼：Request3_Sample.aspx.vb

```
Partial Class Request3_Sample
    Inherits System.Web.UI.Page
    ' 網頁載入時執行
    Protected Sub Page_Load(sender As Object, e As System.EventArgs) Handles Me.Load
        Label1.Text = "<h2>伺服器環境變數</h2>"
        Label1.Text &= "<br>網頁虛擬路徑：" & Request.ServerVariables("Path_Info")
        Label1.Text &= "<br>網頁實際路徑：" & _
                Request.ServerVariables("Path_Translated")
        Label1.Text &= "<br>伺服器電腦名稱與 IP：" & _
                Request.ServerVariables("Server_Name")
        Label1.Text &= "<br>伺服器埠號：" & Request.ServerVariables("Server_Port")
        Label1.Text &= "<br>伺服器 HTTP 版本：" & _
                Request.ServerVariables("Server_Protocol")
    End Sub
End Class
```

10.4 Cookie 物件

Cookie 物件是可以在用戶端硬碟中建立的小檔案，Cookie 通常用來儲存使用者瀏覽網站的資訊。例如：使用者是否瀏覽過網站、上次瀏覽網站的時間、是否已經在網站投過票而不讓使用者重複灌票、記錄使用者已經登入網站以便讓使用者不用再重新登入...等功能。

大部分的瀏覽器允許存放 4096 Bytes 的 Cookie，少部分較新的瀏覽器最多可存放 8192 Bytes 的 Cookie，因此 Cookie 建議存放少量的資料，例如存放使用者帳號來識別使用者，但是像使用者的基本資料建議存放在伺服器端的資料庫內，如此可以透過用戶端 Cookie 物件來取得伺服器端資料庫內指定的使用者資訊。且瀏覽器所瀏覽的每個網站最多只能儲存 20 個 Cookie。

10.4.1 如何將 Cookie 寫入用戶端

瀏覽器可管理用戶端系統上的 Cookie，Cookie 的資料型別是屬於 HttpCookie 類別，建立 Cookie 時必須設定唯一的識別名稱和對應的值，接著再設定 Cookie 的到期日，最後再透過 Response.Cookies 集合的 Add 方法將 Cookie 物件寫入到用戶端硬碟內。如下寫法可將識別名稱為 UserName、物件名稱為 myCookie 的 Cookie 物件加入 Cookies 集合，且 Cookie 的到期日為 10 天後。

```
' 建立 myCookie 物件，其 Cookie 識別名稱為 UserName
Dim myCookie As New HttpCookie("UserName")
myCookie.Value = "Jasper"    ' 設定 UserName 的 Cookie 值為 "Jasper"
' 識別名稱 UserName 的 Cookie 的生命期為 10 天
myCookie.Expires = DateTime.Now.AddDays(10)
' 將 myCookie 寫入到用戶端硬碟中
Response.Cookies.Add(myCookie)
```

上述程式也可以簡寫如下：

```
' 建立識別名稱為 UserName 的 Cookie，其值為 "Jasper"
Response.Cookies("UserName").Value = "Jasper"
' 識別名稱為 UserName 的 Cookie 生命期為 10 天
Response.Cookies("UserName").Expires = DateTime.Now.AddDays(10)
```

10.4.2 如何讀取用戶端的 Cookie

當瀏覽器向伺服器端提出要求時，會將 Cookie 及要求一起傳送到伺服器端，此時可透過 Request 物件(為 HttpRequest 類別)來取得指定的 Cookie，如下寫法先判斷用戶端是否有識別名稱為 UserName 的 Cookie，若成立則使用 HttpCookie 類別建立 myCookie 物件，其 Cookie 識別名稱為 UserName，接著再使用 myCookie.Value 屬性讀取 Cookie 所存放的使用者名稱並顯示於 Label1 標籤上。

```
If Request.Cookies("UserName") IsNot Nothing Then
    Dim myCookie As HttpCookie = Request.Cookies("UserName")
    Label1.Text = "使用者名稱" & myCookie.Value
End If
```

10.4.3 如何更新用戶端的 Cookie

由於 Cookie 是存放在用戶端硬碟中，因此您無法直接修改 Cookie，若想要修改用戶端硬碟的 Cookie，必須使用 Response.Cookies 集合將舊的 Cookie 進行覆寫的動作。如下寫法示範如何使用 Cookie 記錄使用者於一天之內參訪網站的次數：

```
Dim counter As Integer
If Request.Cookies("counter") Is Nothing Then '判斷識別名稱 counter 的 Cookie 是否存在
    counter = 0
Else
```

```
    counter = Val(Request.Cookies("counter").Value);        ' 取得 Cookie
End If
counter+=1
Response.Cookies("counter").Value = counter.ToString()      ' 重新設定 Cookie
Response.Cookies("counter").Expires = DateTime.Now.AddDays(1)
```

10.4.4 如何刪除用戶端的 Cookie

由於 Cookie 是存放在用戶端硬碟中，因此您無法直接刪除 Cookie，若想要刪除用戶端硬碟的 Cookie，做法就是將 Cookie 到期日設為今日之前以便讓 Cookie 到期日提前結束，當瀏覽器檢查 Cookie 的到期日時，瀏覽器便會自動移除過期的 Cookie。如下寫法示範將識別名稱為 UserName 的 Cookie 刪除。

```
If Request.Cookies("UserName") IsNot Nothing Then
    Dim myCookie As HttpCookie=Request.Cookies("UserName") '建立 Cookie
    ' Cookie 到期日為今日之前
    myCookie.Expires = DateTime.Now.AddDays(-1);
    Response.Cookies.Add(myCookie);  ' 放入過期的 Cookie
End If
```

網頁檔名：Cookie_Sample.aspx

練習使用 Cookie 物件記錄使用者上次瀏覽網頁的時間，並設定 Cookie 的到期日為 30 天後。如左下圖，當第一次進入網頁時會要求輸入使用者名稱以進行登入；如右下圖第二次瀏覽網站之後會顯示使用者名稱以及上次使用者瀏覽網頁的時間。

上機實作

Step1 新增 Cookie_Sample.aspx 網頁，並建立下圖 Web 控制項。由於本例會使用兩個畫面，因此建立第一個 PanelLogin 面板用來存放 txtUserName 使用者名稱欄位及 btnLogin [登入] 鈕；建立第二個 PanelShow 面板用來存放 lblShow 標籤，lblShow 用來顯示使用者名稱及上次瀏覽網頁的時間。

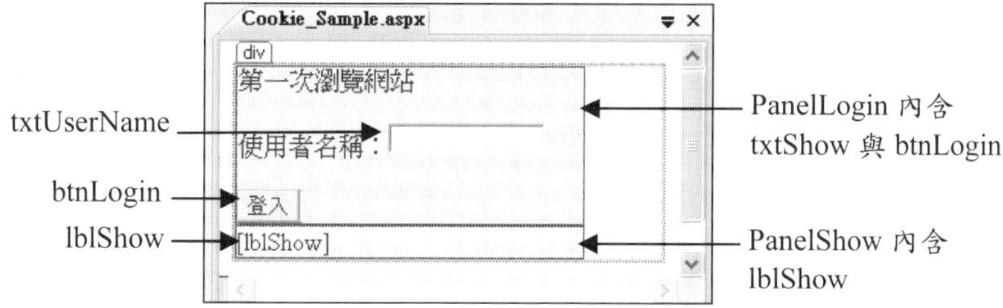

Step2 Cookie_Sample.aspx 網頁自動產生的宣告標籤程式碼如下：

網頁程式碼：Cookie_Sample.aspx

```
<asp:Panel ID="PanelLogin" runat="server" BackColor="#CCFFFF"
    BorderStyle="Solid" BorderWidth="1px" Width="220px">
    第一次瀏覽網站<br /><br />
    使用者名稱：<asp:TextBox ID="txtUserName" runat="server"
        Width="100px"></asp:TextBox>
    <br /><br />
    <asp:Button ID="btnLogin" runat="server"
        Text="登入" />
</asp:Panel>
```

PanelLogin

```
<asp:Panel ID="PanelShow" runat="server" BackColor="#FFFF99"
    BorderStyle="Solid" BorderWidth="1px" Width="220px">
    <asp:Label ID="lblShow" runat="server"></asp:Label><br />
</asp:Panel>
```

PanelShow

Step3 自行撰寫 Cookie_Sample.aspx.vb 事件處理程序如下：

網頁程式碼：Cookie_Sample.aspx

```
Partial Class Cookie_Sample
    Inherits System.Web.UI.Page
    ' 網頁載入時執行
    Protected Sub Page_Load(sender As Object, e As System.EventArgs) Handles Me.Load
        If Request.Cookies("UserName") Is Nothing Then
            PanelLogin.Visible = True
            PanelShow.Visible = False
            lblShow.Text = ""
        Else
            PanelLogin.Visible = False
            PanelShow.Visible = True
            Response.Cookies("UserName").Value = _
                Request.Cookies("UserName").Value
            Response.Cookies("UserName").Expires = DateTime.Now.AddDays(30)
            Response.Cookies("LoginTime").Value = DateTime.Now.ToString()
            Response.Cookies("LoginTime").Expires = DateTime.Now.AddDays(30)
            lblShow.Text = Request.Cookies("UserName").Value & _
                "您好!<br><font color=blue>您今天瀏覽本站的時間是" & _
                Request.Cookies("LoginTime").Value & "</font>"
        End If
    End Sub
    ' 按 [登入] 鈕執行
    Protected Sub btnLogin_Click(sender As Object, e As System.EventArgs) _
    Handles btnLogin.Click
        Response.Cookies("UserName").Value = txtUserName.Text
```

```
22            Response.Cookies("UserName").Expires = DateTime.Now.AddDays(30)
23            Dim loginTime As New HttpCookie("LoginTime")
24            loginTime.Value = DateTime.Now.ToString()
25            loginTime.Expires = DateTime.Now.AddDays(30)
26            Response.Cookies.Add(loginTime)
27            Page_Load(sender, e)
28        End Sub
29
30 End Class
```

程式說明

1. 5~8 行：判斷識別名稱為 UserName 的 Cookie 物件是否為 Nothing，若為 Nothing 則表示 Cookie 還沒有寫入用戶端的硬碟中，此時執行 6~8 行使 PanelLogin 顯示、PanelShow 不顯示、lblShow 標籤清成空白。

2. 9~16 行：若識別名稱為 UserName 的 Cookie 物件不為 Nothing 或不為空白，則做下列事情：

   ① PanelLogin 不顯示。
   ② PanelShow 顯示。
   ③ 重新寫入識別名稱 UserName 的 Cookie(使用者名稱)到用戶端，該 Cookie 到期日是 30 天之後。
   ④ 重新寫入識別名稱 LoginTime 的 Cookie(上次瀏覽時間)到用戶端，該 Cookie 到期日是 30 天之後。
   ⑤ 使 lblShow 標籤顯示使用者名稱及上次瀏覽網頁的時間。

3. 21~22 行：使用 Response.Cookies 集合的 Add 方法直接新增識別名稱 UserName 的 Cookie 物件，該 Cookie 的到期日為 30 天後。

4. 23~26 行：建立 loginTime 的 HttpCookie 類別物件，該物件 Cookie 識別名稱為 LoginTime，接著依序指定該 Cookie 本次網頁的瀏覽時間與到期日是 30 天後，最後使用 Response.Cookies 集合的 Add 方法將 loginTime 物件寫入到用戶端的硬碟。

10.5 Server 物件

Server 物件屬於 HttpServerUtility 型別，不用建立便可直接使用。其主要的功能可在網頁之間傳遞控制項、取得網頁最近的錯誤資訊或進行 HTML 文字的編碼與解碼...等等。下面介紹 Server 物件常用的屬性與方法：

10.5.1 Server 物件常用屬性

屬性	功能說明
MachineName	取得伺服器端的電腦名稱。
ScriptTimeout	設定和取得要求網頁(即 ASP.NET 網頁執行最長時間)的時間，以秒為單位。

10.5.2 Server 物件常用方法

方法	功能說明
ClearError	清除之前所發生的例外狀況。
GetLastError	取得上次所發生的例外狀況。
ContentEncoding	取得 ASP.NET 網頁字元的編碼方式，傳回值為 Encoding 物件。
MapPath	將虛擬路徑轉成真實路徑。例如要取得 img.jpg 在伺服器端的真實路徑，其寫法如下： Server.MapPath("img.jpg")
HtmlEncode	將指定的字串做 HTML 編碼，若想要完全呈現 HTML 標籤可使用此方法。

	例如：Response.Write("<i>ASP.NET</i>") 會在網頁上印出「*ASP.NET*」文字的斜體樣式，若想要完全呈現 HTML 標籤，則必須使用 Server.HtmlEncode()方法達成。 如下寫法： Response.Write(Server.HtmlEncode ("<i>ASP.NET</i>")) 會在網頁上真實的印出「<i>ASP.NET</i>」文字。
UrlEncode	將網址查詢字串做 URL 編碼，使接收 URL 查詢字串的網頁能正確接收所傳來的資料，建議傳送中文字的資料最好進行編碼。如下寫法，是將 URL 查詢字串 txtName 欄位的值 "王小明" 進行 URL 編碼。 Response.Redirect ("show.aspx?txtName=" & Server.UrlEncode("王小明"))

10.6 Session 物件

由於網頁是一種無狀態(Stateless)的程式，因此無法了解用戶端瀏覽器的瀏覽狀態，10.4 節我們已介紹如何使用 Cookie 來記錄用戶端的資訊，在 ASP.NET 還提供 Session 與 Application 物件可將使用者的瀏覽狀態儲存在伺服器端的記憶體中，本節先介紹 Session 物件，待下節再介紹 Application 物件。

10.6.1 如何建立 Session 物件

Session 屬於 HttpSessionState 類別物件，主要用來在伺服器端存放目前使用者工作階段的資訊，也就是說 Session 物件可用來記錄用戶端的個別資訊，常應用在網路購物車、通過帳號密碼驗證才能存取後台網頁、記錄會員登入後的帳號或姓名...等等。瀏覽器預設 20 分鐘內沒有存取伺服器端 ASP.NET 網頁時，則 Session 物件會重設為 Nothing，若要保留 Session 物件的資料，則必須將它寫入到檔案或 SQL 資料庫內。

如下圖，用戶端 A 和用戶端 B 瀏覽伺服器端的網頁時，都會各自擁有自己的 Session 物件。譬如說用戶端 A 的購物車(可使用 Session 物件)內容為 "火影忍者"，而用戶端 B 的購物車內容為 "天堂" 和 "神奇寶貝"。

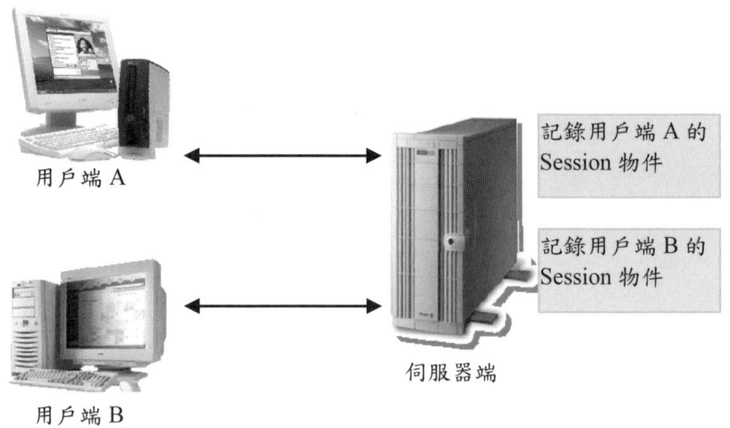

您可以透過下面的語法來設定 Session 物件中的變數與變數值，設定完成之後，這些 Session 物件的工作階段變數會儲存成集合。其語法如下：

```
Session("變數") = 變數值 ' 指定 Session 物件變數值，可存放任何資料型別
```

如下寫法即是設定 Session 物件變數 UserName 和 IsLogin 的值。

```
Session("UserName") = "小明"
Session("IsLogin") = True
```

10.6.2 Session 物件常用屬性

屬性	功能說明
Count	取得 Session 物件內變數的總數目。

IsNewSession	判斷 Session 物件是否與目前要求的網頁一起建立。例如：第一次開啟瀏覽器要求 Web 應用程式(網站)的網頁時 Session 物件才剛被建立，所以此屬性會傳回 True；若第二次要求同一個 Web 應用程式的其它網頁時，由於 Session 物件已經建立過，所以此屬性會傳回 False。
IsReadOnly	判斷 Session 物件是否唯讀，預設值為 False 表示可讀寫。
Keys	取得 Session 物件內的所有變數名稱，使用索引來存取 Session 物件中的第 i 個變數名稱。
SessionID	取得 Session 物件的唯一識別碼 ID。
Timeout	設定或取得 Session 物件的逾期時間，以分鐘為單位，預設值為 20，此屬性值愈大，則佔用伺服器端的記憶體愈多。

10.6.3 Session 物件常用方法

方法	功能說明
Abandon	取消目前的 Session 物件，此時會觸發 Session_End 事件。
Add	將新的變數加入到 Session 物件中。例如： Session.Add("UserName", "Jasper") 另一種寫法： Session("UserName") = "Jasper"
Clear	移除 Session 物件中所有變數與變數值。
Remove	移除 Session 物件中指定的變數。寫法： Session.Remove("UserName")
RemoveAll	移除 Session 物件中所有變數與變數值，與 Clear 方法相同。
RemoveAt	移除 Session 物件中指定的第 i 個變數。寫法： Session.RemoveAt(0) ' 移除第 1 個 Session 變數

範例演練

使用 Session 物件建立簡易的帳號密碼驗證程式。Session_Sample.aspx 必須先通過帳號密碼驗證才能瀏覽 LoginOk.aspx 網頁，帳號為 "博碩"，密碼為 "168"。若直接連接 LoginOk.aspx 未通過驗證，則會跳回 Session_Sample.aspx 網頁。

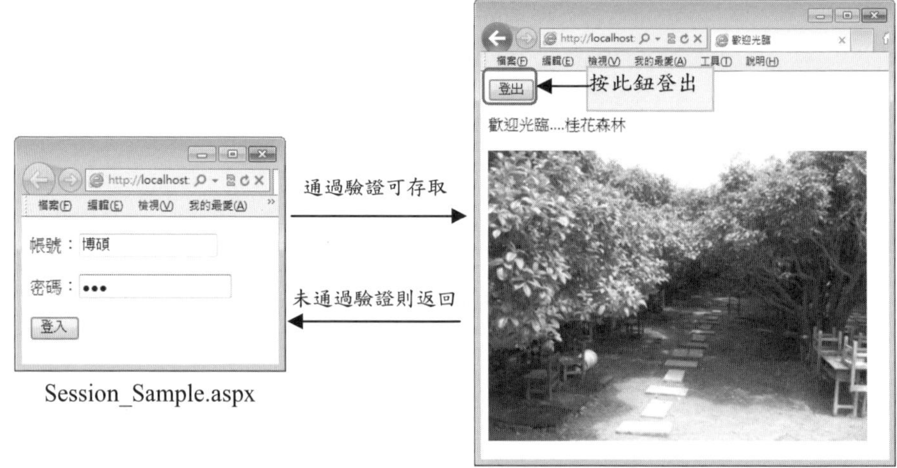

Session_Sample.aspx

LoginOk.aspx

上機實作

Step1 建立下圖 Session_Sample.aspx 網頁的輸出入介面，此網頁用來當做是帳號與密碼驗證的網頁，由於此介面較單純，宣告寫法請自行參閱範例。

Step2 自行撰寫 Session_Sample.aspx.vb 的事件處理程序：

程式碼後置檔：Session_Sample.aspx.vb

```
Partial Class Session_Sample
    Inherits System.Web.UI.Page

    ' 按 [登入] 鈕執行
    Protected Sub btnLogin_Click(sender As Object, e As System.EventArgs) _
    Handles btnLogin.Click
        If txtID.Text = "博碩" And txtPwd.Text = "168" Then
            ' 將 Session("IsLogin")物件變數設為 True, 表示會員通過帳號與密碼驗證
            Session("IsLogin") = True
            Response.Redirect("LoginOk.aspx")
        Else
            lblErr.Text = "帳號或密碼錯誤!"
        End If
    End Sub

End Class
```

Step3 新增 LoginOk.aspx 網頁，通過帳號與密碼驗證之後可瀏覽此網頁，網頁只有一個 btnLogout 登出 鈕控制項，其它為單純的 HTML 標籤與文字。

Step4 自行撰寫 LoginOk.aspx.vb 的事件處理程序，

網頁程式碼：LoginOk.aspx.vb

```
01 Partial Class LoginOk
02     Inherits System.Web.UI.Page
03     ' 網頁載入時執行
04     Protected Sub Page_Load(sender As Object, e As System.EventArgs) Handles Me.Load
05         ' 若 Session("IsLogin") 等於 Nothing 表示會員沒通過帳號密碼驗證
06         If Session("IsLogin") Is Nothing Then
07             ' 連接 Session_Sample.aspx
08             Response.Redirect("Session_Sample.aspx")
09         End If
10     End Sub
11     ' 按 [登出] 鈕執行
12     Protected Sub btnLogout_Click(sender As Object, e As System.EventArgs) _
       Handles btnLogout.Click
13         Session.Clear()   ' 移除 Session 物件的所有變數
14         Response.Redirect("Session_Sample.aspx")
15     End Sub
16 End Class
```

程式說明

1. 4~10 行：網頁載入時判斷 Session("IsLogin") 是否為 Nothing，若為 Nothing 表示未通過帳號及密碼驗證，馬上返回 Session_Sample.aspx。

2. 12~15 行：按 [登出] 鈕執行 btnLogout_Click 事件處理程序，在此程序內會移除所有 Session 物件變數進行登出動作，接著再返回 Session_Sample.aspx。

10.7 Application 物件

Application 物件主要用來儲存伺服器端的應用程式狀態，這些應用程式狀態可以讓所有用戶端一起共享，例如：常見的網頁訪客計數器、網站線上名單、或是網頁中公司地址與電話...等共用資訊就非常適合使用 Application 物件來儲存。

10.7.1 如何建立 Application 物件

Application 物件屬於 HttpApplicationState 類別，此物件和 Session 物件的功能類似，但最大不同在於應用範圍。Session 物件適用於記錄單一用戶端的工作狀態；而 Application 物件適用於記錄整個網站的應用程式狀態，這些應用程式的狀態可讓所有用戶端一起共享使用。

如下圖，用戶端 A 和用戶端 B 瀏覽伺服器端的網頁時，都可以共用一份 Application 物件。譬如使用 Application 物件設計訪客計數器，用戶端 A 連上網站時計數器為 100，接著用戶端 B 連上網站時計數器就加 1 變成 101 了。

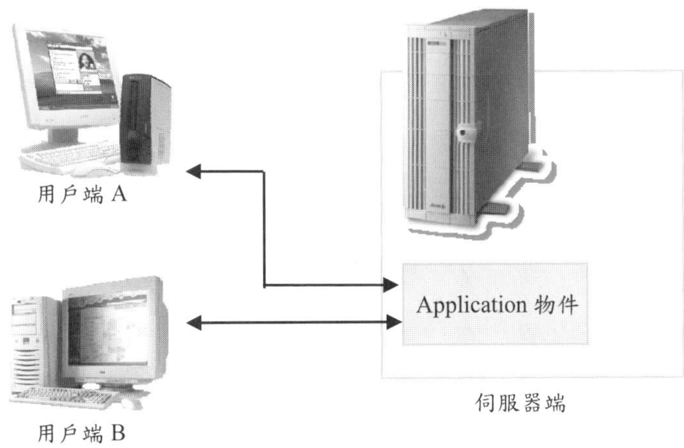

您可以透過下面的語法來設定 Application 物件中的變數與變數值，設定完成後，這些 Application 物件的應用程式狀態變數會儲存成集合。其語法如下：

```
Application("變數") = 變數值 ' 指定 Application 物件變數值，可存放任何型別
```

如下寫法即是設定 Application 物件變數 Computer 和 Counter 的值。

```
Application("Computer") = "博碩文化"
Application("Counter") = 1000
```

10.7.2 Application 物件常用方法

Application 物件重要的屬性有 Count 屬性，可用來取得 Application 物件的變數總數，而 Application 物件較常用的方法如下：

方法	功能說明
Add	將新的變數加入到 Application 物件中。例如： Application.Add("Computer", "博碩文化") 另一種寫法： Application("Computer") = "博碩文化"
Clear	移除 Application 物件中所有變數與變數值。
Get	使用變數名稱或索引取得 Application 物件變數。例如：先使用下面敘述建立 Application 物件變數。 Application("Computer") = "博碩文化" 接著可使用下面兩行敘述來取得 Application 物件變數的內容： Response.Write(Application.Get("Computer")) Response.Write(Application.Get(0)) ' 印出 "博碩文化"

GetKey	以索引取得 Application 物件變數名稱。例如：先使用下面敘述建立 Application 物件變數： Application("Computer") = "博碩文化" 接著可使用下面敘述來取得 Application 物件變數名稱： Response.Write(Application.GetKey(0)) ' 印出 "Computer"
Lock	鎖定 Application 物件，禁止用戶端存取 Application 物件，使該物件能做同步處理。
Remove	移除 Application 物件中指定的變數。寫法： Application.Remove("UserName")
RemoveAll	移除 Application 物件中所有變數與變數值，與 Clear 方法相同。
RemoveAt	移除 Application 物件中指定第 i 個變數。寫法： Application.RemoveAt(0) ' 移除第 1 個 Application 變數
UnLock	解除鎖定 Application 物件，讓用戶端可存取 Application 物件，使該物件能做同步處理。

網頁檔名：Application_Sample.aspx

使用 Application 物件製作訪客計數器，該計數器的值儲存在 Counter.txt 文字檔內。當瀏覽者上站時會由 Counter.txt 讀取計數器的值便放入 Application("Counter") 內，再將 Application("Counter") 加 1，接著再將 Application("Counter") 計數器的值顯示於網頁上，最後再將 Application("Counter") 計數器的值寫回 Counter.txt 文字檔內，為防止有兩位瀏覽者同時修改訪客計數器的值，因此當瀏覽者存取計數器時必須將 Application 進行鎖定，待計數器存取完成後才將 Application 解除鎖定。

上機實作

Step1 在 Application_Sample.aspx 網頁內放置物件識別名稱為 lblCounter 的標籤。

Step2 由於網頁載入時即計算訪客計數器，因此必須將計數器的程式撰寫於 Page_Load 事件處理程序內：

程式碼後置檔：Application_Sample.aspx.vb

```
Imports System.IO    ' 引用 System.IO 命名空間

Partial Class Application_Sample
    Inherits System.Web.UI.Page
    Protected Sub Page_Load(sender As Object, e As System.EventArgs) Handles Me.Load
        If Session.IsNewSession = True Then
            Application.Lock()
            ' 建立 Session 物件，此時 Session.IsNewSession 即為 False
            Session("Visited") = True
            Dim dr As New StreamReader(Server.MapPath("Counter.txt"))
            Application("Counter") = Val(dr.ReadLine())
            dr.Close()
            Application("Counter") = Val(Application("Counter")) + 1
            Dim wr As New StreamWriter(Server.MapPath("Counter.txt"))
            wr.WriteLine(Application("Counter"))
            wr.Close()
            Application.UnLock()
        End If
```

```
19          lblCounter.Text = "您是本站第" & Application("Counter").ToString() & "位訪客"
20      End Sub
21 End Class
```

程式說明

1. 1 行 ： 讀寫*.txt 文字檔，需引用 System.IO 命名空間。
2. 6~18 行 ： 判斷是否第一次開啟瀏覽器並存取網頁，若成立即執行 7~17 行進行存取訪客計數器。
3. 7 行 ： 為防止有兩位以上的用戶端同時進行存取 Application ("Counter") 計數器物件變數，因此先使用 Application.Lock() 方法將 Application 物件進行鎖定，使其它用戶端無法修改 Application 物件變數。
4. 10~12 行 ： 由 Counter.txt 讀出計數器的值並放入 Application("Counter") 計數器物件變數。
5. 13 行 ： 將 Application("Counter") 計數器物件變數加 1。
6. 14~16 行 ： 將 Application("Counter") 計數器物件變數的值寫回 Counter.txt 文字檔內。
7. 17 行 ： 使用 Application.UnLock()方法解除鎖定 Application 物件。
8. 19 行 ： 顯示 Application("Counter") 計數器物件變數的值。

10.8 課後練習

一、選擇題

1. 下列哪個物件可將資料寫至用戶端硬碟？

   (A) Request (B) Response (C) Cookie (D) Session

2. 下列哪個物件可用來儲存應用程式的狀態？

   (A) Application　(B) Session　(C) Cookie　(D) Response

3. 下列哪個物件可用來儲存各個用戶端的狀態？

   (A) Application　(B) Session　(C) Cookie　(D) Response

4. 下列說明何者有誤？ (A) Request 物件為 HttpRequest 類別　(B) Server 物件為 HttpServer 類別 (C) 當記錄用戶端的購物車時可使用 Session 物件 (D) 製作訪客計數器可使用 Application 物件

5. ASP.NET 網頁要啟用緩衝處理，則應使用下列哪行敘述？

   (A) Response.BufferOutput=True　(B) Request.BufferOutput=True

   (C) Server.BufferOutput=True　(D) Application.BufferOutput=True

6. 當 Response.IsClientConnected 傳回 True 時，即表示？ (A) 伺服器端發生錯誤 (B) 用戶端發生錯誤 (C) 用戶端與伺服器端未連線 (D) 用戶端持續與伺服器連線

7. 若要將緩衝區的資料傳送到用戶端，應使用下列哪行敘述

   (A) Response.End()　(B) Response.Clear()

   (C) Response.Close()　(D) Response.Flush()

8. 取得網頁傳送資料的方式應使用下列哪行敘述？

   (A) Request.HttpMedhod　(B) Request.Medhod　(C) Request.GetModhod (D) 以上皆非

9. 有一網址為 http://localhost/Member.aspx?id=peter&pwd=168 ，試問要取得 "168" 值應使用下列哪行敘述？

   (A) Request.Form("pwd")　(B) Request.QueryString("pwd")

   (C) Request.Form["pwd"]　(D) Request.QueryString["pwd"]

10. 下列何者有誤？ (A) 物件和陣列預設的傳遞方式為參考呼叫 (B) 物件和陣列預設的傳遞方式為傳值呼叫　(C) 方法定義為 int 表示會傳回整數 (D) 方法定義為 void 表示不傳回值

11. 若要將網站上某個檔案的虛擬路徑轉成真實路徑，應使用 Server 物件的什麼方法？ (A) MapPath (B) HtmlEncode (C) ServerMap (D) Path

12. 瀏覽器預設幾分鐘之內未存取伺服器端的 ASP.NET 網頁，則 Session 物件會由記憶體釋放掉？ (A) 10 (B) 20 (C) 30 (D) 40

13. 若要取得 Session 物件變數的總數目，應使用什麼屬性？ (A) Total (B) GetTotal (C) Count (D) GetCount

14. 若要取得 Session 物件唯一的識別碼，應使用什麼屬性？ (A) ID (B) Key (C) SessionID (D) 以上皆非

15. 下列何者非移除 Application 物件變數的方法 (A) Lock (B) Remove (C) RemoveAll (D) RemoveAt

二、程式設計

1. 將 Application_Sample.aspx 網頁的文字訪客計數器改使用影像訪客計數器來表示。

2. 試寫一個網頁可顯示目前線上使用者名單。

3. 第一次參訪網頁時要求使用者輸入姓名與生日，第二次以後參訪該網頁時即判斷是否為該位使用者的生日，若是該位使用者的生日即顯示生日賀卡，否則顯示 "謝謝您對我們的支持" 的訊息。

筆記頁

CHAPTER 11

SQL Express 資料庫

學習目標：

- 學習建立 SQL Server Express 資料庫
- 認識 SQL Server Express 資料表欄位的資料型別
- 學習建立資料表
- 學習資料表關聯
- 學習 SELECT、INSERT、DELETE、UPDATE 之 SQL 語法
- 學習建立檢視表

11.1 建立 SQL Express 資料庫

Visual Web Developer 2010 Express 內建可讓使用者建立 Microsoft SQL Server 2008 Express Edition(簡稱 SQL Server Express)，它是功能強大而可靠的資料庫管理工具，且可透過 Visual Web Developer 2010 Express 直接管理 SQL Server Express 的物件，例如建立資料庫、資料表、檢視表、預存程序...等。SQL Server Express 可用來存放視窗應用程式用戶端及 ASP.NET Web 應用程式和本機資料的存放區，並提供豐富的功能、資料保護及提高存取效能。SQL Server Express 很適合學生、SOHO 族和個人工作室使用，可免費隨應用程式重新散發。由於本書為入門書，所以本書與資料庫有關的範例皆是以 SQL Server Express 為主。

11.1.1 如何建立 SQL Server Express 資料庫

透過下面練習，設計一個名稱為 Database1.mdf 的資料庫。

上機實作

Step1 新增名稱為「chap11」的 ASP.NET 空網站。

Step2 先選取「方案總管」的 chap11 網站名稱，接著再執行功能表的【網站(S)/加入 ASP.NET 資料夾(S)/App_Data(A)】指令，在目前 chap11 網站下加入「App_Data」資料夾。App_Data 資料夾用來存放網站的資料來源，如 SQL Server Express 資料庫檔案(*.mdf)、Access 資料庫檔案(*.mdb)或 XML 文件(*.xml)...等。

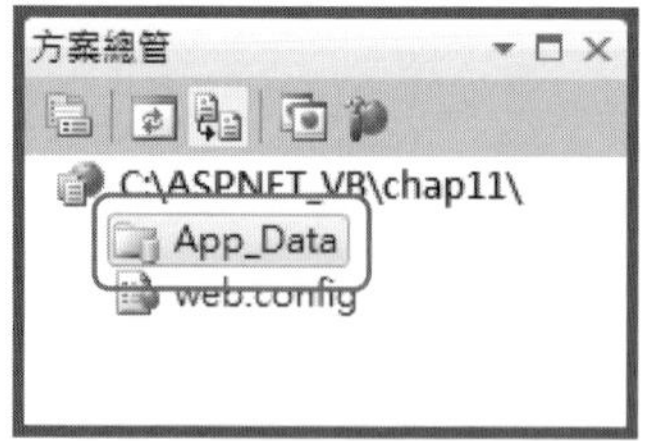

Step3 先選取方案總管內的 App_Data 資料夾，接著再執行功能表的【網站(S)/加入新項目(W)...】指令開啟下圖「加入新項目」視窗，請選取 SQL Server 資料庫 選項，並將 名稱(N): 設為「Database1.mdf」，將此 SQL Server Express 資料庫檔案儲存於網站 App_Data 資料夾中。

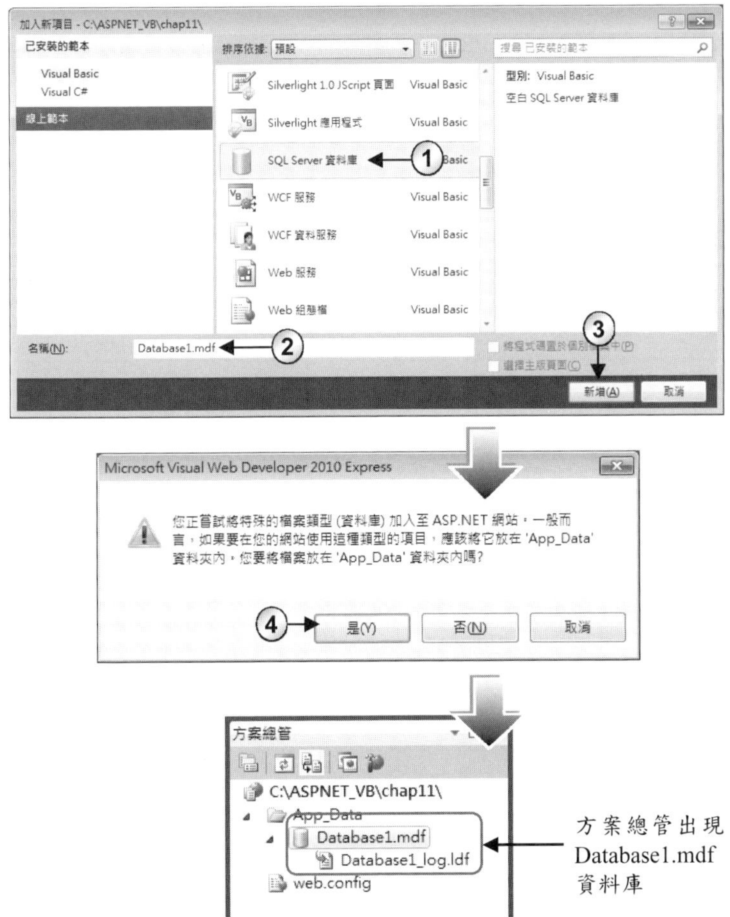

App_Data 資料夾用來存放網站的資料來源，如 SQL Server Express 資料庫檔案(*.mdf)、Access 資料庫檔案(*.mdb)或 XML 文件(*.xml)...等。

11.1.2 認識資料表欄位的資料型別

建立資料表之前，需知道資料表欄位可允許使用的資料型別，將有助於我們在建立資料表時，使用合適的資料表欄位。由於 SQL Server 提供的資料型別很多，本書只介紹下列資料表欄位常用的資料型別：

資料型別	使用時機	有效範圍
bit	儲存布林型別資料。	0、1、NULL
int	儲存整數型別資料。	-2,147,483,648～+2,147,483,647
float	儲存倍精確度資料。	-1.79769313486231E+308 ～-4.94065645841247E-324 +4.94065645841247E-324 ～+1.79769313486231E+308
char(n)	儲存固定的字串資料，1 個字元儲存空間為 1 Byte，沒有填滿的資料會自動補上空白的字元。	最大長度是 8000 個字元
varchar(n)	儲存不固定的字串資料，1 個字元儲存空間為 1 Byte，儲存多少個字元就佔多少空間。	最大長度是 8000 個字元
nchar(n)	儲存固定的 Unicode 字串資料，1 個字元儲存空間為 2 Bytes，沒有填滿的資料會自動補上空白的字元。	最大長度是 4000 個字元
nvarchar(n)	儲存不固定的 Unicode 字串資料，1 個字元儲存空間為 2 Bytes，儲存多少個字元就佔用多少空間。	最大長度是 4000 個字元
text	儲存不固定字串資料。	最大長度是 $1\sim2^{31}-1$ 個字元
ntext	儲存不固定 Unicode 字串資料。	最大長度是 $1\sim2^{30}-1$ 個字元
date	儲存日期資料。	4 Bytes
datetime	儲存日期與時間資料。	8 Bytes

11.1.3 如何建立 SQL Server Express 資料庫的資料表

建好資料庫後，接著延續上面範例，在 Database1.mdf 資料庫內建立名稱為「員工」的資料表，可用來存放每一位員工的所有記錄。

資料表欄位

「員工」資料表有六個欄位，其中「員工編號」為主索引欄位：

主索引欄位 → 員工編號

資料行名稱	資料型別	允許 Null
員工編號	nvarchar(10)	☐
姓名	nvarchar(10)	☑
信箱	nvarchar(50)	☑
薪資	int	☑
雇用日期	datetime	☑
是否已婚	bit	☑

上機實作

Step1 延續上節「chap11」網站範例，請在「員工」資料表建立上面所指定的欄位。

Step2 執行功能表的【檢視(V)/其他視窗(E)/資料庫總管(D)】指令或是在「方案總管」視窗的 Database1.mdf 資料庫快按兩下開啟「資料庫總管」視窗，請按下 ▷ 展開鈕，使網站(Web 專案)可連接到 Database1.mdf 資料庫。操作步驟如下：

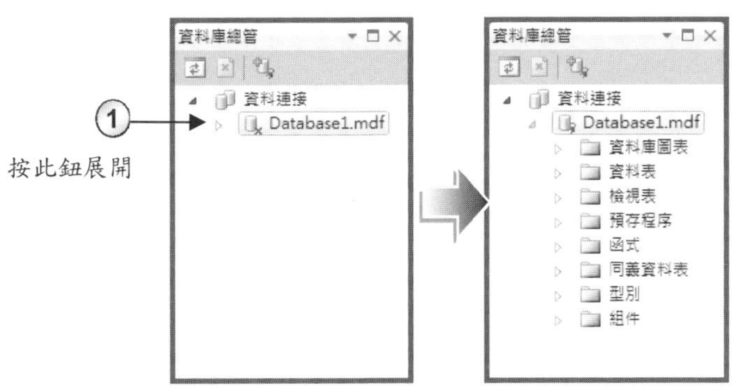

Step3 新增「員工」資料表，並在此資料表內新增員工編號、姓名、信箱、薪資、雇用日期、是否已婚六個欄位，並將員工編號設為主索引欄位。

1. 在下圖「資料庫總管」視窗中的「資料表」按滑鼠右鍵由快顯功能表執行「加入新的資料表(T)」指令即進入資料表設計畫面。

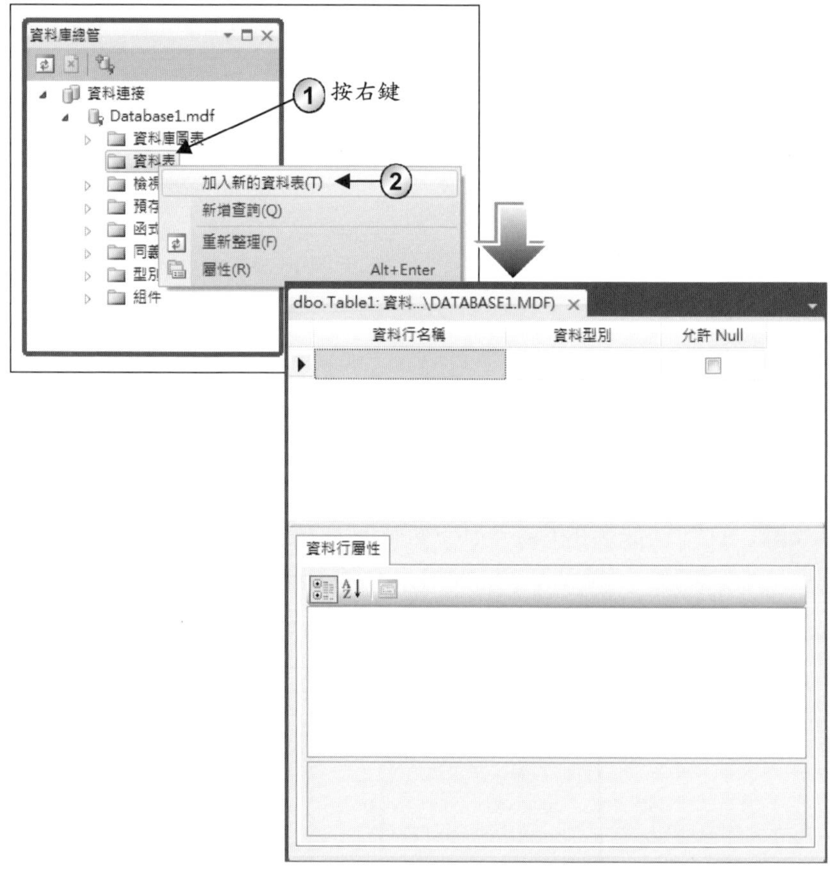

2. 在下圖新增欄位名稱為「員工編號」，並將該欄位資料型別設為「nvarchar(10)」。

3. 如下圖，分別新增姓名、信箱、薪資、雇用日期、是否已婚五個欄位名稱以及對應的資料型別。

4. 在下圖的「員工編號」欄位上按滑鼠右鍵，將員工編號欄位設為主索引鍵欄位。

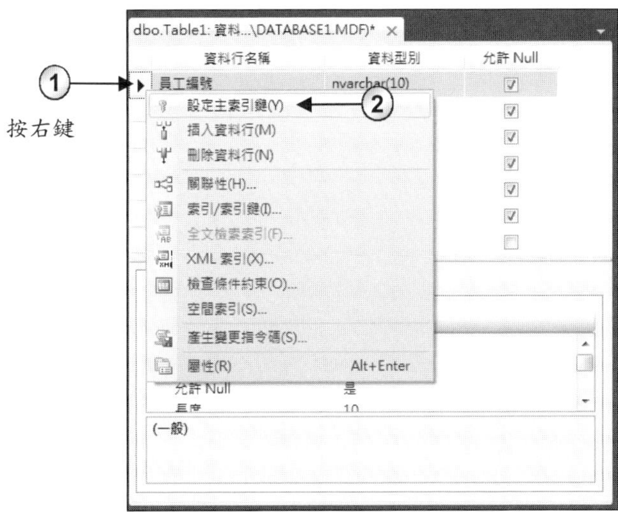

5. 按 全部儲存鈕出現下圖「選擇名稱」對話方塊，將資料表名稱設為「員工」資料表。

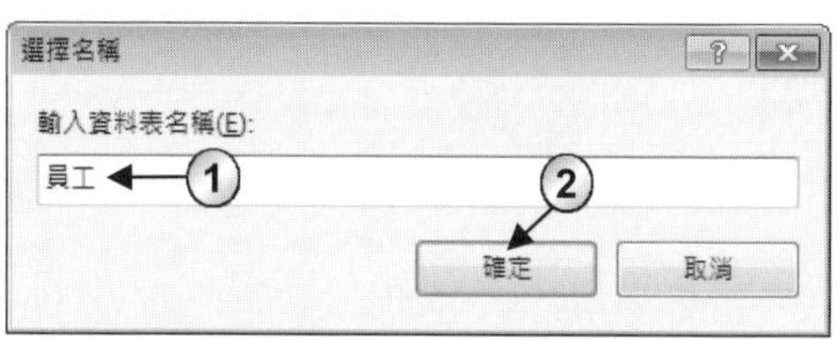

Step4 由於 SQL Server Express 資料庫預設無法變更資料表的資料行名稱或資料型別...等其他屬性，若您想變更資料表的資料行名稱或資料型別，請先執行功能表的【工具(T)/選項(O)】指令開啟下圖「選項」視窗，接著再依下圖操作將「防止儲存需要重新建立資料表的變更(S)」核取方塊取消勾選，如此資料表相關屬性即可修改。(此步驟只需做一次)

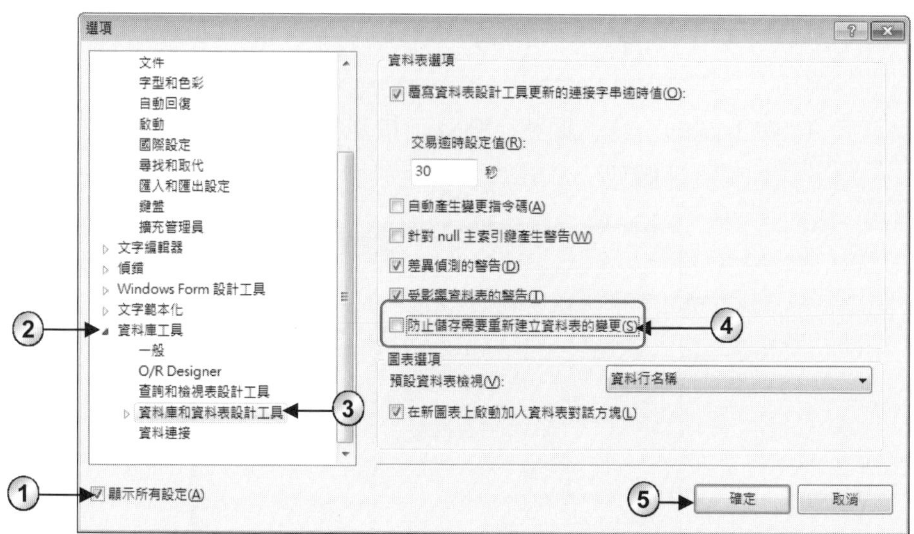

Step5 若要重新設計資料表的資料行名稱(即欄位名稱)及欄位資料型別，可在指定的資料表按右鍵，由快顯功能表執行「開啟資料表定義(O)」指令即會出現資料表設計畫面。如下圖操作即是再次開啟「員工」資料表的設計畫面。

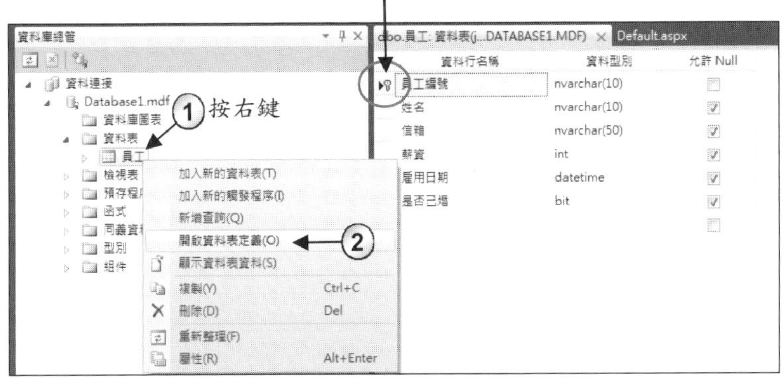

資料表必須有主索引(主鍵)，如此資料工具(如 SqlDataSource)連接該資料表才會擁有新增、修改、刪除資料表記錄的功能。

11.1.4 如何將資料輸入到 SQL Server Express 資料表內

若設計好資料表，接著可以直接輸入資料到資料表內，也可以透過 SQL 語法或 ADO.NET 程式來進行新增、刪除、修改或查詢資料表內的資料。請延續上例練習輸入幾筆員工的記錄到「員工」資料表內。

上機實作

Step1 延續上面「chap11」網站範例。

Step2 執行功能表的【檢視(V)/其他視窗(E)/資料庫總管(D)】指令開啟「資料庫總管」視窗，請按 Database1.mdf 的 ▷ 展開鈕，使網站(Web 專案)連接到 Database1.mdf 資料庫。

Step3 在下圖「員工」資料表按滑鼠右鍵由快顯功能表執行「顯示資料表資料(S)」進入資料表記錄的輸入畫面。

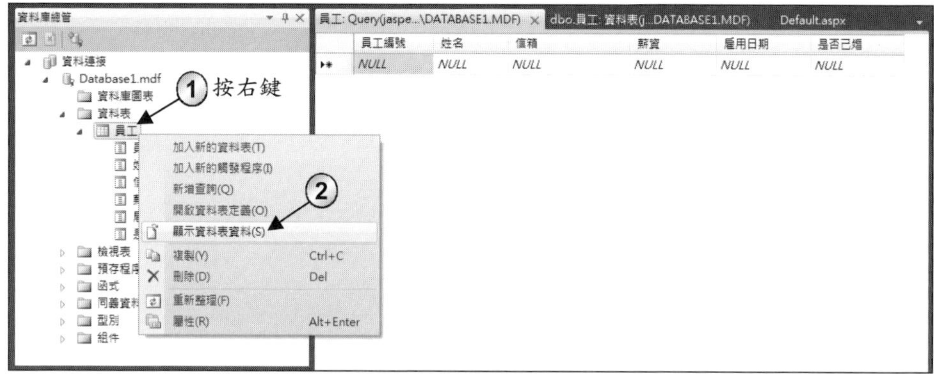

Step4 依下圖操作，輸入三筆員工記錄資料，但要注意，主索引鍵欄位資料不可以重複。

Step5 完成輸入資料之後，可按 全部儲存鈕將所輸入的員工記錄進行儲存。

11.2 資料表的關聯

關聯式資料庫透過相同的欄位格式將兩個有關係的資料表關聯在一起，最大的好處就是可以減少重複登錄記錄到資料表內，以確保資料的完整性(Data Integrity)。一般常見的 Access、SQL Server…等資料庫軟體都是屬於關聯式資料庫，這些資料庫軟體內的資料表皆可以進行關聯，下面例子練習如何在 VWD 2010 下使用「資料庫總管」視窗將兩個資料表進行關聯。

範例演練

練習在 VWD 2010 整合開發環境下使用資料庫總管視窗建立「資料庫圖表」物件，此資料庫圖表將「客戶」資料表及「訂單」資料表的客戶編號欄位進行關聯，使上述兩個資料表形成一對多關聯，即表示一個客戶可以有多筆訂單。

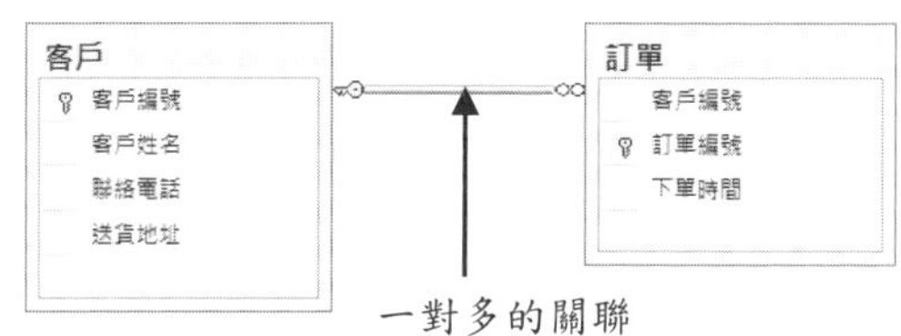

上機實作

Step1 延續上面「chap11」網站。

Step2 建立「客戶」資料表，欄位名稱(即資料行名稱)及欄位資料型別如下，其中「客戶編號」為主索引欄位：

主索引欄位

資料行名稱	資料型別	允許 Null
客戶編號	nvarchar(10)	☐
客戶姓名	nvarchar(10)	☑
聯絡電話	nvarchar(10)	☑
送貨地址	nvarchar(30)	☑
		☐

Step3 建立「訂單」資料表，欄位名稱及欄位資料型別如下圖，其中「訂單編號」為主索引欄位；且訂單編號的識別規則設為「是」，識別值種子設為「1」、識別值增量設為「1」，即表示訂單編號欄位的資料會由 1 開始進行自動編號。

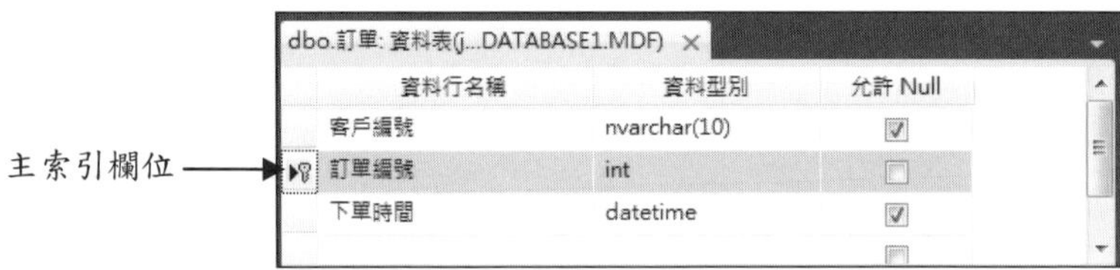

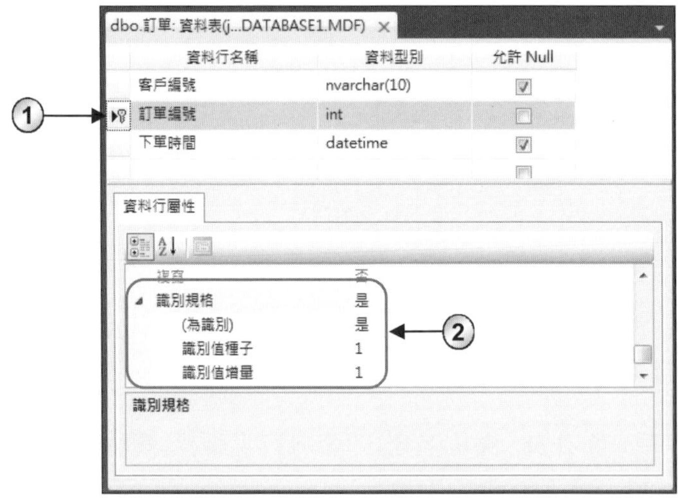

Step4 建立資料庫圖表，將「客戶」資料表及「訂單」資料表的「客戶編號」欄位進行關聯。

1. 在資料庫圖表上按右鍵，由出現的快顯功能表執行【加入新的圖表(G)】。

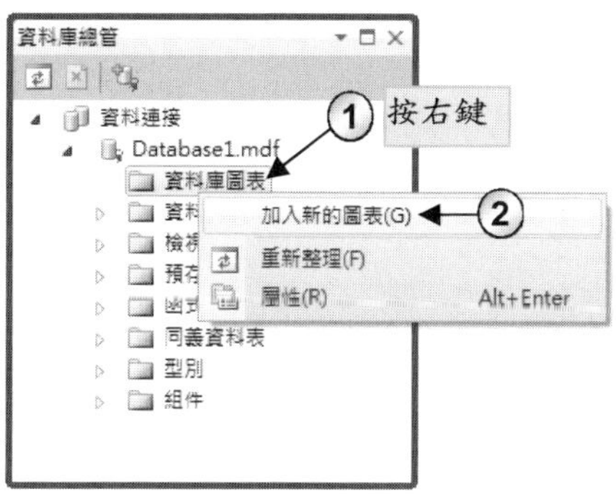

2. 依圖示操作，將「客戶」及「訂單」資料表放入資料庫圖表物件內。

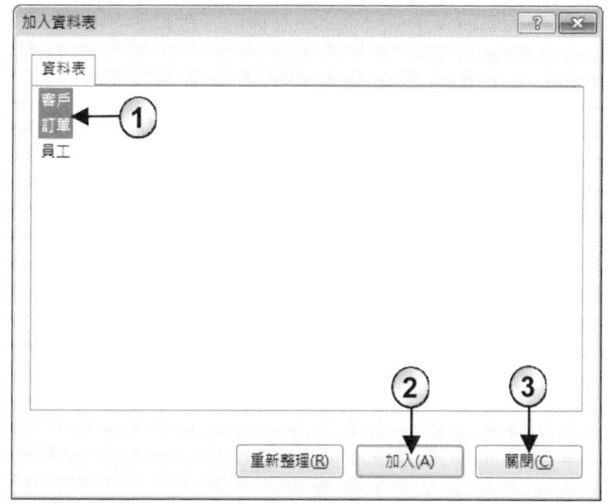

3. 依圖示操作，將客戶資料表的客戶編號拖曳到訂單資料表的客戶編號使兩個欄位進行關聯。要記得這兩個欄位的資料型別要一樣，但欄位名稱可以不一樣。

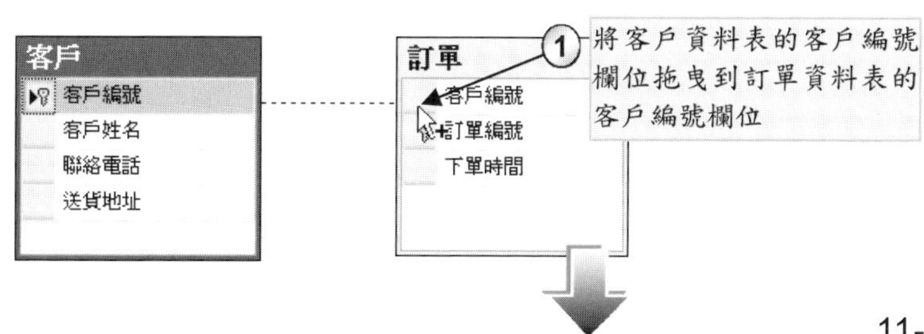

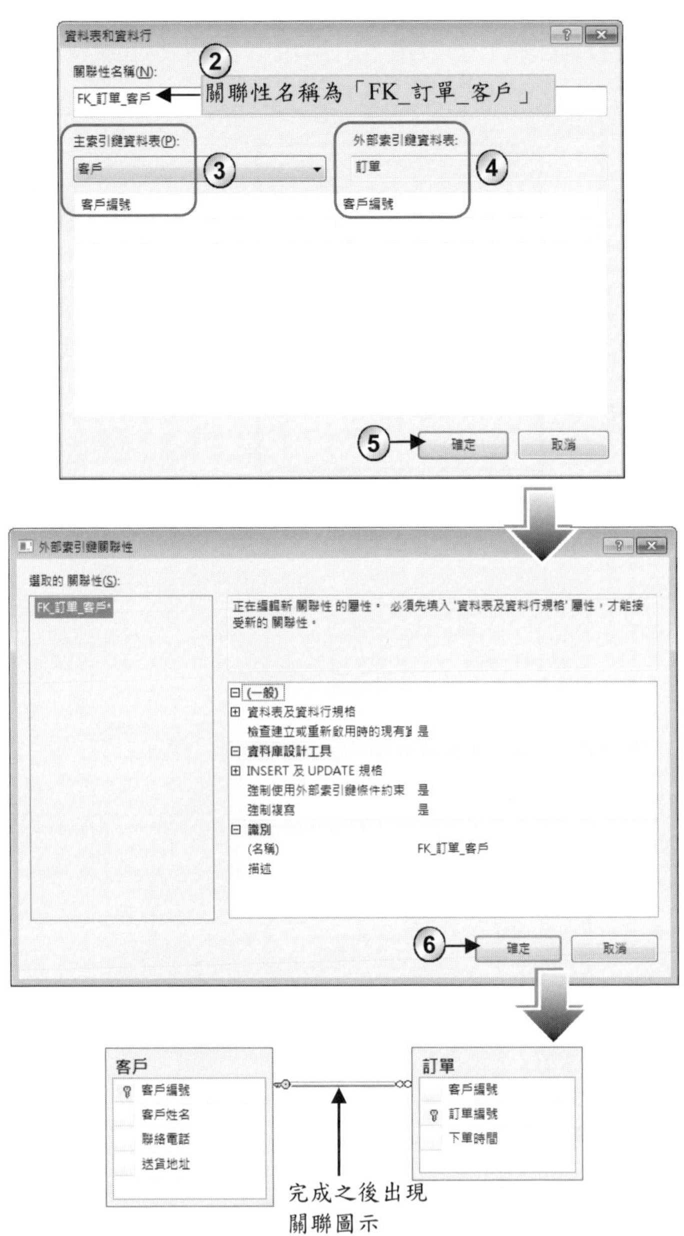

Step5 最後請按 鈕儲存資料庫圖表物件，接著出現下圖「選擇名稱」對話方塊，請將資料庫圖表物件名稱設為「Diagram1」。

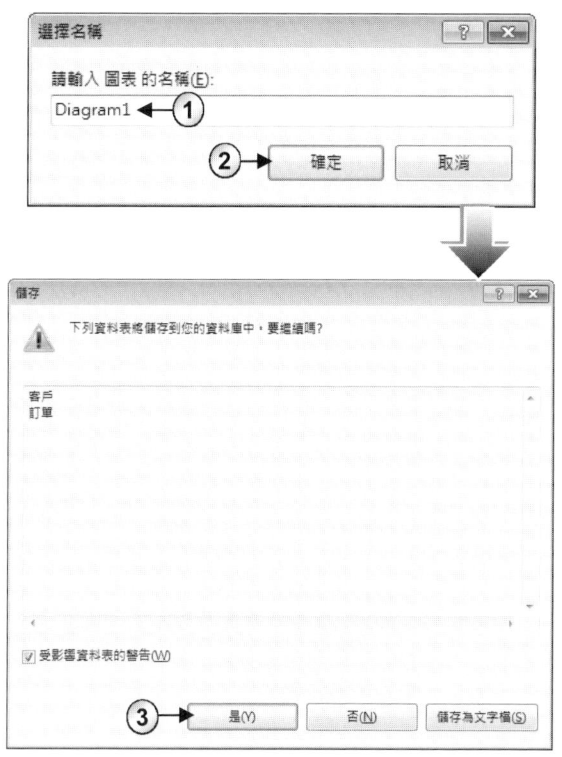

11.3 SQL 語法

在撰寫 Web 應用程式或是資料庫應用程式時，常會透過 SQL 語法來編輯或查詢資料表，本節將介紹 SQL 語法的 INSERT 新增陳述式、UPDATE 修改陳述式、DELETE 刪除陳述式來編輯指定的資料表記錄，以及介紹如何使用 SQL 語法的 SELECT 查詢陳述式來查詢或排序指定的資料表記錄。

11.3.1 使用 INSERT 陳述式新增記錄

透過 INSERT 陳述式可以在指定的資料表或檢視表內加入一筆新的記錄(即資料列)，語法如下：

```
INSERT INTO 資料表名稱(欄位名稱串列)VALUES(資料串列)
```

[例 1] 在「員工」資料表內新增一筆記錄，員工編號為 'E04'、姓名為 '小明'、薪資為 30000。SQL 語法中被單引號括住的資料會被視為字串處理。

```
INSERT INTO 員工(員工編號,姓名,薪資)
        VALUES('E04','小明',30000)
```

[例 2] 在「成績」資料表內新增一筆記錄，學號為 '9896036'、姓名為 '小明'、國文分數為 100、英文分數為 65、數學分數為 99。

```
INSERT INTO 成績(學號,姓名,國文,英文,數學)
        VALUES('9896036','小明',100,65,99)
```

11.3.2 使用 UPDATE 陳述式更新記錄

透過 UPDATE 陳述式可在指定的資料表或檢視表內更新指定的記錄(即資料列)，語法如下：

```
UPDATE 資料表名稱
        SET 欄位名稱 1=資料 1, 欄位名稱 2=資料 2 [, …]
        WHERE <條件式>
```

[例 1] 修改「員工」資料表員工編號為 'E04' 的記錄，將姓名更改為 '大明' ，薪資更改為 50000。

```
UPDATE 員工 SET 姓名='大明', 薪資=50000
        WHERE 員工編號='E04'
```

[例 2] 修改「成績」資料表學號為 '9896036' 的記錄，將國文分數更改為 56、數學分數更改為 100、英文分數更改為 99。

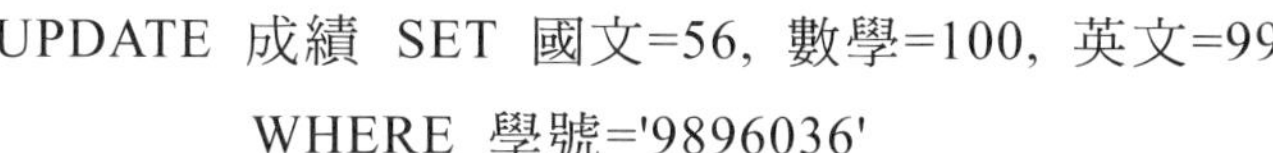

```
UPDATE 成績 SET 國文=56, 數學=100, 英文=99
        WHERE 學號='9896036'
```

11.3.3 使用 DELETE 陳述式刪除記錄

透過 DELETE 陳述式可以在指定的資料表或檢視表內刪除指定的記錄(即資料列)，語法如下：

```
DELETE 資料表名稱 WHERE <條件式>
```

[例 1] 刪除「員工」資料表中員工編號等於 'E04' 的記錄。

```
DELETE 員工 WHERE 員工編號='E04'
```

[例 2] 刪除「成績」資料表中國文、英文、數學三科同時不及格的記錄。

```
DELETE 成績 WHERE 國文<60 AND 英文<60 AND 數學<60
```

[例 3] 將「成績」資料表內的所有記錄刪除。

```
DELETE 成績
```

11.3.4 使用 SELECT 陳述式查詢記錄

一. SELECT 陳述式

SELECT 陳述式主要可由資料庫中擷取指定的資料列，讓您從一份或多份資料表中取得一個或多個資料列或資料行，SELECT 陳述式語法相當複雜，本節只簡單介紹常用的 SELECT 陳述式寫法，若您對 SQL 語法有興趣，可自行參閱 SQL Server 資料庫的書籍。

SELECT 陳述式語法如下：

```
SELECT 欄位名稱串列 FROM 資料表名稱
    [ WHERE  <條件式> ]
    [ ORDER BY 排序欄位 [ ASC | DESC ] ]
```

[例 1] 查詢「產品資料」表中所有欄位的所有記錄，* 號表顯示產品資料表的所有欄位。

```
SELECT * FROM 產品資料
```

[例 2] 查詢「產品資料」表中產品編號、產品、單位數量、單價欄位的所有記錄。

```
SELECT 產品編號, 產品, 單位數量, 單價
       FROM 產品資料
```

二. 如何設定欄位別名

如果原本的欄位名稱不希望讓使用者知道，我們可以將欄位名稱改用別名(Alias)，做法就是在原來的 欄位名稱 之後加上 AS 別名 就可以了，其語法如下：

```
SELECT 欄位名稱 1 AS 別名 1, 欄位名稱 2 AS 別名 2, …
       欄位名稱 N AS 別名 N FROM 資料表名稱
```

[例 1] 查詢「產品資料」表中產品編號、產品、單價、單位數量欄位的所有記錄，且產品編號的別名設為編號、產品的別名設為品名、單位數量的別名設為單位。

```
SELECT 產品編號 AS 編號, 產品 AS 品名, 單價, 單位數量 AS 單位
       FROM 產品資料
```

下圖列出設定欄位別名與未設定欄位別名的查詢結果供您比較。

```
SELECT    產品編號, 產品, 單價, 單位數量
FROM      產品資料
```

欄位未設別名

產品編號	產品	單價	單位數量
1	蘋果汁	18.0000	每箱24瓶
2	牛奶	19.0000	每箱24瓶
3	蕃茄醬	10.0000	每箱12瓶
4	鹽巴	22.0000	每箱12瓶
5	麻油	21.3500	每箱12瓶
6	醬油	25.0000	每箱12瓶
7	海鮮粉	30.0000	每箱30盒

1 /77 儲存格為唯讀。

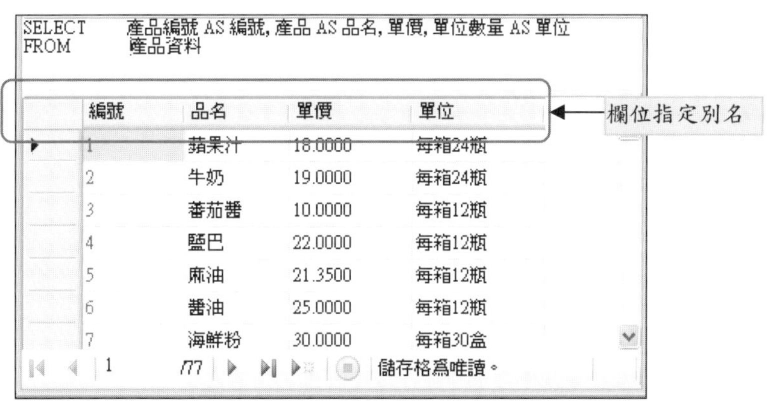

```
SELECT    產品編號 AS 編號, 產品 AS 品名, 單價, 單位數量 AS 單位
FROM      產品資料
```

欄位指定別名

編號	品名	單價	單位
1	蘋果汁	18.0000	每箱24瓶
2	牛奶	19.0000	每箱24瓶
3	蕃茄醬	10.0000	每箱12瓶
4	鹽巴	22.0000	每箱12瓶
5	麻油	21.3500	每箱12瓶
6	醬油	25.0000	每箱12瓶
7	海鮮粉	30.0000	每箱30盒

1 /77 儲存格為唯讀。

[例 2] 查詢「產品資料」表中產品編號、產品、單價欄位的所有記錄，且使用單價欄位*0.9 計算之後產生打九折欄位。

```
SELECT 產品編號, 產品, 單價, 單價 * 0.9 AS 打九折
       FROM   產品資料
```

[例 3] 查詢「成績」資料表中學號、姓名、國文、英文、數學的所有記錄，並使用國文、英文、數學三科成績相加建立總分欄位。

```
SELECT 學號, 姓名, 國文, 英文, 數學, (國文+英文+數學) AS 總分
       FROM 成績
```

三. 如何排序資料

SELECT 陳述式的 ORDER BY 子句可用來指定要依照哪個欄位來進行遞增排序(ASC：預設值)或遞減排序(DESC)。

[例 1] 查詢「產品資料」資料表中產品編號、產品、單價、庫存量欄位的所有記錄，並依單價做遞增排序(由小到大)，由於 ORDER BY 預設為遞增排序，所以 ASC 也可以省略不寫。

```
SELECT   產品編號, 產品, 單價, 庫存量
         FROM      產品資料
         ORDER BY  單價  ASC
```

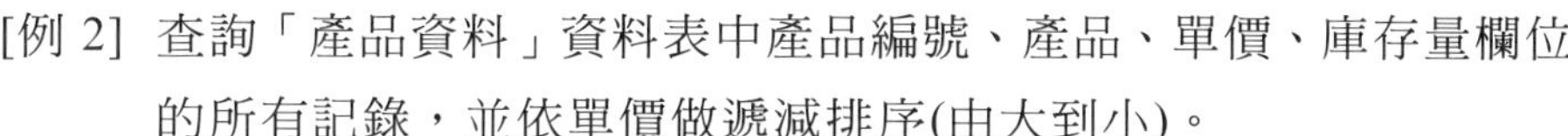

[例 2] 查詢「產品資料」資料表中產品編號、產品、單價、庫存量欄位的所有記錄，並依單價做遞減排序(由大到小)。

```
SELECT   產品編號, 產品, 單價, 庫存量
         FROM      產品資料
         ORDER BY   單價  DESC
```

[例 3] 查詢「產品資料」資料表中產品編號、產品、單價、庫存量欄位的所有記錄，查詢的資料先依單價做遞減排序(由大到小)，接著再依庫存量做遞增排序(由小到大)。

```
SELECT 產品編號, 產品, 單價, 庫存量
        FROM    產品資料
        ORDER BY   單價  DESC, 庫存量  ASC
```

四. SELECT 其它查詢技巧

SELECT 陳述式還有幾個引數可使用，如使用 TOP 查詢前幾筆記錄、使用 DISTINCT 指定查詢結果集只能出現唯一的記錄...等。

[例 1] 查詢「產品資料」資料表中單價最貴的前三筆記錄。查詢結果如下圖：

```
SELECT TOP (3)  產品編號, 產品, 單價
        FROM    產品資料
        ORDER BY   單價  DESC
```

```
SELECT      TOP (3) 產品編號, 產品, 單價
FROM        產品資料
ORDER BY 單價 DESC
```

	產品編號	產品	單價
▶	38	綠茶	263.5000
	29	鴨肉	123.7900
	9	讃油雞	97.0000
*	NULL	NULL	NULL

[例 2] 由於「客戶」資料表中每一位客戶的連絡人職稱可能會相同，若想知道客戶共有哪些職稱，可使用 DISTINCT 指定連絡人職稱只能出現唯一記錄，寫法與查詢結果如下圖：

```
SELECT DISTINCT 聯絡人職稱
       FROM 客戶
```

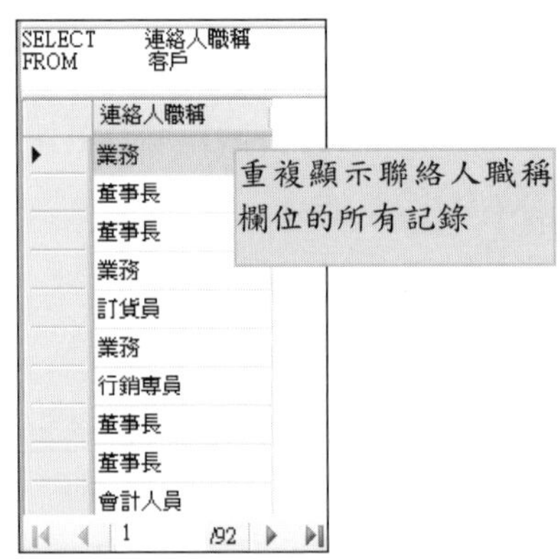

五. 條件式的使用

SELECT 陳述式中的 WHERE 子句可用來設定傳回資料列的搜尋條件。可配合比較運算子=(等於)、>(大於)、<(小於)、<>(不等於)、>=(大於等於)、<=(小於等於)、!=(不等於)、!>(不大於)、!<(不小於) ，或配合邏輯運算子 AND(且)、OR(或)、NOT，或使用 BETWEEN 來設定某個範圍的搜尋條件，或是使用 LIKE 子句查詢欄位中所包含的指定內容。

[例 1] 查詢「產品資料」資料表中單價大於等於 100 的記錄，顯示產品編號、產品、單價欄位三個欄位，並依單價做遞減排序(由大到小)。

```
SELECT 產品編號, 產品, 單價
       FROM 產品資料
       WHERE 單價>=100
       ORDER BY 單價 DESC
```

[例 2] 查詢「會員」資料表中帳號為 'jasper' 而且密碼是 '123456' 的會員記錄。

```
SELECT * FROM 會員
       WHERE 帳號='jasper' AND 密碼='123456'
```

[例 3] 查詢「產品資料」資料表單價介於 20~100 元之間的產品記錄。

```
SELECT * FROM 產品資料
       WHERE 單價>=20 AND 單價<=100
```

或

```
SELECT * FROM 產品資料
       WHERE 單價 20 BETWEEN 100
```

[例 4] LIKE 子句可以配合 % 萬用字元，% 代表零或多個任一字元。如下寫法，可以查詢「會員」資料表中住址欄位以 '台北市' 開頭的所有會員記錄。(即居住於台北市的所有會員)

```
SELECT * FROM 會員
       WHERE 住址 LIKE '台北市%'
```

[例 5] 查詢「會員」資料表中住址欄位內包含 '中山路' 的所有會員記錄。(即居住於中山路的所有會員，包括住址欄位內含台北市中山路、台中市中山路或彰化市中山路…等會員記錄)

```
SELECT * FROM 會員
       WHERE 住址 LIKE '%中山路%'
```

六. 彙總函數的使用

SQL 語法中的彙總函數可將一個欄位內的資料進行計算，如計算總和、計算平均、取最大值、取最小值…等，計算的結果會傳回單一值。常用的彙總函數說明如下表：

函數	說明
AVG	取得某個欄位的平均值。如下陳述式用來取得產品資料表中單價欄位的平均單價。 SELECT AVG(單價) FROM 產品資料
COUNT	取得資料的總數。如下陳述式用來取得會員資料表中會員記錄的總筆數。 SELECT COUNT(*) FROM 會員
MAX	取得某個欄位中的最大值。如下陳述式用來取得產品資料表中最高單價。 SELECT MAX(單價) FROM 產品資料
MIN	取得某個欄位中的最小值。如下陳述式用來取得產品資料表中最小單價。 SELECT MIN(單價) FROM 產品資料
SUM	取得某個欄位的總和。如下陳述式用來取得產品資料表中單價欄位的總和。 SELECT SUM(單價) FROM 產品資料

11.4 檢視表的建立

檢視表可以想像成是一種虛擬資料表，它是經由 SELECT 查詢陳述式定義其查詢內容，和真正的資料表很類似，是由一組資料行和資料列所組合而成，檢視表在資料庫中並沒有實際存放儲存的資料。檢視表在資料庫程式設計中算是常用，您可用檢視表設計預先儲存查詢結果(虛擬資料表)，待要取得查詢結果時，只要直接呼叫檢視表物件即可，就不用再重新撰寫複雜的 SELECT 查詢陳述式。舉例來說要查詢產品資料中單價最貴的三筆產品記錄，每一次查詢時就需要設定下面 SQL 陳述式：

```
SELECT TOP 3 * FROM 產品資料 ORDER BY 單價
```

這樣不是很麻煩嗎，因此可先將上述 SELECT 查詢陳述式做成檢視表物件，待以後要查詢最貴的三筆產品記錄只要直接查詢檢視表就可以了。因此可將常用的複雜 SELECT 查詢陳述式設計成檢視表物件，方便以後應用程式查詢時使用，有關檢視表更多的功能說明請自行參閱有關 SQL Server 的書籍。接著以 Northwind.mdf 北風資料庫為例，使用「產品資料」表建立名稱為「單價最高三筆記錄」的檢視表；使用「客戶」資料表及「訂貨主檔」資料表建立名稱為「客戶訂單」的檢視表。

上機實作

Step1 延續上例，將書附光碟中的 Northwind.mdf 及 Northwind_log.ldf 複製到 chap11 網站的 App_Data 資料夾下，接著在方案總管視窗按下 重新整理鈕。

Step2 在方案總管內的 Northwind.mdf 快按滑鼠左鍵兩下開啟下圖「資料庫總管」視窗。

Step3 建立名稱為「單價最高的三筆產品」檢視表

本檢視表可用來查詢產品資料中單價最高的三筆產品記錄。

1. 在「資料庫總管」視窗的「檢視表」上按右鍵由快顯功能表執行【加入新的檢視表(W)】。

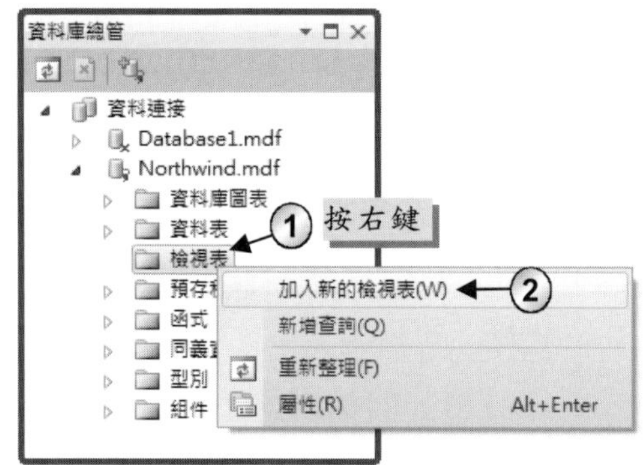

2. 接著如下圖操作將要查詢的資料表加入，請選擇「產品資料」表。

3. 接著出現下圖 Query 視窗，您可按下虛框中的 鈕顯示圖表窗格、按 鈕顯示準則窗格、按 鈕顯示 SQL 窗格、按 鈕顯示結果窗格，按 鈕執行 SQL 命令顯示查詢的結果集。

4. 接著依下圖數字順序操作，查詢單價最高的三筆產品的 SELECT 查詢陳述式：

   ① 將圖表窗格的產品資料的產品編號、產品、單位數量、單價、庫存量欄位勾選，表示會顯示這幾個欄位的資料。

   ② 在準則窗格設定以單價進行遞減排序。

   ③ 在 SQL 窗格的 SELECT 陳述式之後再加上「TOP 3」，表示要查詢前三筆記錄。

   ④ 按下 [!] 鈕執行 SQL 命令後，接著在結果窗格顯示查詢的結果集。

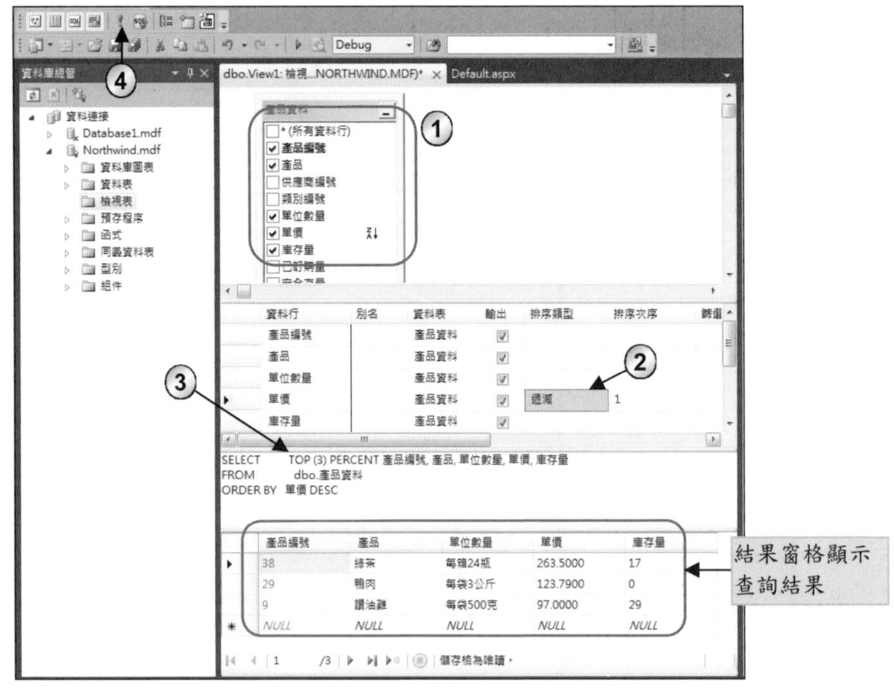

5. 最後按 儲存鈕將檢視表的名稱設為「單價最高的三筆產品」就可以了。

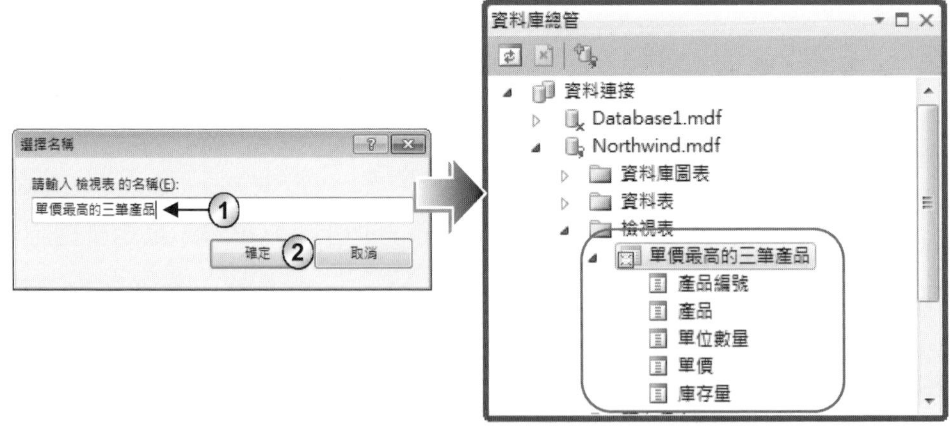

Step4 檢視表也可以建立多個資料表或更複雜的查詢。請依照 Step3 的方式建立名稱為「客戶訂單」檢視表，此檢視表會同時查詢「客戶」資料表與「訂貨主檔」資料表，Query 視窗設定如下：

① 將圖表窗格「客戶」的客戶編號及公司名稱勾選，將「訂貨主檔」的訂單編號、訂單日期、運費、收貨人勾選，表示會查詢客戶共訂了哪些訂單。

② 按下 [!] 鈕執行 SQL 命令後，接著結果窗格會顯示查詢的結果集。

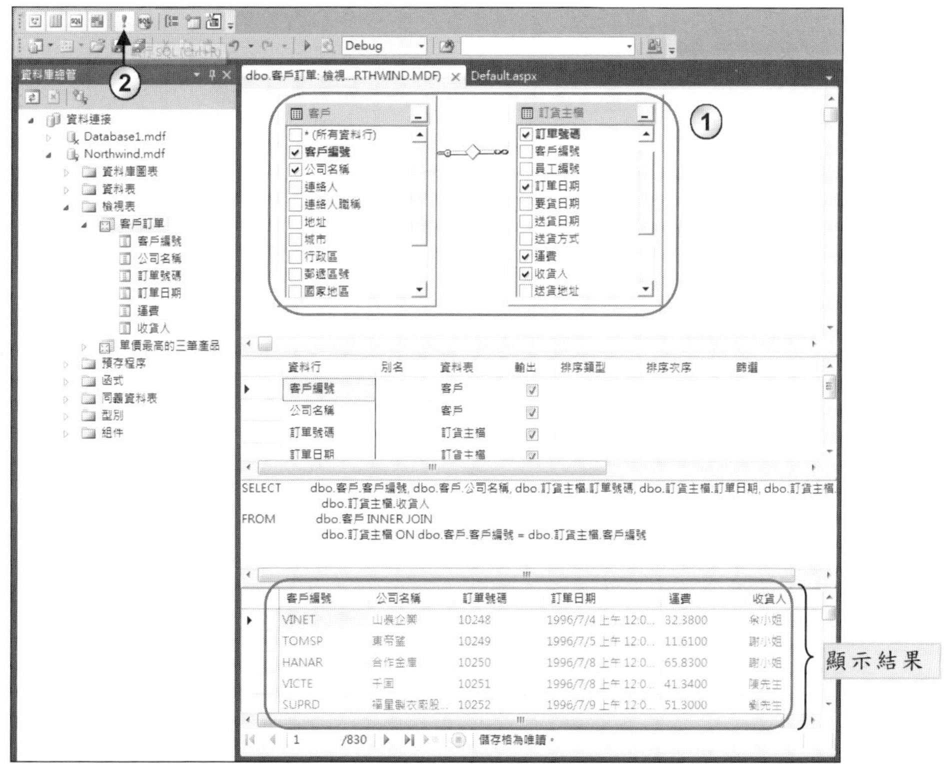

Step5 如果想重新修改檢視表的定義，可在指定的檢視表名稱上快按兩下或是在指定的檢視表名稱上按右鍵執行【開啟檢視表定義(O)】指令進入 Query 視窗進行修改就可以了。

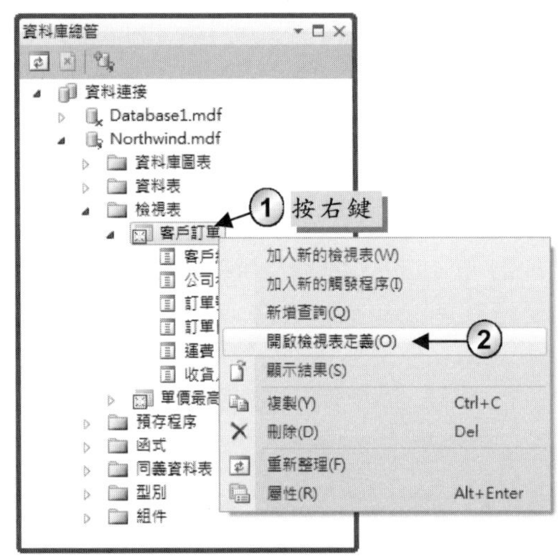

Step6 如果想要刪除檢視表，可先選點指定的檢視表名稱並按鍵盤的 Delete 鍵或是在指定的檢視表名稱上按右鍵執行【刪除(D)】指令就可以了。

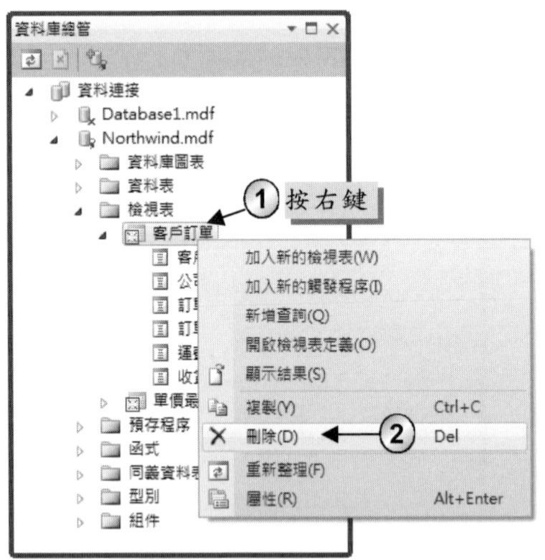

透過上面的練習，您可將複雜或常用查詢設計成檢視表，以方便資料庫或其它應用程式使用。

11.5 課後練習

1. 下列何者非檢視表的功能？(A) 群組計算 (B) 刪除記錄 (C) 查詢資料 (D) 取得某欄位資料的最小值
2. 若 WHERE 要針對文字型別做萬用字元查詢，必須配合下面哪個運算子？
   (A) NOT (B) AND (C) LIKE (D) =
3. 使用 SELECT 陳述式時，若要取得所有欄位，必須使用下面哪個符號？
   (A) @ (B) * (C) & (D) ^
4. 若要新增記錄到資料表內，應使用下列哪個陳述式？
   (A) SELECT (B) INSERT (C) DELETE (D) UPDATE
5. 若要刪除資料表內指定的記錄，應使用下列哪個陳述式？
   (A) SELECT (B) INSERT (C) DELETE (D) UPDATE
6. 若要修改資料表內指定的記錄，應使用下列哪個陳述式？
   (A) SELECT (B) INSERT (C) DELETE (D) UPDATE
7. 如果要查詢產品資料表最高單價的前五筆記錄，應使用下列哪些 SQL 子句？(A) TOP 與 ORDER BY (B) WHERE (C) SELECT (D) GROUP BY
8. 使用 ORDER BY 子句進行排序，其排序功能預設為
   (A) 遞減排序 (B) 遞增排序 (C) 無排序功能 (D) 以上皆非
9. 若想讓欄位的資料出現唯一記錄，則在該欄位名稱之前應加上下列哪個子句？
   (A) WHERE (B) ONLY (C) DELETE (D) DISTINCT
10. 下列哪個彙總函數可用來取得資料表的總筆數？
    (A) MAX (B) MIN (C) COUNT (D) TOTAL
11. 下列哪個彙總函數可用來取得某個欄位的平均值？
    (A) MAX (B) MIN (C) SUM (D) AVG

12. 下列哪個彙總函數可用來取得某個欄位的最大值？

(A) MAX　(B) MIN　(C) SUM　(D) AVG

13. 下列哪個彙總函數可用來取得某個欄位的總和？

(A) MAX　(B) MIN　(C) SUM　(D) AVG

14. 試問 BETWEEN 子句的功能為何？(A) 查詢最大值 (B) 查詢最小值 (C) 查詢某個範圍資料 (D) 查詢總筆數

15. SQL Server 資料表欄位的資料想存放 True 或 False，其欄位資料型別應設為 (A) char (B) bit (C) bool (D) Boolean

CHAPTER

資料來源控制項

學習目標：

- 認識資料來源控制項的功能
- 認識 SqlDataSource 控制項的功能
- 學習使用 SqlDataSource 控制項讀取資料表
- 學習使用 SqlDataSource 控制項設定參數
- 學習使用 SqlDataSource 控制項存取資料表
- 學習使用 SqlDataSource 控制項製作模糊查詢
- 學習使用 SqlDataSource 控制項製作多個資料表查詢

12.1 資料來源控制項簡介

資料來源(DataSource)控制項最主要的功能可用來管理及存取所連接的資料來源，例如對資料來源進行查詢、排序、分頁、新增、刪除、修改...等，這些資料來源可以是 Microsoft SQL Server、Oracle、Access、XML、集合、陣列...等等。下表是 ASP.NET 4.0 所提供的資料來源控制項功能說明：

資料來源控制項類型	功能說明
SqlDataSource	用來連接 SQL Server、Oracle、支援 OLE DB 或 ODBC 的資料庫，此控制項為本章的重點。
AccessDataSource	用來連接 Access 資料庫，使用方式與 SqlDataSource 類似。
ObjectDataSource	用來連接資料物件，讓您透過商務物件建立依賴中介層物件來管理資料來源的 Web 應用程式。
XMLDataSource	用來連接 XML 文件檔。
SiteMapDataSource	用來連接 Web.sitemap，搭配 ASP.NET 網站巡覽控制項使用，此控制項於第 9 章介紹過。
LinqDataSource	用來連接語言整合查詢(Language Integrated Query, LINQ) 。

由於本書為入門書，所以只介紹 SqlDataSource 資料來源控制項，關於 ObjectDataSource、XMLDataSource、LinqDataSource...等資料來源控制項，請自行參閱進階的 ASP.NET 書籍。

12.2 SqlDataSource 控制項

SqlDataSource 控制項可讓您輕鬆存取 Microsoft SQL Server、Oracle 以及 OLE DB 與 ODBC 資料來源，若 SqlDataSource 控制項搭配資料繫結控制項(如 GridView、FormView 或 DataList 控制項)，並透過 VWD 整合開發環境，就幾乎可以使用拖曳方式和撰寫少量程式碼的情形下快速開發出可存取資料庫的動態網頁。如下為 SqlDataSource 控制項的宣告語法：

```
<asp:SqlDataSource ID="物件識別名稱" runat="server"
    ConnectionString="資料庫連接字串"
    SelectCommand="SELECT 陳述式"
    InsertCommand="INSERT 陳述式"
    UpdateCommand="Update 陳述式"
    DeleteCommand="Delete 陳述式"...>
</asp:SqlDataSource>
```

下表為 SqlDataSource 常用的屬性說明：

屬性	功能說明
ConnectionString	設定或取得資料庫的連接字串。 ①欲連接目前網站 App_Data 資料夾下的 Northwind.mdf，其寫法如下： ConnectionString="Data Source=.\SQLEXPRESS;AttachDbFilename=|DataDirectory|**Northwind.mdf**;Integrated Security=True;User Instance=True"; ②如果要連接名稱為 ANITA 的 SQL Server 資料庫伺服器，連接資料庫為 PhotoDb、且資料庫帳號為 sa、密碼是 ab1234。其寫法如下： connectionString="Data Source=**ANITA**; Initial Catalog=**PhotoDb**;User ID=**sa**;Password=**ab1234**";

DataSourceMode	設定或取得資料來源的資料擷取模式。屬性值如下： ①DataReader：使用 DataReader 物件擷取資料來源的資料。 ②DataSet：使用 DataSet 物件擷取資料來源的資料。(預設值)
DeleteCommand	設定或取得 DELETE 陳述式或刪除資料的預存程序，SqlDataSource 會以此屬性來刪除資料來源指定的資料記錄。
DeleteCommandType	設定或取得 DeleteCommand 屬性的刪除命令類型。屬性值如下： ①Text：表示使用 SQL 的 DELETE 陳述式。(預設值) ②StoredProcedure：表示使用預存程序。
DeleteParameters	取得 DeleteCommand 屬性所使用的參數集合。
InsertCommand	設定或取得 INSERT 陳述式或新增資料的預存程序，SqlDataSource 會以此屬性將資料記錄新增至資料來源。
InsertCommandType	設定或取得 InsertCommand 屬性的新增命令類型。屬性值有兩種： ①Text：表示使用 SQL 的 INSERT 陳述式。(預設值) ②StoredProcedure：表示使用預存程序。
InsertParameters	取得 InsertCommand 屬性所使用的參數集合。
ProviderName	設定或取得採用哪個 .NET Framework Data Provider(資料提供者)來存取資料來源。有下列四種屬性值： ①System.Data.Odbc 使用 ODBC .NET Data Provider 來存取資料來源。 ②System.Data.OleDb 使用 OLE DB .NET Data Provider 來存取資料來源。 ③System.Data.OracleClient 使用 Oracle .NET Data Provider 來存取 Oracle 資料庫。 ④System.Data.SqlClient 使用 SQL Server .NET Data Provider 來存取微軟的 SQL Server 資料庫。(預設值)
SelectCommand	設定或取得 SELECT 陳述式或查詢資料的預存程序，SqlDataSource 會以此屬性來查詢所符合的資料記錄。

SelectCommandType	設定或取得 SelectCommand 屬性的查詢命令類型。屬性值有兩種： ①Text：表示使用 SQL 的 SELECT 陳述式。(預設值) ②StoredProcedure：表示使用預存程序。
SelectParameters	取得 SelectCommand 屬性所使用的參數集合。
UpdateCommand	設定或取得 UPDATE 陳述式或修改資料的預存程序，SqlDataSource 會以此屬性來修改資料來源指定的資料記錄。
UpdateCommandType	設定或取得 UpdateCommand 屬性的修改命令類型。屬性值如下兩種： ①Text：表示使用 SQL 的 UPDATE 陳述式。(預設值) ②StoredProcedure：表示使用預存程序。
UpdateParameters	取得 UpdateCommand 屬性所使用的參數集合。

SqlDataSource 控制項會透過 ADO.NET 物件類別來存取任何 ADO.NET 所支援的資料來源，使用 SqlDataSource 控制項可以讓您不需要撰寫 ADO.NET 程式碼的情形下便可直接存取資料來源，做法就是使用 SqlDataSoruce 控制項的 ConnectionString 屬性設定連接字串以便連接指定的資料來源，接著可透過 SelectCommand 屬性下達所要查詢的 SELECT 陳述式以便讀取所查詢的資料記錄，透過 InsertCommand、DeleteCommand、UpdateCommand 屬性來編輯資料來源指定的資料記錄。

網頁檔名：SqlDataSource1_Sample.aspx

試使用 SqlDataSource 控制項將員工資料表的資料顯示在 ListBox 及 GridView 控制項上。ListBox 控制項的項目顯示員工資料表的姓名欄位，GridView 控制項顯示員工資料表的員工編號、姓名、職稱、地址四個欄位的資料。

員工編號	姓名	職稱	地址
1	張瑾雯	業務	北市仁愛路二段56號
2	陳季暄	業務經理	北市敦化南路一段1號
3	趙飛燕	業務	北市忠孝東路四段4 號
4	林美麗	業務	北市南京東路三段3號
5	劉天王	業務經理	北市北平東路24號
6	黎國明	業務	北市中山北路六段88號
7	郭國臹	業務	北市師大路67號
8	蘇涵蘊	業務主管	北市紹興南路99號
9	孟庭亭	業務	北市信義路二段120號
12	賴俊良	資深工程師	北市北平東路24 號3 樓之一
13	何大樓	助手	北市北平東路24 號3 樓之一
14	王大德	工程師	北市北平東路24 號3 樓之一

上機實作

Step1 新增名稱為「chap12」的 ASP.NET 空網站。

Step2 先選取「方案總管」的 chap12 網站名稱，接著再執行功能表的【網站(S)/加入 ASP.NET 資料夾(S)/App_Data(A)】指令，在目前 chap12 網站下加入「App_Data」資料夾。

Step3 將書附光碟「資料庫」資料夾下的 Northwind.mdf 及 Northwind_log.ldf 複製到目前網站 App_Data 資料夾下，接著再按方案總管視窗的 重新整理鈕，使 App_Data 資料夾顯示上述兩個檔案。

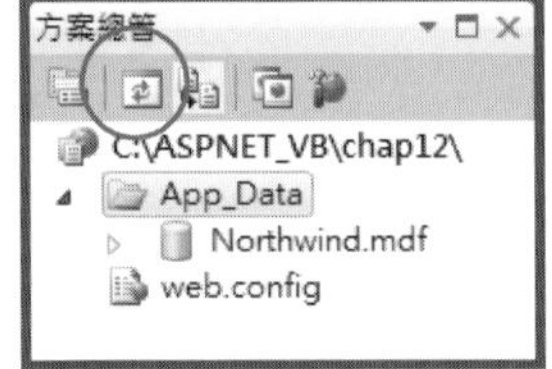

Step4 新增 SqlDataSource1_Sample.aspx。

Step5 建立 SqlDataSource_Employee 資料來源控制項，此控制項可以擷取 Northwind.mdf 資料庫中的「員工」資料表。

1. SqlDataSource_Employee 資料來源控制項連接 Northwind.mdf 資料庫：

① 由工具箱將 SqlDataSource1 控制項放入 ASP.NET 網頁。

② 將 SqlDataSource 控制項的 ID 物件識別名稱設為「SqlDataSource_Employee」。

③ 將 SqlDataSource_Employee 控制項的 ConnectionString 屬性設為「Northwind.mdf」，表示此控制項可連接至 Northwind.mdf。

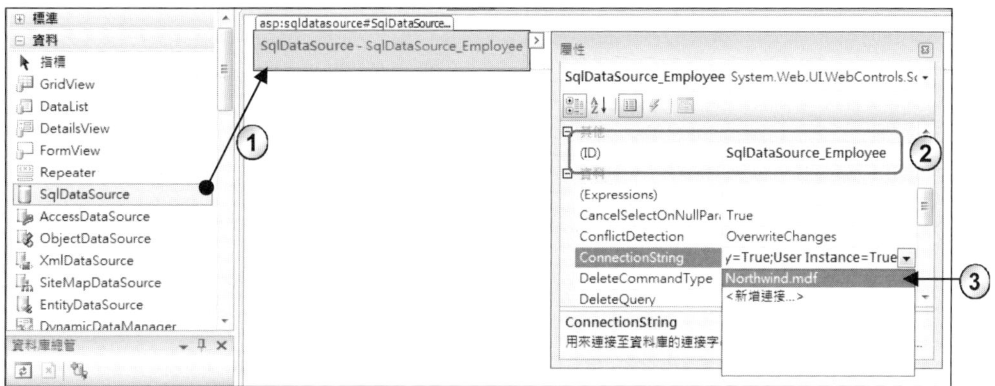

2. 透過 SqlDataSource_Employee 控制項查詢 Northwind.mdf 資料庫中的「員工」資料表：

① 選取「SqlDataSource_Employee」。

② 按下此控制項 SelectQuery 的 ... 鈕開啟「命令及參數編輯器」視窗設定 SelectCommand 屬性。

③ 在 SELECT 命令內輸入「SELECT 員工編號, 姓名, 職稱, 地址 FROM 員工」。

④ 按 確定 鈕完成設定。

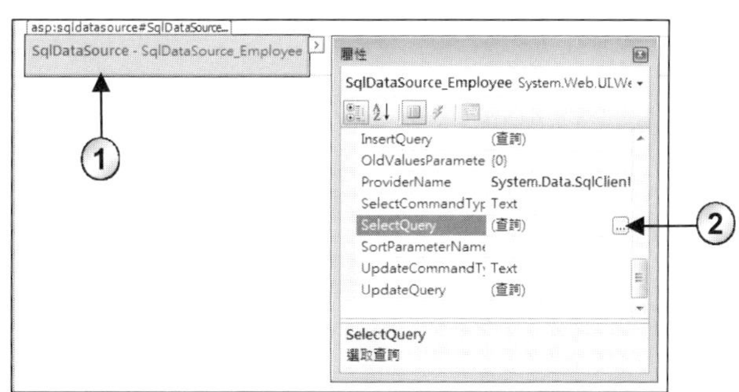

完成上述操作後，接著 SqlDataSource_Employee 自動產生下列宣告語法：

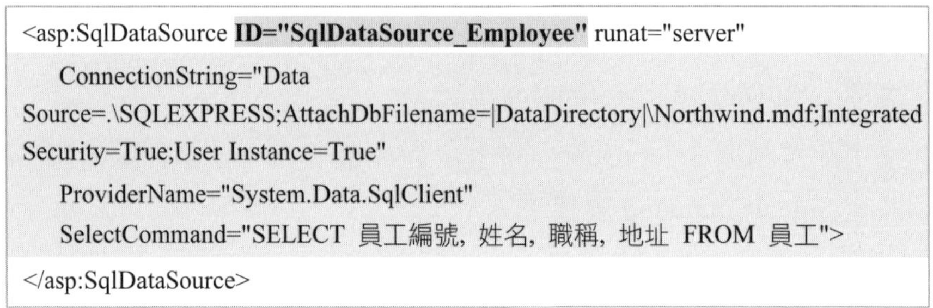

```
<asp:SqlDataSource ID="SqlDataSource_Employee" runat="server"
    ConnectionString="Data
Source=.\SQLEXPRESS;AttachDbFilename=|DataDirectory|\Northwind.mdf;Integrated
Security=True;User Instance=True"
    ProviderName="System.Data.SqlClient"
    SelectCommand="SELECT 員工編號, 姓名, 職稱, 地址 FROM 員工">
</asp:SqlDataSource>
```

Step6 建立 ListBox1 控制項，並將此控制項的 DataSourceID 設為「SqlDataSource_Employee」、DataTextField 屬性繫結至「姓名」、DataValueField 屬性繫結至「員工編號」。完成之後，ListBox1 項目即會顯示員工資料表「姓名」欄位的所有內容、ListBox1 的 Value 值即會存放員工資料表「員工編號」欄位的所有內容。

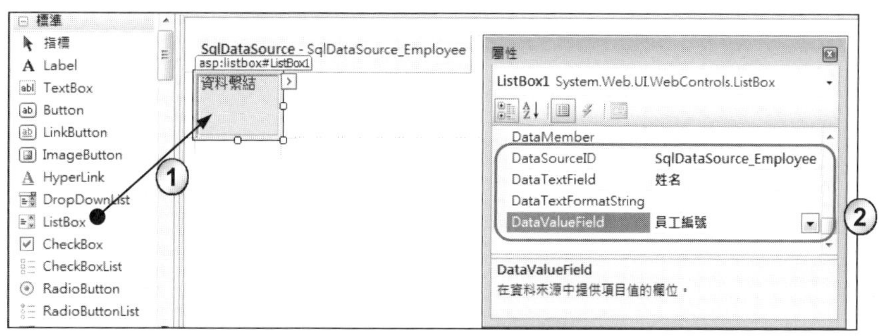

完成上述操作之後，接著 ListBox1 自動產生宣告語法及執行結果如下：

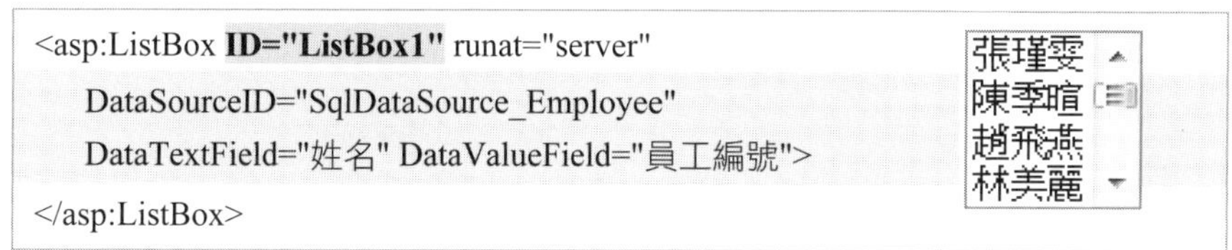

```
<asp:ListBox ID="ListBox1" runat="server"
    DataSourceID="SqlDataSource_Employee"
    DataTextField="姓名" DataValueField="員工編號">
</asp:ListBox>
```


Step7 建立 GridView1 控制項，並將此控制項的 DataSourceID 設為「SqlDataSource_Employee」，此時 GridView1 的資料來源即為 SqlDataSource_Employee 所擷取的所有資料，執行之後 GridView1 會顯示員工資料表的員工編號, 姓名, 職稱, 地址四個欄位的所有資料。

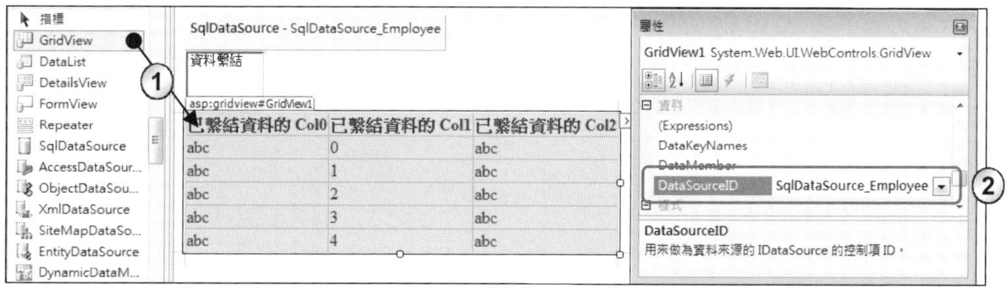

完成上述操作後，GridView1 自動產生下面宣告語法及執行結果：

```
<asp:GridView ID="GridView1" runat="server"
    DataSourceID="SqlDataSource_Employee">
</asp:GridView>
```

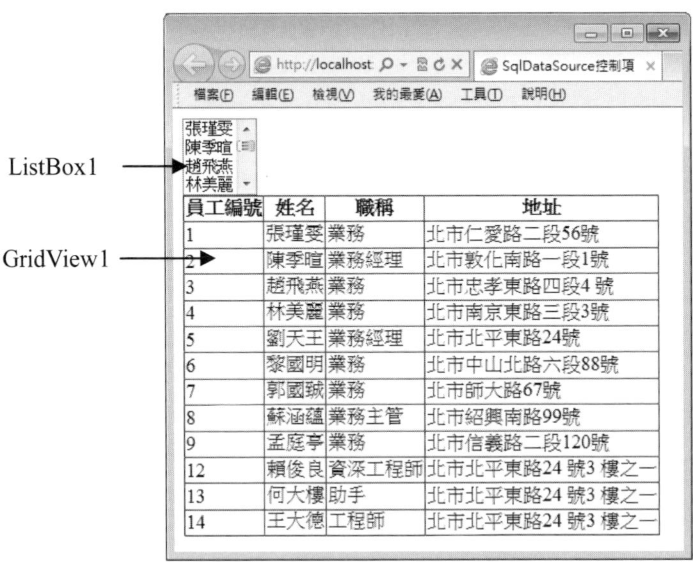

員工編號	姓名	職稱	地址
1	張瑾雯	業務	北市仁愛路二段56號
2	陳季暄	業務經理	北市敦化南路一段1號
3	趙飛燕	業務	北市忠孝東路四段4 號
4	林美麗	業務	北市南京東路三段3號
5	劉天王	業務經理	北市北平東路24號
6	黎國明	業務	北市中山北路六段88號
7	郭國臹	業務	北市師大路67號
8	蘇涵蘊	業務主管	北市紹興南路99號
9	孟庭亭	業務	北市信義路二段120號
12	賴俊良	資深工程師	北市北平東路24 號3 樓之一
13	何大樓	助手	北市北平東路24 號3 樓之一
14	王大德	工程師	北市北平東路24 號3 樓之一

Step8 結果 SqlDataSource1_Sample.aspx 網頁自動產生下列宣告程式碼：

網頁程式碼：SqlDataSource1_Sample.aspx

```
<asp:SqlDataSource ID="SqlDataSource_Employee" runat="server"
        ConnectionString="Data Source=.\SQLEXPRESS;AttachDbFilename=|DataDirectory|\Northwind.mdf;Integrated Security=True;User Instance=True"
        ProviderName="System.Data.SqlClient"
        SelectCommand="SELECT 員工編號, 姓名, 職稱, 地址 FROM 員工">
</asp:SqlDataSource>
<asp:ListBox ID="ListBox1" runat="server"
        DataSourceID="SqlDataSource_Employee"
        DataTextField="姓名" DataValueField="員工編號"></asp:ListBox>
<br />
<asp:GridView ID="GridView1" runat="server"
        DataSourceID="SqlDataSource_Employee">
</asp:GridView>
```

程式說明

1. 1~4 行 ：建立 SqlDataSource_Employee 資料來源控制項用來連接目前網站 App_Data 資料夾下的 Northwind.mdf 資料庫，使用 System.Data.SqlClient 來存取 SQL Server Express 資料庫，可讀取「員工」資料表員工編號、姓名、職稱、地址四個欄位的所有記錄。
2. 5~6 行 ：建立 ListBox1 清單控制項，其資料來源為 SqlDataSource_Employee，DataTextField 屬性繫結至員工資料表的「姓名」欄位，DataValueField 屬性繫結至員工資料表的「員工編號」欄位；表示 ListBox1 清單的項目會顯示「姓名」欄位所有資料，ListBox1 清單的 Value 會存放「員工編號」欄位所有資料。
3. 8~10 行：建立 GridView1 控制項，其資料來源為 SqlDataSource_Employee，所以 GridView1 控制項會顯示「員工」資料表員工編號、姓名、職稱、地址四個欄位的所有記錄。

關於 GridView 控制項待下章再做詳細的介紹，本章是使用 SqlDataSource 控制項並配合 GridView 來顯示資料來源的所有資料記錄。

範例演練

網頁檔名：SqlDataSource2 _Sample.aspx

上一個範例透過屬性視窗自動產生宣告語法來設定 SqlDataSource 控制項的相關屬性，本例示範如何在程式碼後置檔的 Page_Load 事件處理程序中使用 SqlDataSource 控制項來取得員工資料表的資料並顯示於 ListBox1 及 GridView1 控制項，本例執行結果與上例相同。

上機實作

Step1 新增 SqlDataSource2_Sample.aspx 網頁。

Step2 建立 SqlDataSource_Employee 控制項、ListBox1 清單控制項、GridView1 控制項。

Step3 撰寫 SqlDataSource2_Sample.aspx.vb 事件處理程序。由於網頁載入時需使用 SqlDataSource_Employee 讀取「員工」資料表的記錄並繫結到 ListBox1 及 GridView1 控制項，因此程式必須撰寫於 Page_Load 事件處理程序內，程式碼與程式說明如下：

程式碼後置檔：**SqlDataSource2_Sample.aspx.vb**

```
Partial Class SqlDataSource2_Sample
    Inherits System.Web.UI.Page
    ' 網頁載入時執行
    Protected Sub Page_Load(sender As Object, e As System.EventArgs) Handles Me.Load
        If Not Page.IsPostBack Then
            ' 使 SqlDataSource_Employee 連接 App_Data 資料夾下的 Northwind.mdf
            SqlDataSource_Employee.ConnectionString = _
                "Data Source=.\SQLEXPRESS;AttachDbFilename=" & _
                "|DataDirectory|\Northwind.mdf;Integrated Security=True;" & _
                "User Instance=True"
            ' 查詢員工資料表員工編號,姓名, 職稱, 地址欄位的所有資料記錄
            SqlDataSource_Employee.SelectCommand = _
                "SELECT 員工編號, 姓名, 職稱, 地址 FROM 員工"
            ' ListBox1 資料來源為 SqlDataSource_Employee
            ListBox1.DataSourceID = SqlDataSource_Employee.ID
            ' ListBox1 項目繫結至姓名欄位
            ListBox1.DataTextField = "姓名"
            ' ListBox1 的 Value 值繫結至員工編號
            ListBox1.DataValueField = "員工編號"
```

```
            ' GridView1 資料來源為 SqlDataSource_Employee
            GridView1.DataSourceID = SqlDataSource_Employee.ID
        End If
    End Sub
End Class
```

12.3 資料來源連接字串設定技巧

上面介紹的範例都是將資料庫連接字串撰寫在宣告語法或程式碼後置檔中，由於 Web 應用程式開發時，大多數的 ASP.NET 網頁會存取同一台資料庫伺服器或是資料庫檔案，因此若將資料庫連接字串撰寫於每個 ASP.NET 網頁 SqlDataSource 的 ConnectionString 屬性中，將來資料庫伺服器或是資料庫更換檔名，得逐一修改每一個 ASP.NET 網頁 SqlDataSource 的 ConnectionString 屬性將會非常麻煩，因此建議最好將資料庫連接字串設定於 web.config 檔的 <connectionStrings/> 資料庫連接區段中，再由 ASP.NET 網頁去讀取 web.config 檔的 <connectionStrings/> 所設定的連接字串，將來資料庫伺服器或資料庫檔案更名時，只要修改 web.config 檔的 <connectionStrings/> 資料庫連接字串就可以了。下面範例示範如何在 web.config 檔內建立資料庫連接字串，並讓兩個 SqlDataSource 控制項使用。

網頁檔名：SqlDataSource3_Sample.aspx

先在 web.config 檔中建立可連接 Northwind.mdf 北風資料庫的連接字串，其連接字串 name 屬性為 ConnectionStringNorthwind，接著建立 SqlDataSource_Employee 及 SqlDataSource_Product 控制項所使用的連接字串為 web.config 檔的 ConnectionStringNorthwind，上述這兩個控制項用來擷取「員工」及「產品資料」資料表，最後建立 GridView_Employee 及 GridView_Product 並依序繫結至 SqlDataSource_Employee 及 SqlDataSource_Product，使 GridView_

Employee 顯示員工資料表的所有記錄，使 GridView_Product 顯示產品資料的所有記錄。本例 SqlDatSource_Employee 及 GridView_Employee 的屬性是透過屬性視窗設定於宣告語法中；SqlDataSource_Product 及 GridView_ Product 的屬性設定是撰寫於 Page_Load 事件處理程序中。執行結果如下圖。

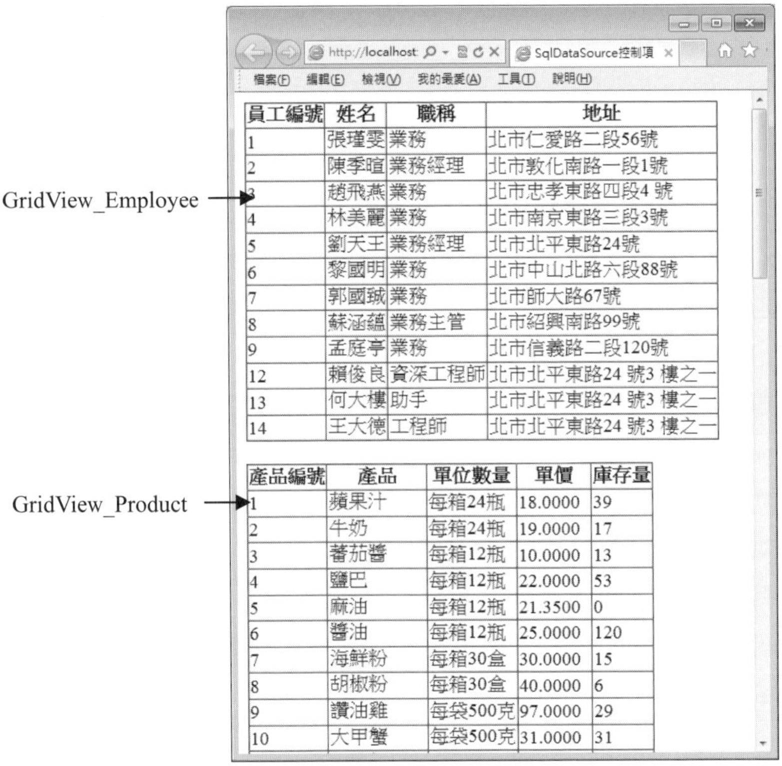

http://localhost　SqlDataSource控制項

檔案(F)　編輯(E)　檢視(V)　我的最愛(A)　工具(T)　說明(H)

GridView_Employee

員工編號	姓名	職稱	地址
1	張瑾雯	業務	北市仁愛路二段56號
2	陳季暄	業務經理	北市敦化南路一段1號
3	趙飛燕	業務	北市忠孝東路四段4 號
4	林美麗	業務	北市南京東路三段3號
5	劉天王	業務經理	北市北平東路24號
6	黎國明	業務	北市中山北路六段88號
7	郭國臹	業務	北市師大路67號
8	蘇涵蘊	業務主管	北市紹興南路99號
9	孟庭亭	業務	北市信義路二段120號
12	賴俊良	資深工程師	北市北平東路24 號3 樓之一
13	何大樓	助手	北市北平東路24 號3 樓之一
14	王大德	工程師	北市北平東路24 號3 樓之一

GridView_Product

產品編號	產品	單位數量	單價	庫存量
1	蘋果汁	每箱24瓶	18.0000	39
2	牛奶	每箱24瓶	19.0000	17
3	蕃茄醬	每箱12瓶	10.0000	13
4	鹽巴	每箱12瓶	22.0000	53
5	麻油	每箱12瓶	21.3500	0
6	醬油	每箱12瓶	25.0000	120
7	海鮮粉	每箱30盒	30.0000	15
8	胡椒粉	每箱30盒	40.0000	6
9	讚油雞	每袋500克	97.0000	29
10	大甲蟹	每袋500克	31.0000	31

上機實作

Step1 建立 SqlDataSource3_Sample.aspx 網頁。

Step2 將 web.config 檔 <connectionString/> 資料庫連接區段中的 name 屬性名稱設為 ConnectionStringNorthwind 連接字串，該連接字串可用來連接目前網站 App_Data 資料夾下的 Northwind.mdf 資料庫。步驟如下：

1. 開啟 web.config 檔。

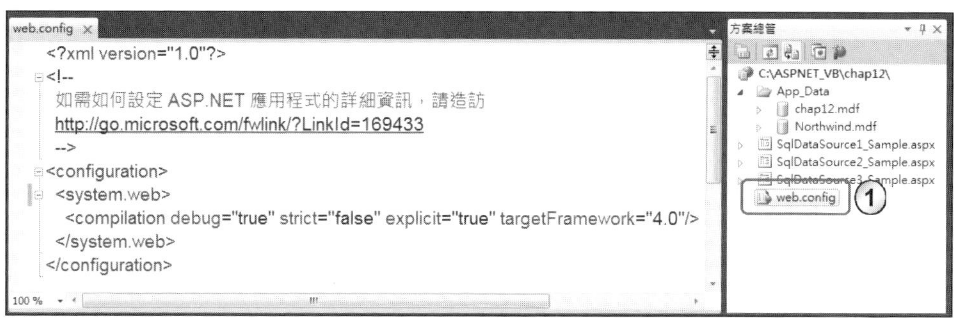

2. 在 <configuration/> 內新增 <connectionStrings/> 資料庫連接區段，在 <connectionString/> 內使用 add 標籤新增名稱為 ConnectionString Northwind 連接字串，此連接字串可連接至目前網站 App_Data 資料夾下的 Northwind.mdf 北風資料庫。

```
<?xml version="1.0"?>
<!--
  如需如何設定 ASP.NET 應用程式的詳細資訊，請造訪
  http://go.microsoft.com/fwlink/?LinkId=169433
  -->
<configuration>
      <connectionStrings>
            <add name="ConnectionStringNorthwind"
                connectionString="Data
Source=.\SQLEXPRESS;AttachDbFilename=|DataDirectory|\Northwind.mdf;Inte
grated Security=True;User Instance=True"/>
      </connectionStrings>
      <system.web>
            <compilation debug="true" strict="false" explicit="true"
               targetFramework="4.0"/>
      </system.web>
</configuration>
```

Step3 SqlDataSource3_Sample.aspx 網頁建立的輸出入介面如下：

Step4 SqlDataSource3_Sample.aspx 網頁自動產生的宣告標籤程式碼如下：

網頁程式碼：**SqlDataSource3 _Sample.aspx**

```
<asp:SqlDataSource ID="SqlDataSource_Employee" runat="server"
    ConnectionString="<%$ ConnectionStrings:ConnectionStringNorthwind %>"
    ProviderName="System.Data.SqlClient"
    SelectCommand="SELECT 員工編號, 姓名, 職稱, 地址 FROM 員工">
</asp:SqlDataSource>
<asp:GridView ID="GridView_Employee" runat="server"
      DataSourceID="SqlDataSource_Employee">
</asp:GridView>
<br />
<asp:SqlDataSource ID="SqlDataSource_Product" runat="server">
</asp:SqlDataSource>
<asp:GridView ID="GridView_Product" runat="server">
</asp:GridView>
```

程式說明

1. 2 行：宣告語法中<%$ ConnectionStrings:ConnectionStringNorthwind %>可取得 web.config 檔 <connectionStrings/> 中名稱為 ConnectionStringNorthwind 的資料庫連接字串。

Step5 由於本例希望在網頁載入時才設定 SqlDataSource_Product 擷取產品資料，並在 GridView_Product 呈現產品資料的所有內容，因此請將相關的屬性設定撰寫於 Page_Load 事件處理程序內，程式碼與程式說明如下：。

程式碼後置檔：SqlDataSource3_Sample.aspx.vb

```
Partial Class SqlDataSource3_Sample
    Inherits System.Web.UI.Page
    ' 網頁載入時執行
    Protected Sub Page_Load(sender As Object, e As System.EventArgs) Handles Me.Load
        If Not Page.IsPostBack Then   ' 判斷是否第一次開啟網頁
            ' SqlDataSource_Product 連接 web.config 檔中
            ' ConnectionStringNorthwind 所指定的連接字串
            SqlDataSource_Product.ConnectionString = _
                System.Web.Configuration.WebConfigurationManager. _
                ConnectionStrings("ConnectionStringNorthwind").ConnectionString
            ' SqlDataSource_Product 查詢產品資料中
            ' 產品編號, 產品, 單位數量, 單價, 庫存量欄位的所有記錄
            SqlDataSource_Product.SelectCommand = _
                "SELECT 產品編號, 產名, 單位數量, 單價, 庫存量 FROM 產品資料"
            ' GridView_Proudct 資料來源為 SqlDataSource_Product
            GridView_Product.DataSourceID = SqlDataSource_Product.ID
        End If
    End Sub
End Class
```

程式說明

1.8 行 ： WebConfigurationManager.ConnectionStrings 集合物件可以取得 web.config 應用程式組態檔 <connectionStrings/> 中名稱為 ConnectionStringNorthwind 資料庫連接字串。

由本例開始，後面章節範例皆會將資料庫連接字串撰寫在 web.config 檔 <connectionStrings /> 的資料庫連接區段內。

<connectionStrings/> 可加入多個連接字串，如下寫法除了建立 ConnectionStringNorthwind 可連接 Northwind.mdf 資料庫；另外還建立 ConnectionStringANITA 可連接 ANITA SQL Server 伺服器的 PhotoDb 資料庫，帳號為 sa、密碼為 ab1234。

```
<connectionStrings>
   <add name="ConnectionStringNorthwind"
        connectionString="Data Source=.\SQLEXPRESS;
        AttachDbFilename=|DataDirectory|\Northwind.mdf;
        Integrated Security=True;User Instance=True"/>
   <add name="ConnectionStringANITA"
        connectionString="Data Source=ANITA;
        Initial Catalog=PhotoDb;User ID=sa;Password=ab1234"/>
</connectionStrings>
```

網頁檔名：SqlDataSource4_Sample.aspx

建立客戶查詢系統，客戶可以使用住址做模糊查詢。例如在文字方塊內輸入 "中山路" 並按下 查詢 鈕，結果 GridView_Customer 會顯示地址欄位包含 "中山路" 的所有記錄。執行結果如下圖：

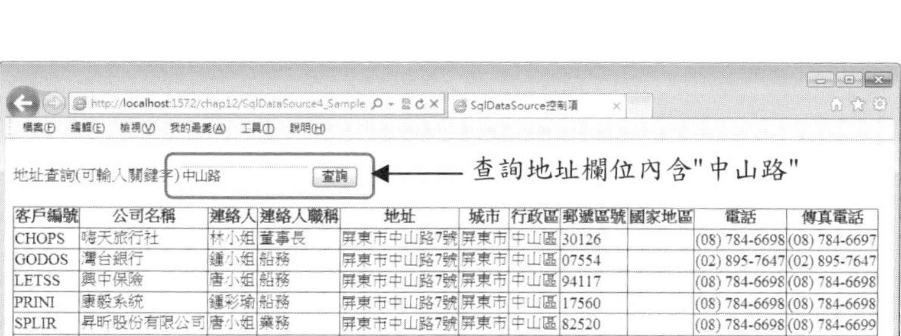

客戶編號	公司名稱	連絡人	連絡人職稱	地址	城市	行政區	郵遞區號	國家地區	電話	傳真電話
CHOPS	嗨天旅行社	林小姐	董事長	屏東市中山路7號	屏東市	中山區	30126		(08) 784-6698	(08) 784-6697
GODOS	灣台銀行	鍾小姐	船務	屏東市中山路7號	屏東市	中山區	07554		(02) 895-7647	(02) 895-7647
LETSS	興中保險	唐小姐	船務	屏東市中山路7號	屏東市	中山區	94117		(08) 784-6698	(08) 784-6698
PRINI	康毅系統	鍾彩瑜	船務	屏東市中山路7號	屏東市	中山區	17560		(08) 784-6698	(08) 784-6698
SPLIR	昇昕股份有限公司	唐小姐	業務	屏東市中山路7號	屏東市	中山區	82520		(08) 784-6698	(08) 784-6699
WILMK	志遠有限公司	唐小姐	業務	屏東市中山路7號	屏東市	中山區	21240		(08) 784-6698	(08) 784-6697

http://localhost:1572/chap12/SqlDataSource4_Sample　SqlDataSource控制項

地址查詢(可輸入關鍵字) 台北市　查詢 ← 查詢地址欄位內含"台北市"

客戶編號	公司名稱	連絡人	連絡人職稱	地址	城市	行政區	郵遞區號	國家地區	電話	傳真電話
ALFKI	三川實業有限公司	陳小姐	業務	台北市忠孝東路四段32號	台北市	忠孝區	12209		(02) 968-9652	(02) 968-9651
BOLID	邁多貿易	劉先生	董事長	台北市北平東路24號	台北市	北平區	28023		(02) 221-2555	(02) 221-2556
BONAP	琴攝影	謝小姐	董事長	台北市北平東路24號3樓之一	台北市	北平區	13008		(03) 247-9682	(03) 247-9684
DRACD	世邦	方先生	董事長	台北市忠孝東路三段2號	台北市	忠孝區	05021		(03) 862-7782	(03) 862-7784

上機實作

Step1 建立 SqlDataSource4_Sample.aspx 網頁，網頁輸出入介面如下：

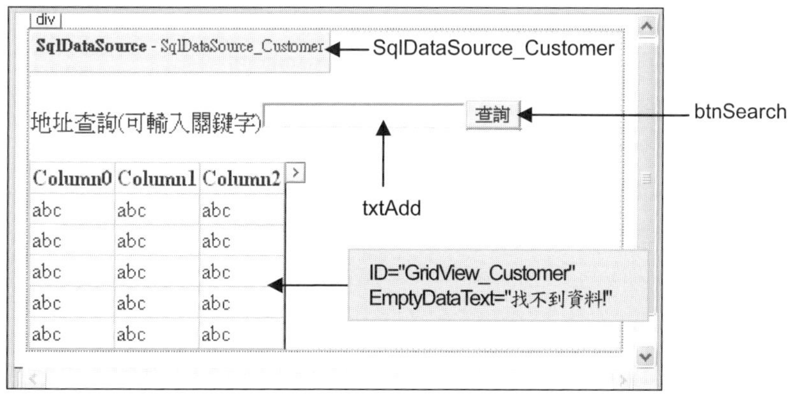

Step2 SqlDataSource4_Sample.aspx 網頁自動產生的宣告標籤程式碼如下：

網頁程式碼：SqlDataSource4 _Sample.aspx

```
01 <asp:SqlDataSource ID="SqlDataSource_Customer" runat="server">
02 </asp:SqlDataSource><br />
03 地址查詢(可輸入關鍵字)<asp:TextBox ID="txtAdd" runat="server"></asp:TextBox>
04 <asp:Button ID="btnSearch" runat="server" Text="查詢"/><br /><br />
05 <asp:GridView ID="GridView_Customer" runat="server"
        EmptyDataText="找不到資料!" >
06 </asp:GridView>
```

程式說明

1. 5 行 ：當 GridView 控制項呈現空白資料列時會顯示 EmptyDataText 屬性值。此屬性用來設定當找不到資料時欲顯現的提示訊息。

Step3 當按下 [查詢] btnSearch 鈕時，即觸發 btnSearch_Click 事件處理程序，請將查詢的相關程式撰寫在此事件處理程序內。

程式碼後置檔：SqlDataSource4_Sample.aspx.vb

```
Partial Class SqlDataSource4_Sample
    Inherits System.Web.UI.Page
    ' 按 [查詢] 鈕執行
    Protected Sub btnSearch_Click(sender As Object, e As System.EventArgs) _
    Handles btnSearch.Click
        ' 連接 App_Data 資料夾下的 Northwind.mdf 資料庫
        SqlDataSource_Customer.ConnectionString = _
          System.Web.Configuration.WebConfigurationManager. _
          ConnectionStrings("ConnectionStringNorthwind").ConnectionString
        ' SqlDataSource_Customer 查詢地址欄位內含 txtAdd.Text 的所有記錄
        SqlDataSource_Customer.SelectCommand =
          "SELECT * FROM 客戶 WHERE 地址 LIKE '%" & _
          txtAdd.Text.Replace("'", "''") & "%'"
        GridView_Customer.DataSourceID = SqlDataSource_Customer.ID
    End Sub
End Class
```

程式說明

1. 8 行 ：設定 SqlDataSource_Customer 的 SelectCommand 屬性的 SELECT 查詢陳述式，查詢條件為地址欄位需內含 txtAdd.Text 的所有記錄。

12.4 SqlDataSource 控制項的參數應用

12.4.1 SqlDataSource 控制項參數語法

SqlDataSource 資料來源控制項的 SelectCommand、InsertCommand、UpdateCommand、DeleteCommand 屬性依序可設定查詢、新增、修改、刪除的 SQL 語法，如果將這些 SQL 語法的值寫在上述的屬性內，程式執行結果因無法修改將失去彈性，因此最好的方式就是將參數代入 SQL 語法內。SqlDataSource 控制項常用的參數有 ControlParameter、CookieParameter、QueryStringParameter、SessionParameter 四種類型的參數，參數說明如下。

參數物件	功能說明
ControlParameter	適用於參數值來自於伺服器控制項。
QueryStringParameter	適用於參數值來自於 URL 查詢字串
CookieParameter	適用於參數值來自於 Cookie 物件變數。
SessionParameter	適用於參數值來自於 Session 物件變數。

SqlDataSource 控制項的參數語法如下：

```
<asp:SqlDataSource ID="SqlDataSource_Book" runat="server"
    ConnectionString="資料庫連接字串"
    SelectCommand="SELECT 陳述式"
    InsertCommand="INSERT 陳述式"
```

```
    DeleteCommand="DELETE 陳述式"
    UpdateCommand="UPDATE 陳述式"...>
  <SelectParameters>
    <asp:ControlParameter Name="參數名稱" Type="參數資料型別"
        DefaultValue="參數預設值" ControlID="來源控制項"
        PropertyName="控制項屬性值" />
    <asp:QueryStringParameter Name="參數名稱" Type="參數資料型別"
        DefaultValue="參數預設值" QueryStringField="來源 URL 字串" />
    <asp:CookieParameter Name="參數名稱" Type="參數資料型別"
        DefaultValue="參數預設值" CookieName="來源 Cookie 物件變數" />
    <asp:SessionParameter Name="書號" Type="參數資料型別"
        DefaultValue="參數預設值" SessionField="來源 Session 物件變數"/>
  </SelectParameters>
  <InsertParameters>
      ......
  </InsertParameters>
  <DeleteParameters>
      ......
  </DeleteParameters>
  <UpdateParameters>
      .....
  </UpdateParameters>
</asp:SqlDataSource>
```

由上列語法可瞭解，SelectParameters、InsertParameters、DeleteParameters、UpdateParameters 皆可設定 ControlParameter、QueryStringParameter、Cookie Parameter、SessionParameter 四種類型參數。

12.4.2 ControlParameter 參數的使用

下面範例介紹如何使用 VWD 整合開發環境建立 ControlParameter 參數來設計以產品類別查詢產品資料的網頁程式。

網頁檔名：SqlDataSource5_Sample.aspx

透過產品類別下拉式清單可查詢某類別的所有產品資料。

http://localhost:1572/chap12/SqlD　SqlDataSource控制項

檔案(F)　編輯(E)　檢視(V)　我的最愛(A)　工具(T)　說明(H)

產品類別 肉/家禽

透過產品類別下拉式清單可查詢該類別的所有產品

產品編號	產品	供應商編號						全存量	不再銷售
9	讚油雞	4							☑
17	豬肉	7	6	每袋500克	39.0000	0	0	0	☑
29	鴨肉	12	6	每袋3公斤	123.7900	0	0	0	☑
53	鹽水鴨	24	6	每袋3公斤	32.8000	0	0	0	☑
54	雞肉	25	6	每袋3公斤	7.4500	21	0	10	☐
55	鴨肉	25	6	每袋3公斤	24.0000	115	0	20	☐

上機實作

Step1 依下列步驟佈置 SqlDataSource5_Sample.aspx 網頁的輸出入介面：

1. 建立 SqlDataSource_Category 資料來源控制項，屬性設定如下：

   ① ConnectionString 屬性設為
   <%$ ConnectionStrings:ConnectionStringNorthwind %>。

   ② 在屬性視窗 SelectQuery 的 [...] 鈕按一下開啟「命令及參數編輯器」視窗設定 SelectCommand 屬性，在 SELECT 命令內輸入

   ```
   SELECT 類別編號, 類別名稱 FROM 產品類別
   ```

   即表示 SqlDataSource_Category 可用來擷取產品類別的資料。

2. 建立 DropDownList_Category 下拉式清單，屬性設定如下：

   ① DataSourceID 設為「SqlDataSource_Category」。

   ② AutoPostBack 設為 "True"，表示當下拉式清單項目變更後會將資料回傳至伺服端。

   ③ DataTextField 繫結至 "類別名稱" 表示下拉式清單項目會以類別名稱欄位顯示。

   ④ DataValueField 繫結至 "類別編號" 表示下拉式清單 Value 值會存放類別編號的欄位。

3. 建立 SqlDataSource_Product 資料來源控制項，屬性設定如下：

① ConnectionString 屬性設為
<%$ ConnectionStrings:ConnectionStringNorthwind %>。

② 在屬性視窗 SelectQuery 的 [...] 鈕按一下開啟「命令及參數編輯器」視窗設定 SelectCommand 屬性。

③ 在「命令及參數編輯器」視窗的 SELECT 命令內輸入

```
SELECT * FROM 產品資料 WHERE 類別編號=@類別編號
```

即表示 SqlDataSource_Product 可用來擷取產品資料的所有記錄，查詢條件以參數「@類別編號」為主。

④ 按 [加入參數(A)] 鈕加入一個參數，將參數名稱設為「類別編號」。

⑤「類別編號」參數的參數來源設為 Control，表示使用 Control Parameter。

⑥ ControlID 設為「DropDownList_Category」，表示 ControlParameter 參數來源的值會使用 DropDownList_Category 控制項的 Value 值。

⑦ 按 [確定] 鈕完成設定。

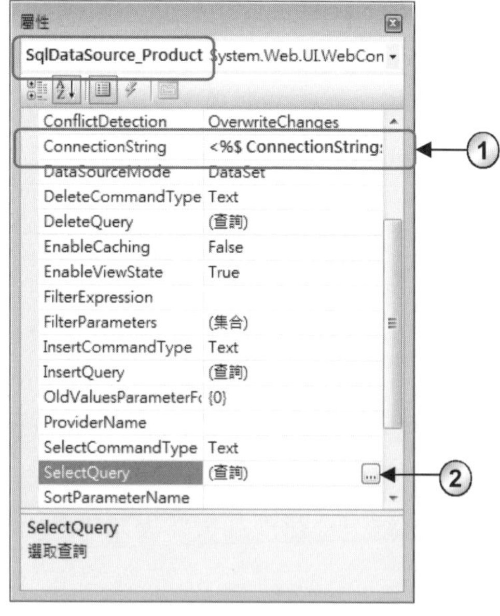

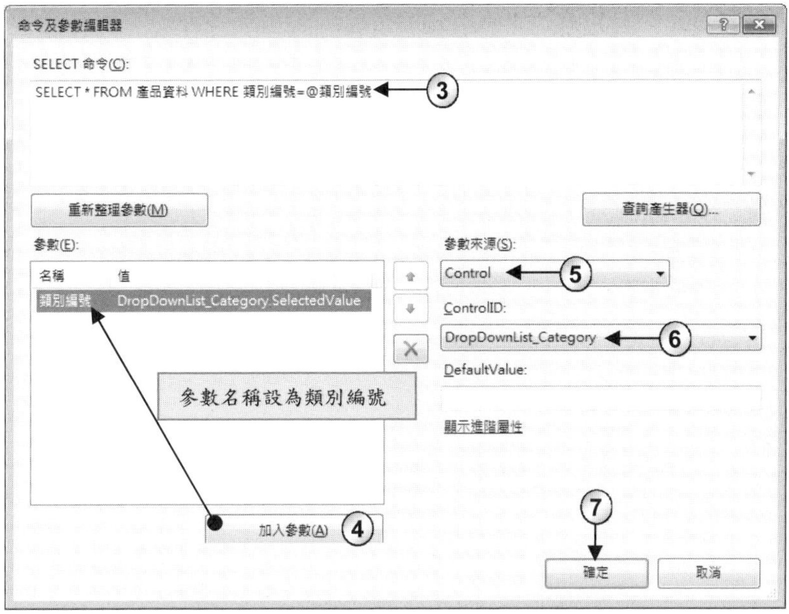

4. 建立 GridView_Product 控制項，該控制項 DataSourceID 資料來源屬性設為 SqlDataSource_Product，即表示 GridView_Product 會呈現 SqlDataSource_Product 所擷取的產品資料。完成後，SqlDataSource5_Sample.aspx 網頁輸出入介面如下：

Step2 完成 Step1 設定後，SqlDataSource5_Sample.aspx 網頁即會自動產生下面宣告程式碼：

網頁程式碼：**SqlDataSource5_Sample.aspx**

```
01 <asp:SqlDataSource ID="SqlDataSource_Category" runat="server"
02     ConnectionString="<%$ ConnectionStrings:ConnectionStringNorthwind %>"
03     SelectCommand="SELECT 類別編號, 類別名稱 FROM 產品類別">
   </asp:SqlDataSource>
04 <p>
05 產品類別<asp:DropDownList ID="DropDownList_Category" runat="server"
06             AutoPostBack="True" DataSourceID="SqlDataSource_Category"
07             DataTextField="類別名稱" DataValueField="類別編號">
08         </asp:DropDownList>
09 </p>
10 <asp:SqlDataSource ID="SqlDataSource_Product" runat="server"
11     ConnectionString="<%$ ConnectionStrings:ConnectionStringNorthwind %>"
12     SelectCommand="SELECT * FROM 產品資料 WHERE 類別編號=@類別編號">
13     <SelectParameters>
14       <asp:ControlParameter ControlID="DropDownList_Category" Name="類別編號"
15           PropertyName="SelectedValue" />
16     </SelectParameters>
17 </asp:SqlDataSource>
18 <asp:GridView ID="GridView_Product" runat="server"
19     DataSourceID="SqlDataSource_Product">
20 </asp:GridView>
```

程式說明

1. 1~3 行 ：建立 SqlDataSource_Category 控制項，此控制項會擷取產品類別中類別編號及類別名稱兩個欄位的所有記錄。
2. 5~8 行 ：建立 DropDownList_Category 控制項，此控制項的項目會呈現產品類別表的類別名稱欄位的資料；Value 值會繫結至產品類別表的類別編號欄位的資料。

3. 10~17 行 ： 建立 SqlDataSource_Product 控制項，此控制項會擷取產品資料表的所有記錄，查詢條件以類別編號欄位的參數為主，此參數來源為 DropDownList_Category 的 Value 值。

3. 13~16 行 ： 建立 SelectParameters 參數，參數類型是 ControlParameter，對應的參數名稱為類別編號，參數的控制項來源為 DropDownList_Category 所選取的 Value 值。也就是說當我們變更 DropDownList_Category 的項目，DropDownList_Category 清單的 Value 值會傳送至 SqlDataSource_Product 的 SelectCommand 屬性所設定「SELECT * FROM 產品資料 WHERE 類別編號=@類別編號」的@類別編號參數。如此當我們由 DropDownList_Category 清單中選取「調味品」，SqlDataSource_Product 才會擷取產品資料是屬於「調味品」的所有記錄。

4 18~20 行 ： 建立 GridView_Proudct 控制項，使該控制項可用來呈現 SqlDataSource_Product 所擷取的產品資料記錄。

12.4.3 QueryStringParameter 參數的使用

下面範例介紹如何使用 VWD 整合開發環境建立 QueryStringParameter 參數來設計以產品類別查詢產品資料的網頁程式。

範例演練 網頁檔名：SqlDataSource6_Category.aspx 與 SqlDataSource6_Product.aspx

試使用 QueryStringParameter 來接收 URL 查詢字串參數。在 SqlDataSource6_Category.aspx 的 ListBox 清單中顯示產品類別，當在該網頁選取清單中某個產品類別項目之後，即將該項目的類別編號以 URL 查詢字串傳送到 SqlDataSource6_Product.aspx 網頁，接著該網頁的 GridView 即會顯示傳來類別編號的所有產品。例如在 SqlDataSource6_Category.aspx 的 ListBox 清單選取「點心」，則會傳送點心的類別編號給 SqlDataSource6_Product.aspx 網頁，結果如下圖 SqlData Source6_Product.aspx 網頁的 GridView 會顯示點心類的所有產品記錄。

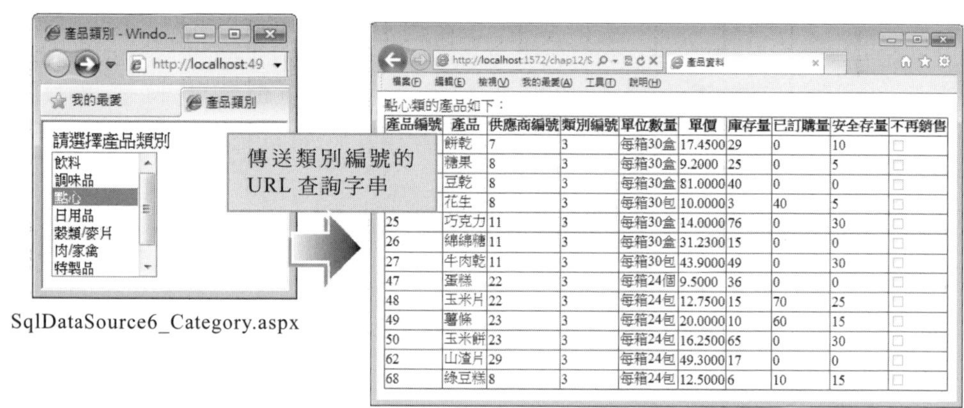

SqlDataSource6_Category.aspx

SqlDataSource6_Product.aspx

上機實作

Step1 新增 SqlDataSource6_Category 網頁並設定輸出入介面

1. 建立 SqlDataSource_Category 資料來源控制項，屬性設定如下：

   ① ConnectionString 屬性設為
   <%$ ConnectionStrings:ConnectionStringNorthwind %>。

   ② 在屬性視窗 SelectQuery 的 [...] 鈕按一下開啟「命令及參數編輯器」視窗設定 SelectCommand 屬性，在 SELECT 命令內輸入

   ```
   SELECT 類別編號, 類別名稱 FROM 產品類別
   ```

   即表示 SqlDataSource_Category 可用來擷取產品類別的資料。

2. 建立 ListBox_Category 清單控制項，屬性設定如下：

   ① DataSourceID 設為「SqlDataSource_Category」。

   ② AutoPostBack 設為 "True"，表示當清單項目變更後會將資料回傳至伺服器端。

   ③ DataTextField 繫結至 "類別名稱" 表示清單項目會以類別名稱欄位顯示。

④ DataValueField繫結至 "類別編號" 表示清單的Value值會存放類別編號的欄位資料。

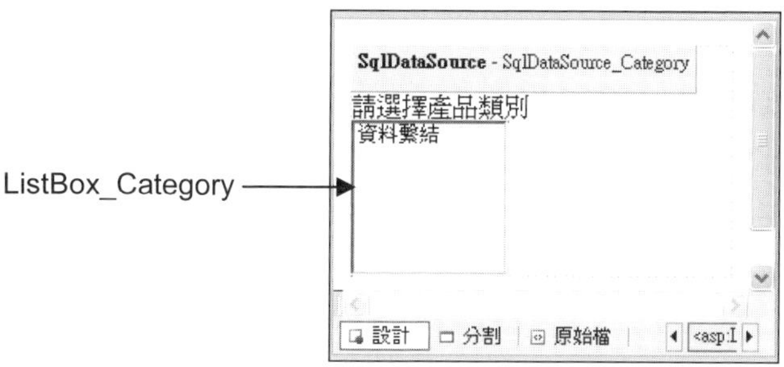

Step2 完成 Step1 設定後，SqlDataSource6_Category.aspx 網頁即會自動產生下列宣告程式碼：

網頁程式碼：SqlDataSource6_Category.aspx

```
<asp:SqlDataSource ID="SqlDataSource_Category" runat="server"
        ConnectionString="<%$ ConnectionStrings:ConnectionStringNorthwind %>"
        SelectCommand="SELECT 類別編號, 類別名稱 FROM 產品類別">
    </asp:SqlDataSource>
請選擇產品類別<br />
<asp:ListBox ID="ListBox_Category" runat="server" AutoPostBack="True"
        DataSourceID="SqlDataSource_Category" DataTextField="類別名稱"
        DataValueField="類別編號"
        Rows="7" Width="100px">
</asp:ListBox>
```

Step3 由於選取 ListBox_Category 清單時會觸發 ListBox_Category_SelectedIndexChanged 事件處理程序，此程序會將類別編號及類別名稱欄位 URL 查詢字串傳送給 SqlDataSource6_Product.aspx 網頁，其中類別編號欄位的值為 ListBox_Category 的 Value 值，類別名稱欄位為 ListBox_Category 的 Text 值(即清單的項目)。該事件程式碼如下：

網頁程式碼：SqlDataSource6_Category.aspx.vb

```
Partial Class SqlDataSource6_Category
    Inherits System.Web.UI.Page
    ' 選取清單時執行
    Protected Sub ListBox_Category_SelectedIndexChanged(sender As Object, e As _
    System.EventArgs) Handles ListBox_Category.SelectedIndexChanged
        Response.Redirect ("SqlDataSource6_Product.aspx?類別編號=" & _
            ListBox_Category.SelectedItem.Value & _
            "&類別名稱=" & ListBox_Category.SelectedItem.Text)
    End Sub
End Class
```

Step4 新增 SqlDataSource6_Product.aspx 網頁並設定輸出入介面

1. 建立 SqlDataSource_Product 資料來源控制項，其屬性設定如下：

① ConnectionString 屬性設為
<%$ ConnectionStrings:ConnectionStringNorthwind %>。

② 在屬性視窗 SelectQuery 的 [...] 鈕按一下開啟「命令及參數編輯器」視窗設定 SelectCommand 屬性。

③ 在「命令及參數編輯器」視窗的 SELECT 命令內輸入

```
SELECT * FROM 產品資料 WHERE 類別編號=@類別編號
```

即表示 SqlDataSource_Product 可用來擷取產品資料的所有記錄，查詢條件以參數「@類別編號」為主。

④ 按 [加入參數(A)] 鈕加入一個參數，將參數名稱設為「類別編號」。

⑤ 「類別編號」參數的參數來源設為 QueryString，表示使用 QueryString Parameter(URL 查詢字串參數)。

⑥ QueryStringField 設為「類別編號」，表示 QueryStringParameter 參數來源的值會使用 URL 查詢字串「類別編號」欄位。

⑦ 按 [確定] 鈕完成設定。

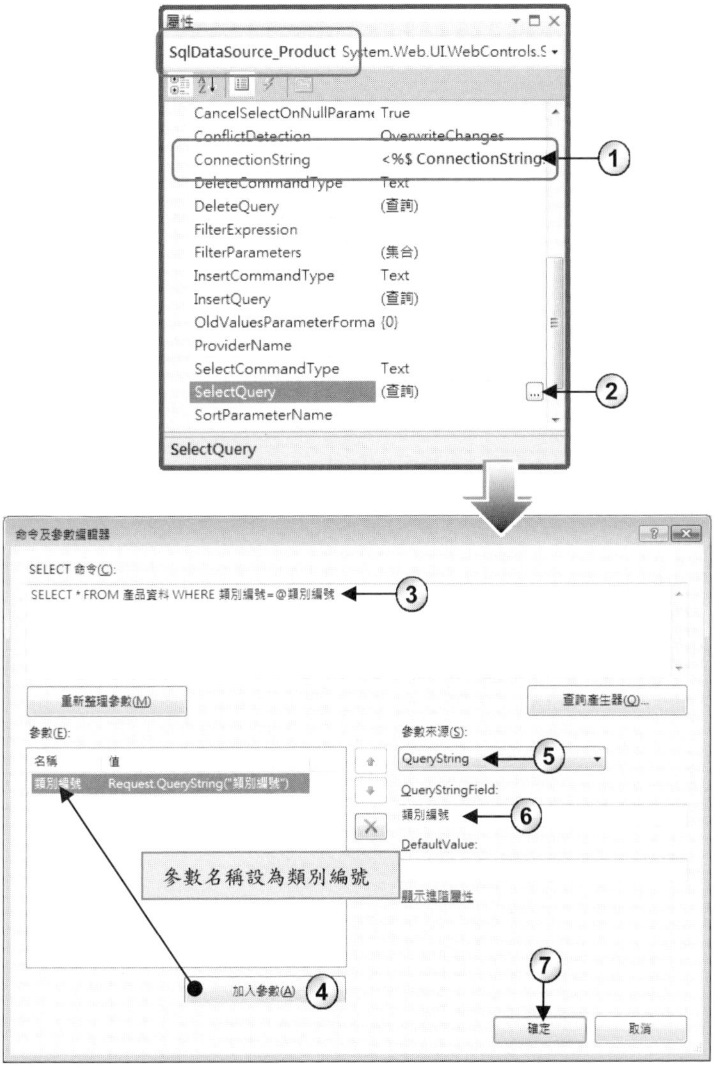

屬性
SqlDataSource_Product System.Web.UI.WebControls.S
CancelSelectOnNullParam True
ConflictDetection OverwriteChanges
ConnectionString <%$ ConnectionString ①
DeleteCommandType Text
DeleteQuery (查詢)
FilterExpression
FilterParameters (集合)
InsertCommandType Text
InsertQuery (查詢)
OldValuesParameterForma {0}
ProviderName
SelectCommandType Text
SelectQuery (查詢) ②
SortParameterName
SelectQuery

命令及參數編輯器
SELECT 命令(C):
SELECT * FROM 產品資料 WHERE 類別編號=@類別編號 ③
重新整理參數(M)
查詢產生器(Q)...
參數(E):
名稱 值
類別編號 Request.QueryString("類別編號")
參數名稱設為類別編號
加入參數(A) ④
參數來源(S):
QueryString ⑤
QueryStringField:
類別編號 ⑥
DefaultValue:
顯示進階屬性
⑦
確定 取消

2. 建立 GridView_Product 控制項，該控制項 DataSourceID 資料來源的屬性設為 SqlDataSource_Product，即表示 GridView_Product 會呈現 SqlDataSource_Product 所擷取的產品資料。

完成後，SqlDataSource6_Product.aspx 網頁輸出入介面如下：

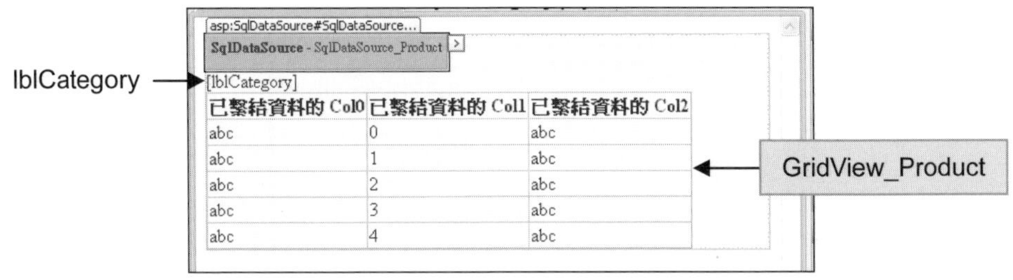

Step5 完成 Step4 設定後，SqlDataSource6_Product.aspx 網頁自動產生下列宣告程式碼：

網頁程式碼：SqlDataSource6_Product.aspx

```
01 <asp:SqlDataSource ID="SqlDataSource_Product" runat="server"
02     ConnectionString="<%$ ConnectionStrings:ConnectionStringNorthwind %>"
03     SelectCommand="SELECT * FROM 產品資料 WHERE 類別編號=@類別編號">
04   <SelectParameters>
05     <asp:QueryStringParameter Name="類別編號" QueryStringField="類別編號" />
06   </SelectParameters>
07 </asp:SqlDataSource>
08 <asp:Label ID="lblCategory" runat="server"></asp:Label>
09 <asp:GridView ID="GridView_Product" runat="server"
10       DataSourceID="SqlDataSource_Product">
21 </asp:GridView>
```

程式說明

1. 1~7 行：建立 SqlDataSource_Product 控制項，此控制項會擷取「產品資料」表的所有記錄，查詢條件以 URL 查詢字串的「類別編號」欄位的參數為主。
2. 4~6 行：SqlDataSource_Product 控制項內建立 SelectParameters 參數，參數類型是 QueryStringParameter，對應的參數名稱為類別編號，參數來源為 URL 查詢字串的「類別編號」欄位。

Step6 由於本例需在 lblCategory 標籤上顯示目前的產品類別名稱，因此請在 Page_Load 事件處理程序內使用 Request.QueryString("類別名稱") 來取得 URL 查詢字串傳送過來的「類別名稱」欄位的值，再將「類別名稱」欄位值與 "類的產品如下：
" 做字串合併，最後將結果顯示在 lblCategory 標籤上。

網頁程式碼：SqlDataSource6_Product.aspx.vb

```
Partial Class SqlDataSource6_Product
    Inherits System.Web.UI.Page
    ' 網頁載入時執行
    Protected Sub Page_Load(sender As Object, e As System.EventArgs) Handles Me.Load
        lblCategory.Text = Request.QueryString("類別名稱") & "類的產品如下：<br>"
    End Sub
End Class
```

關於 CookieParameter 與 SessionParameter 參數的設定方式與 Control Parameter 或 QueryStringParameter 大同小異，請自行測試。

12.5 如何使用 SqlDataSource 控制項編輯資料表記錄

上節介紹使用 SelectParameters 配合 ControlParameter 與 QueryString Parameter 建立以產品類別來查詢產品資料，接著本節介紹如何使用 Insert Parameters、UpdateParameters 及 DeleteParameters 並配合 ControlParameter 來編輯資料表的記錄，有下列三種方式：

1. 使用「智慧標籤」自動產生 SQL 語法、使用「命令及參數編輯器」視窗建立 ControlParameter 參數，此種方式幾乎不用撰寫程式碼。參閱 12.5.1 節。

2. 使用「智慧標籤」自動產生 SQL 語法、在程式碼後置檔設定 SQL 語法的命令參數，此種方式需要撰寫少量的程式碼。參閱 12.5.2 節。

3. 在程式碼後置檔中自行撰寫連接資料庫的程式、SQL 語法、命令參數與編輯資料表記錄的方式，此種方式需撰寫較多的程式碼，程式編輯彈性較大。參閱 12.5.3 節。

12.5.1 使用命令及參數編輯器視窗建立參數進行編輯資料表

當建立好 SqlDataSource 控制項中 InsertCommand、UpdateCommand、DeleteCommand 屬性的 INSERT、UPDATE、DELETE 陳述式與對應的命令參數之後，接著可使用下列三個方法來執行對應的 SQL 語法以進行編輯資料庫的記錄。說明如下：

1. Insert()方法

   用來執行 SqlDataSource 控制項中 InsertCommand 屬性所指定的 INSERT 陳述式，進行將指定的記錄新增至指定的資料表內。

2. Update()方法

   用來執行 SqlDataSource 控制項中 UpdateCommand 屬性所指定的 Update 陳述式，進行修改資料表內指定的記錄。

3. Delete()方法

   用來執行 SqlDataSource 控制項中 DeleteCommand 屬性所指定的 Delete 陳述式，進行刪除資料表內指定的記錄。

現以下面的例子示範「命令及參數編輯器」視窗和 SqlDataSource 控制項 Insert、Update、Delete 方法的使用方式。

範例演練

網頁檔名：SqlDataSource7_Sample.aspx

練習使用 SqlDataSource 與「命令及參數編輯器」視窗來建立可編輯「書籍」資料表記錄的網頁程式。如下兩圖輸入一筆書籍記錄後並按 新增 鈕，可將書籍記錄新增至「書籍」資料表；按下 修改 鈕可依書號修改指定的記錄；按下 刪除 鈕可依書號刪除指定的記錄。

上機實作

Step1 將書附光碟「資料庫」資料夾下的 chap12.mdf 及 chap12_log.ldf 複製到目前網站 App_Data 資料夾下，接著再按下方案總管視窗的 重新整理鈕，使 App_Data 資料夾顯示上述兩個檔案，chap12.mdf 內含「書籍」資料表，該資料表欄位格式如下：

	資料行名稱	資料型別	允許 Null
主索引鍵 →	書號	nvarchar(10)	☐
	書名	nvarchar(50)	☑
	單價	int	☑

Step2 SqlDataSource7_Sample.aspx 網頁輸出入介面如下圖。

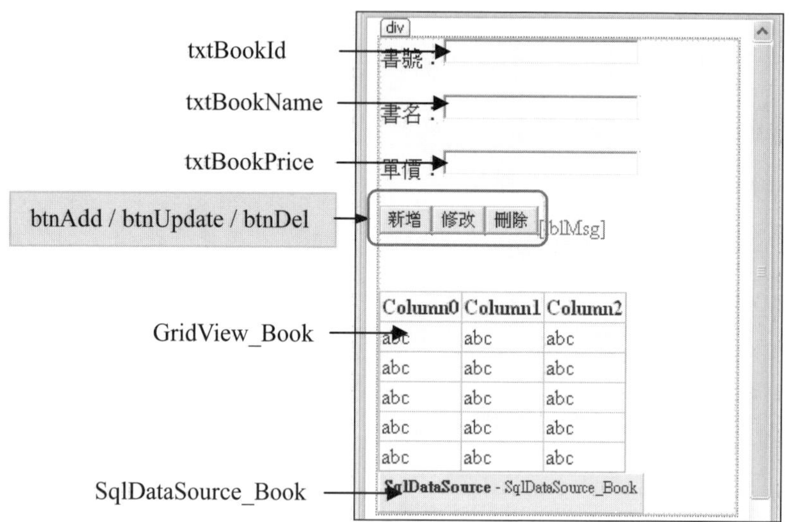

Step3 依下圖數字操作，透過「智慧標籤」設定 SqlDataSource 控制項的工作，使該控制項可以連接 chap12.mdf 資料庫，並設定「書籍」資料表自動產生 SelectCommand、InsertCommand、UpdateCommand、DeleteCommand 屬性的 SQL 語法及對應的命令參數。

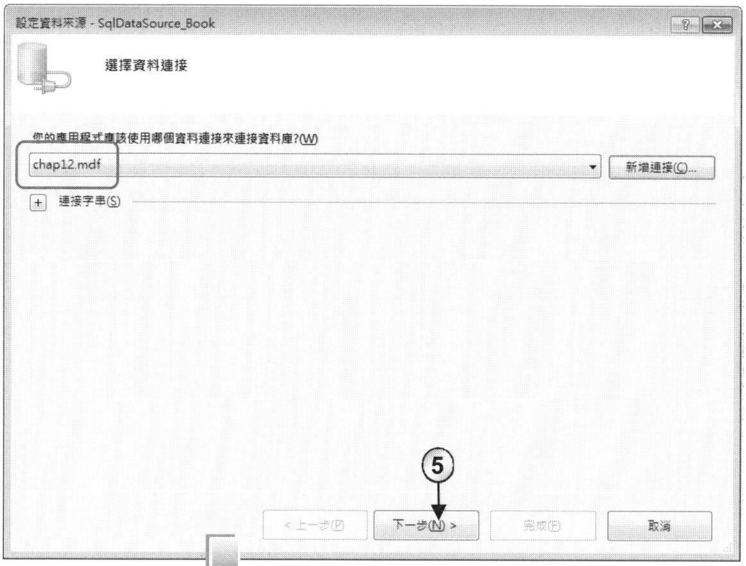

設定資料來源 - SqlDataSource_Book

選擇資料連接

你的應用程式應該使用哪個資料連接來連接資料庫?(W)

chap12.mdf

新增連接(C)...

連接字串(S)

5

< 上一步(P) 下一步(N) > 完成(F) 取消

設定資料來源 - SqlDataSource_Book

將連接字串儲存到應用程式組態檔

將連接字串儲存在應用程式組態檔中可簡化維護和部署。若要將連接字串儲存在應用程式組態檔中，請在文字方塊中輸入名稱，然後按一下 [下一步]。如果您選擇不要這樣做，連接字串會儲存在頁面中，成為資料來源控制項的屬性。

是否要將連接儲存在應用程式組態檔中?

是，將這個連接儲存為(Y):

chap12ConnectionString

6

chasp12.mdf 資料庫連接名稱 chap12ConnectionString 儲存至 web.config 應用程式組態檔中

7

< 上一步(P) 下一步(N) > 完成(F) 取消

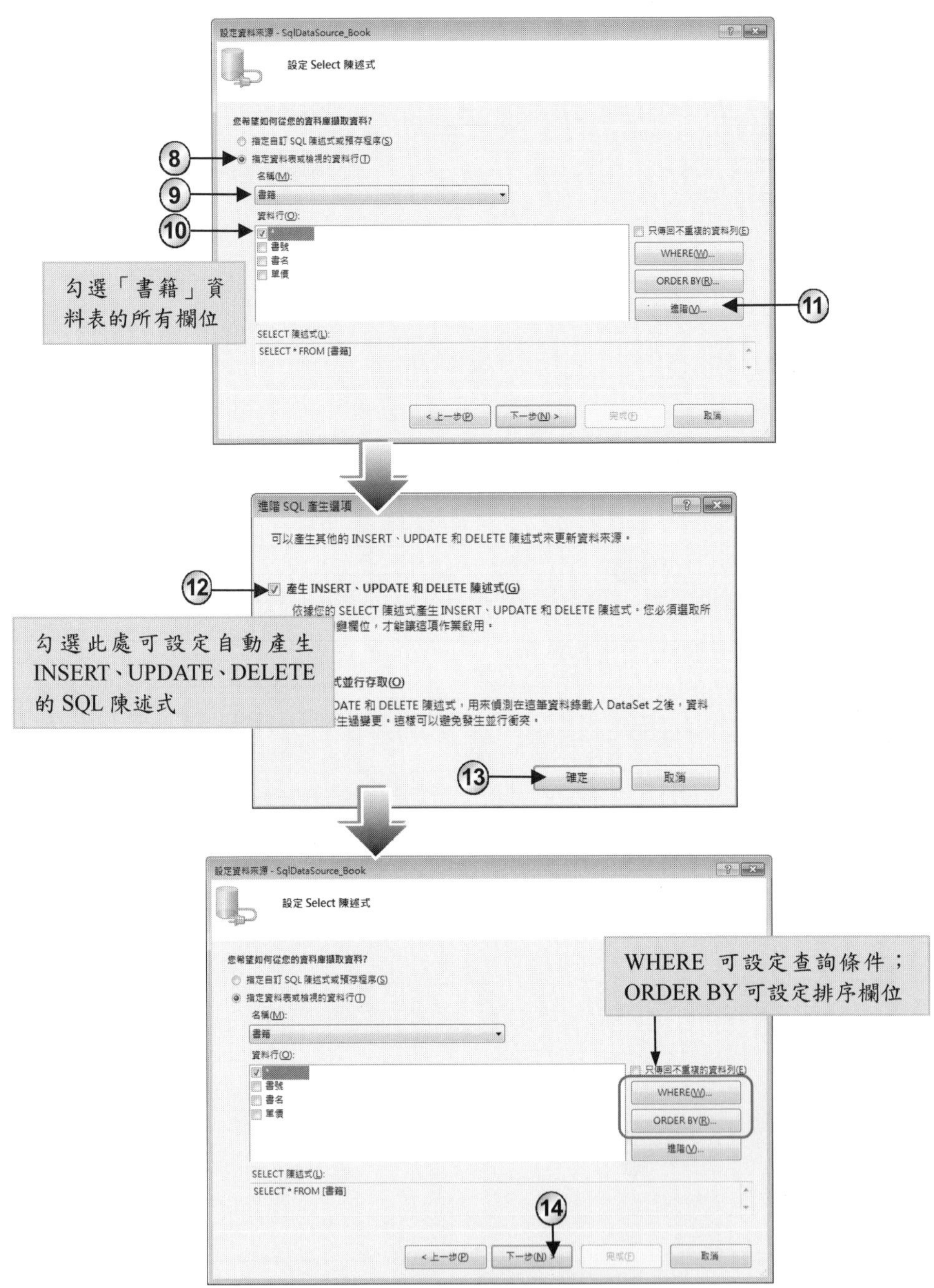
設定資料來源 - SqlDataSource_Book
設定 Select 陳述式
您希望如何從您的資料庫擷取資料?
指定自訂 SQL 陳述式或預存程序(S)
指定資料表或檢視的資料行(T)
名稱(M):
書籍
資料行(O):
書號
書名
單價
只傳回不重複的資料列(E)
WHERE(W)...
ORDER BY(R)...
進階(V)...
SELECT 陳述式(L):
SELECT * FROM [書籍]
< 上一步(P)
下一步(N) >
完成(F)
取消
勾選「書籍」資料表的所有欄位
8
9
10
11
進階 SQL 產生選項
可以產生其他的 INSERT、UPDATE 和 DELETE 陳述式來更新資料來源。
產生 INSERT、UPDATE 和 DELETE 陳述式(G)
確定
取消
12
13
勾選此處可設定自動產生 INSERT、UPDATE、DELETE 的 SQL 陳述式
WHERE 可設定查詢條件；ORDER BY 可設定排序欄位
14

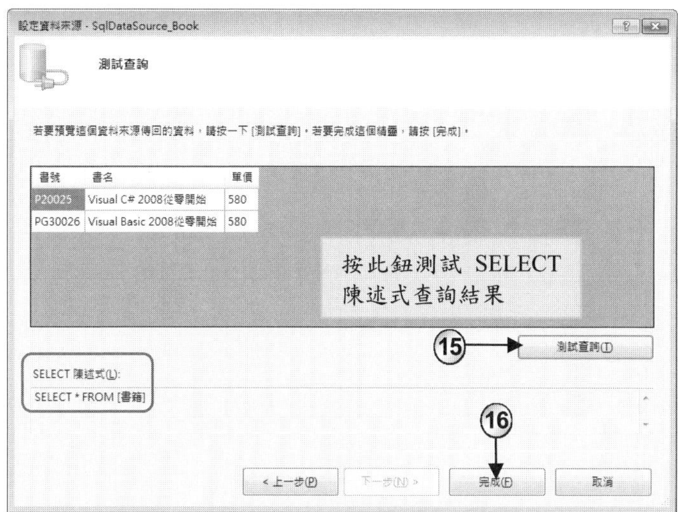

1. 當設定上述 ⑥ 步驟時，在 web.config 應用程式組態檔會自動建立 chap12ConnectionString 連接字串名稱，此名稱可連接至目前網站 App_Data 資料夾下的 chap12.mdf 資料庫。如下敘述：

```
<?xml version="1.0"?>
<!--
  如需如何設定 ASP.NET 應用程式的詳細資訊，請造訪
  http://go.microsoft.com/fwlink/?LinkId=169433
  -->
<configuration>
    <connectionStrings>
        <add name="ConnectionStringNorthwind" connectionString="Data
Source=.\SQLEXPRESS;AttachDbFilename=|DataDirectory|\Northwind.mdf;Integrated
Security=True;User Instance=True" />
        <add name="chap12ConnectionString" connectionString="Data
Source=.\SQLEXPRESS;AttachDbFilename=|DataDirectory|\chap12.mdf;Integrated
Security=True;User Instance=True"
            providerName="System.Data.SqlClient" />
    </connectionStrings>
    <system.web>
```

```
    <compilation debug="true" strict="false" explicit="true" targetFramework="4.0"/>
  </system.web>
</configuration>
```

2. 當設定上述 ⑫ 步驟時，會自動產生 SqlDataSource_Book 的宣告語法，且「書籍」資料表的 InsertCommand、UpdateCommand、DeleteCommand 屬性會自動產生 INSERT、UPDATE、DELETE 陳述式與對應的命令參數(即 DeleteParameters、UpdateParameters、InsertParameters 參數)。

```
<asp:SqlDataSource ID="SqlDataSource_Book" runat="server"
        ConnectionString="<%$ ConnectionStrings:chap12ConnectionString %>"
        DeleteCommand="DELETE FROM [書籍] WHERE [書號] = @書號"
        InsertCommand="INSERT INTO [書籍] ([書號], [書名], [單價]) VALUES (@
書號, @書名, @單價)"
        SelectCommand="SELECT * FROM [書籍]"
        UpdateCommand="UPDATE [書籍] SET [書名] = @書名, [單價] = @單價
WHERE [書號] = @書號">
        <DeleteParameters>
            <asp:Parameter Name="書號" Type="String" />      DELETE 命令參數
        </DeleteParameters>
        <UpdateParameters>
            <asp:Parameter Name="書名" Type="String" />
            <asp:Parameter Name="單價" Type="Int32" />       UPDATE 命令參數
            <asp:Parameter Name="書號" Type="String" />
        </UpdateParameters>
        <InsertParameters>
            <asp:Parameter Name="書號" Type="String" />
            <asp:Parameter Name="書名" Type="String" />      INSERT 命令參數
            <asp:Parameter Name="單價" Type="Int32" />
        </InsertParameters>
</asp:SqlDataSource>
```

Step4 在 Step3 中設定使 SqlDataSource_Book 控制項連接 chap12.mdf 資料庫，以及自動產生「書籍」資料表的 SelectCommand、InsertCommand、UpdateCommand、DeleteCommand 屬性的 INSERT、UPDATE、DELETE 陳述式與對應的命令參數，接著透過下列操作將 txtBookId、txtBookName、txtBookPrice 文字方塊 Text 屬性對應至 INSERT、UPDATE、DELETE 陳述式的命令參數。

1. 先選取 SqlDataSource_Book 控制項，再按下屬性視窗 InsertQuery 的 [...] 鈕開啟「命令及參數編輯器」視窗，請依序設定書號參數的值為 txtBookId.Text、書名參數的值為 txtBookName.Text、單價參數的值為 txtBookPrice。結果如下圖：

2. 先選取 SqlDataSource_Book 控制項，再按下屬性視窗 UpdateQuery 的 [...] 鈕開啟「命令及參數編輯器」視窗，請依序設定書名參數的值為 txtBookName.Text、單價參數的值為 txtBookPrice、書號參數的值為 txtBookId.Text。結果如下圖：

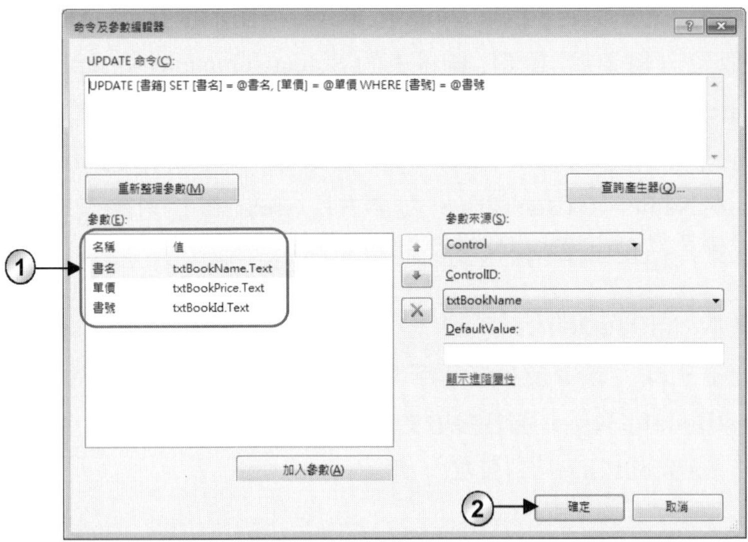

3. 先選取 SqlDataSource_Book 控制項，再按下屬性視窗 DeleteQuery 的 [...] 鈕開啟「命令及參數編輯器」視窗，請設定書號參數的值為 txtBookId.Text，即表示 txtBookId.Text 是書籍資料表中刪除記錄的依據。結果如下圖：

4. 完成上述設定後，SqlDataSource_Book 控制項自動產生如下宣告語法，且 DeleteParameters、UpdateParameters、InsertParameters 的書號、書名、單價參數會對應至 txtBookId.Text、txtBookName.Text、txtBookPrice.Text。

```
<asp:SqlDataSource ID="SqlDataSource_Book" runat="server"
    ConnectionString="<%$ ConnectionStrings:chap12ConnectionString %>"
    DeleteCommand="DELETE FROM [書籍] WHERE [書號] = @書號"
    InsertCommand="INSERT INTO [書籍] ([書號], [書名], [單價]) VALUES (@書
號, @書名, @單價)"
    SelectCommand="SELECT * FROM [書籍]"
    UpdateCommand="UPDATE [書籍] SET [書名] = @書名, [單價] = @單價
WHERE [書號] = @書號">
    <DeleteParameters>
        <asp:ControlParameter ControlID="txtBookId" Name="書號"
            PropertyName="Text" Type="String" />
    </DeleteParameters>
    <UpdateParameters>
        <asp:ControlParameter ControlID="txtBookName" Name="書名"
            PropertyName="Text" Type="String" />
        <asp:ControlParameter ControlID="txtBookPrice" Name="單價"
            PropertyName="Text" Type="Int32" />
        <asp:ControlParameter ControlID="txtBookId" Name="書號"
            PropertyName="Text" Type="String" />
    </UpdateParameters>
    <InsertParameters>
        <asp:ControlParameter ControlID="txtBookId" Name="書號"
            PropertyName="Text" Type="String" />
        <asp:ControlParameter ControlID="txtBookName" Name="書名"
            PropertyName="Text" Type="String" />
        <asp:ControlParameter ControlID="txtBookPrice" Name="單價"
            PropertyName="Text" Type="Int32" />
    </InsertParameters>
</asp:SqlDataSource>
```

DELETE 命令參數

UPDATE 命令參數

INSERT 命令參數

Step5 設定 GridView_Book 控制項的 DataSourceID 屬性為 SqlDataSource_Book，使 GridView_Book 呈現「書籍」資料表的所有記錄。

Step6 接著只要在對應的按鈕事件處理程序中使用 SqlDataSource_Book 的 Insert()方法進行新增、使用 Update()方法進行修改、使用 Delete()方法進行刪除就可以了。btnAdd、btnUpdate、btnDel 鈕 Click 事件處理程序程式碼如下：

程式碼後置檔：SqlDataSource7_Sample.aspx.vb

```
Partial Class SqlDataSource7_Sample
    Inherits System.Web.UI.Page

    ' 將書號, 書名, 單價文字方塊及錯誤標籤清成空白
    Sub TextBoxClear()
        txtBookId.Text = ""
        txtBookName.Text = ""
        txtBookPrice.Text = ""
        lblMsg.Text = ""
    End Sub
    ' 按 [新增] 鈕執行
    Protected Sub btnAdd_Click(sender As Object, e As System.EventArgs) _
    Handles btnAdd.Click
        Try
            ' Insert 方法會執行 InsertCommand 屬性的 INSERT 陳述式進行新增記錄
            SqlDataSource_Book.Insert()
            TextBoxClear()   ' 呼叫 TextBoxClear 方法將文字方塊與標籤清成空白
        Catch ex As Exception
            lblMsg.Text = ex.Message
        End Try
    End Sub
    ' 按 [修改] 鈕執行
    Protected Sub btnUpdate_Click(sender As Object, e As System.EventArgs) _
```

```
    Handles btnUpdate.Click
        Try
          ' Update 方法會執行 UpdateCommand 屬性的 UPDATE 陳述式進行修改記錄
            SqlDataSource_Book.Update()
            TextBoxClear()
        Catch ex As Exception
            lblMsg.Text = ex.Message
        End Try
    End Sub
    ' 按 [刪除] 鈕執行
    Protected Sub btnDel_Click(sender As Object, e As System.EventArgs) _
    Handles btnDel.Click
        ' Delete 方法會執行 DeleteCommand 屬性的 DELETE 陳述式進行刪除記錄
        SqlDataSource_Book.Delete()
        TextBoxClear()
    End Sub

End Class
```

12.5.2 使用智慧標籤產生 SQL 語法及透過程式碼後置方式來編輯資料表

前一節 SqlDataSource 的使用方式是透過 VWD 整合環境自動產生 SELECT、INSERT、DELETE、UPDATE 之 SQL 語法，以及自動產生 INSERT、DELETE、UPDATE 命令參數與命令參數值，本節介紹的方式是透過「智慧標籤」產生 SELECT、INSERT、DELETE、UPDATE 之 SQL 語法，並配合程式碼後置方式自行指定命令參數值，本節 SqlDataSource8_Sample.aspx 執行結果與 SqlDataSource7_Sample.aspx 相同。

上機實作

Step1 SqlDataSource8_Sample.aspx 網頁輸出入介面如下圖，與前一範例 SqlDataSource7_Sample.aspx 相同。

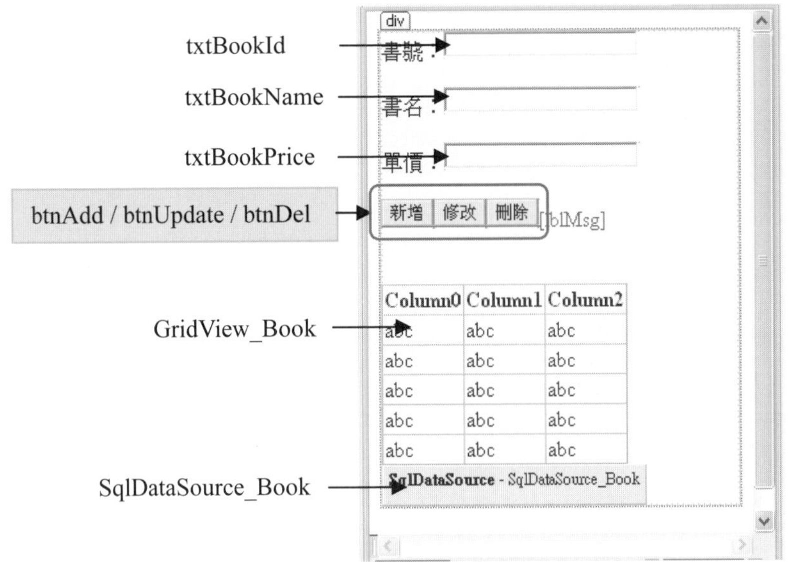

Step2 仿照上一節的 Step3，透過「智慧標籤」設定 SqlDataSource_Book 控制項的工作，使該控制項可以連接 chap12.mdf 資料庫，並設定「書籍」資料表自動產生 SelectCommand、InsertCommand、UpdateCommand、DeleteCommand 屬性的 SQL 語法及對應的命令參數。

Step3 設定 GridView_Book 控制項的 DataSourceID 屬性為 SqlDataSource_Book，使 GridView_Book 呈現「書籍」資料表的所有記錄。完成後，SqlDataSource8_Sample.aspx 宣告程式碼如下：

網頁程式碼：SqlDataSource8_Sample.aspx.vb

```
書號：<asp:TextBox ID="txtBookId" runat="server"></asp:TextBox>
<br /><br />
書名：<asp:TextBox ID="txtBookName" runat="server"></asp:TextBox>
```

```
<br /><br />
單價：<asp:TextBox ID="txtBookPrice" runat="server"></asp:TextBox>
<br /><br />
<asp:Button ID="btnAdd" runat="server" Text="新增" />
<asp:Button ID="btnUpdate" runat="server" Text="修改" />
<asp:Button ID="btnDel" runat="server" Text="刪除" />
<asp:Label ID="lblMsg" runat="server" ForeColor="Red"></asp:Label>
<br /><br />
<asp:GridView ID="GridView_Book" runat="server" AutoGenerateColumns="False"
    DataKeyNames="書號" DataSourceID="SqlDataSource_Book">
    <Columns>
        <asp:BoundField DataField="書號" HeaderText="書號" ReadOnly="True"
            SortExpression="書號" />
        <asp:BoundField DataField="書名" HeaderText="書名"
            SortExpression="書名" />
          <asp:BoundField DataField="單價" HeaderText="單價"
            SortExpression="單價" />
    </Columns>
</asp:GridView>
<asp:SqlDataSource ID="SqlDataSource_Book" runat="server"
   ConnectionString="<%$ ConnectionStrings:chap12ConnectionString %>"
    DeleteCommand="DELETE FROM [書籍] WHERE [書號] = @書號"
    InsertCommand="INSERT INTO [書籍] ([書號], [書名], [單價]) VALUES (@書號, @書名, @單價)"
    SelectCommand="SELECT * FROM [書籍]"
    UpdateCommand="UPDATE [書籍] SET [書名] = @書名, [單價] = @單價 WHERE [書號] = @書號">
     <DeleteParameters>
        <asp:Parameter Name="書號" Type="String" />
    </DeleteParameters>
    <UpdateParameters>
        <asp:Parameter Name="書名" Type="String" />
```

```
32              <asp:Parameter Name="單價" Type="Int32" />
33              <asp:Parameter Name="書號" Type="String" />
34          </UpdateParameters>
35          <InsertParameters>
36              <asp:Parameter Name="書號" Type="String" />
37              <asp:Parameter Name="書名" Type="String" />
38              <asp:Parameter Name="單價" Type="Int32" />
39          </InsertParameters>
40      </asp:SqlDataSource>
```

程式說明

1. 12~20 行：GridView_Book 自動產生 BoundField 欄位，且欄位會顯示書籍資料表的書號、書名、單價欄位的內容。關於 GridView 控制項將於第 13 章做介紹。
2. 27~39 行：SqlDataSource_Book 控制項的 DeleteParameters、UpdateParameters、InsertParameters 自動產生名稱為書號、書名、單價的 Parameter 命令參數。

Step4 由於本例未在「命令及參數編輯器」視窗中設定 DeleteParameters、UpdateParameters、InsertParameters 之書號、書名、單價的命令參數值，因此必須在對應的按鈕事件處理程序中逐一指定書號、書名、單價的參數命令值，例如書號的命令參數值為 txtBookId.Text、書名的命令參數值為 txtBookName.Text、單價的命令參數值為 txtBookPrice.Text。完整程式碼如下：

程式碼後置檔：SqlDataSource8_Sample.aspx.vb

```
Partial Class SqlDataSource8_Sample
    Inherits System.Web.UI.Page

    Sub TextBoxClear()
        txtBookId.Text = ""
```

```
        txtBookName.Text = ""
        txtBookPrice.Text = ""
        lblMsg.Text = ""
    End Sub
    ' 按 [新增] 鈕執行
    Protected Sub btnAdd_Click(sender As Object, e As System.EventArgs) _
    Handles btnAdd.Click
        Try   ' 使用 Try...Catch...End Try 來補捉新增記錄時可能發生的例外
              ' 依序設定 InsertParameters 中書號, 書名, 單價的命令參數值
            SqlDataSource_Book.InsertParameters("書號").DefaultValue = _
                txtBookId.Text
            SqlDataSource_Book.InsertParameters("書名").DefaultValue = _
                txtBookName.Text
            SqlDataSource_Book.InsertParameters("單價").DefaultValue = _
                txtBookPrice.Text
            SqlDataSource_Book.Insert()   ' 新增記錄
            TextBoxClear()
        Catch ex As Exception
            lblMsg.Text = ex.Message
        End Try
    End Sub
    ' 按 [修改] 鈕執行
    Protected Sub btnUpdate_Click(sender As Object, e As System.EventArgs) _
    Handles btnUpdate.Click
        Try
            ' 依序設定 UpdateParameters 中書名, 單價, 書號的命令參數值
            SqlDataSource_Book.UpdateParameters("書號").DefaultValue = _
                txtBookId.Text
            SqlDataSource_Book.UpdateParameters("書名").DefaultValue = _
                txtBookName.Text
            SqlDataSource_Book.UpdateParameters("單價").DefaultValue = _
                txtBookPrice.Text
```

```
            SqlDataSource_Book.Update() ' 修改記錄
            TextBoxClear()
        Catch ex As Exception
            lblMsg.Text = ex.Message
        End Try
    End Sub
    ' 按 [刪除] 鈕執行
    Protected Sub btnDel_Click(sender As Object, e As System.EventArgs) _
    Handles btnDel.Click
        ' 依序設定 DeleteParameters 中書號的命令參數值
        SqlDataSource_Book.DeleteParameters("書號").DefaultValue = txtBookId.Text
        SqlDataSource_Book.Delete()   ' 刪除記錄
        TextBoxClear()
    End Sub
End Class
```

12.5.3 直接使用 SqlDataSource 控制項的屬性來編輯資料表

前兩個範例皆是透過「智慧標籤」在 SqlDataSource 資料來源控制項自動產生 SelectCommand、InsertCommand、DeleteCommand、UpdateCommand 屬性對應的 SELECT、INSERT、DELETE、UPDATE 陳述式。在本例為了讓讀者了解 SqlDataSource 控制項的程式碼後置撰寫方式，故只在網頁上佈置控制項，所有讀寫資料庫程式的部份皆撰寫於對應的事件處理程序內。本例的執行結果與 SqlDataSource7_Sample.aspx 相同。

上機實作

Step1 SqlDataSource9_Sample.aspx 網頁的輸出入介面與前一個範例 SqlDataSource8_Sample.aspx 相同。如下圖：

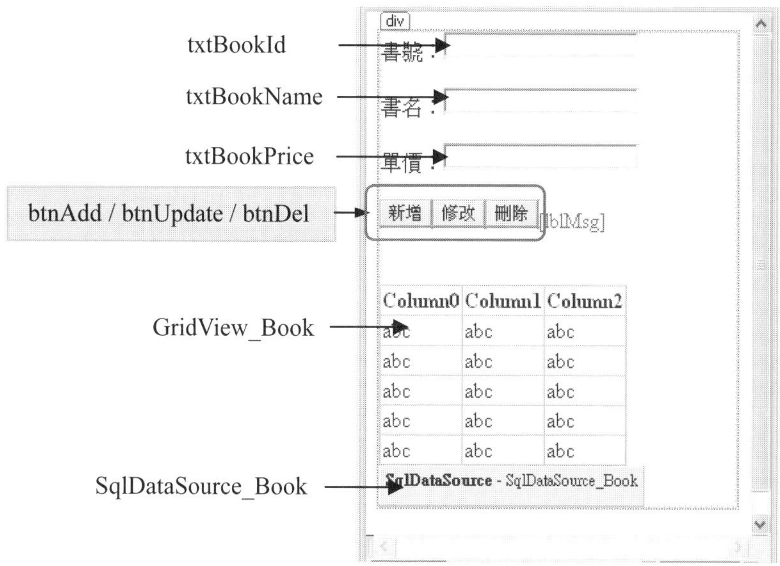

Step2 SqlDataSource9_Sample.aspx 網頁宣告程式碼如下：

網頁程式碼：SqlDataSource9_Sample.aspx.vb

```
書號：<asp:TextBox ID="txtBookId" runat="server"></asp:TextBox>
<br /><br />
書名：<asp:TextBox ID="txtBookName" runat="server"></asp:TextBox>
<br /><br />
單價：<asp:TextBox ID="txtBookPrice" runat="server"></asp:TextBox>
<br /><br />
<asp:Button ID="btnAdd" runat="server" Text="新增" />
<asp:Button ID="btnUpdate" runat="server" Text="修改" />
<asp:Button ID="btnDel" runat="server" Text="刪除" />
<asp:Label ID="lblMsg" runat="server" ForeColor="Red"></asp:Label><br />
<asp:GridView ID="GridView_Book" runat="server">
</asp:GridView>
<asp:SqlDataSource ID="SqlDataSource_Book" runat="server">
</asp:SqlDataSource><br />
```

Step3 由於本例未在宣告語法中設定 SqlDataSource_Book 控制項的 SelectCommand、InsertCommand、DeleteCommand、UpdateCommand 屬性的 SQL 語法與命令參數值，因此必須在對應的事件處理程序中設定讀寫資料庫的相關程式，完整程式碼與程式說明如下：

程式碼後置檔：SqlDataSource9_Sample.aspx.vb

```
Partial Class SqlDataSource9_Sample
    Inherits System.Web.UI.Page

    Sub TextBoxClear()
        txtBookId.Text = ""
        txtBookName.Text = ""
        txtBookPrice.Text = ""
        lblMsg.Text = ""
    End Sub
    ' 網頁載入時執行
    Protected Sub Page_Load(sender As Object, e As System.EventArgs) Handles Me.Load
        ' SqlDataSource_Book 連接 chap12.mdf
        SqlDataSource_Book.ConnectionString = _
            System.Web.Configuration.WebConfigurationManager. _
            ConnectionStrings("chap12ConnectionString").ConnectionString
        ' SqlDataSource_Book 查詢書籍資料表的所有記錄
        SqlDataSource_Book.SelectCommand = "SELECT * FROM 書籍"
        ' GridView_Book 資料來源為 SqlDataSource_Book
        GridView_Book.DataSourceID = SqlDataSource_Book.ID
    End Sub
    ' 按 [新增] 鈕執行
    Protected Sub btnAdd_Click(sender As Object, e As System.EventArgs) _
    Handles btnAdd.Click
        Try    ' 使用 Try...Catch...End Try 來補捉新增記錄時可能發生的例外
            ' 依序新增 InsetParameters 中書號, 書名, 單價參數和參數值
```

```
            SqlDataSource_Book.InsertCommand = _
              "INSERT INTO [書籍] ([書號], [書名], [單價]) VALUES (@書號, @書名, @單價)"
            SqlDataSource_Book.InsertParameters.Add("書號", _
              System.TypeCode.String, txtBookId.Text)
            SqlDataSource_Book.InsertParameters.Add("書名", _
              System.TypeCode.String, txtBookName.Text)
            SqlDataSource_Book.InsertParameters.Add("單價", _
              System.TypeCode.Int32, txtBookPrice.Text)
            SqlDataSource_Book.Insert()
            TextBoxClear()
        Catch ex As Exception
            lblMsg.Text = ex.Message
        End Try
    End Sub
    ' 按 [修改] 鈕執行
    Protected Sub btnUpdate_Click(sender As Object, e As System.EventArgs) _
    Handles btnUpdate.Click
        Try
            SqlDataSource_Book.UpdateCommand = _
             "UPDATE [書籍] SET [書名] = @書名, [單價] = @單價 WHERE [書號] = @書號"
            ' 依序新增 UpdateParameters 中書名, 單價, 書號參數和參數值
            SqlDataSource_Book.UpdateParameters.Add("書名", _
              System.TypeCode.String, txtBookName.Text)
            SqlDataSource_Book.UpdateParameters.Add("單價", _
              System.TypeCode.Int32, txtBookPrice.Text)
            SqlDataSource_Book.UpdateParameters.Add("書號", _
              System.TypeCode.String, txtBookId.Text)
            SqlDataSource_Book.Update()
            TextBoxClear()
        Catch ex As Exception
            lblMsg.Text = ex.Message
        End Try
```

```
    End Sub
    ' 按 [刪除] 鈕執行
    Protected Sub btnDel_Click(sender As Object, e As System.EventArgs) _
    Handles btnDel.Click
        SqlDataSource_Book.DeleteCommand = _
          "DELETE FROM [書籍] WHERE [書號] = @書號"
        ' 依序新增 DeleteParameters 中書號參數和參數值
        SqlDataSource_Book.DeleteParameters.Add("書號", _
          System.TypeCode.String, txtBookId.Text)
        SqlDataSource_Book.Delete()
        TextBoxClear()
    End Sub

End Class
```

12.6 課後練習

一、選擇題

1. 若要連接 Access 資料庫，可使用下列哪個控制項？ (A) AccessDataSource (B) XMLDataSource (C) SiteMapDataSource (D) 以上皆非
2. 欲連接語言整合查詢，可使用下列哪個控制項？ (A) SqlDataSource (B) AccessDataSource (C) XMLDataSource (D) LinqDataSource
3. 欲連接資料物件，透過商務物件建立依賴中介層物件來管理資料來源的 Web 應用程式，應使用下列哪個物件？ (A) SqlDataSource (B) AccessDataSource (C) ObjectDataSource (D) LinqDataSource
4. SqlDataSource 無法連接下列哪種類型的資料來源？ (A) XML (B) SQL Server (C) Oracle (D) ODBC 資料來源

5. SqlDataSource 的什麼屬性可用來設定資料庫連接字串？ (A) cnString (B) ConnectionString (C) cmdString (D) Connection

6. 若 SqlDataSource 控制項的查詢結果要傳回 DataReader，則應指定
   (A) DataSource="DataReader" (B) DataSource="DataSet"
   (C) DataSourceMode="DataReader" (D) DataSourceMode="DataSet"

7. SqlDataSource 控制項的 ProviderName 屬性設為 System.Data.OracleClient，則該控制項可存取 (A) ODBC 資料來源 (B) OLE DB 資料來源 (C) Oracle 資料庫 (D) SQL Server 資料庫

8. 若 SqlDataSource 控制項欲執行 InsertCommand 屬性的 INSERT 陳述式，則應呼叫下列哪個方法？ (A) Select (B) Insert (C) Delete (D) Update

9. ListBox 控制項的項目欲顯示「員工」資料表的「姓名」欄位，則宣告語法屬性應如何設定？ (A) ValueField="姓名" (B) TextField="姓名" (C) DataValueField="姓名" (D) DataTextField="姓名"

10. 若 SqlDataSource 控制項欲執行 DeleteCommand 屬性的 DELETE 陳述式，則應呼叫下列哪個方法？ (A) Select (B) Insert (C) Delete (D) Update

11. 下列何者有誤？ (A) Web 應用程式的資料庫連接字串建議存放在網頁內 (B) Web 應用程式的資料庫連接字串建議存放在 web.config 檔 (C) 呼叫 SqlDataSource 的 Update 方法會執行 UpdateCommand 屬性的 UPDATE 陳述式 (D) 控制項的 DataSourceID 屬性可指定資料來源控制項

12. 若 SqlDataSource 要使用 Session 當命令參數值，應使用
    (A) Control Parameter (B) QueryStringParameter
    (C) CookieParameter (D) Session Parameter

13. 若 SqlDataSource 要使用 URL 查詢字串當命令參數，應使用
    (A) Control Parameter (B) QueryStringParameter
    (C) CookieParameter (D) Session Parameter

14. SqlDataSource 所取得的資料預設會傳回 (A) DataReader (B) DataSet (C) Command (D) 以上皆非

15. 下列對 SqlDataSource 的說明何者有誤？ (A) SelectCommand 可用來設定查詢的陳述式或預存程序 (B) ProviderName 預設為 System.Data.SqlClient (C) DeleteCommandType 預設為 StoredProcedure (D) InsertParameters 可取得 InsertCommand 屬性的參數集合

二、程式設計

1. SqlDataSource5_Sample.aspx 網頁使用宣告語法方式，透過產品類別下拉式清單可查詢某類別的所有產品資料，請將該範例全部改成使用程式碼後置方式撰寫。
2. 修改習題第 1 題，將產品類別下拉式清單改使用選項按鈕清單(RadioButtonList)顯示。
3. 使用 SqlDataSource 控制項製作可新增、修改、刪除「員工」資料表的網頁程式。員工資料表請自行建立，該資料表有員工編號(主索引鍵)、姓名、性別、學歷、雇用日期共五個欄位。表單的員工編號及姓名欄位請使用文字方塊、性別欄位使用選項按鈕清單、學歷使用下拉式清單、雇用日期使用月曆控制項。本題請使用 12.5.1 節方式處理。
4. 製作與習題第 3 題相同的網頁程式，本題請使用 12.5.2 節方式處理。
5. 製作與習題第 3 題相同的網頁程式，本題請使用 12.5.3 節方式處理。

CHAPTER

資料繫結控制項(一)

學習目標：

- 認識資料繫結控制項的功能
- 認識 GridView 控制項的功能
- 學習使用 GridView 控制項輯輯、刪除、排序、分頁資料表的記錄
- 學習使用 GridView 控制項的 BoundField 欄位
- 學習使用 GridView 控制項的 CheckBoxField 欄位
- 學習使用 GridView 控制項的 CommandField 欄位
- 學習使用 GridView 控制項的 ImageField 欄位
- 學習使用 GridView 控制項的 HyperLinkField 欄位
- 學習使用 GridView 控制項的 TemplateField 欄位
- 學習 GridView 控制項分頁巡覽列的外觀設計

13.1 資料繫結控制項簡介

早期的 ASP，欲在網頁上顯示資料來源的內容，必須透過 For 迴圈、Response.Write() 方法配合 HTML 的<table>表格標籤進行編排再將資料來源的內容逐一顯示在網頁上，此種做法相當不方便。自 ASP.NET 版本開始所有的控制項皆提供資料繫結的功能，所謂的「資料繫結」(DataBind)即是將資料來源的欄位直接顯示於指定的 Web 控制項上，例如前一章將指定的資料表欄位顯示於 ListBox 的 Text(即 DataTextField)屬性，或是將資料表的所有記錄顯示於 GridView 控制項上面；或是當 Web 控制項的內容修改之後即可寫回指定的資料來源，此種做法相當方便，只要撰寫少量的程式碼即能製作出可存取資料來源的網頁資料庫。下表即是常用的資料繫結控制項：

資料繫結控制項	功能說明	工具箱類型
CheckBoxList	此類控制項一次可顯示多筆記錄，但只能繫結資料來源的兩個欄位至 DataTextField(即 Text 內容)與 DataValueField (即 Value 值)屬性。	標準
DropDownList		標準
ListBox		標準
RadioButtonList		標準
TreeView	適合繫結至階層式的資料來源，如 XML 文件，無法繫結至資料庫。	巡覽
Menu		巡覽
GridView	以表格排版方式顯示多筆記錄，且一筆記錄可顯示多個欄位，可自訂表格欄位內的樣板，具備分頁、排序、修改、刪除、選取之功能。於本章介紹。	資料
Repeater	可顯示多筆記錄多個欄位，可完全自訂編排樣板。由於此控制項功能不強，用的機會少，所以本書不做介紹。	資料

DataList	可顯示多筆記錄多個欄位，記錄顯示方式可採水平或垂直排列，具有選取，修改，刪除的功能，可完全自訂編排樣板，若希望設計較具美感的網頁畫面，建議採用此控制項。請參閱第 14 章。	資料
DetailView	只能顯示一筆記錄多個欄位，具備新增、修改、刪除、分頁功能，使用表格進行排版。請參閱第 14 章。	資料
FormView	只能顯示一筆記錄多個欄位，具備新增、修改、刪除、分頁功能，可完全自訂編排樣板，若希望設計較具美感的網頁畫面，建議採用此控制項。請參閱第 14 章。	
ListView	可顯示多筆記錄多個欄位，同時擁有 DataList 與 FormView 的功能，記錄顯示方式可採水平或垂直排列，具有選取、新增、修改、刪除、分頁的功能，可完全自訂編排樣板，若希望設計較具美感的網頁畫面，建議採用此控制項。由於此控制項的操作方式與 FormView 和 DataList 相同，您可仿照設計即可。	資料
Chart	可在 ASP.NET 網頁上顯示長條圖、圓餅圖…等統計圖表。請參閱第 14 章。	資料

13.2 GridView 控制項

GridView 提供表格檢視模式來顯示資料來源指定的記錄，此控制項中的每一個資料行表示一個欄位，每一個資料列表示一筆記錄，GridView 控制項提供選取、修改、刪除、排序、多重主索引鍵欄位…等功能，且表格內的每一個欄位皆能使用樣板來進行編排。GridView 控制項的宣告語法如下：

```
<asp:GridView ID="物件識別名稱" runat="server"
      AllowPaging="是否分頁" AllowSorting="是否排序"
      AutoGenerateColumns="是否自動產生欄位" ...>
</asp:GridView>
```

下表為 GridView 常用的屬性說明：

屬性	功能說明
AllowPaging	設定或取得是否啟用 GridView 的分頁功能。 True-啟用；False-不啟用(預設值)。
AllowSorting	設定或取得是否啟用 GridView 的欄位標題來進行排序資料來源的記錄。 True-啟用；False-不啟用(預設值)。
AutoGenerateColumns	設定或取得是否依資料來源在 GridView 內自動產生資料行。 True-自動產生(預設值)；False-不產生。
AutoGenerateDeleteButton	設定或取得是否於執行階段在 GridView 內自動產生刪除按鈕。 True-自動產生；False-不產生(預設值)。
AutoGenerateEditButton	設定或取得是否於執行階段在 GridView 內自動產生編輯按鈕。 True-自動產生；False-不產生(預設值)。
AutoGenerateSelectButton	設定或取得是否於執行階段在 GridView 內自動產生選取按鈕。 True-自動產生；False-不產生(預設值)。
BackImageUrl	設定或取得 GridView 的背景影像。
Caption	設定或取得 GridView 的標題。

CaptionAlign	設定或取得 GridView 標題的對齊方式。屬性值有 NotSet(未設定,預設值)、Top、Bottom、Left、Right。
Columns	設定或取得 GridView 中的第 i 個欄位，傳回值為 DataControlFieldCollection 集合物件。
DataKeyNames	設定或取得資料來源的主索引鍵欄位名稱，若主索引鍵由多個欄位組成，可使用「,」逗點分開。
DataMember	指定欲繫結的資料來源，此資料來源可以是資料表或檢視表。
DataSourceID	指定欲繫結的資料來源控制項，此資料來源須設為 SqlDataSource、AccessDataSource...等資料來源控制項的 ID 物件識別名稱。
EditIndex	設定或取得 GridView 中的第 i 筆資料列進入編輯模式，若 EditIndex 為 0 表示第 1 筆記錄進入編輯模式、若 EditIndex 為 1 表示第 2 筆記錄進入編輯模式...，若 EditIndex 為-1 表示 GridView 未進入編輯模式。預設值為-1。
EmptyDataText	設定或取得當 GridView 中沒有資料時所要顯示的內容。
EnableSortingAndPagingCallbacks	設定或取得 GridView 是在用戶端或伺服器端進行排序或分頁的工作。True-在用戶端進行排序或分頁的工作，由於不回傳至伺服器端，最大的優點是可節省頻寬和減少伺服器端的負荷；False-在伺服器端進行排序或分頁的工作，由於可回傳至伺服器端，因此可在伺服器端做較複雜的商業邏輯或程式處理。
GridLines	設定或取得 GridView 的格線樣式。
HorizontalAlign	設定或取得 GridView 的水平對齊方式。屬性值有 NotSet(未設定,預設值)、Left、Center、Right、Justify。

PageIndex	設定或取得目前 GridView 分頁索引編號，0 表示第 1 頁、1 表示第 2 頁...其它以此類推。預設值為 0。
PageCount	取得目前 GridView 的總頁數。
PageSize	設定或取得目前 GridView 一頁顯示幾筆資料列(記錄)。
SelectedIndex	設定或取得當在 GridView 中選取資料列的索引，若為-1 表示沒有選取任何資料列。預設值為-1。
SelectedRow	取得 GridView 中的資料列，傳回值為 GridViewRow 物件。
SelectedValue	設定或取得當在 GridView 中選取資料列的主索引欄位內容。
ShowFooter	設定或取得是否顯示 GridView 的頁尾。 True-顯示(預設值)；False-不顯示。
ShowHeader	設定或取得是否顯示 GridView的頁首(即欄位標題)。True-顯示(預設值)；False-不顯示。
SortDirection	取得目前正在排序方式。Ascending-遞增排序(預設值)；Descending-遞減排序。
SortExpression	取得目前正在排序的欄位名稱，若有多個欄位擁有排序功能，則欄位之間以「,」分開。

接著透過下面例子來練習如何使用 SqlDataSource 與 GridView 控制項設計可編輯、刪除、分頁、排序「員工」資料表的 ASP.NET 網頁。

網頁檔名：GridView1_Sample.aspx

將 chap13.mdf 資料庫的「員工」資料表顯示於 GridView 控制項內，且 GridView 控制項擁有分頁、排序、編輯、刪除員工資料表的功能。

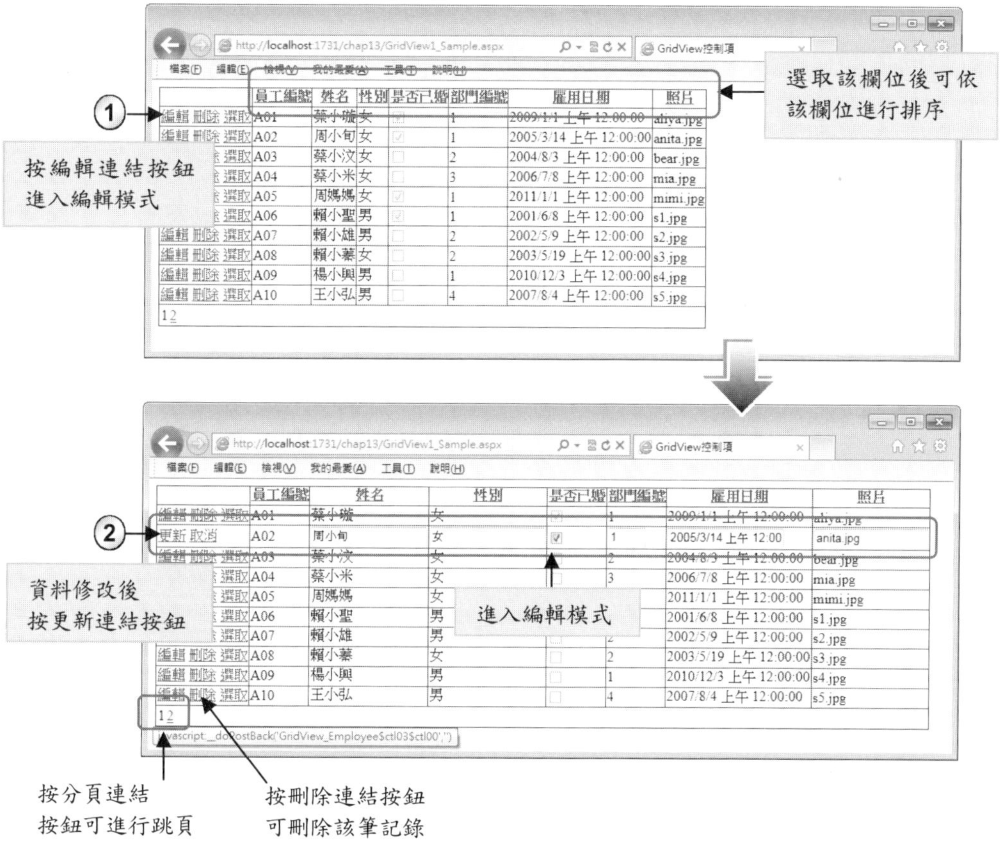

①
按編輯連結按鈕
進入編輯模式

選取該欄位後可依
該欄位進行排序

②
資料修改後
按更新連結按鈕

進入編輯模式

按分頁連結
按鈕可進行跳頁

按刪除連結按鈕
可刪除該筆記錄

上機實作

Step1 將書附光碟「資料庫」資料夾下的 chap13.mdf 及 chap13_log.ldf 複製到目前網站 App_Data 資料夾下，接著再按方案總管視窗的 重新整理鈕，使得 App_Data 資料夾顯示上述兩個檔案。chap13.mdf 內含「部門」與「員工」資料表，部門資料表的部門編號欄位關聯至員工資料表的部門編號欄位，關聯圖與兩個資料表的欄位格式如下：

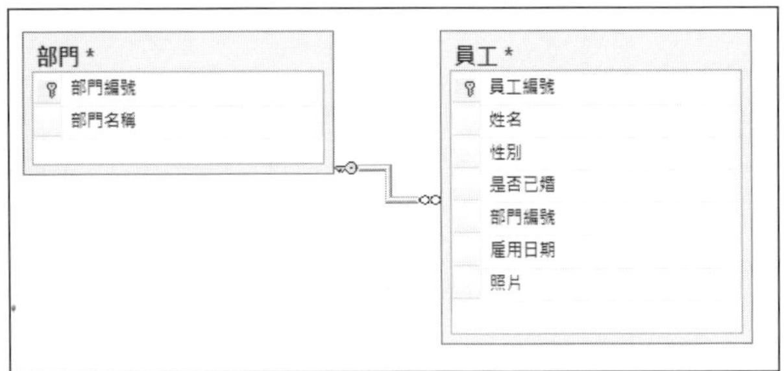

關聯圖

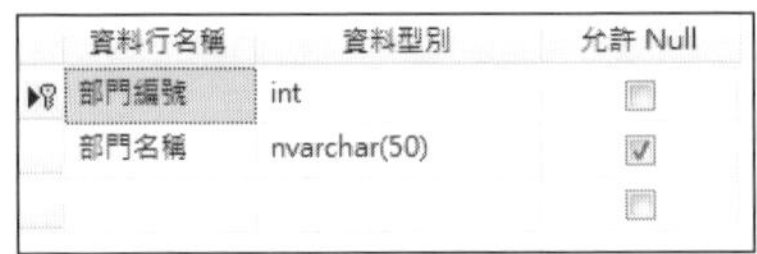

資料行名稱	資料型別	允許 Null
部門編號	int	☐
部門名稱	nvarchar(50)	☑
		☐

部門資料表

資料行名稱	資料型別	允許 Null
員工編號	nvarchar(10)	☐
姓名	nvarchar(10)	☑
性別	nvarchar(2)	☑
是否已婚	bit	☑
部門編號	int	☑
雇用日期	date	☑
照片	nvarchar(20)	☑
		☐

員工資料表

Step2 新增 GridView1_Sample.aspx 的 ASP.NET 網頁，在網頁內放置 ID 物件識別名稱為「SqlDataSource_Employee」的資料來源控制項。

Step3 透過「智慧標籤」設定 SqlDataSource_Employee 資料來源控制項的工作，使得該控制項可以連接 chap13.mdf 資料庫，並設定「員工」資料表自動產生 SelectCommand、InsertCommand、UpdateCommand、DeleteCommand 屬性的 SQL 語法及對應的命令參數。請按照數字順序操作：

設定資料來源 - SqlDataSource_Employee

選擇資料連接

您的應用程式應該使用哪個資料連接來連接資料庫?(W)

chap13.mdf ← ④ 新增連接(C)...

+ 連接字串(S)

設定網站 App_Data
資料夾下 chap13.mdf 資料庫

⑤

< 上一步(P) 下一步(N) > 完成(F) 取消

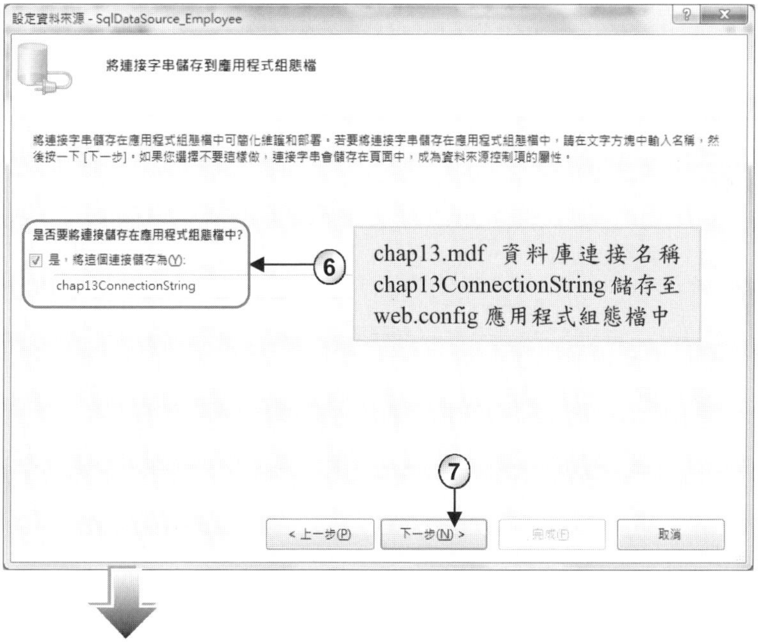

設定資料來源 - SqlDataSource_Employee

將連接字串儲存到應用程式組態檔

將連接字串儲存在應用程式組態檔中可簡化維護和部署。若要將連接字串儲存在應用程式組態檔中，請在文字方塊中輸入名稱，然後按一下 [下一步]。如果您選擇不要這樣做，連接字串會儲存在頁面中，成為資料來源控制項的屬性。

是否要將連接儲存在應用程式組態檔中?

☑ 是，將這個連接儲存為(Y):

chap13ConnectionString ← ⑥

chap13.mdf 資料庫連接名稱
chap13ConnectionString 儲存至
web.config 應用程式組態檔中

⑦

< 上一步(P) 下一步(N) > 完成(F) 取消

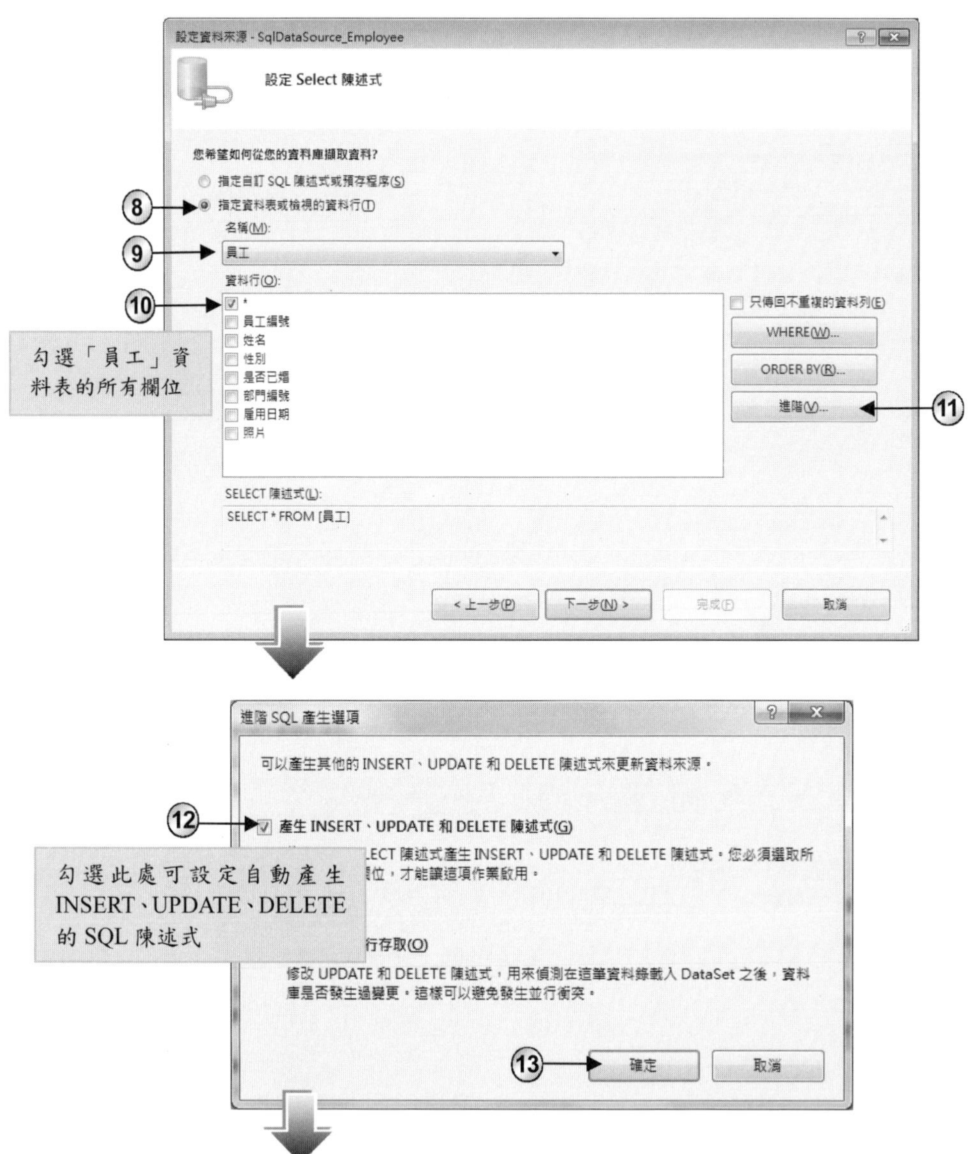
設定資料來源 - SqlDataSource_Employee
設定 Select 陳述式
您希望如何從您的資料庫擷取資料?
指定自訂 SQL 陳述式或預存程序(S)
指定資料表或檢視的資料行(T)
名稱(M):
員工
資料行(O):
*
員工編號
姓名
性別
是否已婚
部門編號
雇用日期
照片
只傳回不重複的資料列(E)
WHERE(W)...
ORDER BY(R)...
進階(V)...
SELECT 陳述式(L):
SELECT * FROM [員工]
< 上一步(P)
下一步(N) >
完成(F)
取消
8
9
10
11
勾選「員工」資料表的所有欄位
進階 SQL 產生選項
可以產生其他的 INSERT、UPDATE 和 DELETE 陳述式來更新資料來源。
產生 INSERT、UPDATE 和 DELETE 陳述式(G)
行存取(O)
修改 UPDATE 和 DELETE 陳述式，用來偵測在這筆資料錄載入 DataSet 之後，資料庫是否發生過變更。這樣可以避免發生並行衝突。
確定
取消
12
13
勾選此處可設定自動產生 INSERT、UPDATE、DELETE 的 SQL 陳述式

員工編	姓名	性別	是否已婚	部門編號	雇用日期	照片
A01	蔡小璇	女	☑	1	2009/1/1	aliya.jpg
A02	周小甸	女	☑	1	2005/3/14	anita.jpg
A03	蔡小汶	女	☐	2	2004/8/3	bear.jpg
A04	蔡小米	女	☐	3	2006/7/8	mia.jpg
A05	周媽媽	女	☑	1	2011/1/1	mimi.jpg
A06	賴小聖	男	☑	1	2001/6/8	s1.jpg
A07	賴小雄	男	☐	2	2002/5/9	s2.jpg
A08	賴小菱	女	☐	2	2003/5/19	s3.jpg

1. 當設定上述步驟 ⑥ 時，在 web.config 應用程式組態檔會自動建立 chap13ConnectionString 連接字串名稱，此名稱可連接至目前網站 App_Data 資料夾下的 chap13.mdf 資料庫。web.config 檔設定如下：

```
<connectionStrings>
    <add name="chap13ConnectionString" connectionString="Data Source=.\SQLEXPRESS;AttachDbFilename=|DataDirectory|\chap13.mdf;Integrated Security=True;User Instance=True" providerName="System.Data.SqlClient" />
</connectionStrings>
```

2. 當設定上述步驟 ⑫ 時，會自動產生 SqlDataSource_Employee 的宣告語法，且「員工」資料表的 InsertCommand、UpdateCommand、DeleteCommand 屬性會自動產生 INSERT、UPDATE、DELETE 陳述式與對應的命令參數(即 DeleteParameters、UpdateParameters、InsertParameters 參數)。

```
<asp:SqlDataSource ID="SqlDataSource_Employee" runat="server"
    ConnectionString="<%$ ConnectionStrings:chap13ConnectionString %>"
    DeleteCommand="DELETE FROM [員工] WHERE [員工編號] = @員工編號"
    InsertCommand="INSERT INTO [員工] ([員工編號], [姓名], [性別], [是否已婚], [部門編號], [照片]) VALUES (@員工編號, @姓名, @性別, @是否已婚, @部門編號, @照片)"
    SelectCommand="SELECT * FROM [員工]"
    UpdateCommand="UPDATE [員工] SET [姓名] = @姓名, [性別] = @性別, [是否已婚] = @是否已婚, [部門編號] = @部門編號, [照片] = @照片 WHERE [員工編號] = @員工編號">
    <DeleteParameters>
        <asp:Parameter Name="員工編號" Type="String" />
    </DeleteParameters>
```

(07–09：DELETE 命令參數)

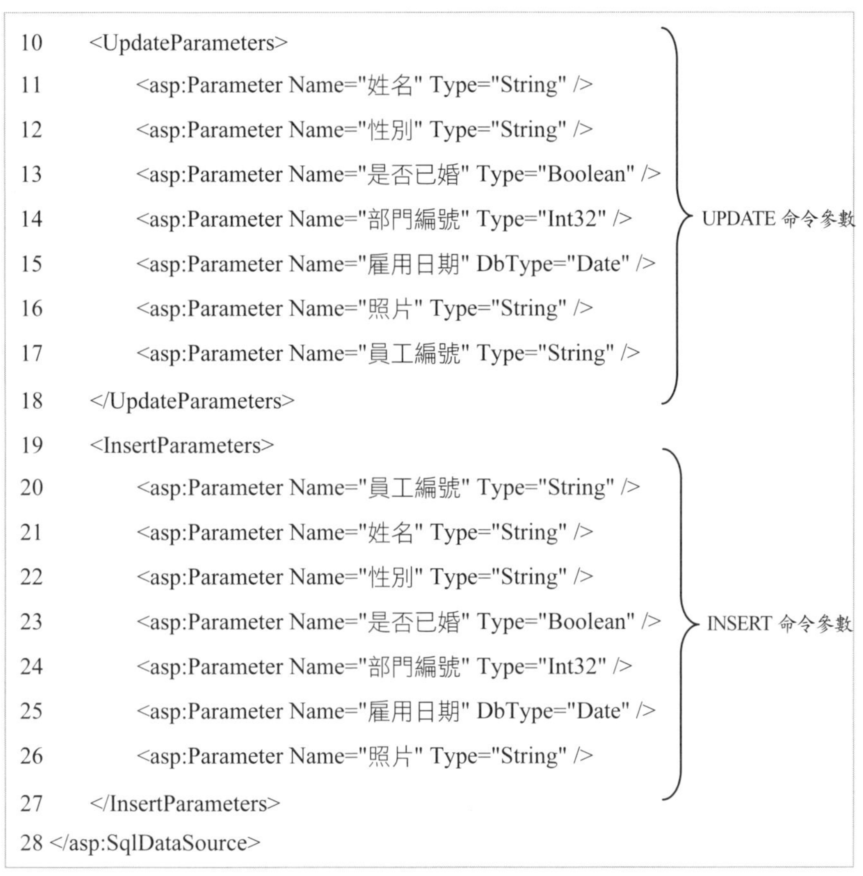

```
    <UpdateParameters>
        <asp:Parameter Name="姓名" Type="String" />
        <asp:Parameter Name="性別" Type="String" />
        <asp:Parameter Name="是否已婚" Type="Boolean" />
        <asp:Parameter Name="部門編號" Type="Int32" />
        <asp:Parameter Name="雇用日期" DbType="Date" />
        <asp:Parameter Name="照片" Type="String" />
        <asp:Parameter Name="員工編號" Type="String" />
    </UpdateParameters>
    <InsertParameters>
        <asp:Parameter Name="員工編號" Type="String" />
        <asp:Parameter Name="姓名" Type="String" />
        <asp:Parameter Name="性別" Type="String" />
        <asp:Parameter Name="是否已婚" Type="Boolean" />
        <asp:Parameter Name="部門編號" Type="Int32" />
        <asp:Parameter Name="雇用日期" DbType="Date" />
        <asp:Parameter Name="照片" Type="String" />
    </InsertParameters>
</asp:SqlDataSource>
```


Step4 建立物件識別名稱為 GridView_Employee 控制項，接著依下圖操作設定 GridView_Employee 的資料來源為 SqlDataSource_Employee 控制項 (即 DataSourceID="SqlDataSource_Employee")，且設定 GridView_Employee 擁有分頁、排序、編輯、刪除、選取的功能。

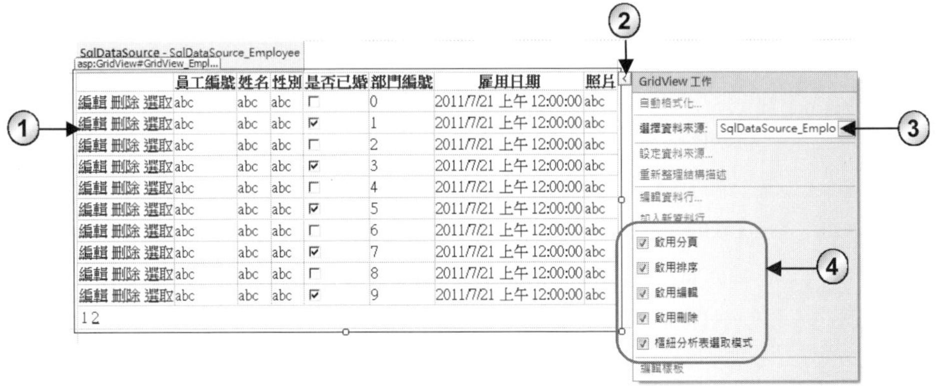

完成上述設定之後，接著 GridView_Employee 控制項會自動產生如下宣告語法，身為開發人員，有必要了解這些語法：

```
<asp:GridView ID="GridView_Employee" runat="server"
      AllowPaging="True"
      AllowSorting="True"
      AutoGenerateColumns="False"
      DataKeyNames="員工編號"
      DataSourceID="SqlDataSource_Employee">
      <Columns>
            <asp:CommandField ShowDeleteButton="True" ShowEditButton="True"
                  ShowSelectButton="True" />
            <asp:BoundField DataField="員工編號" HeaderText="員工編號"
                  ReadOnly="True" SortExpression="員工編號" />
            <asp:BoundField DataField="姓名" HeaderText="姓名"
                  SortExpression="姓名" />
            <asp:BoundField DataField="性別" HeaderText="性別"
                  SortExpression="性別" />
            <asp:CheckBoxField DataField="是否已婚" HeaderText="是否已婚"
                  SortExpression="是否已婚" />
            <asp:BoundField DataField="部門編號" HeaderText="部門編號"
                  SortExpression="部門編號" />
            <asp:BoundField DataField="雇用日期" HeaderText="雇用日期"
                  SortExpression="雇用日期" />
```

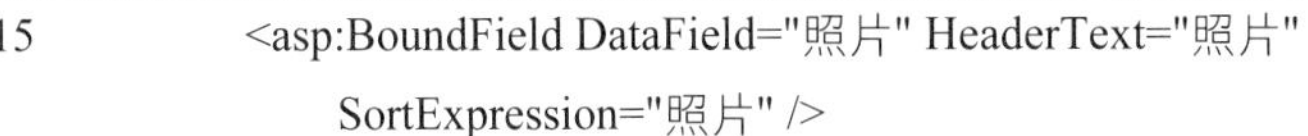

```
15             <asp:BoundField DataField="照片" HeaderText="照片"
                    SortExpression="照片" />
16         </Columns>
17 </asp:GridView>
```

程式說明

1. 1~17 行 ：建立物件識別名稱為 GridView_Employee 的 GridView 控制項。
2. 2 行 ：GridView_Employee 控制項啟用分頁，預設一頁顯示 10 筆記錄(即 10 筆資料列)，此屬性為 True 是勾選「分頁」核取方塊自動產生的。
3. 3 行 ：GridView_Employee 控制項啟用排序，此屬性為 True 是勾選「排序」核取方塊自動產生的。
4. 4 行 ：設定 GridView_Employee 控制項不自動產生欄位，必須自行建立欄位，本例透過智慧標籤自動產生 Command Field(命令按鈕欄位)、BoundField、CheckBoxField(核取方塊欄位)。
4. 5 行 ：設定 GridView_Employee 控制項主索引欄位為「員工編號」，必須要有主索引編號 GridView_Employee 才有編輯與刪除的功能。
5. 6 行 ：設定 GridView_Employee 控制項的資料來源為 SqlDataSource_Employee，表示 GridView_Employee 可顯示 SqlDataSource_Employee 所擷取的資料，GridView_Employee 也可以透過 SqlDataSource_Employee 的 UpdateCommand 屬性與 Delete Command 屬性進行修改或刪除指定的記錄。

6. 7~16 行 ： <Columns>可用來設定 GridView 控制項的欄位，本例簡單介紹 CommandField(命令按鈕欄位)、BoundField、CheckBoxField(核取方塊欄位)欄位，其他的欄位於下節再做介紹。

7. 8 行 ： 使用 CommandField 欄位建立系統定義的命令按鈕，可用來執行選取、編輯或刪除的功能，並設定顯示刪除鈕(ShowDeleteButton="True")、顯示編輯鈕(ShowEditButton="True")、顯示選取鈕(ShowSelectButton="True")。

8. 9 行 ： 建立 BoundField 欄位用來顯示員工資料表「員工編號」欄位的值(DataField="員工編號")，欄位標題設為 "員工編號"(HeaterText="員工編號")，欄位為唯讀(ReadOnly="True")，使按下"員工編號"標題有排序功能(SortExpression="員工編號")。

9. 10 行 ： 建立 BoundField 欄位用來顯示員工資料表「姓名」欄位的值，由於姓名欄位的 ReadOnly 屬性未設為 True，因此按下編輯鈕時，姓名欄位會呈現文字方塊樣式以供使用者進行修改資料。

10. 11 行 ： 建立 BoundField 欄位用來顯示員工資料表「性別」欄位的值，由於性別欄位的 ReadOnly 屬性未設為 True，因此按下編輯鈕時，性別欄位會呈現文字方塊樣式以供使用者進行修改資料。

11. 12 行 ： 建立 CheckBoxField 欄位用來顯示員工資料表「是否已婚」欄位的值，此欄位以核取方塊顯示。

12. 13~15 行 ： 執行方式同第 11 行。

13.3 GridView 控制項欄位的建立與應用

13.3.1 GridView 控制項欄位類型

當 GridView 控制項的 AutoGenerateColumns 屬性設為 True 時，則 GridView 控制項即會自動顯示資料來源的欄位，如前一章所介紹的範例。當 AutoGenerateColumns 屬性設為 False 時，則可使用下表 GridView 所提供的欄位型別讓程式開發人員自行在 GridView 中放置所需要的欄位，這些欄位必須放在<Columns>~</Columns>標籤內，透過這些欄位可讓 GridView 的操作介面更加的豐富。

GridView 欄位型別	功能說明
BoundField	用來顯示資料來源欄位的內容，此欄位為 GridView 的預設欄位。
ButtonField	建立自訂的命令按鈕欄位。當按下此欄位按鈕時會觸發 GridView 的 RowCommand 事件。
CheckBoxField	建立核取方塊欄位。若資料表欄位型別為 bit，則會以此欄位顯示。
CommandField	建立系統預先定義的命令按鈕，可執行選取、編輯或刪除作業。
ImageField	建立影像欄位。
HyperLinkField	建立超連結欄位。
TemplateField	建立樣板欄位以供程式開發人員自訂欄位類型。當無法使用 BoundField、ButtonField、CheckBoxField、ImageField、HyperLinkField 等欄位類型來顯示時，例如欄位要使用 DropDownList 或 RadioButtonList 來顯示，此時就必須使用 TemplateField 來達成。關於 TemplateField 的使用請參閱 13.4 節。

BoundField、CheckBoxField、CommandField 上述三個欄位的語法於 GridView1_Sample.aspx 範例介紹過，下面小節範例介紹如何建立 ImageField、ButtonField 與 HyperLinkField 欄位。

13.3.2 GridView 控制項影像欄位的建立

前面範例在 GridView 的照片欄位上使用 BoundField 欄位以文字方式顯示員工的照片檔案名稱，若該欄位能以實際的影像顯示，則會比較豐富，此時在 GridView 中就適合使用 ImageField 來建立影像欄位，其操作步驟如下。

網頁檔名：GridView2_Sample.aspx

延續上例，將原本照片欄位使用的 BoundField 欄位改用 ImageField 影像欄位。

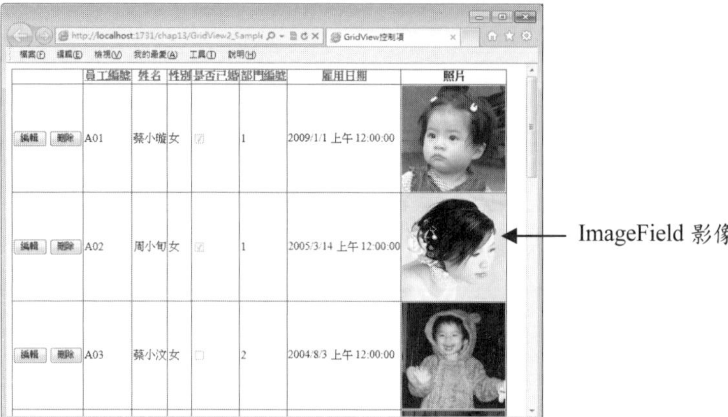

上機實作

Step1 建立 GridView2_Sample.aspx 網頁，並在此網頁內建立一個物件識別名稱為 SqlDataSource_Employee 資料來源控制項。

Step2 透過「智慧標籤」設定 SqlDataSource_Employee 控制項的工作，使得該控制項可以連接 chap13.mdf 資料庫，並擷取「員工」資料表自動產生 SelectCommand、InsertCommand、UpdateCommand、DeleteCommand 屬性的 SELECT、INSERT、UPDATE、DELETE 語法及對應的命令參數。

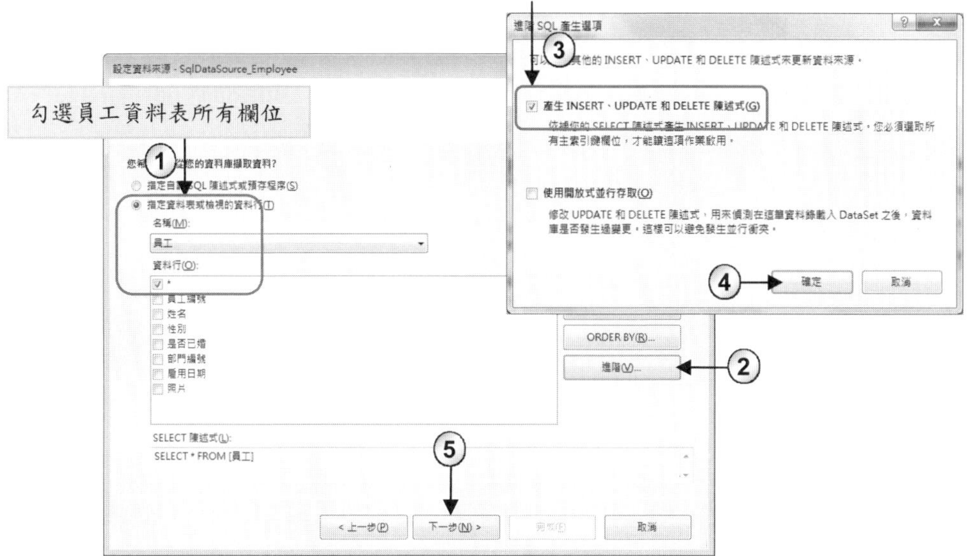

Step3 建立物件識別名稱 GridView_Employee 控制項，接著依下圖數字順序操作設定 GridView_Employee 的資料來源為 SqlDataSource_Employee，並設定 GridView_Employee 具有啟用分頁、排序、編輯、刪除的功能。

Step4 CommandField 命令按鈕提供 ButtonType 屬性可用來設定命令按鈕型態。若 ButtonType="Link" 表示設定連結按鈕(預設值)；若 ButtonType="Button" 表示設定一般命令按鈕樣式；若 ButtonType="Image" 表示設定影像按鈕。如下圖操作將 CommandField 命令按鈕欄位的 ButtonType 屬性值設為 Button。

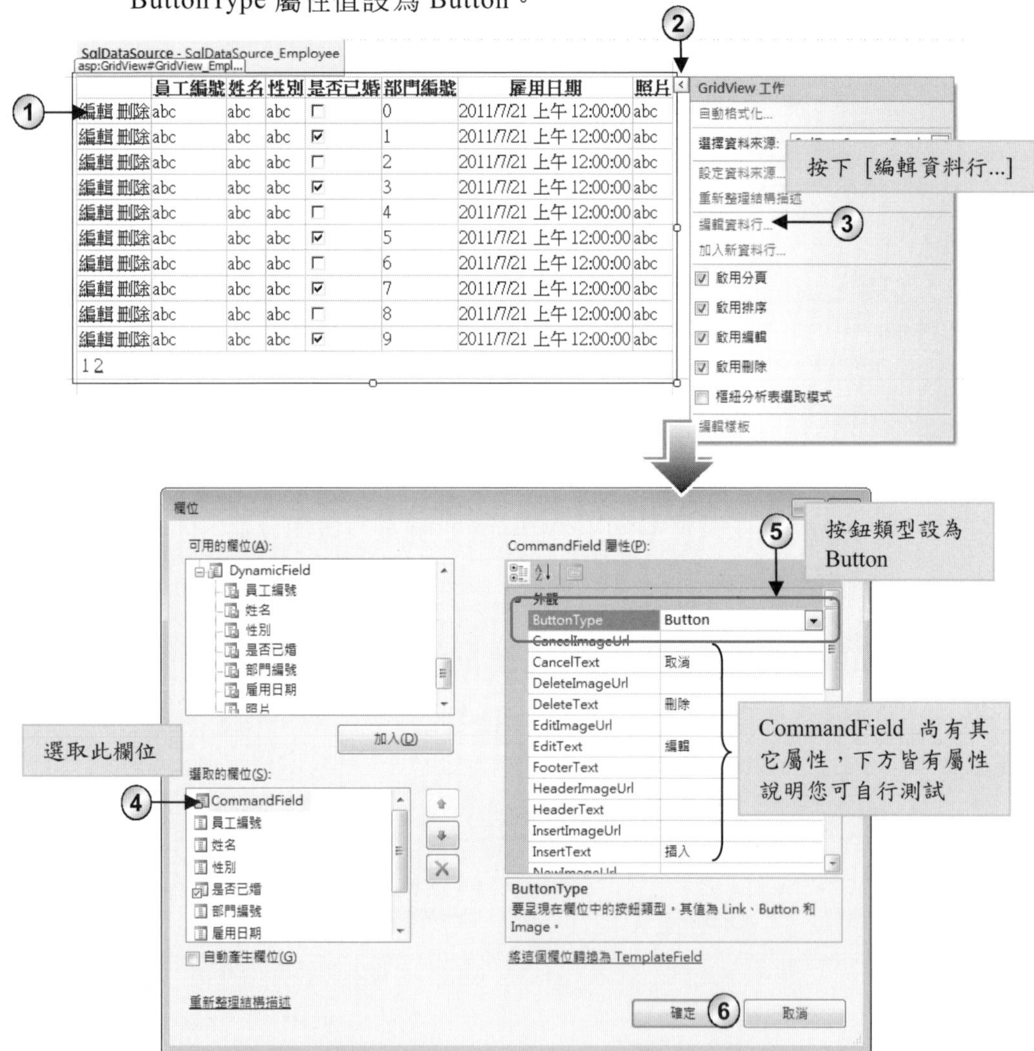

完成設定後，GridView_Employee 控制項的 CommandField 欄位的連結按鈕會變更為一般按鈕。再切換到 [原始檔] 畫面，結果發現，GridView_Employee 控制項的 CommandField 欄位的 ButtonType 屬性值已設為「Button」。網頁畫面與部份程式碼如下：

SqlDataSource - SqlDataSource_Employee
asp:GridView#GridView_Empl...

	員工編號	姓名	性別	是否已婚	部門編號	雇用日期	照片
編輯 刪除	abc	abc	abc	☐	0	2011/7/21 上午 12:00:00	abc
編輯 刪除	abc	abc	abc	☑	1	2011/7/21 上午 12:00:00	abc
編輯 刪除	abc	abc	abc	☐	2	2011/7/21 上午 12:00:00	abc
編輯 刪除	abc	abc	abc	☑	3	2011/7/21 上午 12:00:00	abc
編輯 刪除	abc	abc	abc	☐	4	2011/7/21 上午 12:00:00	abc
編輯 刪除	abc	abc	abc	☑	5	2011/7/21 上午 12:00:00	abc
編輯 刪除	abc	abc	abc	☐	6	2011/7/21 上午 12:00:00	abc
編輯 刪除	abc	abc	abc	☑	7	2011/7/21 上午 12:00:00	abc
編輯 刪除	abc	abc	abc	☐	8	2011/7/21 上午 12:00:00	abc
編輯 刪除	abc	abc	abc	☑	9	2011/7/21 上午 12:00:00	abc

1 2

```
<asp:GridView ID="GridView_Employee" runat="server" AllowPaging="True"
    DataSourceID="SqlDataSource_Employee" ……>
    <Columns>
     <asp:CommandField ButtonType="Button" ShowDeleteButton="True"
         ShowEditButton="True" />
     <asp:BoundField DataField="員工編號" HeaderText="員工編號" ReadOnly="True"
         SortExpression="員工編號" />
          ……
    </Columns>
</asp:GridView>
```

Step5 由於照片欄位應顯示員工影像，員工影像圖檔置於網站 Emp_Img 資料夾下，「員工」資料表照片欄位存放員工影像圖檔名稱，因此 GridView_Employee 控制項的照片欄位應使用 ImageField 欄位來顯示 Emp_Img 資料夾下的員工照片，操作步驟如下。

SqlDataSource - SqlDataSource_Employee
asp:GridView#GridView_Empl...
員工編號 姓名 性別 是否已婚 部門編號 雇用日期 照片
編輯 刪除 abc abc abc 0 2011/7/21 上午 12:00:00 abc
GridView 工作
自動格式化...
選擇資料來源:
設定資料來源...
重新整理結構描述
編輯資料行...
加入新資料行...
啟用分頁
啟用排序
啟用編輯
啟用刪除
樞紐分析表選取模式
編輯樣板
按下 [編輯資料行...]
1
2
3

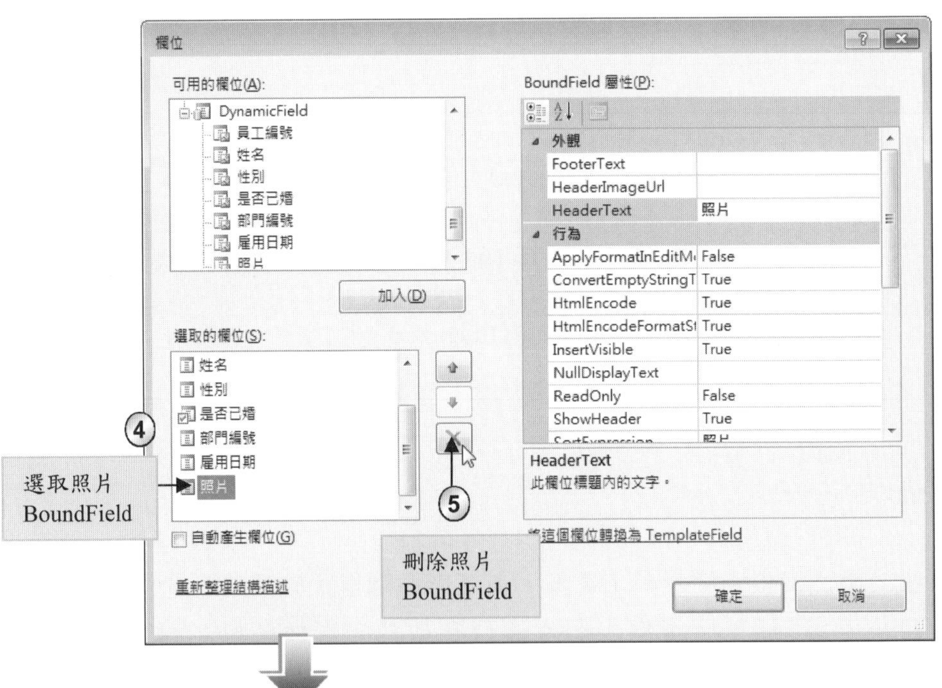
欄位
可用的欄位(A):
DynamicField
員工編號
姓名
性別
是否已婚
部門編號
雇用日期
照片
加入(D)
選取的欄位(S):
姓名
性別
是否已婚
部門編號
雇用日期
照片
自動產生欄位(G)
重新整理結構描述
BoundField 屬性(P):
外觀
FooterText
HeaderImageUrl
HeaderText 照片
行為
ApplyFormatInEditM False
ConvertEmptyStringT True
HtmlEncode True
HtmlEncodeFormatSt True
InsertVisible True
NullDisplayText
ReadOnly False
ShowHeader True
HeaderText
此欄位標題內的文字。
將這個欄位轉換為 TemplateField
確定
取消
選取照片 BoundField
刪除照片 BoundField
4
5

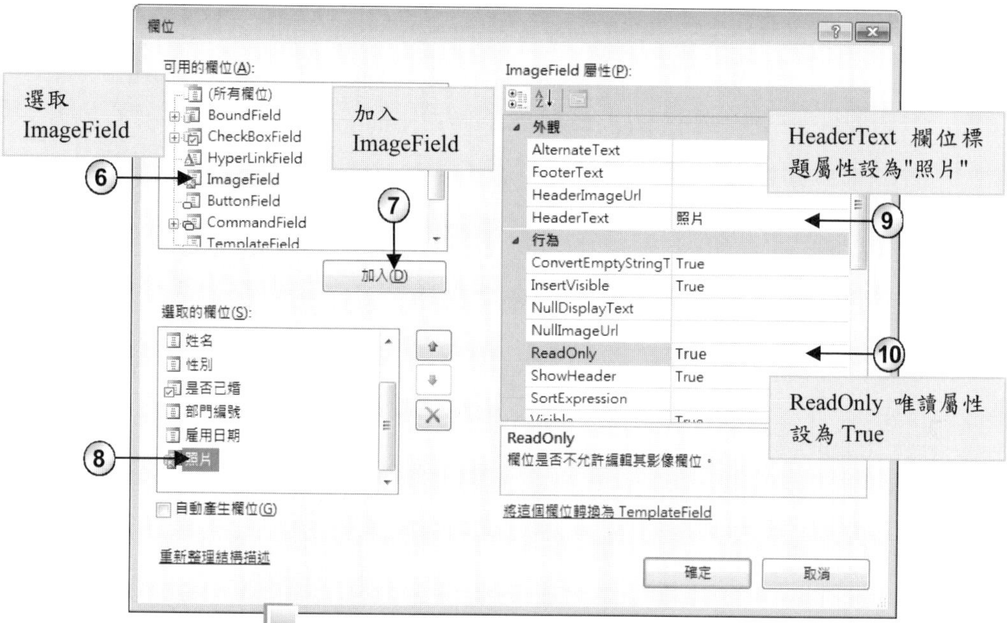

欄位

可用的欄位(A):

(所有欄位)
BoundField
CheckBoxField
HyperLinkField
ImageField
ButtonField
CommandField
TemplateField

選取 ImageField ⑥

加入 ImageField ⑦

加入(D)

選取的欄位(S):

姓名
性別
是否已婚
部門編號
雇用日期
照片 ⑧

自動產生欄位(G)

重新整理結構描述

ImageField 屬性(P):

外觀

AlternateText	
FooterText	
HeaderImageUrl	
HeaderText	照片

行為

ConvertEmptyStringT	True
InsertVisible	True
NullDisplayText	
NullImageUrl	
ReadOnly	True
ShowHeader	True
SortExpression	

⑨ HeaderText 欄位標題屬性設為"照片"

⑩ ReadOnly 唯讀屬性設為 True

ReadOnly
欄位是否不允許編輯其影像欄位。

將這個欄位轉換為 TemplateField

確定　取消

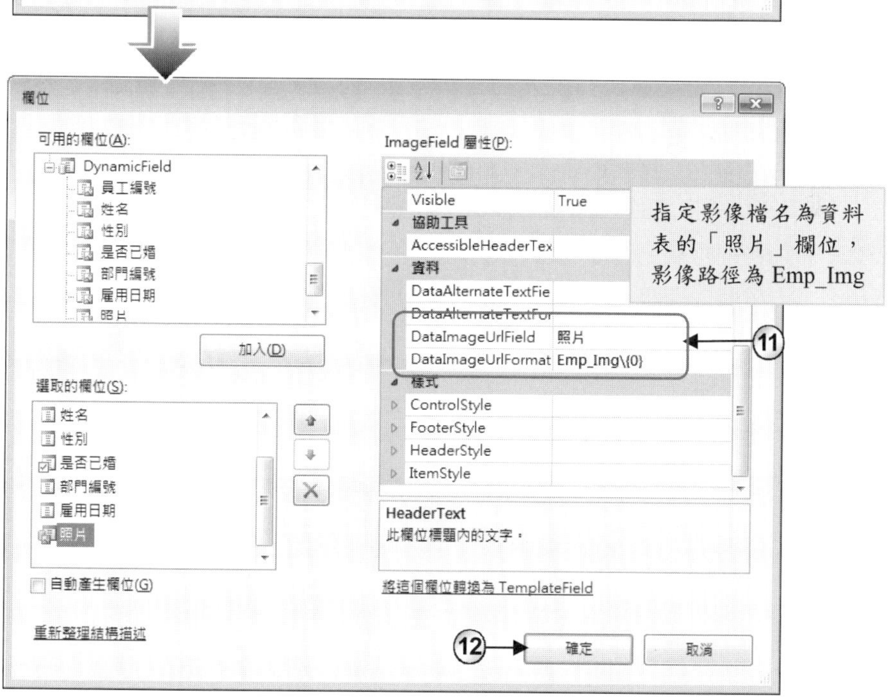

欄位

可用的欄位(A):

DynamicField
員工編號
姓名
性別
是否已婚
部門編號
雇用日期
照片

加入(D)

選取的欄位(S):

姓名
性別
是否已婚
部門編號
雇用日期
照片

自動產生欄位(G)

重新整理結構描述

ImageField 屬性(P):

Visible	True

協助工具

AccessibleHeaderTex	

資料

DataAlternateTextFie	
DataAlternateTextFor	
DataImageUrlField	照片
DataImageUrlFormat	Emp_Img\{0}

樣式

ControlStyle
FooterStyle
HeaderStyle
ItemStyle

⑪ 指定影像檔名為資料表的「照片」欄位，影像路徑為 Emp_Img

HeaderText
此欄位標題內的文字。

將這個欄位轉換為 TemplateField

⑫ 確定　取消

完成設定後，如下圖執行網頁觀看 GridView_Employee 控制項的照片欄位。觀看之後再切換到 [原始檔] 畫面，結果發現，GridView_Employee 控制項的照片欄位即是使用 ImageField 欄位設計的。執行結果與部份程式碼如下：

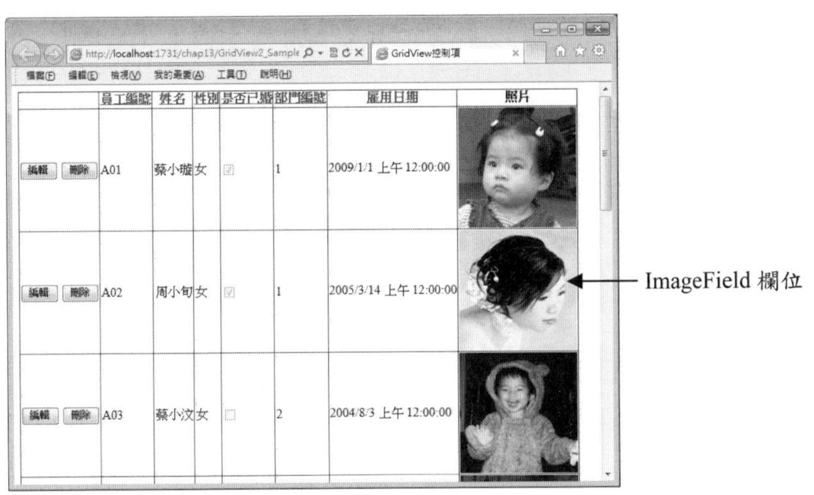


```
<asp:GridView ID="GridView_Employee" runat="server" AllowPaging="True"
    DataSourceID="SqlDataSource_Employee" ......>
  <Columns>
    <asp:CommandField ButtonType="Button" ShowDeleteButton="True"
        ShowEditButton="True" />
    <asp:BoundField DataField="員工編號" HeaderText="員工編號" ReadOnly="True"
        SortExpression="員工編號" />
        ......
    <asp:ImageField DataImageUrlField="照片" ReadOnly="True"
        DataImageUrlFormatString="Emp_Img\{0}" HeaderText="照片" >
    </asp:ImageField>
  </Columns>
</asp:GridView>
```

ImageField 欄位常用屬性說明如下：

屬性	功能說明
AlternateText	設定或取得圖片的替代文字。
DataImageUrlField	設定或取得以資料來源欄位做為影像 URL。
DataImageUrlFormatString	設定或取得影像 URL 所要套用的格式。
NullImageUrl	設定或取得當 DataImageUrlField 欄位為 Null 時所要顯示影像 URL。
HeaderText	設定或取得欄位標題。
SortExpression	設定或取得要使用哪個欄位進行排序。

Step6 由於不允許使用者修改照片欄位，因此上面步驟將 GridView_Employee 控制項內 ImageField 影像欄位的 ReadOnly 屬性設為「True」。但是因為使用「智慧標籤」會在 GridView_Employee 產生完整的 SELECT、INSERT、DELETE、UPDATE 之 SQL 陳述式，為修改正常，請將 UPDATE 陳述式中的「照片」命令參數刪除。操作步驟如下：

命令及參數編輯器
UPDATE 命令(C):
UPDATE [員工] SET [姓名] = @姓名, [性別] = @性別, [是否已婚] = @是否已婚, [部門編號] = @部門編號, [雇用日期] = @雇用日期, [照片] = @照片 WHERE [員工編號] = @員工編號
5
將 UPDATE 陳述式的「,[照片]=@照片」刪除
重新整理參數(M)
參數(E):
名稱
值
姓名
性別
是否已婚
部門編號
雇用日期
照片
員工編號
3
參數來源(S):
None
DefaultValue:
顯示進階屬性
4
刪除「照片」命令參數
加入參數(A)
確定
取消
命令及參數編輯器修改完成如下圖
命令及參數編輯器
UPDATE 命令(C):
UPDATE [員工] SET [姓名] = @姓名, [性別] = @性別, [是否已婚] = @是否已婚, [部門編號] = @部門編號, [雇用日期] = @雇用日期 WHERE [員工編號] = @員工編號
重新整理參數(M)
查詢產生器(Q)...
參數(E):
名稱
值
姓名
性別
是否已婚
部門編號
雇用日期
員工編號
參數來源(S):
None
DefaultValue:
顯示進階屬性
加入參數(A)
確定
6
取消

Step7 完成上述步驟設定後，接著 GridView2_Sample.aspx 網頁自動產生下面的宣告程式碼，而劃雙刪除線部份的程式碼是在 Step6 中刪除的。

網頁程式碼：GridView2_Sample.aspx

```
<asp:SqlDataSource ID="SqlDataSource_Employee" runat="server"
    ConnectionString="<%$ ConnectionStrings:chap13ConnectionString %>"
    DeleteCommand="DELETE FROM [員工] WHERE [員工編號] = @員工編號"
    InsertCommand="INSERT INTO [員工] ([員工編號], [姓名], [性別], [是否已婚], [部門編號], [雇用日期], [照片]) VALUES (@員工編號, @姓名, @性別, @是否已婚, @部門編號, @雇用日期, @照片)"
    SelectCommand="SELECT * FROM [員工]"
    UpdateCommand="UPDATE [員工] SET [姓名] = @姓名, [性別] = @性別, [是否已婚] = @是否已婚, [部門編號] = @部門編號, [雇用日期] = @雇用日期 , [照片] = @照片 WHERE [員工編號] = @員工編號">
    <DeleteParameters>
        <asp:Parameter Name="員工編號" Type="String" />
    </DeleteParameters>
    <UpdateParameters>
        <asp:Parameter Name="姓名" Type="String" />
        <asp:Parameter Name="性別" Type="String" />
        <asp:Parameter Name="是否已婚" Type="Boolean" />
        <asp:Parameter Name="部門編號" Type="Int32" />
        <asp:Parameter Name="雇用日期" DbType="Date" />
        <asp:Parameter Name="照片" Type="String" />
        <asp:Parameter Name="員工編號" Type="String" />
    </UpdateParameters>
    <InsertParameters>
        <asp:Parameter Name="員工編號" Type="String" />
        <asp:Parameter Name="姓名" Type="String" />
        <asp:Parameter Name="性別" Type="String" />
        <asp:Parameter Name="是否已婚" Type="Boolean" />
        <asp:Parameter Name="部門編號" Type="Int32" />
```

此處於 Step6 步驟刪除

此處於 Step6 步驟刪除（<asp:Parameter Name="照片" Type="String" />）

```
            <asp:Parameter Name="雇用日期" DbType="Date" />
            <asp:Parameter Name="照片" Type="String" />
        </InsertParameters>
</asp:SqlDataSource>
<asp:GridView ID="GridView_Employee" runat="server" AllowPaging="True"
        AllowSorting="True" AutoGenerateColumns="False" DataKeyNames="員工編號"
        DataSourceID="SqlDataSource_Employee">
        <Columns>
            <asp:CommandField ButtonType="Button" ShowDeleteButton="True"
                ShowEditButton="True" />
            <asp:BoundField DataField="員工編號" HeaderText="員工編號"
                ReadOnly="True" SortExpression="員工編號" />
            <asp:BoundField DataField="姓名" HeaderText="姓名"
                SortExpression="姓名" />
            <asp:BoundField DataField="性別" HeaderText="性別"
                SortExpression="性別" />
            <asp:CheckBoxField DataField="是否已婚" HeaderText="是否已婚"
                SortExpression="是否已婚" />
            <asp:BoundField DataField="部門編號" HeaderText="部門編號"
                SortExpression="部門編號" />
            <asp:BoundField DataField="雇用日期" HeaderText="雇用日期"
                SortExpression="雇用日期" />
            <asp:ImageField DataImageUrlField="照片" HeaderText="照片"
                  DataImageUrlFormatString="Emp_Img\{0}" ReadOnly="True">
             </asp:ImageField>
        </Columns>
</asp:GridView>
```

透過本例實作可瞭解，當你想修改 SqlDataSource 資料來源控制項的 SelectCommand、InsertCommand、DeleteCommand、UpdateCommand 的 SQL 語法及對應的命令參數時，並不需要進入 [原始碼] 畫面修改控制項的宣告語法，只要透過「命令及參數編輯器」視窗來設定就可以了，如此可加快開發的速度，減少程式碼撰寫可能發生的錯誤。

13.3.3 GridView 控制項超連結欄位的建立

當 GridView 控制項中的某一個欄位想要有超連結的功能時，就可以將該欄位建立為 HyperLinkField 超連結欄位。

範例演練

網頁檔名：GridView3_Sample.aspx

在 GridView_WebSite 控制項中顯示「知名網站」資料表編號、網站、網址三個欄位的所有記錄，且 GridView_WebSite 控制項的網址欄位以 HyperLinkField 欄位表示擁有超連結功能，當按下該網址欄位的資料即開啟新視窗連結到對應的網站。

上機實作

Step1 本例連接 chap13.mdf 資料庫的「知名網站」資料表，其欄位格式如下：

主索引欄位 → 編號

資料行名稱	資料型別	允許 Null
編號	int	☐
網站	varchar(10)	☑
網址	varchar(50)	☑

Step2 建立 GridView3_Sample.aspx 網頁，並在此網頁內建立一個物件識別名稱為 SqlDataSource_WebSite 的資料來源控制項，且該控制項可以連接 chap13.mdf 資料庫，並擷取「知名網站」資料表且自動產生 Select Command 屬性的 SELECT 陳述式。

Step3 建立物件識別名稱 GridView_WebSite 控制項，接著依下圖操作設定 GridView_WebSite 的資料來源為 SqlDataSource_WebSite，且設定 GridView_WebSite 啟用分頁、排序的功能。

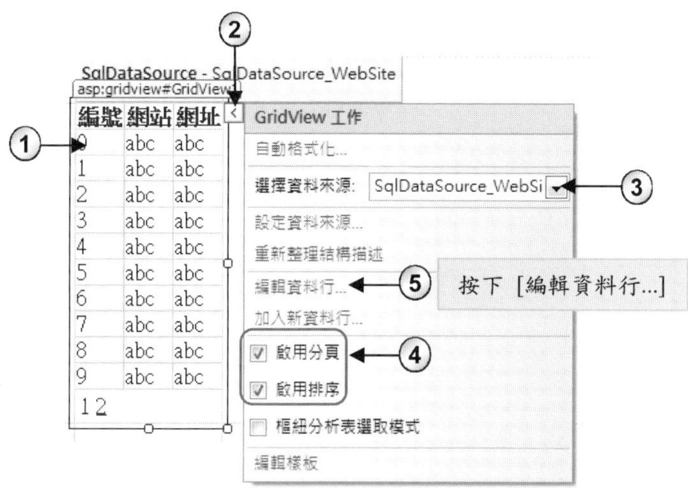

Step4 在上圖按下 [編輯資料行...] 進入「欄位」視窗，依下圖操作將 GridView_WebSite 的網址欄位改使用 HyperLinkField 超連結欄位，使得該欄位具有超連結功能。

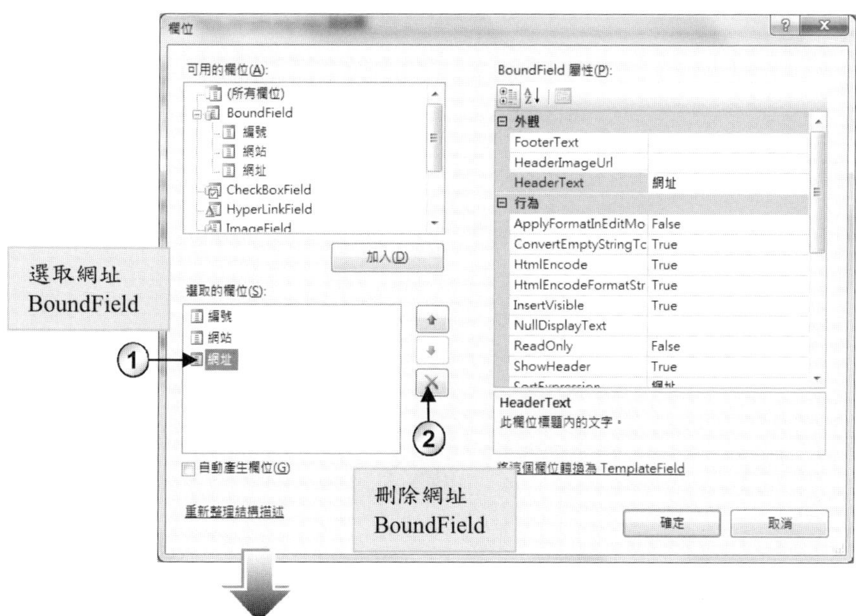

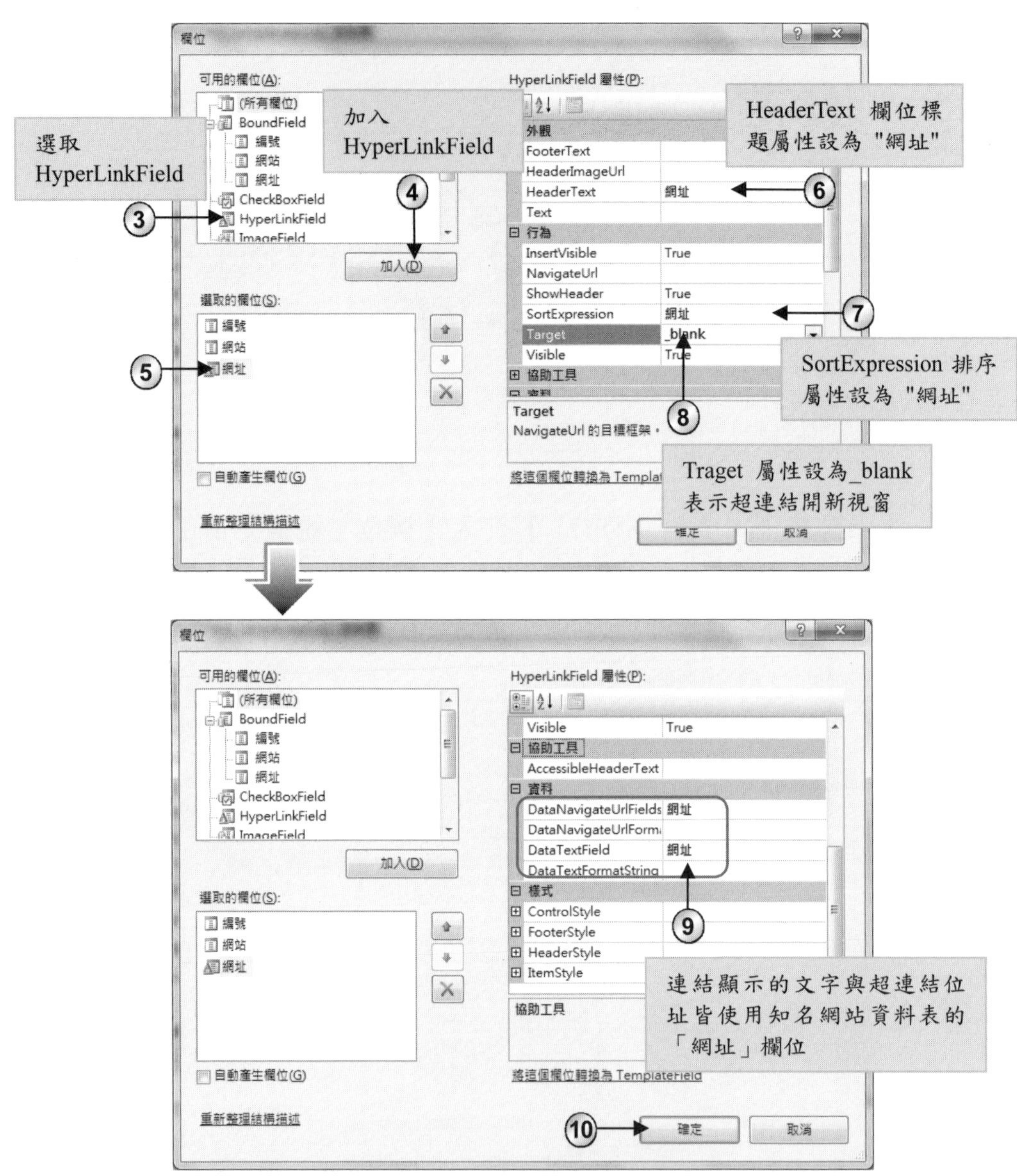

完成設定之後，如下圖執行網頁觀察 GridView_WebSite 控制項的網址欄位。觀看之後再切換到 [原始檔] 畫面，結果發現，GridView_WebSite 控制項的網址欄位即是使用 HyperLinkField 欄位設計的。

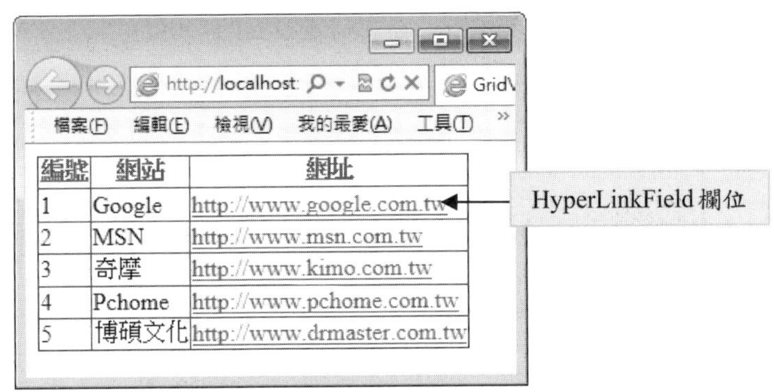


```
<asp:GridView ID="GridView_WebSite" runat="server" AllowPaging="True"
    AllowSorting="True" AutoGenerateColumns="False" DataKeyNames="編號"
    DataSourceID="SqlDataSource_WebSite">
    <Columns>
     <asp:BoundField DataField="編號" HeaderText="編號" InsertVisible="False"
         ReadOnly="True" SortExpression="編號" />
     <asp:BoundField DataField="網站" HeaderText="網站" SortExpression="網站" />
     <asp:HyperLinkField DataNavigateUrlFields="網址" DataTextField="網址"
         HeaderText="網址" SortExpression="網址" Target="_blank" />
    </Columns>
</asp:GridView>
```

灰底處於 Step4 步驟設定

HyperLinkField 常用屬性說明如下：

屬性	功能說明
DataNavigateUrlFields	設定或取得以資料來源欄位做為超連結 URL。
DataNavigateUrlFormatString	設定或取得超連結 URL 所要套用的格式。
DataTextField	設定或取得以資料來源欄位做為超連結文字。
DataTextFormatString	設定或取得以資料來源欄位做為超連結文字所要套用的格式。

HeaderText	設定或取得欄位標題。
SortExpression	設定或取得要使用哪個欄位進行排序。
Target	設定或取得開啟超連結的目標框架。
Text	設定或取得超連結的文字。若 DataTextField 與 Text 兩者皆有設定，則以 DataTextField 為優先。

至於 BoundField、ButtomField、CheckBoxField、CommandField 等欄位只要仿照 ImageField 或 HyperLinkField 欄位的操作即可設計出來。

13.4 GridView 控制項樣板欄位的建立與應用

TemplateField 樣板欄位是資料繫結控制項(例如 GridView、DetailsView…等)用來自訂每個欄位的顯示內容，欄位又可稱為資料行。當 GridView 控制項的欄位無法使用 BoundField、ButtomField、CommandField、CheckBox Field、HyperLinkField、ImageField…等欄位來顯示時，此時就非常適合使用 TemplateField 樣板欄位來自訂適合顯示的控制項或畫面。

例如：GridView2_Sample.aspx 網頁進入編輯畫面時，性別欄位原本為文字方塊若能改成使用選項按鈕清單讓使用者點選性別，如此操作會更加方便。另外：當使用者在雇用日期文字方塊內輸入非日期型別的資料，此時進行資料更新會發生執行時期例外，若要解決這個問題，可在雇用日期欄位內加入驗證控制項來驗證使用者輸入的資料是否正確。

下表為 TemplateField 樣板欄位提供的類型說明：

TemplateField 欄位類型	功能說明
AlternatingItemTemplate	替代項目樣板，即偶數列顯示的內容。

EditItemTemplate	編輯模式顯示的內容。
FooterTemplate	頁尾內容樣板。
HeaderTemplate	標頭內容樣板。
ItemTemplate	項目內容樣板，即每一筆資料列顯示的內容，若 AlternatingItemTemplate 有設定，則奇數列顯示 Item Template 樣板的內容，偶數列顯示 AlternatingItem Template 樣板的內容。
InsertItemTemplate	新增模式顯示的內容。(由於 GridView 控制項未提供新增功能，所以 GridView 沒有 InsertItemTemplate 樣板)
EmptyDataTemplate	當資料來源沒有任何資料時會顯示此樣板的內容。

範例演練

網頁檔名：GridView4_Sample.aspx

延續 GridView2_Sample.aspx 範例。當進入編輯模式時性別欄位可使用選項按鈕清單讓使用者進行修改性別欄位資料，雇用日期欄位可驗證使用者輸入的資料是否為日期型別，且 GridView_Employee 控制項一頁顯示三筆記錄。

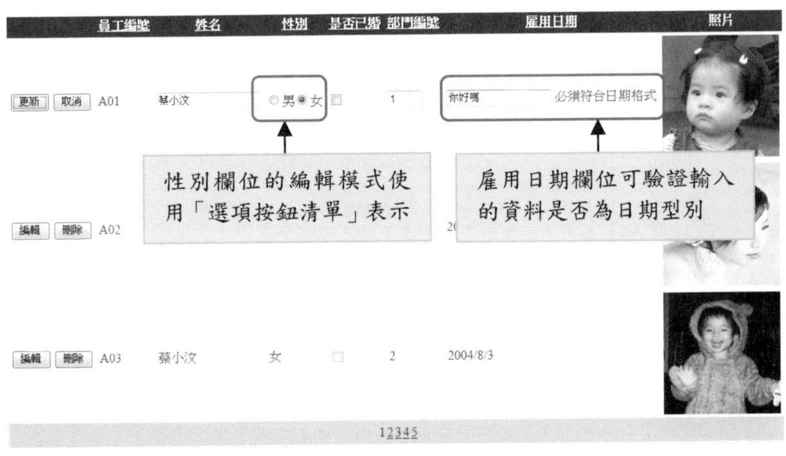

上機實作

Step1 開啟 GridView2_Sample.aspx 網頁練習。將 GridView_Employee 控制項的 PageSize 屬性設為「3」，使該控制項一頁顯示三筆記錄。

Step2 開啟 GridView_Employee 控制項的「智慧標籤」並設定自動格式化，請選擇「繽紛」樣式，如下圖操作。

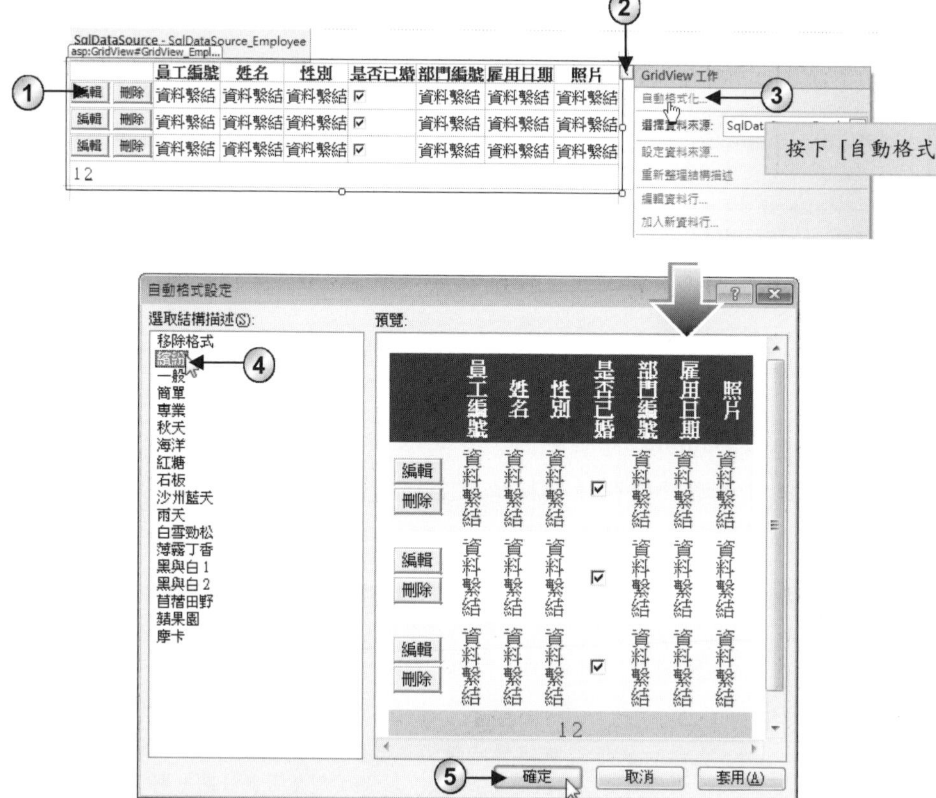

Step3 將性別欄位轉換為 TemplateField 樣板欄位。操作方式如下：

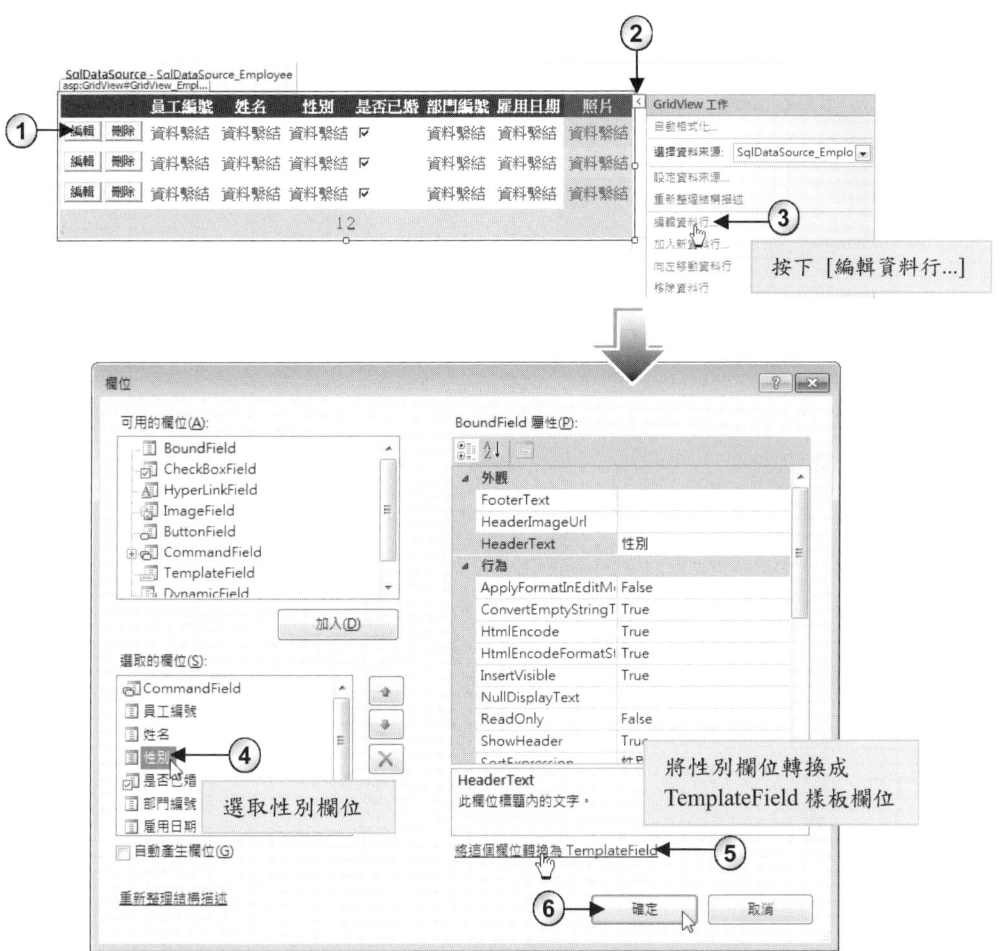

Step4 將性別欄位編輯模式(EditItemTemplate)所顯示的文字方塊,改使用選項按鈕清單來顯示。操作方式如下:

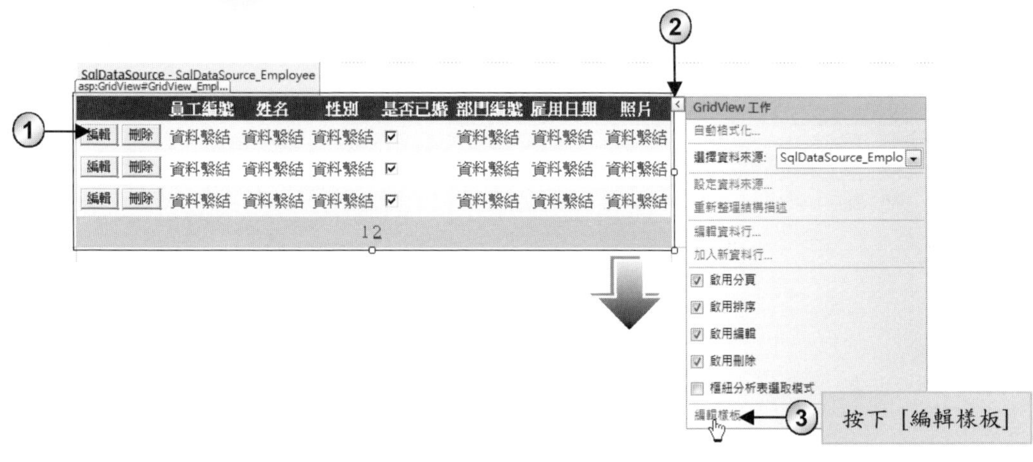

SqlDataSource - SqlDataSource_Employee
asp:GridView#GridView_Empl...
員工編號 姓名 性別 是否已婚 部門編號 雇用日期 照片
編輯 刪除 資料繫結 資料繫結 資料繫結 資料繫結 資料繫結 資料繫結
1 2
GridView 工作
自動格式化...
選擇資料來源: SqlDataSource_Emplo
設定資料來源...
重新整理結構描述
編輯資料行...
加入新資料行...
啟用分頁
啟用排序
啟用編輯
啟用刪除
樞紐分析表選取模式
編輯樣板
按下 [編輯樣板]

SqlDataSource - SqlDataSource_Employee
asp:GridView#GridView_Empl...
GridView_Employee - Column[3] - 性別
EditItemTemplate
將文字方塊刪除
GridView 工作
樣板編輯模式
顯示: EditItemTemplate
Column[3] - 性別
ItemTemplate
AlternatingItemTemplate
EditItemTemplate
HeaderTemplate
FooterTemplate
EmptyDataTemplate
PagerTemplate
性別欄位切換到
[EditItemTemplate]

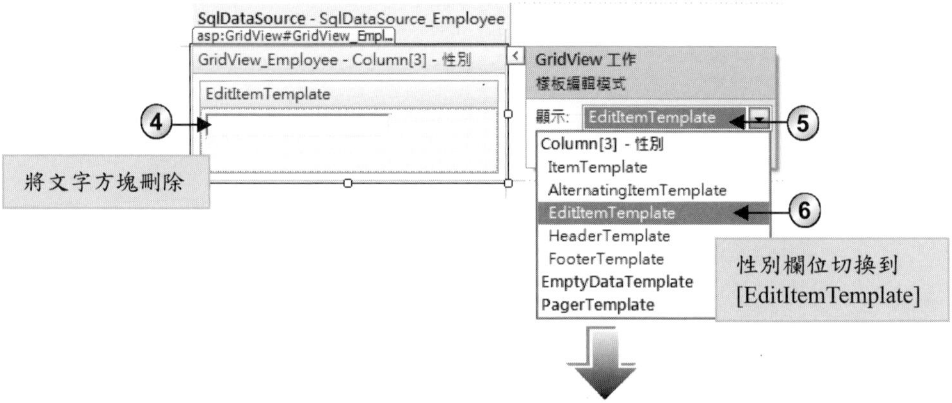

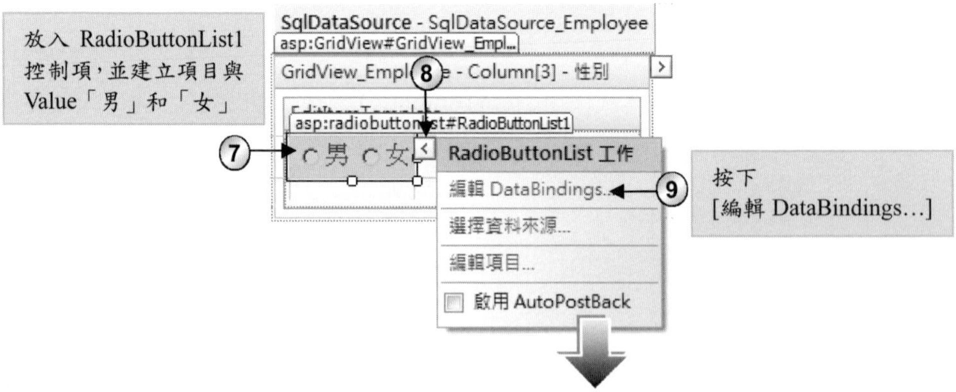

放入 RadioButtonList1
控制項,並建立項目與
Value「男」和「女」
SqlDataSource - SqlDataSource_Employee
asp:GridView#GridView_Empl...
GridView_Empl e - Column[3] - 性別
asp:radiobutton st#RadioButtonList1
男 女
RadioButtonList 工作
編輯 DataBindings...
選擇資料來源...
編輯項目...
啟用 AutoPostBack
按下
[編輯 DataBindings...]

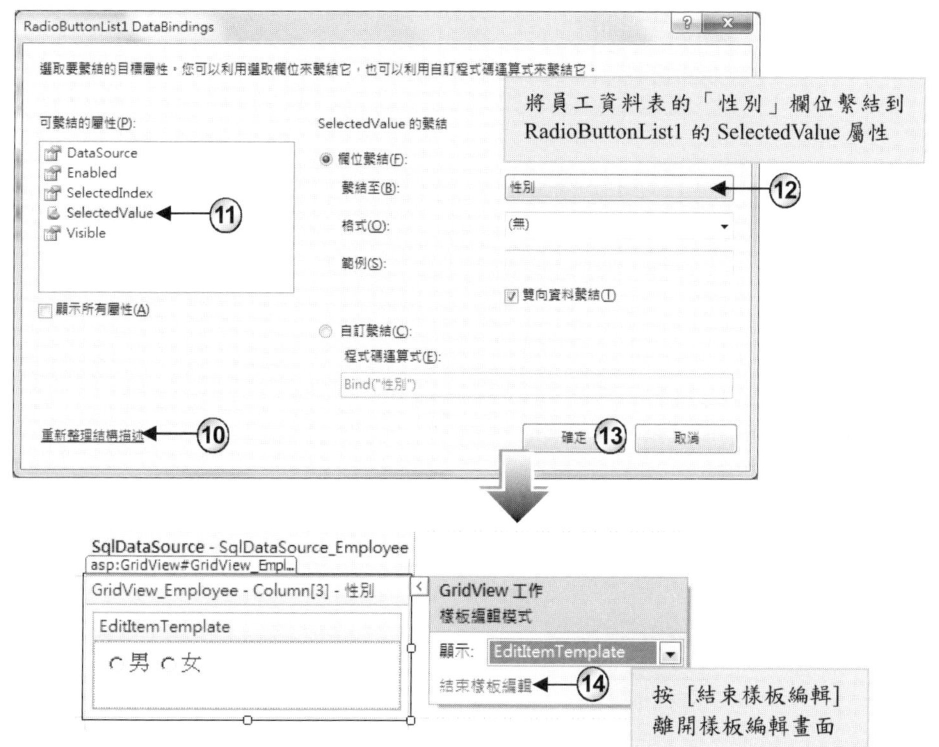

完成設定後可切到 [原始檔] 畫面，結果發現 GridView_ Employee 控制項的性別欄位為 TemplateField 樣板欄位，而此 TemplateField 內含 EditItemTemplate 與 ItemTemplate 兩個樣板畫面，EditItemTemplate 內放置 RadioButtonList1 並繫結至「員工」資料表的性別欄位，ItemTemplate 內放置 Label1 並繫結至員工資料表的性別欄位。下列灰底的程式碼即是 Step3 與 Step4 步驟所設計的。

繫結資料的方式若為 Bind，表示為雙向資料繫結，可將資料寫回資料庫；若為 Eval，表示單向資料繫結，只能顯示欄位內容。

```
<asp:GridView ID="GridView_Employee" runat="server"
    AllowPaging="True" PageSize="3"...>
  <Columns>
    <asp:CommandField ButtonType="Button" ShowDeleteButton="True"
```

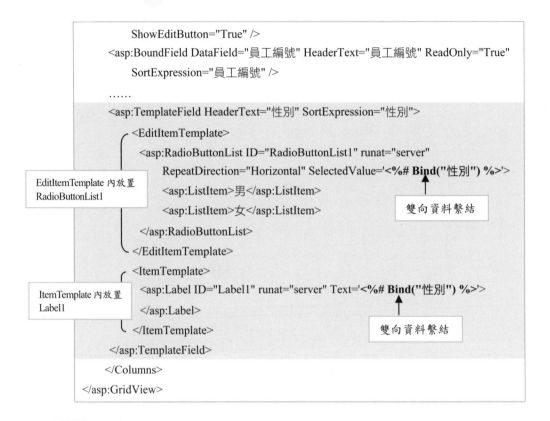

```
        ShowEditButton="True" />
    <asp:BoundField DataField="員工編號" HeaderText="員工編號" ReadOnly="True"
        SortExpression="員工編號" />
    ……
    <asp:TemplateField HeaderText="性別" SortExpression="性別">
      <EditItemTemplate>
        <asp:RadioButtonList ID="RadioButtonList1" runat="server"
            RepeatDirection="Horizontal" SelectedValue='<%# Bind("性別") %>'>
            <asp:ListItem>男</asp:ListItem>
            <asp:ListItem>女</asp:ListItem>
        </asp:RadioButtonList>
      </EditItemTemplate>
      <ItemTemplate>
        <asp:Label ID="Label1" runat="server" Text='<%# Bind("性別") %>'>
        </asp:Label>
      </ItemTemplate>
    </asp:TemplateField>
  </Columns>
</asp:GridView>
```

EditItemTemplate 內放置 RadioButtonList1

雙向資料繫結

ItemTemplate 內放置 Label1

雙向資料繫結

Step5 執行結果，觀察 GridView 性別欄位編輯模式的變化情形。

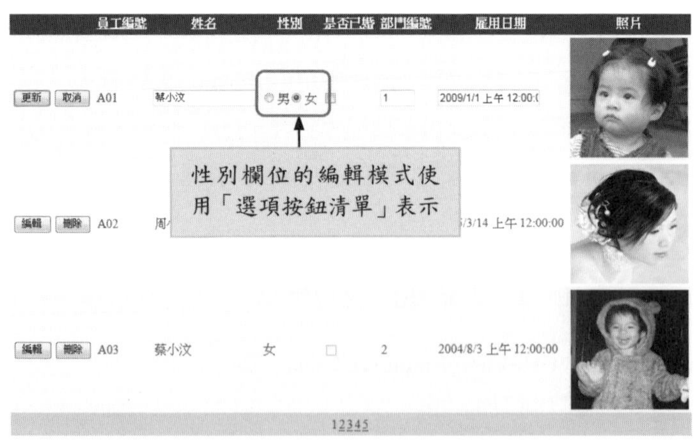

Step6 仿照 Step3 將「雇用日期」欄位轉換為 TemplateField 樣板欄位。

Step7 將「雇用日期」項目內容樣板(ItemTemplate)內標籤所顯示的日期格式，改使用簡短日期格式顯示。請依數字順序操作：

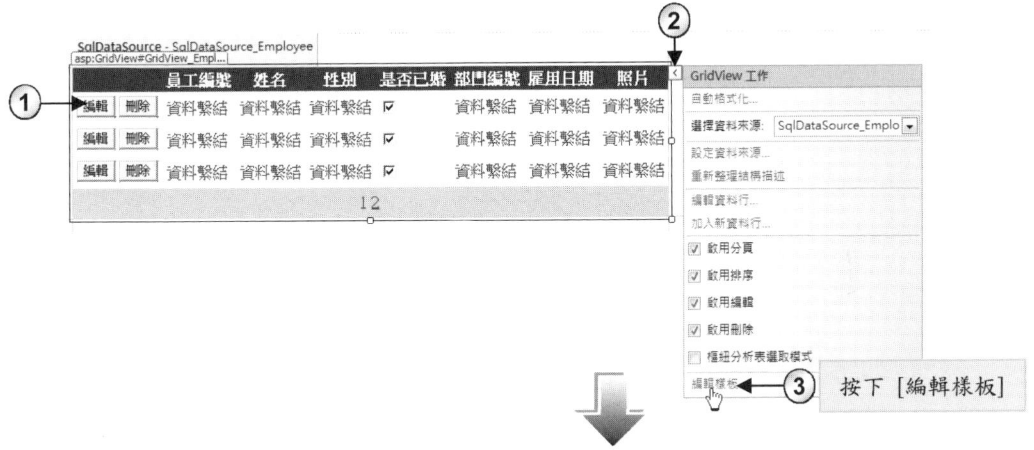

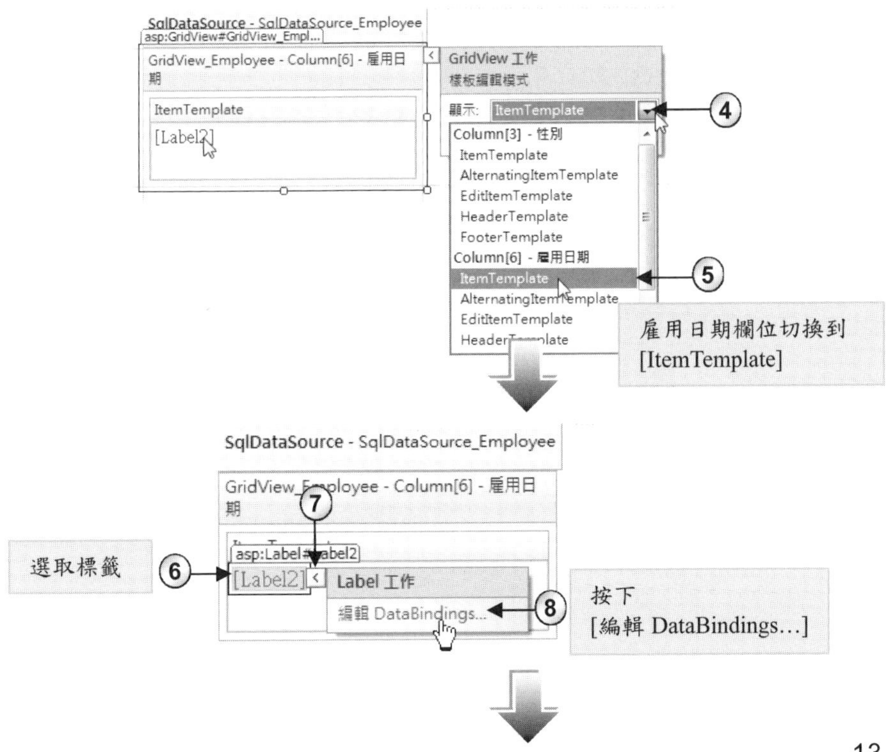

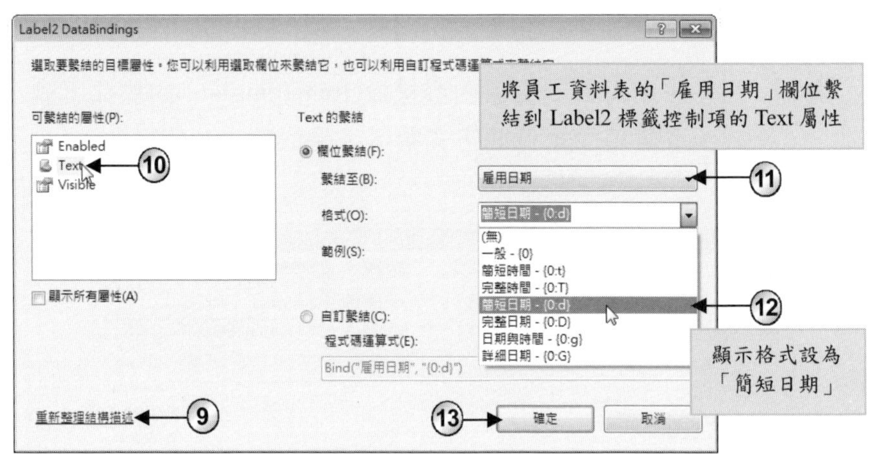

Step8 將雇用日期欄位編輯模式(EditItemTemplate)內文字方塊所顯示的日期格式改使用簡短日期格式來顯示，接著加入一個 CompareValidator 控制項來驗證文字方塊輸入的資料是否為日期格式。請依數字順序操作：

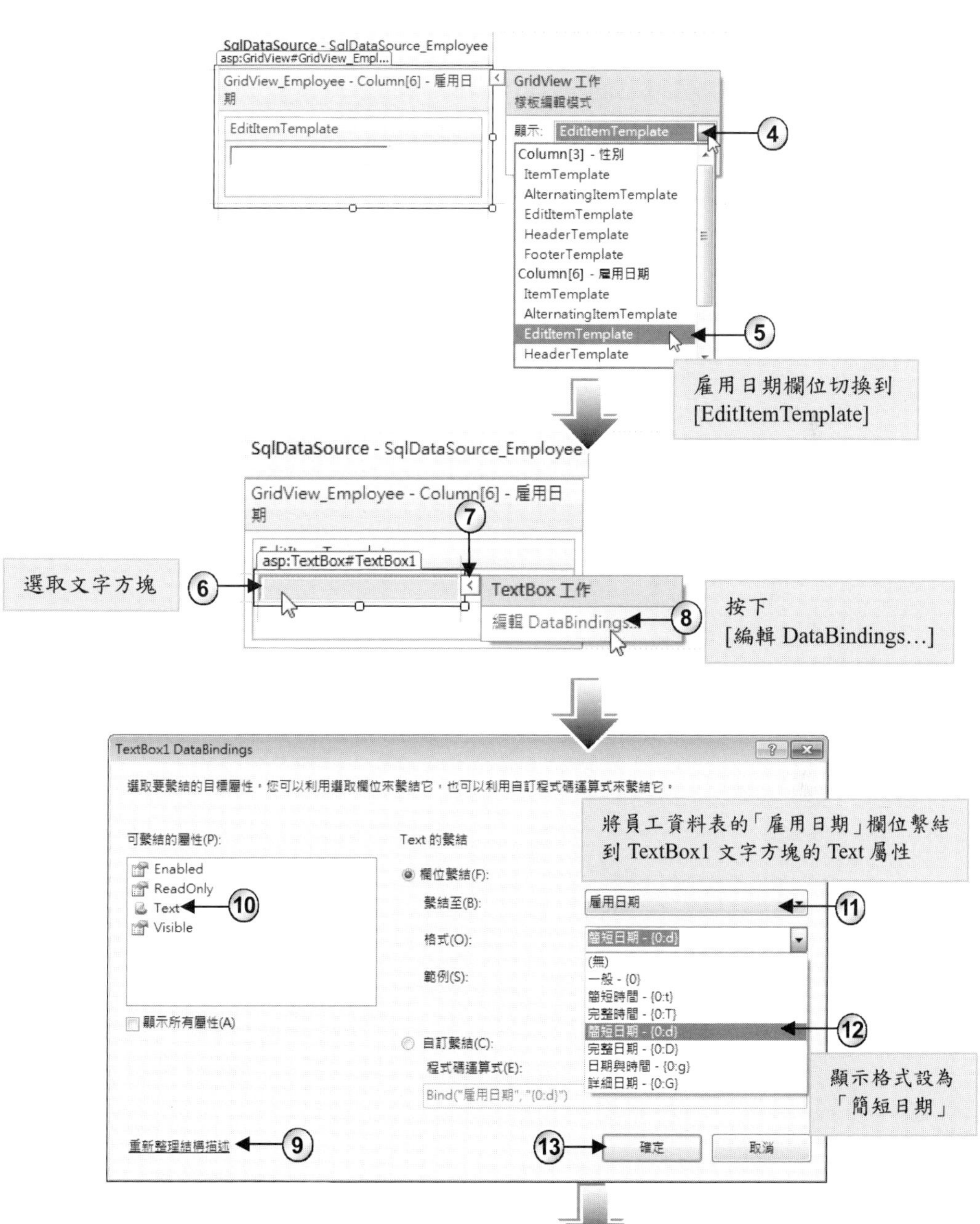
SqlDataSource - SqlDataSource_Employee
asp:GridView#GridView_Empl...
GridView_Employee - Column[6] - 雇用日期
EditItemTemplate
GridView 工作
樣板編輯模式
顯示: EditItemTemplate
Column[3] - 性別
ItemTemplate
AlternatingItemTemplate
EditItemTemplate
HeaderTemplate
FooterTemplate
Column[6] - 雇用日期
ItemTemplate
AlternatingItemTemplate
EditItemTemplate
HeaderTemplate
4
5
雇用日期欄位切換到
[EditItemTemplate]
SqlDataSource - SqlDataSource_Employee
GridView_Employee - Column[6] - 雇用日期
7
asp:TextBox#TextBox1
選取文字方塊
6
TextBox 工作
編輯 DataBindings...
8
按下
[編輯 DataBindings…]
TextBox1 DataBindings
選取要繫結的目標屬性，您可以利用選取欄位來繫結它，也可以利用自訂程式碼運算式來繫結它。
可繫結的屬性(P):
Enabled
ReadOnly
Text
Visible
10
Text 的繫結
欄位繫結(F):
繫結至(B):
雇用日期
11
格式(O):
簡短日期 - {0:d}
範例(S):
(無)
一般 - {0}
簡短時間 - {0:t}
完整時間 - {0:T}
簡短日期 - {0:d}
完整日期 - {0:D}
日期與時間 - {0:g}
詳細日期 - {0:G}
12
將員工資料表的「雇用日期」欄位繫結到 TextBox1 文字方塊的 Text 屬性
顯示所有屬性(A)
自訂繫結(C):
程式碼運算式(E):
Bind("雇用日期", "{0:d}")
顯示格式設為「簡短日期」
重新整理結構描述
9
13
確定
取消

在雇用日期的 EditItemTemplate 內加入一個 CompareValidator 控制項，此控制項用來驗證 TextBox1 內的資料是否為日期型別。操作步驟如下：

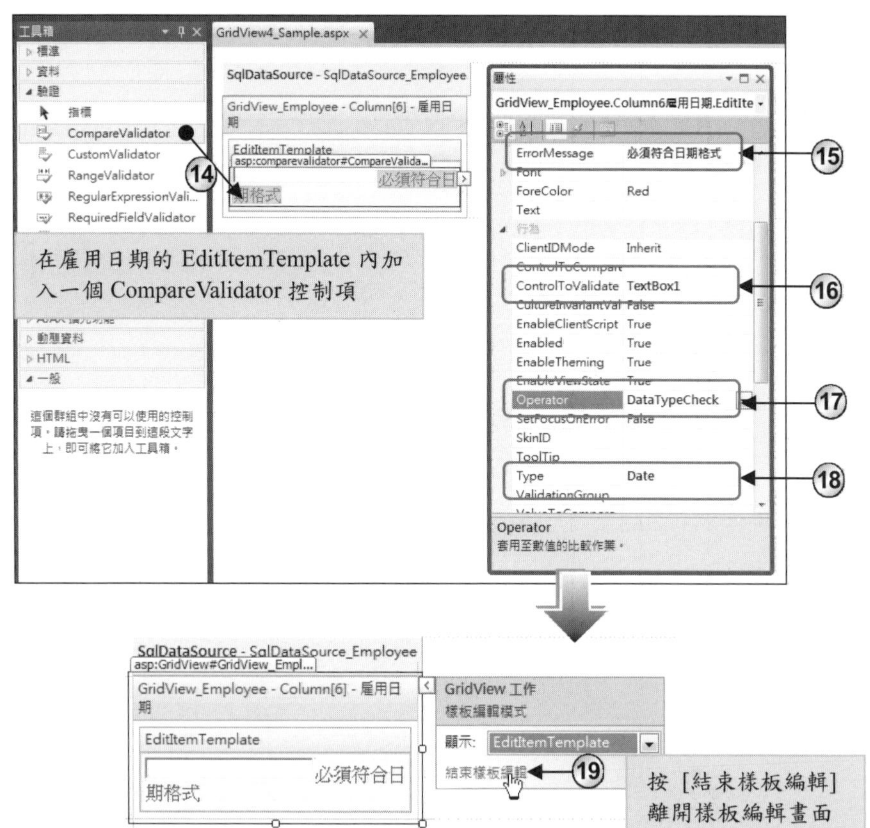

完成設定後切換到 [原始檔] 畫面，結果發現 GridView_Employee 控制項的雇用日期欄位為 TemplateField 樣板欄位，而此 TemplateField 內含 EditItemTemplate 與 ItemTemplate 兩個樣板畫面，EditItemTemplate 內放置 TextBox1 及 CompareValidator1，且 TextBox1 繫結至「員工」資料表的性別欄位，CompareValidator1 用來驗證 TextBox1 的資料是否為日期型別。ItemTemplate 內放置 Label2 並繫結至員工資料表的性別欄位。

下列灰底的程式碼即是 Step6~Step8 步驟所設計的。繫結資料的方式若為 Bind，表示為雙向資料繫結，可將資料寫回資料庫；若為 Eval，表示單向資料繫結，只能顯示其欄位的內容。

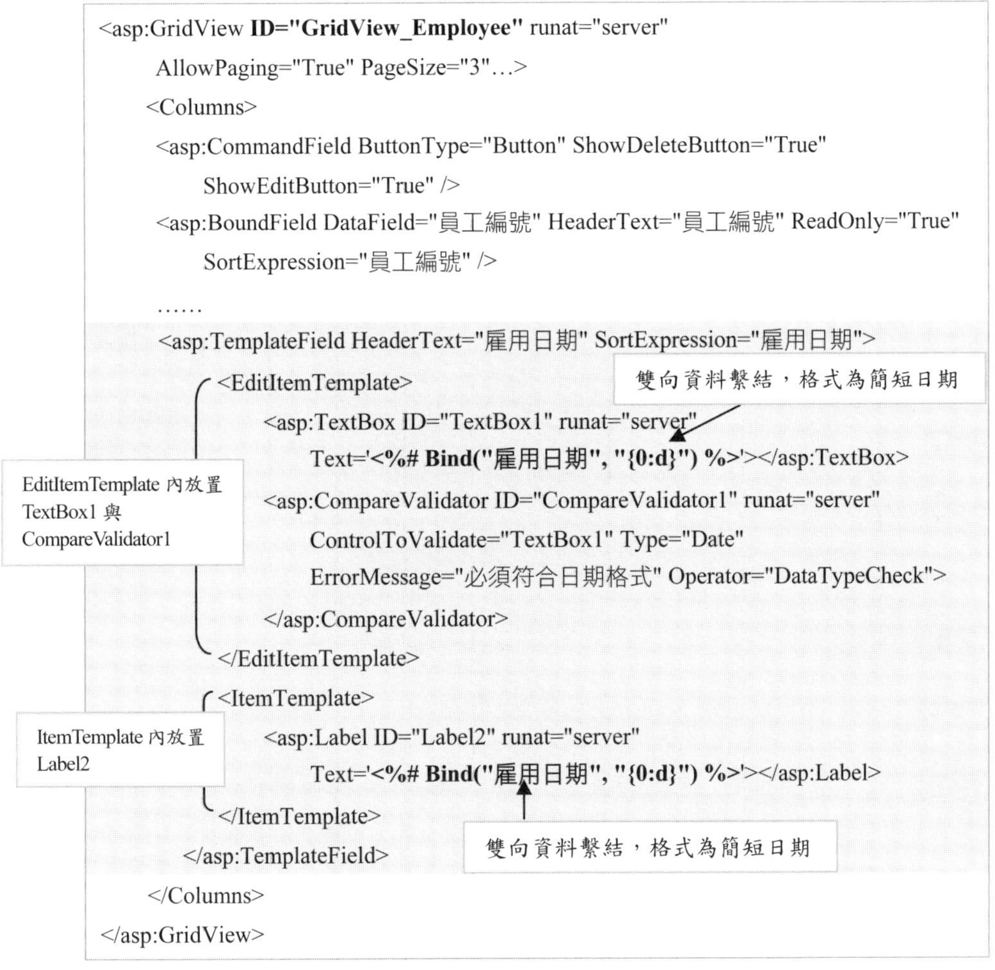


```
<asp:GridView ID="GridView_Employee" runat="server"
    AllowPaging="True" PageSize="3"…>
   <Columns>
    <asp:CommandField ButtonType="Button" ShowDeleteButton="True"
        ShowEditButton="True" />
    <asp:BoundField DataField="員工編號" HeaderText="員工編號" ReadOnly="True"
        SortExpression="員工編號" />
    ……
    <asp:TemplateField HeaderText="雇用日期" SortExpression="雇用日期">
        <EditItemTemplate>
            <asp:TextBox ID="TextBox1" runat="server"
                Text='<%# Bind("雇用日期", "{0:d}") %>'></asp:TextBox>
            <asp:CompareValidator ID="CompareValidator1" runat="server"
                ControlToValidate="TextBox1" Type="Date"
                ErrorMessage="必須符合日期格式" Operator="DataTypeCheck">
            </asp:CompareValidator>
        </EditItemTemplate>
        <ItemTemplate>
            <asp:Label ID="Label2" runat="server"
                Text='<%# Bind("雇用日期", "{0:d}") %>'></asp:Label>
        </ItemTemplate>
      </asp:TemplateField>
   </Columns>
</asp:GridView>
```

Step9 執行結果，觀察 GridView 雇用日期欄位編輯模式的變化情形。

網頁檔名：GridView5_Sample.aspx

延續 GridView4_Sample.aspx 範例。當進入編輯模式時「部門編號」欄位可使用下拉式清單讓使用者進行修改部門編號欄位資料，且部門編號欄位資料來源為 chap13.mdf 資料庫的「部門」資料表。

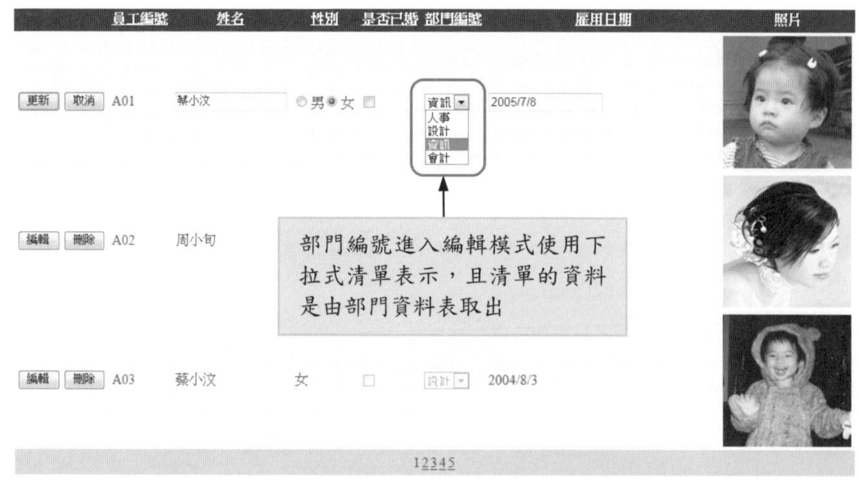

上機實作

Step1 開啟 GridView4_Sample.aspx 網頁練習。

Step2 將「部門編號」欄位轉換為 TemplateField 樣板欄位。

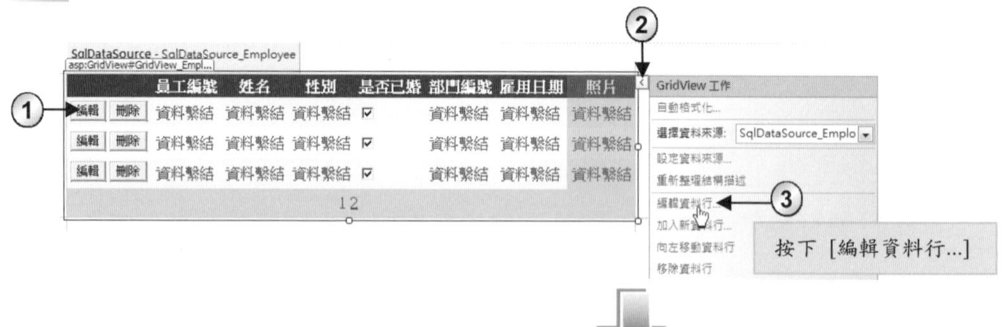

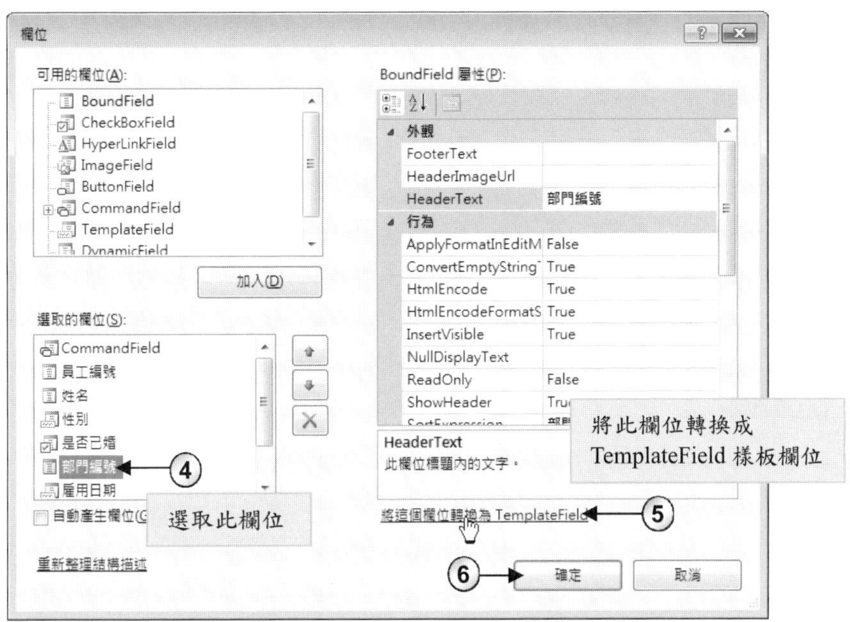

Step3 將「部門編號」欄位的項目樣板(ItemTemplate)改使用下拉式清單顯示，且下拉式清單的資料來源為「部門」資料表，最後再將下拉式清單設為唯讀。請依數字順序操作：

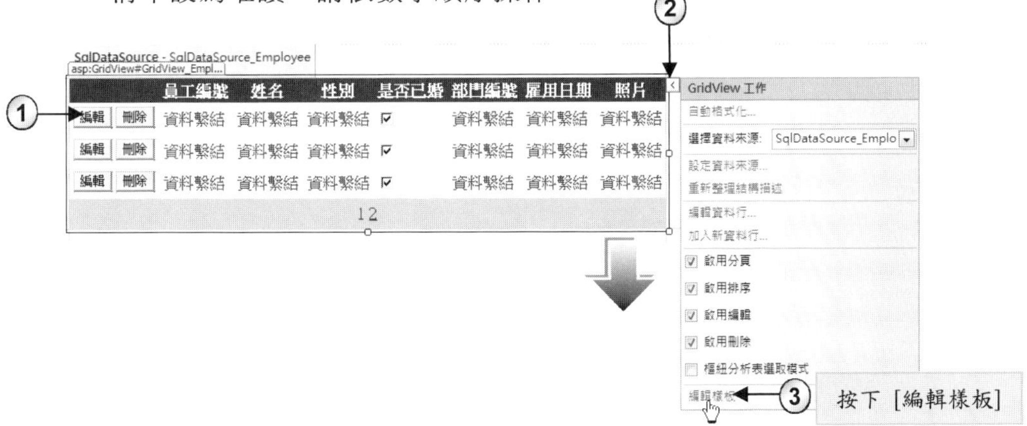

ID="SqlDataSource_Department"
ConnectionString=
"<%$ ConnectionStrings:chap13ConnectionString %>"
SelectCommand="SELECT * FROM [部門]"
6
SqlDataSource - SqlDataSource_Employee
SqlDataSource - SqlDataSource_Department
asp:GridView#GridView_Empl...
GridView_Employee - Column[5] - 部門編號
ItemTemplate
7
[Label3]
刪除此控制項
GridView 工作
樣板編輯模式
顯示: ItemTemplate
4
Column[3] - 性別
ItemTemplate
AlternatingItemTemplate
EditItemTemplate
HeaderTemplate
FooterTemplate
Column[5] - 部門編號
ItemTemplate
5
切換到部門編號欄位的[ItemTemplate] 畫面

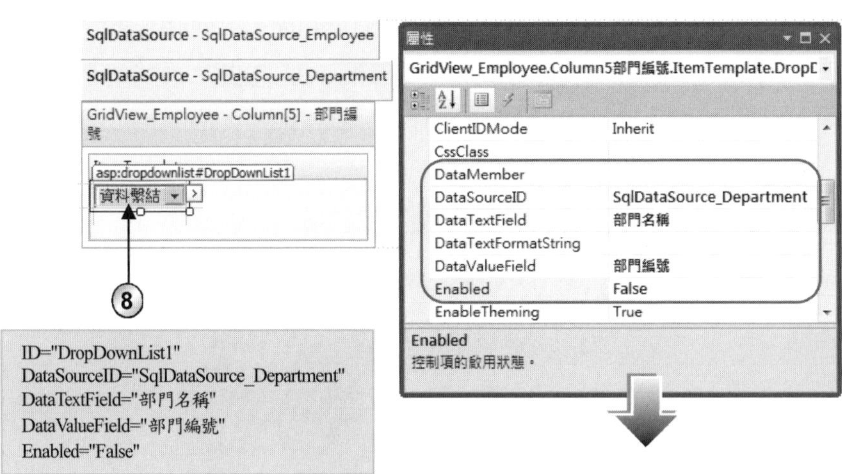
SqlDataSource - SqlDataSource_Employee
SqlDataSource - SqlDataSource_Department
GridView_Employee - Column[5] - 部門編號
asp:dropdownlist#DropDownList1
資料繫結
8
ID="DropDownList1"
DataSourceID="SqlDataSource_Department"
DataTextField="部門名稱"
DataValueField="部門編號"
Enabled="False"
屬性
GridView_Employee.Column5部門編號.ItemTemplate.DropD
ClientIDMode Inherit
CssClass
DataMember
DataSourceID SqlDataSource_Department
DataTextField 部門名稱
DataTextFormatString
DataValueField 部門編號
Enabled False
EnableTheming True
Enabled
控制項的啟用狀態。

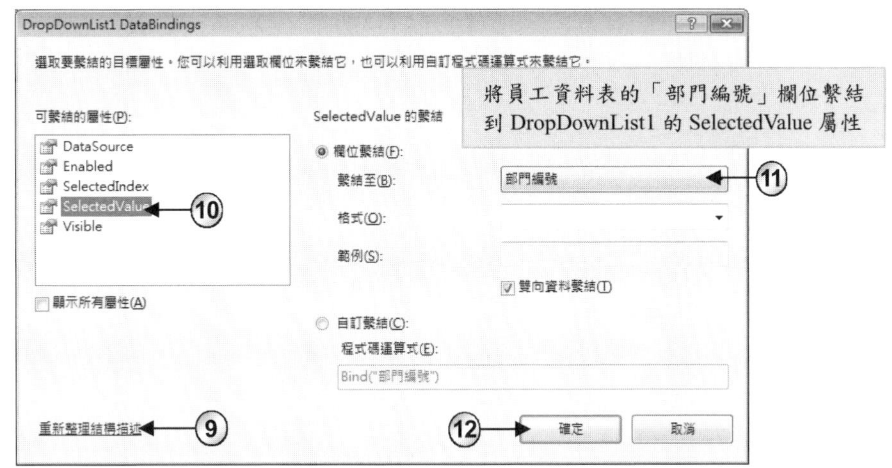

Step4 將「部門編號」欄位的編輯模式樣板(EditItemTemplate)改使用下拉式清單顯示，且下拉式清單的資料來源為「部門」資料表。請依數字順序操作：

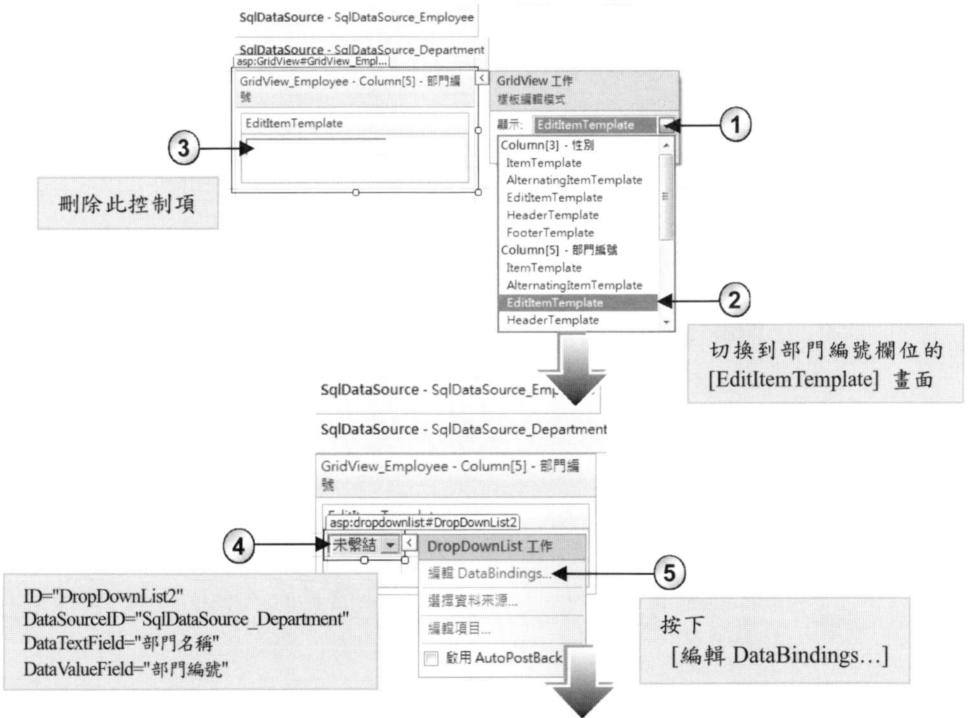

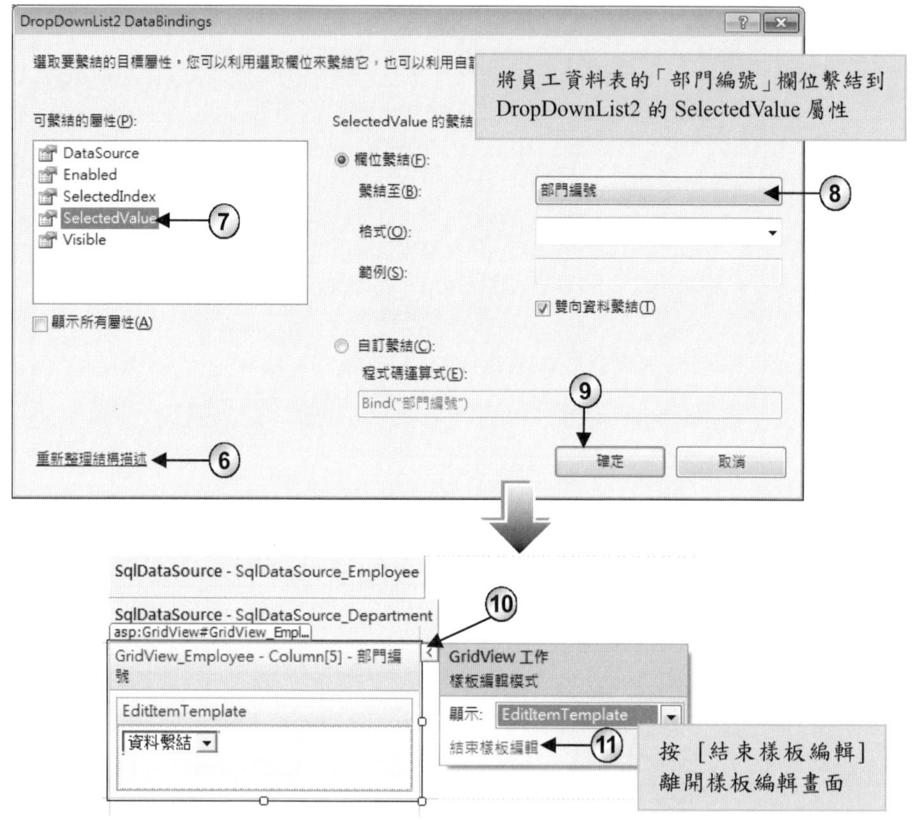

完成設定後切換到 [原始檔] 畫面，結果發現 GridView_Employee 控制項的「部門編號」欄位為 TemplateField 樣板欄位，而此 TemplateField 內含 EditItemTemplate 與 ItemTemplate 兩個樣板畫面。說明如下：

① ItemTemplate 內放置 DropDownList1，且 DropDownList1 的 DataTextField 屬性即清單項目繫結至「部門」資料表的部門名稱欄位，DataValueField 屬性即 Value 值繫結至「部門」資料表的部門編號欄位，SelectedValue 雙向繫結至「員工」資料表的部門編號欄位，且此控制項的 Enabled 屬性設為 False 表不啟用。

② EditItemTemplate 內放置 DropDownList2，且 DropDownList2 的 DataTextField 屬性即清單項目繫結至「部門」資料表的部門名稱欄位，DataValueField 屬性即 Value 值繫結至「部門」資料表的部門編號欄位，SelectedValue 雙向繫結至「員工」資料表的部門編號欄位。

下列灰底的程式碼即是 Step3 與 Step4 步驟所設計的。

```
<asp:GridView ID="GridView_Employee" runat="server"
    AllowPaging="True" PageSize="3"…>
  <Columns>
    ……
    <asp:TemplateField HeaderText="部門編號" SortExpression="部門編號">
      <EditItemTemplate>
        <asp:DropDownList ID="DropDownList2" runat="server"
            DataSourceID="SqlDataSource_Department" DataTextField="部門名稱"
            DataValueField="部門編號"
            SelectedValue='<%# Bind("部門編號") %>'>
        </asp:DropDownList>
      </EditItemTemplate>
      <ItemTemplate>
        <asp:DropDownList ID="DropDownList1" runat="server"
            DataSourceID="SqlDataSource_Department" DataTextField="部門名稱"
            DataValueField="部門編號" Enabled="False"
            SelectedValue='<%# Bind("部門編號") %>'>
        </asp:DropDownList>
      </ItemTemplate>
    </asp:TemplateField>
    ……
  </Columns>
</asp:GridView>
```

範例演練

網頁檔名：GridView6_Sample.aspx

延續 GridView5_Sample.aspx 範例。當按下 刪除 鈕刪除指定的資料記錄，此時會出現訊息方塊詢問使用者是否確定刪除該筆記錄，若在訊息方塊按 確定 鈕即可刪除指定的記錄，若按 取消 鈕則取消刪除。

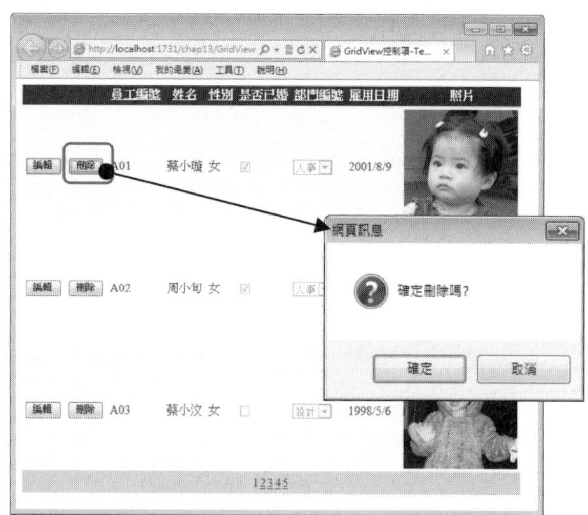

上機實作

Step1 開啟 GridView5_Sample.aspx 網頁練習。

Step2 將 GridView_Employee 的第一欄 CommandField 命令欄位轉換為 TemplateField 樣板欄位。請依數字順序操作：

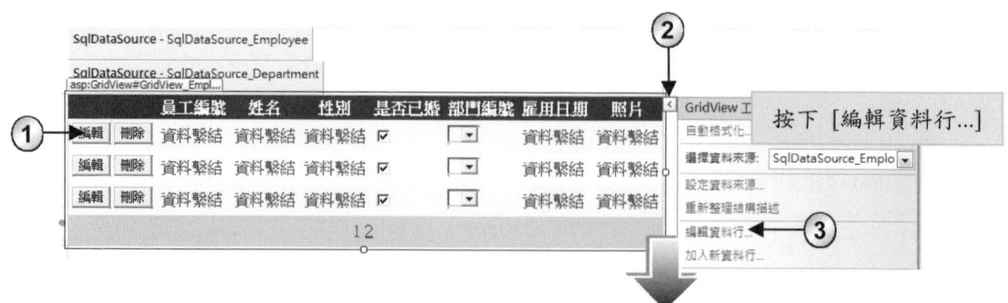

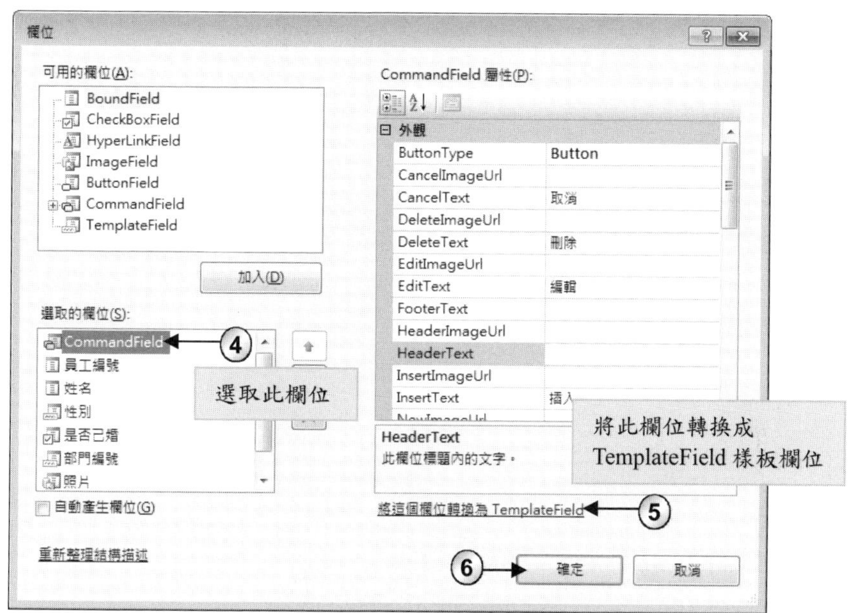

Step3 切換到第一欄 TemplateField 樣板欄位的 ItemTamplate 畫面，接著將 刪除 (Button2)鈕的 OnClientClick 屬性設為「return confirm('確定刪除嗎?')」，表示當按 刪除 鈕即出現訊息方塊並顯示「確定刪除嗎？」訊息。請依數字順序操作：

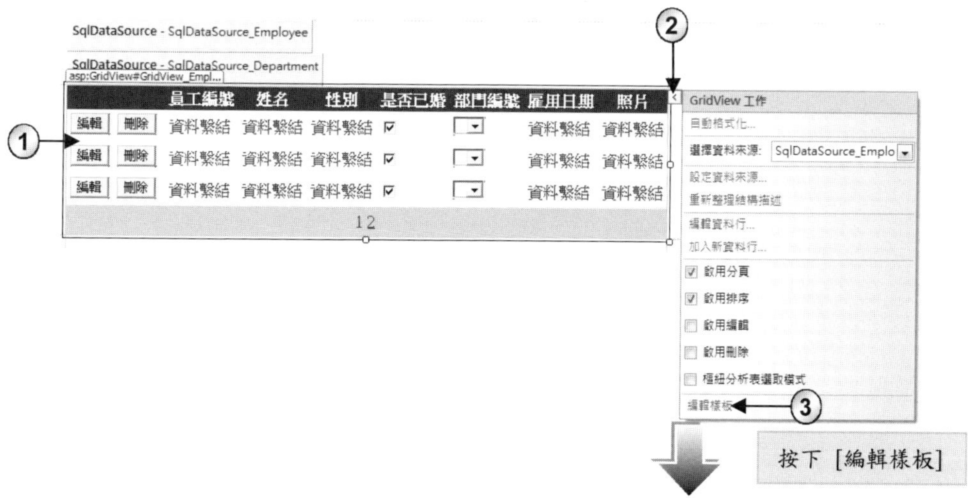

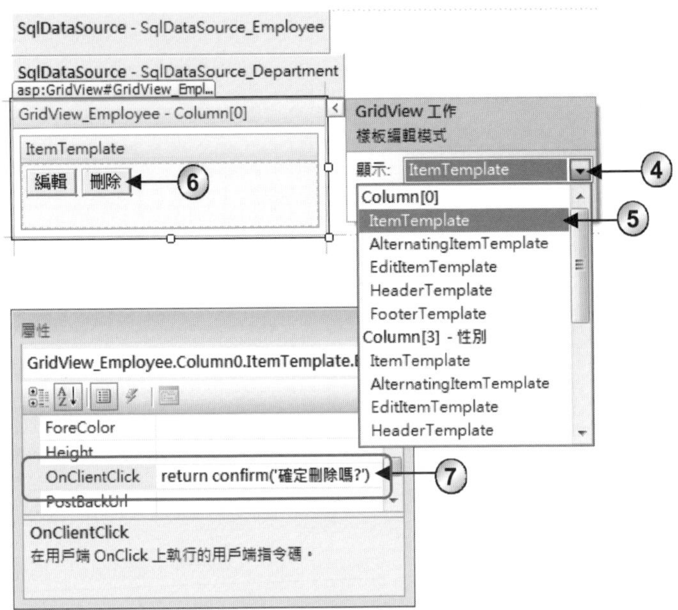

完成設定後，切換到 [原始檔] 畫面，結果發現 GridView_Employee 控制項的第一個欄位為 TemplateField 樣板欄位，而此 TemplateField 內含 EditItemTemplate 與 ItemTemplate 兩個樣板畫面。說明如下：

① ItemTemplate 內放置 編輯 (Button1)和 刪除 (Button2)鈕。由於 編輯 鈕的 CommandName 設為「Edit」，表示當按下此鈕時會切換到 GridView_Employee 的編輯模式。由於 刪除 鈕的 CommandName 設為「Delete」，表示當按下此鈕時會由資料來源刪除指定的記錄。

② EditItemTemplate 內放置 更新 (Button1)和 取消 (Button2)鈕。由於 更新 鈕的 CommandName 設為「Update」，表示當按下此鈕時會由資料來源修改指定的記錄。由於 取消 鈕的 CommandName 設為「Cancel」，表示當按下此鈕時會取消新增或修改作業。

下列灰底的程式碼即是 Step3 所設計的。由於按 編輯 、 刪除 、 取消 鈕並不需要觸發驗證，因此請將上述三個按鈕的 CausesValidation 屬性值設為 False。若按 更新 鈕則需觸發驗證，因此請將該鈕的 CausesValidation 屬性值設為 True。

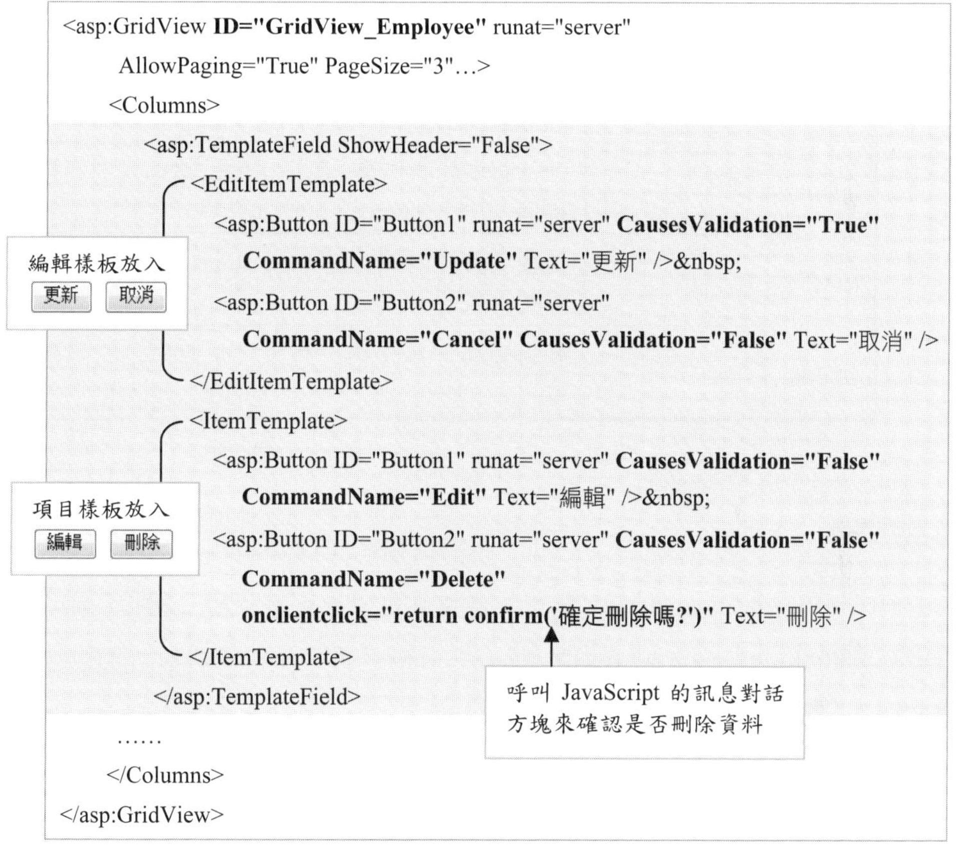

```
<asp:GridView ID="GridView_Employee" runat="server"
    AllowPaging="True" PageSize="3"...>
   <Columns>
      <asp:TemplateField ShowHeader="False">
        <EditItemTemplate>
          <asp:Button ID="Button1" runat="server" CausesValidation="True"
             CommandName="Update" Text="更新" /> 
          <asp:Button ID="Button2" runat="server"
             CommandName="Cancel" CausesValidation="False" Text="取消" />
        </EditItemTemplate>
        <ItemTemplate>
          <asp:Button ID="Button1" runat="server" CausesValidation="False"
             CommandName="Edit" Text="編輯" /> 
          <asp:Button ID="Button2" runat="server" CausesValidation="False"
             CommandName="Delete"
             onclientclick="return confirm('確定刪除嗎?')" Text="刪除" />
        </ItemTemplate>
      </asp:TemplateField>
      ......
   </Columns>
</asp:GridView>
```


Button、LinkButton、ImageButton 按鈕控制項的 CommandName 屬性若設為下面命令名稱，則資料控制項如 GridView、FormView、DetailView 內按鈕控制項皆會有相對應的編輯、新增、刪除...等功能，如下表說明：

CommandName 屬性 命令名稱	功能說明
Cancel	取消更新及插入作業，回到資料控制項原來的顯示畫面。
Delete	執行刪除記錄作業，將資料來源指定的記錄刪除。
Edit	切換到資料控制項的 EditItemTemplate 編輯項目樣板畫面。
Insert	執行新增記錄作業，將指定的記錄插入到資料來源內。
New	切換到資料控制項的 InsertItemTemplate 新增項目樣板畫面。
Update	執行更新記錄作業，將資料來源指定的記錄修改。

範例演練

網頁檔名：GridView7_Sample.aspx

延續 GridView6_Sample.aspx 範例。將項目內容樣板欄位的 編輯 刪除 鈕改以 (edit.jpg)、(del.jpg)圖檔顯示；將編輯項目樣板欄位的 更新 取消 鈕改以 (update.jpg)、(cancel.jpg)顯示。

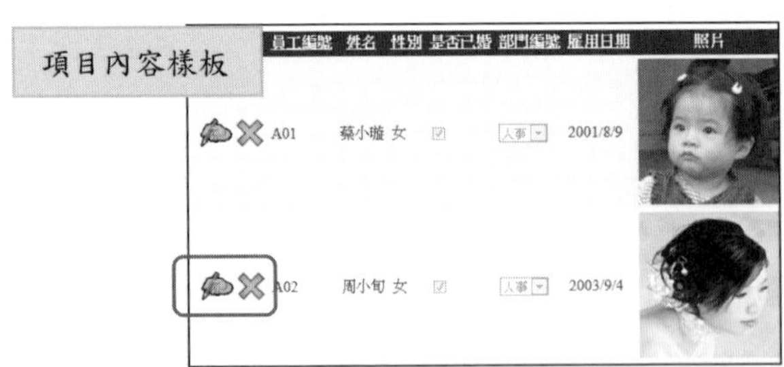

上機實作

Step1 開啟 GridView6_Sample.aspx 網頁練習。

Step2 切換到第一欄 TemplateField 樣板欄位的 ItemTamplate 畫面，接著將 編輯 刪除 按鈕刪除，並放入兩個 ImageButton 控制項，最後再設定兩個 ImageButton 控制項的屬性值。操作步驟如下：

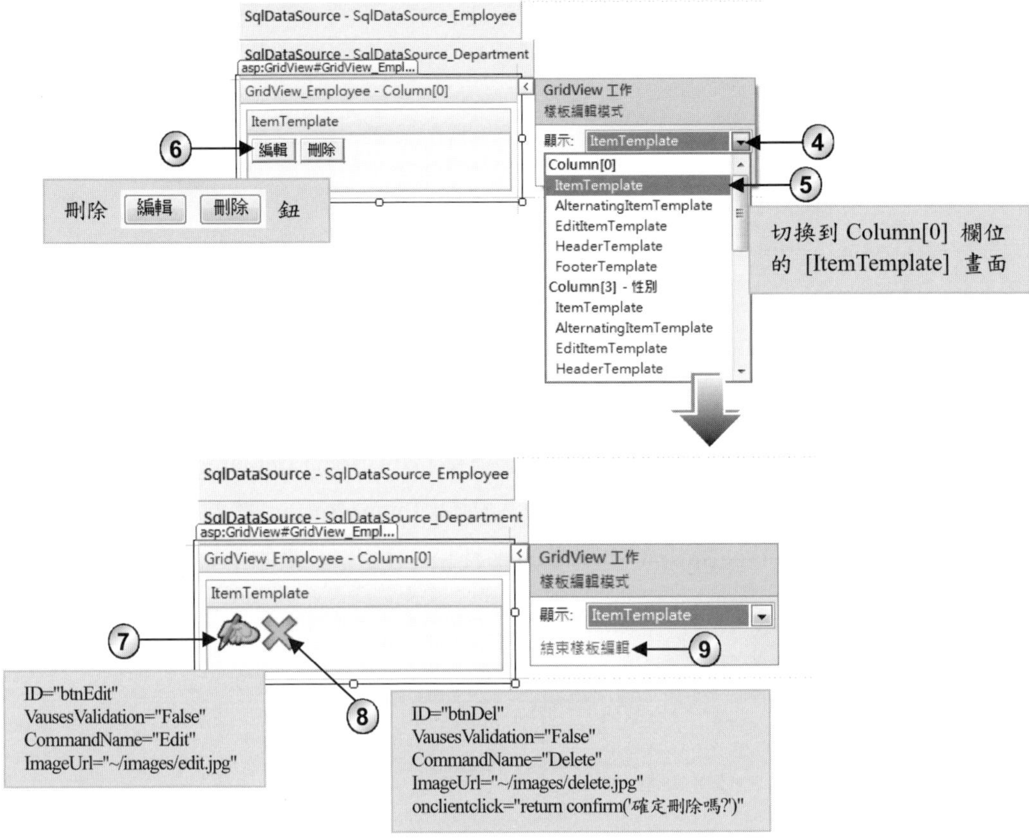

完成設定後，切換到 [原始檔] 畫面，結果發現 GridView_Employee 控制項的 TemplateField 樣板欄位的 ItemTemplate 內放置 btnEdit (edit.jpg)、btnDel (del.jpg) 兩個 ImageButton 控制項。由於 btnEdit 的 CommandName 屬性值設為「Edit」，表示當按下此鈕時會切換到 GridView_Employee 的編輯模式。由於 btnDel 鈕的 CommandName 屬性值設為「Delete」，表示當按下此鈕時會刪除資料來源指定的記錄。

下列灰底的程式碼即是 Step2 所設計的。

```
<asp:GridView ID="GridView_Employee" runat="server"
    AllowPaging="True" PageSize="3"…>
  <Columns>
    <asp:TemplateField ShowHeader="False">
      <EditItemTemplate>
        <asp:Button ID="Button1" runat="server" CausesValidation="True"
          CommandName="Update" Text="更新" /> 
        <asp:Button ID="Button2" runat="server"
          CommandName="Cancel" CausesValidation="False" Text="取消" />
      </EditItemTemplate>
      <ItemTemplate>
        <asp:ImageButton ID="btnEdit" runat="server" CausesValidation="False"
            CommandName="Edit" ImageUrl="~/images/edit.jpg" />
        <asp:ImageButton ID="btnDel" runat="server" CausesValidation="False"
            CommandName="Delete" ImageUrl="~/images/del.jpg"
            onclientclick="return confirm('確定刪除嗎?')" />
      </ItemTemplate>
    </asp:TemplateField>
    ……
  </Columns>
</asp:GridView>
```

編輯樣板放入 更新 取消

項目樣板放入 (edit.jpg)、(del.jpg)

呼叫 JavaScript 的訊息對話方塊來確認是否刪除資料

Step3 仿照 Step2 步驟，將第一欄 TemplateField 樣板欄位的 EditItem Tamplate 畫面的 更新 取消 刪除，並放入兩個 ImageButton 控制項，最後再設定兩個 ImageButton 控制項的屬性值。操作步驟如下：

完成設定後，切換到 [原始檔] 畫面，結果發現 GridView_Employee 控制項的 TemplateField 樣板欄位的 EditItemTemplate 內放置 btnUpdate(update.jpg)、btnCancel(cancel.jpg) 兩個 ImageButton 控制項。由於 btnUpdate 鈕的 CommandName 屬性設為「Update」，表示當按下此鈕時會修改資料來源指定的記錄。

由於 btnCancel 鈕的 CommandName 屬性值設為「Cancel」，表示當按下此鈕時會取消新增或修改作業。下列灰底的程式碼即是 Step3 所設計的。

```
<asp:GridView ID="GridView_Employee" runat="server"
    AllowPaging="True" PageSize="3"…>
   <Columns>
      <asp:TemplateField ShowHeader="False">
        <EditItemTemplate>
          <asp:ImageButton ID="btnUpdate" runat="server"
            CommandName="Update" ImageUrl="~/images/update.jpg" />
          <asp:ImageButton ID="btnCancel" runat="server"
            CommandName="Cancel" CausesValidation="False"
            ImageUrl="~/images/cancel.jpg" />
        </EditItemTemplate>
        <ItemTemplate>
          <asp:ImageButton ID="btnEdit" runat="server" CausesValidation="False"
               CommandName="Edit" ImageUrl="~/images/edit.jpg" />
          <asp:ImageButton ID="btnDel" runat="server" CausesValidation="False"
               CommandName="Delete" ImageUrl="~/images/del.jpg"
               onclientclick="return confirm('確定刪除嗎?')" />
        </ItemTemplate>
      </asp:TemplateField>
      ……
   </Columns>
</asp:GridView>
```

透過本例實作，了解如何透過 TemplateField 樣板欄位將 GridView 控制項內的欄位自訂成欲顯示的欄位格式。例如：在 GridView 指定的欄位顯示下拉式清單、選項按鈕清單、清單方塊、影像或月曆...等控制項，善加利用 TemplateField 來設計 GridView 控制項的欄位，所設計出的網頁資料庫輸出入介面彈性較大。

13.5 GridView 控制項的分頁外觀設計

開發人員也可以依自己的需求設計 GridView 控制項分頁巡覽列的外觀，例如分頁巡覽列可以使用連結數字來進行分頁，或是使用第一頁、上一頁、下一頁、最後一頁的連結文字來進行分頁，也可將第一頁、上一頁、下一頁、最後一頁的連結文字改以圖示表示。GridView 控制項的 PagerSettings 集合屬性提供下列子屬性可以用來設計 GridView 控制項分頁巡覽列的外觀。

屬性	功能說明
FirstPageImageUrl	設定或取得第一頁按鈕所使用的影像 URL。
FirstPageText	設定或取得第一頁按鈕所顯示的文字。若 FirstPageImageUrl 屬性有指定第一頁按鈕的影像，則此屬性無效。
LastPageImageUrl	設定或取得最後一頁按鈕所使用的影像 URL。
LastPageText	設定或取得最後一頁按鈕所顯示的文字。若 LastPageImageUrl 屬性有指定最後一頁按鈕的影像，則此屬性無效。
Mode	設定或取得分頁巡覽列的顯示模式。屬性值如下： ①NextPrevious：顯示上一頁、下一頁的按鈕。 ②NextPreviousFirstLast：顯示第一頁、上一頁、下一頁、最後一頁的按鈕。 ③Numeric：顯示分頁連結數字按鈕。(預設值)

	④NumericFirstLast 顯示分頁連結數字、第一頁、最後一頁的按鈕。
NextPageImageUrl	設定或取得下一頁按鈕所使用的影像 URL。
NextPageText	設定或取得下一頁按鈕所顯示的文字。若 NextPageImageUrl 屬性有指定下一頁按鈕的影像，則此屬性無效。
PageButtonCount	設定或取得分頁巡覽列的連結數字頁數，預設值為 10。
Position	設定或取得分頁巡覽列的位置。屬性值如下： ①Buttom：分頁巡覽列置於下方。(預設值) ②Top：分頁巡覽列互置於上方。 ③BottomAndTop：分頁巡覽列置於上方及下方。
PreviousPageImageUrl	設定或取得上一頁按鈕所使用的影像 URL。
PreviousPageText	設定或取得上一頁按鈕所顯示的文字。若 PreviousPageImageUrl 屬性有指定上一頁按鈕的影像，則此屬性無效。
Visible	設定或取得是否顯示分頁巡覽列。 True-顯示；False-不顯示(預設值)。

網頁檔名：GridView8_Sample.aspx

延續上例，練習設計 GridView 控制項分頁巡覽列的外觀。當按下 數字鈕 鈕時 GridView 的分頁巡覽列使用數字連結按鈕來進行分頁；當按下 圖形鈕 鈕時 GridView 的分頁巡覽列使用 |◀ ◀ ▶ ▶| 圖形鈕來進行第一頁、上一頁、下一頁、最後一頁的分頁巡覽。

上機實作

Step1 開啟 GridView7_Sample.aspx 網頁練習。

Step2 請將書附光碟 chap13/images 資料夾下的 first.jpg、last.jpg、next.jpg、prev.jpg 四個圖檔放置到目前網站的 images 資料夾下。

first.jpg

last.jpg

next.jpg

prev.jpg

Step3 在 GridView_Employee 控制項的上方放置 數字鈕 (Button1) 及 圖形鈕 (Button2)鈕。

Step4 撰寫事件處理程序，如下：

① 在網頁載入時執行 Page_Load 事件處理程序中設定 GridView_Employee 分頁巡覽列中第一頁、上一頁、下一頁、最末頁所使用的圖形檔。

② 按下 數字鈕 鈕執行 Button1_Click 事件處理程序，在此事件處理程序內設定 GridView_Employee 分頁巡覽列使用數字連結按鈕。

③ 按下 圖形鈕 鈕執行 Button2_Click 事件處理程序，在此事件處理程序內設定 GridView_Employee 分頁巡覽列使用第一頁、上一頁、下一頁、最末頁的按鈕。

網頁程式碼：GridView8_Sample.aspx.vb

```
Partial Class GridView8_Sample
    Inherits System.Web.UI.Page

    ' 表單載入時執行
    Protected Sub Page_Load(sender As Object, e As System.EventArgs) Handles Me.Load
        If Not Page.IsPostBack Then
            ' 設定巡覽列中第一頁、上一頁、下一頁、最末頁所使用的圖像檔
            GridView_Employee.PagerSettings.FirstPageImageUrl = "images/first.jpg"
            GridView_Employee.PagerSettings.PreviousPageImageUrl = _
                "images/prev.jpg"
            GridView_Employee.PagerSettings.NextPageImageUrl = "images/next.jpg"
            GridView_Employee.PagerSettings.LastPageImageUrl = "images/last.jpg"
        End If
    End Sub
```

```
    ' 按 [數字鈕] 執行
    Protected Sub Button1_Click(sender As Object, e As System.EventArgs) _
    Handles Button1.Click
        ' 巡覽列使用數字連結按鈕
        GridView_Employee.PagerSettings.Mode = PagerButtons.Numeric
    End Sub
    ' 按 [圖形鈕] 執行
    Protected Sub Button2_Click(sender As Object, e As System.EventArgs) _
    Handles Button2.Click
        ' 巡覽列使用第一頁、上一頁、下一頁、最末頁
        GridView_Employee.PagerSettings.Mode = PagerButtons.NextPreviousFirstLast
    End Sub

End Class
```

13.6 課後練習

一、選擇題

1. 下列哪個資料繫結控制項可一次顯示單筆記錄？

   (A) DataList (B) ListView (C) FormView (D) GridView

2. 下列哪個資料繫結控制項沒有新增功能？

   (A) DetailView (B) ListView (C) FormView (D) GridView

3. 下列哪個資料繫結控制項沒有分頁功能？

   (A) DataList (B) ListView (C) FormView (D) GridView

4. 下列哪個資料繫結控制項擁有排序功能？

   (A) DataList (B) Repeater (C) FormView (D) GridView

5. 欲設定 GridView 控制項的標題必須使用下列哪個屬性？
(A) Caption (B) Title (C) Text (D) 以上皆非
6. 欲設定 GridView 控制項一頁顯示多少筆記錄，必須使用下列哪個屬性？
(A) PageCount (B) PageSize (C) PageTotal (D) 以上皆非
7. 下列何者為 GridView 控制項的預設欄位型別？
(A) BoundField (B) ButtonField (C) CheckBoxField (D) CommandField
8. GridView 控制項中的欄位欲顯示超連結文字，則應使用下列哪個欄位？
(A) BoundField (B) ButtonField (C) CheckBoxField (D) HyperLinkField
9. GridView 控制項中的欄位欲顯示影像，則應使用下列哪個欄位？
(A) BoundField (B) ImageField (C) CheckBoxField (D) HyperLinkField
10. GridView 控制項的 TemplateField 樣板欄位可用來顯示下列哪些控制項？
(A) 下拉式清單 (B) 月曆 (C) 文字方塊 (D) 以上皆是
11. 當 CommandField 欄位欲顯示影像按鈕，則應設 (A) ButtonType="Link"
(B) ButtonType="Button" (C) ButtonType="Image" (D) ButtonType="Img"
12. 試問 TemplateField 內 InsertItemTemplate 的功能為何？
(A) 設定編輯模式的內容 (B) 設定刪除模式的內容
(C) 設定新增模式的內容 (D) 以上皆非
13. 繫結資料的方式為 Bind，表示為
(A) 雙向繫結 (B) 單向繫結 (C) 無法繫結 (D) 以上皆非
14. 繫結資料的方式為 Eval，表示為
(A) 雙向繫結 (B) 單向繫結 (C) 無法繫結 (D) 以上皆非
15. 試問 TemplateField 內 EditItemTemplate 的功能為何？
(A) 設定編輯模式的內容 (B) 設定刪除模式的內容
(C) 設定新增模式的內容 (D) 以上皆非

二、程式設計

1. 在 GridView5_Sample.aspx 網頁加入新增員工的功能。新增員工表單欄位說明如下：員工編號、姓名及雇用日期使用文字方塊、性別使用選項按鈕清單、是否已婚使用核取方塊，部門編號使用下拉式清單並繫結到部門資料表，照片欄位使用檔案上傳控制項(FileUpload)，所上傳的圖檔請存放於 Emp_Img 資料夾下。

2. 建立「產品資料」表，該資料表有產品編號(主索引鍵)、品名、單價、產品圖示及上架日期五個欄位，並在該產品資料表內輸入五筆記錄。接著使用 GridView 控制項顯示產品資料表所有記錄，且擁有編輯、刪除、排序、分頁功能，一頁顯示 3 筆記錄，且產品圖示無修改功能。

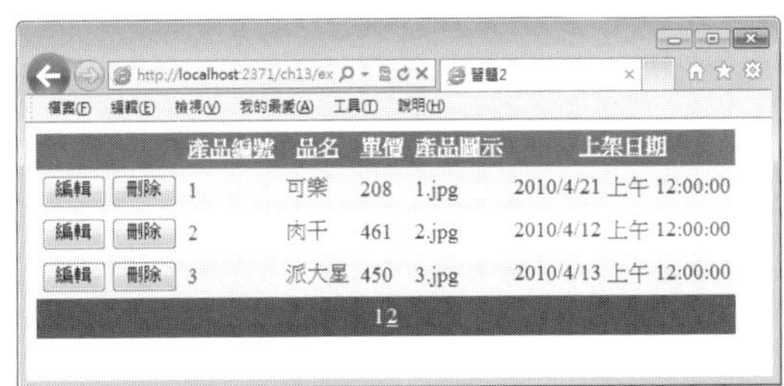

3. 延續習題第 2 題，請將 GridView 控制項的產品圖示欄位改成使用 ImageField 欄位顯示；當 GridView 控制項切換到編輯畫面時，上架日期欄位可使用月曆控制項修改上架日期。

4. 延續習題第 3 題，按下 GridView 控制項指定記錄的 刪除 鈕後會出現訊息方塊，且訊息方塊會顯示「確定要刪除這筆記錄嗎？」訊息，讓使用者再次確認是否刪除此筆記錄。

5. 延續習題第 4 題，加入新增產品資料的功能。新增產品的表單欄位說明如下：產品編號、品名、單價皆使用文字方塊、產品圖示使用檔案上傳控制項、上架日期使用月曆控制項。

CHAPTER

資料繫結控制項(二)

學習目標：

- 認識 DetailView、FormView 與 DataList 控制項的功能
- 學習使用 DetailView 控制項新增、輯輯、刪除、分頁資料表的記錄
- 學習使用 FormView 控制項新增、輯輯、刪除、分頁資料表的記錄
- 學習使用 DataList 控制項顯示資料表的所有記錄
- 學習使用 Chart 控制項繪製網頁圖表

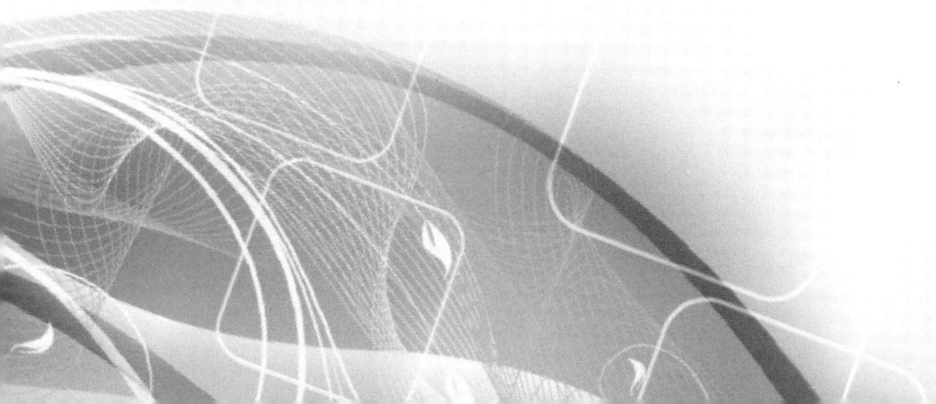

14.1 DetailView 控制項

GridView 控制項是以表格的方式條列出資料來源的每一筆記錄，而 DetailView 控制項也是以表格的方式顯示資料，但一次只顯示一筆記錄，DetailView 具備選取、插入、更新、刪除、分頁等功能，和 GridView 一樣都使用下表欄位型別讓程式開發人員自行在 DetailView 中放置所需要的欄位，這些欄位必須放在 <Fields>~</Fields> 標籤內，透過這些欄位可讓 DetailView 的操作介面更加的豐富，這些欄位的操作方式與前一章的 GridView 類似。

DetailView 欄位型別	功能說明
BoundField	用來顯示資料來源欄位的內容，此欄位為 DetailView 的預設欄位。
ButtonField	建立自訂的命令按鈕欄位。當按下此欄位按鈕時會觸發 DetailView 的 ItemCommand 事件。
CheckBoxField	建立核取方塊欄位。若資料表欄位型別為 bit，則會以此欄位顯示。
CommandField	建立系統預先定義的命令按鈕，可執行選取、編輯或刪除作業。
ImageField	建立影像欄位。
HyperLinkField	建立超連結欄位。
TemplateField	建立樣板以供開發人員自訂欄位類型。當無法使用 BoundField、ButtonField、CheckBoxField、ImageField、HyperLinkField 等欄位類型來顯示時，例如欄位要使用 DropDownList 或 RadioButtionList 來顯示，此時就必須使用 TemplateField 來達成。

DetailView 控制項的屬性用法和 GridView 差不多，在此不再多贅述，僅介紹可用來設定 DetailView 顯示模式的 DefaultMode 屬性，其屬性值說明如下：

DefaultMode 屬性值	功能說明
ReadOnly	DetailView 控制項顯示唯讀模式。(預設值)
Edit	DetailView 控制項顯示編輯模式，可讓使用者進行修改資料至資料來源。
Insert	DetailView 控制項顯示新增模式，可讓使用者進行新增資料至資料來源。

範例演練

網頁檔名：DetailView_Sample.aspx

使用 DetailView 控制項製作下圖客戶資料管理系統。

1. 按下 DetailView 控制項的分頁數字連結鈕可單筆巡覽每一筆客戶記錄。

2. 按下 刪除 鈕可刪除該筆客戶記錄。

3. 按下 編輯 鈕 DetailView 會切換下圖的編輯模式，此時「職稱」欄位會以下拉式清單顯示，性別欄位會以選項按鈕清單顯示，按下 更新 鈕後可將更新後的資料寫回「客戶」資料表。

4. 按下 新增 鈕 DetailView 會切換下圖的新增模式，此時「職稱」欄位會以下拉式清單顯示，性別欄位會以選項按鈕清單顯示，按下 插入 鈕後可將新輸入的資料新增至「客戶」資料表。

上機實作

Step1 將書附光碟「資料庫」資料夾下的 chap14.mdf 及 chap14_log.ldf 複製到目前網站 App_Data 資料夾下，接著再按下方案總管視窗的 重新整理鈕，使得 App_Data 資料夾能顯示上述兩個檔案，本例使用 chap14.mdf 的客戶資料表，該資料表的欄位格式如下：

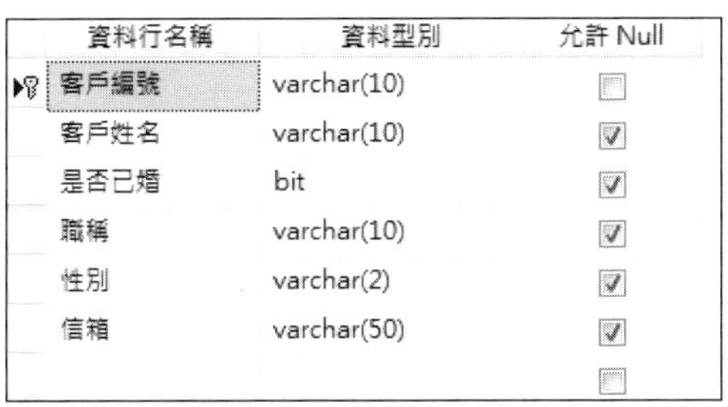

資料行名稱	資料型別	允許 Null
客戶編號	varchar(10)	☐
客戶姓名	varchar(10)	☑
是否已婚	bit	☑
職稱	varchar(10)	☑
性別	varchar(2)	☑
信箱	varchar(50)	☑
		☐

Step2 建立 DetailView_Sample.aspx 網頁，並在此網頁內建立一個物件識別名稱為 SqlDataSource_Customer 的資料來源控制項。

Step3 透過「智慧標籤」設定 SqlDataSource_Customer 控制項的工作，使該控制項可以連接 chap14.mdf 資料庫，並擷取「客戶」資料表且自動產生 SelectCommand、InsertCommand、UpdateCommand、DeleteCommand 屬性的 SELECT、INSERT、UPDATE、DELETE 語法及對應的命令參數。

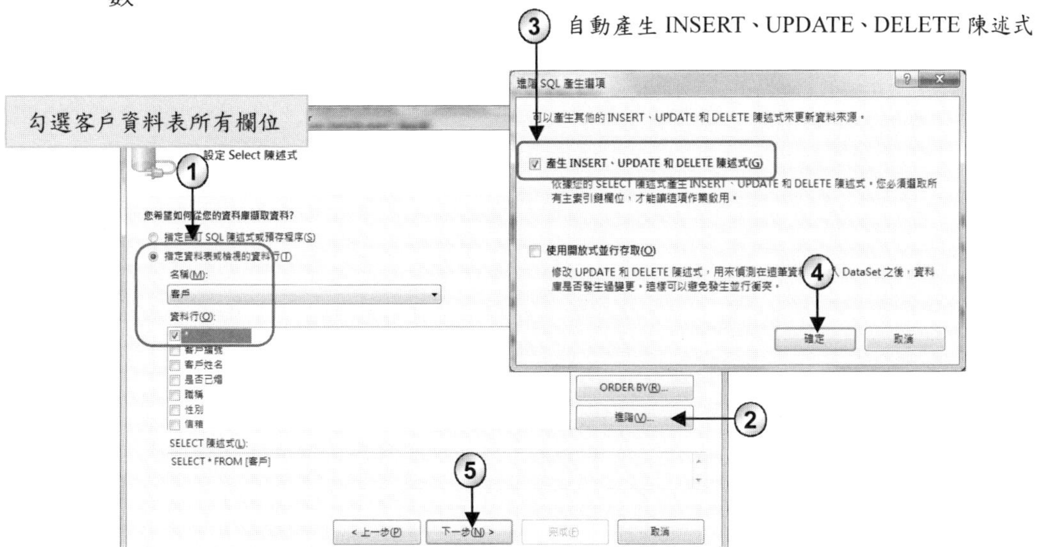

Step4 建立 DetailView_Customer 控制項與 lblErr 標籤控制項，將 DetailView_Customer 控制項的 Width 屬性值清除使得該控制項的寬度能根據資料的多寡延伸，再使用「智慧標籤」設定控制項的資料來源為「SqlDataSource_Customer」，設定啟用分頁、啟用插入、啟用編輯、啟用刪除、設定自動格式化的「繽紛」樣式。請按下圖數字操作：

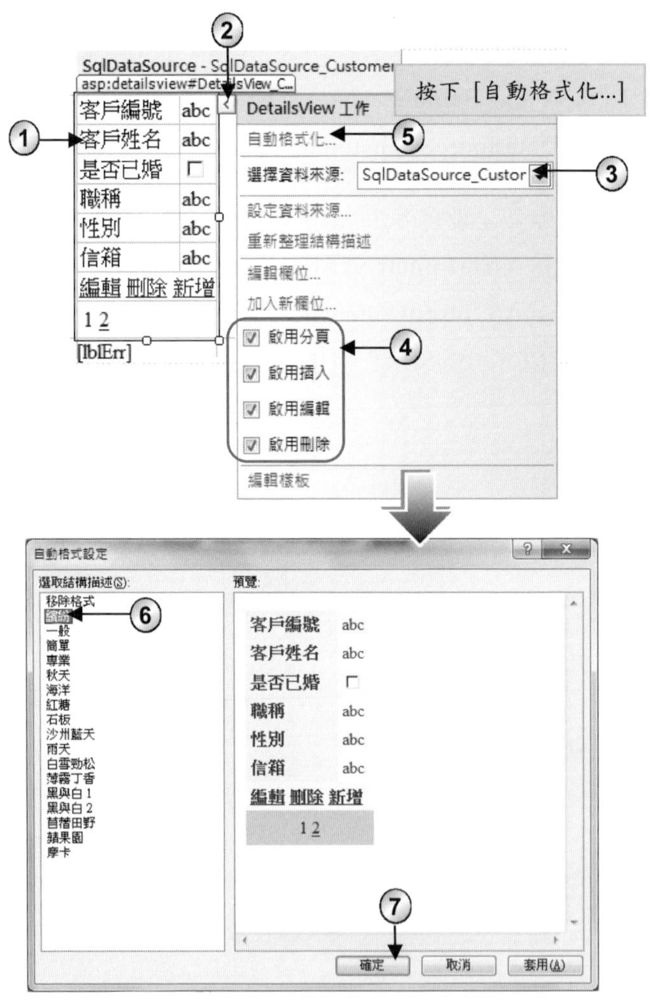

Step5 將 DetailView_Customer 控制項的 CommandField 命令按鈕欄位的 ButtonType 屬性值設為 Button，使連結按鈕型態變成一般按鈕。操作方式如下：

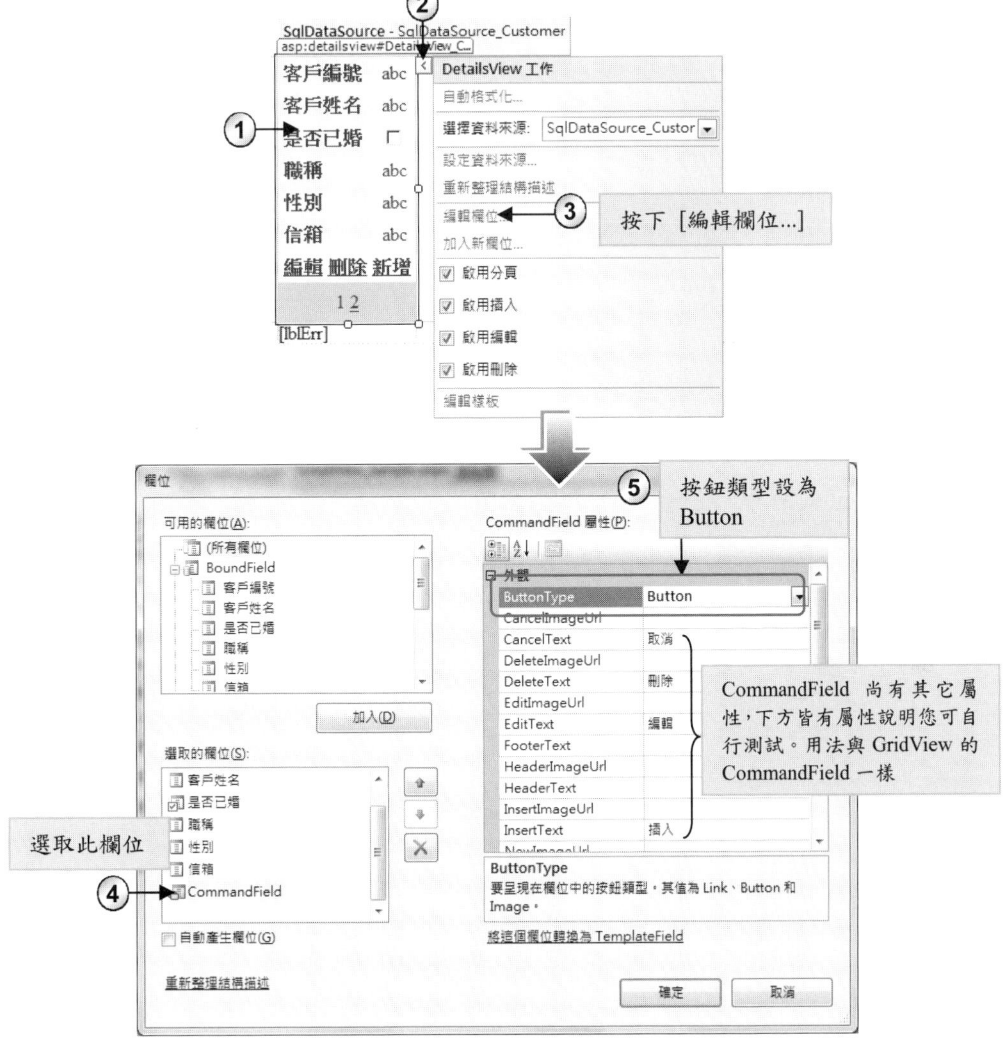

Step6 逐一選取「職稱」與「性別」欄位，將這兩個欄位轉換為 TemplateField 樣板欄位。操作方式如下：

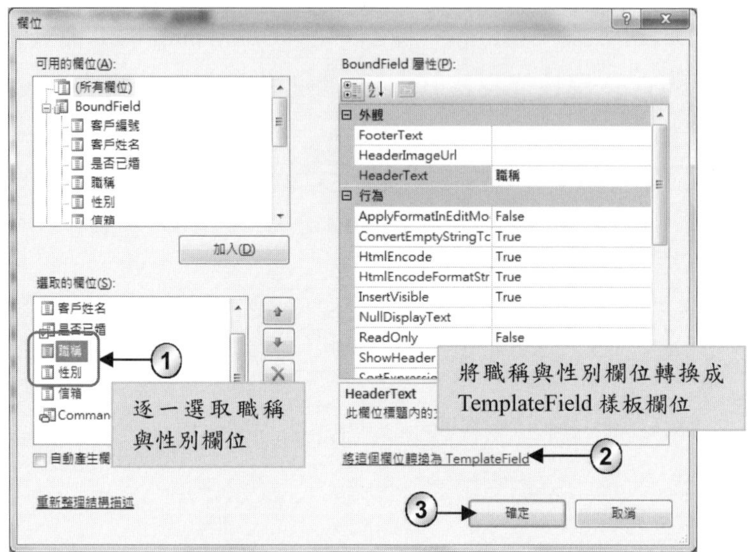

Step7 在職稱 TemplateField 欄位的 EditItemTemplate 樣板內放置 DropDownList1 下拉式清單，且該清單繫結至「客戶」資料表的職稱欄位。請依數字順序操作：

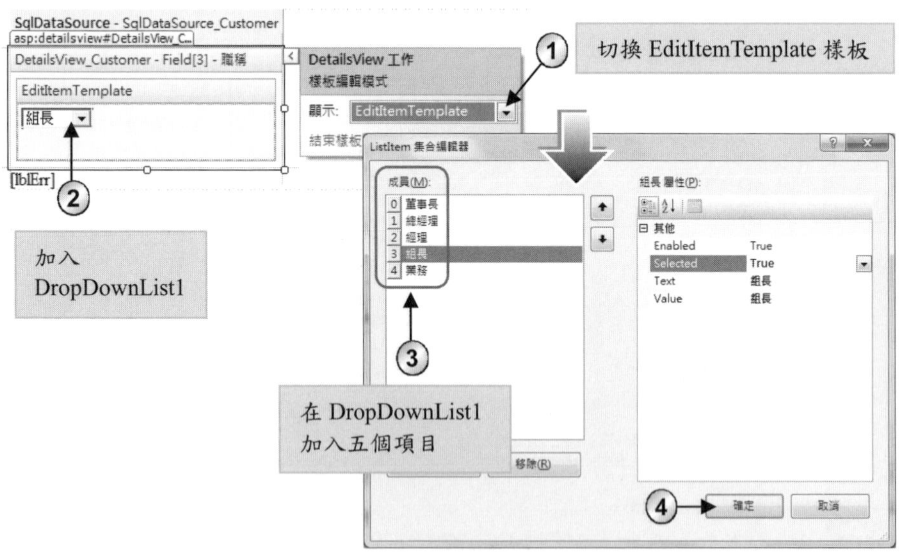

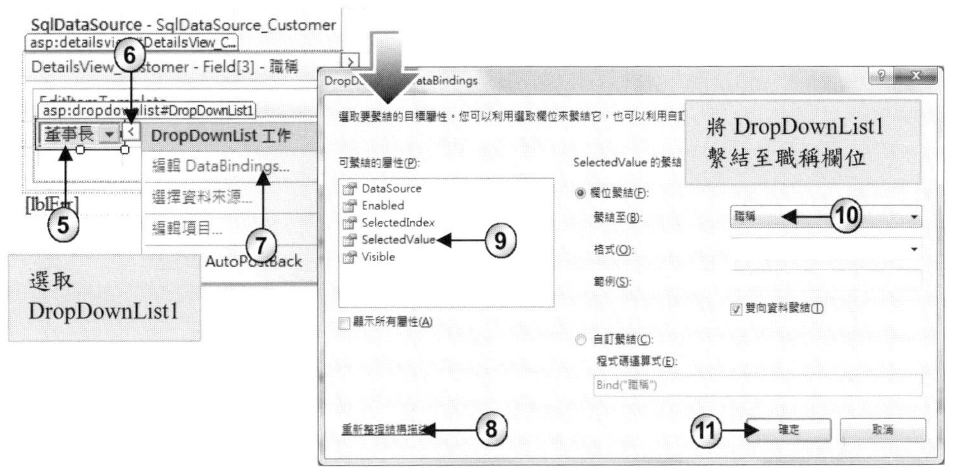

Step8 重複 Step7，在職稱 TemplateField 欄位的 InsertItemTemplate 樣板內放置 DropDownList2 下拉式清單，清單項目有董事長、總經理、經理、組長、業務，且該下拉式清單繫結至「客戶」資料表的「職稱」欄位。

Step9 在性別 TemplateField 欄位的 EditItemTemplate 樣板內放置 Radio ButtonList1 選項按鈕清單，清單項目有 "男"、"女"，且該清單繫結至「客戶」資料表的性別欄位。操作方式如下：

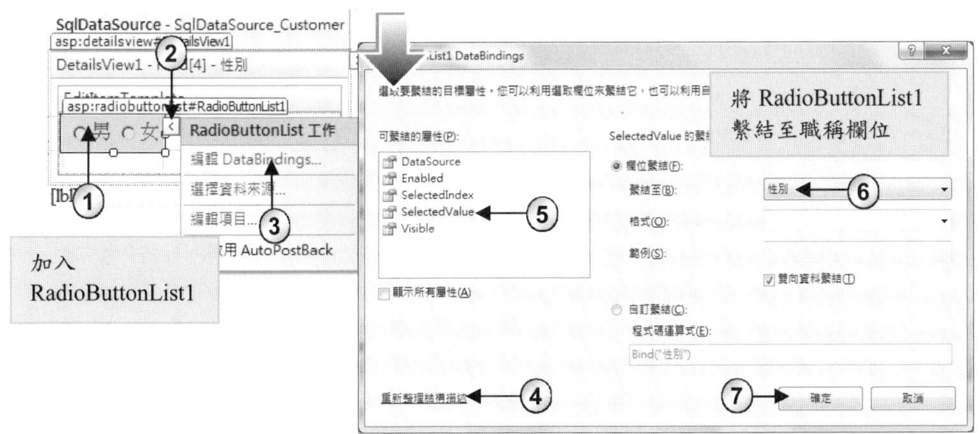

Step10 重複 Step9，在性別 TemplateField 欄位的 InsertItemTemplate 樣板內放置 RadioButtonList2 選項按鈕清單，清單項目有 "男"、"女"，且該選項按鈕清單繫結至「客戶」資料表的「性別」欄位。

Step11 完成上述設定之後，接著在 DetailView_Sample.aspx 網頁自動產生下面的宣告程式碼：

網頁程式碼：DetailView_Sample.aspx

```
<form id="form1" runat="server">
<div>
<asp:SqlDataSource ID="SqlDataSource_Customer"
    runat="server"
    ConnectionString="<%$ ConnectionStrings:chap14ConnectionString %>"
    DeleteCommand="DELETE FROM [客戶] WHERE [客戶編號] = @客戶編號"
    InsertCommand="INSERT INTO [客戶] ([客戶編號], [客戶姓名], [是否已婚], [職稱], [性別], [信箱]) VALUES (@客戶編號, @客戶姓名, @是否已婚, @職稱, @性別, @信箱)"
    SelectCommand="SELECT * FROM [客戶]"
    UpdateCommand="UPDATE [客戶] SET [客戶姓名] = @客戶姓名, [是否已婚] = @是否已婚, [職稱] = @職稱, [性別] = @性別, [信箱] = @信箱  WHERE [客戶編號] = @客戶編號">
    <DeleteParameters>
        <asp:Parameter Name="客戶編號" Type="String" />
    </DeleteParameters>
    <UpdateParameters>
        <asp:Parameter Name="客戶姓名" Type="String" />
        <asp:Parameter Name="是否已婚" Type="Boolean" />
        <asp:Parameter Name="職稱" Type="String" />
        <asp:Parameter Name="性別" Type="String" />
        <asp:Parameter Name="信箱" Type="String" />
        <asp:Parameter Name="客戶編號" Type="String" />
    </UpdateParameters>
    <InsertParameters>
```

```
            <asp:Parameter Name="客戶編號" Type="String" />
            <asp:Parameter Name="客戶姓名" Type="String" />
            <asp:Parameter Name="是否已婚" Type="Boolean" />
            <asp:Parameter Name="職稱" Type="String" />
            <asp:Parameter Name="性別" Type="String" />
            <asp:Parameter Name="信箱" Type="String" />
        </InsertParameters>
</asp:SqlDataSource>
<asp:DetailsView ID="DetailsView_Customer" runat="server" AllowPaging="True"
        AutoGenerateRows="False" CellPadding="4" DataKeyNames="客戶編號"
        DataSourceID="SqlDataSource_Customer" ForeColor="#333333" GridLines="None"
        Height="50px">
        <FooterStyle BackColor="#990000" Font-Bold="True" ForeColor="White" />
        <CommandRowStyle BackColor="#FFFFC0" Font-Bold="True" />
        <RowStyle BackColor="#FFFBD6" ForeColor="#333333" />
        <FieldHeaderStyle BackColor="#FFFF99" Font-Bold="True" />
        <PagerStyle BackColor="#FFCC66" ForeColor="#333333"
            HorizontalAlign="Center" />
        <Fields>
            <asp:BoundField DataField="客戶編號" HeaderText="客戶編號"
                ReadOnly="True" SortExpression="客戶編號" />
            <asp:BoundField DataField="客戶姓名" HeaderText="客戶姓名"
                SortExpression="客戶姓名" />
            <asp:CheckBoxField DataField="是否已婚" HeaderText="是否已婚"
                SortExpression="是否已婚" />
            <asp:TemplateField HeaderText="職稱" SortExpression="職稱">
              <EditItemTemplate>
                <asp:DropDownList ID="DropDownList1" runat="server"
                    SelectedValue='<%# Bind("職稱") %>'>
                    <asp:ListItem>董事長</asp:ListItem>
                    <asp:ListItem>總經理</asp:ListItem>
```

```
                    <asp:ListItem>經理</asp:ListItem>
                    <asp:ListItem Selected="True">組長</asp:ListItem>
                    <asp:ListItem>業務</asp:ListItem>
                </asp:DropDownList>
            </EditItemTemplate>
            <InsertItemTemplate>
                <asp:DropDownList ID="DropDownList2" runat="server"
                    SelectedValue='<%# Bind("職稱") %>'>
                    <asp:ListItem>董事長</asp:ListItem>
                    <asp:ListItem>總經理</asp:ListItem>
                    <asp:ListItem>經理</asp:ListItem>
                    <asp:ListItem>組長</asp:ListItem>
                    <asp:ListItem>業務</asp:ListItem>
                </asp:DropDownList>
            </InsertItemTemplate>
            <ItemTemplate>
                <asp:Label ID="Label1" runat="server"
                    Text='<%# Bind("職稱") %>'></asp:Label>
            </ItemTemplate>
        </asp:TemplateField>
        <asp:TemplateField HeaderText="性別" SortExpression="性別">
            <EditItemTemplate>
                <asp:RadioButtonList ID="RadioButtonList1" runat="server"
                    RepeatDirection="Horizontal"
                    SelectedValue='<%# Bind("性別") %>'>
                    <asp:ListItem>男</asp:ListItem>
                    <asp:ListItem>女</asp:ListItem>
                </asp:RadioButtonList>
            </EditItemTemplate>
            <InsertItemTemplate>
                <asp:RadioButtonList ID="RadioButtonList2" runat="server"
```

```
78                  RepeatDirection="Horizontal"
                    SelectedValue='<%# Bind("性別") %>'>
79                  <asp:ListItem>男</asp:ListItem>
80                  <asp:ListItem>女</asp:ListItem>
81              </asp:RadioButtonList>
82          </InsertItemTemplate>
83          <ItemTemplate>
84              <asp:Label ID="Label2" runat="server"
                    Text='<%# Bind("性別") %>'></asp:Label>
85          </ItemTemplate>
86        </asp:TemplateField>
87        <asp:BoundField DataField="信箱" HeaderText="信箱" SortExpression="信箱" />
88        <asp:CommandField ButtonType="Button" ShowDeleteButton="True"
89              ShowEditButton="True" ShowInsertButton="True" />
90      </Fields>
91      <HeaderStyle BackColor="#990000" Font-Bold="True" ForeColor="White" />
92      <AlternatingRowStyle BackColor="White" />
93 </asp:DetailsView>
94 <asp:Label ID="lblErr" runat="server"></asp:Label>
95 </div>
96 </form>
```

程式說明

1. 3-28 行 ：建立 SqlDataSource_Customer 資料來源控制項，此控制項可用來編輯 chap14.mdf 客戶資料表的記錄。
2. 29-93 行 ：建立 DetailView_Customer 控制項用來新增、修改、刪除、巡覽客戶資料表的記錄。
3. 38-90 行 ：自訂 DetailView_Customer 控制項要顯示的欄位。
4. 39-40 行 ：建立 BoundField 欄位，唯讀屬性，繫結客戶編號欄位。
5. 41 行 ：建立 BoundField 欄位，繫結客戶姓名欄位。

6. 42 行　　：建立 CheckBoxField 欄位(核取方塊)，繫結性別欄位。

7. 43-67 行：建立職稱的 TemplateField 樣板欄位，此 TemplateField 內含 EditItemTemplate、InsertItemTemplate、ItemTemplate 三個樣板，其說明如下：

   ① EditItemTemplate：有 DropDownList1，該控制項的 SelectedValue 屬性雙向繫結至客戶資料表的職稱欄位。

   ② InsertItemTemplate：有 DropDownList2，該控制項的 SelectedValue 屬性雙向繫結至客戶資料表的職稱欄位。

   ③ ItemTemplate：有 Label1，該控制項的 Text 屬性雙向繫結至客戶資料表的職稱欄位。

8. 68-86 行：建立性別的 TemplateField 樣板欄位，此 TemplateField 內含 EditItemTemplate、InsertItemTemplate、ItemTemplate 三個樣板，其說明如下：

   ① EditItemTemplate：有 RadioButtonList1，該控制項的 SelectedValue 屬性雙向繫結至客戶資料表的性別欄位。

   ② InsertItemTemplate：有 RadioButtonList2，該控制項的 SelectedValue 屬性雙向繫結至客戶資料表的性別欄位。

   ③ ItemTemplate：有 Label2，該控制項的 Text 屬性雙向繫結至客戶資料表的性別欄位。

9. 87 行　　：建立 BoundField 欄位，繫結信箱欄位。

10. 88-89 行：建立 CommandField 命令按鈕欄位，且顯示刪除、編輯、新增鈕。

Step12 為防止使用者在新增客戶資料時沒有輸入客戶編號(主索引鍵)而發生執行時期例外，因此請在 SqlDataSource_Customer 的 Inserted 事件處理程序內撰寫下列程式碼。當新增後會觸發 Inserted 事件，可在此事件判斷是否有產生例外物件？若產生例外物件，則在 lblErr 標籤上顯示錯誤例外訊息，並設定 e.ExceptionHandled=True 表示例外狀況自行處理。

程式碼後置檔：DetailView_Sample.aspx.vb

```
01 Partial Class DetailView_Sample
02     Inherits System.Web.UI.Page
03
04     ' 當 SqlDataSource_Customer 控制項新增資料之後會執行 Inserted 事件
05     Protected Sub SqlDataSource_Customer_Inserted(sender As Object, e As _
       System.Web.UI.WebControls.SqlDataSourceStatusEventArgs) _
       Handles SqlDataSource_Customer.Inserted
06         ' 判斷 e.Exception 例外物件是否不為 Nothing，若不為 Nothing，表示新增正常
07         If e.Exception IsNot Nothing Then
08             ' lblErr 標籤顯示錯誤訊息
09             lblErr.Text = e.Exception.Message
10             ' e.ExceptionHandled 設為 True 表示自行處理例外狀況
11             e.ExceptionHandled = True
12         Else
13             lblErr.Text = ""
14         End If
15     End Sub
16
17 End Class
```

程式說明

1. 11 行 ：Inserted 事件的引數 e.ExceptionHandled 設為 True，表示讓程式開發人員自行處理例外狀況。若未撰寫此行敘述，當程式執行發生例外狀況時會出現下圖發生錯誤提示畫面。

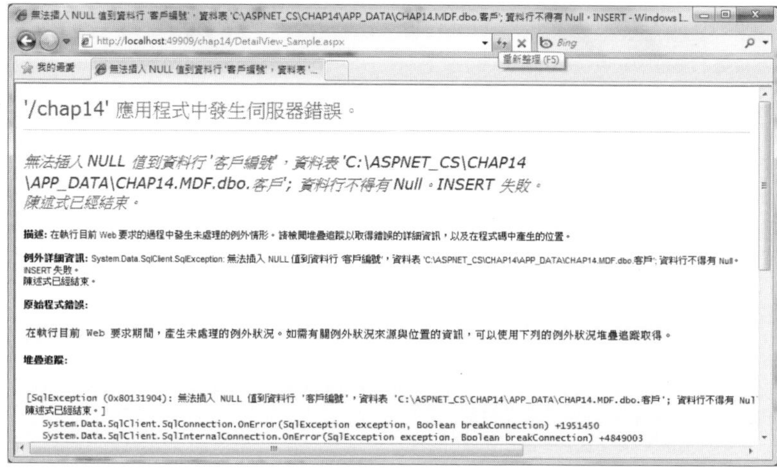

14.2 FormView 控制項

FormView 和 DetailView 控制項一樣用於顯示資料來源中的一筆資料記錄，該控制項具備新增、修改、刪除、分頁的功能，使用方式很類似，但 FormView 的外觀必須使用下表的樣板來自行定義，因此若希望呈現出設計感較佳的網頁輸出入介面，使用 FormView 會是比較好的選擇。

FormView 的樣板說明	功能說明
EditItemTemplate	編輯模式顯示的內容。
FooterTemplate	頁尾內容樣板。
HeaderTemplate	標頭內容樣板。
ItemTemplate	項目內容樣板，即每一筆資料列顯示的內容。
InsertItemTemplate	新增模式顯示的內容。
EmptyDataTemplate	當資料來源沒有任何資料時會顯示此樣板的內容。

網頁檔名：FormView_Sample.aspx

使用 FormView 控制項製作一個客戶資料管理系統，其輸出入需求如下：

1. 按下 FormView 控制項的分頁數字連結鈕可單筆巡覽每一筆客戶記錄。

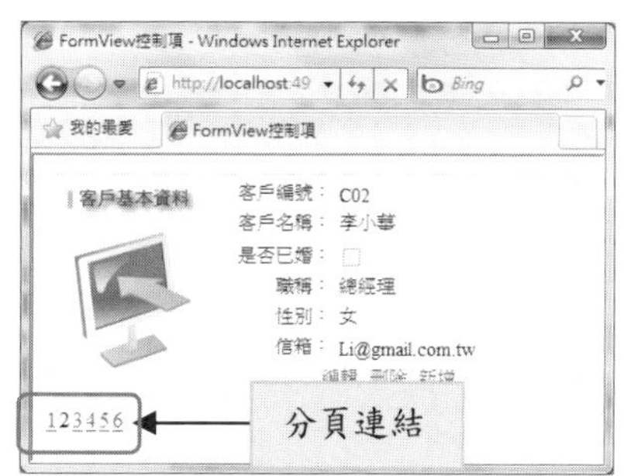

2. 按下 刪除 連結按鈕可刪除該筆客戶記錄。

3. 按下 編緝 連結按鈕 FormView 切換到下圖的編輯模式，此時「職稱」欄位會以下拉式清單顯示，性別欄位會以選項按鈕清單顯示，按下 更新 連結按鈕後可將更新後的資料寫回客戶資料表。

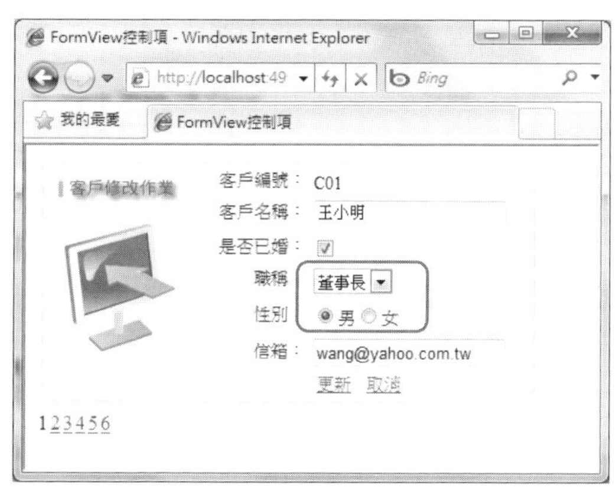

4. 按下 新增 連結按鈕 FormView 會切換下圖的新增模式，此時「職稱」欄位會以下拉式清單顯示，性別欄位會以選項按鈕清單顯示，按下 插入 連結按鈕後可將新輸入的資料新增至客戶資料表。

上機實作

Step1 將書附光碟「資料庫」資料夾下的 chap14.mdf 及 chap14_log.ldf 複製到目前網站 App_Data 資料夾下，接著再按方案總管視窗的 重新整理鈕，使 App_Data 資料夾顯示上述兩個檔案，本例使用 chap14.mdf 的客戶資料表，該資料表的欄位格式如下：

主索引欄位 → 客戶編號

資料行名稱	資料型別	允許 Null
客戶編號	varchar(10)	☐
客戶姓名	varchar(10)	☑
是否已婚	bit	☑
職稱	varchar(10)	☑
性別	varchar(2)	☑
信箱	varchar(50)	☑
		☐

Step2 複製素材。

1. 將書附光碟「素材/chap14_素材」資料夾的 index.html 與 images 資料夾複製到目前製作的 chap14 網站內。

2. 在「方案總管」視窗內按 鈕重新整理網站，使得方案總管視窗內出現 index.html 與 images 資料夾；如下圖 index.html 是本例所使用的網站版面，images 資料夾內含本例使用的影像圖檔。

Step3 建立 FormView_Sample.aspx 網頁，並在此網頁內建立一個物件識別名稱為 SqlDataSource_Customer 的資料來源控制項。

Step4 透過「智慧標籤」設定 SqlDataSource_Customer 控制項的工作，使該控制項可以連接 chap14.mdf 資料庫，並擷取「客戶」資料表且自動產生 SelectCommand、InsertCommand、UpdateCommand、DeleteCommand 屬性的 SELECT、INSERT、UPDATE、DELETE 語法及對應的命令參數。

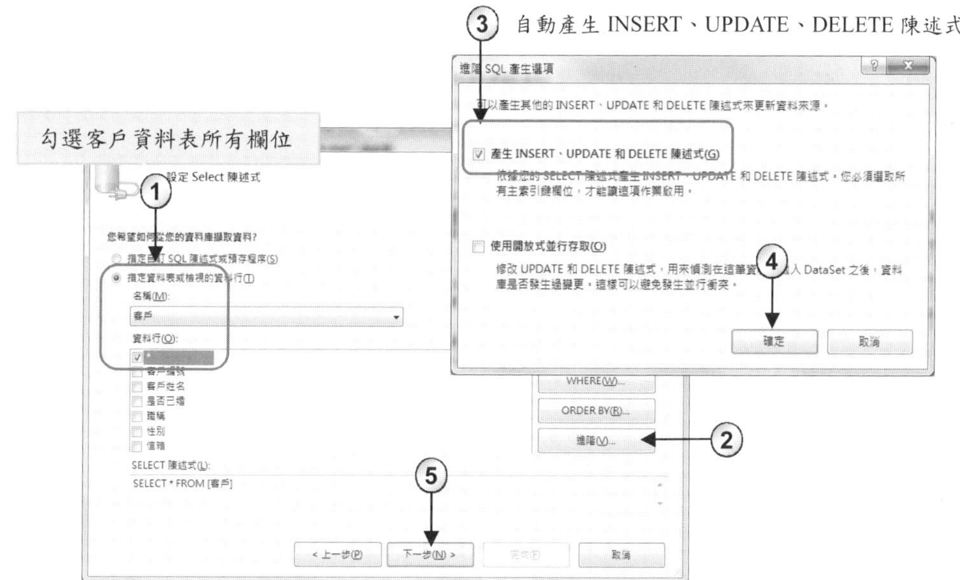

Step5 建立 FormView_Customer 用來顯示客戶資料，建立 lblErr 標籤用來顯示新增客戶資料時的錯誤提示訊息。

Step6 使用「智慧標籤」設定 FormView_Customer 控制項的資料來源為「SqlDataSource_Customer」，並設定啟用分頁功能。操作方式如下：

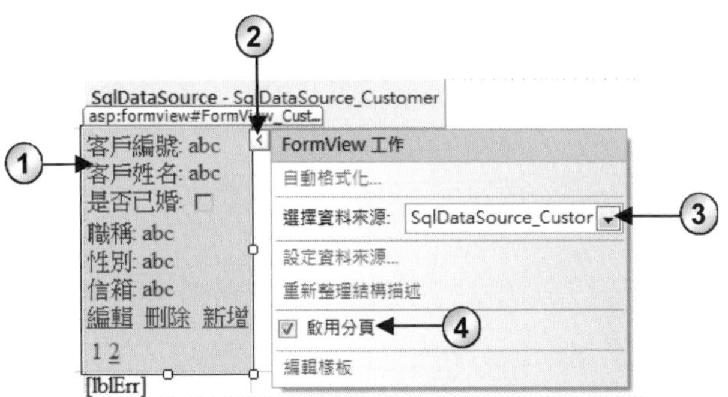

Step7 設計 FormView_Customer 控制項的 ItemTemplate 一般項目樣板呈現的畫面。操作方式如下：

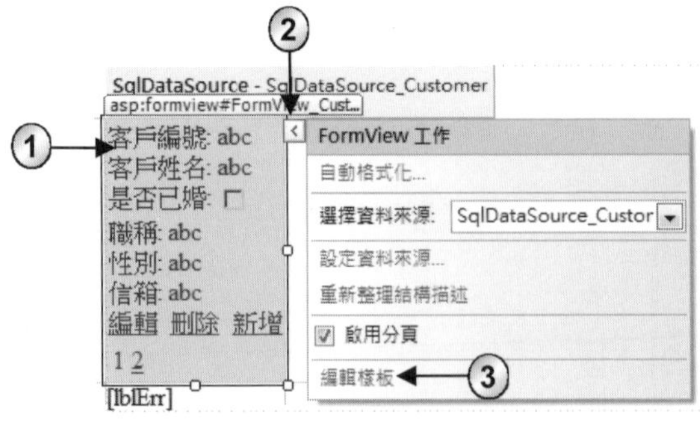

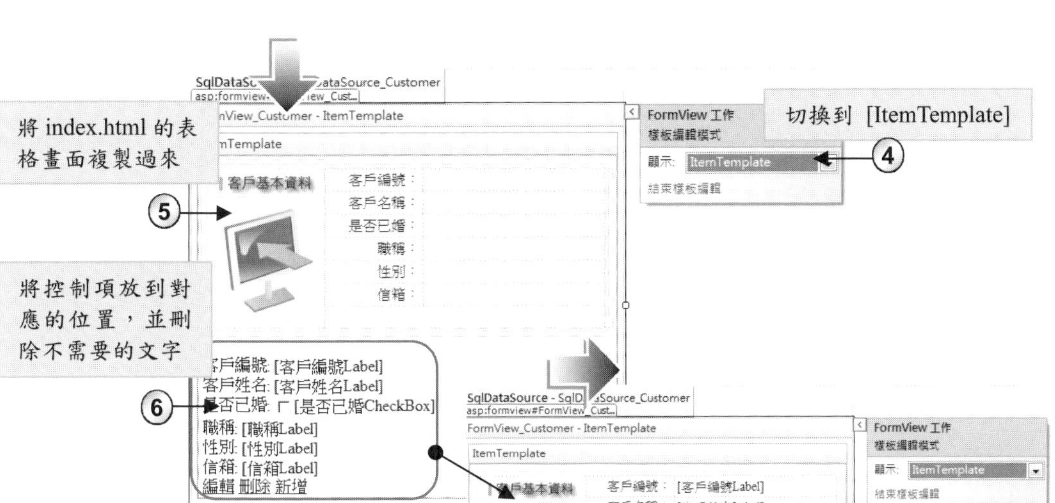

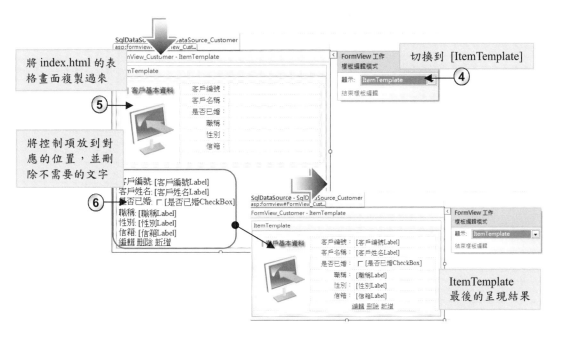

Step8 仿照 Step7，設計 FormView_Customer 控制項的 EditItemTemplate 編輯項目樣板呈現的畫面。

1. 將職稱的文字方塊改使用 DropDownList1 下拉式清單方塊表示，項目有董事長,總經理,經理,組長,業務，並繫結至客戶資料表的職稱欄位。
2. 將性別的文字方塊改使用 RadioButtonList1 選項按鈕清單表示，項目有男和女，並繫結至客戶資料表的性別欄位。
3. 將 客戶基本資料(readonly.jpg) 換成 客戶修改作業(update.jpg)影像。

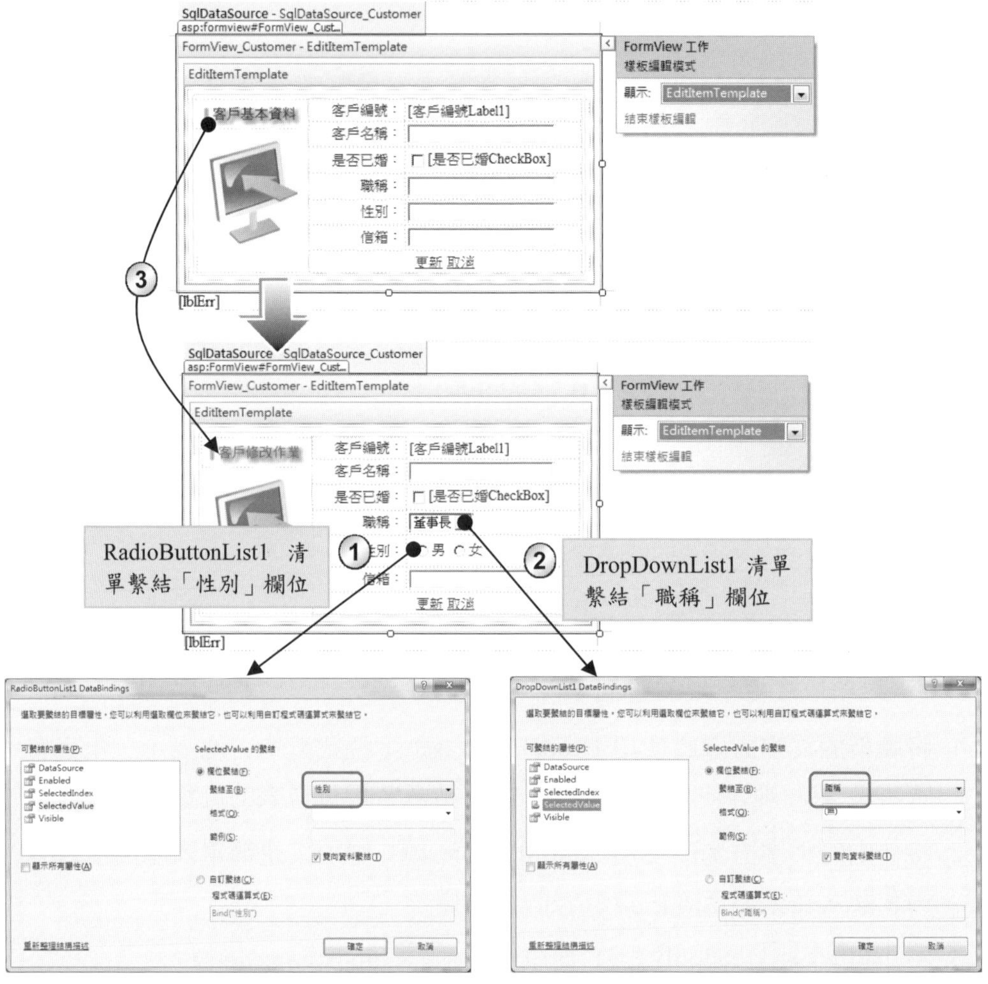

Step9 仿照 Step8，設計 FormView_Customer 控制項的 InsertItemTemplate 新增項目樣板呈現的畫面。

1. 將職稱的文字方塊改用 DropDownList2 下拉式清單方塊表示，項目有董事長,總經理,經理,組長,業務，並繫結至客戶資料表的職稱欄位。
2. 將性別的文字方塊改使用 RadioButtonList2 選項按鈕清單表示，項目有男和女，男預設選取，並繫結至客戶資料表的性別欄位。

3. 將 客戶基本資料 (readonly.jpg)換成 客戶新增作業 (insert.jpg)。

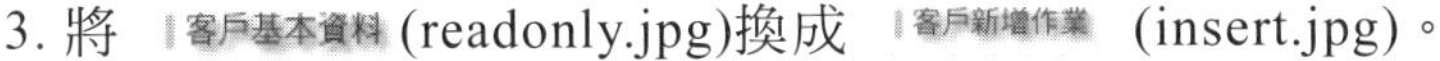

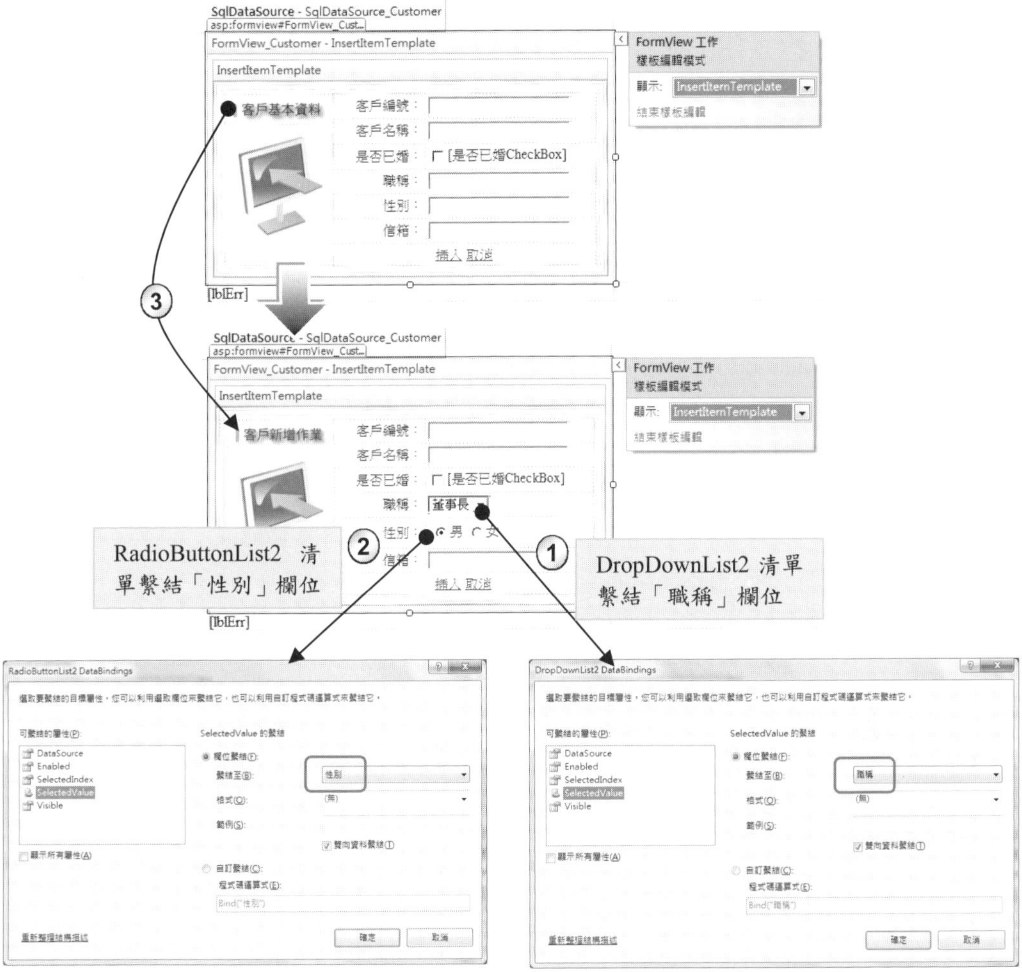

RadioButtonList2 清單繫結「性別」欄位

DropDownList2 清單繫結「職稱」欄位

Step10 完成上述設定後，請切換到 [原始碼] 畫面檢視 FormView_Customer 控制項各樣板的宣告語法，其設定方式與 DetailView 控制項差不多，在此就不列出本例的宣告語法。

Step11 為防止使用者在新增客戶資料時沒有輸入客戶編號(主索引鍵)而發生執行時期例外，請在 SqlDataSource_Customer 的 Inserted 事件處理程序內撰寫如下程式碼。當新增後會觸發 Inserted 事件，可在此事件判斷是否有產生例外物件，若產生例外物件，則在 lblErr 標籤上顯示錯誤例外訊息，且例外狀況自行處理(e.ExceptionHandled = True)。

程式碼後置檔：FormView_Sample.aspx.vb

```
Partial Class FormView_Sample
    Inherits System.Web.UI.Page

    ' 當 SqlDataSource_Customer 控制項新增資料之後會執行 Inserted 事件
    Protected Sub SqlDataSource_Customer_Inserted(sender As Object, e As _
    System.Web.UI.WebControls.SqlDataSourceStatusEventArgs) _
    Handles SqlDataSource_Customer.Inserted
        ' 判斷 e.Exception 例外物件是否不為 Nothing，若不為 Nothing，表示新增正常
        If e.Exception IsNot Nothing Then
            ' lblErr 標籤顯示錯誤訊息
            lblErr.Text = e.Exception.Message
            ' e.ExceptionHandled 設為 True 表示自行處理例外狀況
            e.ExceptionHandled = True
        Else
            lblErr.Text = ""
        End If
    End Sub

End Class
```

14.3 DataList 控制項

DataList 伺服器控制項是以自訂樣板的方式來顯示資料來源的記錄，可使用水平或垂直方式顯示多筆記錄，具備選取、刪除、修改功能，由於可以使用樣板自行定義輸出畫面，網頁畫面編排上會比 GridView 有更大的彈性，相反的設計上會更花費時間，因此欲呈現設計感較佳的網頁建議使用 DataList，DataList 控制項樣板的使用方式與 FormView 相同，下表是 DataList 所提供的樣板。

DataList 的樣板說明	功能說明
AlternatingItemTemplate	替代項目樣板，即偶數筆資料記錄顯示的內容。
EditItemTemplate	編輯模式顯示的內容。
FooterTemplate	頁尾內容樣板。
HeaderTemplate	標頭內容樣板。
ItemTemplate	項目內容樣板，即每一筆資料記錄顯示的內容，若 AlternatingItemTemplate 有設定，則奇數筆顯示 Item Template 樣板的內容，偶數筆顯示 AlternatingItem Template 樣板的內容。
SelectedItemTemplate	在 DataList 控制項中選取某一個項目時所呈現的項目內容。
SeparatorTemplate	顯示於每一個項目之間的項目。

下表為 DataList 較重要且常用的屬性：

屬性	功能說明
RepeatColumn	DataList 控制項一次顯示的欄數。
RepeatDirection	設定或取得配置項目的方向。 Horizontal-水平；Vertical-垂直 (預設值)
RepeatLayout	設定或取得項目是以表格或流程方式做重複排列。 Table-表格排列(預設值)；Flow-流程排列。

範例演練

網頁檔名：DataList_Sample.aspx

使用 DataList 控制項顯示「員工」資料表的所有記錄，顯示員工編號、姓名、性別、照片四個欄位，配置方向採水平方式，一列顯示兩筆員工記錄，項目樣板呈現 圖示，替代樣板呈現 圖示。

項目樣板內容

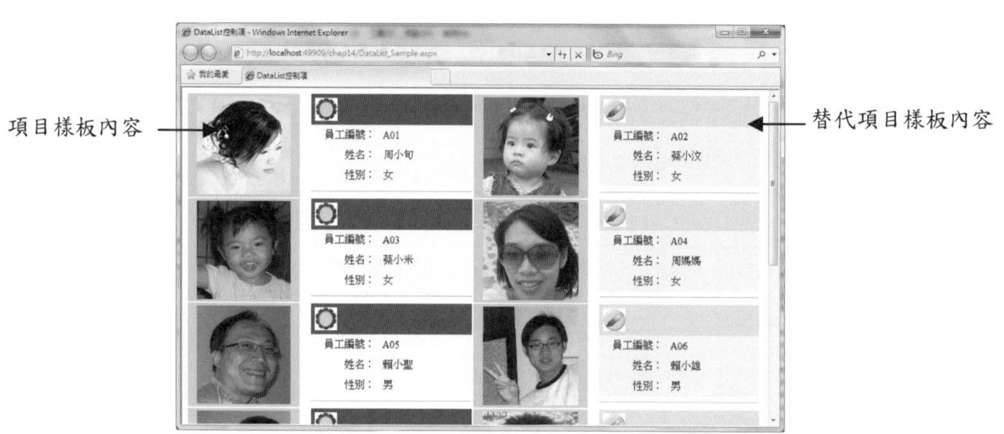

替代項目樣板內容

上機實作

Step1 將書附光碟「資料庫」資料夾下的 chap14.mdf 及 chap14_log.ldf 複製到目前網站 App_Data 資料夾下，接著再按方案總管視窗的 重新整理鈕，使得 App_Data 資料夾能顯示上述兩個檔案，本例使用 chap14.mdf 的員工資料表，該資料表的欄位格式如下：

主索引欄位

資料行名稱	資料型別	允許 Null
員工編號	nvarchar(10)	☐
姓名	nvarchar(10)	☑
性別	nvarchar(2)	☑
是否已婚	bit	☑
部門編號	int	☑
雇用日期	date	☑
照片	nvarchar(20)	☑

Step2 複製素材：

1. 將書附光碟「素材/chap14_素材」資料夾的 temp.html 與 images 資料夾複製到目前製作的 chap14 網站內。
2. 在方案總管視窗內按 鈕重新整理網站，使出現 temp.html 與 images 資料夾；如下圖 temp.html 網頁中有兩個表格，一個用來當做項目樣板的內容，另一個用來當做替代樣板的內容；images 資料夾內含本例使用的影像圖檔。

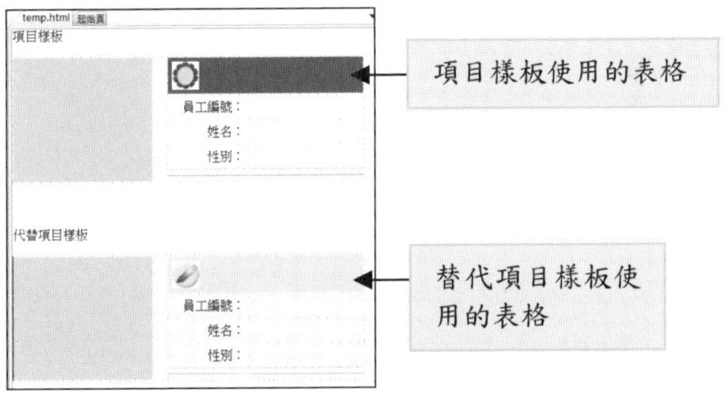

Step3 建立 DataList_Sample.aspx 網頁，並在此網頁內建立一個物件識別名稱為 SqlDataSource_Employee 資料來源控制項，透過「智慧標籤」設定 SqlDataSource_Employee 資料來源控制項的工作，使該控制項可連接 chap14.mdf 資料庫，並擷取「員工」資料表的所有記錄。

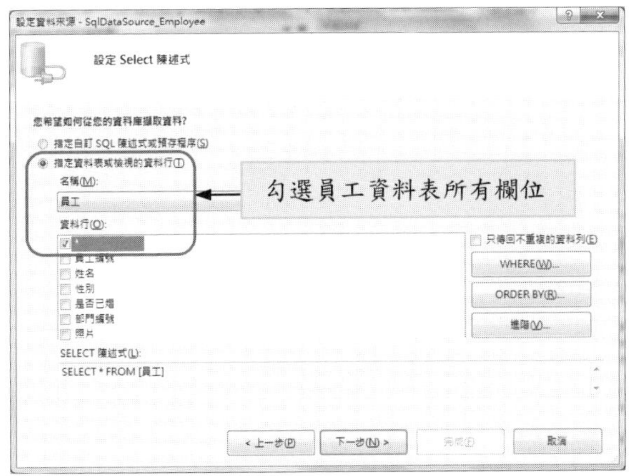

Step4 建立 DataList_Employee 控制項用來顯示員工資料。將該控制項的 RepeatColumns 呈現欄數屬性設為 2，RepeatDirection 配置方向屬性設為 Horizontal。完成設定之後，將來 DataList_Employee 內的記錄會以水平方向做配置，且一列呈現兩筆記錄。

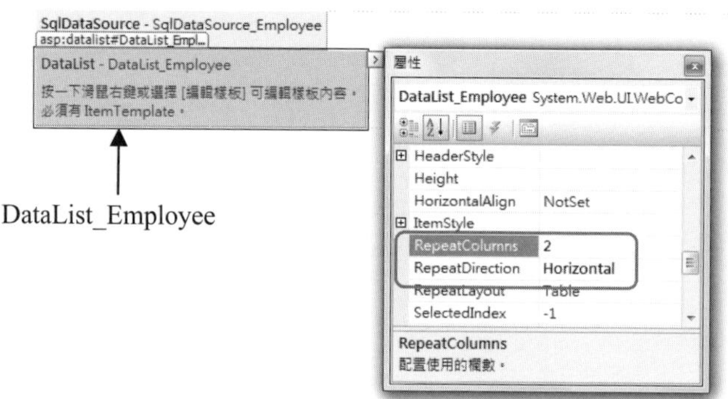

Step5 使用「智慧標籤」設定 DataList_Employee 控制項的資料來源為「SqlDataSource_Employee」。操作方式如下：

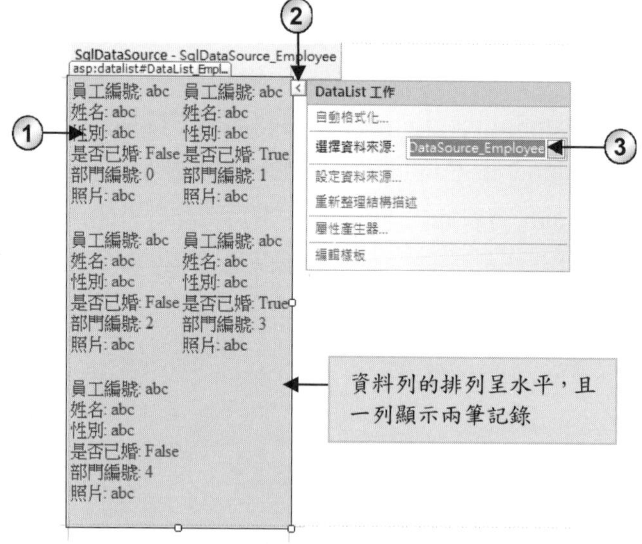

Step6 設計 DataList_Employee 控制項的 ItemTemplate 一般項目樣板呈現的畫面。請按照下圖數字順序操作：

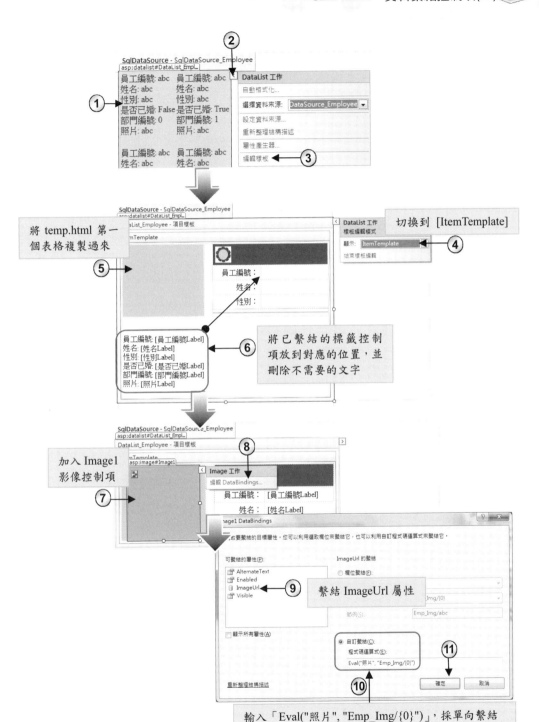

SqlDataSource - SqlDataSource_Employee
asp:datalist#DataList_Empl...
員工編號: abc 員工編號: abc
姓名: abc 姓名: abc
性別: abc 性別: abc
是否已婚: False 是否已婚: True
部門編號: 0 部門編號: 1
照片: abc 照片: abc
DataList 工作
自動格式化...
選擇資料來源: DataSource_Employee
設定資料來源...
重新整理結構描述
屬性產生器...
編輯樣板
將 temp.html 第一個表格複製過來
DataList_Employee - 項目樣板
ItemTemplate
員工編號：
姓名：
性別：
DataList 工作
樣板編輯模式
顯示: ItemTemplate
結束樣板編輯
切換到 [ItemTemplate]
員工編號: [員工編號Label]
姓名: [姓名Label]
性別: [性別Label]
是否已婚: [是否已婚Label]
部門編號: [部門編號Label]
照片: [照片Label]
將已繫結的標籤控制項放到對應的位置，並刪除不需要的文字
加入 Image1 影像控制項
asp:image#Image1
Image 工作
編輯 DataBindings...
員工編號： [員工編號Label]
姓名： [姓名Label]
Image1 DataBindings
可繫結的屬性(P):
AlternateText
Enabled
ImageUrl
Visible
顯示所有屬性(A)
ImageUrl 的繫結
欄位繫結(F):
繫結 ImageUrl 屬性
Emp_Img/abc
自訂繫結(C):
程式碼運算式(E):
Eval("照片", "Emp_Img/{0}")
重新整理結構描述
確定
取消
輸入「Eval("照片", "Emp_Img/{0}")」，採單向繫結

完成後 DataList_Employee 的 ItemTemplate 內的 Image1 影像控制項會自動產生下面的宣告程式碼：

```
<asp:Image ID="Image1" runat="server" Height="150px"
    ImageUrl='<%# Eval("照片", "Emp_Img/{0}") %>' Width="150px" />
```

Step7 仿照 Step6，設計 DataList_Employee 控制項 AlternatingItemTemplate 替代項目樣板呈現的畫面，由於替代項目樣板預設沒有已繫結好的控制項，因此必須自行定義。

1. 切換到 DataList_Employee 控制項的 AlternatingItemTemplate 替代項目樣板。
2. 將 temp.html 網頁的第二個表格放至 DataList_Employee 控制項的 AlternatingItemTemplate 替代項目樣板。
3. 在員工編號處放入「Label1」、姓名處放入「Label2」、性別處放入「Label3」、以及放入 Image2 用來顯示員工的照片。操作方式如下：

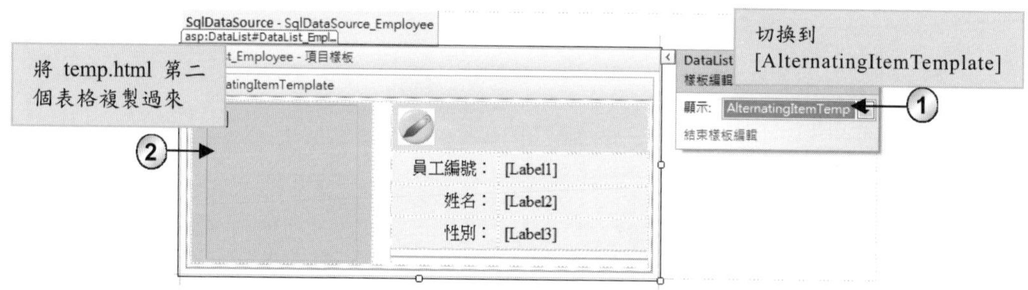

4. 透過「智慧標籤」的「DataBindings...」指令使「Label1」的 Text 屬性繫結至員工編號欄位、「Label2」的 Text 屬性繫結至姓名欄位、「Label3」的 Text 屬性繫結至性別欄位、「Image2」的 ImageUrl 屬性繫結到照片欄位，Image2 的設定方式如下圖：

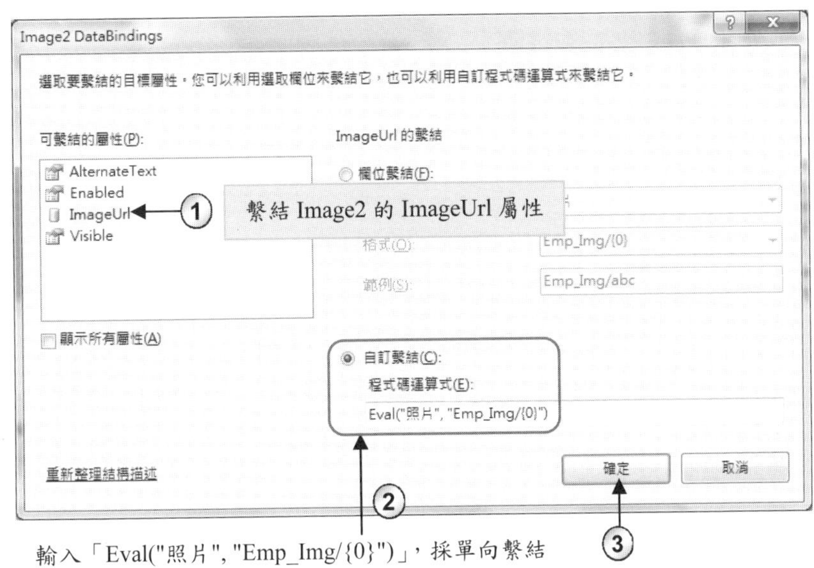

完成後 DataList_Employess 的 AlternatingItemTemplate 內的 Label1、Label2、Label3、Image2 控制項的宣告語法自動產生如下：

```
<asp:Label ID="Label1" runat="server" Text='<%# Eval("員工編號") %>'>
</asp:Label>
<asp:Label ID="Label2" runat="server" Text='<%# Eval("姓名") %>'>
</asp:Label>
<asp:Label ID="Label3" runat="server" Text='<%# Eval("性別") %>'>
</asp:Label>
<asp:Image ID="Image2" runat="server" Height="150px"
    ImageUrl='<%# Eval("照片", "Emp_Img/{0}") %>' Width="150px" />
```

經過上一章與本章範例的練習，可發現 GridView、DetailView、FormView 與 DataList 控制項的使用方式很類似，只要熟悉 GridView 控制項的使用方式，相信使用 DetailView、FormView 與 DataList 應不是難事才對。由於篇幅有限，無法將資料控制項的所有應用技巧做完整的介紹，您可以自行參閱第十六章所附的教學光碟，會將本書介紹的控制項與技巧做整合，並設計出一個擁有會員系統、訂單系統、購物系統、產品上下架整合的電子商務網站。

14.4 Chart 控制項

由 VS 2008 SP1 開始提供 Chart 圖表控制項可用來在網頁上繪製圓餅圖、長條圖、股票趨線圖…等統計圖表，但必須撰寫宣告語法來設計，使用上相當不方便。幸好在 VS 2010 及 VWD 2010 的工具箱中內建 Chart 圖表控制項，其使用上比前一版更加簡單，只要將 Chart 圖表控制項的資料來源設為 SqlDataSource 控制項，此時即可以透過屬性視窗或智慧標籤來設計 Chart 圖表的顯示模式是圓餅圖、長條圖、股票趨線圖、3D 長條圖…等統計圖表，接著 SqlDataSource 控制項查詢和統計的結果即會以圖表方式呈現於 Chart 圖表控制項上。下面範例介紹 Chart 控制項的基本用法。

範例演練

網頁檔名：Chart_Sample.aspx

使用 SqlDataSource 控制項查詢 Northwind.mdf 資料庫的「產品類別」及「產品資料」表，並計算出某一類別名稱共有多少產品，最後將計算結果以 3D 長條圖表顯示於網頁上。

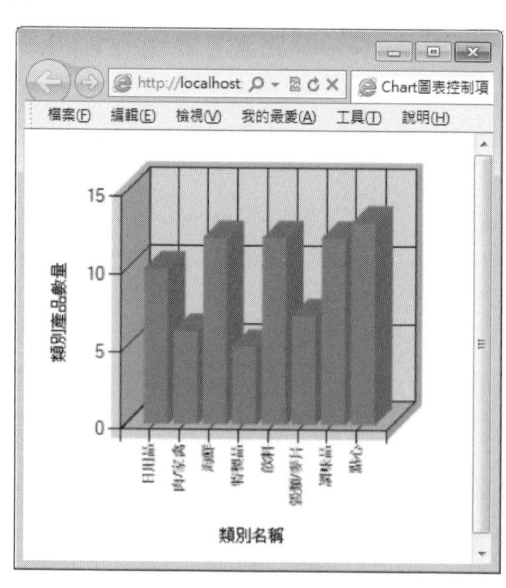

上機實作

Step1 將書附光碟「資料庫」資料夾下的 Northwind.mdf 及 Northwind_log.ldf 複製到目前網站 App_Data 資料夾下，接著再按方案總管視窗的 重新整理鈕，使 App_Data 資料夾顯示上述兩個檔案，本例使用 Northwind.mdf 的「產品類別」與「產品資料」表。

Step2 建立 Chart_Sample.aspx 網頁，並在此網頁內建立一個物件識別名稱為 SqlDataSource1 資料來源控制項，以及一個物件識別名稱為 Chart1 圖表控制項。

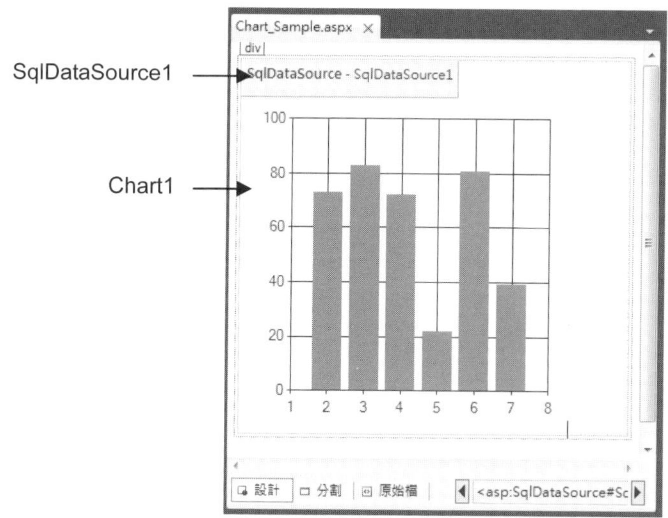

Step3 使用 SqlDataSource1 控制項建立可查詢某類別名稱有多少個產品的 SELECT 陳述式。

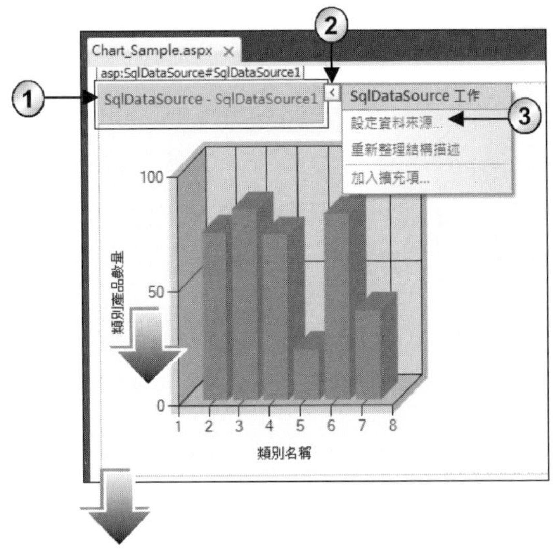
Chart_Sample.aspx
asp:SqlDataSource#SqlDataSource1
SqlDataSource - SqlDataSource1
SqlDataSource 工作
設定資料來源...
重新整理結構描述
加入擴充項...
類別產品數量
類別名稱

設定資料來源 - SqlDataSource1
選擇資料連接
您的應用程式應該使用哪個資料連接來連接資料庫?(W)
Northwind.mdf
新增連接(C)...
連接字串(S)
選擇目前網站 App_Data 資料夾下的 Northwind.mdf 資料庫
< 上一步(P)
下一步(N) >
完成(F)
取消

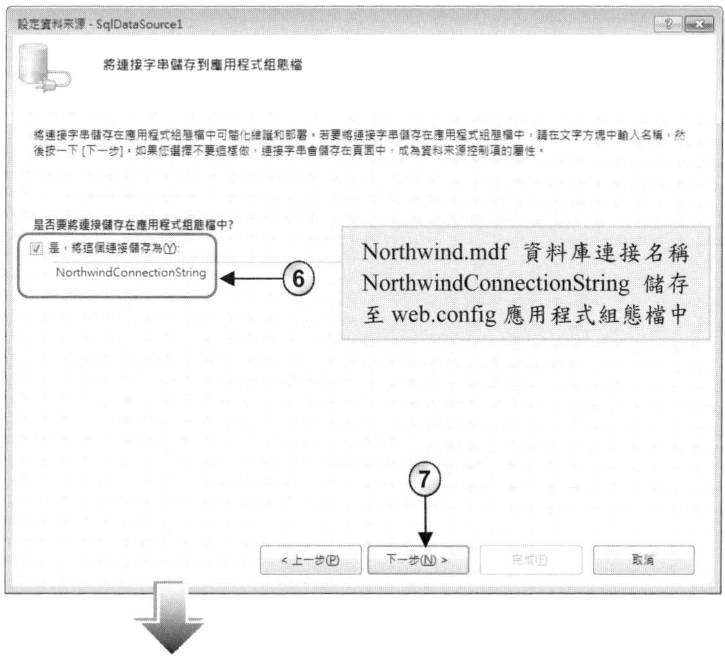
設定資料來源 - SqlDataSource1
將連接字串儲存到應用程式組態檔
將連接字串儲存在應用程式組態檔中可簡化維護和部署。若要將連接字串儲存在應用程式組態檔中，請在文字方塊中輸入名稱，然後按一下 [下一步]。如果您選擇不要這樣做，連接字串會儲存在頁面中，成為資料來源控制項的屬性。
是否要將連接儲存在應用程式組態檔中?
是，將這個連接儲存為(Y):
NorthwindConnectionString
6
Northwind.mdf 資料庫連接名稱 NorthwindConnectionString 儲存至 web.config 應用程式組態檔中
7
< 上一步(P)
下一步(N) >
完成(F)
取消

設定資料來源 - SqlDataSource1
設定 Select 陳述式
您希望如何從您的資料庫擷取資料?
指定自訂 SQL 陳述式或預存程序(S)
8
選擇此項表示自訂 SQL 陳述式
指定資料表或檢視的資料行(T)
名稱(M):
供應商
資料行(O):
*
供應商編號
供應商
連絡人
連絡人職稱
地址
城市
行政區
郵遞區號
國家地區
電話
傳真電話
首頁
只傳回不重複的資料列(E)
WHERE(W)...
ORDER BY(R)...
進階(V)...
SELECT 陳述式(L):
SELECT * FROM [供應商]
9
< 上一步(P)
下一步(N) >
完成(F)
取消

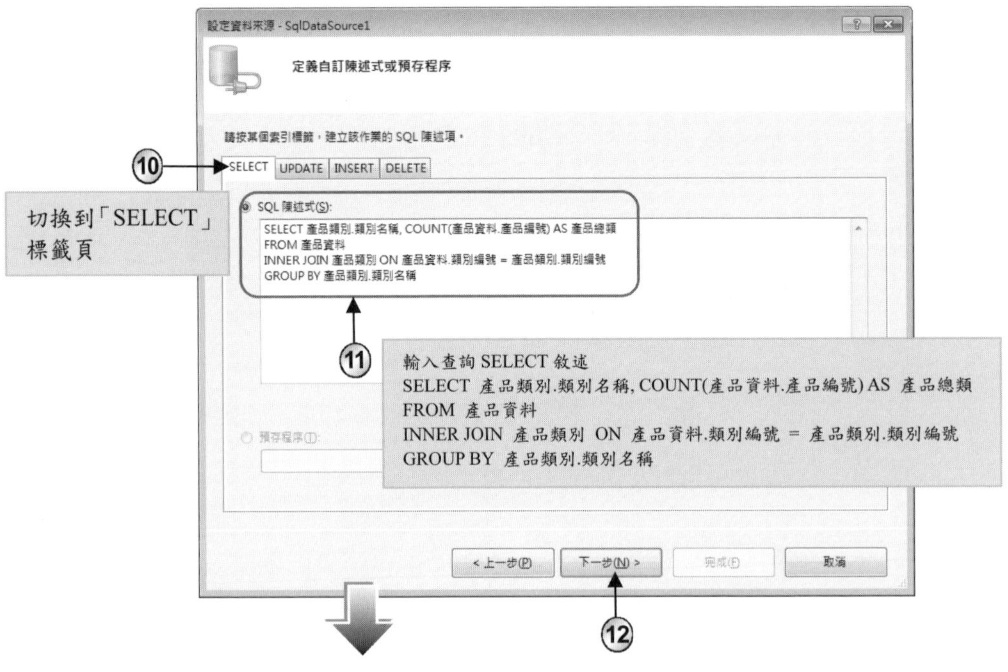
設定資料來源 - SqlDataSource1
定義自訂陳述式或預存程序
請按某個索引標籤，建立該作業的 SQL 陳述項。
SELECT
UPDATE
INSERT
DELETE
切換到「SELECT」標籤頁
SQL 陳述式(S):
SELECT 產品類別.類別名稱, COUNT(產品資料.產品編號) AS 產品總類
FROM 產品資料
INNER JOIN 產品類別 ON 產品資料.類別編號 = 產品類別.類別編號
GROUP BY 產品類別.類別名稱
輸入查詢 SELECT 敘述
SELECT 產品類別.類別名稱, COUNT(產品資料.產品編號) AS 產品總類
FROM 產品資料
INNER JOIN 產品類別 ON 產品資料.類別編號 = 產品類別.類別編號
GROUP BY 產品類別.類別名稱
預存程序(I):
< 上一步(P)
下一步(N) >
完成(F)
取消

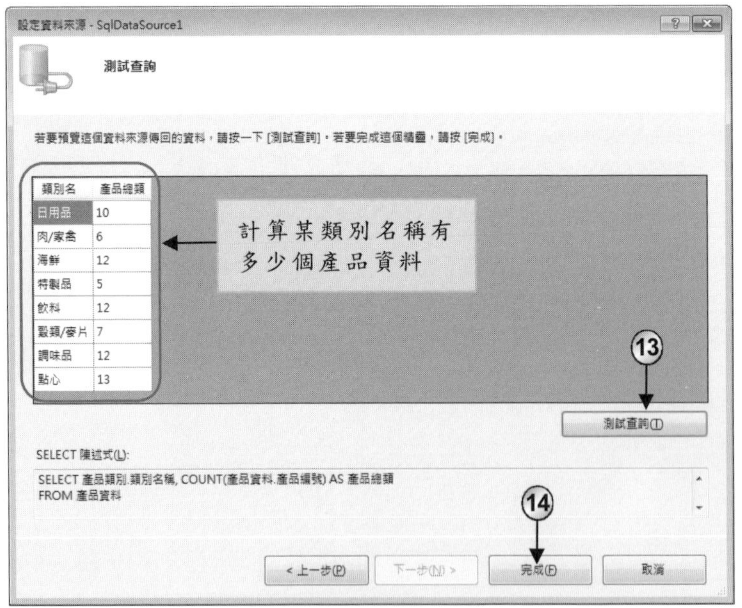
設定資料來源 - SqlDataSource1
測試查詢
若要預覽這個資料來源傳回的資料，請按一下 [測試查詢]。若要完成這個精靈，請按 [完成]。
類別名 產品總類
日用品 10
肉/家禽 6
海鮮 12
特製品 5
飲料 12
穀類/麥片 7
調味品 12
點心 13
計算某類別名稱有多少個產品資料
測試查詢(T)
SELECT 陳述式(L):
SELECT 產品類別.類別名稱, COUNT(產品資料.產品編號) AS 產品總類
FROM 產品資料
< 上一步(P)
下一步(N) >
完成(F)
取消

Step4 設定 Chart1 圖表控制項的屬性，操作方式如下：

1. 資料來源設為 SqlDataSource1。
2. 圖表類型設為 Column，即圖表以長條圖顯示。
3. 指定 X 值成員為「類別名稱」，即圖表的 X 軸顯示「類別名稱」。
4. 指定 Y 值成員為「產品總額」，即圖表的 Y 軸顯示某類別共有多少個產品資料。

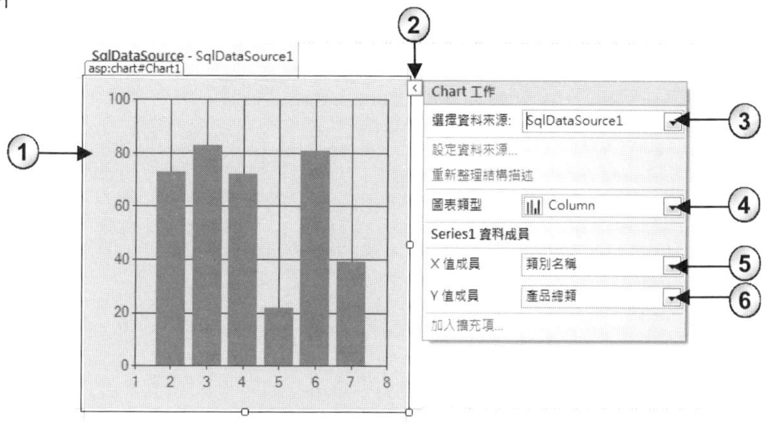

Step5 執行結果發現以長條圖表來呈現某類別名稱有多少個產品資料。

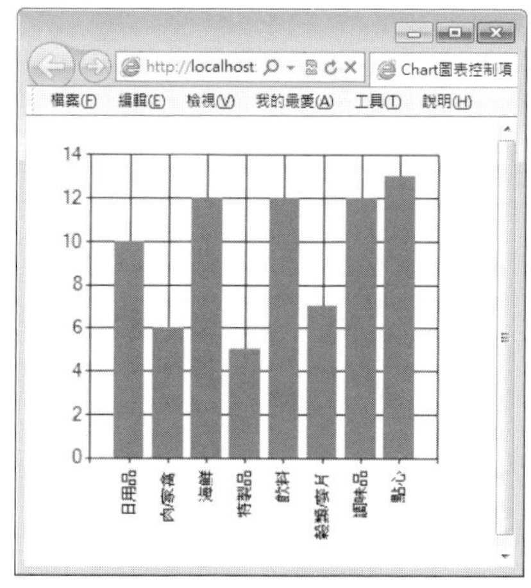

Step6 設定 Chart1 圖表的 X 軸與 Y 軸的標題名稱。請按數字順序操作：

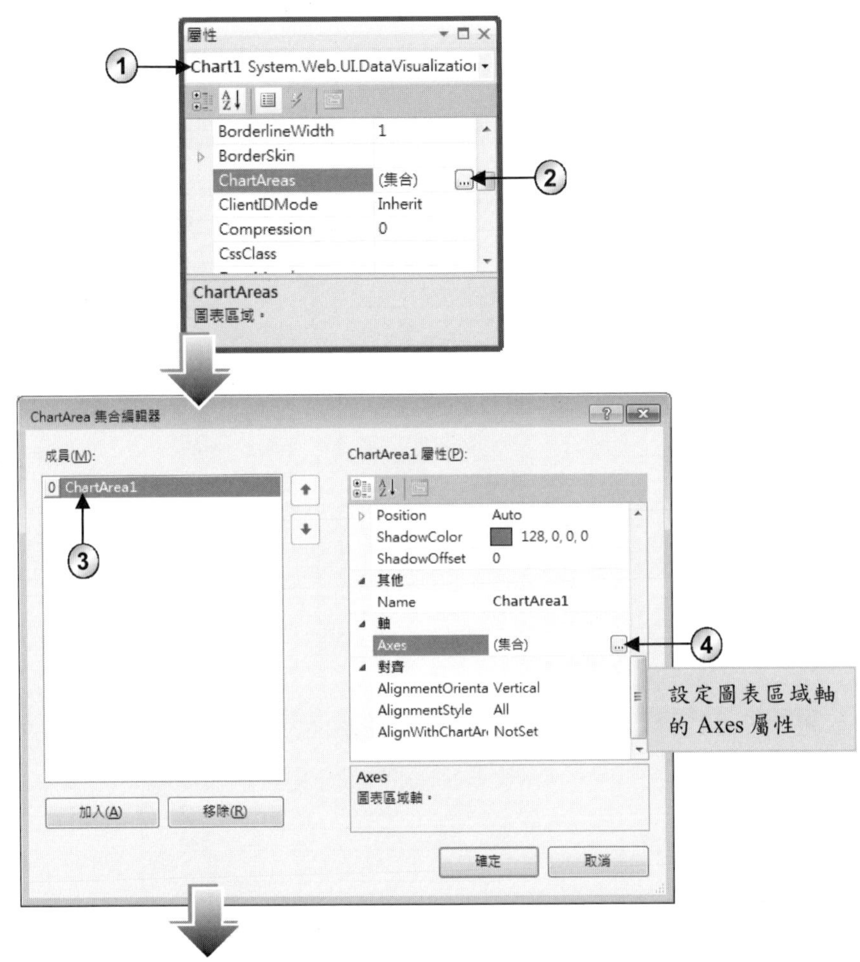

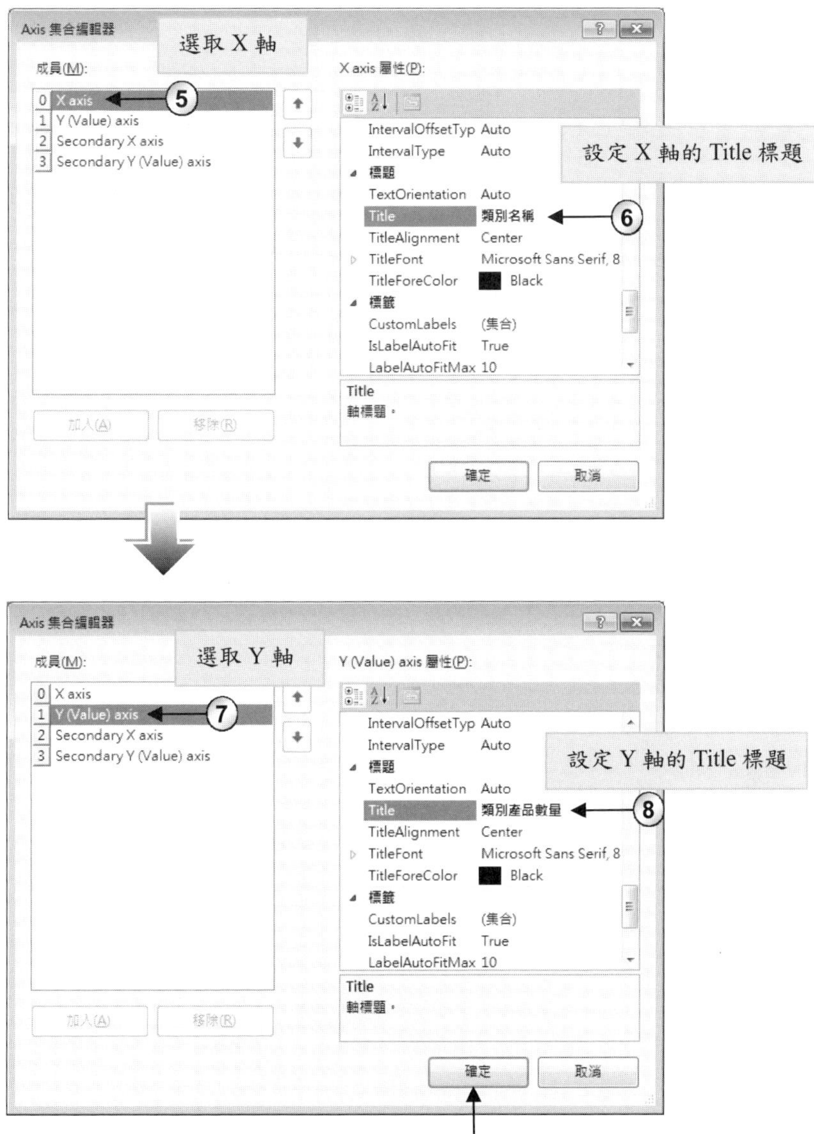
Axis 集合編輯器
選取 X 軸
成員(M):
0 X axis
1 Y (Value) axis
2 Secondary X axis
3 Secondary Y (Value) axis
5
X axis 屬性(P):
IntervalOffsetTyp Auto
IntervalType Auto
標題
TextOrientation Auto
Title 類別名稱
6
設定 X 軸的 Title 標題
TitleAlignment Center
TitleFont Microsoft Sans Serif, 8
TitleForeColor Black
標籤
CustomLabels (集合)
IsLabelAutoFit True
LabelAutoFitMax 10
Title
軸標題。
加入(A)
移除(R)
確定
取消
Axis 集合編輯器
選取 Y 軸
成員(M):
0 X axis
1 Y (Value) axis
2 Secondary X axis
3 Secondary Y (Value) axis
7
Y (Value) axis 屬性(P):
IntervalOffsetTyp Auto
IntervalType Auto
標題
TextOrientation Auto
Title 類別產品數量
8
設定 Y 軸的 Title 標題
TitleAlignment Center
TitleFont Microsoft Sans Serif, 8
TitleForeColor Black
標籤
CustomLabels (集合)
IsLabelAutoFit True
LabelAutoFitMax 10
Title
軸標題。
加入(A)
移除(R)
確定
取消
9

Step7 在上圖按 確定 鈕之後，接著繼續回到「ChartArea 集合編輯器」視窗，在此視窗將 Chart1 圖表控制項設為 3D 效果。

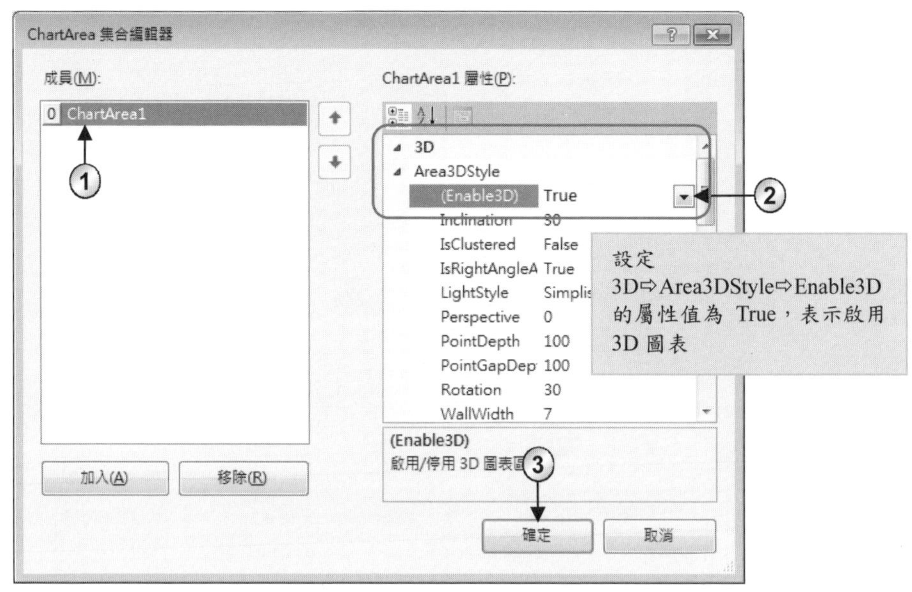

Step8 執行結果顯示 3D 長條圖表，且圖表的 X 軸和 Y 軸皆顯示標題。

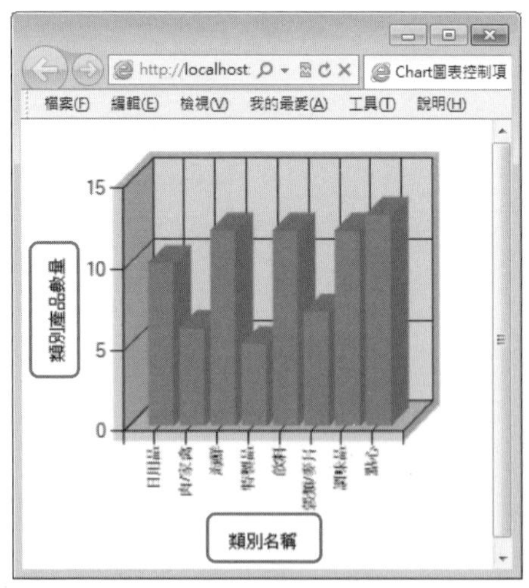

14.5 課後練習

一、選擇題

1. DetailView 控制項的欄位必須放入什麼標籤內？
(A) <Rows> (B) <Columns> (C) <Fields> (D) 以上皆非

2. 在 DetailView 控制項的 ButtonField 自訂命令按鈕欄位上按一下會觸發什麼事件？ (A) Command (B) ItemCommand (C) Click (D) ItemClick

3. DetailView 控制項的預設欄位為？
(A) BoundField (B) ImageField (C) HyperLinkField (D) CommandField

4. 當 SQL Server 資料表欄位型別為 bit 時，則預設 DetailView 會使用什麼欄位顯示？ (A) ButtonField (B) CheckBoxFeild (C) CommandField (D) ImageField

5. 若 FormView 的 DefaultMode 設為 Insert，表示進入？
(A) 唯讀模式 (B) 編輯模式 (C) 新增模式 (D) 刪除模式

6. SqlDataSource 控制項新增記錄後會觸發什麼事件？
(A) Added (B) Adding (C) Inserting (D) Inserted

7. 當 SqlDataSource 控制項 Inserted 事件內指定 e.ExceptionHandled=True 時，即表示 (A) 自行處理例外 (B) 交由系統處理例外 (C) 取消新增 (D) 執行新增

8. 下列哪個屬性可取得 DataList 一次顯示的欄數
(A) RepeatLayout (B) RepeatDirection (C) RepeatColumn (D) RepeatRow

9. DataList 控制項的 RepeatLayout 屬性預設為
(A) Flow (B) Table (C) Null (D) Top

10. 在 DataList 控制項中顯示於每一個項目之間的項目，應設計在哪個樣板？
    (A) HeaderTemplate　　(B) ItemTemplate
    (C) SelectedItemTemplate　　(D) SeparatorTemplate

二、程式設計

1. 修改 DataList_Sample.aspx 網頁。在網頁中加入選項按鈕清單控制項擁有 "水平排列" 與 "垂直排列" 兩個選項，透過選項按鈕清單可動態調整 DataList 是採水平排列或垂直排列。結果如下兩圖：

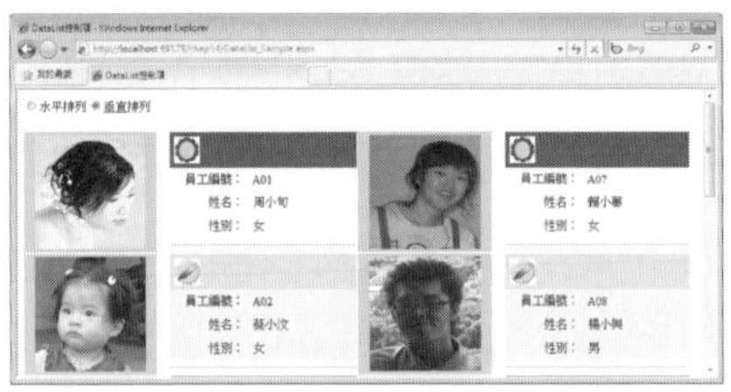

2. 延續習題 1，加入「部門名稱」下拉式清單且該下拉式清單繫結至「部門」資料表，當選取「部門名稱」下拉式清單中的部門時，DataList 控制項即會顯示該部門的所有員工記錄。
3. 建立「產品資料」表，該資料表有產品編號(主索引鍵)、品名、單價、是否銷售及上架日期五個欄位，並在該產品資料表內輸入五筆記錄。接著使用 DetailView 控制項顯示產品資料表的記錄，且擁有新增、編輯、刪除、分頁功能。在 DetailView 控制項的新增與編輯模式中，產品編號、品名、單價等欄位使用文字方塊；是否銷售欄位使用核取方塊；上架日期使用月曆。
4. 將習題 3 採用 FormView 控制項呈現，一樣擁有新增、編輯、刪除、分頁功能。

CHAPTER

15 AJAX 網頁技術

學習目標：

- 認識何謂 AJAX
- 認識 AJAX 非同步網頁技術應用
- 認識 ASP.NET AJAX 擴充功能控制項
- 學習設計 AJAX 非同步網頁
- 學習使用 UpdatePanel 控制項進行局部更新網頁區塊
- 學習使用 UpdateProgress 控制項設計非同步更新處理訊息
- 學習使用 Timer 控制項定時觸發伺服器端的事件
- 學習使用 Timer 控制項定時局部更新網頁區塊
- 學習下載與安裝 ASP.NET AJAX Control Toolkit
- 學習使用 ASP.NET AJAX Control Toolkit

15.1 AJAX 簡介

Asynchronous JavaScript And XML(非同步的 JavaScript 與 XML)的縮寫即是 AJAX，是 J.J. Garrett 在 2005 年初提出來的一種網頁技術，它是一種非同步的網頁技術。由於傳統網頁服務模式是以「同步」方式，而「AJAX」網頁的服務模式是以「非同步」方式。那這兩種模式有什麼差異呢？

1. 同步處理

   舉列來說，當網頁中只有最新消息的區塊需要進行更新，而網頁的其他部份如選單、廣告、版權頁...等不需要進行更新，在傳統的動態伺服器網頁就必須將整份網頁全部回傳(PostBack)至伺服器端，經過伺服器端處理並取得資料庫的最新消息之後，再將整份網頁全部內容包含選單、廣告、版權頁...等全部下載至用戶端，此種做法看起來好像沒有什麼太大的問題，而且會使用瀏覽器上網頁的人也都司空見慣，但是若伺服器端忙碌或是網路的速度變慢的時候，此時使用者只能等待，什麼事也不能做，而且只為了要更新網頁局部的最新消息區塊，就將整份網頁進行回傳及下載，如此只是浪費網路流量的傳輸。

2. 非同步處理

   如果上述情形採用非同步方式來處理的話，就能在不換頁的情形下，只更新最新消息的區塊，且網頁只將最新消息區塊回傳至伺服器端，再將更新後的最新消息載入至用戶端，網頁其它的部份如選單、廣告、版權頁...等區塊並不會回傳至伺服器端也不會刷新頁面。此種做法最大的好處是，減少資料在網路上傳送，提升網頁的處理效率，若伺服器端回傳的資料量較大時，也能動態的提示訊息讓用戶端的使用者了解，而且也可以提供更友善、豐富、順暢的網頁操作介面。

Google 網站大量使用 AJAX 網頁技術，如 Google Maps、Google Mail、Google Suggest...等，使得 AJAX 在短時間竄紅起來，讓 AJAX 成為 Web 2.0

網站平台不可或缺的技術。如下圖即為 Google 網站使用 AJAX 網頁技術的 Web 服務：

Google Suggest 搜尋引擎的自動完成功能，只要輸入前幾個字，即能以非同步方式動態去伺服器端找出相關的詞彙

Google Maps 以非同步的方式下載地圖以便讓使用者觀看

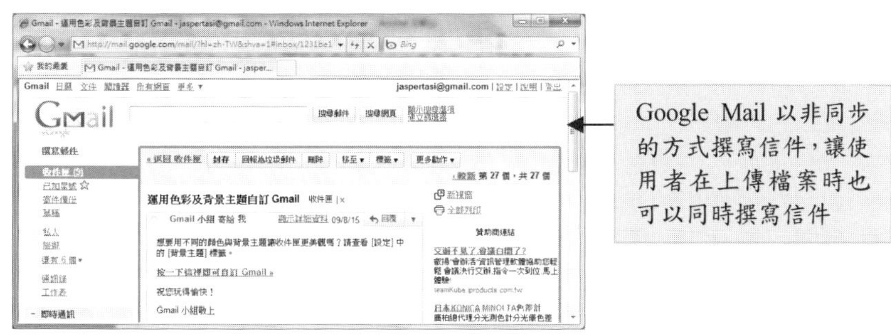

Google Mail 以非同步的方式撰寫信件，讓使用者在上傳檔案時也可以同時撰寫信件

AJAX 網頁是屬於用戶端(展示層)的技術，在用戶端的瀏覽器必須使用 JavaScript 的 XMLHttpRequest 送出非同步的 Http Request，此時只會將指定的欄位資料傳送至伺服器端，而網頁的其它資料並不會進行回傳(PostBack)，接著再透過 Http Response 方式將更新後的執行結果下載至用戶端的瀏覽器，最後透過 JavaScript 將更新後的執行結果以背景執行的方式寫回 DHTML 或 DOM(Document Object Model)指定的標籤區塊，此時指定的區塊即會進行更新，由於傳送和接收資料是屬於非同步的模式，因此使用者可以在不換頁的情形下繼續在網頁上進行任何操作。

由於 AJAX 是由 DHTML、DOM、XML、JavaScript 及動態伺服器技術(ASP.NET, ASP, JSP 或 PHP 擇一)等多種技術整合而成的應用，必須撰寫大量的 JavaScript 用戶端指令碼來進行網頁的背景處理，此種作法相當麻煩，因此在本書不建議使用 JavaScript 來設計 AJAX 網頁。

15.2 AJAX 擴充功能控制項

微軟為了讓程式開發人員更容易開發 AJAX 網頁，於 2007 年推出 ASP.NET AJAX，並於 2008 年將 ASP.NET AJAX 放入 Visual Studio 2008 及 Visual Web Developer 2008 整合開發環境工具箱的「AJAX 擴充功能」標籤內，同樣的在 VS 2010 及 VWD 2010 整合開發環境工具箱內亦提供「AJAX 擴充功能」，讓開發人員在不需要撰寫 JavaScript 用戶端指令碼的情形下，也可以快速開發 AJAX 網頁。下圖為工具箱內的 AJAX 擴充功能標籤頁所提供的控制項。

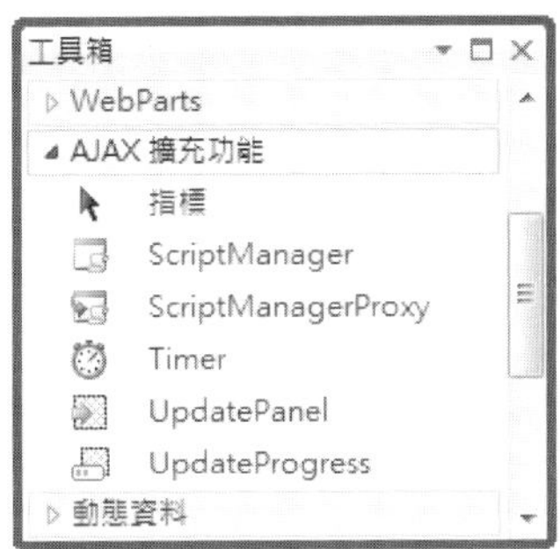

下表為 AJAX 擴充功能所提供的控制項功能說明：

AJAX 擴充功能控制項	功能說明
ScriptManager	可用來管理網頁中所有非同步回傳的處理。
UpdatePanel	可用來指定網頁的哪個區塊要進行非同步更新。
UpdatePanelUpdateProgress	可用來設定 UpdatePanel 控制項中網頁非同步更新的狀態資訊，例如當下載的資料量太大可出現「下載中...」訊息以便讓使用者了解。
Timer	可用來設定在指定的間隔時間執行回傳至伺服器端的動作。您可以使用 Timer 控制項在某一個間隔時間內更新 UpdatePanel 控制項內的最新消息或動態新聞。

15.3 ScriptManager 與 UpdatePanel 控制項

15.3.1 ScriptManager 控制項

此控制項可用來管理用戶端元件、非同步網頁傳輸活動、當地語系化、使用者自訂指令碼資源…等。ASP.NET AJAX 網頁只能放置一個 ScriptManager，且該控制項必須放在網頁的最開頭。網頁必須放置 ScriptManager，才可以使用 UpdatePanel、UpdateProgress 及 Timer 控制項。下表為 ScriptManager 控制項常用的屬性：

屬性	功能說明
AsyncPostPackTimeout	設定非同步回傳的逾期時間。
EnableScriptGlobalization	設定是否在目前文化特性的頁面加入用戶端全球化資訊。True-啟用；False-不啟用(預設值)。
EnableScriptLocalization	設定是否讓 ScriptManager 產生指令碼檔的當地語系化版本。True-啟用(預設值)；False-不啟用。
EnableParitialRendering	設定是否啟用 UpdatePanel 控制項進行非同步回傳。 True-啟用非同步回傳(預設值)。 False-不啟用非同步回傳。

15.3.2 UpdatePanel 控制項

UpdatePanel 控制項是一個容器，它可以用來放置其它控制項或元件，UpdatePanel 控制項這個區塊會被視為非同步處理的區塊，當 UpdatePanel 控制項的內容想要呈現新的資訊，只有 UpdatePanel 控制項的內容會進行回傳並更新已變更的內容，網頁的其它部份並不會重新載入，這樣可讓使用者與 Web 應用程式的互動更加順暢。如下為 UpdatePanel 控制項的宣告語法：

```
<asp:UpdatePanel ID="物件識別名稱" runat="server">
    <ContentTemplate>
        <!--欲進行非同步更新的內容或 Web 控制項可置於此處-->
    </ContentTemplate>
</asp:UpdatePanel>
```

下面範例介紹 UpdatePanel 控制項的基本用法。

網頁檔名：AJAX01_Sample.aspx.aspx

練習使用 ScriptManager 控制項與 UpdatePanel 控制項製作 AJAX 網頁，並測試同步與非同步網頁的執行情形。

1. 按下 同步取得時間 採同步模式，此時畫面會先閃一下，接著將整份網頁包含影像、按鈕及文字方塊重新載入並將伺服器端的日期與時間顯示在文字方塊上。
2. 按下 非同步取得時間 採非同步模式，只有框住的地方才會進行更新日期時間，其它部份不更動。

上機實作

Step1 設定如下圖 AJAX01_Sample.aspx 網頁輸出入介面，請將 TextBox2 與 Button2 放置在 UpdatePanel1 內，此時 UpdatePanel1 即會成為非同步更新的區域。

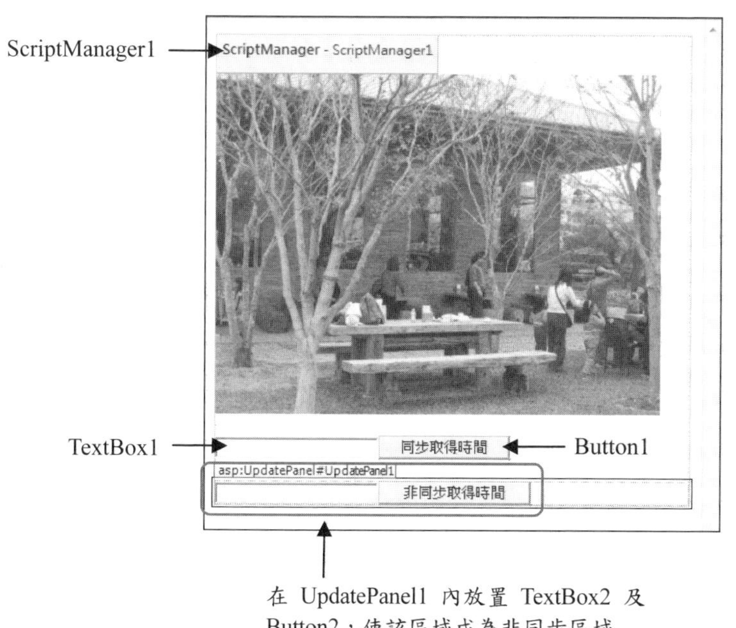

Step2 完成上述設定後，接著在 AJAX01_Sample.aspx 網頁自動產生下面宣告程式碼：

網頁程式碼：AJAX01_Sample.aspx

```
01 <asp:ScriptManager ID="ScriptManager1" runat="server">
02 </asp:ScriptManager>
03 <img src="images/新社.jpg" style="width: 400px; height: 300px" /><br />
04 <br />
05 <asp:TextBox ID="TextBox1" runat="server" Width="200px"></asp:TextBox>
06 <asp:Button ID="Button1" runat="server" Text="同步取得時間" />
07 <br /><br />
08 <asp:UpdatePanel ID="UpdatePanel1" runat="server">
09     <ContentTemplate>
10         <asp:TextBox ID="TextBox2" runat="server" Width="200px"></asp:TextBox>
11         <asp:Button ID="Button2" runat="server"
12             Text="非同步取得時間" />
13     </ContentTemplate>
14 </asp:UpdatePanel>
```

程式說明

1. 1~2 行 ：建立 ScriptManager1 控制項，此控制項必須置於網頁的最開頭。
2. 6 行 ：由於 Button1 [同步取得時間] 鈕放在 UpdatePanel1 控制項外，因此此鈕的 Click 事件處理程序的執行是採同步模式。
3. 8~14 行 ：建立 UpdatePanel1 控制項，此控制項內含 TextBox2 及 Button2 控制項，此區域為非同步更新。
4. 10~12 行：由於 Button2 [非同步取得時間] 鈕放在 UpdatePanel1 控制項內，因此此鈕 Click 事件處理程序的執行是採非同步模式。

Step3 AJAX01_Sample.aspx 網頁的事件處理程序如下：

程式碼後置檔：AJAX01_Sample.aspx.vb

```
01 Partial Class AJAX01_Sample
02     Inherits System.Web.UI.Page
03
04     Protected Sub Button1_Click(sender As Object, e As System.EventArgs) _
       Handles Button1.Click
05         ' 將目前日期時間顯示在 TextBox1 上
06         TextBox1.Text = DateTime.Now.ToString()
07     End Sub
08
09     Protected Sub Button2_Click(sender As Object, e As System.EventArgs) _
       Handles Button2.Click
10         ' 將目前日期時間顯示在 TextBox2 上
11         TextBox2.Text = DateTime.Now.ToString()
12     End Sub
13
14 End Class
```

程式說明

1. 4~7 行：按下 Button1 同步取得時間 鈕即執行 Button1_Click 事件處理程序，將伺服器端的日期時間顯示在 TextBox1 上，執行採同步模式。
2. 9~12 行：按下 Button2 非同步取得時間 鈕即執行 Button2_Click 事件處理程序，此時將伺服器端的日期時間顯示在 TextBox2 上，由於 TextBox2 放在 UpdatePanel1 內，所以 TextBox2 不用重新載入整個網頁即可顯示伺服器端的日期時間，執行採非同步模式。

15.4 UpdateProgress 控制項

有時進行網頁非同步處理時，因為網路速度太慢，或是下載的資料量太大，此時就必須讓使用者進行等待，若能出現一些提示訊息告知使用者伺服器端正在處理資料，以便讓使用者了解目前伺服器的處理狀態。例如 Google Maps 在讀取地圖時會出現「讀取中...」的訊息，或是使用 Google Mail 上傳附加檔案時會出現檔案上傳的進度表...等。

ASP.NET AJAX 擴充功能提供 UpdateProgress 控制項，此控制項是一個容器，可用來放置非同步更新時的處理訊息，一般 UpdateProgress 控制項是不顯示的，您可以透過 UpdateProgress 控制項的 AssociatedUpdatePanelID 屬性讓 UpdateProgress 控制項與 UpdatePanel 控制項產生關聯，此時當 UpdatePaenl 進行非同步更新時，即會顯示 UpdateProgress 控制項。如下即為 UpdataProgress 的宣告語法：

```
<asp:UpdateProgress ID="物件識別名稱" runat="server"
    AssociatedUpdatePanelID="關聯的 UpdatePanel 物件識別名稱"... >
    <ProgressTemplate>
        欲顯示的下載訊息，可以是文字、HTML 標籤或控制項
    </ProgressTemplate>
</asp:UpdateProgress>
```

下表是 UpdateProgress 控制項的常用屬性：

屬性	功能說明
AssociatedUpdatePanelID	設定或取得與 UpdateProgress 控制項產生關聯的 UpdatePanel 控制項。
DisplayAfter	設定或取得經過多少時間後還沒取得非同步的執行結果即顯示 UpdateProgress 控制項的內容，預設值為 500 即 0.5 秒

DynamicLayout	設定或取得 UpdateProgress 是否動態呈現。True-動態呈現，即不顯示時不佔用網頁空間(預設值)；False-不動態呈現，即不顯示時會佔用網頁空間。

範例演練

網頁檔名：AJAX02_Sample.aspx.aspx

下拉式清單中顯示產品類別資料，GridView 中顯示產品資料。在下拉式清單中選取產品類別，此時 GridView 即會顯示該類別對應的產品。本例使用 UpdatePanel 與 UpdateProgress 控制項設計 AJAX 網頁，GridView 控制項顯示產品資料採非同步更新，且搜尋產品時 UpdateProgress 控制項會顯示「下載中....」，待產品資料下載完成後，UpdateProgress 控制項內的「下載中....」訊息即會消失，此時 GridView 即以非同步的方式顯示使用者所查詢的產品資料。

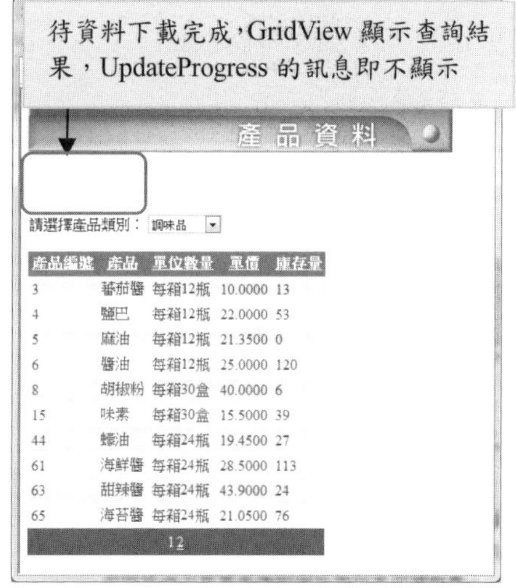

上機實作

Step1 將書附光碟「資料庫」資料夾下的 Northwind.mdf 及 Northwind_log.ldf 複製到目前網站 App_Data 資料夾下，接著再按「方案總管」視窗的 重新整理鈕，使 App_Data 資料夾顯示上述兩個檔案，本例使用 Northwind.mdf 的「產品類別」與「產品資料」兩個資料表。

Step2 建立 AJAX02_Sample.aspx 網頁的輸出入介面：

1. 建立 ScriptManager1 控制項。
2. 將網站 images 資料夾下的 title.jpg 圖放入 ASP.NET 網頁內。
3. 建立 UpdateProgress1 控制項，並在 UpdateProgress1 內放置 disk.jpg 與「下載中...」文字，接著將該控制項的 DynamicLayout 屬性設為 False；將 AssociatedUpdatePanelID 屬性設為 UpdatePanel1，使 UpdateProgress1 用來當做 UpdatePanel1 的提示更新訊息。

4. 請在 UpdateProgress1 控制項的下方建立 UpdatePanel1 控制項，UpdatePanel1 控制項用來當做非同步更新區域，並在 UpdatePanel1 內放置如下控制項。

① 在 UpdatePanel1 控制項內建立 SqlDataSource_Category 控制項，該控制項連接至 App_Data 資料夾下的 Northwind.mdf 資料庫，並擷取「產品類別」表的類別編號及類別名稱兩個欄位的所有記錄。

② 在 UpdatePanel1 控制項內建立 DropDownList_Category 下拉式清單控制項，將 DropDownList_Category 控制項的 DataSourceID 屬性繫結至「SqlDataSource_Category」，DataTextField 屬性繫結至「類別名稱」，DataValueField 屬性繫結至「類別編號」，AutoPostBack 屬性設為「True」。完成後，使得 DropDownList_Category 下拉式清單項目顯示「產品類別」表的「類別名稱」欄位所有記錄。

③ 在 UpdatePanel1 控制項內建立 SqlDataSource_Product 控制項，該控制項連接至 App_Data 資料夾下的 Northwind.mdf 資料庫，並擷取「產品資料」表的產品編號、產品、單位數量、單價、庫存量五個欄位的所有記錄，查詢條件為類別編號等於 DropDownList_Category 下拉式清單的 Value 值。也就是說當下拉式清單選取「調味品」時，SqlDataSource_Product 控制項即會擷取產品資料為 "調味品" 的產品。

ScriptManager - ScriptManager1

產品資料

asp:UpdatePanel#UpdatePanel1

SqlDataSource - SqlDataSource_Category

請選擇產品類別：資料繫結

在 UpdatePanel1 內建立 SqlDataSource_Product

① SqlDataSource - SqlDataSource_Product

設定資料來源 - SqlDataSource_Product

設定 Select 陳述式

您希望如何從您的資料庫擷取資料?

指定自訂 SQL 陳述式或預存程序(S)

指定資料表或檢視的資料行(T)

名稱(M):

產品資料

資料行(O):

* / 產品編號 / 產品 / 供應商編號 / 類別編號 / 單位數量 / 單價 / 庫存量 / 已訂購量 / 安全存量 / 不再銷售

② 擷取產品資料表的產品編號, 產品, 單位數量, 單價, 庫存量

只傳回不重複的資料列(E)

WHERE(W)... ③ 設定條件

ORDER BY(R)...

進階(V)...

SELECT 陳述式(L):

SELECT [產品編號], [產品], [單位數量], [單價], [庫存量] FROM [產品資料] WHERE ([類別編號] = @類別編號)

< 上一步(P)　下一步(N) >　完成(F)　取消

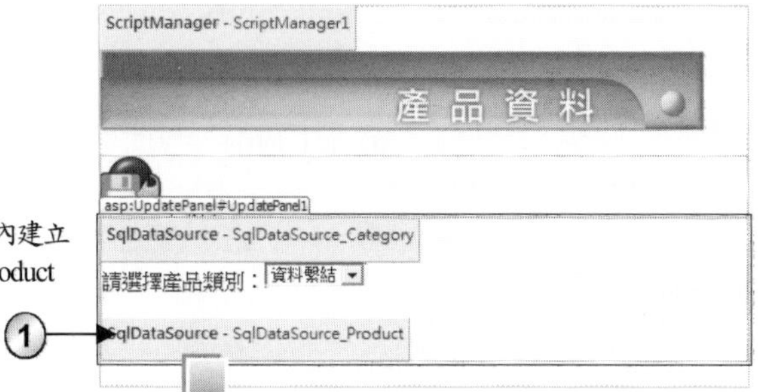

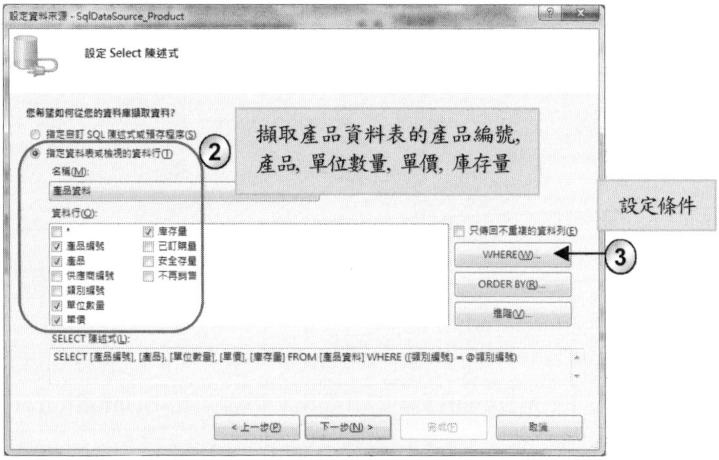

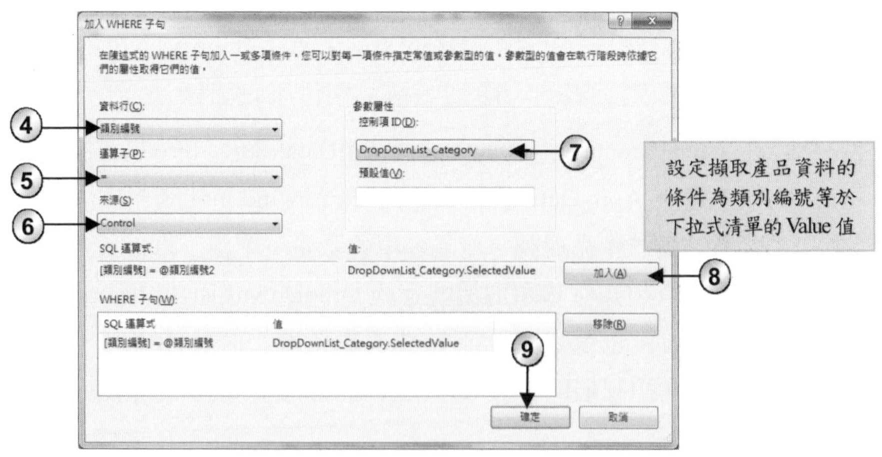

④ 在 UpdatePanel1 控制項內建立 GridView_Product 控制項，GridView_Product 控制項的 DataSourceID 屬性繫結至「SqlDataSource_Product」，並設定「啟用分頁」功能，自動格式化設為「一般」。

Step3 完成上述設定後，AJAX02_Sample.aspx 網頁自動產生下面宣告程式碼：

網頁程式碼：AJAX02_Sample.aspx

```
<asp:ScriptManager ID="ScriptManager1" runat="server">
</asp:ScriptManager>
<img src="images/title.jpg" style="width: 468px; height: 60px" /><br />
<asp:UpdateProgress ID="UpdateProgress1" runat="server"
    AssociatedUpdatePanelID="UpdatePanel1" DynamicLayout="False">
    <ProgressTemplate>
        <img src="images/disk.jpg" style="width: 49px; height: 43px" />
        下載中....
    </ProgressTemplate>
</asp:UpdateProgress>
<asp:UpdatePanel ID="UpdatePanel1" runat="server">
  <ContentTemplate>
```

```
<asp:SqlDataSource ID="SqlDataSource_Category" runat="server"
    ConnectionString="<%$ ConnectionStrings:NorthwindConnectionString %>"
    SelectCommand="SELECT [類別編號], [類別名稱] FROM [產品類別]">
    </asp:SqlDataSource>
        請選擇產品類別：
        <asp:DropDownList ID="DropDownList_Category"
            runat="server" AutoPostBack="True" DataTextField="類別名稱"
            DataSourceID="SqlDataSource_Category" DataValueField="類別編號">
        </asp:DropDownList>
<br /><br />
<asp:SqlDataSource ID="SqlDataSource_Product" runat="server"
    ConnectionString="<%$ ConnectionStrings:NorthwindConnectionString %>"
    SelectCommand="SELECT [產品編號], [產品], [單位數量], [單價], [庫存量] FROM
[產品資料] WHERE ([類別編號] = @類別編號)">
    <SelectParameters>
        <asp:ControlParameter ControlID="DropDownList_Category" Name="類別編號"
        PropertyName="SelectedValue" Type="Int32" />
    </SelectParameters>
</asp:SqlDataSource>
<asp:GridView ID="GridView_Product" runat="server" AllowPaging="True"
    AutoGenerateColumns="False" CellPadding="4" DataKeyNames="產品編號"
    DataSourceID="SqlDataSource_Product" ForeColor="#333333" GridLines="None">
    <RowStyle BackColor="#EFF3FB" />
    <Columns>
        <asp:BoundField DataField="產品編號" HeaderText="產品編號"
                InsertVisible="False" ReadOnly="True" SortExpression="產品編號" />
        <asp:BoundField DataField="產品" HeaderText="產品" SortExpression="產品" />
        <asp:BoundField DataField="單位數量" HeaderText="單位數量"
                SortExpression="單位數量" />
        <asp:BoundField DataField="單價" HeaderText="單價" SortExpression="單價" />
        <asp:BoundField DataField="庫存量" HeaderText="庫存量"
                SortExpression="庫存量" />
```

```
40         </Columns>
41         <FooterStyle BackColor="#507CD1" Font-Bold="True" ForeColor="White" />
42         <PagerStyle BackColor="#2461BF" ForeColor="White" HorizontalAlign="Center" />
43         <SelectedRowStyle BackColor="#D1DDF1" Font-Bold="True"
               ForeColor="#333333" />
44         <HeaderStyle BackColor="#507CD1" Font-Bold="True" ForeColor="White" />
45         <EditRowStyle BackColor="#2461BF" />
46         <AlternatingRowStyle BackColor="White" />
47    </asp:GridView>
48 </ContentTemplate>
49 </asp:UpdatePanel>
```

程式說明

1. 4~10 行 ：建立 UpdateProgress1 控制項，並設定 UpdateProgress1 與 UpdatePanel1 產生關連，如此當 UpdatePanel1 控制項在 0.5 秒(即 DisplayAfter 屬性預設值為 500)之內未取得查詢結果，此時即會顯示 UpdateProgress1 控制項的內容。

Step4 執行並測試網頁，結果發現選取 DropDownList_Category 下拉式清單時，GridView_Product 控制項即馬上進行非同步更新取得產品資料，並不會顯示 UpdateProgress1 控制項內的更新狀態「下載中....」，這是因為 UpdateProgress1 預設在 0.5 秒之內未取得查詢結果才會顯示其內容，再加上本機執行速度快，查詢資料量少，所以 UpdateProgress1 控制項的更新狀態「下載中....」才無法顯示。

Step5 為模擬下載資料量龐大的情形，使得查詢資料時顯示 UpdateProgress1 控制項的更新狀態「下載中....」，請於 DropDownList_Category 的 SelectedIndexChanged 事件處理程序內使用 System.Threading.Thread.Sleep(1000) 敘述讓目前處理的執行緒暫停 1 秒之後才送出處理結果。

程式碼後置檔：AJAX02_Sample.aspx.vb

```
Partial Class AJAX02_Sample
    Inherits System.Web.UI.Page

    Protected Sub DropDownList_Category_SelectedIndexChanged(sender As Object, _
    e As System.EventArgs) Handles DropDownList_Category.SelectedIndexChanged
        ' 處理的執行緒暫停 1 秒
        System.Threading.Thread.Sleep(1000)
    End Sub
End Class
```

15.5 Timer 控制項

ASP.NET AJAX Timer 控制項會在指定的時間之內執行回傳(PostBack)的動作，若將 Timer 置於 UpdatePanel 控制項內可在指定的時間之內進行某個區域的非同步更新，常見的例子如線上人數統計、網路廣告、聊天室的訊息...等等，都必須在特定的時間之內以非同步的方式更新畫面。

當 Timer 控制項進行回傳時，Timer 控制項會觸發伺服器端上的 Tick 事件，因此您可將定時要處理的程式碼撰寫在 Timer 控制項的 Tick 事件處理程序內。Timer 控制項的宣告語法如下：

```
<asp:Timer ID="物件識別名稱" runat="server" Enabled="是否啟用" ...>
</asp:Timer>
```

下表是 Timer1 控制項的常用屬性：

屬性	功能說明
Enabled	設定或取得是否啟動 Timer 控制項。True-啟動(預設值)；False-不啟動。

Interval	設定或取得多久時間觸發 Tick 事件一次，以毫秒為單位。預設值為 60000 表示 1 分鐘觸發 Tick 事件一次。
OnTick	設定當 Timer 控制項的 Tick 事件被觸發時所要執行的事件處理程序名稱。

網頁檔名：AJAX03_Sample.aspx.aspx

使用 Timer1 控制項每秒更新 UpdatePanel1 控制項內的 lblTime 標籤與 HyperLinkWeb 連結標籤。使 lblTime 每秒更新時間，使 HyperLinkWeb 超連結控制項每秒皆以亂數的方式顯示 "MSN"、"奇摩站"、"Google"、"博碩文化" 這四個網站。

上機實作

Step1 設定如下圖 AJAX03_Sample.aspx 網頁輸出入介面。請將 Timer1、lblTime 標籤及 HyperLinkWeb 超連結控制項放置在 UpdatePanel1 內，UpdatePanel1 為非同步更新的區域。

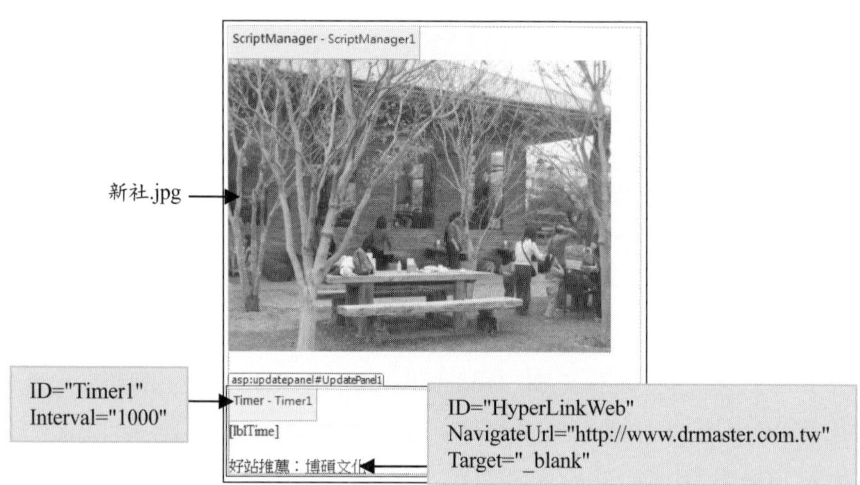

Step2 完成上述設定後，接著在 AJAX03_Sample.aspx 網頁自動產生下面宣告程式碼：

網頁程式碼：AJAX03_Sample.aspx

```
<asp:ScriptManager ID="ScriptManager1" runat="server">
</asp:ScriptManager>
<img src="images/新社.jpg" style="width: 400px; height: 300px" /><br />
<br />
<asp:UpdatePanel ID="UpdatePanel1" runat="server">
    <ContentTemplate>
      <asp:Timer ID="Timer1" runat="server" Interval="1000" >
      </asp:Timer>
        <asp:Label ID="lblTime" runat="server"></asp:Label>
        <br />
        <br />
        好站推薦：<asp:HyperLink ID="HyperLinkWeb" runat="server"
              NavigateUrl="http://www.drmaster.com.tw" Target="_blank">
              博碩文化</asp:HyperLink>
    </ContentTemplate>
</asp:UpdatePanel>
```

程式說明

1. 7~8 行　：建立 Timer1 控制項，每秒會觸發 Timer1_Click 事件處理程序一次。

Step3 AJAX03_Sample.aspx 網頁的事件處理程序如下：

程式碼後置檔：AJAX03_Sample.aspx.vb

```
01 Partial Class AJAX03_Sample
02     Inherits System.Web.UI.Page
03     ' 網頁載入時執行
04     Protected Sub Page_Load(sender As Object, e As System.EventArgs) Handles Me.Load
05         lblTime.Text = "目前時間：" & DateTime.Now.ToString()
06     End Sub
07
08     Protected Sub Timer1_Tick(sender As Object, e As System.EventArgs) _
       Handles Timer1.Tick
09         Dim WebName() As String = {"MSN", "奇摩站", "Google", "博碩文化"}
10         Dim WebUrl() As String = {"http://www.msn.com.tw", _
               "http://www.kimo.com.tw", "http://www.google.com.tw", _
               "http://www.drmaster.com.tw"}
11         Dim r As New Random()                          ' 建立亂數物件
12         Dim n As Integer = r.Next(WebName.Length)      ' 建立亂數 n
13         ' 設定第 n 個網站
14         HyperLinkWeb.Text = WebName(n)
15         HyperLinkWeb.NavigateUrl = WebUrl(n)
16         lblTime.Text = "目前時間：" & DateTime.Now.ToString()
17     End Sub
18
19 End Class
```

程式說明

1. 8~17 行　：Timer1 控制項每秒會觸發 Timer1_Click 事件處理程序一次。

2. 9~10 行 ：建立 WebName 字串陣列用來存放網站名稱，建立 WebUrl 字串陣列用來存放 WebName 網站對應的網址。
3. 11~12 行：由於 WebName 陣列索引為 0~3，請使用亂數物件並產生 0~3 之間的亂數再指定給 n 整數變數。
4. 14~15 行：HyperLinkWeb 超連結控制項的標題顯示 WebName(n) 陣列元素，連結網址使用 WebUrl(n) 陣列元素的網址。

15.6 ASP.NET AJAX Control Toolkit

ASP.NET AJAX Control Toolkit 是微軟工程師與眾多社群專家免費提供的擴充器(Extender)控制項，這些控制項可以對 ASP.NET 內建的 Web 控制項進行功能擴充，讓 ASP.NET 開發人員只要撰寫少量的程式碼，即可設計出具備豐富展示型態的用戶端 AJAX 網頁，這些控制項可擴充的用戶端展示功能有：形影不離控制項擴充器、月曆擴充器、外顯型對話方塊擴充器、浮水印文字方塊、數字調整器、索引標籤、動畫擴充器...等 43 種功能，而未來還會持續增加。由於篇幅的關係，本節以介紹形影不離控制項擴充器和月曆擴充器為主，關於其他 ASP.NET AJAX Control Toolkit 的使用可參閱其他相關書籍。

15.6.1 下載 ASP.NET AJAX Control Toolkit

首先必須先下載 ASP.NET AJAX Control Toolkit 到您的電腦。操作步驟如下：

上機實作

Step1 連到「http://ajaxcontroltoolkit.codeplex.com/releases/view/65800」網址下載 .NET 4.0 的 ASP.NET AJAX Control Toolkit。步驟如下：

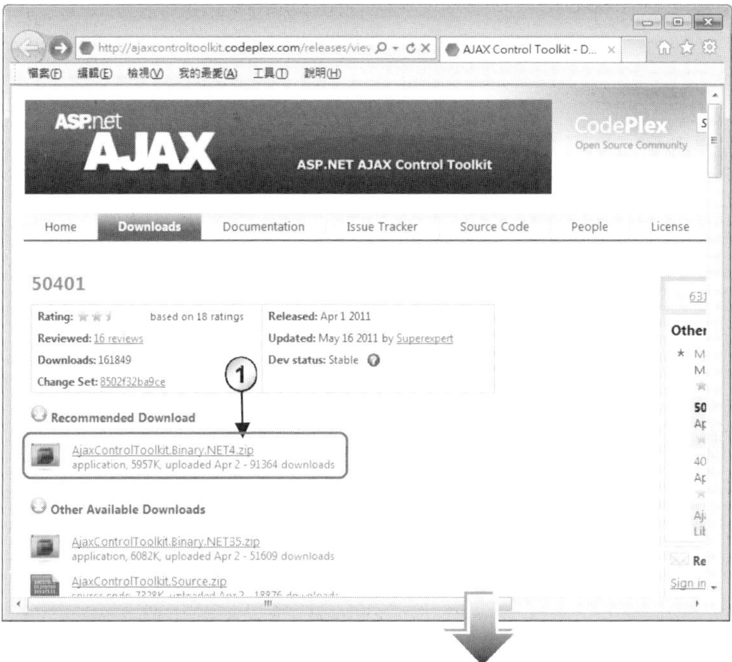
ASP.NET AJAX Control Toolkit
CodePlex
Open Source Community
Home
Downloads
Documentation
Issue Tracker
Source Code
People
License
50401
Rating: based on 18 ratings
Reviewed: 16 reviews
Downloads: 161849
Change Set: 8502f32ba9ce
Released: Apr 1 2011
Updated: May 16 2011 by Superexpert
Dev status: Stable
1
Recommended Download
AjaxControlToolkit.Binary.NET4.zip
application, 5957K, uploaded Apr 2 - 91364 downloads
Other Available Downloads
AjaxControlToolkit.Binary.NET35.zip
application, 6082K, uploaded Apr 2 - 51609 downloads
AjaxControlToolkit.Source.zip

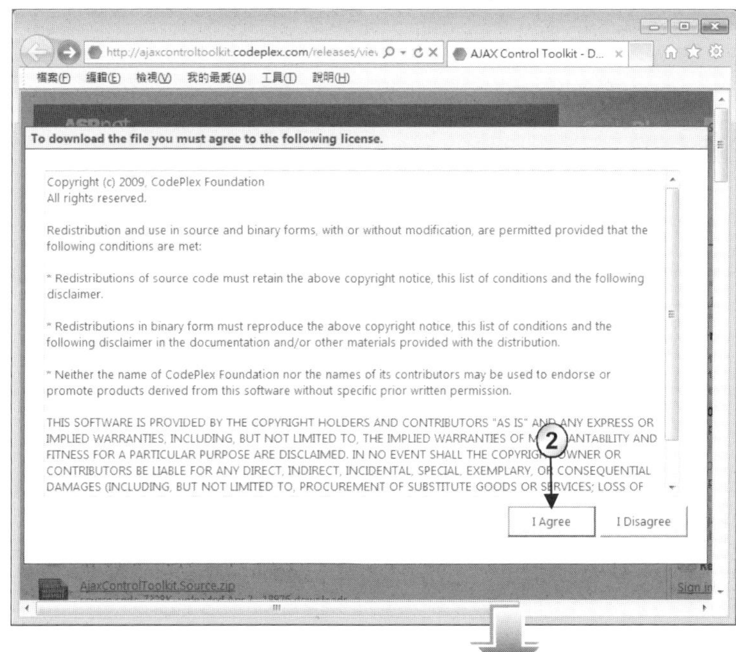
To download the file you must agree to the following license.
Copyright (c) 2009, CodePlex Foundation
All rights reserved.
Redistribution and use in source and binary forms, with or without modification, are permitted provided that the following conditions are met:
* Redistributions of source code must retain the above copyright notice, this list of conditions and the following disclaimer.
* Redistributions in binary form must reproduce the above copyright notice, this list of conditions and the following disclaimer in the documentation and/or other materials provided with the distribution.
* Neither the name of CodePlex Foundation nor the names of its contributors may be used to endorse or promote products derived from this software without specific prior written permission.
2
I Agree
I Disagree

Step2 將下載的工具包「AjaxControlToolkit.Binary.NET4.zip」存放到 C 磁碟(不一定要在 C 磁碟)。

15.6.2 安裝 ASP.NET AJAX Control Toolkit

下載 ASP.NET AJAX Control Toolkit 之後，接著可將 ASP.NET AJAX Control Toolkit 的控制項安裝到 VWD 2010 或 VS 2010 的工具箱內。步驟如下：

上機實作

Step1 將 C 磁碟的 AjaxControlToolkit.Binary.NET4.zip 解壓縮之後，結果發現在 C:\AjaxControlToolkit.Binary.NET4 資料夾下會有一個 AjaxControlToolkit.dll 檔，此檔就是我們要安裝的 AJAX Control Toolkit 函式庫。

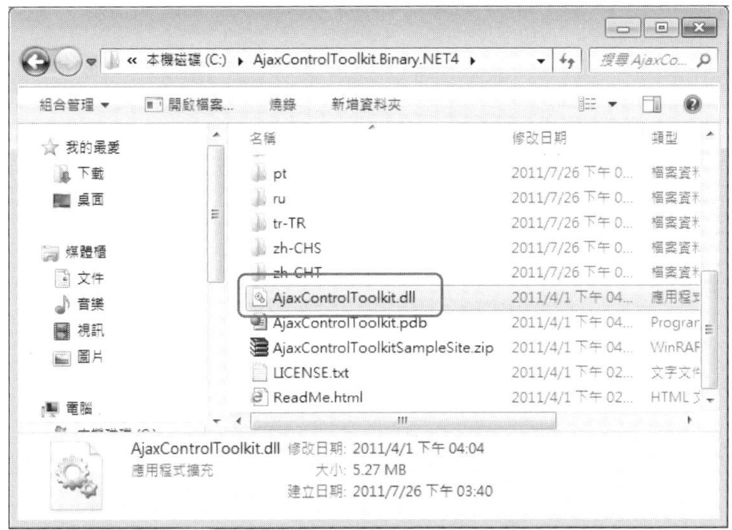

Step2 在工具箱內新增一個「Ajax Control Toolkit」的標籤頁，此標籤頁用來存放 AJAX Control Toolkit 的控制項。步驟如下：

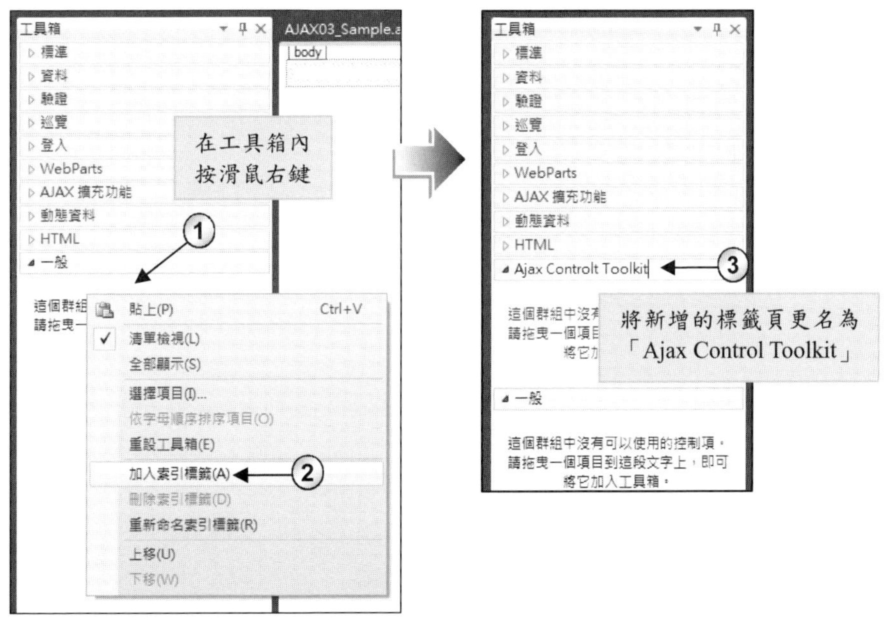

Step3 展開工具箱的「Ajax Control Toolkit」標籤頁，將安裝的 AJAX Control Toolkit 控制項置入「Ajax Control Toolkit」標籤頁內。步驟如下：

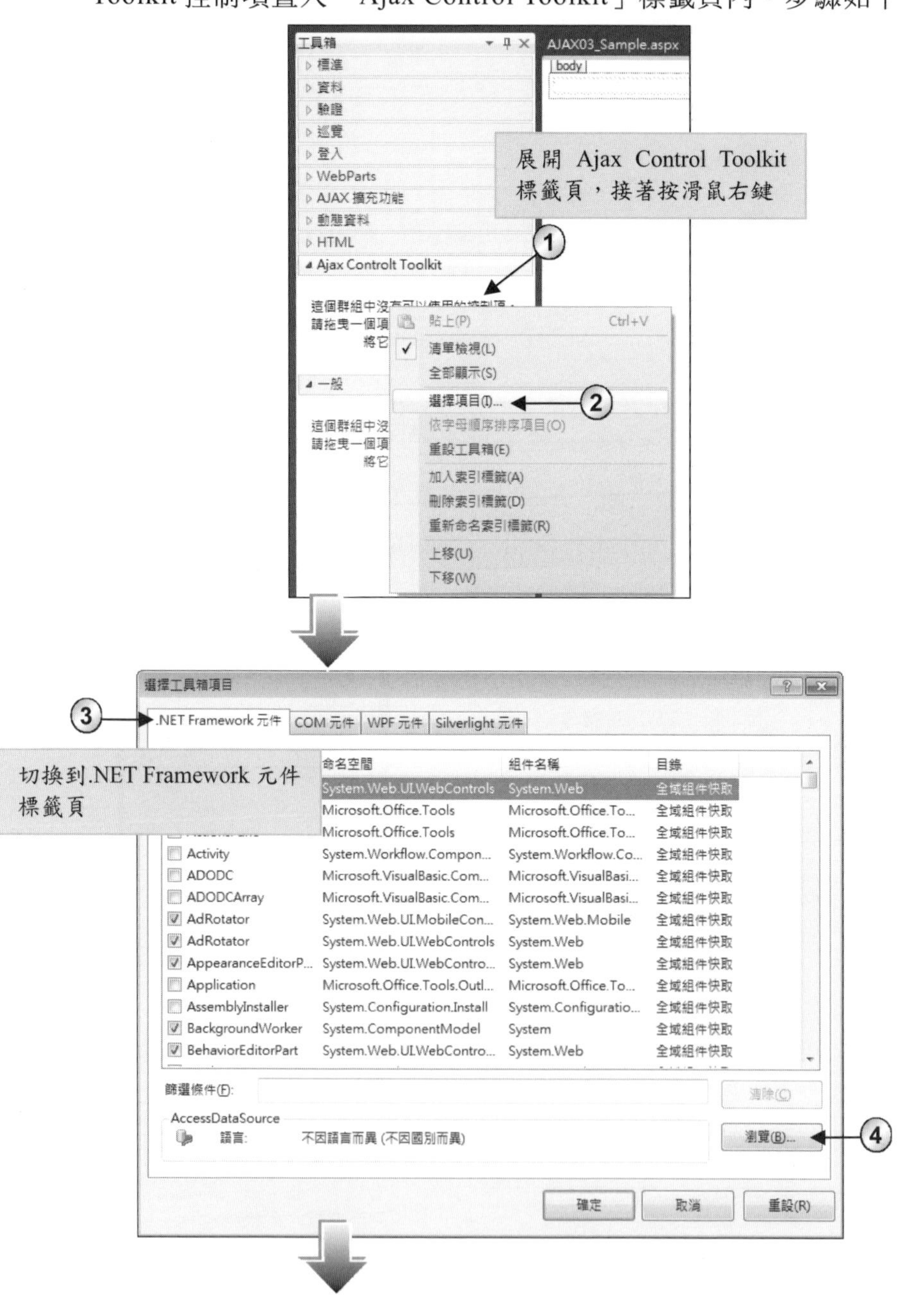

Step4 完成後，工具箱的「Ajax Control Toolkit」標籤頁內會出現 AJAX Control Toolkit 控制項。

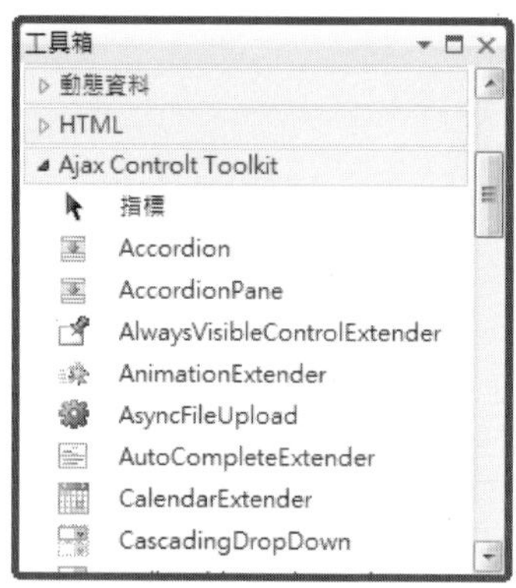

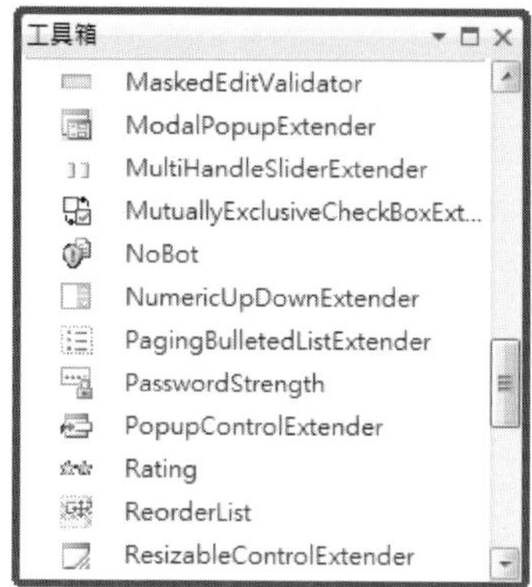

15.6.3 AlwaysVisibleControlExtender 控制項

AlwayVisibleControlExtender 形影不離控制項擴充器(簡稱形影不離擴充器)，可用來設定某個控制項固定在網頁指定的位置，即成為浮動面板，無論是放大或縮小瀏覽器，或是捲動瀏覽器的捲軸，被形影不離擴充器所控制的控制項皆會移動到指定的位置，形影不離擴充器常應用在放置網頁廣告功能。其宣告語法如下：

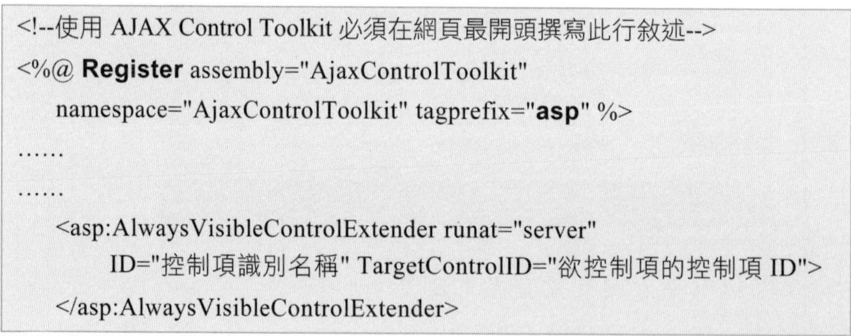

```
<!--使用 AJAX Control Toolkit 必須在網頁最開頭撰寫此行敘述-->
<%@ Register assembly="AjaxControlToolkit"
    namespace="AjaxControlToolkit" tagprefix="asp" %>
......
......
    <asp:AlwaysVisibleControlExtender runat="server"
        ID="控制項識別名稱" TargetControlID="欲控制項的控制項 ID">
    </asp:AlwaysVisibleControlExtender>
```

上述語法使用@ Register 指示詞設定 AJAX Control Toolkit 控制項命名空間(namespace)及組件(assembly)關聯的標籤前置詞(tagprefix)為 asp，如此才可以使用<asp:AlwaysVisibleControlExtender />來建立 AlwayVisible ControlExtender 形影不離擴充器。該控制項常用屬性如下：

屬性	功能說明
TargetControlID	設定形影不離擴充器欲控制的控制項識別名稱 ID。
VerticalSide	設定或取得所控制的控制項顯示在網頁的垂直位置。屬性值有 Top(預設值，上方)、Moddle(垂直中間)、Buttom(下方)。
VerticalOffset	設定或取得所控制的控制項距離網頁的垂直邊緣有多少個像素，預設值為 0。
HorizontalSide	設定或取得所控制的控制項顯示在網頁的水平位置。屬性值有 Left(預設值，左方)、Center(水平中間)、Right(右方)。
HorizontalOffset	設定或取得所控制的控制項距離網頁的水平邊緣有多少個像素，預設值為 0。
UseAnimation	設定或取得所控制項的控制項是否啟用動畫效果。 True-啟用；False-不啟用(預設值)。
ScrollEffectDuration	設定或取得所控制的控制項移到新的位置會花費多少時間，預設值為 0.1 秒。

下面範例介紹 AlwaysVisibleControlExtender 的用法。

範例演練

網頁檔名：AJAX04_Sample.aspx.aspx

練習使用 AlwaysVisibleControlExtender 來設定浮動廣告面板，無論是放大、縮小瀏覽器，或是捲動瀏覽器的捲軸，則該廣告面板永遠都會如下兩圖置於網頁的水平右側及垂直置中位置。

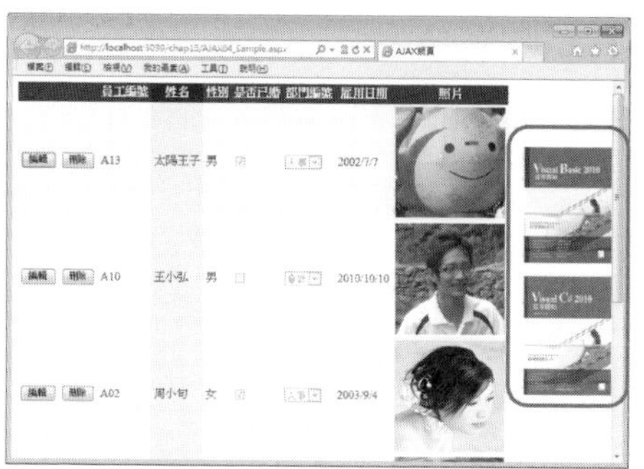

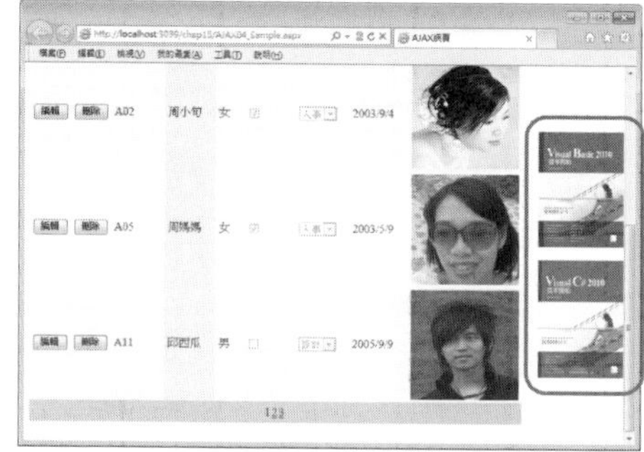

上機實作

Step1 開啟 GridView6_Sample.aspx 網頁練習，該網頁的做法可參閱 13 章。

Step2 在 GridView6_Sample.aspx 網頁內加入 Panel1 面板，並在 Panel1 內加入 HyperLink1 及 HyperLink2。Panel1 用來當做浮動廣告面板，HyperLink1 用來當作 VB 2010 書籍的廣告圖；HyperLink2 用來當做 VC# 2010 書籍的廣告圖。控制項屬性設定如下：

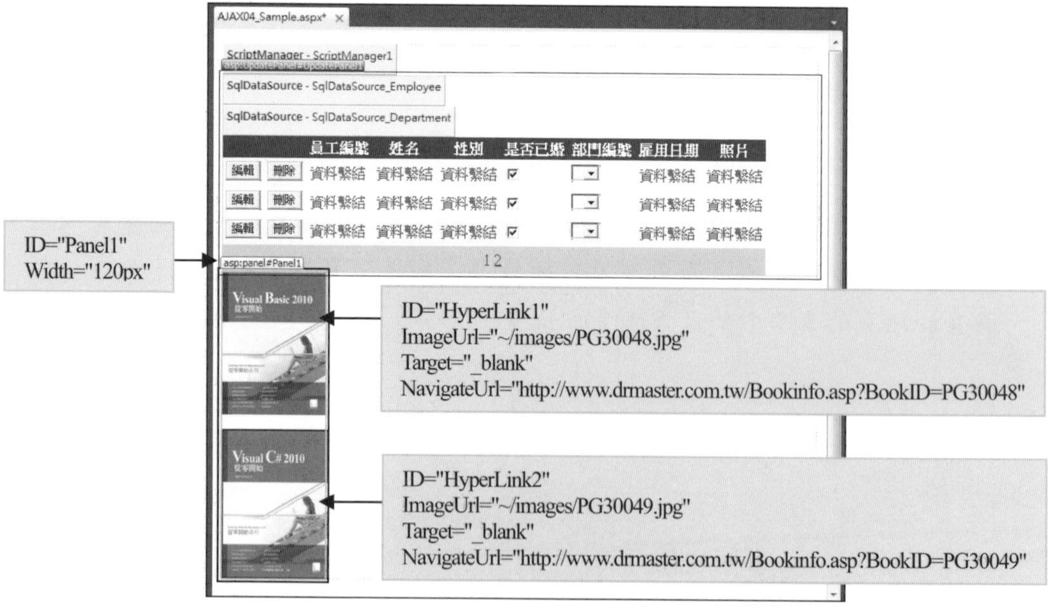

Step3 加入 Panel1_AlwaysVisibleControlExtender 形影不離擴充器，此控制項用來指定 Panel1 為固定浮動面板。操作步驟如下：

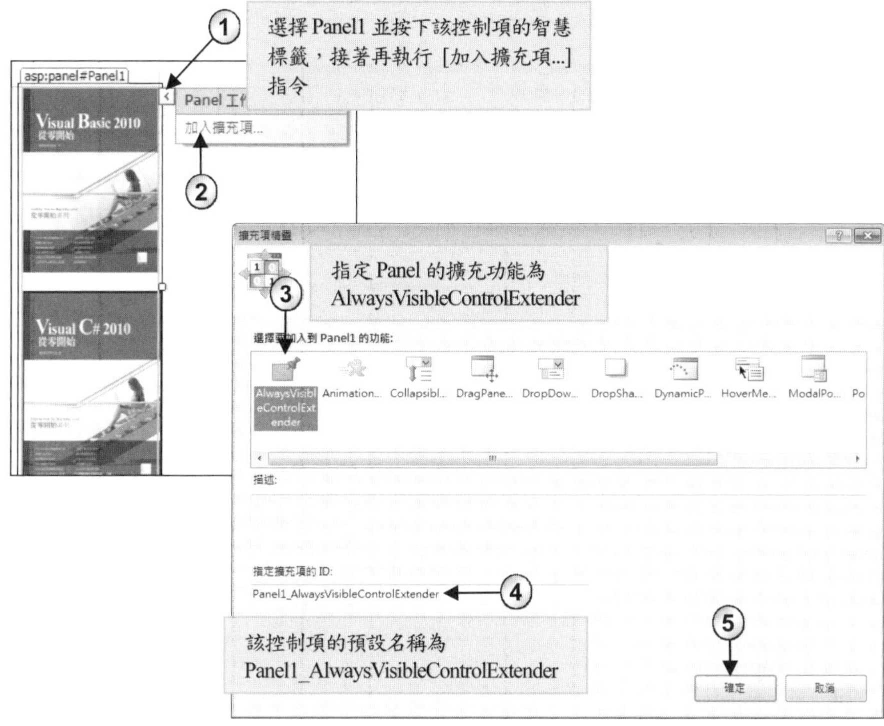

Step4 加入 Panel1_AlwaysVisibleControlExtender 形影不離擴充器之後，接著方案總管的網站下會新增一個 Bin 資料夾，該資料夾內會安裝 AjaxControlToolkit.dll 或其他語系資源的函式庫。如下圖所示：

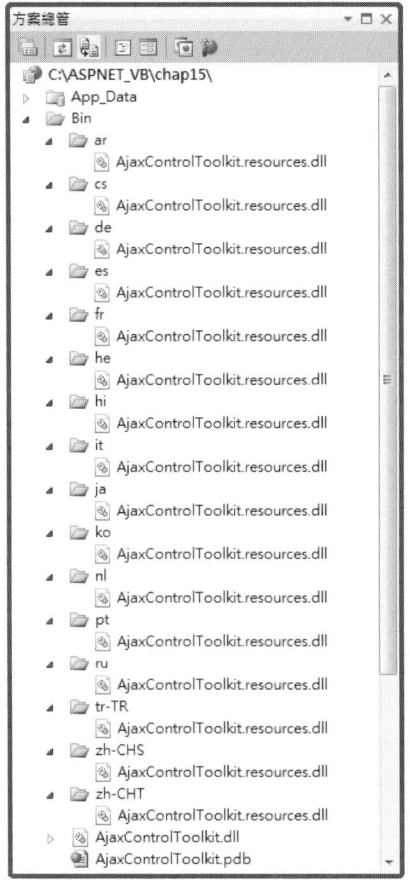

Step5 開啟屬性視窗，設定 Panel1_AlwaysVisibleControlExtender 形影不離擴充器屬性，如下：

① 選取 Panel1_AlwaysVisibleControlExtender。(Web Form 畫面上看不到請使用屬性視窗來選取)

② 將 HorizontalSide 的屬性值設為 Right，使得形影不離擴充器控制的 Paenl1 控制項可以浮動在網頁水平位置的最右側。

③ 將 VerticalSide 的屬性值設為 Middle，使得形影不離擴充器控制的 Paenl1 控制項可以浮動在網頁垂直位置的正中央。

④ 將 VerticalOffset 的屬性值設為 50，使得形影不離擴充器控制的 Panel1 控制項顯示於網頁的垂直邊緣 50 像素的位置。

⑤ 將 UseAnimation 的屬性值設為 True，使得形影不離擴充器控制的 Panel1 控制項啟用動畫效果。

⑥ 將 ScrollEffectDuration 的屬性值設為 0.3，使得形影不離擴充器控制的 Panel1 控制項移到新的位置共花費 0.3 秒，以便產生移動動畫效果。

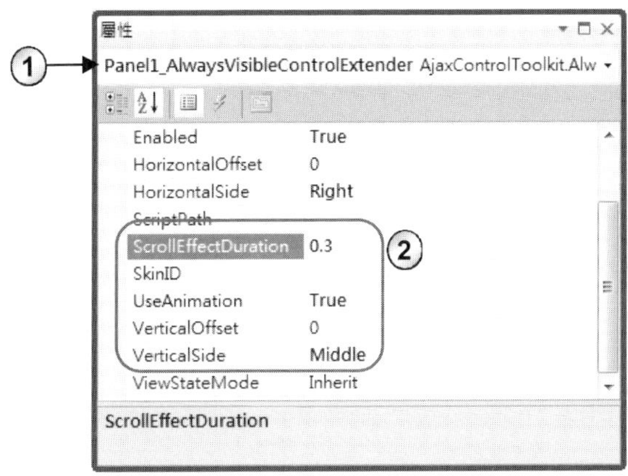

Panel1_AlwaysVisibleControlExtender 屬性值設定之後，接著自動產生下面宣告語法：

```
<%@ Register assembly="AjaxControlToolkit" namespace="AjaxControlToolkit"
      tagprefix="asp" %>
......
   <asp:AlwaysVisibleControlExtender
      ID="Panel1_AlwaysVisibleControlExtender"
      runat="server" Enabled="True" UseAnimation="True" TargetControlID="Panel1"
      ScrollEffectDuration="0.3" VerticalSide="Middle" HorizontalSide="Right">
   </asp:AlwaysVisibleControlExtender>
......
```


Step6 執行並測試網頁。

15.6.4 CalendarExtender 控制項

CalendarExtender 月曆擴充器是一個功能強大的用戶端月曆選取介面，此控制項用來擴充到指定的文字方塊上，當使用滑鼠點選文字方塊時，即會出現月曆讓使用者選取日期，當切換月曆的年或月時，會呈現動畫捲動效果，且選取的日期會填入文字方塊內，讓使用者設定日期時更加便利。

CalendarExtender 月曆擴充器的宣告語法如下：

```
<!--使用 AJAX Control Toolkit 必須在網頁最開頭撰寫此行敘述-->
<%@ Register assembly="AjaxControlToolkit"
   namespace="AjaxControlToolkit" tagprefix="asp" %>
……
   <asp:CalendarExtender runat="server"
        ID="控制項識別名稱" TargetControlID="欲控制項的控制項 ID">
   </asp: CalendarExtender>
```

上述語法使用@ Register 指示詞設定 AJAX Control Toolkit 控制項命名空間(namespace)及組件(assembly)關聯的標籤前置詞(tagprefix)為 asp，如此才可以使用<asp:CalendarExtender />來建立 CalendarExtender 月曆擴充器。該控制項常用屬性如下：

屬性	功能說明
TargetControlID	設定月曆擴充器的功能要擴充至哪一個文字方塊控制項。
Format	設定格式化字串來顯示所選取的日期。

使用月曆擴充器預設顯示的月曆會是英文介面，若要顯示中文介面，則必須將 ScriptManager 控制項的 EnableScriptGlobalization 和 EnableScript Localization 屬性值皆設為 True。下面範例介紹 CalendarExtender 的用法。

範例演練

網頁檔名：AJAX05_Sample.aspx.aspx

練習使用 CalendarExtender。延續上例，當修改員工資料時，使用滑鼠點選雇用日期欄的文字方塊時即會出現月曆讓您選擇雇用日期，且切換月曆的年或月時，月曆會呈現動畫捲動效果。

上機實作

Step1 開啟 AJAX04_Sample.aspx 網頁練習。

Step2 切換到 GridView_Employee 的雇用日期欄位編輯模式(EditItem Template)。操作步驟如下：

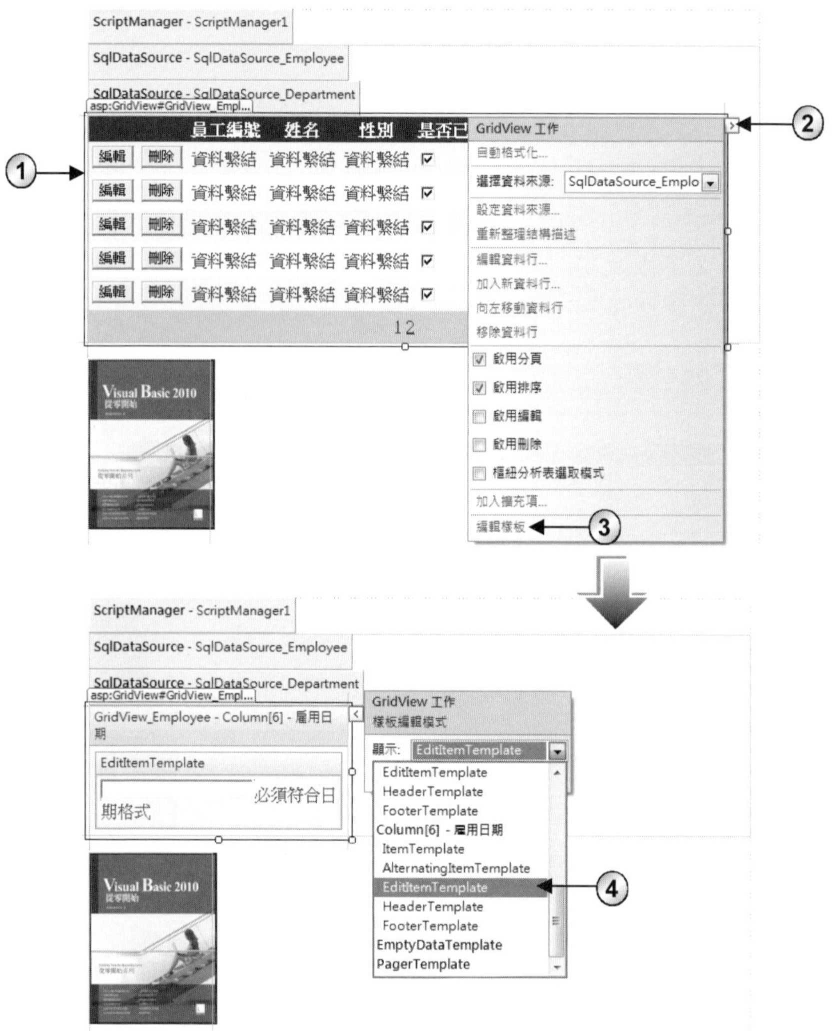

Step3 加入 TextBox1_CandlarExtender 月曆擴充器，此控制項用來擴充 TextBox1 文字方塊控制項，使得點選 TextBox1 文字方塊時會出現月曆供使用者選擇日期。操作步驟如下：

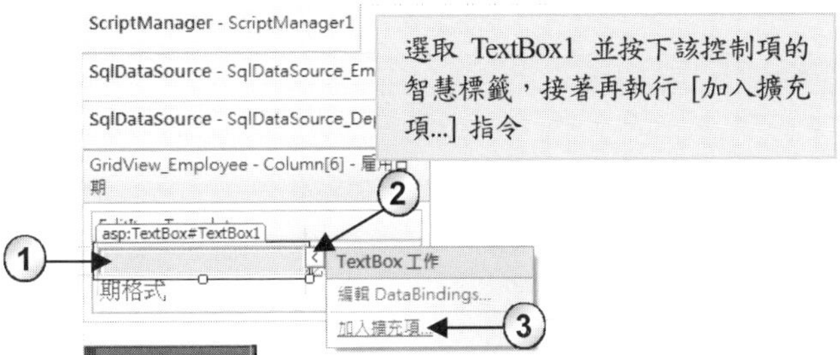

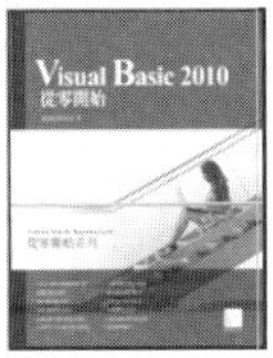

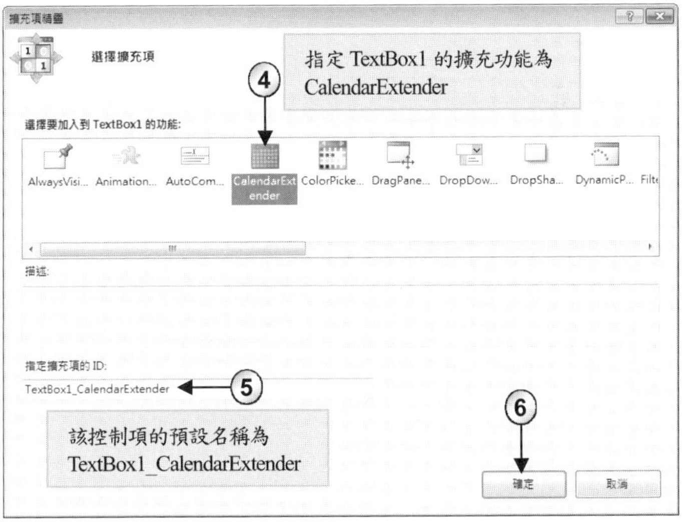

選取 TextBox1 並按下該控制項的智慧標籤，接著再執行 [加入擴充項...] 指令

ScriptManager - ScriptManager1
SqlDataSource - SqlDataSource_Em
SqlDataSource - SqlDataSource_De
GridView_Employee - Column[6] - 雇用日期
asp:TextBox#TextBox1
TextBox 工作
編輯 DataBindings...
加入擴充項...

擴充項精靈
選擇擴充項
指定 TextBox1 的擴充功能為 CalendarExtender
選擇要加入到 TextBox1 的功能:
AlwaysVisi... Animation... AutoCom... CalendarExtender ColorPicke... DragPane... DropDow... DropSha... DynamicP... Filte
描述:
指定擴充項的 ID:
TextBox1_CalendarExtender
該控制項的預設名稱為 TextBox1_CalendarExtender
確定 取消

完成此步驟後自動產生下面宣告語法：

```
<%@ Register assembly="AjaxControlToolkit" namespace="AjaxControlToolkit"
    tagprefix="asp" %>
......
  <asp:CalendarExtender ID="TextBox1_CalendarExtender" runat="server"
      Enabled="True" TargetControlID="TextBox1">
  </asp:CalendarExtender>
......
```

Step4 測試網頁，結果發現設定雇用日期欄的月曆會呈現英文介面。

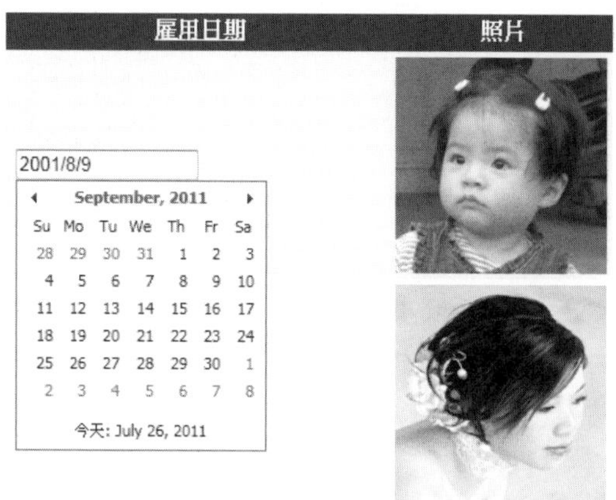

Step5 由於月曆擴充器預設顯示的月曆會是英文介面，若要顯示中文介面，則必須將 ScriptManager 控制項的 EnableScriptGlobalization 和 EnableScriptLocalization 屬性值皆設為 True。操作步驟如下：

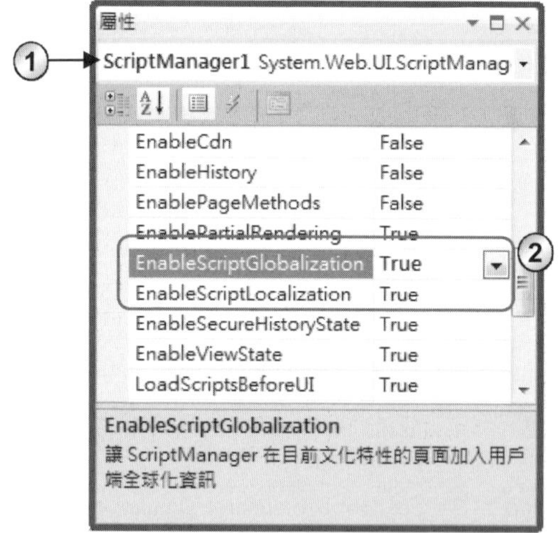

Step6 測試網頁，結果發現設定雇用日期欄的月曆可正常呈現中文介面。

15.7 課後練習

一、選擇題

1. 下列哪個類別可用來產生亂數？
   (A) Rnd (B) Randomize (C) Random (D) Connection
2. 使用亂數類別建立 rndObj 物件，試問下列哪行敘述可以產生 3~10 之間的亂數？ (A) rndObj.Next(3, 10); (B) rndObj.Next(3, 11); (C) rndObj.Next() (D) rndObj.DoubleNext(3, 11)
3. 下列何者技術可用來設計非同步網頁？
   (A) AJAX (B) Flash (C) Sliverlight (D) 以上皆是
4. 下列哪些網站服務使用 AJAX 技術？
   (A) Google Maps(B) Google Mail (C) Google Suggest (D) 以上皆是
5. 下列何者非 AJAX 擴充功能控制項？
   (A) Login (B) ScriptManager (C) UpdatePaenl (D) Timer
6. ASP.NET AJAX 網頁的最開頭必須放置下列哪個控制項？
   (A) UpdateProgress (B) ScriptManager (C) UpdatePaenl (D) Timer
7. Timer 控制項會在一定的時間之內觸發什麼事件？
   (A) Timer (B) Tick (C) Update (D) 以上皆非
8. ASP.NET AJAX 網頁內欲設計局步非同步更新區塊必須使用下列哪個控制項？
   (A) UpdateProgress (B) ScriptManager (C) UpdatePaenl (D) Timer
9. 下列哪個控制項可用來放置非同步更新時的處理訊息，以便提示用戶端使用者目前非同步的處理情形？
   (A) UpdateProgress (B) ScriptManager (C) UpdatePaenl (D) Timer

10. 若想讓處理的執行緒暫停 2 秒，程式應如何撰寫？

(A) System.Threading.Thread.Stop(2000);

(B) System.Threading.Thread.Stop(2);

(C) System.Threading.Thread.Sleep(2000);

(D) System.Threading.Thread.Sleep(2);

二、程式設計

1. 使用 Northwind.mdf 北風資料庫的「客戶」資料表建立客戶查詢系統。客戶可以使用公司名稱、住址兩個欄位做模糊查詢。例如在文字方塊內輸入 "中山路" 並按下 查詢 鈕，結果 GridView 控制項顯示公司名稱及地址欄位包含 "中山路" 的所有記錄，本例請製作成 AJAX 非同步網頁。

2. 修改習題 1，請再加上 UpdateProgress 控制項，UpdateProgress 控制項內放置「Loading...」文字訊息，當按下 查詢 鈕時讓處理的執行緒暫停 3 秒，此時即顯示 UpdateProgress 內「Loading...」文字訊息，待「Loading...」消失即顯示查詢結果。

3. 將 chap14 網站製作的 FormView_Sample.aspx 客戶資料管理網頁改成以 AJAX 非同步網頁處理模式，一樣有新增、編輯、刪除、分頁功能。

4. 請將 chap06 網站 MultiView_Sample.aspx 網頁改成以 AJAX 非同步網頁處理模式。網頁上有 VB 2010、C# 2010 及藝術三個圖形標籤頁，當使用者按下任一圖形標籤頁，此時即會以非同步顯示該標籤頁所介紹的書籍。

CHAPTER

16 電子商務網站實作

學習目標：

- 電子商務網站整合會員系統
- 電子商務網站整合購物車系統
- 電子商務網站整合產品上下架系統
- 電子商務網站整合訂單管理系統

16.1 電子商務網站功能簡介

由於電子商務(EC, Electronic Commerce)快速發展，帶動了整個網路上的商機，使得網際網路成為商業行銷上最有力的資訊傳輸媒體，不論是公司企業、個人工作室或 soho 族...等，都需要一個商務網站來推銷自家的商品、展示公司企業形象、管理產品資訊...等。如此可讓客戶 24 小時在網站上購買商品，公司管理者也可以透過網站管理訂單、檢視會員資料、發佈網站最新的活動消息...等功能，本章將整合前面 1~15 章所學習的 VB 語法、Web 控制項、ASP.NET 物件及 ASP.NET AJAX 製作一個簡易功能的電子商務網站，實際開發時，您可依自已的需求再增加新的功能。本章電子商務網站實作具備下列功能：

1. **會員系統：**

   讓使用者註冊成為本站的會員。

2. **購物系統：**

   本站會員登入系統後，可修改會員基本資料、進行線上購物、查詢目前購物車狀態、查詢會員歷史訂單等功能。線上購物、查詢購物車狀態、查詢會員歷史訂單皆使用 AJAX 非同步網頁技術。

3. **產品上下架系統：**

   管理者登入後台管理系統後，可新增、刪除、修改產品類別；可將新產品上傳至網站，舊產品進行下架；使用 AJAX 非同步分類查詢產品。

4. **訂單管理系統：**

   管理者登入後台管理系統後，可檢視網站的所有會員，檢示產品銷售統計圖表，可使用 AJAX 非同步網頁方式設定目前會員訂單的處理狀態，設定訂單狀態是以 "送達"、"缺貨中" 或是 "已出貨"...等情形來表示。

由於本章範例操作過程步驟很多，為節省篇幅，僅介紹網站的執行結果、資料庫分析、網站架構圖、網頁與各檔案之功能，至於有關網站實作方式已錄製成教學影片置於書附光碟中，以利初學者自學或任課教師教學。

16.2 電子商務網站功能說明與執行結果

將書附光碟 EcWeb 資料夾拷貝到你的電腦硬碟中，接著執行網站首頁 Default.aspx 網頁，網站功能說明如下：

一. 網站一般瀏覽者功能

1. 開啟 Default.aspx 網站首頁後，網站的左側及上側皆有 "產品資料瀏覽"(Default.aspx)、"會員註冊"(Member_Add.aspx)、"登入系統"(Login.aspx) 三個連結項目。網頁中間有產品類別下拉式清單與該類別之所有產品。

2. 在 Default.aspx 網站的產品類別下拉式清單選取某產品類別名稱後會以 AJAX 非同步方式進行取得該類別名稱相關產品資料，會員如果未登入則無法進行線上購物。如下圖：

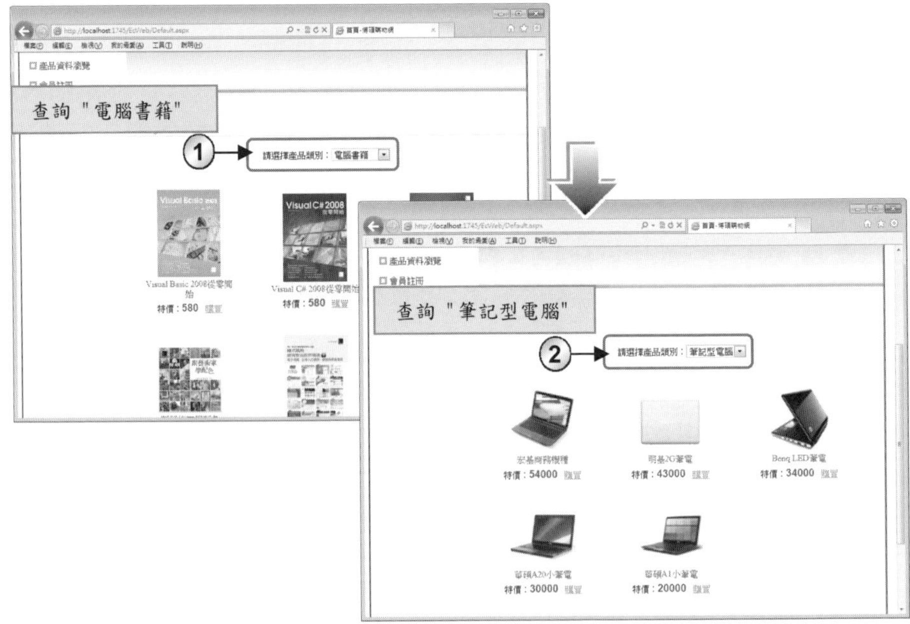

3. 點選 "會員註冊" 連結 Member_Add.aspx 網頁，可在該網頁註冊成為本站的會員，註冊會員成功後會連結到下圖 Login.aspx 登入網頁。

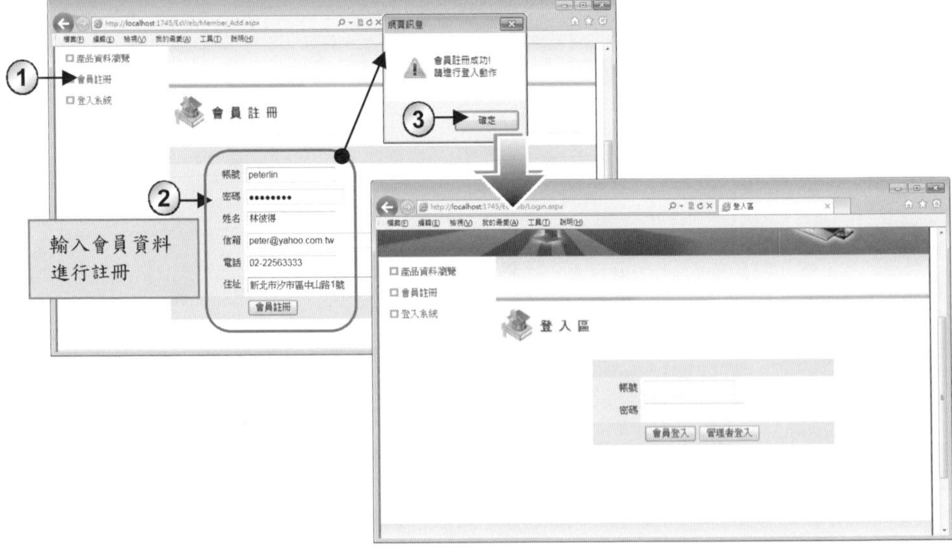

二. 網站會員功能

1. 點選 "登入系統" 連結 Login.aspx 登入網站網頁，輸入會員的帳號及密碼後按下  鈕即可進入會員系統的 Member_Update.aspx 會員修改網頁，會員系統如下圖有 "登出系統"、"會員資料修改"(Member_ Update.aspx)、"產品資料瀏覽"(Default.aspx)、"購物清單處理"(Member_ShoppingCar.aspx)、"訂單資料查詢"(Member_Orders.aspx) 五個超連結項目。

2. 會員登入網站後請點選 "產品資料瀏覽" 連結至 Default.aspx 網頁進行線上購物，購物時會以非同步方式提示會員選購產品已經放入購物車清單內。如下圖操作：

3. 產品選購完成之後請點選 "購物清單處理" 連結至 Member_ShoppingCar.aspx 網頁檢視目前所選購的產品，且可修改選購產品的數量，或刪除選購的產品，確認選購的產品之後請填寫收貨人資料並按 確定購買 鈕完成購物。如下圖操作：

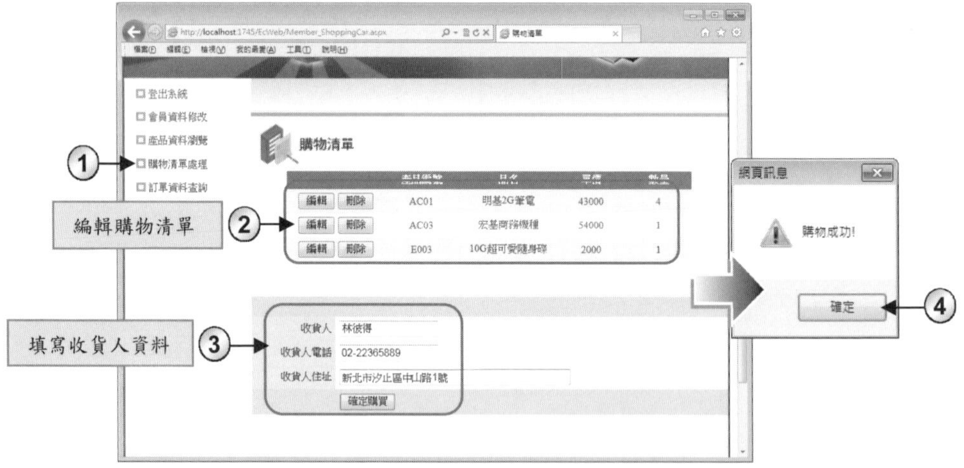

4. 上面步驟當購物完成後即會自動超連結到 "訂單資料查詢" Member_Orders.aspx 網頁檢視該會員歷史購物清單，且會以非同步的方式查詢訂單狀態。如下圖操作：

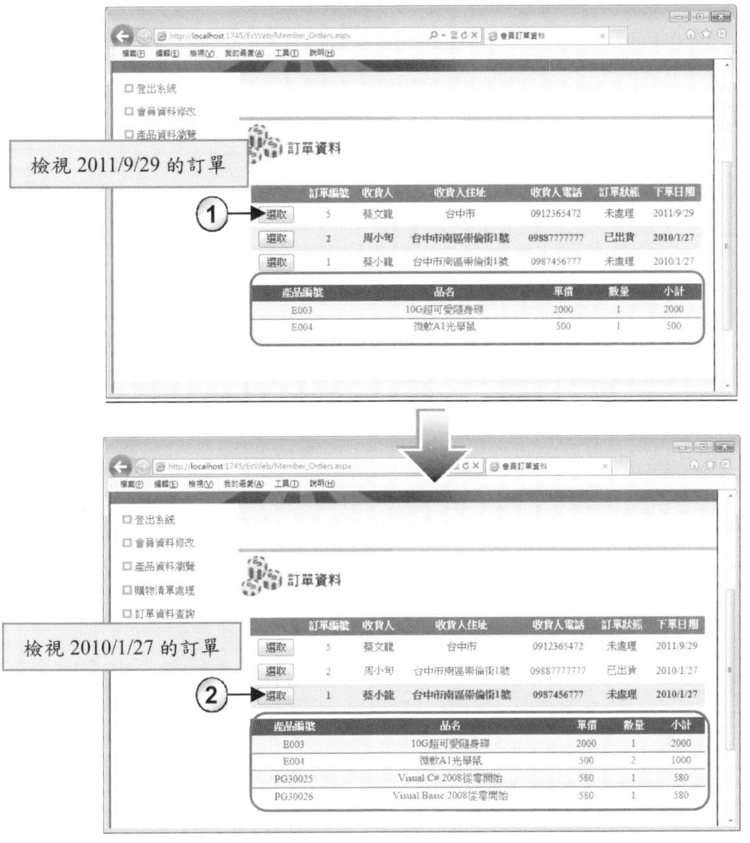

三. 網站管理者功能

1. 點選 "登入系統" 連結 Login.aspx 登入網頁，輸入管理者的帳號及密碼皆為 "admin" 後按下 管理者登入 鈕，若為管理者即可進入後台管理系統的 Admin_Update.aspx 管理者修改密碼網頁，後台管理系統有 "登出系統"、"更改密碼" (Admin_Update.aspx)、"會員資料預覽" (Admin_Member_List.aspx)、"產品類別管理" (Admin_Product_Class.aspx)、"產品資料新增" (Admin_Product_Add.aspx)、"產品資料編輯" (Admin_Product_Edit.aspx) 、"訂單資料管理" (Admin_Orders_Manager.aspx)、"產品銷售統計圖" (Admin_Show_Chart.aspx) 八個超連結項目。如下圖：

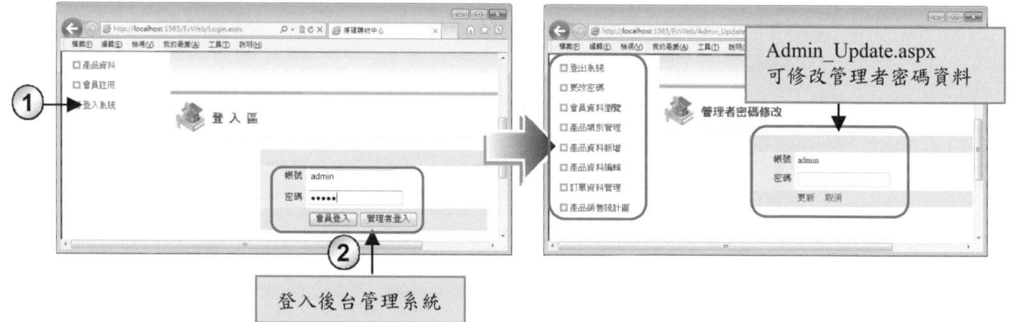

2. 進入後台管理系統後可點選 "會員資料瀏覽" 連結至 Admin_Member_List.aspx 網頁進行檢視網頁的所有會員，且可使用非同步的方式進行分頁查詢或排序會員資料。如下圖：

3. 點選 "產品類別管理" 連結至 Admin_Product_Class.aspx 網頁進行新增、修改、刪除產品的類別名稱，且可使用非同步的方式進行新增、修改、刪除產品的類別名稱。如下圖：

4. 點選 "產品資料新增" 連結至 Admin_Product_Add.aspx 網頁進行新增產品資料(即產品上架)，完成後 Default.aspx 即可查詢到新增的產品資料。下圖為新增產品資料的畫面，有產品編號、類別名稱、品名、單價、圖示五個欄位。

5. 點選 "產品資料編輯" 連結至 Admin_Product_Edit.aspx 網頁進行修改或刪除指定產品資料，修改及刪除產品資料皆採非同步方式處理。

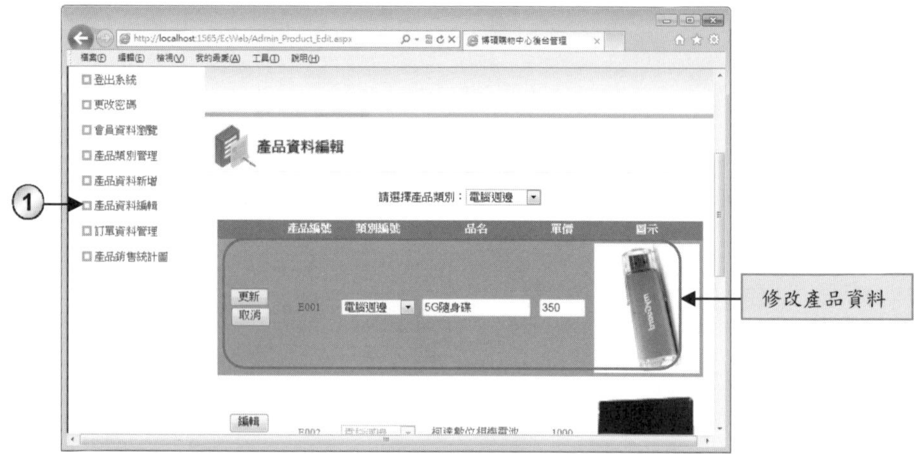

6. 點選 "訂單資料管理" 可連結至 Admin_Orders_Manager.aspx 網頁進行修改訂單狀態或查詢訂單明細，當按 編輯 鈕可設定該筆訂單的訂單狀態，按 選取 鈕可顯示該筆訂單的明細，修改訂單狀態及查詢訂單明細皆採非同步方式處理。

		訂單編號	收貨人	收貨人電話	收貨人住址	訂單狀態	下單日期
編輯	選取	4	蔡文龍	0926123456	台中市新民路1號	未處理	2011/8/4
編輯	選取	3	周小旬	0955056777	台中市南區	未處理	2010/2/3
編輯	選取	2	周小旬	09887777777	台中市南區崇倫街1號	已出貨	2010/1/27
編輯	選取	1	蔡小龍	0987456777	台中市南區崇倫街1號	未處理	2010/1/27

產品編號	品名	單價	數量	小計
E004	微軟A1光學鼠	500	6	3000
E001	5G隨身碟	350	7	2450
E003	10G超可愛隨身碟	2000	1	2000
E002	柯達數位相機電池	1000	1	1000
PG30026	Visual Basic 2008從零開始	580	1	580
PG30025	Visual C# 2008從零開始	580	1	580
OS20128	Windows 7超應用	600	1	600

7. 點選 "產品銷售統計圖" 可連結至 Admin_Show_Chart.aspx 網頁，此網頁可瀏覽銷售最好的前五項產品的統計圖。

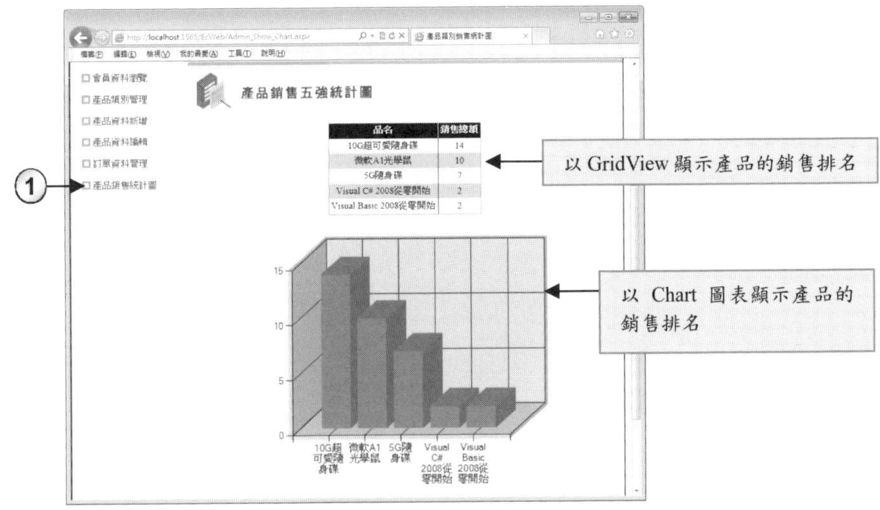

16.3 電子商務網站資料庫分析

本例使用的資料庫為 SQL Server Express，存放在 EcWeb 網站 App_Data 資料夾下，檔案名稱為 MyDB.mdf 資料庫，該資料庫內含七個資料表，各資料表功能說明如下：

資料表名稱	功能說明
訂單主檔	儲存會員的訂單主檔。
訂單明細	儲存會員的訂單明細。
產品類別	儲存網站的產品類別名稱。
產品資料	儲存網站所銷售的產品資料。
會員	儲存網站的會員基本資料。
管理者	儲存管理者的帳號及密碼。
購物車	儲存會員暫時選購的產品資料，待確定下單後，即將該會員購物車所選購的產品資料一次寫到訂單明細及訂單主檔，完成之後即將舊的購物車產品資料刪除。

下圖即為上面資料表的關聯圖表。

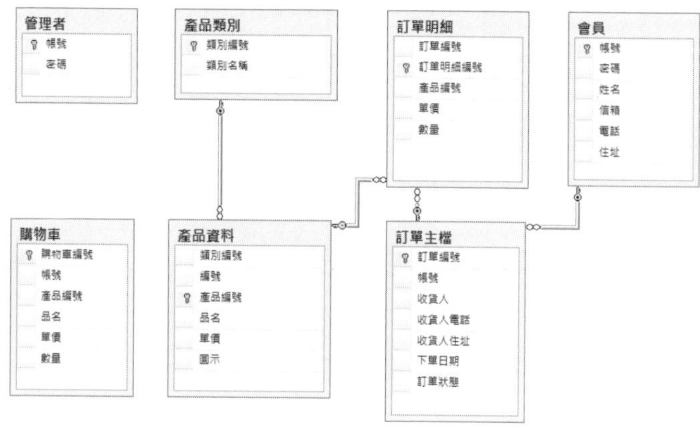

各資料表欄位說明如下：

一. 管理者資料表

資料行名稱	資料型別	其它
帳號	nvarchar(10)	主索引鍵
密碼	nvarchar(10)	

二. 購物車資料表

資料行名稱	資料型別	其它
購物車編號	int	主索引鍵 識別規則：是 識別值種子：1 識別值增量：1
帳號	nvarchar(10)	
產品編號	nvarchar(10)	
品名	nvarchar(40)	
單價	int	
數量	int	

三. 會員資料表

資料行名稱	資料型別	其它
帳號	nvarchar(10)	主索引鍵
密碼	nvarchar(10)	
姓名	nvarchar(10)	
信箱	nvarchar(25)	
電話	nvarchar(15)	
住址	nvarchar(50)	

四. 訂單主檔資料表

資料行名稱	資料型別	其它
訂單編號	int	主索引鍵 識別規則：是 識別值種子：1 識別值增量：1
帳號	nvarchar(10)	外來鍵：會員.帳號
收貨人	nvarchar(10)	
收貨人電話	nvarchar(15)	
收貨人住址	nvarchar(40)	
下單日期	datetime	
訂單狀態	nvarchar(20)	

五. 訂單明細資料表

資料行名稱	資料型別	其它
訂單明細編號	int	主索引鍵 識別規則：是 識別值種子：1 識別值增量：1

訂單編號	int	外來鍵： 訂單主檔.訂單編號
產品編號	nvarchar(10)	外來鍵： 產品資料.產品編號
單價	int	
數量	int	

六. 產品類別資料表

資料行名稱	資料型別	其它
類別編號	int	主索引鍵 識別規則：是 識別值種子：1 識別值增量：1
類別名稱	nvarchar(20)	

七. 產品資料資料表

資料行名稱	資料型別	其它
產品編號	nvarchar(10)	主索引鍵
類別編號	int	外來鍵： 產品類別.類別編號
編號	int	識別規則：是 識別值種子：1 識別值增量：1 此欄位用來排序產品資料，最新上傳的產品會顯示在第一筆
品名	nvarchar(40)	
單價	int	
圖示	nvarchar(40)	此欄位用來存放產品圖檔名稱

16.4 電子商務網站架構圖

本章介紹電子商務網站有分為前台及後台，網站架構圖如下：

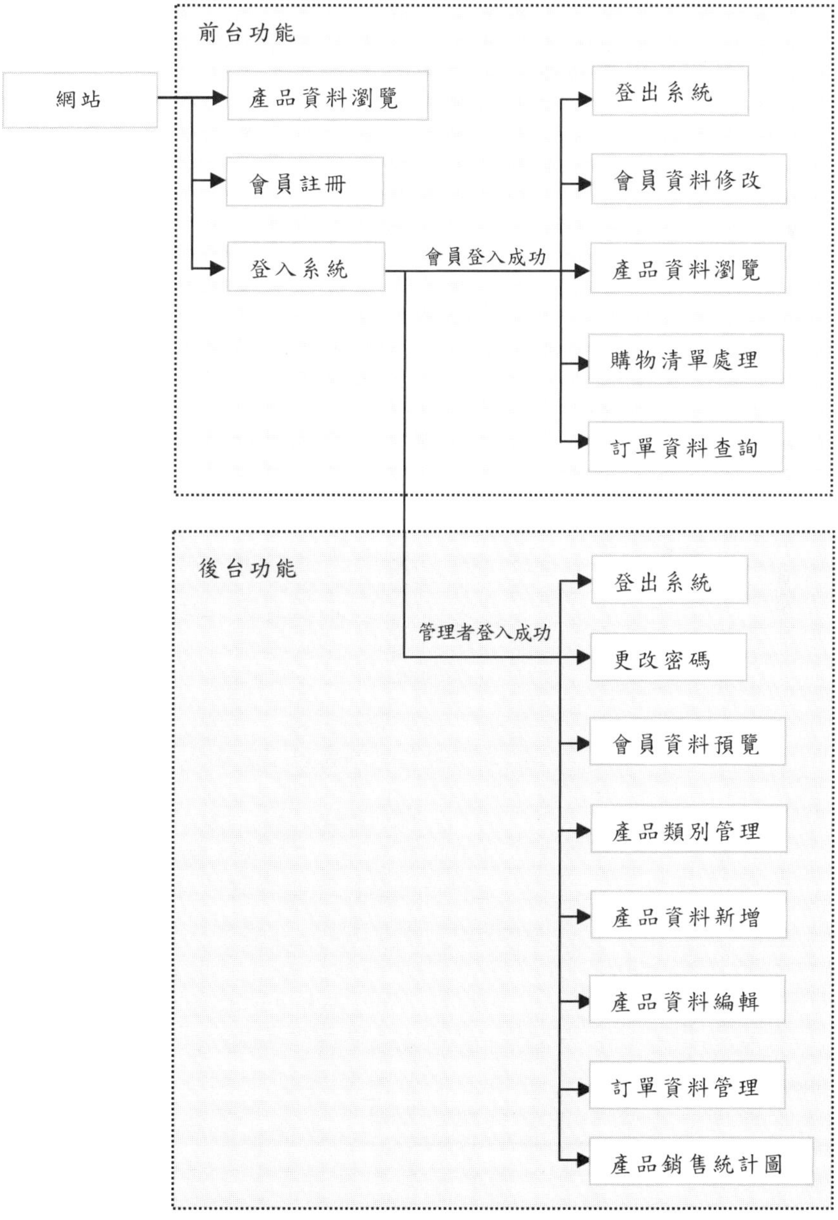

16.5 電子商務各檔案功能說明

本章網站會使用到下列檔案或網頁，各檔案之功能列表說明如下：

檔案名稱	功能說明
MyDB.mdf	網站使用的 SQL Server Express 資料庫，存放在網站 App_Data 資料夾下，此資料庫內含會員、訂單主檔、訂單明細、產品類別、產品資料、購物車、管理者等資料表。
images 資料夾	網站所使用的影像圖檔皆存放於此資料夾下。
product_img 資料夾	上傳的產品影像圖檔皆存放於此資料夾下。
web.config	主要用來存放 MyDB.mdf 資料庫連接字串。
前台.master	前台網站所使用的主版頁面。
後台.master	後台網站所使用的主版頁面。
Default.aspx	顯示產品資料網頁。若登入會員之後可進行選購產品；若未登入即無法選購產品則會連結到 Member_Login_suggestion.htm。(套用前台.master)
Member_Login_suggestion.htm	此網頁會顯示訊息方塊，提示使用者必須先登入網站後才能進行購物，接著再自動連結到 Login.aspx 網站登入網頁。
Login.aspx	網站登入網頁。按 會員登入 鈕可驗證帳號密碼是否為本站會員，若為本站會員則登入系統並連結到 Member_Update.aspx 會員修改頁面;按 管理者登入 鈕可驗證帳號密碼是否為管理者，若為管理者則登入後台並連結到 Admin_Update.aspx 管理者修改密碼頁面。(套用前台.master)
Member_Add.aspx	會員註冊網頁。會員註冊成功會自動連結到 Member_Add_Ok.htm。(套用前台.master)
Member_Add_Ok.htm	此網頁會顯示訊息方塊，提示使用者註冊成功成為網站會員，接著再自動連結到 Login.aspx 網站登入網頁。

Member_Update.aspx	會員修改基本資料網頁。必須先登入會員才能進入，會員資料修改成功會連結到 Member_Update_Ok.htm。(套用前台.master)
Member_Update_Ok.htm	此網頁會顯示訊息方塊，提示使用者成功修改會員基本資料，接著再自動連結到 Member_Update.aspx 會員修改基本資料網頁。
Member_ShoppingCar.aspx	購物清單(即購物車)網頁。購物完成可填寫收貨人、收貨人電話、收貨人住址資料完成線上購物，若線上購物成功後即會連結到 Member_ShoppingOk.htm。(套用前台.master)
Member_ShoppingOk.htm	此網頁會顯示訊息方塊，提示使用者完成線上購物，接著再自動連結到 Member_Orders.aspx。
Member_Orders.aspx	會員查詢歷史訂單狀態的網頁。可檢視該會員所有訂單明細與訂單狀態。 (套用前台.master)
Admin_Update.aspx	管理者修改密碼的網頁。(套用後台.master)
Admin_Member_List.aspx	管理者查詢網站所有會員的網頁。 (套用後台.master)
Admin_Product_Class.aspx	管理者新增、修改、刪除產品類別的網頁。 (套用後台.master)
Admin_Product_Add.aspx	管理者新增產品資料的網頁。 (套用後台.master)
Admin_Product_Edit.aspx	管理者修改與刪除產品資料的網頁。 (套用後台.master)
Admin_Orders_Manager.aspx	管理者查詢訂單明細與設定訂單狀態的網頁。 (套用後台.master)
Admin_Show_Chart.aspx	管理者查詢前五項銷售最好的產品，且以 3D 長條圖顯示。 (套用後台.master)

了解本章網站架構與功能、資料庫關聯圖、各網頁及檔案的功能後，接著進行實作。若將實作部份全部操作步驟詳細說明於書中，將佔用大量篇幅，因此將本章網站實作部份全部錄成教學影片，以利初學者自學與任課教師教學使用，初學者可仿照練習，再自行加入所需要的功能，以建構出符合自己需求的網站。

APPENDIX

VB 常用函式與類別方法

一. VB 數學函式

函式	說明
Fix(num)	① 若 num 是正數，傳回 num 的整數部份，小數部份無條件捨去。 例：Fix(7.5) → 傳回 7。 ② 若 num 是負數，傳回 ≥ num 的第一個負整數。num 可為數值常數、數值變數或數值運算式。 例：Fix(-7.5) → 傳回-7
Int(num)	① 若 num 是正數，傳回 num 的整數部份，小數部份無條件捨去。 例：Int(7.5) →傳回 7。 ② 若 num 是負數，傳回 ≤ num 的第一個負整數。 例：Int(-7.5) → 傳回 -8。
Rnd(num)	用來產生 0 ~ 1 之間的隨機亂數。 ① num < 0，以 num 為種子，每次都產生相同的值。 ② num=0，最近產生的值。 ③ num>0，序列中的下一個亂數。 例：Rnd() → 傳回 0.7055475
Randomize(num)	使用 num 來初始化 Rnd 函式的亂數產生器，給予新的種子值。如果省略 num，以系統計時器的時間當作亂數的種子。num 可為 Object 或任何有效的數值運算式。 ① 單獨使用 Rnd()函式時，每次重新執行所產生的亂數值皆有相同順序。 ② 若先使用 Randomize()以系統時間當作亂數產生器的種子時，就可避免產生相同順序的亂數。

二. VB 字串函式

函式	說明
Len(str)	用來取得 str 字串中有幾個字元。不論是英文字或中文字，一個字元的長度皆視為 1。
LCase(str)	將 str 字串中的大寫英文字母轉成小寫英文字母。

UCase(str)	將 str 字串中的小寫英文字母轉成大寫英文字母。
LTrim(str)	將 str 字串最左邊的空白刪除。
RTrim(str)	將 str 字串最右邊的空白刪除。
Trim(str)	將 str 字串左右兩邊的空白刪除。
Mid(str, a, n)	從 str 字串中的第 a 個字元開始，往右取出 n 個字元。
Left(str, n)	從 str 字串的最左邊開始，往右取 n 個字元。 語法：Microsoft.VisualBasic.Left(str, n)
Right(str, n)	從 str 字串的最右邊開始，往左取 n 個字元。 語法：Microsoft.VisualBasic.Right(str, n)
StrReverse(str)	傳回反向排列的 str 字串。

三. VB 日期時間函式

函式	說明
Today	可傳回或設定目前系統的日期。 例：Dim mydate As Date mydate = Today ' 取得目前系統日期 Today = #9/20/2011# ' 將系統的日期改為 2011/9/20
TimeOfDay	可傳回或設定目前系統的時間。 例：Dim mytime As Date mytime = TimeOfDay ' 取得目前系統時間 ' 將系統時間設為下午 11:05:40 TimeOfDay = #11:05:40 PM#
Now	傳回目前系統的日期和時間。
Year(datatime) Month(datatime) Day(datatime) WeekDay(datatime) Hour(datetime)	傳回西元年 傳回月(1~12) 傳回日 傳回星期(1~7)，代表星期日~星期六 傳回時(0~23)

Minute(datetime)	傳回分(0~59)
Second(datetime)	傳回秒(0~59)

四. VB 資料型別轉換函式

資料要進行運算時，運算子前後的資料型別要一致才不會發生不可預期的錯誤，在 VB 2010 中可使用下面傳統的 VB 6.0 型別轉換函式，將要進行運算的資料轉換成合適的資料型別，常用轉換函式如下。下表語法中的 exp 參數表示變數或運算式。

函式	說明
CByte(exp)	將變數或運算式轉換成 Byte 型別資料，小數部分為四捨六入。 例：CByte(16.6) → 傳回 17 CByte(16.5) → 傳回 17 Cbyte(16.5) → 傳回 17
CShort(exp)	將變數或運算式轉換成短整數(Short)型別資料，小數部分為四捨六入。
CInt(exp)	將變數或運算式轉換成整數(Integer)型別資料，小數部分為四捨六入。
CLng(exp)	將變數或運算式轉換成長整數(Long)型別資料，小數部分為四捨六入。
CSng(exp)	將變數或運算式轉換成單精確度(Single)型別資料。
CDbl(exp)	將變數或運算式轉換成倍精確度(Double)型別資料。
CDec(exp)	將變數或運算式轉換成 Decimal 型別資料。
CStr(exp)	將變數或運算式轉換成字串(String)型別資料。
CBool(exp)	將變數或運算式轉換成布林(Boolean)型別資料。 例：CBool("B" > "C") → 傳回 False CBool(100 > 67) → 傳回 True
CDate(exp)	將變數或運算式轉換成日期時間(Date)型別資料。 例：CDate("May 19 , 2011") → 傳回 2011/5/19

CObj(exp)	將變數或運算式轉換成物件(Object)型別資料。

五. VB 取得資料型別函式

若想知道某個變數或是運算式結果的資料型別，可以使用 TypeName() 函式，其語法如下：

函式	說明
TypeName(exp)	傳回 exp 變數或運算式結果的資料型別。 例：① TypeName("VB 2010") → 傳回 "String" ② TypeName(5 > 7) → 傳回 "False"

六. VB 轉換函式

函式	說明
AscW(str)	傳回 str 字串中第一個字元的對應碼。若第一個字元為鍵盤的英文字母、數字、符號字元，則傳回 ASCII 碼；若第一個字元為中文字，則傳回 Unicode 碼。 例：① AscW("ABC") → 傳回 65_{10} ② AscW("中意") → 傳回 20013_{10} 因 "中" 的 Unicode 為 20013_{10}
ChrW(code)	傳回 code 引數值之 Unicode 碼所對應的字元。其中引數 code 的允許範圍為 0 ~ 65535。 例：① ChrW(65) → 傳回 "A" ② ChrW(20013) → 傳回 "中"
CStr(num)	將數值資料 num 轉換成字串資料。 例：① CStr(36) → 傳回 "36" ② CStr(-36) → 傳回 "-36"
Val(str)	將字串型別的數字字元轉換成數值資料。 例：① Val("36") → 傳回 36 ②Val("7Elevenn") → 傳回 7

七. Math 數學類別

屬性/方法	說明
Math.Abs(num)	傳回 num 的絕對值。 例：Math.Abs(-3.6) → 傳回 3.6
Math.Sqrt(num)	傳回 num 的平方根。 例：Math.Sqrt(25) →傳回 5
Math.Pow(a,b)	傳回 a^b 次方。 例：Math.Pow(2, 3) → 2^3 → 傳回 8
Math.Max(x, y)	傳回 x、y 兩數中的最大值。 例：Math.Max(9, -5) → 傳回 9
Math.Min(x, y)	傳回 x、y 兩數中的最小值。 例：MathMin(9, -5) → 傳回-5
Math.PI	取得圓周率 π 的值，即為 3.14159265358979。 例：30° = 30 * (Math.PI/180)
Math.E	取得自然對數 e 的值，為 2.718281828459。
Math.Sign(n)	用來判斷 n 是否大於、等於或小於零。若 ① 傳回值為 1，表示 n > 0 ② 傳回值為 0，表示 n = 0 ③ 傳回值為-1，表示 n < 0。 例：Math.Sign(-5) → 傳回-1 Math.Sign(5) → 傳回 1
Math.Floor(n)	傳回小於或等於 n 的最大整數。
Math.Ceiling(n)	傳回大於或等於 n 的最小整數。
Math.Round(n)	傳回 n 的整數部份，n 的小數部份四捨六入。
Math.Sin(angle) Math.Cos(angle) Math.Tan(angle)	傳回 angle 弳度量的正弦函式值。 傳回 angle 弳度量的餘弦函式值。 傳回 angle 弳度量的正切函式值。例：

	① angle = 60 * (Math.PI/180) ' 即 angle = 60° ② Math.Sin(angle) → 傳回 0.866025418354902 ③ Math.Cos(angle) → 傳回 0.499999974763217 ④ Math.Sin(45 * (Math.PI/180)) → 傳回 0.707106781186547
Math.Exp(x)	傳回 e^X，e 是自然對數。
Math.Log(x)	傳回 Log_e x 的值。
Math.Log10(x)	傳回 Log_{10} x 的值。

八. String 字串類別

下面表格簡例皆使用此敘述來宣告 Dim str As String="VB 2010"。

屬性/方法	說明
Length 屬性	用來取得字串中有幾個字元。不論是英文字或中文字，一個字元的長度皆視為 1。 Dim n As Integer = str.Length ' n=7
ToUpper()方法	將字串中的英文字母轉成大寫英文字母。 Dim s As String=str.ToUpper() ' s="VB 2010"
ToLower()方法	將字串中的英文字母轉成小寫英文字母。 Dim s As String=str.ToLower() ' s="vb 2010"
TrimStart()方法	將字串最左邊的空白刪除。
TrimEnd()方法	將字串最右邊的空白刪除。
Trim()方法	將字串左右兩邊的空白刪除。
Substring(a, n)方法	從字串中的第 a 個字元開始，往右取出 n 個字元。 Dim s As String=str.Substring(3,2) ' s="20"
Replace (舊字串, 新字串) 方法	從字串中的舊字串改以新字串取代。 Dim s As String=str.Replace("VB", "Visual Basic") ' s="Visual Basic 2010"
Remove(a, n)方法	從字串中的第 a 個字元開始，移除 n 個字元。 Dim s As String=str.Remove(2,3) ' s="VB10"

九. DateTime 日期時間類別

屬性	說明
Today	傳回目前系統的日期。 例：Console.WriteLine(DateTime.Today.ToString())
Now	傳回目前系統的日期和時間。 例：Console.WriteLine(DateTime.Now.ToString())
Year Month Day DayOfWeek Hour Minute Second	傳回西元年 傳回月(1~12) 傳回日 傳回星期的英文字 傳回時(0~23) 傳回分(0~59) 傳回秒(0~59) 例： Dim d As DateTime = DateTime.Now ' 若現在是 2011/9/30 下午 01:41:22, 星期三 Console.WriteLine(d.Year) ' 印出年 2011 Console.WriteLine(d.Month) ' 印月 9 Console.WriteLine(d.Day) ' 印出日 30 Console.WriteLine(d.DayOfWeek) ' 印出 Wednesday Console.WriteLine(d.Hour) ' 印出小時 13 Console.WriteLine(d.Minute) ' 印出分 41 Console.WriteLine(d.Second) ' 印出秒 22

十. Random 亂數類別

下面寫法是使用 Random 類別建立物件名稱為 rnd 的亂數物件。

```
Dim rnd As New Random()
```

Random 類別常用的方法如下：

方法	說明
Next	可傳回亂數。例： rnd1.Next() '可傳回非負數的亂數 rnd1.Next(n) '可傳回 0 到 n-1 的亂數 rnd1.Next(n1, n2) '可傳回 n1 到 n2-1 的亂數
NextDouble	可傳回 0.0 和 1.0 之間的亂數。

十一. 資料型別轉換方法

VB 2010 除了可使用傳統 VB 6.0 所提供的資料型別轉換函式之外，更可以使用 .NET Framework 類別庫所提供的型別轉換方法來進行將字串資料轉換成合適的資料型別，常用資料型別轉換類別方法如下。下表語法中的 str 參數表示字串變數。

方法	說明
Byte.Parse(str)	將字串轉換成 Byte 型別資料。
Integer.Parse(str)	將字串轉換成整數(Integer)型別資料。
UInteger.Parse(str)	將字串轉換成不帶正負號的整數(UInteger)型別資料。
Long.Parse(str)	將字串轉換成長整數(Long)型別資料。
ULong.Parse(str)	將字串轉換成不帶正負號的長整數(ULong)型別資料。
Single.Parse(str)	將字串轉換成單精確度(Single)型別資料。
Double.parse(str)	將字串轉換成倍精確度(Double)型別資料。
Decimal.Parse(str)	將字串轉換成 Decimal 型別資料。
Boolean.Parse(str)	將字串轉換成布林(Boolean)型別資料。
DateTime.Parse(str)	將字串轉換成日期時間(DateTime)型別資料。
物件.ToString()	將變數、運算式或物件轉換成字串(string)型別資料。

十二. 取得資料型別方法

若想知道某個變數或是運算式結果的資料型別，可以使用 GetType()方法，其語法如下：

方法	說明
變數.GetType()	傳回變數、物件或運算式結果的資料型別。例： ① Dim s As String="C#" Console.Write(s.GetType()) ' 印出 System.String ② Console.Write((5 > 7).GetType()) ' 印出 System.Boolean

筆記頁

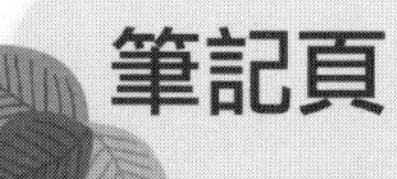

筆記頁